OEUVRES D'É. VERDET

PUBLIÉES PAR LES SOINS DE SES ÉLÈVES

TOME V

LEÇONS
D'OPTIQUE PHYSIQUE

PAR

É. VERDET

PUBLIÉ

PAR M. A. LEVISTAL

ANCIEN ÉLÈVE DE L'ÉCOLE NORMALE SUPÉRIEURE

TOME PREMIER

PARIS

VICTOR MASSON ET FILS, ÉDITEURS

PLACE DE L'ÉCOLE-DE-MÉDECINE

1869

OEUVRES

DE

É. VERDET

PUBLIÉES

PAR LES SOINS DE SES ÉLÈVES

—

TOME V

PARIS,

VICTOR MASSON ET FILS, ÉDITEURS,

PLACE DE L'ÉCOLE-DE-MÉDECINE.

LEÇONS

D'OPTIQUE PHYSIQUE

PAR

É. VERDET

PUBLIÉES

PAR M. A. LEVISTAL

ANCIEN ÉLÈVE DE L'ÉCOLE NORMALE SUPÉRIEURE

TOME I

PARIS

IMPRIMÉ PAR AUTORISATION DE SON EXC. LE GARDE DES SCEAUX

A L'IMPRIMERIE IMPÉRIALE

M DCCC LXIX

L'Optique supérieure était une des études de prédilection
de Verdet, et la plupart de ses travaux personnels roulent
sur cette branche de la physique. A plusieurs reprises, dans
son cours de troisième année à l'École Normale, il a traité,
avec cette ampleur et cette puissance de critique qui carac-
térisaient son enseignement, quelques-unes des nombreuses
questions qui forment le domaine de l'Optique physique. Il se
proposait de coordonner les matériaux qu'il avait ainsi préparés
et d'exposer, aussi complétement que le permettrait l'état
de la science, la théorie des phénomènes optiques, dans la
chaire de Physique mathématique qu'il occupait à la Sorbonne
comme suppléant de M. Lamé. Ce cours devait durer trois
ans; mais, au moment où il entreprenait cette tâche ardue,
il portait déjà en lui le germe de la maladie qui devait le
ravir si prématurément à la science, et il ne lui a été donné
que d'en accomplir une partie.

Le cours professé à la Sorbonne pendant le premier semestre de l'année 1865-66, complété par quelques additions
empruntées aux cours de l'École Normale, forme la première
section du premier volume. Pour le reste de l'ouvrage, il a été
nécessaire de recourir aux leçons professées en troisième

année à l'École Normale, leçons qui toutes ont été précieusement recueillies par les élèves. On n'a pas eu la prétention de reconstituer ainsi un traité complet d'Optique physique : le maître seul pouvait suffire à une telle œuvre. On a cherché seulement à donner à chacune des questions qui sont traitées tous les développements qu'elle comporte, sans essayer de combler les lacunes qui devaient nécessairement subsister.

La lecture de l'ouvrage, à partir de la seconde section, suppose la connaissance des lois expérimentales de la double réfraction et de la polarisation ; on a cru pouvoir sans inconvénient supprimer l'exposé préalable de ces lois.

On a pensé être utile aux lecteurs en faisant suivre chacune des divisions importantes d'une notice bibliographique, qu'on s'est efforcé de rendre aussi complète que possible.

Si (on l'espère du moins) la pensée de Verdet s'est conservée intacte malgré les remaniements successifs qu'elle a subis, la forme a dû nécessairement éprouver des altérations dont la responsabilité ne doit pas lui être imputée. Cette œuvre est bien imparfaite sans doute, mais on a du moins la conscience que ce n'est pas faute d'avoir été inspirée par un sentiment de profonde gratitude envers la mémoire du maître.

Le premier volume se compose de trois parties. La première, comme on l'a dit plus haut, n'est que la reproduction des leçons professées à la Sorbonne pendant le premier semestre de l'année 1865-66, leçons qui ont été recueillies par M. Prudhon. Ce cours a été complété en plusieurs points par des emprunts faits aux leçons sur la diffraction qui ont formé l'objet du cours de troisième année à l'École Normale, en 1859, et au cours de seconde année rédigé par M. Darboux.

La seconde et la troisième partie comprennent les leçons sur la constitution des vibrations lumineuses et sur la théorie de la double réfraction professées dans le cours de troisième année à l'École Normale, en 1857, et rédigées par M. Gernez.

On s'est aidé d'ailleurs, pour toutes les parties de l'ouvrage, de notes manuscrites de Verdet, de résumés faits par lui d'un certain nombre de mémoires, et des sommaires de ses leçons.

A. LEVISTAL.

LEÇONS

D'OPTIQUE PHYSIQUE.

INTRODUCTION [1].

I.

RÉSUMÉ DE L'OPTIQUE GÉOMÉTRIQUE.

1. Lois fondamentales de l'optique géométrique. — Avant d'aborder l'étude de l'optique physique, il est indispensable de revenir en peu de mots sur les principes essentiels de l'optique géométrique et d'examiner le degré de confiance qu'ils méritent. L'optique géométrique est fondée en effet sur la considération des rayons de lumière, et par suite, implicitement du moins, sur l'hypothèse de la matérialité de l'agent lumineux, hypothèse à laquelle elle emprunte tout son langage; il importe donc de savoir jusqu'à quel point l'expérience justifie les lois ainsi établies.

Les lois fondamentales de l'optique géométrique sont au nombre de quatre :

1° La loi de la propagation rectiligne de la lumière ou principe des ombres, qui consiste en ce que, dans un milieu homogène, il y a transmission de lumière d'un point à un autre toutes les fois que la droite qui joint ces deux points ne rencontre aucun corps opaque;

2° La loi de la réflexion régulière;

3° La loi de la réfraction, établie par Descartes, à laquelle il faut joindre le phénomène de la dispersion qui démontre l'existence

<hr>

[1] Dans cette introduction se trouvent reproduites les six premières leçons du cours professé à la Sorbonne pendant le premier semestre de l'année 1865-66.

de plusieurs espèces de lumière caractérisées par des réfrangibilités différentes et par des actions différentes sur la rétine;

4° La loi du carré des distances, qui règle le décroissement de l'intensité d'un faisceau lumineux émanant d'un point unique.

De plus, l'optique géométrique admet que, lorsqu'un point est éclairé simultanément par plusieurs points lumineux, l'éclairement total est toujours égal à la somme des éclairements produits par chaque point lumineux considéré séparément.

Nous n'entrerons pas ici dans le détail des démonstrations expérimentales qu'on a cru donner de ces lois; il nous suffira d'apprécier la valeur réelle de l'appui que peut leur fournir l'expérience.

2. Critique des vérifications expérimentales des lois précédentes. — La loi de la propagation rectiligne de la lumière et la théorie géométrique des ombres qui s'en déduit semblent confirmées par la pratique, car l'application de cette théorie dans les arts du dessin conduit toujours à des résultats suffisamment exacts. La loi de la réfraction, dont on a moins habituellement à tenir compte, paraît aussi trouver dans certains phénomènes sa vérification complète; ainsi on peut, en s'appuyant sur cette loi, rendre compte des principales particularités de l'arc-en-ciel. Mais un examen tant soit peu attentif montre que ces vérifications n'ont aucune valeur scientifique : l'existence d'une pénombre, c'est-à-dire d'une région passant par degrés insensibles de la lumière à l'obscurité, rend en effet impossible toute détermination précise des limites de l'ombre portée par un corps opaque dès que la source lumineuse a des dimensions sensibles, comme cela a toujours lieu dans la pratique. La même objection s'applique à la théorie de l'arc-en-ciel : le diamètre apparent du soleil ayant une valeur sensible, il en résulte une pénombre qui s'oppose à la mesure exacte des dimensions angulaires des bandes colorées.

Si l'on veut saisir le véritable phénomène élémentaire en réduisant la grandeur de la source de sorte qu'elle puisse être confondue avec un point lumineux, on voit les apparences changer complétement. Dans ce cas, il n'est plus vrai de dire qu'il y a obscurité en tout point tel que la droite qui le joint au point lumineux rencontre le corps opaque ; au lieu d'observer, comme on devrait s'y attendre, une transition brusque entre l'obscurité et la lumière, on reconnaît l'existence de maxima et de minima d'éclairement, dont la disposition varie avec les conditions de l'expérience (phénomènes de diffraction). Ainsi, plus on se rapproche du phénomène élémentaire, et plus les apparences diffèrent de celles qu'indiquent les lois de l'optique géométrique.

Cependant une vérification en apparence rigoureuse semble échapper à la critique précédente. C'est celle qui résulte de l'accord observé entre la loi de la réflexion régulière et les mesures de la distance zénithale d'une étoile effectuées en visant d'abord directement l'étoile, puis son image vue par réflexion dans un bain de mercure ; dans ces conditions, la source lumineuse se réduit réellement à un point, et néanmoins la loi géométrique paraît satisfaite. Mais, pour se rendre compte de la portée de ces observations en tant qu'on les considère comme une confirmation de la théorie, il suffit de remarquer qu'elles impliquent l'exactitude des lois qu'indique l'optique géométrique pour la formation des images par les lentilles. Or si, dans le but d'augmenter la netteté de l'image d'une étoile vue dans une lunette, et de faire disparaître les aberrations qui rendent cette image irrégulière, on recouvre la lentille objective d'un diaphragme, et qu'on diminue de plus en plus l'ouverture de ce diaphragme, on voit, il est vrai, tant que cette ouverture n'est pas trop petite, l'image devenir de plus en plus nette, mais il arrive un moment où cette image se transforme en un cercle brillant, entouré d'anneaux colorés dont le diamètre s'accroît à mesure que l'ouverture se rétrécit. L'élément central de la lentille ne se comporte donc nullement comme le veut l'optique géométrique, et il est même à noter que l'écart est d'autant plus grand que l'instrument dont on se sert est plus parfait : c'est ainsi que, dans un télescope de Foucault, les anneaux colorés commencent à se montrer avec un diaphragme d'une ouverture bien plus grande que celle qu'exigerait dans d'autres instruments l'apparition du phénomène.

En résumé, les principes sur lesquels se fonde l'optique géométrique, bien qu'ils puissent servir à expliquer d'une manière approchée un certain nombre de phénomènes, ne sont susceptibles d'aucune

1.

vérification expérimentale tant soit peu précise, et ne prêtent à la doctrine de l'émission qu'un appui entièrement illusoire.

3. **Principes de la théorie générale des caustiques.** — Nous allons maintenant développer plusieurs conséquences des lois de l'optique géométrique qui nous seront d'un utile secours dans l'exposé de la théorie ondulatoire.

De ce nombre sont les remarques qui vont suivre sur les propriétés des faisceaux réfléchis ou réfractés, remarques qui servent de base à la théorie des caustiques par réflexion et par réfraction.

Considérons en premier lieu le cas où, sur une surface réfléchissante plane xy (fig. 1), tombe un faisceau de rayons incidents SI, S'I',..., tous parallèles entre eux; coupons ces rayons par un plan qui leur soit normal, et soit MM' la trace de ce plan sur le plan de la figure auquel il est perpendiculaire. Il résulte immédiatement de la loi de la réflexion que les rayons réfléchis sont tous normaux à un plan M_1M_1' qui est symétrique du plan MM' par rapport à la surface réfléchissante, et que les distances IM, I'M' sont respectivement égales aux distances IM_1, $I'M_1'$.

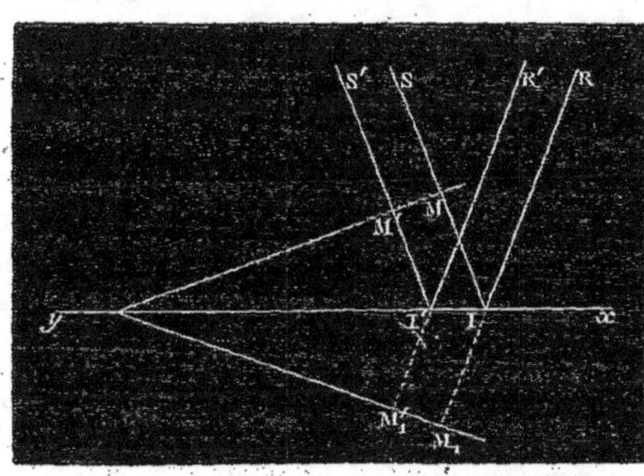

Fig. 1.

Nous arrivons ainsi au théorème suivant :

Si un faisceau de rayons parallèles tombe sur une surface réfléchissante plane, et qu'on considère un plan normal à tous ces rayons, les sphères tangentes à ce plan normal et ayant pour centres les différents points d'incidence ont pour enveloppe, de l'autre côté de la surface réfléchissante, un plan normal aux rayons réfléchis; de plus, si les rayons incidents sont dirigés du plan qui leur est normal vers la surface réfléchissante, les rayons réfléchis sont dirigés du plan normal correspondant vers cette même surface.

Passons maintenant à un cas plus général, et supposons que la surface réfléchissante Σ soit quelconque et que les rayons incidents émanent d'un même point lumineux O. Ces rayons sont alors tous normaux à une surface sphérique S, et, si l'on considère isolément les rayons incidents contenus dans un cône de dimensions infiniment petites, on pourra répéter, pour l'élément de la surface sphérique S intercepté par ce cône et pour l'élément correspondant de la surface réfléchissante Σ, tout ce qui a été dit dans le cas d'une surface réfléchissante plane. Donc, si l'on mène les plans tangents aux surfaces S et Σ aux points où ces surfaces sont rencontrées par le cône infiniment petit, et si, par la droite d'intersection de ces deux plans, on fait passer un troisième plan symétrique du plan tangent à la surface S par rapport au plan tangent à la surface Σ, ce troisième plan est l'enveloppe, de l'autre côté de la surface réfléchissante, de toutes les sphères tangentes à l'élément considéré de la surface S et ayant pour centres les différents points de l'élément correspondant de la surface Σ. La même construction est applicable à tous les éléments de la surface sphérique S qui sont traversés par les rayons incidents; on peut donc construire par points la surface enveloppe qui est normale à tous les rayons réfléchis, et l'on est conduit ainsi d'une manière simple au théorème suivant, dont la démonstration analytique serait fort compliquée :

Si des rayons incidents émanés d'un point unique tombent sur une surface réfléchissante quelconque, les rayons réfléchis sont tous normaux à une même surface qui est l'enveloppe, de l'autre côté de la surface réfléchissante, de toutes les sphères ayant pour centres les différents points d'incidence et tangentes à une surface sphérique dont le centre est le point lumineux; de plus, si les rayons incidents sont dirigés de cette surface sphérique vers la surface réfléchissante, les rayons réfléchis sont dirigés de la surface qui leur est normale vers la surface réfléchissante.

Supposons enfin que les rayons réfléchis soient soumis à une seconde réflexion sur une autre surface réfléchissante Σ'; soit S' la surface normale à tous les rayons ayant subi une première réflexion et que nous considérons maintenant comme rayons incidents: en raisonnant comme plus haut, nous déduirons d'un élément quel-

conque de cette surface S′ et de l'élément correspondant de la surface réfléchissante Σ′ un élément d'une surface enveloppe normale
à tous les rayons réfléchis pour la seconde fois.

La même démonstration est applicable quel que soit le nombre
des réflexions que subissent les rayons.

Donc, lorsque des rayons émanent d'un même point, ces rayons,
après un nombre quelconque de réflexions sur des surfaces quelconques, sont tous normaux à une même surface, que les théorèmes
précédents nous apprennent à construire.

Un corollaire important de ce théorème général consiste en ce
que l'effet d'un nombre quelconque de réflexions peut être remplacé
par celui d'une réflexion unique sur une surface qu'il est facile de
déterminer.

Soient en effet S une surface sphérique ayant pour centre le point
lumineux, et S′ la surface à laquelle les rayons sont normaux après
leur dernière réflexion : la surface réfléchissante cherchée doit être telle, que toute sphère décrite d'un
point de cette surface comme centre et tangente à la surface S soit également tangente à la surface S′. Par
conséquent, cette surface ré-fléchissante est le lieu des
points dont les distances nor-males aux deux surfaces S et S′
sont égales entre elles, con-

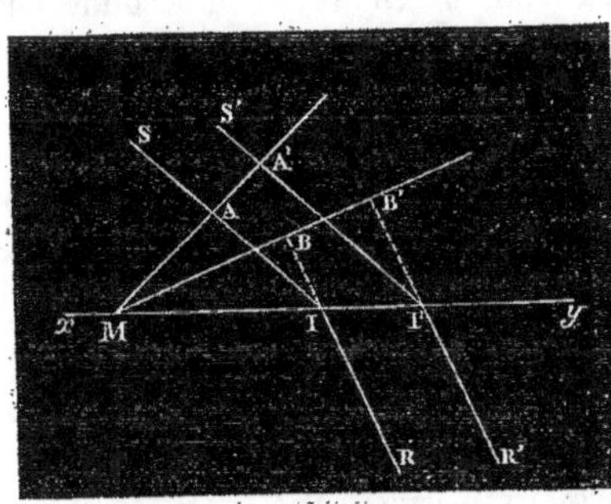

Fig. 2.

dition qui est suffisante pour la définir complétement.

Les théorèmes que nous venons de démontrer pour la réflexion
peuvent s'étendre facilement à la réfraction moyennant quelques
changements dans leur énoncé.

Soient d'abord (fig. 2) des rayons incidents parallèles SI, S′I′,...
tombant sur un plan réfringent xy : coupons ces rayons par un plan
qui leur soit normal, et soit MAA′ la trace de ce plan sur celui de la
figure. Par le point M menons un plan normal aux rayons réfractés,

plan qui rencontre en B, B',... les rayons réfractés correspondant
aux rayons incidents SI, S'I',.... En désignant par i et r les angles
d'incidence et de réfraction, par n l'indice de réfraction du second
milieu par rapport au premier, nous aurons

$$\sin i = \frac{IA}{IM}, \qquad \sin r = \frac{IB}{IM},$$

d'où

$$\frac{IA}{IB} = \frac{\sin i}{\sin r} = n$$

et

$$IB = \frac{IA}{n}.$$

Si donc, du point I comme centre, on décrit deux sphères ayant
pour rayons l'une IA et l'autre $\frac{IA}{n}$, la première de ces sphères sera
tangente au plan AA' normal aux rayons incidents, et la seconde au
plan BB' normal aux rayons réfractés. Le point I étant un point
quelconque du plan réfringent, nous pouvons énoncer le théorème
suivant :

Lorsque des rayons incidents tous parallèles entre eux tombent
sur une surface réfringente plane, si l'on décrit, des différents points
d'incidence comme centres, des sphères tangentes à un plan normal
aux rayons incidents et d'autres sphères dont le rayon soit à celui
des précédentes comme l'unité est à n, la surface plane, enveloppe
des sphères décrites en dernier lieu et située du même côté de la
surface réfringente que le plan normal aux rayons incidents, est normale à tous les rayons réfractés.

De là, en suivant exactement la même marche que pour la réflexion,
nous pouvons passer au cas où la surface réfringente est quelconque
et où les rayons incidents émanent d'un même point lumineux, ce
qui nous amène au théorème suivant :

Lorsque des rayons incidents émanés d'un même point lumineux
tombent sur une surface réfringente quelconque Σ, si l'on imagine
une surface sphérique S normale à tous les rayons incidents, et si,
des différents points de la surface réfringente comme centres, on
décrit des sphères tangentes à la surface S et d'autres sphères dont le

rayon soit à celui des précédentes comme l'unité est à n, ces dernières sphères ont pour enveloppe une surface dont la nappe S', située du même côté de la surface Σ que la surface S, est normale à tous les rayons réfractés ; de plus, si le rayons incidents sont dirigés de la surface S vers la surface Σ, les rayons réfractés sont dirigés de la surface S' vers la surface Σ.

Ayant obtenu une surface S' normale aux rayons réfractés après une première réfraction, nous pourrons en déduire une surface S'' normale à ces rayons après une seconde réfraction, et ainsi de suite. En combinant ces résultats avec ceux acquis pour la réflexion, nous arrivons définitivement à ce théorème général, qui embrasse tous les cas particuliers que nous venons d'examiner :

Les rayons lumineux issus d'un même point, après avoir subi un nombre quelconque de réflexions sur des surfaces quelconques et un nombre quelconque de réfractions par leur passage à travers des milieux limités jouissant de pouvoirs réfringents différents, sont toujours normaux à une même surface [1].

Les constructions indiquées plus haut permettent de déterminer une surface normale à tous les rayons après un nombre quelconque de réflexions ou de réfractions ; mais il faut remarquer qu'il existe une infinité d'autres surfaces jouissant de la même propriété : si, en effet, sur les droites normales à la première surface, on porte à partir de cette surface des longueurs égales, le lieu des points ainsi obtenus sera encore une surface normale à tous les rayons.

Le lien intime qui rattache le théorème précédent à la théorie des caustiques est facile à saisir : si tous les rayons réfléchis ou réfractés sont normaux à une même surface, le lieu des intersections de ces rayons, c'est-à-dire la surface caustique, ne sera autre que la surface à deux nappes, lieu des centres de courbure de celle qui coupe orthogonalement les rayons. Par suite, si la surface normale aux rayons est de révolution, l'une des nappes de la surface caus-

---

[1] Ce théorème porte tantôt le nom de Malus, tantôt celui de Gergonne : tel qu'il est énoncé ici, il n'est vrai que pour les milieux isotropes ou uniréfringents, mais il est susceptible d'une généralisation qui permet de l'étendre à toute espèce de milieu homogène. (L.)

tique se réduit à l'axe de cette surface de révolution, et l'autre est elle-même une surface de révolution ayant pour méridien la développée de la courbe méridienne de la surface normale aux rayons.

Nous avons vu plus haut que l'effet d'un nombre quelconque de réflexions peut être remplacé par celui d'une réflexion unique : on démontrerait de même que l'effet d'un nombre quelconque de réfractions peut être remplacé par celui d'une réfraction unique s'effectuant suivant un indice choisi arbitrairement. Si l'on donne une surface S normale aux rayons incidents et une surface S′ normale aux rayons après leur dernière réfraction, la surface réfringente unique dont l'effet peut remplacer celui de toutes les réfractions que subissent les rayons s'obtiendra en cherchant le lieu des points dont les distances normales aux surfaces S et S′ sont entre elles dans le rapport de l'unité à l'indice donné, condition qui suffit pour définir complétement cette surface.

En considérant la réflexion comme une réfraction s'effectuant suivant l'indice — 1, on peut réunir dans un énoncé unique ce qui est relatif à la réflexion et à la réfraction, et dire que l'effet d'un nombre quelconque de réflexions et de réfractions peut être remplacé par l'effet d'une réfraction unique s'effectuant suivant un indice choisi arbitrairement.

Les propositions qui font l'objet de ce paragraphe, bien que leur démonstration paraisse aujourd'hui fort simple, n'ont cependant été établies que par les efforts de nombreux géomètres. Malus, qui le premier s'est occupé des systèmes de rayons dans l'espace, reconnut au moyen d'une analyse assez laborieuse[1] l'existence d'une surface normale à tous les rayons réfléchis ou réfractés; mais, par suite d'une erreur de calcul, il fut conduit à restreindre son théorème au cas d'une réflexion ou d'une réfraction unique. M. Ch. Dupin[2] découvrit la généralité du théorème et en donna une démonstration géométrique pour le cas de la réflexion, démonstration qui fut étendue au cas de la réfraction, d'abord par Timmermans[3] et ensuite

[1] *Journ. de l'Éc. Polytechn.*, cah. XIV, 1.
[2] *Applic. de Géom. et de Méc.*, 4ᵉ mémoire, p. 187.
[3] *Correspond. math. et phys.*, I, 336.

par Gergonne[1]. Quant au théorème que nous venons d'énoncer en dernier lieu, il est dû à Gergonne[2].

4. Théorème de Sturm. — Droites focales. — Sturm a déduit de la théorie des caustiques une série de conséquences remarquables dans ses études sur la théorie de la vision, où il écarte les restrictions en vertu desquelles on se borne ordinairement à considérer les surfaces qui limitent les milieux réfringents de l'œil comme étant des sphères dont les centres se trouvent sur une même droite. Dans ce travail[3] il cherche la manière dont sont distribués les rayons lumineux après un certain nombre de réflexions ou de réfractions, les surfaces de séparation des milieux étant quelconques; et la propriété dont jouissent les rayons réfléchis ou réfractés d'être toujours normaux à une même surface, propriété qui les distingue complétement d'un faisceau de droites situées arbitrairement dans l'espace, le conduit à une remarque importante sur la constitution d'un faisceau lumineux infiniment mince.

Considérons en effet un élément infiniment petit de la surface normale à un système de rayons réfléchis ou réfractés : soient (fig. 3) MN, M'N', M"N",..., sur cet élément, les lignes de courbure appartenant à un certain système. On sait que les normales menées à une surface le long d'une ligne de courbure constituent une surface développable : il en résulte que les normales menées à la surface considérée aux différents points de MN, qui est un élément d'une des lignes de courbure, sont tangentes à un élément de l'arête de rebroussement de la surface développable dont ces normales font partie, et qu'en prenant MN pour infiniment petit du premier ordre et négligeant les infiniment petits d'un ordre supérieur au premier, on peut dire que ces normales se rencontrent toutes en un même point H. De même, les normales menées à la surface le long de la courbe M'N' se rencontrent en un même point H', et, en général, à chaque ligne de courbure de même espèce que MN, tracée sur l'élément superficiel, correspond un point de rencontre des normales. Ces

[1] *Ann. de Math.*, XVI, 307.
[2] *Ann. de Math.*, XIV, 129.
[3] *C. R.*, XX, 554, 761, 1238.

points de rencontre H, H',... forment un élément de courbe qui peut être considéré comme une droite infiniment petite, que doivent rencontrer tous les rayons qui traversent l'élément superficiel.

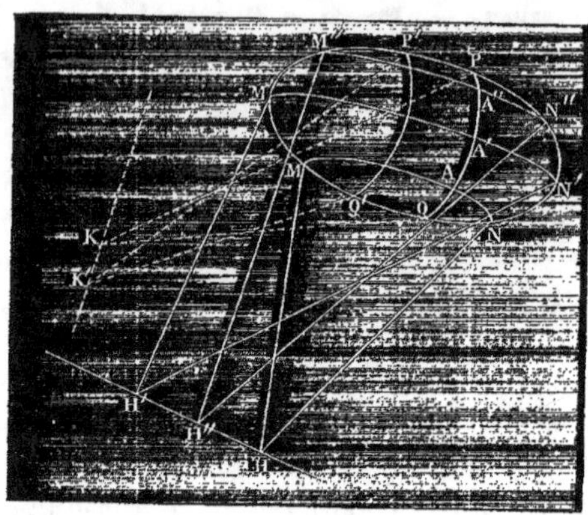

Fig. 3.

En menant sur cet élément les lignes de courbure du second système, telles que PQ, on voit de même que tous les rayons qui traversent l'élément rencontrent une seconde droite infiniment petite KK'. Il est d'ailleurs facile de prouver que les deux droites HH' et KK' sont situées dans des plans rectangulaires. En effet, les normales menées à la surface aux points A, A', A",..., où la courbe PQ coupe les courbes MN, M'N', M"N",... de l'autre système, passent par les points H, H', H",...; donc la droite HH' est sur la surface développable formée par les normales menées le long de la courbe PQ; on démontrerait de même que la droite KK' est sur la surface développable formée par les normales menées le long de la courbe MN. Or, ces deux surfaces développables, qui se coupent suivant la normale en A, sont, comme on sait, orthogonales : donc tous les rayons qui constituent un faisceau infiniment mince passent par deux droites infiniment petites situées dans deux plans rectangulaires. Sturm a donné à ces deux droites la dénomination de *droites focales*. Les deux droites focales sont en général à une distance finie l'une de l'autre, mais elles peuvent, dans des cas particuliers, être situées dans un même plan et se couper; lorsqu'il en est ainsi, il existe un véritable foyer, car alors les rayons qui composent le faisceau infiniment mince, devant tous rencontrer les droites focales qui se coupent et n'étant pas situés dans le même plan, passent nécessairement tous par le point d'intersection de ces droites.

Il résulte de ce que nous venons de dire que, si les réflexions et les réfractions successives ont lieu sur des surfaces de révolution ayant toutes le même axe, et si, de plus, le point lumineux est situé sur cet axe, il existe un véritable foyer pour les rayons qui font avec l'axe un angle infiniment petit. En effet, la surface normale à tous les rayons après leur dernière réflexion ou réfraction est évidemment alors de révolution autour de l'axe commun des surfaces réfléchissantes et réfringentes; cette surface présente donc un ombilic au point où elle est rencontrée par l'axe, d'où il suit que cet axe est coupé au même point par tous les rayons qui forment avec lui un angle infiniment petit.

Nous allons maintenant indiquer quelques conséquences du théorème de Sturm propres à éclaircir certains points qu'on discute en général d'une manière incomplète dans l'optique géométrique. Nous nous occuperons en premier lieu de la manière dont s'opère la vision des objets plongés dans l'eau. Soit (fig. 4) un point lumineux S situé dans l'eau, et supposons l'œil de l'observateur placé dans l'air en O ; quelle sera la véritable position de l'image virtuelle du point S? Cette question paraît comporter deux réponses différentes. Considérons, en effet, un faisceau infiniment mince de rayons partant du point S pour pénétrer dans l'œil O après réfraction : si, parmi les rayons du faisceau réfracté, nous en prenons un certain nombre qui fassent des angles égaux avec la perpendiculaire SA abaissée du point lumineux sur le plan réfringent, nous voyons que les prolongements de tous ces rayons concourent en un même point S' situé sur SA; si, d'autre part, nous coupons le même faisceau par un plan passant par SA, nous nous assurerons facilement que les prolongements des rayons situés dans ce plan viennent converger en un point S'' différent de S' et qui n'est pas, en général, sur la droite SA. Il semble donc, au premier abord, que la position de l'image virtuelle du point S soit indéterminée; mais cette difficulté disparaît si l'on remarque que les deux points S' et S'' appartiennent aux deux droites focales du faisceau infiniment mince formé par les rayons réfractés : l'une de ces droites est ici une portion de la normale SA menée par le point S à la surface réfringente, l'autre est perpendiculaire au plan moyen de réfraction. En réalité, il n'y

a donc aucune image proprement dite du point S; si les rayons
réfractés sont reçus sur une lentille sphérique, ces rayons ne con-

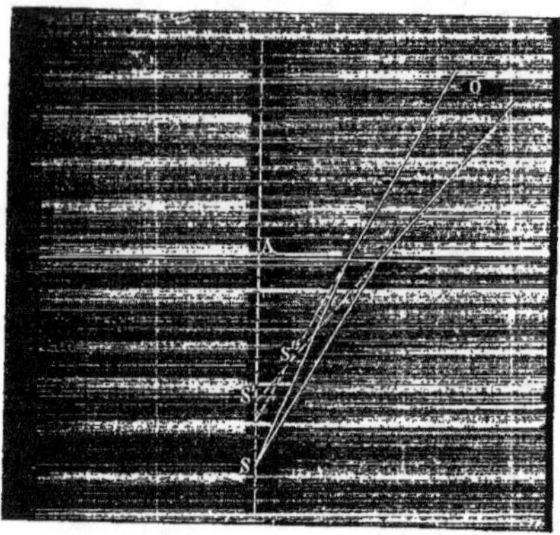

Fig. 4.

vergeront jamais en un point
unique, mais formeront, à
des distances différentes de
la lentille, deux courbes lumineuses. Si, au lieu d'un
point lumineux S, on a dans
l'eau une droite lumineuse
normale au plan réfringent,
l'ensemble des droites focales situées sur la normale
à la surface réfringente et
correspondant aux différents
points de la droite lumi-
neuse peut être considéré
comme formant une image de cette droite, assez nette, sauf aux deux
extrémités, et, en recevant sur une lentille sphérique les rayons
réfractés, on obtiendra, à une certaine distance de la lentille, une
image de la droite lumineuse, qui, sauf à ses deux extrémités, sera
nettement délimitée.

Si, au lieu d'un plan réfringent, les rayons en ont à traverser
deux qui se coupent de manière à former un prisme, et si l'on considère un faisceau lumineux de dimensions infiniment petites qui
rencontre le prisme très-près de l'arête réfringente, il est facile de
s'assurer par le calcul que les deux droites focales du faisceau réfracté se coupent lorsque le prisme est dans la position du minimum
de déviation; cette position est donc la seule où un prisme puisse
donner une image virtuelle nette des objets qu'on regarde au travers : c'est ce qui explique la nécessité de placer le prisme dans la
position du minimum de déviation pour obtenir un spectre pur.

5. De l'éclairement des surfaces. — Les lois de la réflexion
et de la réfraction ne constituent pas à elles seules toute l'optique
géométrique : il faut y joindre la loi du décroissement de l'intensité lumineuse en raison inverse du carré des distances, loi qui a

servi de point de départ aux méthodes photométriques ordinaires. Mais il importe de remarquer que cette dernière loi suppose que les rayons lumineux dont on évalue la faculté éclairante divergent tous à partir d'un point unique, condition qui n'est pas remplie en général lorsque ces rayons ont subi des réflexions ou des réfractions. Si les rayons lumineux qui éclairent une certaine surface, bien qu'émanant primitivement d'un même point lumineux, ne sont plus dirigés de façon à concourir en un même point, par suite des réflexions et des réfractions qu'ils ont éprouvées, la loi du carré des distances n'est plus applicable, et on devra alors procéder de la manière suivante pour calculer la quantité de lumière reçue par un élément de la surface sur laquelle tombent les rayons.

Soit O (fig. 5) le point lumineux dont émanent originairement les rayons : après un nombre quelconque de réflexions et de réfractions, ces rayons sont tous normaux à une certaine surface S' (3); de plus, l'effet de toutes ces réflexions et ces réfractions peut être remplacé par celui d'une réfraction unique s'opérant par une surface Σ que nous avons appris à déterminer. Ceci posé, pour avoir la quantité de lumière reçue par l'élément MN de la surface éclairée, il suffit de mener, par les différents points du contour qui limite cet élément, des normales MC, ND,... à la surface S', et de

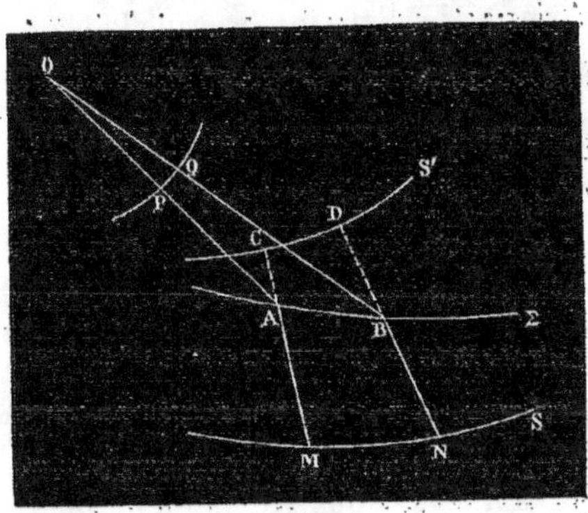

Fig. 5.

joindre les points où ces normales rencontrent la surface réfringente Σ au point lumineux O, puis de multiplier la quantité de lumière contenue dans le faisceau AOB ainsi obtenu par le produit des coefficients de déperdition correspondant aux diverses réflexions et réfractions que subit la lumière. Si, du point O comme centre, on décrit une surface sphérique ayant pour rayon l'unité, le faisceau AOB interceptera sur cette surface un certain élément : désignons par ω' la surface de cet élément, par ω la surface de l'élément MN, enfin par K le produit des coefficients de déperdition dont nous venons de parler : l'éclairement de l'élément MN aura évidemment pour mesure $\dfrac{K\omega'}{\omega}$.

Nous allons montrer par deux exemples comment la loi du carré des distances peut se modifier lorsque les rayons émanés d'un point lumineux ne sont reçus sur un écran qu'après avoir été réfléchis ou réfractés.

Soit d'abord une surface réfléchissante, ayant la forme d'un cylindre parabolique convexe, sur laquelle tombent des rayons parallèles à l'axe de la parabole qui forme la directrice de cette surface cylindrique (fig. 6). Si nous prenons pour plan de figure le plan de cette parabole, nous voyons immédiatement que les rayons contenus dans ce plan sont dirigés, après réflexion, comme s'ils prove-

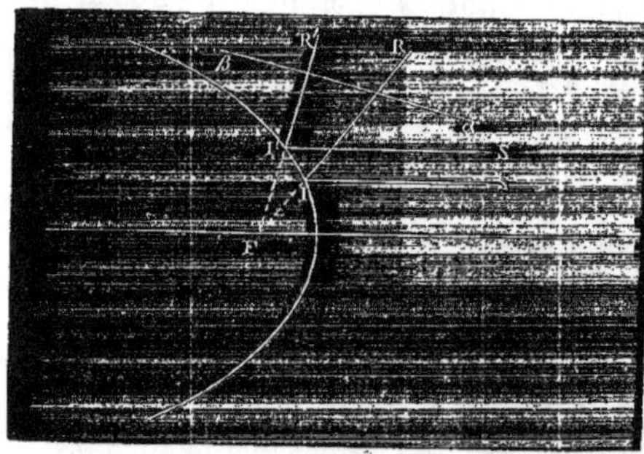

Fig. 6.

naient du foyer F de la parabole ; le même fait se reproduisant dans tous les plans parallèles à celui de la figure, il existe une ligne focale virtuelle passant par le point F et parallèle aux génératrices du cylindre. Si nous considérons uniquement les rayons situés dans le plan de la figure, il est évi-dent que la quantité de lumière reçue par une droite $\alpha\beta$ infiniment petite, mais de longueur constante, située dans ce même plan, varie en raison inverse de la distance de cette droite au point F ; si, d'ailleurs, on déplace la droite $\alpha\beta$ parallèlement à la ligne focale, elle recevra toujours la même quantité de lumière, puisque tout est semblable dans tous les plans qu'on peut mener parallèlement à celui de la figure. Il résulte de là que la quantité de lumière reçue par un élément superficiel quelconque varie en raison inverse de la simple distance de cet élément à la droite focale, cette distance étant évaluée parallèlement au plan de la parabole directrice.

Dans d'autres circonstances, la loi de l'éclairement peut devenir plus complexe. Ainsi, soit (fig. 7) une surface de révolution engendrée par une branche d'hyperbole ayant pour foyer le point F et tournant autour d'un axe OD qui passe par l'autre foyer de l'hyperbole et qui est perpendiculaire à son axe réel. Supposons que des rayons lumineux issus du point O se réfléchissent sur cette surface. Si nous considérons un plan quelconque passant par l'axe OD, par exemple le plan de la figure, nous voyons que les rayons contenus dans ce plan sont dirigés, après réflexion, comme s'ils provenaient du foyer F, et que, par conséquent, la quantité de lumière reçue par une droite infiniment petite, mais de longueur constante, située dans ce plan, varie en raison inverse de la distance de cette droite au foyer F. D'autre part, les rayons qui se réfléchissent aux différents points d'un parallèle de la surface vont tous couper l'axe OD en un même point, et la quantité de ces rayons que reçoit une droite infiniment petite, de longueur constante et perpendiculaire au plan de la figure, est, par suite, en raison inverse de la distance de cette droite à l'axe OD. Donc la quantité de lumière reçue par un élément superficiel est en raison composée de l'inverse de la distance de cet élément à l'axe OD de la surface réfléchissante et de l'inverse de sa distance à la circonférence que décrit le foyer F lorsqu'on fait tourner la branche d'hyperbole autour de OD.

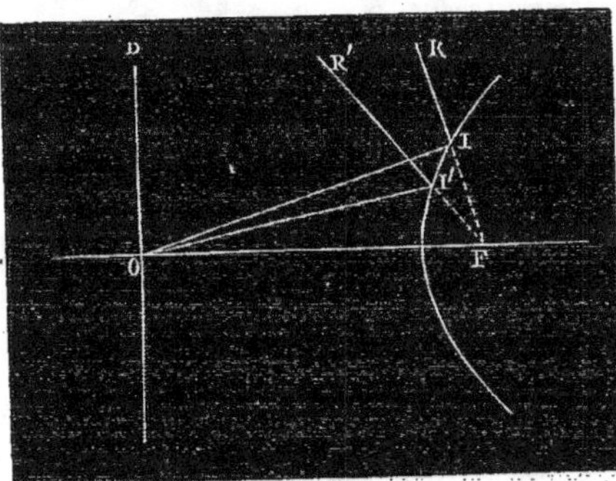

Fig. 7.

BIBLIOGRAPHIE.

THÉORIE DES CAUSTIQUES.

1682. Tschirnhausen, Inventa nova, etc., *Acta eruditorum*, 1682, p. 364.

1690. De la Hire, Examen de la courbe formée par les rayons réfléchis dans un quart de cercle, *Mém. de l'anc. Acad. des sc.*, IX, 448.

1692. Jean Bernoulli, Solutio curvæ causticæ per vulgarem geometriam Cartesianam, *Opera*, I, 52.

1693. Jacob Bernoulli, Curvæ diacausticæ earumque relatio ad evolutas, *Acta eruditorum*, 1693.

1696. L'Hôpital, *Analyse des infiniment petits*, p. 104.

1807. Malus, Traité d'optique, *Mém. des sav. étrang.*, II, 214.

1808. Malus, Mémoire sur l'optique, *Journ. de l'Éc. Polytechn.*, cah. XIV, p. 1.

1812. Petit, Des caustiques par réflexion et par réfraction, *Corresp. sur l'Éc. Polytechn.*, II, 354.

1817. Ch. Dupin, Mémoire sur les routes suivies par la lumière dans les phénomènes de la réflexion, *Ann. de chim. et de phys.*, (2), V, 85.

1822. Ch. Dupin, Sur les routes suivies par la lumière dans les phénomènes de la réflexion et de la réfraction, *Applic. de géom. et de mécan.*, p. 187.

1822. Quetelet, Mémoire sur une nouvelle manière de considérer les caustiques, soit par réflexion, soit par réfraction, *Nouv. Mém. de Brux.*, III, 15.

1823. Gergonne, Recherche analytique des propriétés les plus générales des faisceaux lumineux directs, réfléchis et réfractés, *Ann. de math.*, XIV, 129.

1824. Sturm, Recherches sur les caustiques par réflexion et par réfraction dans le cercle, *Ann. de math.*, XV, 205.

1826. Timmermans, Recherches sur les caustiques, *Corresp. de math. et de phys.*, I, 336.

1826. Saint-Laurent, Recherches sur les caustiques par réflexion dans le cercle, *Ann. de math.*, XVI, 1.

1826. Gergonne, Solution de divers problèmes d'optique, *Ann. de math.*, XVI, 65.

1826. Gergonne, Formules d'optique à trois dimensions, *Ann. de math.*, XVI, 247.

1826. Gergonne, Démonstration purement géométrique du principe fondamental de la théorie des caustiques et résumé historique de cette recherche, *Ann. de math.*, XVI, 307.

1827. Quetelet. Résumé d'une nouvelle théorie des caustiques, *Nouv. Mém. de Brux.*, IV, 79.

1828-30. Hamilton, An Essay on the Theory of Systems of Rays, *Ir. Trans.*, XV, 69, XVI, 1, 94.

1829. Coddington, *A Treatise of the Reflexion and Refraction of Light*, Cambridge.

1833. Quetelet, Analogie entre la théorie des caustiques et celle des développantes et des développées. — Théorie des surfaces et des lignes aplanétiques, *Supplém. à la trad. du Traité de la lumière de J. Herschel*, II, 380.

1838. Sturm, Mémoire sur l'optique, *Journ. de Liouville*, (1), III, 357.

1848. Sturm, Sur la théorie de la vision, *C. R.*, XX, 554, 761; 1238.

1848. Plücker, Sur la réflexion de la lumière dans le cas des surfaces du second degré, *Journ. de Crelle*, XXXV, 100.

1854. Vallée, Note sur plusieurs théorèmes relatifs aux systèmes de droites situées dans l'espace, *C. R.*, XXXVIII. 18.

1858. Maxwell, On the General Laws of Optical Instruments, *Quart. Journ. of Math.*, II, 233.

1859. Kummer, Allgemeine Theorie der gradlinigen Strahlensysteme, *Journ. de Crelle*, LVII, 189. — *Berl. Monatsber.*, 1860, p. 469.

1861. Meibauer, *De generalibus et infinite tenuibus luminis fascibus, præcipue in chrystallis*, Berolini.

1862. Seidel, Ueber die Brennflächen eines Strahlenbündels, welches durch ein System von centrirten sphærischen Gläsern hindurchgezogen ist, *Berl. Monatsber.*, 1862, p. 696.

1863. Möbius, Geometrische Entwickelung der Eigenschaften unendlich-dünner Strahlenbündel, *Leipz. Ber.*, 1862, p. 1.

1863. Meibauer, Ueber allgemeine Strahlensysteme des Lichts in verschiedenen Mitteln, *Zeitschrift für Math.*, 1863, p. 369.

1864. Meibauer, *Theorie der gradlinigen Strahlensysteme des Lichts*, Berlin.

1866. Lévistal, Recherches d'optique géométrique. *C. R.*, LXIII, 458.

1866. Gilbert, Sur la concordance des rayons lumineux au foyer des lentilles, *C. R.*, LXIII, 800.

1867. Lévistal. Sur les propriétés générales des systèmes optiques de rayons rectilignes. *Ann. de l'Éc. Norm.*, IV, 195.

ÉCLAIREMENT DES SURFACES.

1854. Beer, *Grundriss des photometrischen Calcüles*, Braunschweig.

1862. Rheinauer, *Grundzüge der Photometrie*, Halle.

II.

HISTORIQUE DE LA THÉORIE DES ONDULATIONS.

6. Auteurs antérieurs à Descartes. — Dans l'exposé historique que nous nous proposons de faire des origines de la théorie ondulatoire de la lumière, nous laisserons entièrement de côté les questions d'érudition, et nous nous abstiendrons de rechercher dans les ouvrages des philosophes de l'antiquité et des scolastiques du moyen âge les germes des découvertes modernes, si toutefois ils y existent : une pareille étude, intéressante sans doute pour l'histoire, l'est fort peu au point de vue scientifique et nous entraînerait en dehors de notre sujet. Nous nous en tiendrons à ce principe qui consiste à regarder comme le fondateur d'une théorie non pas l'auteur chez qui l'on en découvre un aperçu plus ou moins vague, mais celui qui, le premier, a su tirer un corps de doctrine scientifique de ce qui n'était avant lui qu'une hypothèse sans fondement sérieux. Il serait du reste fort difficile, pour ne pas dire impossible, de fixer l'époque où, pour la première fois, a été formulée d'une manière tant soit peu nette la doctrine qui considère la lumière comme un mouvement. Dans les ouvrages écrits pendant le moyen âge, imprimés à l'époque de la Renaissance, mais antérieurs à la découverte de l'imprimerie, la notion de la matérialité de la lumière est, il est vrai, acceptée comme tellement évidente qu'elle n'y est même pas discutée. Mais déjà dans les manuscrits de Léonard de Vinci [1] et dans la correspondance de Galilée on rencontre quelques traces de la théorie des ondulations, et, au xvii° siècle, ni Huyghens ni aucun des auteurs qui ont soutenu que la lumière est produite par un mouvement des dernières particules des corps ne présentent cette idée comme une invention personnelle : ils la traitent comme une de ces hypothèses courantes qui n'appartiennent à personne et que chacun est tenu de discuter. Il est à croire, d'ailleurs, que l'origine de cette doctrine est fort ancienne; car si, dès les premiers temps de la philosophie grecque, le feu a été considéré tantôt comme une

[1] Voyez LIBRI, *Histoire des mathématiques en Italie*. t. III, p. 43.

matière [1], tantôt comme un mouvement [2], ces deux explications ne pouvaient manquer d'être étendues à la lumière, qui est un des effets sensibles du feu.

7. Descartes. — C'est à Descartes qu'on attribue communément la fondation du système des ondulations : il est difficile de concevoir comment cette assertion, qu'Euler surtout a contribué à accréditer, a pu être répétée presque par tout le monde, car pour la réfuter il suffit d'un examen un peu attentif des ouvrages de Descartes, et Huyghens présente lui-même ses idées comme entièrement opposées au système cartésien [3].

Descartes expose très-explicitement sa doctrine sur la nature de la lumière dans trois de ses ouvrages, qui sont le livre des *Principes* [4], la *Dioptrique* [5] et le traité du *Monde* [6]. Son point de départ est l'idée du *plein absolu*, qui forme un des axiomes fondamentaux de sa philosophie : suivant lui, les corps lumineux exercent sur un certain milieu une pression qui se transmet *instantanément* jusqu'aux points les plus éloignés, et il y a simultanéité absolue entre le moment où l'impulsion est communiquée au milieu et celui où elle est reçue par l'œil. Descartes compare ce mode de transmission à ce qui se produit quand on pousse avec la main l'extrémité d'un bâton et que la pression se communique jusqu'à l'autre bout. Pour lui, le milieu qui sert de véhicule à la lumière est formé de particules sphériques dont le volume est intermédiaire entre celui des molécules de la matière subtile qui constitue les tourbillons et celui des molécules des corps pondérables. Pour se faire mieux comprendre il a recours à une comparaison assez singulière avec les phénomènes qui s'observent pendant la fermentation du vin : il assimile la matière ordinaire, ou *troisième élément*, à la couche immobile de grappes enchevêtrées qui flotte dans la cuve à la surface du liquide, et le milieu qui sert à la transmission de la lumière, ou *second élément*, au

<hr>

[1] Empédocle, Démocrite, Épicure, Lucrèce.
[2] Aristote.
[3] *Traité de la lumière*, chap. I, p. 7, édition de Leyde, 1690.
[4] *Principia philosophiæ*, Amstel., pars III, §§ 55, 63, 64.
[5] *Dioptrica*, Lugd. Bat., 1637.
[6] *Mundus sive dissertatio de lumine* in *Opusculis posthumis*, Amstel., 1704.

vin qui se trouve au-dessous de cette couche ; la pression que les corps lumineux exercent sur le second élément serait analogue à l'action de la pesanteur qui fait écouler le liquide sans communiquer de mouvement à la matière solide.

Pour démontrer l'instantanéité de la transmission de la lumière, il ajoute que, si l'impression lumineuse se propageait avec une vitesse finie, nous ne verrions pas commencer les éclipses au moment même où le soleil, la terre et la lune se trouvent avoir une tangente commune, mais quelque temps après, ce qui est contraire à l'observation. Aujourd'hui que les travaux de Rœmer et l'étude du phénomène de l'aberration nous ont appris combien est grande la vitesse de la lumière, il n'est pas difficile de lever cette objection en remarquant que la distance de la lune à la terre est trop petite pour que le retard du commencement ou de la fin d'une éclipse soit sensible à nos moyens d'observation. C'est là, du reste, la réponse que fit Huyghens aux partisans de Descartes, peu après la découverte de la vitesse de la lumière par Rœmer [1].

Quant à l'idée d'une pression se transmettant instantanément, idée sur laquelle s'appuie toute la théorie de Descartes, elle ne supporte pas l'examen. Les conséquences qu'il tire de sa comparaison entre la propagation de la lumière et celle d'une pression par un bâton poussé à l'une de ses extrémités dans le sens de la longueur sont entièrement inexactes, car la transmission d'une pression dans une tige solide n'est nullement instantanée, et exige même un temps très-sensible dès que la tige a une certaine longueur, comme le prouve l'étude des vibrations longitudinales.

Il n'y a dans Descartes, comme on voit, rien qui ressemble à la notion d'un mouvement propagé par ondes successives ; aussi paraît-il étonnant qu'avec une opinion aussi inexacte sur la nature de la lumière il se soit fait de la chaleur une idée tout à fait conforme à celle qui est généralement adoptée aujourd'hui. Il définit en effet la chaleur « une agitation interne des particules des corps, » et caractérise ce mouvement en des termes auxquels, même actuellement, il n'y aurait rien à changer. Ce mouvement vibratoire interne serait d'ailleurs, dans les corps à la fois chauds et lumineux, l'origine de

[1]. *Traité de la lumière*, chap. I, p. 4.

l'impulsion lumineuse transmise instantanément dans toutes les directions et à toutes les distances; mais il n'est jamais question d'un mouvement vibratoire existant dans le milieu où se propage la lumière.

La faiblesse de la théorie de Descartes devient surtout évidente lorsque, dans sa *Dioptrique,* il cherche à en tirer l'explication des lois anciennement connues de la réflexion et de celles de la réfraction, qu'il avait établies par ses propres expériences [1]. L'idée d'une pression se transmettant instantanément est si peu féconde, qu'il est obligé d'avoir recours à une analogie tout à fait inadmissible. L'inclination au mouvement, dit-il, c'est-à-dire la pression qu'exerce le corps lumineux, doit se réfléchir comme le ferait un projectile qui serait lancé dans la direction de cette pression, ce qui conduit aux lois de la réflexion de la lumière. Quant à la réfraction, il la compare au passage d'un projectile au travers d'une surface résistante,

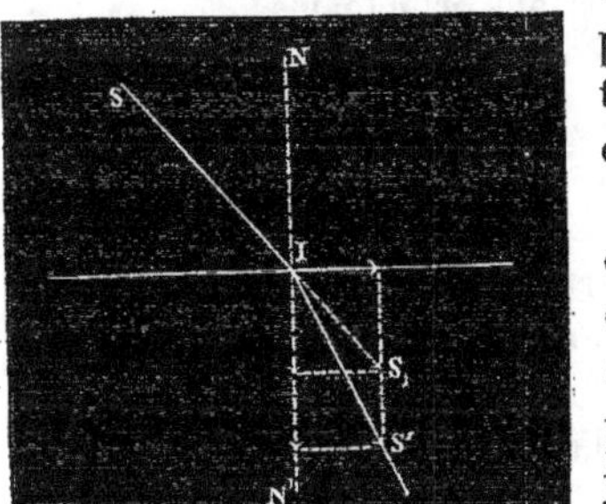
Fig. 8.

et raisonne de la manière suivante pour établir la loi du rapport constant entre les sinus des angles d'incidence et de réfraction.

Soit un projectile dont la vitesse est dirigée suivant SI (fig. 8) et qui rencontre au point I une surface résistante qu'il traverse, une toile par exemple : la vitesse de ce projectile [2] au point I peut se décomposer en deux composantes, l'une parallèle, l'autre perpendiculaire à la surface; la composante parallèle à la surface ne sera pas altérée par le passage du projectile au travers de cette surface, mais la composante normale sera modifiée, d'où résultera pour la vitesse une nouvelle direction IS' et une nouvelle grandeur. Désignant par v

[1] Les lois de la réfraction ont été trouvées, en même temps que par Descartes, et peut-être même plus tôt, par Snellius, dont elles portent souvent le nom.

[2] Ainsi, après avoir affirmé que la lumière se transmet instantanément, Descartes est obligé de faire intervenir la notion de la vitesse dans l'explication des lois de la réfraction; cette vitesse, il est vrai, n'est pas celle de la lumière, mais celle du projectile dont il croit pouvoir faire servir le mouvement à établir les lois de la transmission des pressions.

et v' les vitesses du projectile avant et après la réfraction, par i et r les angles d'incidence et de réfraction, et égalant les composantes parallèles à la surface réfringente des vitesses v et v', il vient

$$v \sin i = v' \sin r,$$

d'où

$$\frac{\sin i}{\sin r} = \frac{v'}{v}.$$

Le rapport des sinus des angles d'incidence et de réfraction est donc constant et égal au rapport *inverse* des vitesses dans les deux milieux.

8. Controverse entre Fermat et Descartes. — La théorie de Descartes fut combattue, peu de temps après son apparition, par Fermat[1] qui lui opposa trois objections principales :

1° Il n'est pas permis de conclure des lois du mouvement des projectiles à celles de la transmission des pressions, car, en appliquant aux liquides cette manière de raisonner, on arriverait à des résultats contraires à l'expérience.

2° Si l'analogie invoquée par Descartes était légitime, un projectile, en passant d'un milieu dans un autre plus résistant, devrait, comme le fait un rayon lumineux, se rapprocher de la normale à la surface de séparation, et par suite la composante normale de sa vitesse devrait s'accroître, ce qui est incompréhensible.

3° La décomposition du mouvement conduit à des résultats différents suivant la manière dont on l'effectue.

De ces trois objections, les deux premières sont irréfutables, mais la troisième est sans fondement. Descartes répondit à la seconde objection de Fermat en faisant observer que la réfringence d'un milieu et sa densité sont deux propriétés qui ne varient pas toujours dans le même sens, et en citant l'exemple de l'esprit-de-vin, qui, quoique moins dense que l'eau, est cependant plus réfringent. Quant à la première objection, il la laissa sans réponse.

[1] Litteræ ad patrem Mersennum continentes objectiones quasdam contra Dioptricam Cartesii (*Epistolæ Cartesianæ*, pars III, litt. 29-46, Paris, 1667).

La controverse entre Descartes et Fermat a eu un résultat intéressant en ce qu'elle a provoqué la découverte d'une vérité importante, antérieure à la théorie des ondulations, et dont celle-ci a
montré la nécessité. Lachambre, contemporain de Descartes et de
Fermat, avait remarqué [1] que, dans le phénomène de la réflexion, le
chemin suivi par la lumière est le plus court de tous ceux qui vont
du point lumineux au point éclairé en touchant la surface réfléchissante. Fermat fut ainsi amené à penser que, dans la réfraction, le
chemin suivi par le rayon lumineux est celui qui est parcouru dans
le temps le plus court possible, que c'est, comme nous disons aujourd'hui, le chemin de plus prompte arrivée, et, en partant de cette
idée, il retrouva la loi de Descartes, mais avec cette modification
que l'indice de réfraction est égal au rapport *direct* des vitesses de la
lumière dans le premier et dans le second milieu, de sorte que cette
vitesse diminue quand la lumière passe dans un milieu plus réfringent, contrairement à ce qui résulterait de l'assimilation faite par
Descartes.

Les raisonnements par lesquels Fermat établit ces résultats ont
toute la prolixité des solutions qu'on donnait, antérieurement à la
découverte du calcul infinitésimal, des questions de maxima et de
minima; il serait inutile de les reproduire, et nous démontrerons la

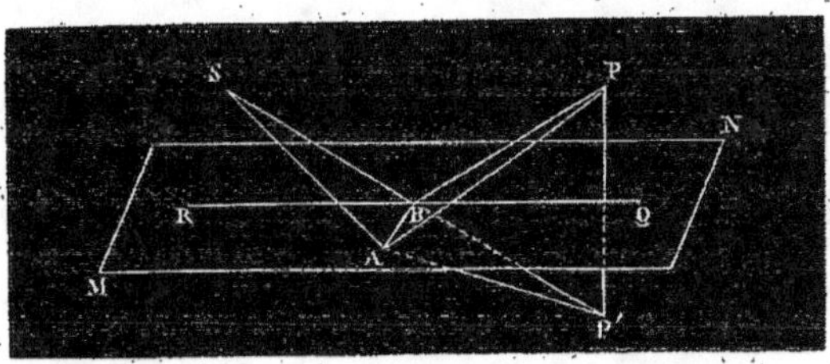

Fig. 9.

proposition dont il s'agit en suivant la méthode la plus simple. Nous
allons faire voir en premier lieu que le chemin de plus prompte
arrivée doit être contenu dans un plan normal à la surface réfléchissante ou réfringente et passant par le point lumineux.

[1] *De la lumière*, Paris, 1662.

Soient (fig. 9) MN une surface plane qui sépare deux milieux différents, S le point lumineux, P un point éclairé par réflexion, P′ un point éclairé par réfraction, et supposons, pour plus de simplicité, que les deux points P et P′ se trouvent sur une même perpendiculaire au plan MN. Menons le plan SPP′ normal au plan MN, et prenons un point A sur le plan MN en dehors de son intersection QR avec le plan SPP′ : il s'agit de démontrer que le chemin SAP n'est pas le chemin de plus prompte arrivée. A cet effet, abaissons du point A sur QR une perpendiculaire AB; la droite AB est perpendiculaire au plan SPP′, et par conséquent aux deux droites BS et BP : on a donc

$$BS + BP < AS + AP.$$

En joignant les points A et B au point P′, on voit de même que l'on a

$$BS < AS, \quad BP′ < AP′.$$

Les chemins de plus prompte arrivée, soit par réflexion, soit par réfraction, sont donc situés dans le plan normal SPP′.

Prenons ce plan normal pour plan de figure, et occupons-nous d'abord du cas de la réflexion. Soient SI (fig. 10) un rayon incident

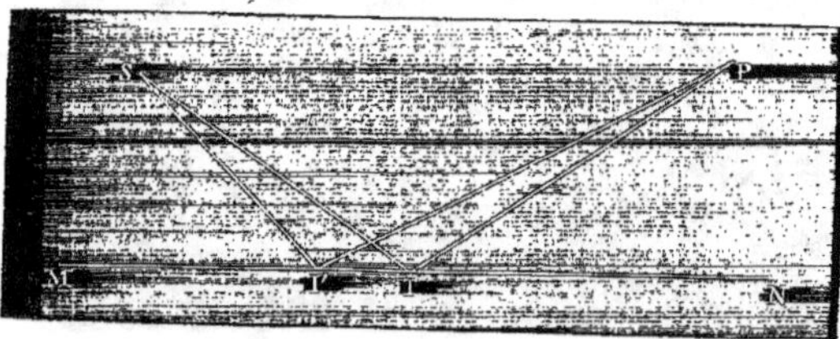

Fig. 10.

et IP le rayon réfléchi correspondant : il est facile de voir que le chemin SIP a une longueur moindre que tout autre chemin, tel que SI′P, situé dans le plan de la figure, et que c'est, par conséquent, le chemin de plus prompte arrivée. Si, en effet, on trace une ellipse ayant pour foyers les points S et P, et tangente en I à la droite MN, tous les points de cette droite autres que le point I seront extérieurs à la courbe, et l'on aura, d'après une propriété connue de l'ellipse :

$$SI + IP < SI' + I'P.$$

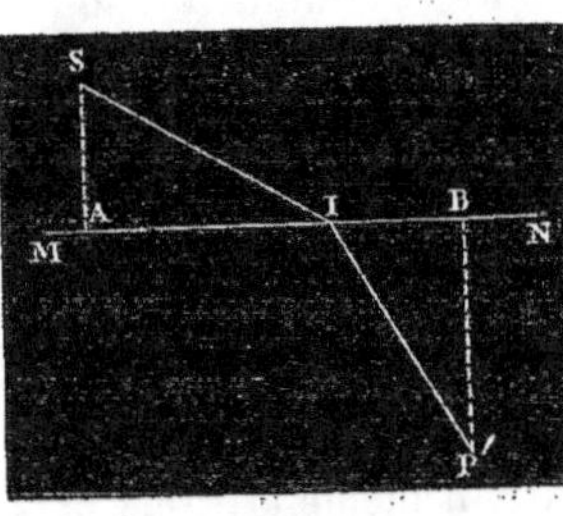

Fig. 11.

Passons maintenant au cas de la réfraction. Si nous désignons par v la vitesse de la lumière dans le premier milieu, par v' sa vitesse dans le second milieu, le temps employé par la lumière pour se propager du point S au point P' (fig. 11) sera représenté par $\dfrac{SI}{v} + \dfrac{IP'}{v'}$. Abaissons des points S et P' deux perpendiculaires SA, P'B sur le plan réfringent, dont la trace sur le plan de la figure est MN, et posons

$$SA = h, \quad AB = l, \quad AI = x, \quad BP' = k;$$

l'expression du temps nécessaire à la lumière pour parcourir la trajectoire SIP' devient alors

$$\frac{\sqrt{x^2 + h^2}}{v} + \frac{\sqrt{(l-x)^2 + k^2}}{v'}.$$

Pour trouver la valeur de x qui rend cette quantité minimum, il suffit d'égaler à zéro sa dérivée, car elle n'est susceptible d'aucun maximum fini; nous sommes ainsi conduits à poser la condition .

$$\frac{x}{v\sqrt{x^2 + h^2}} - \frac{l-x}{v'\sqrt{(l-x)^2 + k^2}} = 0,$$

d'où

$$\frac{\dfrac{x}{\sqrt{x^2 + h^2}}}{\dfrac{l-x}{\sqrt{(l-x)^2 + k^2}}} = \frac{v}{v'}.$$

Or on voit sur la figure que l'on a

$$\frac{x}{\sqrt{x^2 + h^2}} = \sin i; \qquad \frac{l-x}{\sqrt{(l-x)^2 + k^2}} = \sin r;$$

donc il vient définitivement

$$\frac{\sin i}{\sin r} = \frac{v}{v'},$$

équation qui n'est autre chose que la traduction analytique de la loi de Descartes et qui donne une expression nette et admissible du rapport constant des sinus des angles d'incidence et de réfraction [1].

Tel est le seul progrès qui soit résulté, pour la théorie de la lumière, de la discussion soutenue par Fermat contre Descartes et ultérieurement contre les disciples de ce dernier.

9. **Hooke.** — Plusieurs auteurs, en particulier Young et Arago, ont cité comme un des fondateurs de la théorie des ondes un savant anglais du xviie siècle, Robert Hooke [2], et lui ont même attribué la découverte du principe des interférences. Il doit sembler étrange à ceux qui connaissent les ouvrages de Hooke qu'une pareille opinion ait été soutenue par deux hommes aussi éminents. Mais il faut remarquer que Young, voulant faire accepter ses idées sur la lumière par la Société royale de Londres, fort attachée, par respect pour l'autorité de Newton, à la doctrine de l'émission, fut sans doute heureux de trouver dans Hooke, savant d'une grande habileté expérimentale et fort célèbre en Angleterre malgré l'issue malheureuse de ses discussions avec Newton, des passages qui, à un examen superficiel, lui parurent contenir en germe la théorie des ondulations. Quant à Arago, il avait étudié à fond les œuvres de Hooke; mais, séduit peut-être à son insu par une certaine analogie entre la tournure d'esprit de cet auteur et la sienne propre, il fut conduit à interpréter de façon à les rendre intelligibles et admissibles des idées obscures et souvent erronées.

[1] Le théorème de Fermat n'est applicable qu'autant que la surface réfléchissante ou réfringente est plane; lorsque cette surface est courbe, le temps employé par la lumière pour parcourir sa trajectoire est en général *un maximum ou un minimum*, mais peut, dans des cas très-particuliers, n'être ni maximum ni minimum. Ce qu'on peut toujours affirmer, c'est qu'en passant de la trajectoire suivie par la lumière à une trajectoire infiniment voisine, la variation de la durée de la propagation de la lumière est un infiniment petit d'un ordre supérieur au premier.   (L.)

[2] Né en 1635, mort en 1703.

La doctrine de Hooke sur la nature de la lumière est exposée dans sa *Micrographia* [1] et dans ses *Lectures on Light* [2]. Il définit, il est vrai, la lumière comme « un mouvement rapide de vibrations de très-petite amplitude [3]. » Mais ce mouvement aurait, selon lui, l'inconcevable propriété de se propager instantanément à toute distance, et ne différerait guère, par conséquent, de la pression qu'admet Descartes. Il revient sans cesse sur cette notion incompréhensible d'une propagation instantanée, et essaye même [4] de réfuter, par des objections aussi vagues que peu concluantes, les conséquences que Rœmer a tirées de l'observation des satellites de Jupiter. Il s'appuie d'abord sur l'hypothèse d'un éther absolument fluide et absolument incompressible. Se mettant ensuite en contradiction avec lui-même, il considère la succession des différentes parties d'un rayon lumineux, et arrive ainsi aux plus étranges conséquences. Il regarde en effet la réfraction comme résultant de la différence qui existe entre les vitesses de la lumière dans deux milieux différents, et admet, sans aucune espèce de preuve, que les rayons lumineux se rapprochent de la normale lorsque dans le second milieu la vitesse est plus grande que dans le premier. Il résulterait de là que, si les rayons incidents sont parallèles, les rayons réfractés arriveraient simultanément aux différents points d'un plan qui leur serait oblique, d'où Hooke conclut que, dans le second milieu, les ondes deviendraient obliques sur la direction des rayons.

Les couleurs seraient dues, selon lui, à ce que les impulsions partielles, dont l'ensemble constitue le mouvement lumineux, se succéderaient suivant des lois différentes sur les rayons diversement colorés. Ainsi, pour Hooke, la cause qui fait varier la couleur d'un rayon lumineux est de même nature que celle dont dépend le timbre d'un son. C'est cette singulière théorie qu'il fait servir à l'explication des anneaux colorés des lames minces [5]. Ces anneaux, dit-il, sont produits par les combinaisons des rayons réfléchis à la première et

---

[1] *Micrographia*, London, 1665.

[2] *Posthumous Works of R. Hooke published by Waller*, London, 1705. Voyez surtout p. 76 et suiv.

[3] « A quick, vibratile movement, of extreme shortness. » (*Micrographia*, p. 55.)

[4] *Posthumous Works*, p. 77.

[5] *Micrographia*, p. 64.

à la seconde surface de la lame; suivant l'épaisseur de la lame, les impulsions plus ou moins intenses se succèdent sur le rayon résultant dans un ordre différent, ce qui donne naissance aux couleurs. Il n'y a là rien qui ressemble au principe des interférences, incompatible d'ailleurs avec l'idée d'une propagation instantanée, et l'on ne peut reconnaître, dans cette prétendue explication, que le développement d'une théorie des couleurs assez analogue à celle que Gœthe a plus tard vainement essayé de substituer à celle de Newton.

10. **Les PP. Pardies et Ango.** — Le seul auteur qu'on puisse, avec quelque apparence de raison, mentionner comme un devancier de Huyghens est le jésuite Pardies[1], connu dans l'histoire de la philosophie par son *Discours sur la connaissance des bêtes,* où il réfute le système cartésien. Le P. Pardies n'a rien publié par lui-même sur la théorie de la lumière; mais ses idées ont été reproduites dans un ouvrage publié en 1682 par un autre jésuite, le P. Ango[2]. Huyghens reconnaît d'ailleurs lui-même avoir eu entre les mains les manuscrits du P. Pardies et le cite comme « un de ceux qui ont commencé à considérer les ondes de lumière[3]. » Il est donc incontestable que le P. Pardies a précédé Huyghens dans la théorie des ondulations, et peut-être même a-t-il été plus loin que nous ne pouvons le savoir. On trouve dans l'*Optique* du P. Ango une notion parfaitement nette du mouvement vibratoire qui constitue la lumière. Il compare ce mouvement à celui d'un pendule écarté de sa position d'équilibre, ou encore à celui des ondes qui se produisent sur la surface d'une eau tranquille quand on y jette une pierre. Il dit expressément que la propagation de la lumière se fait par des ondulations successives de l'éther, comme celle du son par les ondulations de l'air.

Bien que ce qu'on lit dans cet auteur sur la réflexion et la réfraction de la lumière soit insuffisant pour constituer une théorie complète, on y trouve cependant une remarque[4] dont la vérité subsiste encore aujourd'hui tout entière et qui est d'une grande impor-

---

[1] Né en 1636, mort en 1673.
[2] *L'Optique divisée en trois livres,* etc., Paris, 1682.
[3] *Traité de la lumière,* p. 18.
[4] *Optique,* p. 60.

tance pour la théorie des ondulations. Cette remarque est relative à la réfraction de la lumière et permet d'arriver d'une manière très-simple à la loi de Descartes. Supposons le point lumineux assez

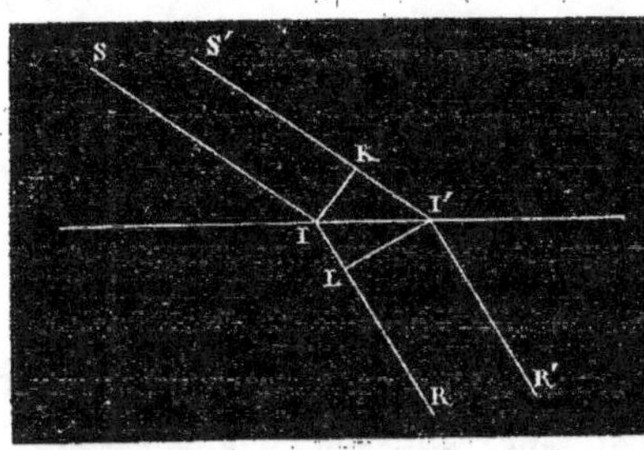

Fig. 12.

éloigné pour que les rayons incidents puissent être considérés comme parallèles entre eux; soient (fig. 12) une surface plane réfringente, SI et S'I' deux rayons incidents. Menons par le point I un plan IK perpendiculaire aux rayons incidents : ce plan représente l'onde incidente, et l'ébranlement parti du point lumineux arrive en même temps en I et en K. Ceci posé, il est naturel, suivant le P. Ango, de prendre pour surface de l'onde dans le second milieu le lieu des points où les mouvements vibratoires, partis en même temps du point lumineux, arrivent simultanément : la normale à cette surface indiquera la direction du rayon réfracté. Or, si par le point I' nous menons un plan I'L perpendiculaire aux rayons réfractés, nous voyons que, pour que le mouvement vibratoire arrive simultanément aux points I' et L, comme cela doit avoir lieu puisque le plan I'L représente l'onde réfractée, il faut que la lumière emploie des temps égaux pour parcourir la longueur KI' dans le premier milieu, et la longueur IL dans le second, c'est-à-dire que l'on ait

$$\frac{KI'}{v} = \frac{IL}{v'},$$

condition d'où l'on déduit

$$\frac{\sin i}{\sin r} = \frac{v}{v'},$$

en remarquant que l'on a

$$KI' = II' \sin i$$

et

$$IL = II' \sin r.$$

Il n'y a pas là, à proprement parler, de démonstration rigoureuse, mais simplement un aperçu qui permet de prévoir ce qui a lieu dans la réalité. Le défaut de la théorie du P. Ango, comme le lui a reproché Huyghens, c'est de ne pas expliquer pourquoi le mouvement vibratoire n'est sensible que sur la surface où tous les ébranlements arrivent simultanément. Il fallait donc à cette théorie un complément, et c'est ce complément que Huyghens considère comme sa découverte capitale dans ses travaux sur la réflexion et la réfraction de la lumière.

11. **Huyghens. — Principe des ondes enveloppes.** — C'est à Huyghens[1] qu'appartient sans contredit l'honneur d'avoir fondé la théorie ondulatoire de la lumière. Dans son *Traité de la lumière*, publié en 1690[2], se trouve réalisé un progrès immense sur tous les ouvrages antérieurs; pour la première fois la théorie des ondulations y est constituée en véritable corps de doctrine. Cependant le système de Huyghens présente encore une lacune considérable; la notion de la périodicité du mouvement lumineux y fait complétement défaut, à tel point qu'on pourrait l'appeler le *système des ondes indépendantes.* Huyghens n'a jamais égard dans ses raisonnements qu'à l'onde produite par une impulsion unique du corps lumineux; il la conçoit bien précédée et suivie d'ondes pareilles se propageant avec la même vitesse et douées des mêmes propriétés; mais, comme il ne suppose aucune relation générale entre les mouvements de ces ondes successives[3], il n'en combine jamais les effets, et en particulier la notion de l'interférence constante de deux vibrations qui apporteraient sans cesse en un même point des mouvements opposés l'un à l'autre lui est absolument étrangère.

A part cette imperfection, on trouve dans Huyghens des idées très-claires et très-exactes sur la naissance et le mode de propa-

---

[1] Né en 1629, mort en 1695.

[2] *Traité de la lumière*, par C. H. D. Z., Leyde, 1690. — Les idées développées dans cet ouvrage avaient été communiquées à l'Académie des sciences de Paris dès l'année 1678.

[3] Il dit même que «les percussions au centre des ondes n'ont pas de suite réglée.» (*Traité de la lumière*, p. 15.)

gation des ondes lumineuses. Il fait remarquer en premier lieu [1] que le mouvement vibratoire des corps lumineux ne peut être un mouvement d'ensemble comme celui qui donne naissance au son, et que, pour expliquer la visibilité des différentes parties de ces corps, il faut admettre que chacune de leurs molécules est animée d'un mouvement vibratoire spécial. Les ondulations lumineuses, ajoute-t-il, se propagent dans un milieu très-subtil, qu'il nomme éther, et dont l'existence est surtout prouvée pour lui par l'extrême vitesse de la lumière comparée à celle du son. Il a recours, pour faire comprendre la manière dont les ondes se transmettent dans ce milieu, à une comparaison très-ingénieuse et très-féconde avec ce qui se passe lorsqu'une bille élastique vient frapper une série d'autres billes semblables et de même grosseur, suspendues en ligne droite et de façon à se toucher [2]. Il déduit de là la nécessité d'une durée finie pour la propagation d'une impulsion, en faisant remarquer que, si le mouvement se communiquait simultanément à toutes les billes choquées, elles se déplaceraient toutes, tandis qu'en réalité c'est seulement la dernière de ces billes qu'on voit quitter sa position. La même comparaison lui sert à expliquer comment un milieu élastique peut transmettre, sans qu'il y ait mouvement de transport de ses parties, deux impulsions de directions opposées; si, en effet, sur la rangée des billes élastiques on lance en même temps, des deux côtés opposés, deux billes égales et animées de la même vitesse, on verra chacune de ces deux billes rebondir avec une vitesse égale à celle qu'elle avait avant le choc, et les billes intermédiaires rester en place [3]. C'est ainsi qu'il rend compte de ce qu'une infinité de rayons lumineux peuvent passer, sans se gêner mutuellement, à travers une ouverture très-étroite, fait qui jusque-là avait beaucoup embarrassé tous ceux qui s'étaient occupés de la théorie de la lumière, et dont, plus tard encore, Euler devait donner une explication inadmissible.

Les fondements de la théorie étant ainsi posés, Huyghens cherche à rattacher à un principe unique le phénomène de la propagation

[1] *Traité de la lumière*, p. 9.
[2] *Traité de la lumière*, p. 11.
[3] *Traité de la lumière*, p. 16.

rectiligne de la lumière ainsi que les lois de la réflexion et de la réfraction. Voici en quoi consiste ce principe, dont nous aurons très-souvent à faire usage par la suite, et qu'on peut appeler le *principe des ondes enveloppes*[1]. Soit O (fig. 13) un point lumineux, et considérons l'onde sphé-rique à laquelle il donne naissance dans un milieu homogène. Cette onde étant dans une certaine position MM', chacun de ses points constitue un centre d'ébranlement, et le mouvement vibratoire d'un point quel-conque A, extérieur à l'onde MM', peut être regardé comme provenant soit de tous ces centres d'ébranlement, soit du point lumi-neux O lui-même. La première de ces deux manières d'envisager le mouvement du point A, quoique en apparence plus compli-

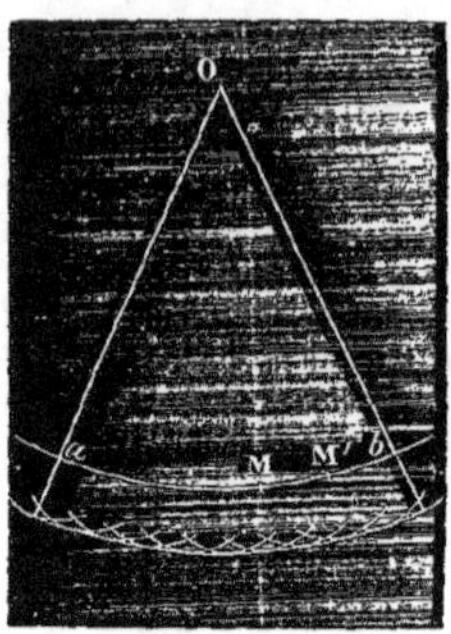

Fig. 13.

quée que l'autre, pourra dans certains cas offrir plus d'avantages pour l'explication des phénomènes. Remarquons maintenant que tous les points de l'onde MM' donnent naissance, au bout d'un même temps, à des ondes sphériques de même rayon, qui ont pour enveloppe commune une surface sphérique ayant pour centre le point lumineux O. Il est évident qu'à l'instant considéré il ne peut y avoir de mouvement au delà de cette enveloppe; mais la dé-monstration par laquelle Huyghens prétend prouver qu'à l'inté-rieur de l'enveloppe le mouvement est également insensible n'est pas suffisante : il se contente en effet de dire que le mouvement qui existe sur chacune des ondes élémentaires ne peut être qu'in-finiment faible par rapport à celui qui existe sur l'onde enveloppe, «à la composition de laquelle toutes les autres contribuent par la partie de leur surface qui est la plus éloignée du centre lumi-neux[2].» Au premier abord cette assertion peut sembler évidente à l'inspection de la figure, mais, comme nous le verrons plus

[1] *Traité de la lumière*, p. 17.
[2] *Traité de la lumière*, p. 18. — Huyghens a senti lui-même ce que son raisonnement a d'incomplet, car il ajoute : «Ceci ne doit pas être recherché avec trop de soin ni de subtilité.»

loin, elle exige un examen plus approfondi. Ce n'est pas qu'il soit
douteux qu'à l'instant considéré le mouvement vibratoire n'existe
que sur l'onde enveloppe : cela résulte immédiatement de ce que le
mouvement vibratoire peut être regardé comme directement émané
du point lumineux, et deux modes de raisonnement également légitimes ne peuvent conduire à des conséquences contradictoires; mais
ce que Huyghens ne fait pas voir assez nettement, c'est pourquoi
chacune des ondes élémentaires n'est active qu'au point où elle
touche l'onde enveloppe.

Huyghens, laissant de côté cette difficulté non complétement résolue, arrive facilement à déduire du principe des ondes enveloppes
le phénomène de la propagation rectiligne de la lumière. Si, en
effet, nous concevons l'onde MM' limitée par un corps opaque percé
d'une ouverture ab, nous verrons, en décrivant des sphères de
rayons égaux de chacun des points de la partie ab de l'onde comme
centre, que ces ondes élémentaires n'ont d'enveloppe qu'à l'intérieur
du cône qui a pour sommet le point O et pour base ab, et qu'en
dehors de ce cône on ne trouve que les portions excédantes de
quelques ondes élémentaires ayant pour centres les points de l'onde
ab qui sont voisins des bords de l'écran; d'où il résulte que dans cette
dernière région on n'observera pas d'éclairement sensible.

C'est encore en s'appuyant sur le principe des ondes enveloppes
que Huyghens démontre les lois de la réflexion et de la réfraction; il
prend, sans autre preuve, pour surface de l'onde réfléchie ou réfractée l'enveloppe des ondes élémentaires qui ont pour centres les
différents points de la surface réfléchissante ou réfringente, ces
ondes étant considérées dans les positions qu'elles occupent au
même instant. Ici, les différents points de la surface réfléchissante
ou réfringente étant atteints à des époques différentes par le mouvement émané du point lumineux, les ondes élémentaires correspondent à des temps inégaux, et la justification indirecte que reçoit
le principe des ondes enveloppes lorsque la lumière se propage dans
un milieu homogène fait défaut.

Nous reproduirons le raisonnement que fait Huyghens[1] pour le
cas de la réfraction : il sera facile d'en déduire ce qui est relatif à la

[1] *Traité de la lumière*, p. 33.

réflexion. Soient deux milieux séparés par une surface plane; désignons par v et v' les vitesses de la lumière dans le premier et dans le second milieu, et supposons le point lumineux assez éloigné pour que les rayons incidents puissent être regardés comme parallèles, et par suite les ondes incidentes comme planes. Considérons l'onde incidente dans une certaine position AA′ (fig. 14); cette onde passera par le point B, où le rayon mené par le point A′ rencontre le plan réfringent, au bout d'un temps égal à $\dfrac{A'B}{v}$. A ce moment l'onde sphérique émanée du point A et se propageant dans le second milieu, à laquelle l'onde réfractée doit être tangente, a un rayon égal à $\dfrac{A'B.\,v'}{v}$.

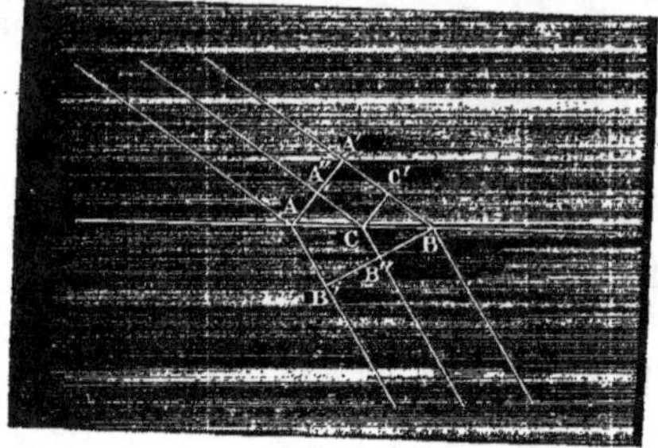

Fig. 14.

Menons par le point B un plan BB′ tangent à cette onde sphérique: il est facile de démontrer que ce plan n'est autre que l'onde réfractée à l'instant considéré, c'est-à-dire qu'il est tangent à toutes les ondes sphériques émanant des différents points du plan réfringent successivement atteints par le mouvement lumineux et se propageant dans le second milieu, ces ondes étant prises dans les positions qu'elles occupent au moment où l'onde incidente passe par le point B. Soit en effet C un point quelconque du plan réfringent : l'onde sphérique qui émane de ce point a pour rayon à l'instant considéré

$$\frac{(A'B - A''C)\,v'}{v} = \frac{BC.\,v'}{v}.$$

Or, en abaissant du point C une perpendiculaire CB″ sur le plan BB′, nous aurons

$$\frac{CB''}{AB'} = \frac{BC}{AB} = \frac{C'B}{A'B},$$

d'où

$$\frac{CB''}{C'B} = \frac{AB'}{A'B} = \frac{v'}{v}$$

3.

et

$$CB'' = \frac{C'B.v'}{v}.$$

Donc CB″ est, à l'instant considéré, le rayon de l'onde émanée du point C, et par suite cette onde est tangente au plan BB′. Le plan BB′ étant l'onde réfractée, les rayons réfractés lui sont perpendiculaires, et l'on obtient facilement la loi de Descartes à l'aide des deux relations

$$A'B = AB \sin i,$$
$$AB' = AB \sin r,$$

d'où l'on tire

$$\frac{A'B}{AB'} = \frac{\sin i}{\sin r} = \frac{v}{v'},$$

La construction de l'onde réfractée peut aisément se généraliser dans le cas où la surface réfringente n'est pas plane, et il est à re-

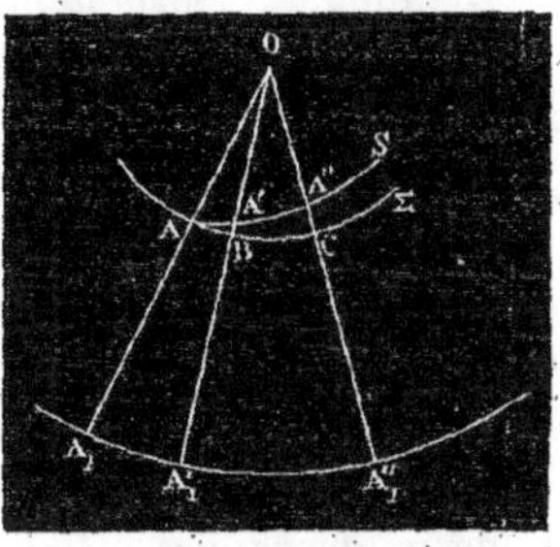

Fig. 15.

marquer que cette construction renferme implicitement le théorème de Gergonne (3). Soient en effet (fig. 15) O le point lumineux, S la surface réfringente, Σ l'onde incidente considérée dans une certaine position, A l'un des points où l'onde incidente coupe la surface réfringente. L'onde réfractée, au bout d'un temps t compté à partir de l'instant où l'onde incidente passe par la position Σ, est tangente, d'après ce que nous venons de voir, à une sphère décrite du point A comme centre et dont le rayon, que nous désignerons par R, est égal à $v't$. Soit maintenant A′ un point quelconque de la surface réfringente : le rayon OA′ rencontrant en B la surface sphérique Σ, la sphère décrite du point A′ comme centre et tangente à l'onde réfractée dont nous venons de parler aura un rayon R′ tel, que l'on ait

$$\frac{R'}{v'} = \frac{A'B}{v} = \frac{R}{v'},$$

d'où

$$R' = v'\left(\frac{R}{v'} + \frac{A'B}{v}\right).$$

Décrivons du point O comme centre une sphère dont le rayon OA_1 soit égal à

$$OA + \frac{Rv}{v'};$$

nous aurons, en appelant A_1' le point où le rayon OA' rencontre cette sphère,

$$AA_1 = \frac{Rv}{v'},$$

$$A'A_1' = A'B + BA_1' = \frac{R'v}{v'},$$

d'où il résulte que les distances normales des différents points de la surface réfringente à la surface sphérique qui a pour rayon OA_1 et à l'onde réfractée sont entre elles dans le rapport constant de v à v', rapport qui est égal à l'indice de réfraction du second milieu relativement au premier. L'onde réfractée n'est donc autre que la surface normale aux rayons réfractés, définie par le théorème de Gergonne.

Les lois de la réflexion s'obtiennent d'une façon tout à fait analogue, et il est inutile d'entrer dans aucun détail à cet égard. Nous devons seulement faire remarquer que les raisonnements de Huyghens ne sont pas bornés aux seuls milieux isotropes ; ils sont en effet complétement indépendants de la forme des ondes élémentaires, et peuvent s'appliquer aux milieux où ces ondes ne sont pas sphériques, à condition de considérer dans les explications précédentes, au lieu d'une onde sphérique d'un rayon donné, une onde élémentaire correspondant à un certain temps. C'est en se laissant guider par les principes que nous venons d'exposer que Huyghens découvrit les lois de la double réfraction, lois trop complexes pour qu'il eût été possible de les tirer de l'expérience sans l'appui de la théorie.

12. Critique de la théorie de Huyghens. — Le principe
des ondes enveloppes, sur lequel est fondée toute la théorie de
Huyghens, est incontestablement vrai en lui-même, car tous les
phénomènes de la réflexion et de la réfraction simple ou double en
fournissent une démonstration *a posteriori*; aussi, ce que nous nous
proposons d'examiner maintenant, ce n'est pas la valeur de ce principe, mais bien la rigueur des aperçus par lesquels Huyghens a cru
le démontrer. Afin d'éviter toute complication dans les calculs, nous
ne considérerons que des ondes planes, ce qui est suffisant pour le
but que nous avons en vue. Soient donc (fig. 16) deux plans AB,

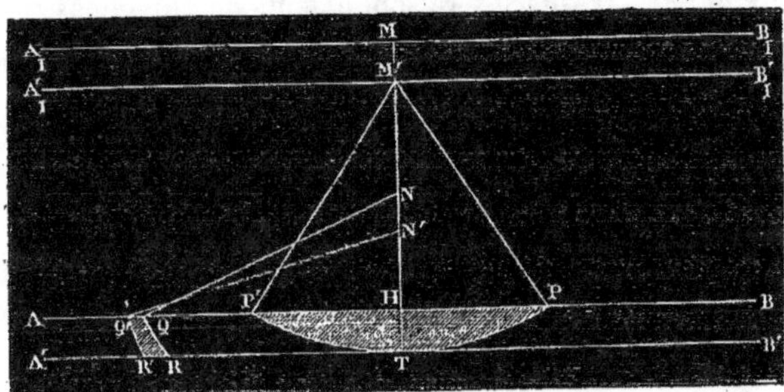

Fig. 16.

A′B′, parallèles et situés à une distance infiniment petite h l'un de
l'autre. Imaginons que chacun des points de la couche comprise
entre ces deux plans devienne le centre d'une onde sphérique élémentaire ; au bout d'un temps t, si la manière de voir de Huyghens
est exacte, le mouvement lumineux devra être circonscrit dans une
région comprise entre deux plans infiniment voisins A_1B_1 et $A'_1B'_1$,
situés respectivement à une distance des plans AB et A′B′ égale à vt,
v étant la vitesse de propagation de la lumière dans le milieu :
nous désignerons cette distance par R. Ceci posé, menons une droite
MT perpendiculaire aux plans A_1B_1 et $A'_1B'_1$, et cherchons quels sont
les points qui, à l'instant considéré, envoient des impulsions lumineuses à la portion MM′ de la droite qui est limitée par ces deux
plans. Ces points sont évidemment compris dans la calotte sphérique
PTP′ que le plan AB retranche de la sphère décrite du point M′

comme centre avec un rayon égal à R. Prenons maintenant sur la perpendiculaire MT, mais en dehors de la région $A_1 B_1 A_1' B_1'$, un élément NN' dont la longueur soit égale à MM', c'est-à-dire à h. Il est facile de délimiter la région où sont compris les points qui envoient des impulsions lumineuses en NN' au moment dont il s'agit : il suffit pour cela de décrire, des points N et N' comme centres, des sphères de rayon R, et de considérer le solide compris entre les surfaces de ces deux sphères et entre les deux plans AB, A'B', solide qui peut être regardé comme engendré par la rotation de la figure QQ'RR', qui diffère infiniment peu d'un parallélogramme, autour de la droite MT. Pour que les raisonnements de Huyghens fussent rigoureux, il faudrait que ce second volume fût infiniment petit par rapport à celui de la calotte sphérique PTP'. Or c'est ce qui n'a pas lieu. On voit en effet immédiatement, en remarquant que l'on a

$$\overline{PH}^2 = h\left(2R - h\right),$$

que le volume de la calotte sphérique est égal à

$$\pi h\left(2R - h\right)\frac{h}{3},$$

ou, en négligeant le terme en h^3, à

$$\frac{2\pi h^2 R}{3}.$$

Quant au second volume, il s'obtiendra, d'après le théorème de Guldin, en multipliant l'aire QQ'RR' par la circonférence que décrit le centre de gravité de cette aire. Or on a, en représentant la distance MN par d,

$$QQ' = HQ' - HQ = \sqrt{R^2 - (R - d - h)^2} - \sqrt{R^2 - (R - d)^2},$$

d'où, en remarquant que QQ' peut être considérée comme la différentielle de $\sqrt{R^2 - (R - d)^2}$,

$$QQ' = \frac{R - d)\, h}{\sqrt{R^2 - (R - d)^2}};$$

il vient ainsi

$$\text{aire } QQ'RR' = \frac{(R-d)h^2}{\sqrt{R^2-(R-d)^2}},$$

$$\text{circonf. } HQ = 2\pi\sqrt{R^2-(R-d)^2}.$$

Le volume cherché a par conséquent pour expression

$$2\pi(R-d)h^2,$$

et son rapport au volume de la calotte sphérique est égal à

$$\frac{3(R-d)}{R},$$

quantité finie, à moins que $R-d$ ne soit infiniment petit, c'est-à-dire à moins que l'élément NN' ne soit infiniment voisin de AB. Le raisonnement de Huyghens, uniquement fondé sur la condensation des ondes élémentaires dans le voisinage de l'onde enveloppe, est donc insuffisant pour prouver qu'il n'y a pas de mouvement sensible à l'intérieur de cette enveloppe.

Tant que l'on se borne à considérer la propagation d'un ébranlement lumineux dans un milieu homogène, on peut tourner la difficulté. Dans ce cas il est évident, en effet, qu'il se produit une onde sphérique dont le rayon va sans cesse en augmentant : il n'est pas moins évident que cette onde, dans une quelconque de ses positions, peut être regardée comme résultant de la composition des ondes sphériques élémentaires émanées des différents points d'une onde antécédente. Ces deux manières d'envisager la propagation de la même onde ne peuvent s'accorder qu'en admettant que les ondes élémentaires ne sont pas constituées de la même manière sur toute leur surface, que, par exemple, sur l'onde élémentaire émanée d'un point quelconque d'une onde principale, l'intensité du mouvement vibratoire va en décroissant à partir du point où cette onde élémentaire coupe la normale menée par son centre à l'onde principale. Cette supposition n'a du reste rien qui soit difficile à comprendre : si les vibrations lumineuses sont longitudinales, c'est-à-dire parallèles aux rayons, on conçoit aisément que le mouvement envoyé par un des éléments de l'onde ait sa plus grande intensité dans la direc-

tion suivant laquelle s'effectuent les vibrations, c'est-à-dire dans la
direction normale à l'onde; si les vibrations sont transversales, c'est-
à-dire parallèles à la surface de l'onde, il peut encore se faire que
le mouvement envoyé dans une certaine direction par un élément
de l'onde ait une intensité qui dépende de l'angle formé par cette
direction avec le plan de l'élément. Cette explication n'est plus applicable lorsqu'il y a réflexion ou réfraction de la lumière, car alors
il devient difficile de concevoir comment sont constituées les ondes
élémentaires émanées des différents points de la surface réfléchissante ou de la surface réfringente si elles ne sont pas identiques
sur toute leur surface, et il n'y a aucune raison sérieuse pour admettre sur la constitution de ces ondes telle hypothèse plutôt que
telle autre.

On a quelquefois cité, comme confirmation expérimentale du
principe des ondes enveloppes, certains faits dont la valeur est plus
apparente que réelle, ainsi que nous allons le montrer. Dans l'ouvrage des frères Weber sur les ondes liquides[1] on trouve en particulier la description de plusieurs expériences qui semblent prouver
que, lorsqu'une série d'ondes sphériques émanées de centres différents se propage dans un liquide, le mouvement n'est sensible que
sur l'enveloppe de ces ondes. L'une de ces expériences consiste à
plonger dans un liquide une sorte de peigne dont les dents ont des
longueurs régulièrement décroissantes, en ayant soin d'enfoncer ce
peigne perpendiculairement à la surface et avec une vitesse qui soit
du même ordre de grandeur que la vitesse de propagation des ondes
dans le liquide. Lorsque la dent la plus longue rencontre la surface,
elle donne naissance à une onde qui se manifeste par une ride circulaire, dont le rayon s'accroît sans cesse tandis que le centre demeure toujours au point où a eu lieu l'ébranlement. Chacune des
dents suivantes produit une ride du même genre; mais, lorsque la
dent la plus courte a touché la surface, les rides circulaires ont complétement disparu, et l'on n'aperçoit plus que deux rides rectilignes
et divergentes, dans lesquelles il n'est pas difficile de reconnaître

[1] *Wellenlehre*, von den Brüdern Ernst und Wilhelm WEBER, Leipsig, 1825, p. 38.
— Voyez aussi LAMÉ, *Leçons sur la théorie mathématique de l'élasticité des corps solides*,
p. 270.

l'enveloppe des positions actuelles des rides circulaires produites
successivement par chaque dent (fig. 17).

Dans une autre expérience, également rapportée par les frères
Weber, on laisse tomber d'une certaine hauteur sur la surface d'un

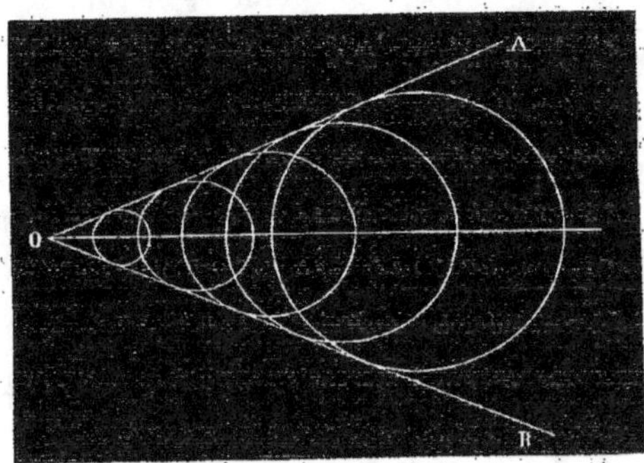

Fig. 17.

liquide des gouttelettes du même liquide à l'aide d'un vase muni
d'un orifice étroit, qu'on déplace parallèlement à la surface avec
une vitesse comparable à la vitesse de propagation des ondes dans
le liquide. Chaque goutte, en tombant, donne naissance à une ride
circulaire dont le rayon est d'autant plus grand que la goutte est
tombée depuis un temps plus long; mais ici encore on ne voit à la
surface du liquide que deux rides rectilignes dont l'angle dépend
de la vitesse avec laquelle on déplace l'orifice d'écoulement.

On peut rapprocher de ces deux expériences des apparences
connues de tout le monde : tel est, par exemple, le double sillage
d'un bateau à rames. Chaque coup de rame donne naissance à une
onde dont le rayon va en croissant, et cependant on ne voit à la
surface de l'eau que deux vagues rectilignes qui divergent en partant du bateau; le sillage d'un bateau à vapeur à roues présente le
même aspect.

Pour que ces faits fussent concluants, il faudrait que les ondes
qui naissent à la surface d'un liquide fussent identiques aux ondes
sphériques élémentaires dont Huyghens fait usage dans sa théorie;

or cette identité n'existe pas, car, ainsi que l'ont fait remarquer les
frères Weber eux-mêmes[1], l'impulsion produite à la surface d'un
liquide ne pénètre qu'à une très-petite profondeur au-dessous de
cette surface. Les ondes qui se propagent sur la surface d'un liquide
ne doivent donc pas être regardées comme sphériques, mais bien
comme des surfaces cylindriques d'une très-petite hauteur, et il
n'est pas légitime de conclure de la manière dont se comportent ces
ondes à ce qui a lieu pour les ondes lumineuses.

Il est facile d'ailleurs de montrer, en suivant la même marche
que plus haut, et en considérant les ondes liquides comme circulaires, qu'il ne peut y avoir de mouvement sensible que sur l'enveloppe de ces ondes. Supposons, en effet, que dans la figure 16 le
plan de la figure soit celui de la surface liquide : il suffira de faire
voir que l'aire du segment circulaire PTP′ est infiniment grande par
rapport à l'aire de la figure QQ′RR′. Désignons l'angle PM′P′ par α :
l'aire du secteur circulaire PM′P′ a alors pour expression

$$\frac{R^2 \alpha}{2},$$

et celle du triangle PM′P′

$$\frac{R^2 \sin \alpha}{2};$$

l'aire du segment PTP′ est donc égale à

$$\frac{R^2 (\alpha - \sin \alpha)}{2}.$$

L'angle α étant infiniment petit, on peut poser

$$\alpha - \sin \alpha = \frac{\sin^3 \alpha}{6}$$

et

$$\sin \alpha = 2 \sin \frac{\alpha}{2},$$

d'où

$$\alpha - \sin \alpha = \frac{4}{3} \sin^3 \frac{\alpha}{2}.$$

[1] *Wellenlehre*, p. 46 et 122.

Nous avons donc pour l'aire PTP′, que nous appellerons S,

$$S = \frac{2}{3} R^2 \sin^3 \frac{\alpha}{2};$$

mais

$$\sin \frac{\alpha}{2} = \frac{PH}{R}$$

et

$$PH = \sqrt{2 R h}$$

en négligeant sous le radical le terme en h^2; il vient ainsi définitivement

$$S = \frac{4}{3} h \sqrt{2 R h}.$$

Nous avons trouvé précédemment

$$\text{aire } QQ'RR' = \frac{(R - d)\, h^2}{\sqrt{R^2 - (R - d)^2}};$$

cette aire est donc de l'ordre de h^2; celle du segment PTP′ est de l'ordre de $h \sqrt{h}$, et par conséquent infiniment grande par rapport à l'aire QQ′RR′, ce qu'il s'agissait de démontrer.

En résumé, tant qu'on se borne, comme le faisait Huyghens, à considérer la propagation d'ébranlements successifs n'ayant entre eux aucune relation nécessaire, il est impossible de donner des phénomènes de la réflexion et de la réfraction une explication entièrement satisfaisante. Huyghens ne chercha d'ailleurs jamais à faire rentrer dans sa théorie les phénomènes de diffraction décrits, dès l'année 1665, par Grimaldi [1]; ces phénomènes paraissaient alors si étranges, que, loin de les regarder comme dérivant des lois générales de la propagation de la lumière, on ne croyait pouvoir les attribuer qu'à une *inflexion* spéciale des rayons lumineux par les bords des écrans opaques.

13. **Newton.**— Bien qu'il soit le créateur du système de l'émission, Newton [2] a cependant des droits incontestables à être cité dans

[1] *Physico-Mathesis de lumine, coloribus et iride*, Bononiæ, 1665.
[2] Né en 1642, mort en 1727.

une histoire de la théorie des ondes : ce sont, en effet, ses découvertes sur la lumière qui ont mis en évidence la nécessité d'introduire dans cette théorie un principe nouveau, celui de la périodicité des vibrations lumineuses. A ce point de vue, nous avons surtout à signaler parmi les recherches de Newton celles qui sont relatives à la décomposition de la lumière[1] et celles sur les anneaux colorés[2].

Les travaux classiques de Newton sur la dispersion, en établissant l'hétérogénéité de l'agent lumineux, ont conduit à distinguer divers modes d'ondulation caractéristiques des différentes couleurs et montré l'imperfection de la théorie de Huyghens, qui n'admet entre les vibrations lumineuses que des différences d'intensité évidemment insuffisantes pour rendre compte des phénomènes de la décomposition de la lumière. Il faut dire, du reste, qu'à l'époque où écrivait Huyghens ces phénomènes étaient regardés comme purement accidentels et comme ne s'observant que dans des circonstances particulières : il n'est donc pas étonnant qu'il ait négligé de les prendre en considération dans la fondation d'une théorie générale de la lumière.

Les expériences de Newton sur les anneaux colorés ont aussi puissamment contribué à familiariser les physiciens avec la notion de la périodicité dans les phénomènes optiques. Ces expériences montrent en effet que, si l'on fait tomber un faisceau lumineux sur une lame mince et transparente, comprise entre deux surfaces capables de réfléchir la lumière, l'intensité lumineuse est alternativement maximum ou minimum, suivant la longueur parcourue dans la lame mince par le rayon réfléchi à la seconde surface, ce qui porte à admettre des changements périodiques se reproduisant en un même point d'un rayon lumineux à des intervalles de temps égaux. La célèbre théorie des *accès* a été l'expression en quelque sorte immédiate de cette conséquence tirée de l'expérience. Newton, n'ayant pas observé qu'aux minima de lumière correspond une obscu-

---

[1] Une première indication des idées de Newton sur la nature des couleurs se trouve dans son mémoire intitulé : New Theory of Light and Colours, inséré dans les *Transactions philosophiques* de 1672 ; mais l'exposé complet de ses travaux sur la dispersion n'a été publié que dans son Optique. (*Optics*, London, 1704. La première traduction française est celle de Coste, publiée en 1729 à Amsterdam.)

[2] *Optique*, livre II.

rité complète, ou du moins un éclairement incomparablement plus faible que celui qui serait produit par les rayons réfléchis à la première surface, suppose que ces rayons existent toujours tandis que ceux qui tombent sur la seconde surface sont tantôt réfléchis, tantôt absorbés. Pour expliquer comment il peut en être ainsi, il introduit pour la première fois dans la science l'idée de vibrations périodiques se propageant dans un milieu élastique [1]. Comme tous ses contemporains, il admet l'existence d'un éther remplissant l'espace et pénétrant dans tous les corps; suivant lui, lorsqu'une molécule lumineuse vient frapper la surface de séparation de deux milieux, elle produit dans l'éther, au point d'incidence, des vibrations analogues aux oscillations d'un pendule, et ce point, devenu un centre d'ébranlement, donne naissance à des ondes sphériques qui se propagent avec une certaine vitesse en accompagnant la molécule lumineuse. Si, au moment où cette molécule rencontre la seconde surface de la lame mince, les ondulations de l'éther tendent à la porter au delà de cette surface, elle obéit à cette impulsion, et elle est absorbée. Si, au contraire, le mouvement vibratoire de l'éther tend à écarter la molécule de la surface vers laquelle elle se dirige, elle est réfléchie.

Cette théorie des anneaux colorés, bien différente de celles que, plus tard, Boscovich [2] et Biot [3] en ont données dans l'hypothèse de l'émission, se rapproche singulièrement du système des ondulations, et Newton a dû nécessairement se demander si la seule hypothèse d'un éther transmettant des vibrations périodiques n'était pas suffisante pour établir une théorie complète. Il s'est, en réalité, posé la question [4], mais deux objections l'ont empêché de se prononcer pour l'affirmative. En premier lieu, les raisonnements de Huyghens lui ont paru ne pas expliquer assez rigoureusement dans l'hypothèse des ondulations les phénomènes élémentaires de l'optique, et surtout celui de la propagation de la lumière. Un second argument contre le système des ondes, qui lui semble plus décisif encore, est tiré de

<hr>

[1] *Optique*, livre II, 3ᵉ partie, prop. XII, et quest. 17, 21, 29.
[2] *Theoria Philosophiæ naturalis*, Venet., 1763, et *Dissertatio de lumine*, 1748.
[3] *Traité de physique*, t. IV, p. 88.
[4] *Optique*, livre III, quest. 28.

la découverte de la polarisation, faite par Huyghens lui-même. Ce savant avait remarqué [1] que, si un rayon lumineux, après avoir traversé un premier cristal de spath d'Islande, tombe sur un second cristal du même minéral, ce rayon se divise en deux autres dont les intensités dépendent de l'orientation du second cristal par rapport au premier. Ces phénomènes, qui semblent révéler dans les rayons lumineux l'existence de côtés doués de propriétés différentes, paraissaient à cette époque incompatibles avec l'idée d'une propagation de la lumière par ondulations successives, et Huyghens, après avoir rapporté ses observations, ajoute lui-même : « Mais pour dire comment cela se fait, je n'ai rien trouvé jusqu'ici qui puisse me satisfaire. » Cette difficulté provenait de ce qu'on ne concevait alors comme possibles que les vibrations longitudinales, c'est-à-dire celles qui, produites par la compression et la dilatation alternatives d'un milieu élastique, se propagent normalement aux ondes. Il est en effet peu aisé de comprendre comment des vibrations parallèles à la direction du rayon lumineux peuvent agir différemment dans les différents plans que l'on peut mener par le rayon : l'objection proposée par Newton et fondée sur les phénomènes de polarisation n'a été réellement réfutée que du jour où Fresnel a démontré que les vibrations lumineuses sont transversales, c'est-à-dire parallèles à la surface des ondes.

14. Euler. — Les travaux de Newton devaient nécessairement amener les partisans du système des ondes à admettre que les ondes successives émanées d'un point lumineux ne sont pas indépendantes les unes des autres, et apportent en un point quelconque de l'espace un mouvement vibratoire se reproduisant identiquement à lui-même au bout d'intervalles de temps égaux entre eux. Mais l'autorité du grand nom de Newton enleva pour quelque temps à la doctrine de Huyghens toute espèce de crédit, et ce ne fut qu'un demi-siècle après la publication de l'*Optique* de l'illustre géomètre anglais qu'Euler [2] tenta de remettre en honneur la théorie des ondulations. Bien qu'il ait donné de la plupart des phénomènes connus de son

[1] *Traité de la lumière*, chap. v, p. 88.
[2] Né en 1707, mort en 1783.

temps les explications les plus inexactes, ce qu'on doit attribuer surtout à ce qu'il était peu versé dans la physique expérimentale,
Euler n'en mérite pas moins de conserver dans l'histoire de l'optique
une place éminente pour avoir dit le premier d'une manière expresse
que les ondulations lumineuses sont périodiques comme les ondulations sonores, que la couleur dépend de la durée de la période, et
qu'ainsi la cause des différences de coloration est au fond la même
que la cause des différences de tonalité. Euler a professé successivement deux opinions diamétralement opposées sur la relation qui
existe entre la durée des vibrations lumineuses et la couleur, relation qu'il déduit du phénomène des anneaux colorés, dont il a donné
aussi deux explications différentes. La première de ces explications,
qui est exacte, consiste à assimiler la production des couleurs par les
lames minces à la formation des sons dans un tuyau ouvert à ses
deux extrémités[1]. L'éther contenu dans la lame mince peut, suivant
Euler, de même que l'air contenu dans un tuyau, exécuter des vibrations dont la période est déterminée et dépend de l'épaisseur de
la lame : si la période des vibrations incidentes est égale à la période
de celles qui peuvent se produire dans la lame mince, il y a renforcement, et, par suite, réflexion de rayons d'une certaine couleur;
si, au contraire, l'accord n'existe pas entre ces deux périodes, les
vibrations incidentes traversent la lame mince sans y exciter de
mouvement ondulatoire qui vienne s'ajouter à elles, et la couleur
qui correspond à ces vibrations n'apparaît pas. Cette comparaison se
rapproche plus de la vérité qu'on ne pourrait le croire au premier
abord; les sons produits par les tuyaux sonores résultent, en effet,
de l'interférence des ondes directes avec les ondes réfléchies, de
même que les couleurs des lames minces proviennent de l'interférence des rayons réfléchis par la seconde surface avec ceux réfléchis
par la première. Euler est conduit d'ailleurs, par sa théorie, à regarder la durée des vibrations lumineuses comme variant en sens
contraire de la réfrangibilité, ce qui est conforme à la vérité; il remarque en effet que le son rendu par un tuyau est d'autant plus
aigu que ce tuyau est plus court, et en conclut que les vibrations

[1] Essai d'une explication physique des couleurs engendrées sur des surfaces extrêmement minces (*Mémoires de l'Académie de Berlin* pour 1752, p. 262).

les plus rapides sont celles des rayons qui sont réfléchis par les lames dont l'épaisseur est la plus petite, c'est-à-dire celles des rayons violets. Quant à la reproduction périodique des mêmes teintes dans les anneaux colorés, Euler l'explique, en poursuivant sa comparaison, par ce fait que l'air d'un tuyau sonore entre en vibration sous l'influence de tous les sons qui sont dans un rapport simple avec celui qu'il peut rendre.

Plus tard, Euler, séduit par une analogie sans fondement, abandonna la théorie que nous venons d'indiquer et qui l'avait conduit à des conséquences exactes. Partant de ce fait, qu'il considère comme prouvé par l'expérience, que les vibrations d'une lame solide présentant la forme d'un coin sont d'autant plus rapides que cette lame est plus épaisse au point choqué, il arrive, par une fausse assimilation, à affirmer que la durée des vibrations lumineuses va en croissant avec la réfrangibilité, et qu'ainsi la période des vibrations d'un rayon rouge est plus courte que celle des vibrations d'un rayon violet [1].

Cette comparaison, qui n'a rien de légitime, se rattache à l'erreur capitale qui a vicié tous les travaux d'Euler sur la théorie de la lumière : il expliquait la coloration des corps par des vibrations de leur matière qui seraient entretenues par l'excitation continuelle des vibrations lumineuses incidentes ; ainsi, pour lui, tous les corps éclairés sont des corps lumineux, et la couleur d'un corps est indépendante de la nature de la lumière incidente. On conçoit d'autant moins une pareille méprise, que Newton avait parfaitement montré que si, dans la chambre noire, on place différents corps dans la même région du spectre, tous ces corps présentent la même couleur, quelle que soit leur nature, l'intensité seule de la coloration étant variable.

Sauf en ce qui touche la notion de la périodicité des vibrations lumineuses, Euler se montre du reste bien inférieur à Huyghens : ainsi il explique la réflexion de la lumière en l'assimilant à celle des balles élastiques, et la réfraction en admettant que les rayons réfractés

<hr>

[1] Recherches physiques sur les diverses réfrangibilités des rayons de lumière, *Mémoires de l'Académie de Berlin* pour 1784. La même opinion est soutenue par Euler dans sa *Nova theoria lucis et colorum* in *Opusculis varii argumenti*, Berol., 1746.

doivent être perpendiculaires aux surfaces dont les différents points
sont atteints simultanément par l'ébranlement lumineux. Enfin,
chose qui doit nous surprendre chez l'un des fondateurs de la mécanique rationnelle, Euler éprouve la plus grande difficulté à comprendre comment une infinité de rayons de directions différentes
peuvent traverser, sans se gêner, un trou d'un petit diamètre, fait
dont Huyghens avait cependant donné l'explication la plus claire et
la plus exacte en s'appuyant sur le principe de la superposition des
petits mouvements [1]. Newton avait levé cette difficulté, qui est bien
plus sérieuse dans le système de l'émission que dans celui des ondes,
en supposant les molécules lumineuses séparées sur un rayon par
des intervalles d'une immense longueur, et en remarquant qu'à
cause de la persistance des impressions lumineuses sur la rétine il
suffit, pour qu'il y ait sensation continue, que dix molécules viennent
frapper l'œil dans l'espace d'une seconde, ce qui permet de les imaginer séparées les unes des autres par des distances de 40000 à
50000 kilomètres. Euler se crut obligé de faire une hypothèse analogue et de considérer le mouvement lumineux comme résultant
d'impulsions périodiques extrêmement courtes, séparées par des
intervalles de repos relativement très-longs. Une pareille constitution
des ondes lumineuses, outre que rien ne force en réalité à l'admettre,
serait complétement incompatible avec le phénomène des interférences.

15. Young. — Découverte du principe des interférences.
— Nous arrivons maintenant à une époque où la théorie des ondes
entre dans une phase nouvelle, grâce à la découverte du principe
des interférences, découverte qui renversa définitivement la doctrine
de l'émission et qui devint le point de départ des progrès immenses
réalisés dans la science de l'optique depuis le commencement de ce
siècle.

Avant d'entrer dans quelques détails historiques sur la manière
dont la science a été mise en possession de ce principe fondamental,
nous devons en préciser la signification.

Les vibrations qui résultent du libre jeu des forces élastiques d'un

____
[1] *Traité de la lumière*, p. 16.

corps primitivement ébranlé, telles que les vibrations sonores, sont toujours décomposables d'une infinité de manières en deux demi-vibrations exactement contraires l'une à l'autre, de sorte qu'à deux époques séparées par une demi-vibration, et plus exactement par un nombre impair de demi-vibrations, les vitesses des molécules sont égales et opposées. Si donc deux vibrations de ce genre, parties d'une même origine, viennent, après avoir parcouru des chemins inégaux, se réunir en un même point sous des directions sensiblement parallèles, elles devront se renforcer ou s'affaiblir réciproquement, suivant que la différence de leurs durées de propagation à partir de l'origine sera d'un nombre pair ou impair de demi-vibrations, et, si la différence des chemins parcourus n'est qu'une petite fraction de ces chemins eux-mêmes, l'intensité des deux vibrations étant à peu près égale, il y aura repos absolu au point où elles seront en discordance complète. Si les vibrations lumineuses sont constituées d'une manière analogue, il sera possible, en ajoutant de la lumière à de la lumière dans des conditions convenables, de produire de l'obscurité.

C'est à Th. Young [1] que revient l'honneur d'avoir appliqué le premier aux phénomènes optiques le principe des interférences tel que nous venons de l'énoncer, et de l'avoir démontré expérimentalement. On attribue souvent, mais à tort, la première observation des interférences au jésuite Grimaldi, auteur d'un ouvrage sur la lumière publié en 1665 [2]. Dans la proposition XXII de son Traité, Grimaldi dit, il est vrai, formellement que, dans certains cas, deux lumières peuvent s'affaiblir réciproquement par leur concours [3] : mais, en lisant avec attention la description de l'expérience par laquelle il prétend justifier cette assertion, on reconnaît qu'il n'a pu observer de véritables bandes d'interférence dans les conditions où il s'était placé. Il n'était guidé du reste par aucune considération théorique de quelque valeur : complétement imbu des idées de la scolastique stérile du moyen âge, il cherchait seulement à savoir si,

---

[1] Né en 1773, mort en 1829.

[2] *Physico-Mathesis de lumine, coloribus et iride,* Bononiæ, 1665.

[3] *« Lumen aliquando per sui communicationem reddit obscuriorem superficiem corporis alicunde ac prius illustratam. »* Ce passage a été traduit dans les *Ann. de ch. et de phys.*, (2), t. X, p. 306, mais le dernier paragraphe de la proposition a été omis.

pour employer le langage des péripatéticiens, la lumière est une substance ou un accident, et, croyant avoir démontré qu'elle est un accident, il ne se préoccupait nullement d'approfondir sa véritable nature. L'expérience de Grimaldi, telle qu'elle est rapportée par son auteur dans le passage que nous venons de citer, consiste à recevoir les rayons directs du soleil sur deux trous très-étroits et voisins, percés dans le volet de la chambre obscure; les faisceaux coniques transmis par ces ouvertures empiètent l'un sur l'autre à une certaine distance des ouvertures et sont reçus sur un écran. Si l'on couvre d'abord l'un des trous, on voit le seul faisceau lumineux qui subsiste peindre sur l'écran un cercle lumineux blanc, entouré d'un anneau circulaire moins éclairé, et le bord extérieur de cet anneau présente une légère coloration rouge. Si maintenant on laisse passer la lumière par les deux trous, et si l'on place l'écran de façon que la circonférence extérieure de l'anneau qui entoure l'une des images soit tangente à la circonférence qui limite le cercle blanc lumineux de

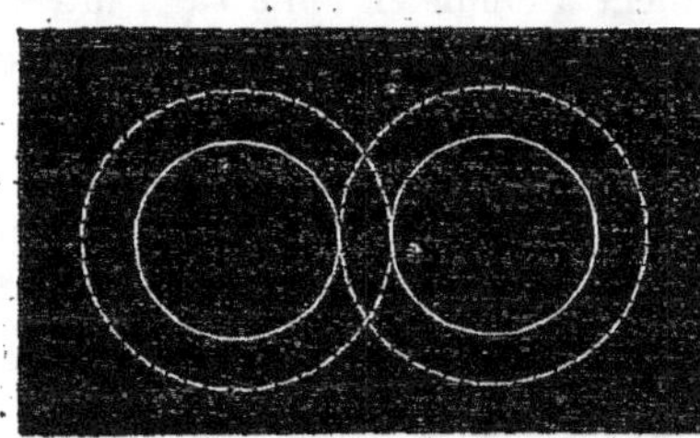

Fig. 18.

l'autre image (fig. 18), les circonférences extérieures des deux anneaux paraissent plus sombres dans la région commune aux deux faisceaux que dans les points où ces faisceaux sont séparés. Il n'y a là, comme on voit, qu'une observation fortuite d'un phénomène très-complexe, dont l'explication complète exigerait la connaissance exacte des dimensions des deux trous, de leur distance mutuelle et de leur distance à l'écran. Bien que ces données ne se trouvent pas dans la description de Grimaldi, on peut cependant déterminer approximativement les conditions dans lesquelles il a dû opérer : en effet, les deux cônes lumineux qui pénétraient dans la chambre noire par les deux trous avaient une ouverture angulaire égale au diamètre apparent du soleil, c'est-à-dire à 33 minutes; d'après ce qu'on peut conjecturer en se fondant sur les termes dont se sert Grimaldi, la pénétration des deux cônes devait avoir lieu à une distance des

ouvertures au moins égale à 1 mètre, d'où il résulte que l'écartement des deux trous était au moins égal à 0^m,01. Dans ces circonstances, la théorie montre que les bandes d'interférence seraient restées complétement invisibles, même si la source lumineuse
avait eu des dimensions angulaires insensibles ; mais en réalité
cette source lumineuse était le soleil, dont le diamètre apparent a
une influence très-appréciable sur les phénomènes ; chaque point de
la surface solaire donnant naissance à un système particulier de
franges et ces différents systèmes empiétant les uns sur les autres,
les bandes d'interférence n'auraient pu apparaître dans aucun cas.
Nous devons donc regarder comme surabondamment prouvé que les
apparences observées par Grimaldi sont dues uniquement à la diffraction ; la théorie indique que, même avec une source lumineuse
d'un diamètre apparent aussi considérable que celui du soleil,
pourvu que l'ouverture par laquelle passent les rayons soit suffisamment étroite, l'image lumineuse reçue sur un écran doit, par
suite de phénomènes de diffraction, se colorer sur les bords, et si
deux images de ce genre viennent à empiéter l'une sur l'autre, le
contraste entre les différentes teintes peut simuler un décroissement
d'intensité dans la partie commune.

Le paragraphe qui termine la proposition XXII de l'ouvrage de
Grimaldi achève de montrer qu'il n'a jamais aperçu les véritables
bandes d'interférence. Il y dit, en effet, qu'on peut observer les
mêmes apparences que dans l'expérience rapportée plus haut, en
pratiquant dans le volet de la chambre obscure deux fentes éloignées
l'une de l'autre et en amenant à l'aide d'un miroir les deux faisceaux
lumineux à concourir en un même point, conditions dans lesquelles,
vu la grande différence qui existe entre les chemins parcourus par
les rayons, le phénomène des interférences doit évidemment être
tout à fait invisible.

Young du reste n'avait pas connaissance des expériences de Grimaldi, et il est facile de suivre la filiation des idées qui l'amenèrent
à la conception théorique du principe des interférences. Il débuta
dans la science par une thèse sur l'accommodation de l'œil aux différentes distances [1], travail très-important au point de vue physiolo-

____

[1] Young exerçait la profession de médecin.

gique, mais où on ne trouve rien qui ressemble à une théorie de la
lumière. Plus tard l'étude du mécanisme de la voix humaine le con-
duisit à des recherches sur les tuyaux sonores et sur l'acoustique en
général, où il eut occasion d'observer les effets de la superposition
d'ondes d'origines différentes. Lorsqu'il aborda l'étude de l'optique,
il fut, presque dès l'abord, éloigné de la doctrine de l'émission, qui
jouissait alors en Angleterre d'une faveur à peu près exclusive, par
la complexité des hypothèses que nécessite dans cette théorie l'explication de chaque phénomène nouveau et surtout par l'impossibilité
où elle se trouve de rendre compte des effets produits par le croisement d'une infinité de rayons au foyer d'une lentille. Adoptant dès
lors le système des ondes, il dut nécessairement se demander si les
ondes lumineuses ne peuvent pas se superposer comme les ondes
sonores, et si cette superposition ne doit pas donner naissance à des
maxima et à des minima alternatifs de lumière. C'est le phénomène
des battements qui paraît avoir suggéré à Young la première idée
de l'interférence des vibrations [1]. Les ondulations d'où résultent les
battements ne sont ni de même origine ni de même période; mais, si
les périodes sont peu différentes, ces vibrations se trouvent alternativement dans les conditions favorables à leur renforcement ou à leur
affaiblissement; ces effets contraires deviennent sensibles à l'oreille
et constituent ce qu'on appelle les temps forts et les temps faibles,
l'intervalle qui sépare un temps fort du temps faible suivant étant
d'autant plus long que les périodes des deux mouvements vibratoires
se rapprochent plus d'être égales.

Un passage de Newton a été aussi plusieurs fois mentionné par
Young comme étant la seule trace qu'il ait trouvé, dans les ouvrages
antérieurs à lui, du principe en vertu duquel des ondes d'origines
différentes peuvent se détruire dans certaines circonstances : ce passage est relatif à l'explication de marées anormales observées par

[1] Le principe des interférences a été énoncé pour la première fois par Young dans son
Mémoire : On the Theory of Light and Colours (*Phil. Tr.*, 1802, p. 12, et *Miscellaneous
Works*, t I, p. 140). Mais, dans un Mémoire plus ancien qui a pour titre: Experiments and
Inquiries respecting Sound and Light (*Phil. Tr.*, 1800, p. 106), on trouve un passage
sur l'analogie qui existe entre les lois des anneaux colorés et celles des tuyaux fermés,
lequel, rapproché de l'explication qui est donnée de ces dernières lois, montre que Young
était déjà à cette époque familiarisé avec la notion des interférences.

Halley dans la mer de Chine pendant un voyage de circumnavigation
à la fin du xviie siècle[1]. Halley avait constaté que, dans un port de
la Cochinchine du nom de Batcha, les marées sont très-faibles, et
que deux fois par lunaison, aux époques où la lune se trouve dans
le plan de l'équateur, elles sont complétement nulles. Newton remarque que, la mer de Chine n'ayant qu'une étendue relativement
peu considérable (500 lieues environ du nord au sud et 200 lieues
de l'est à l'ouest), les marées qui peuvent y prendre naissance ne
peuvent être appréciées avec les procédés ordinaires d'observation;
les marées qu'on y observe sont donc dues aux ondes océaniques
qui pénètrent dans cette mer par les deux détroits situés au nord
et au sud de l'archipel des Philippines. Par suite, si un port de
cette mer se trouve dans une situation telle que la marée haute
venant du sud y arrive en même temps que la marée basse venant
du nord, et réciproquement, le niveau des eaux ne subira que des
variations peu marquées, et restera constant lorsque, la lune étant
dans le plan de l'équateur, il y a égalité entre les deux marées consécutives d'un même jour. C'est en généralisant cette explication de
Newton que Young fut conduit à énoncer le principe des interférences sous la forme générale que nous avons indiquée plus haut;
il eut soin d'ajouter que, les durées des vibrations n'étant pas les
mêmes pour les rayons de différentes couleurs, le concours de deux
faisceaux de lumière blanche ayant parcouru des chemins différents
doit produire non-seulement des alternatives de lumière et d'obscurité, mais encore des images colorées dont les teintes se suivent et
se répètent d'après des lois régulières.

Young se contenta d'abord d'affirmer le principe des interférences
comme une conséquence immédiate de la théorie des ondes, et d'en
montrer toute l'utilité dans l'explication d'un grand nombre de phénomènes; ce fut quelques années plus tard seulement qu'une observation fortuite le mit sur la voie d'une démonstration expérimentale
directe qui lui avait manqué jusque-là. Ayant eu occasion d'observer l'ombre d'un cheveu éclairé par une fente lumineuse très-
étroite, il remarqua au milieu de l'ombre une frange blanche et
brillante entre deux franges sombres. Il répéta l'expérience en substi-

[1] *Philosophiæ naturalis principia mathematica*, liv. 3, prop. XXIV.

tuant au cheveu un rectangle opaque très-étroit, et reconnut dans
l'ombre de ce rectangle une série de franges alternativement brillantes et obscures. La frange centrale est blanche et bordée de deux
franges obscures; les autres franges brillantes sont colorées très-
sensiblement et d'autant plus qu'on s'éloigne davantage du milieu
de l'ombre [1]. Young fit de plus une observation très-importante :
en arrêtant avec un écran opaque la portion de lumière qui passait
dans le voisinage d'un des bords de l'écran, il vit disparaître complétement les franges qui existaient à l'intérieur de l'ombre. Il était
difficile après cela de se refuser à admettre que ces franges sont dues
au concours des rayons qui passent près des deux bords opposés de
l'écran opaque. Quant à la pénétration de ces rayons dans l'intérieur
de l'ombre géométrique, ce n'était pas une difficulté à cette époque :
la déviation ou, comme on disait depuis Newton, l'*inflexion* des rayons
lumineux par les bords des écrans opaques était regardée par tous
les physiciens comme un fait prouvé par l'expérience, et dont on
rendait compte d'une manière assez naturelle par l'hypothèse d'une
condensation de l'air atmosphérique dans le voisinage de la surface
des corps.

Young imagina une seconde expérience, plus concluante encore,
pour démontrer l'existence des interférences lumineuses [2]. Il fit arriver le faisceau des rayons solaires transmis par un trou étroit, pratiqué dans le volet de la chambre obscure, sur deux autres trous étroits
et voisins, percés dans un écran opaque; il reçut sur un second
écran les deux cônes lumineux dilatés par la diffraction de manière
à empiéter l'un sur l'autre, et, dans l'ombre de la partie opaque
située entre les deux ouvertures du premier écran, il aperçut une
série de bandes très-fines, alternativement brillantes et obscures.
Ces bandes étaient d'autant plus étroites que la distance qui séparait
les deux trous était plus grande. Elles disparaissaient dès qu'on fer-
mait l'un de ces deux trous; elles disparaissaient également lorsqu'au
faisceau unique originaire d'un trou étroit on substituait la lumière
solaire directe ou celle d'une flamme artificielle, c'est-à-dire quand

---

[1] Experiments and Calculations relative to Physical Optics, exper. 1 et 2 (*Phil. Tr.*,
1804, p. 1, et *Miscellaneous Works*, t. I, p. 179).

[2] *Lectures on Natural Philosophy*, p. 364.

on revenait à la disposition adoptée par Grimaldi. Les bandes occupaient d'ailleurs exactement les positions où, d'après la théorie, les mouvements vibratoires devaient se renforcer ou s'affaiblir réciproquement.

Les expériences de Young, si ingénieuses qu'elles fussent, n'étaient cependant pas à l'abri de toute objection : les rayons qu'il faisait interférer étaient des rayons diffractés, c'est-à-dire modifiés par un phénomène dont la nature était encore mal connue, et les partisans de la doctrine de l'émission pouvaient soutenir, avec quelque apparence de raison, que les interférences n'étaient qu'une particularité propre aux phénomènes de diffraction. Aussi Fresnel crut-il plus tard nécessaire d'établir que la propriété d'interférer entre eux n'appartient pas uniquement aux rayons que la diffraction a détournés de leur direction initiale, et qu'elle peut être manifestée par les rayons réfléchis et réfractés dans les conditions les plus diverses : c'est ce qu'il prouva surtout au moyen de la célèbre expérience des deux miroirs[1].

16. Fécondité du principe des interférences. — Si Young ne s'est peut-être pas montré assez difficile pour la démonstration expérimentale de son principe fondamental, il a su du moins en prouver l'immense fécondité en en faisant sortir l'explication simple et facile d'un grand nombre de phénomènes. Ces travaux se trouvent surtout exposés dans les trois Mémoires qui ont respectivement pour titres : *On the Theory of Light and Colours*[2]; *An Account of Some Cases of the Production of Colours not hitherto described*[3]; *Experiments and Calculations relative to Physical Optics*[4]. Ils ont été résumés ultérieurement d'une manière systématique dans les *Lectures on Natural Philosophy*, publiées en 1807.

Young s'occupe en premier lieu des anneaux colorés des plaques

---

[1] Cette mémorable expérience, qui date de la fin de mars 1816, est décrite pour la première fois dans une note d'Arago intitulée: Remarques sur l'influence mutuelle de deux faisceaux lumineux qui se croisent sous un très-petit angle (*Ann. de chim. et de phys.*, (2), I, 332).

[2] *Phil. Tr.*, 1802, p. 12, et *Miscell. Works*, t. I, p. 160.

[3] *Phil. Tr.*, 1802, p. 387, et *Miscell. Works*, t. I, p. 170.

[4] *Phil. Tr.*, 1804, p. 1, et *Miscell. Works*, t. I, p. 179.

minces, dont Newton avait déterminé les lois avec tant d'exactitude.
Il se borne d'abord à considérer les anneaux vus par réflexion sous
l'incidence normale, et remarque que, la différence des chemins
parcourus par les rayons réfléchis à la première et à la seconde surface de la lame étant alors égale au double de l'épaisseur de cette
lame, il semble qu'on doive avoir un maximum ou un minimum de
lumière, suivant que l'épaisseur de la lame au point considéré est
un multiple pair ou impair du quart de la longueur d'ondulation
dans la substance qui forme la lame, c'est-à-dire du quart de la
longueur que parcourt la lumière dans cette substance pendant la
durée d'une vibration. Or c'est précisément l'inverse qui a lieu, car
le centre des anneaux, qui correspond au point où la différence des
chemins parcourus est nulle, est entièrement noir au lieu d'être
blanc. Pour rendre compte de cette contradition entre la théorie
et l'expérience, Young est obligé de faire une hypothèse accessoire,
et d'admettre que l'une des deux réflexions qui ont lieu sur les surfaces de la lame mince imprime aux rayons une modification équivalant à l'addition d'une demi-longueur d'ondulation au chemin
parcouru par ces rayons ou, ce qui revient au même, à un changement de signe dans la vitesse du mouvement vibratoire. Par cette
supposition les conditions d'interférence se trouvent renversées,
c'est-à-dire qu'on doit observer des maxima de lumière dans les
points où l'épaisseur de la lame est un multiple impair du quart
de la longueur d'ondulation, des minima dans les points où cette
épaisseur est un multiple pair du quart de la longueur d'ondulation, et l'accord avec l'expérience se trouve ainsi rétabli.

L'expérience indique seulement que l'une des deux réflexions doit
être accompagnée de la perte d'une demi-longueur d'ondulation,
tandis que l'autre ne présente rien de semblable, mais ne fait pas
connaître quelle est celle des deux réflexions qui produit cette modification dans la vitesse du mouvement vibratoire. L'analogie qui
existe entre la réflexion de la lumière et celle d'une bille élastique
qui vient frapper un corps dur fit penser à Young que la perte d'une
demi-longueur d'ondulation doit avoir lieu lorsque le rayon se réfléchit sur un milieu où l'éther est plus dense que dans celui où
il se propage, c'est-à-dire à la seconde surface dans l'expérience

des anneaux colorés; car, en assimilant la propagation de la lumière
à celle du son, on voit que sa vitesse est en raison inverse de la
racine carrée de la densité de l'éther, et, comme la théorie des
ondes montre que la vitesse de la lumière dans un milieu varie en
sens inverse de la réfrangibilité de ce milieu, la densité de l'éther
doit être d'autant plus considérable dans un corps que ce corps est
plus réfringent, et par conséquent plus grande dans le verre que
dans l'air.

Young a cherché à justifier l'hypothèse de la perte d'une demi-
longueur d'ondulation dans la réflexion à la surface d'un corps plus
réfringent. Il remarque d'abord que les anneaux vus par transmission sont à centre blanc, et que, par conséquent, pour ces anneaux
le principe des interférences peut s'appliquer sans modification; ces
anneaux sont en effet dus à l'interférence des rayons transmis directement avec ceux qui ont été réfléchis deux fois dans l'intérieur de
la lame sur la surface du verre, ce qui doit produire, d'après la
supposition admise, la perte d'une longueur entière d'ondulation,
perte dont il n'y a pas à tenir compte en posant les conditions d'interférence. Il cite ensuite une expérience très-ingénieuse et très-
concluante, qui consiste à observer par réflexion les anneaux que
donne un système composé d'une lentille de crown et d'une plaque
de flint entre lesquelles on introduit de l'essence de sassafras,
liquide dont l'indice de réfraction est intermédiaire entre celui du
crown et celui du flint [1]; ces anneaux sont à centre blanc, ce qui
s'explique en remarquant que les deux réflexions ont lieu dans ce
cas avec changement de signe.

Young a fait servir encore le phénomène des anneaux colorés à
la détermination des longueurs d'ondulation correspondant aux différentes couleurs. De ce que le premier anneau violet a un diamètre
plus petit que le premier anneau rouge, il conclut immédiatement
que la longueur d'ondulation va en décroissant à mesure que la réfrangibilité augmente. Comme d'ailleurs le phénomène de l'aberration et les observations astronomiques montrent que dans le vide et
dans l'air la vitesse de propagation est très-sensiblement la même

---

[1] L'indice du crown est 1,50, celui du flint 1,575, celui de l'essence de sassafras 1,53.
On peut aussi employer l'huile de girofle, dont l'indice est 1,54.

pour les rayons de toute couleur, on peut poser la formule

$$\lambda = v\mathrm{T},$$

v étant la vitesse de propagation de la lumière dans l'air et T la durée de la vibration pour le rayon simple dont la longueur d'ondulation est λ. Cette formule a permis à Young de résoudre définitivement la question posée par Euler et d'affirmer que les vibrations les plus rapides sont celles des rayons les plus réfrangibles. Enfin, ayant mesuré les épaisseurs de la lame mince qui correspondent aux anneaux des différentes couleurs, il a pu dresser un tableau des valeurs de λ et par suite aussi des valeurs de T pour les principales couleurs prismatiques.

Young n'a pas été moins heureux dans l'application du principe des interférences à la théorie des anneaux colorés produits par les plaques épaisses, déjà étudiés par Newton [1]. Ces anneaux étaient attribués par Newton aux rayons diffusés par la seconde surface de la plaque, ce qui l'obligeait à supposer, contrairement à l'expérience, que cette seconde surface possède, à un degré très-sensible, la faculté de diffuser la lumière en tous sens. Young, au contraire, s'appuyant sur ce fait que les anneaux sont d'autant plus visibles que la seconde surface possède un plus grand pouvoir réflecteur et la première un plus grand pouvoir diffusif, les expliqua par l'interférence des rayons diffusés par réfraction à la première surface et réfléchis régulièrement par la seconde avec les rayons réfractés régulièrement à la première surface, réfléchis régulièrement par la seconde, puis enfin diffusés par la première; il put ainsi rendre compte des principales particularités du phénomène. La théorie des couleurs des plaques épaisses est d'ailleurs assez délicate et exige des développements que l'on trouvera plus loin.

Les couleurs des plaques mixtes (*mixed plates*), que l'on obtient en introduisant, entre une lentille et une plaque de verre, deux liquides non miscibles, tels que l'eau et l'huile, ont aussi attiré l'attention de Young et ont été expliquées par lui au moyen des interférences [2]. Il faut seulement, dans ce cas, tenir compte, lorsqu'on

[1] *Optique*, liv. II, part. IV.
[2] *Lectures on Natural Philosophy*, p. 369.

évalue la différence des chemins parcourus, de la différence des vitesses de la lumière dans les deux liquides : si v et v' désignent ces deux vitesses, et si l'épaisseur de la lame au point où elle est traversée par les rayons qui interfèrent est égale à e, il y aura affaiblissement ou renforcement suivant que la quantité $\frac{e}{v} - \frac{e}{v'}$ est égale à un nombre impair ou pair de demi-durées de vibrations. Il est du reste assez difficile d'obtenir d'une manière nette ces couleurs des plaques mixtes : il ne s'agit pas en effet d'introduire entre les deux verres une émulsion d'huile dans l'eau, car alors on se trouverait dans les mêmes conditions que s'il n'y avait qu'un seul liquide : il faut s'arranger de façon que certains rayons passent uniquement à travers l'eau, et d'autres, très-voisins des premiers, uniquement à travers l'huile, et pour cela on doit introduire d'abord l'un des liquides entre les verres, puis faire arriver l'autre dans les vides que le premier a laissés [1].

Enfin Young rattacha au principe des interférences la théorie des arcs dits *supplémentaires* ou *surnuméraires* qui, lorsque l'arc-en-ciel est brillant, apparaissent souvent en dedans de l'arc intérieur et en dehors de l'arc extérieur. Il les attribua à l'interférence des rayons qui, étant entrés dans la goutte d'eau, les uns au-dessus, les autres au-dessous des rayons efficaces, en émergent parallèlement après avoir suivi des chemins différents dans le liquide et acquis ainsi une certaine différence de marche.

17. État de la science lors des premiers travaux de Fresnel. — L'admiration qu'inspirent les travaux de Young n'en doit pas dissimuler les imperfections. Son peu de goût pour l'expérience l'a presque toujours empêché de soumettre les conséquences qu'il tirait de la théorie au contrôle rigoureux des vérifications numériques; il se contentait souvent d'expliquer en gros les phénomènes à l'aide d'aperçus plus ou moins vagues et se trouvait ainsi entraîné à passer à côté des difficultés sans les apercevoir et même à commettre d'assez graves erreurs.

[1] Sur les couleurs des plaques mixtes, voyez BREWSTER, On the Colours of Mixed Plates (*Phil. Tr.*, 1838, p. 73).

Ce défaut de rigueur est sensible dans l'explication que Young a donnée de la réflexion et de la réfraction, et où il ne fait guère que reproduire la théorie de Huyghens sans en voir l'insuffisance, en se bornant à ajouter que sur l'onde enveloppe les mouvements vibratoires sont concordants, tandis que sur toute autre surface ils arrivent au bout de temps inégaux et sont par conséquent discordants [1]. Quant à la théorie qu'il a donnée de la diffraction, elle est entièrement inexacte. Sans se prononcer bien clairement sur ce point, il admet la pénétration de la lumière dans l'intérieur de l'ombre géométrique, sans doute comme un résultat de la condensation de l'air dans le voisinage de la surface des écrans opaques, et alors les franges intérieures s'expliquent par l'interférence des rayons infléchis par les deux bords de l'écran. Quant aux franges extérieures à l'ombre, il les attribue à l'interférence des rayons directs avec les rayons réfléchis sur les bords du corps opaque, en remarquant que, l'incidence étant très-près d'être rasante, l'intensité des rayons réfléchis doit être comparable à celle des rayons directs [2].

Cet aperçu, séduisant au premier abord, et que Fresnel avait adopté dans ses premiers travaux sur la diffraction [3], ne résista pas aux expériences, dues à Fresnel lui-même, qui démontrèrent que l'aspect des franges de diffraction est complétement indépendant de la nature et du degré de poli des bords des écrans opaques, ce qui exclut l'idée que la réflexion des rayons sur ces bords, ou la condensation de l'atmosphère dans leur voisinage, exercent une influence sur le phénomène [4]. Fresnel remarqua d'abord que le tranchant et le dos d'un rasoir donnent des franges de même largeur et de même intensité : dans une seconde expérience il observa les franges produites par un système formé de deux cylindres de cuivre d'un centimètre de diamètre, placés très-près l'un de l'autre, puis substitua à ce système une lame de verre recouverte de noir de fumée, sauf sur

---

[1] On the Theory of Light and Colours (*Miscell. Works*, t. I, 150).

[2] *Lectures on Natural Philosophy*, p. 365.

[3] C'est dans le Supplément au deuxième Mémoire sur la diffraction (*OEuvres complètes de Fresnel*, t. I, p. 129) que se trouvent exposées pour la première fois les véritables causes mécaniques de la diffraction.

[4] Supplément au deuxième Mémoire sur la diffraction (*OEuvres complètes*, t. I, p. 148). — Mémoire sur la diffraction (*OEuvres complètes*, t. I, p. 280).

une bande dont la largeur était précisément égale à la distance qui séparait les deux cylindres de cuivre, et vit les franges conserver exactement le même aspect. Un peu plus tard, après que Fresnel eut donné sa théorie de la diffraction, de Haldat fit une série d'expériences qui auraient achevé de ruiner l'hypothèse de Young, si elle n'eût été complétement abandonnée [1]. Il produisit les franges de diffraction au moyen de fils métalliques, et ne put constater aucune variation dans leur aspect pendant qu'il soumettait ces fils aux actions les plus diverses, telles que passage d'un courant électrique, aimantation, élévation de température, etc. [2].

En résumé, à l'époque où Fresnel entreprit ses premiers travaux sur l'optique, c'est-à-dire vers 1815, les conséquences que Young avait tirées de son principe fondamental des interférences n'avaient été vérifiées qu'approximativement; de graves difficultés subsistaient encore dans la plupart des applications qu'on avait faites de la théorie des ondulations à l'explication des principaux phénomènes, et justifiaient l'opposition persistante des illustres géomètres dont l'opinion gouvernait alors le monde scientifique, tels que Laplace et Poisson. Les phénomènes de polarisation dont les découvertes de Malus venaient de montrer toute la généralité, l'action des lames minces cristallisées sur la lumière polarisée, action découverte en 1811 par Arago, étudiée dans toutes ses modifications par Biot et Brewster, et qui constitue ce que nous appelons aujourd'hui la polarisation chromatique et la polarisation rotatoire, toutes ces apparences si variées et si complexes restaient inexplicables dans le système des ondes, et l'étaient en effet, puisqu'à cette époque tout le monde regardait comme évident que les ondes lumineuses ne pouvaient différer des ondes sonores que par la période des vibrations et la vitesse de propagation. Young lui-même, après s'être consumé en vains efforts pour rattacher aux interférences les propriétés de la lumière polarisée, semblait prêt à déserter la cause qu'il avait si vaillamment défendue jusqu'alors. Le triomphe de la doctrine de l'émission pa-

---

[1] *Ann. de chim. et de phys.*, (2), XLI, 424.

[2] Les franges dues à l'interférence des rayons directs avec les rayons réfléchis par les bords des écrans peuvent être aperçues dans certaines conditions, mais sont complétement distinctes des franges de diffraction. Voyez à ce sujet LLOYD, A New Case of Interference of Rays of Light (*Ir. Trans.*, XVII).

raissait assuré, et, malgré la complexité toujours croissante des hypothèses que nécessitait la découverte de chaque phénomène nouveau, l'existence des molécules lumineuses et les mouvements de leurs axes de polarisation étaient regardés presque comme des faits d'expérience. C'est à Fresnel qu'il était réservé de renverser cet échafaudage si péniblement élevé et d'asseoir, par une combinaison heureuse du principe des interférences avec celui de Huyghens et par la conception hardie des vibrations transversales, la théorie ondulatoire de la lumière sur des bases désormais inébranlables.

Nous terminerons ici l'histoire de la naissance et des progrès de la théorie des ondes, et, sans nous astreindre désormais à suivre l'ordre chronologique, nous exposerons cette théorie telle que l'état actuel de la science permet de la présenter [1].

BIBLIOGRAPHIE.

HISTOIRE DE L'OPTIQUE.

1758.   Montucla, *Histoire des mathématiques*, Paris.
1772.   Priestley, *The History and Present State of Discoveries relating to Vision, Light and Colours*, London.
1810.   Bossut, *Essai sur l'histoire générale des mathématiques*, Paris.
1810.   Libes, *Histoire philosophique des progrès de la physique*, Paris.
1814.   Venturi, *Commentario sopra la storia et la teoria dell' Ottica*, Bologna.
1824.   Arago, Notice sur la polarisation de la lumière, *OEuvr. compl.*, t. VII, p. 291.
1830-54. Arago, Notices biographiques sur Fresnel et Malus, *OEuvr. compl.*, t. I, p. 107, et t. III, p. 113.
1835.   Lloyd, Report of the Progress and Present State of Physical Optics, *4th Rep. of Brit. Assoc.*
1837.   B. Powell, Recent Progress of Optical Science in *British Annual and Epitome of the Progress of Science*, London.
1838.   Wilde, *Geschichte der Optik*, Berlin.
1866.   Verdet, Introduction aux œuvres d'Augustin Fresnel, *OEuvres complètes de Fresnel*, t. I, p. 1.

[1] Pour l'histoire des travaux de Fresnel, voyez dans le tome Ier du présent ouvrage l'Introduction aux œuvres d'Augustin Fresnel. — On trouvera des développements historiques sur les principales branches de l'optique physique en tête des chapitres qui leur sont consacrés dans ces leçons.

OUVRAGES RELATIFS À LA NAISSANCE ET AUX PROGRÈS DE LA THÉORIE
DES ONDULATIONS JUSQU'À FRESNEL.

1637. DESCARTES, *Dioptrica*, Lugd. Batav.

1644. DESCARTES, *Principia philosophiæ*, Amstelodami.

1662. LA CHAMBRE, *De la lumière*, Paris.

1665. GRIMALDI, *Physico-Mathesis de lumine, coloribus et iride*, Bononiæ.

1665. HOOKE, *Micrographia*, London.

1667. FERMAT, Litteræ ad patrem Mersennum continentes objectiones quas
dam contra Dioptricam Cartesianam in *Epistolis Cartesianis*, Paris,
1667, pars III, litter. 29-46.

1670. ERASME BARTHOLIN, *Experimenta crystalli Islandici disdiaclastici*, Amstelodami. (Découverte de la double réfraction.)

1672. NEWTON, New Theory of Light and Colours, *Phil. Tr.*, 1672.

1680-82. HOOKE, Lectures on Light in *Posthumous Works of R. Hooke, published by R. Waller*, London, 1705, p. 71.

1682. ANGO, *L'Optique divisée en trois livres*, Paris.

1687. NEWTON, *Philosophiæ naturalis principia mathematica*, Londini.

1690. HUYGHENS, *Traité de la lumière* (par C. H. D. Z.), Leyde.

1693. HALLEY, Inquiries concerning the Nature of Light, *Phil. Tr.*, 1693,
p. 998.

1699. MALLEBRANCHE, Réflexions sur la lumière, les couleurs et la généra-
tion du feu, *Mém. de l'anc. Acad. des sc.*, 1699, p. 22.

1704. DESCARTES, Mundus sive dissertatio de lumine in *Opusculis posthumis*, Amstelodami.

1704. NEWTON, *Optics*, London.

1717. MARIOTTE, Traité de la nature des couleurs, *OEuvres complètes*, La
Haye, t. I.

1722-23. MAIRAN, Recherches sur la réflexion, *Mém. de l'anc. Acad. des sc.*,
1722, p. 6; 1723, p. 343.

1736. JEAN BERNOULLI, Recherches physiques et géométriques sur la question : Comment se fait la propagation de la lumière? *Pièces de prix
de l'Académie de Paris*, t. III.

1737. MAIRAN, Sur les analogies du son et de la lumière, *Mém. de l'anc.
Acad. des sc.*, 1737, p. 22.

1744. EULER, Nova theoria lucis et colorum in *Opusculis varii argumenti*,
Berol., t. I, p. 179.

1745. EULER, Sur la lumière et les couleurs, *Mém. de Berl.*, 1745, p. 13.

1746. EULER, Sur la propagation de la lumière, *Mém. de Berl.*, 1746,
p. 141.

1750. EULER, Conjectura physica circa propagationem soni et luminis
in *Opusculis varii argumenti*, Berol., t. II.

1752.   Euler, Essai d'une théorie physique des couleurs engendrées sur des surfaces extrêmement minces, *Mém. de Berl.*, 1752, p. 262.

1754.   Euler, Examen d'une controverse sur la loi de réfraction des rayons de différentes couleurs, *Mém. de Berl.*, 1754, p. 200.

1758.   Boscovich, *Philosophiæ naturalis theoria*, Venetiæ.

1768-72.   Euler, *Lettres à une princèsse d'Allemagne*, Pétersbourg.

1772.   Béguelin, Sur le moyen de découvrir par des expériences comment se fait la propagation de la lumière, *Mém. de Berl.*, 1772, p. 152.

1783-84.   Marivetz, Sur la propagation de la lumière dans un milieu élastique, *Journ. de phys. de Rozier*, XXIII, 340, XXIV, 40, 230, 275, XXVI, 140.

1784.   Fontana, Sopra la luce, *Memorie della Società Italiana*, t. I.

1784.   Sénebier, Sur la lumière, *Journ. de phys. de Rozier*, XXV, 74.

1793.   Franklin, On Light and Heat, *Trans. of the Americ. Acad.*, III, 5.

1796.   Engel, Sur la lumière, *Mém. de Berl.*, 1796, p. 194.

1798.   Pierre Prevost, Principes d'optique, *Phil. Tr.*, 1798, p. 311.

1799.   Dizé, Sur la matière de la chaleur considérée comme la cause de l'effet lumineux, *Journ. de phys. de Rozier*, XLIX, 177.

1800.   Young, Outlines of Experiments and Inquiries respecting Sound and Light, *Phil. Tr.*, 1800, p. 106.

1802.   Young, On the Theory of Light and Colours, *Phil. Tr.*, 1802, p. 12. — *Miscell. Works*, t. I, p. 140.

1802.   Young, An Account of Some Cases of the Production of Colours not hitherto described, *Phil. Tr.*, 1802, p. 387. — *Miscell. Works*, t. I, p. 170.

1804.   Young, Experiments and Calculations relative to Physical Optics, *Phil. Tr.*, 1804, p. 1. — *Miscell. Works*, t. I, p. 179.

1804.   Haüy, *Traité de Physique*, Paris.

1807.   Laplace, Sur le mouvement de la lumière dans les milieux diaphanes, *Mém. d'Arcueil*, II, 3. — *Mém. de la première classe de l'Institut*, X, 300.

1807.   Young, *Lectures on Natural Philosophy*, London.

1814.   Young, Malus, Biot, Brewster and Seebeck on Light, *Quarterly Review*, avril 1814.

1815-27.   Fresnel, *OEuvres complètes* publiées par Henri de Senarmont, Émile Verdet et Léonor Fresnel, Paris, 1866.

1816.   Biot, *Traité de physique mathématique et expérimentale*, Paris.

1817.   Young, article *Chromatics* dans le *Supplément à l'Encyclopédie Britannique*. — *Miscell. Works*, I, 333.

TRAITÉS GÉNÉRAUX D'OPTIQUE PHYSIQUE.

1813.   Brewster, *A Treatise on New Philosophical Instruments*, Edinburgh.

1816.   Biot, *Traité de physique mathématique et expérimentale*, Paris.

1820.   Nobili, *Nuovo trattato d'ottica*, Milano.

1822.   Fresnel, article *Lumière* dans le Supplément à la traduction de la
         5ᵉ édition du *Système de Chimie* de Th. Thomson par Riffaut, Paris.

1826.   E. et W. Weber, *Wellenlehre*, Leipsig.

1828.   J. Herschel, *On the Theory of Light*, London. (Trad. française par
         Verhulst et Quetelet, Paris, 1829-33.)

1830.   Brewster, article *Optics* in *The Edinburgh Encyclopædia*, t. XV.

1831.   Airy, On the Undulatory Theory of Optics in *Mathematical Tracts*,
         Cambridge.

1831.   Lloyd, *A Treatise of Light and Vision*, London.

1831.   Brewster, A Treatise on Optics in *Lardner's Cabinet Cyclopædia*,
         London.

1832.   Fechner, Hauptsächliche Bestimmungen der Undulationstheorie, *Re-
         pert. der Experim. Phys.*, II, 345.

1833.   Brewster, *Manuel d'optique* traduit par Vergnaud, Paris.

1833.   B. Powell, *A Short Elementary Treatise of Experimental and Mathe-
         matical Optics*, Oxford.

1833.   Quetelet, Supplément à la traduction du *Traité de la lumière* de
         J. Herschel, Paris, t. II de la traduction.

1836.   Kunsek, *Die Lehre vom Lichte*, Lemberg.

1839.   Radicke, *Handbuch der Optik*, Berlin.

1839.   Knochenhauer, *Die Undulationstheorie des Lichtes*, Berlin.

1841.   B. Powell, *A General and Elementary View of the Undulatory Theory*,
         London.

1841.   Lloyd, *Lectures on the Wave Theory of Light*, Dublin.

1843.   Mossotti, *Lezioni elementari di fisica matematica*, Firenze.

1846.   Moigno, *Répertoire d'optique moderne*, Paris.

1852.   Potter, *An Elementary Treatise on Optics*, London.

1853.   Beer, *Einleitung in die höhere Optik*, Braunschweig. (Traduction
         française par M. Forthomme, Paris, 1858.)

1856.   Potter, *Physical Optics or the Nature and Properties of Light*, Lon-
         don.

1858.   Billet, *Traité d'optique physique*, Paris.

1862.   Robida, *Erklärung der Beugung, Doppelbrechung und Polarisation des
         Lichts*, Klagenfurt.

1864.   Briot, *Essai sur la théorie mathématique de la lumière*, Paris.

PREMIÈRE PARTIE.

LEÇONS

SUR LA THÉORIE DES PHÉNOMÈNES OPTIQUES

CONSIDÉRÉS INDÉPENDAMMENT DE LA FORME ET DE L'ORIENTATION

DES VIBRATIONS LUMINEUSES [1].

INTERFÉRENCES. — ANNEAUX COLORÉS. — LOIS GÉOMÉTRIQUES DE LA RÉFLEXION
ET DE LA RÉFRACTION. — DIFFRACTION.

Dans ces leçons d'optique physique nous ne nous proposons pas, comme l'ont tenté infructueusement plusieurs savants éminents, de partir d'une hypothèse complète, formulée dans une suite de *postulata* sur la nature des vibrations lumineuses et la constitution du milieu où se propage la lumière, pour en déduire toute la série des phénomènes optiques. L'état actuel de la science rend encore prématuré l'emploi d'une méthode aussi synthétique. Pour que l'accord complet entre l'expérience et les conséquences auxquelles conduit une certaine hypothèse puisse être légitimement invoqué en faveur de celle-ci, il faut en effet que, seule parmi toutes celles qu'on

[1] Cette première partie contient le cours professé à la Sorbonne pendant le premier semestre de l'année 1865-66 (sauf les six premières leçons, reproduites dans l'Introduction). Quelques additions, relatives à l'observation des franges d'interférence, à la représentation analytique des mouvements vibratoires et aux anneaux colorés des plaques épaisses, sont empruntées au cours de seconde année de l'École normale et aux leçons sur la diffraction qui ont fait l'objet du cours de troisième année en 1858-59.

peut imaginer, cette hypothèse soit en état de rendre compte des faits observés. Or, tel n'est pas le cas en optique : plusieurs hypothèses entièrement différentes sur les propriétés de l'éther s'accordent d'une manière presque également satisfaisante avec les phénomènes actuellement connus, et s'il est possible de faire un choix entre elles, ce n'est qu'en se laissant guider par des considérations d'une nature délicate, dont la place est à la fin et non au commencement d'un exposé de la théorie de la lumière. Nous suivrons donc, pour éviter l'écueil que nous venons de signaler, une marche tout opposée et essentiellement analytique : nous étudierons les phénomènes en passant des plus simples aux plus complexes, et nous n'introduirons d'hypothèse dans les explications que nous aurons à en donner qu'à mesure que ces hypothèses s'imposeront à nous avec un caractère de nécessité qui les rendra indiscutables.

Ainsi, dans toute cette première partie, *sans rien spécifier sur la forme ni sur l'orientation des vibrations lumineuses*, nous nous contenterons de supposer que la lumière est produite par des vibrations périodiques de durée très-courte, se propageant avec une vitesse immense, qui varie suivant le milieu, et décomposables d'une infinité de manières en demi-vibrations exactement contraires l'une à l'autre, hypothèse qui n'est pour ainsi dire que la traduction, dans un langage théorique, du phénomène des interférences. Avant d'aller plus loin et d'acquérir de nouvelles notions sur la nature de l'agent lumineux, nous épuiserons la série des conséquences qui peuvent se déduire de ce principe fondamental, et nous arriverons ainsi à expliquer non-seulement les principales particularités des phénomènes qui se rattachent immédiatement aux interférences, par exemple les anneaux colorés des plaques minces, mais encore les lois de la diffraction et de la formation des ombres, ainsi que celles de la réflexion et de la réfraction simple.

Nos raisonnements, restreints en apparence aux milieux uniréfringents, seront applicables, sauf d'évidentes modifications dans les calculs, aux milieux où la vitesse de propagation n'est pas la même en tous sens, pourvu que la loi de cette vitesse soit connue. Ils sont, du reste, entièrement indépendants de toute hypothèse sur la forme de la trajectoire décrite par la molécule vibrante et sur la position de cette trajectoire par rapport au rayon : ce qui le prouve complétement, c'est que Fresnel, qne nous prendrons constamment pour guide, n'admettait, lorsqu'il établit sa théorie de la diffraction, d'autres vibrations que celles qui sont normales à la surface des ondes, et qu'il n'eut pas dans la suite un seul détail à y changer après avoir reconnu la différence essentielle qui existe entre les vibrations du son et celles de la lumière.

I.

INTERFÉRENCES EN GÉNÉRAL[1].

18. Caractères généraux des mouvements vibratoires capables d'interférer. — Pour que deux mouvements vibratoires partis de la même origine puissent se détruire complétement en arrivant en un même point sous des directions sensiblement parallèles et après avoir parcouru des chemins inégaux, c'est-à-dire pour qu'il puisse y avoir interférence complète, il faut évidemment que les vibrations soient décomposables d'une infinité de manières en deux demi-vibrations exactement contraires l'une à l'autre, de sorte qu'à deux époques séparées par une demi-vibration, et plus généralement par un nombre impair de demi-vibrations, les vitesses des molécules vibrantes soient égales et opposées. Si cette condition n'est pas remplie, les deux mouvements vibratoires ne pourront jamais, en se superposant, donner d'une manière constante un repos absolu. De là résultent une première notion sur le mouvement vibratoire qui constitue la lumière, et une première représentation analytique de ce mouvement, notion et représentation que nous arriverons à préciser davantage par la suite.

Toute fonction périodique peut en effet, d'après un théorème de Fourier, se représenter par une série trigonométrique d'un nombre fini ou infini de termes[2]; donc, si nous désignons par x le déplacement d'une molécule animée d'un mouvement vibratoire périodique, ce déplacement étant estimé suivant une direction quelconque, par t le temps compté à partir d'une origine arbitraire; par A_1, A_2, A_3,..., θ_1, θ_2, θ_3,... des paramètres constants, nous aurons toujours

$$x = A_1 \sin m(t + \theta_1) + A_2 \sin 2m(t + \theta_2) + A_3 \sin 3m(t + \theta_3) + ...$$

La période de la vibration est évidemment égale à $\frac{2\pi}{m}$; car, si dans

<hr>

[1] Pour l'historique du principe des interférences, voyez dans l'Introduction les paragraphes 15 et 16.

[2] Voyez DUHAMEL, *Éléments de calcul infinitésimal*, t. II, p. 295.

l'expression de x on remplace t par $t + \frac{2\pi}{m}$, tous les termes reprennent la même valeur.

Le premier terme de la série représente le mouvement d'un pendule simple effectuant des oscillations infiniment petites et dont la période est la même que celle du mouvement considéré; le second terme, le mouvement d'un pendule dont les oscillations ont une période deux fois plus courte, et ainsi de suite. D'après ce que nous avons dit plus haut, pour que le mouvement vibratoire défini par l'équation précédente soit susceptible d'interférer, il faut qu'après un temps égal à $\frac{\pi}{m}$ la valeur de x conserve la même grandeur en changeant de signe, ce qui n'est possible que si la série se réduit aux termes de rang impair.

On trouve dans l'acoustique plusieurs exemples de mouvements vibratoires dans lesquels la série de Fourier se réduit aux termes de rang impair, et qui sont par suite capables de produire des interférences. Tels sont les mouvements vibratoires de l'air dans les tuyaux fermés, qui rendent, outre le son fondamental, les harmoniques d'ordre impair. Aussi, pour produire le phénomène des battements, emploie-t-on le plus souvent deux tuyaux fermés, de longueur presque égale et montés sur la même soufflerie. Si les longueurs des tuyaux étaient rigoureusement égales, les mouvements vibratoires qu'ils communiquent à l'air pourraient en se superposant se détruire complétement et d'une manière permanente en certains points de l'espace; mais, ces longueurs n'étant pas exactement les mêmes, les conditions nécessaires pour la destruction des mouvements vibratoires ne sont satisfaites en un même point qu'à de certaines époques, dont la reproduction périodique donne naissance aux battements.

Les battements sont bien moins sensibles avec les tuyaux ouverts qu'avec les tuyaux fermés, et il est probable que, si l'expérience était faite avec les tuyaux ouverts dans des conditions où les harmoniques d'ordre pair eussent une intensité comparable à celle du son fondamental, on percevrait, par suite de la destruction des harmoniques d'ordre impair, un son qui serait à l'octave aiguë de ce son fondamental. Le mouvement vibratoire de l'air produit par un tuyau ouvert est, en effet, représenté par la série complète : si donc on imagine que les mouvements vibratoires émanés de deux tuyaux ouverts identiques se communiquent à une même molécule d'air au bout de temps respectivement égaux à t et à $t + \dfrac{\pi}{m}$, les déplacements dus à chacun de ces deux mouvements seront

$$x_1 = A_1 \sin m\,(t+\theta_1) + A_2 \sin 2m\,(t+\theta_2) + A_3 \sin 3m\,(t+\theta_3) + \ldots$$

et

$$x_2 = -A_1 \sin m\,(t+\theta_1) + A_2 \sin 2m\,(t+\theta_2) - A_3 \sin 3m\,(t+\theta_3) + \ldots,$$

d'où l'on déduit pour le déplacement résultant, d'après le principe de la superposition des petits mouvements,

$$x_1 + x_2 = 2\left[A_2 \sin 2m\,(t+\theta_2) + A_4 \sin 4m\,(t+\theta_4) + \ldots\right].$$

Cette dernière série représente un mouvement vibratoire dont la période est égale à $\dfrac{\pi}{m}$; le son résultant doit donc être à l'octave aiguë de chacun des sons interférents.

Cette conséquence de la théorie, difficile à vérifier au moyen des tuyaux ouverts, à cause de la faible intensité des harmoniques par rapport au son fondamental, est confirmée par les expériences qu'on peut faire avec la double sirène de M. Helmholtz[1]. Cet instrument est muni de deux plateaux mobiles et montés sur le même axe, de telle sorte que l'air, après avoir traversé les trous du plateau inférieur, vienne rencontrer le plateau supérieur au milieu des intervalles existant entre les trous dont ce dernier plateau est percé et qui sont en même nombre que ceux du plateau inférieur. Le son qui se produit est à l'octave aiguë de celui que donnerait un seul plateau mobile. On peut expliquer ce résultat en disant que l'air reçoit dans le même temps un nombre d'impulsions double; mais il est plus rationnel d'admettre, avec M. Helmholtz, que, les vibrations produites par l'un des plateaux commençant au milieu des vibrations que donne l'autre plateau, il s'établit entre les deux mouvements vibratoires une différence de marche d'une demi-longueur d'ondulation, d'où

[1] Voyez *Die Lehre von den Tonempfindungen*, Braunschweig, 1865, p. 241.

doit résulter, d'après ce que nous venons de voir, un son qui est à l'octave aiguë de chacun des sons interférents.

19. Expérience des miroirs de Fresnel. — Dispositions expérimentales. — La démonstration expérimentale donnée par Young du principe des interférences peut, comme nous l'avons déjà dit, être taxée d'insuffisance; car il ne faisait interférer que des rayons diffractés, c'est-à-dire ayant subi une modification dont il ne connaissait pas le secret, et il n'était pas en droit d'étendre à la lumière ordinaire les résultats obtenus dans ces conditions. Aussi Fresnel, pour enlever aux adversaires de la théorie des ondulations le bénéfice de cette objection, eut-il soin de produire le phénomène des interférences avec des rayons qui, n'ayant été soumis qu'à des réflexions ou à des réfractions s'opérant dans les conditions ordinaires, n'eussent éprouvé que des variations d'intensité sans qu'on pût supposer aucune altération dans leur nature. C'est dans ce but qu'il conçut et exécuta les deux expériences des miroirs et du biprisme, décrites dans ses Mémoires avec les mêmes détails et la même précision, et dont la seconde a été à tort attribuée à d'autres physiciens [1].

L'expérience des miroirs consiste essentiellement à faire tomber les rayons émanés d'un point lumineux sur deux miroirs faisant entre

[1] Fresnel, sans avoir connaissance des travaux de Young, fut amené, dès le début de ses recherches sur la diffraction, à la découverte du principe des interférences, qui se trouve énoncé, bien que d'une manière peu exacte, dans ses deux premiers Mémoires sur la diffraction (*OEuvres complètes*, t. I, p. 17, 27, 94).

L'expérience des deux miroirs est décrite pour la première fois par Arago dans sa Note intitulée : *Remarques sur l'influence mutuelle de deux faisceaux lumineux qui se croisent sous un très-petit angle*, publiée en mars 1816, dans les *Ann. de chim. et de phys.*, (2), I, 332. Fresnel est revenu à plusieurs reprises sur cette expérience, notamment dans le *Supplément au deuxième Mémoire sur la diffraction* (*OEuvres complètes*, t. I, p. 150) et dans le *Mémoire sur la diffraction* couronné par l'Académie des sciences (*OEuvres complètes*, t. I, p. 268 ; — *Mém. de l'Acad. des sc.*, t. V, p. 339). C'est aussi dans ce dernier Mémoire que se trouve rapportée (*OEuvres complètes*, t. I, p. 330) l'expérience du biprisme, presque toujours attribuée à M. Pouillet, sans doute parce que cet auteur en a le premier donné la description dans son *Traité de physique*. Cette erreur provient probablement de ce que le passage du Mémoire de Fresnel relatif au biprisme, qui contient même les résultats numériques d'une mesure de la largeur des franges faite avec cet appareil, n'a pas été reproduit dans l'extrait de ce mémoire qui a été publié dans les *Ann. de chim. et de phys.*, (2), XI, 246, 337.

eux un angle rentrant très-voisin de 180 degrés, et à observer les
franges qui apparaissent dans la partie commune aux deux faisceaux
réfléchis. Les deux miroirs sont plans et de forme rectangulaire;

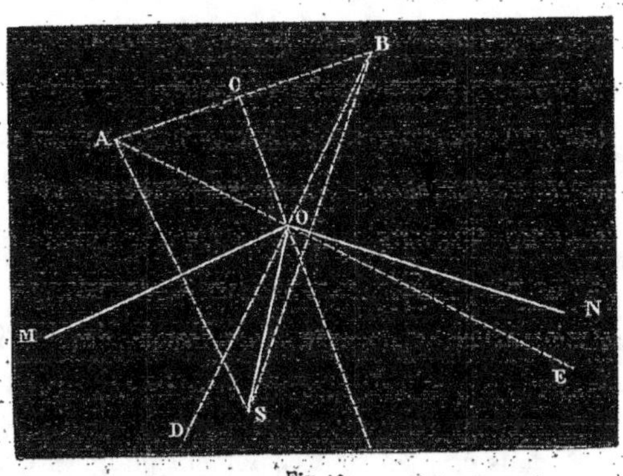

Fig. 19.

supposons que leurs bords voisins soient parallèles et se touchent
dans toute leur longueur, condition dont on doit se rapprocher autant que possible; soit (fig. 19) S le point lumineux : il se formera
dans les deux miroirs deux images A et B de ce point, et tout se
passera absolument comme si A et B étaient deux sources lumineuses.
L'utilité de l'emploi de deux miroirs résulte de ce que les deux sources
ainsi obtenues sont nécessairement toujours d'accord, c'est-à-dire
que leurs mouvements vibratoires sont identiques au même instant,
ce qui serait impossible à réaliser si on employait deux sources
lumineuses réellement différentes, au lieu de se servir des deux
images d'un même point lumineux. Le point S et ses deux images A
et B déterminent un plan perpendiculaire à l'intersection des deux
miroirs et que nous prenons pour plan de figure. Les deux faisceaux réfléchis sont limités par les deux plans AOE, BOD menés
par chacune des images A et B et par l'intersection des deux miroirs :
la région commune aux deux faisceaux est donc comprise entre les
deux plans OD et OE. Il est facile d'ailleurs de voir que l'angle de
ces deux plans, ou l'angle DOE qui lui sert de mesure, est double
de l'angle formé par l'un des miroirs avec le prolongement de

l'autre. Désignons en effet par ω l'angle formé par OM avec le prolongement de ON, par α l'angle d'incidence du rayon SO sur le miroir OM : nous aurons

$$SOA = 2\,(90° - \alpha),$$
$$SOB = 2\left[90° - (\alpha - \omega)\right],$$
$$DOE = AOB = SOB - SOA = 2\omega.$$

L'angle DOE est donc d'autant plus petit que l'angle des deux miroirs est plus voisin de 180 degrés, ou, en d'autres termes, le champ commun aux deux miroirs est d'autant plus étroit qu'ils se rapprochent plus d'être sur le prolongement l'un de l'autre.

Si l'on mène le plan bissecteur de l'angle DOE, on voit que tous les points situés dans ce plan sont également éloignés des images A et B qui font office de sources lumineuses. C'est dans ce plan que se trouve toujours la frange centrale, et, à une distance de ce plan d'autant plus petite que la lumière employée est moins homogène, les franges deviennent complétement invisibles.

Pour que les franges d'interférence puissent être observées et pour que le phénomène apparaisse dans toute sa pureté, il est indispensable de prendre un certain nombre de précautions que nous allons indiquer successivement :

1° L'angle des deux miroirs doit être très-voisin de 180 degrés. La largeur des franges est en effet, comme nous le démontrerons plus loin, en raison inverse du sinus de l'angle que forme l'un des miroirs avec le prolongement de l'autre : si l'angle des miroirs diffère trop de 180 degrés, les franges deviennent extrêmement fines et il est impossible de les distinguer même à la loupe.

2° Il est essentiel que les bords en contact des deux miroirs ne soient pas en saillie l'un sur l'autre. Car, s'il en est ainsi (fig. 20), le plan mené perpendiculairement à la droite AB par son milieu, plan qui doit contenir la frange centrale, peut se trouver en dehors du champ commun aux deux miroirs, que limitent les plans menés par chacune des images A et B et par le bord du miroir correspondant ; dans ce cas, parmi les rayons qui auraient concouru à la formation de la frange centrale et des franges voisines, ceux qui seraient réfléchis par le plus enfoncé des miroirs près du bord en saillie sont arrêtés par l'autre miroir. Le champ commun aux deux miroirs ne contient alors que des franges d'un ordre élevé, franges qui, dans les conditions ordinaires, ne sont pas visibles.

Il faut avoir d'autant plus soin que les deux miroirs ne soient pas en saillie l'un sur l'autre que leur angle est plus voisin de 180 degrés;

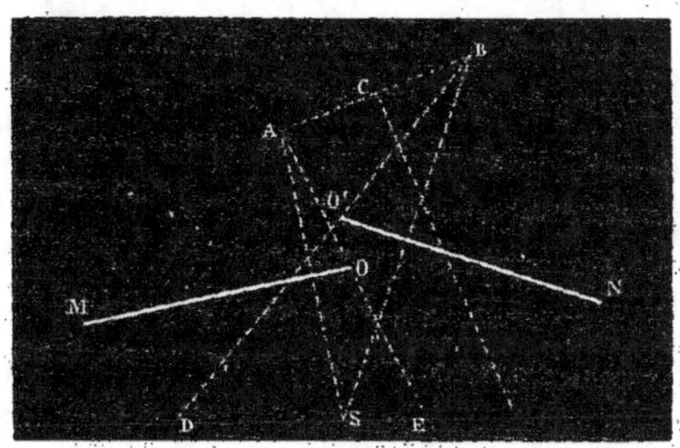

Fig. 20.

car, à mesure que cet angle se rapproche de 180 degrés, leur champ commun devient de plus en plus étroit. Aussi, pour obtenir des franges larges, le plus sûr est-il de commencer par produire des franges étroites qu'on dilate ensuite en diminuant l'angle que forme l'un des miroirs avec le prolongement de l'autre, et en prenant garde pendant cette opération de ne pas laisser sortir les franges du champ commun aux deux miroirs.

3° Il importe, afin que la démonstration du principe des interférences au moyen de l'expérience des deux miroirs ne soit pas entachée du même vice que celle donnée par Young, d'éliminer autant que possible l'influence de la diffraction, et pour cela il faut que les rayons dont le concours donne naissance aux franges d'interférence aient été réfléchis loin des bords des miroirs, ce qui n'a lieu qu'autant que les rayons rencontrent les miroirs sous une incidence voisine de l'incidence normale. Cette disposition, adoptée par Fresnel [1], a été abandonnée à tort : dans la plupart des appareils

<hr>

[1] *Supplément au deuxième Mémoire sur la diffraction* (OEuvres complètes, t. I, p. 154)

qu'on construit aujourd'hui, les rayons tombent sur les miroirs sous
une incidence presque rasante; on augmente ainsi l'intensité des
rayons réfléchis, et le phénomène acquiert plus d'éclat, mais aussi
les franges de-diffraction viennent se mêler à celles d'interférence et
changer la position des maxima et des minima. Cet inconvénient est
d'autant plus grave que, dans ces appareils, la lentille qui fournit la
source lumineuse, les miroirs et la loupe qui sert à observer les
franges sont fixés sur une même règle, de sorte qu'il est impossible
de faire varier notablement l'incidence sous laquelle les rayons
rencontrent les miroirs.

Entrons dans quelques détails sur les principales parties de
l'appareil qu'il convient d'employer.

Au lieu de prendre comme source de lumière un trou de très-
petit diamètre pratiqué dans le volet de la chambre noire, il est préférable de recevoir les rayons solaires sur une lentille fortement convexe, de façon à obtenir un point lumineux artificiel. On se procure
ainsi une lumière plus intense, et en même temps, l'influence du déplacement du soleil étant moins sensible, on peut donner à l'expérience une certaine durée sans être obligé de se servir d'un héliostat.

On peut, au lieu d'un point lumineux, employer une ligne lumineuse très-étroite. Si l'on opère avec les rayons solaires, on obtient
une pareille ligne lumineuse au moyen d'une lentille cylindrique; si
l'on fait usage d'une lumière artificielle, par exemple d'une lampe
ordinaire ou d'une lampe à gaz, les rayons rendus parallèles au
moyen d'une lentille sont reçus sur une fente étroite, formée par
deux plaques métalliques qu'on peut éloigner ou rapprocher à volonté,
fente qui constitue alors la ligne lumineuse. La substitution d'une ligne
à un point comme source de lumière nécessite une grande précision
dans l'ajustement de l'appareil. Chaque point de cette ligne donne
en effet naissance à un système particulier de franges d'interférence,
et, pour que tous ces systèmes de franges se superposent et se renforcent, il est indispensable que la ligne lumineuse soit rigoureusement parallèle à l'intersection des deux miroirs, car les franges
centrales de ces systèmes ne peuvent coïncider que si les perpendiculaires élevées aux milieux des droites qui joignent respectivement
les deux images des différents points de la ligne lumineuse sont

toutes contenues dans un même plan, c'est-à-dire si cette ligne est parallèle à l'intersection des miroirs.

Pour les expériences de précision, il faut opérer avec la lumière solaire et employer une lentille donnant un point lumineux; mais quand on se sert d'une lampe, comme cela a lieu ordinairement dans les expériences de cours., où l'on se propose de projeter les franges, il est nécessaire d'avoir recours à une fente lumineuse : si on se contentait de percer d'un trou très-étroit l'une des parois de la cage dans laquelle la lampe est renfermée, le faisceau lumineux aurait une intensité trop faible; l'image de la flamme fournie par une lentille convergente ne peut pas non plus être utilisée, car, cette image ayant un diamètre apparent assez sensible, les franges disparaîtraient complétement.

La lentille ou la fente qui forme la source lumineuse est fixée sur un pied qui peut glisser le long d'une règle divisée. Cette règle, solidement établie sur une tablette en bois, constitue ce qu'on nomme le *banc de diffraction*, et porte également les miroirs. On fait ordinairement aujourd'hui ces miroirs en verre noir pour éviter la réflexion à la seconde surface. Fresnel se servait de deux petites glaces non étamées recouvertes par derrière d'encre de Chine. Arago y substitua deux miroirs de platine pour montrer que les franges ne sont pas dues à la transparence du verre.

L'ajustement des miroirs est un des points les plus délicats de l'expérience. Fresnel se contentait de les assujettir sur un support avec de la cire molle, ce qui exigeait d'assez longs tâtonnements. Aujourd'hui on emploie souvent la disposition représentée fig. 21.

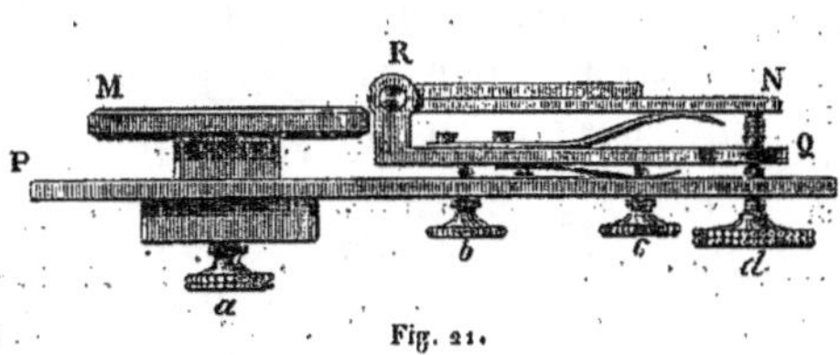

Fig. 21.

Une plaque en cuivre P placée verticalement porte les deux miroirs; cette plaque est elle-même munie d'un pied fixé sur le banc de diffraction à l'aide d'une vis de pression. L'un de ces miroirs M reste toujours parallèle à la plaque P; mais au moyen d'une vis *a* on peut l'éloigner ou le rapprocher de cette plaque. Le second miroir N est porté par une plaque spéciale Q à laquelle sont fixées trois vis calantes, dont deux sont visibles en *b* et en *c* : un ressort tend constamment à éloigner cette plaque de la plaque P. Le miroir N peut tourner autour d'une charnière R; un ressort l'écarte de la plaque Q, et, à l'aide d'une vis *d* fixée à ce miroir et qui traverse les deux plaques P et Q, on peut faire varier son inclinaison sur le miroir M. Pour régler les miroirs, on rend d'abord, à l'aide des vis *b*, la charnière R parallèle au bord du miroir M; puis, à l'aide des vis *c* et *d*, on amène les plans des deux miroirs à être sur le prolongement l'un de l'autre, ce dont on s'assure au moyen des images d'une ligne horizontale très-éloignée, vues dans les deux miroirs; enfin, avec la vis *d*, on donne au miroir N une certaine inclinaison par rapport à l'autre.

Passons maintenant au procédé mis en usage pour observer les franges et pour mesurer leur écartement. Fresnel, dans ses premiers essais, recevait les franges sur un carton blanc; plus tard, dans l'intention de mesurer leurs distances respectives, il les fit tomber sur une plaque de verre dépoli derrière laquelle était placé un micromètre formé d'une loupe portant à son foyer deux fils de soie. Il reconnut alors, à son grand étonnement [1], que les franges pouvaient être aperçues directement à l'aide de la loupe sans le secours du verre dépoli. On peut même supprimer la loupe lorsque les franges sont assez larges et assez brillantes, et les distinguer à l'œil nu. On explique ordinairement ce fait en disant que les rayons interférents forment une image aérienne qui peut être regardée, soit à l'œil nu, soit à la loupe, de même qu'on observe, avec l'oculaire d'une lunette, l'image réelle formée au foyer de l'objectif. Mais en réalité cette explication est insuffisante : supposons, en effet, que deux rayons viennent interférer en un certain point O; si ces rayons sont reçus en ce point sur un écran ou sur un verre dépoli, il y aura diffusion de la lumière dans toutes les directions, et le point O se comportera comme un point lumineux dont l'intensité dépendra de la différence de marche des deux rayons : l'image qui se forme au fond de l'œil devra donc reproduire les alternatives d'éclairement et d'obscurité qui existent sur l'écran. Mais, si cet

[1] Lettre de Fresnel à Arago (*OEuvres complètes*, t. I, p. 67).

écran est supprimé, le point O n'envoie de lumière à l'œil que suivant les directions des deux rayons qui viennent se croiser en ce point, et, pour que l'image qui se forme sur la rétine soit semblable à celle qui serait venue se peindre sur l'écran, il faut que les deux rayons qui, partis du point O, convergent en un point de la rétine, présentent en ce point la même différence de marche qu'en O; nous démontrerons plus loin qu'il en est réellement ainsi (25).

L'appareil micrométrique qu'on emploie ordinairement aujourd'hui, en se fondant sur la remarque faite par Fresnel, se compose d'une loupe montée à l'une des extrémités d'un tube. Ce tube porte une plaque de verre munie d'un trait très-fin, et deux diaphragmes. L'un de ces diaphragmes sert simplement à limiter le faisceau incident, l'autre forme une coulisse dans laquelle on peut glisser un verre rouge, destiné à rendre la lumière homogène. Le tube qui contient la loupe et les pièces que nous venons de décrire est fixé sur un chariot qu'on peut déplacer le long d'une règle à l'aide d'une vis micrométrique dont le pas est d'un millimètre et dont la tête porte 5o divisions. Après avoir mis la loupe au point, de façon à apercevoir distinctement les franges et le trait tracé sur la plaque de verre, on fait tourner cette plaque pour rendre le trait parallèle aux franges : il suffit alors, pour mesurer l'écartement des franges, de faire coïncider successivement le trait avec le milieu des différentes franges, et d'évaluer à l'aide de la vis le déplacement du chariot; si les divisions de la tête de la vis sont suffisamment espacées, on peut atteindre par ce procédé une approximation allant jusqu'à $\frac{1}{200}$ de millimètre.

Afin d'éviter l'influence de la diffraction et de pouvoir opérer sous toutes les incidences, l'appareil micrométrique doit être placé sur un support spécial, mobile et indépendant du banc de diffraction.

20. Lois du phénomène des interférences. — Les franges d'interférence, quelle. que soit la lumière avec laquelle on les produise, sont toujours perpendiculaires à la droite qui joint les deux images du point lumineux, et leur direction est complétement indépendante de celle des bords des miroirs, ce qui les distingue entièrement des franges de diffraction. Elles disparaissent lorsqu'on arrête

au moyen d'un corps opaque l'un des deux faisceaux lumineux qui
concourent à leur production, ou même, comme l'a observé Arago [1],
lorsqu'on interpose sur le passage de l'un de ces faisceaux une lame
transparente d'une certaine épaisseur. Enfin la frange centrale se
trouve toujours à égale distance des deux images du point lumineux
et correspond, par conséquent, à une différence de marche nulle,
comme l'indique la théorie.

Pour pousser plus loin la vérification expérimentale du principe
des interférences, il est nécessaire d'opérer avec une lumière sensiblement homogène, comme celle qu'on obtient à l'aide d'un verre
coloré en rouge par le protoxyde de cuivre. On aperçoit alors un
nombre de franges bien plus considérable qu'avec la lumière blanche; ces franges ne présentent qu'une seule couleur et sont alternativement brillantes et obscures. Il s'agit de vérifier que le milieu de
chaque frange brillante correspond à une différence de marche
égale à un multiple pair d'une certaine quantité, qui est la demi-

Fig. 22.

longueur d'ondulation relative à l'espèce
de lumière dont on se sert, et que le milieu de chaque frange obscure correspond
à une différence de marche égale à un
multiple impair de la même quantité.
Pour évaluer la différence de marche des
rayons qui concourent en un point donné,
faisons une section au moyen d'un plan
passant par le point lumineux S et par
les deux images A et B de ce point
(fig. 22), et supposons que l'on observe
le phénomène sur une droite PP′ parallèle à AB. La frange centrale se trouve au
point P situé à égale distance des points A et B. Soit un point M situé
sur PP′ à une très-petite distance du point P, condition nécessaire
pour que la frange qui passe par ce point soit visible; posons

$$MP = x, \quad AB = 2a, \quad CP = d.$$

[1] Remarques sur l'influence mutuelle de deux faisceaux lumineux qui se croisent sous
un très-petit angle [*Ann. de chim. et de phys.*, (2), I, 332].

et proposons-nous de calculer la différence de marche MB — MA.
Nous avons

$$MB = \sqrt{d^2 + (x+a)^2},$$
$$MA = \sqrt{d^2 + (a-x)^2},$$

d'où, en remarquant que d, dans les conditions de l'expérience, est
toujours très-grand par rapport à $a+x$ et à $a-x$,

$$MB = d + \frac{(a+x)^2}{2d},$$
$$MA = d + \frac{(a-x)^2}{2d}.$$

Il vient donc pour la différence de marche cherchée, différence que
nous désignerons par δ,

$$\delta = x\,\frac{2a}{d}.$$

Or, dans le triangle ACP,

$$\text{tang APC} = \frac{a}{d};$$

l'angle APC étant toujours très-petit, on a, avec une approximation
suffisante, en représentant par i l'angle APB,

$$\frac{2a}{d} = \text{tang } 2\text{APC} = \text{tang } i,$$

d'où

$$\delta = x\,\text{tang } i.$$

Nous avons vu plus haut comment on mesure avec le micromètre de
Fresnel la distance x; quant à l'angle i, pour l'évaluer avec une
grande précision, on pourrait, à condition d'observer le phénomène
à une grande distance des miroirs, installer un théodolite en P et
viser successivement les deux images A et B. Fresnel plaçait simplement en P un écran dans lequel il pratiquait un trou très-petit
(fig. 23); ce trou laissait passer deux faisceaux dont les directions
moyennes étaient celles des droites AP et BP; on recevait ces deux
faisceaux sur un second écran CD parallèle à AB. En mesurant la

distance des deux points C et D où les deux faisceaux rencontrent
ce dernier écran, et la distance de cet écran au point P, on avait
les éléments nécessaires pour cal-
culer l'angle CPD, qui est égal à i.
Fresnel reconnut ainsi que, si l'on
désigne par ε la valeur de δ pour
la première frange obscure, les
différences de marche qui correspondent aux franges brillantes sont
représentées respectivement par

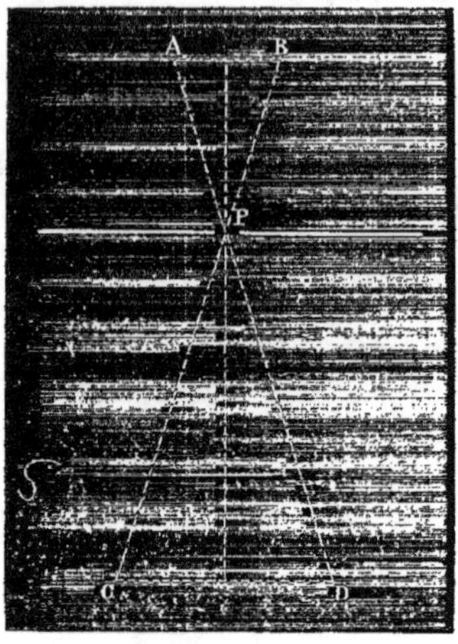

Fig. 28.

$$o, \quad 2\varepsilon, \quad 4\varepsilon, \quad 6\varepsilon,\ldots,$$

et celles qui correspondent aux
franges obscures par

$$\varepsilon, \quad 3\varepsilon, \quad 5\varepsilon. \quad 7\varepsilon,\ldots,$$

ainsi que le veut la théorie, la quantité ε étant d'ailleurs variable avec
la couleur de la lumière employée.

Il résulte immédiatement de là que, si l'on observe à des distances
différentes des miroirs une frange de même rang, la différence des
distances du point où cette frange rencontre le plan de la figure aux
deux points A et B doit rester constante, et par suite ce point se
déplacer suivant une trajectoire hyperbolique ayant pour foyers les
deux points A et B. Fresnel, qui attachait, et avec raison, une
grande importance à la vérification expérimentale de ce fait, que la
théorie pouvait seule faire prévoir, s'est assuré avec un soin extrême
de la forme hyperbolique de la trajectoire des franges en mesurant
à des distances différentes des miroirs les distances d'une frange
d'un rang déterminé à la frange centrale.

La formule trouvée précédemment,

$$\delta = x \tang i,$$

peut servir à montrer comment la largeur des franges change avec
les conditions de l'expérience. En effet, δ étant une quantité constante pour une frange d'un rang déterminé, on voit que x, c'est-à-

dire la distance de cette frange à la frange centrale, est d'autant plus grand que l'angle i est plus petit. Les franges sont donc d'autant plus fines qu'on les observe plus près des miroirs et que le point lumineux est plus éloigné des miroirs.

Quant à l'influence qu'exerce sur la largeur des franges l'angle des deux miroirs, il est facile de s'en rendre compte : d'après ce que nous avons vu plus haut (19), en désignant par ω l'angle que forme l'un des miroirs avec le prolongement de l'autre, on a (fig. 19)

$$AOB = 2\omega,$$

d'où

$$AB = 2\,AC = 2\,AO \sin\omega;$$

donc, à mesure que l'angle des deux miroirs se rapproche de 180 degrés, AB diminue, et par suite les franges s'élargissent.

21. Influence de la couleur. — Franges dans la lumière blanche. — Lorsqu'on opère avec de la lumière homogène, on obtient des franges d'interférence, quelle que soit la couleur de cette lumière : on doit conclure de là que chacun des mouvements vibratoires dont la superposition constitue la lumière blanche est capable d'interférer, et que, par conséquent, dans chacun de ces mouvements, les vibrations sont décomposables d'une infinité de manières en deux demi-vibrations symétriques.

L'expérience prouve de plus que les franges sont d'autant plus serrées que la lumière qui sert à les produire est plus réfrangible ; ainsi les franges violettes sont les plus étroites, les franges rouges les plus larges. Il en résulte que la longueur d'ondulation diminue à mesure que la réfrangibilité augmente, c'est-à-dire va en décroissant du rouge au violet. En effet, la différence de marche qui correspond à la $n^{ième}$ frange comptée à partir de la frange centrale est égale à $\dfrac{n\lambda}{2}$, la longueur d'ondulation étant représentée par λ ; on a donc, d'après la formule établie plus haut (20),

$$\frac{n\lambda}{2} = x \tang i,$$

x étant la distance de la $n^{ième}$ frange à la frange centrale, ce qui montre que λ doit augmenter avec x, et que les franges les plus larges doivent correspondre aux plus grandes longueurs d'ondulation.

Les franges d'interférence que l'on voit dans la lumière blanche résultent de la superposition des systèmes de franges relatifs aux différentes couleurs. Elles sont beaucoup moins nombreuses que dans la lumière homogène, et présentent des colorations qui s'expliquent facilement en remarquant que les maxima et les minima occupent des positions variables avec la couleur, d'où il suit que les intensités des lumières différemment colorées qui se superposent en un même point ne sont pas en général dans les mêmes proportions que dans la lumière blanche. La frange centrale, qui correspond à une différence de marche nulle, et par conséquent à un maximum d'intensité pour toutes les couleurs, est toujours blanche; elle est bordée de deux bandes d'un jaune rougeâtre, suivies chacune d'une frange noire, puis d'une frange violette; plus loin les colorations deviennent de plus en plus confuses. Pour se rendre compte de ces apparences, il suffit de tracer deux courbes (fig. 24), dont l'une RR'

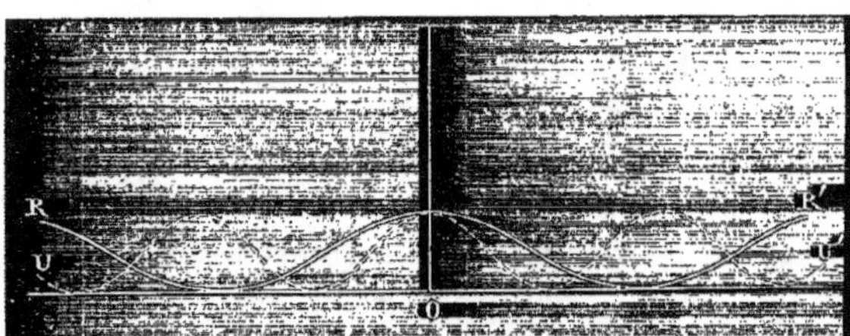

Fig. 24.

(marquée en lignes pleines) représente l'intensité de la lumière rouge, et l'autre UU' (marquée en lignes ponctuées) l'intensité de la lumière violette : à l'inspection de cette figure, on voit que, de chaque côté de la bande centrale, la lumière violette prend une intensité négligeable en des points où la lumière rouge conserve encore une intensité très-sensible, tandis qu'au delà de la première frange noire, lorsque les rayons rouges sont presque éteints, les rayons violets ont déjà repris une intensité appréciable.

Lorsqu'on regarde l'ensemble des franges produites par la lumière blanche, on aperçoit une suite de maxima et de minima ; cette apparence provient de ce que les différentes couleurs mélangées dans la lumière blanche ont des intensités très-inégales. Les maxima et les minima correspondent à la région la plus brillante du spectre solaire, c'est-à-dire à celle qui est comprise entre le jaune orangé et le jaune verdâtre.

Quand on ne prend pas les précautions nécessaires pour éliminer les effets de la diffraction, la frange centrale, au lieu d'être blanche, peut être colorée en brun ou en jaune; mais cette perturbation n'est jamais à craindre si l'on évite de faire interférer les rayons réfléchis près des bords des miroirs.

22. Détermination des longueurs d'ondulation. — Le phénomène des interférences peut servir à calculer les longueurs d'ondulation des différents rayons simples. Soient, en effet, λ la longueur d'ondulation pour une certaine couleur, x la distance de la $n^{ième}$ frange à la frange centrale dans la lumière qui présente cette couleur, i l'angle sous lequel de la frange centrale on voit la droite qui joint les deux images du point lumineux : on aura, d'après ce que nous avons établi plus haut,

$$\frac{n\lambda}{2} = x \, \text{tang} \, i,$$

d'où

$$\lambda = \frac{2x \, \text{tang} \, i}{n};$$

nous avons indiqué comment on évalue la distance x et l'angle i.

Fresnel s'est contenté de mesurer directement par cette méthode la longueur d'ondulation des rayons rouges sensiblement homogènes que laisse passer un verre coloré par le protoxyde de cuivre. Quant aux longueurs d'ondulation des autres rayons simples, il les a déduites de celle-ci en se servant des nombres trouvés par Newton, dans ses observations sur les anneaux colorés, pour les longueurs des accès relatifs aux différentes couleurs , longueurs qui ont entre elles les mêmes rapports que les longueurs d'ondulation. C'est donc une erreur que de dire, comme on le fait souvent, que les longueurs d'ondulation inscrites dans le tableau donné par Fresnel [1] ont toutes été déterminées directement à l'aide de l'expérience des deux miroirs.

La longueur d'ondulation λ, la vitesse V de la lumière et la durée T d'une vibration sont liées par la formule

$$\lambda = VT;$$

donc, connaissant la longueur d'ondulation, on peut immédiatement en déduire la durée d'une vibration, et par suite le nombre des vibrations effectuées en une seconde. C'est ainsi qu'ont été calculés les nombres contenus dans le tableau suivant, où se trouvent, outre les longueurs d'ondulation données par Fresnel d'après les mesures de Newton, celles relatives aux sept raies principales du spectre; on a adopté pour la vitesse de la lumière la valeur qui résulte des dernières expériences de M. Foucault, c'est-à-dire 298 millions de mètres par seconde.

NOMS DES COULEURS.	VALEURS DE λ en dix-millièmes de millimètre.	NOMBRE DE VIBRATIONS par seconde en trillions.	NOMS DES COULEURS.	VALEURS DE λ en dix-millièmes de millimètre.	NOMBRE DE VIBRATIONS par seconde en trillions.
Raie B.........	6,88	433	Vert moyen......	5,12	582
Raie C.........	6,56	454	Raie F.........	4,84	616
Rouge moyen....	6,20	480	Bleu moyen.....	4,75	622
Raie D.........	5,89	506	Indigo moyen....	4,49	664
Orangé moyen...	5,83	511	Raie G.........	4,29	695
Jaune moyen.....	5,51	541	Violet moyen.....	4,23	704
Raie E.........	5,26	566	Raie H.........	3,93	758

[1] Article *Lumière* dans le Supplément au *Système de Chimie de Thompson*, traduit par Riffaut.

On verra par la suite qu'il existe d'autres procédés pour mesurer les longueurs d'ondulation, mais on peut dès à présent regarder comme un fait acquis l'extrême petitesse de ces longueurs, qui constitue une des différences essentielles entre le son et la lumière. On sera en droit de négliger la longueur d'ondulation vis-à-vis d'une distance même déjà très-petite, considération qui sera très-utile dans l'explication d'un grand nombre de phénomènes; de plus, la petitesse des longueurs d'ondulation montre que les distances moléculaires peuvent ne pas être négligeables vis-à-vis de ces longueurs, hypothèse que l'on est forcé d'adopter pour rendre compte des phénomènes de la dispersion.

Enfin, l'immensité du nombre des vibrations qui s'accomplissent pendant l'unité de temps est aussi un élément important dans la théorie des phénomènes lumineux ; car, même lorsqu'il s'agira d'un intervalle de temps extrêmement court, on sera autorisé à admettre qu'il s'accomplit pendant cet intervalle un nombre excessivement grand de vibrations [1].

23. Limitation du nombre des franges. — Dans la lumière blanche les franges d'interférence sont peu nombreuses et disparaissent dès qu'on s'éloigne de la frange centrale. Il est facile de rendre compte de ce fait. Considérons à cet effet un point pour lequel la différence de marche des rayons interférents est égale à δ, et supposons que ce point soit le milieu d'une frange brillante pour une couleur dont nous représenterons la longueur d'ondulation par λ_1 ; nous aurons

$$\delta = 2n\,\frac{\lambda_1}{2}.$$

Ce même point occupe le milieu d'une frange obscure pour une couleur dont la longueur d'ondulation λ_2 satisfait à la condition

$$\delta = \left(2n+1\right)\frac{\lambda_2}{2}.$$

[1] En acoustique, les trois éléments λ, V et T, c'est-à-dire la longueur d'ondulation, la vitesse de propagation et la durée de la vibration, peuvent se mesurer directement, d'où résulte une vérification qui n'existe pas en optique, la durée des vibrations lumineuses échappant à toute détermination expérimentale.

On tire aisément de là

$$\lambda_1 - \lambda_2 = \frac{\lambda_1}{2n + 1};$$

donc, dès que n acquiert une valeur un peu considérable, ou, en d'autres termes, dès qu'on s'écarte notablement de la frange centrale, le maximum d'intensité relatif à une certaine couleur coïncide avec le minimum correspondant à une couleur très-voisine : de là une compensation d'où résultera pour l'œil l'impression de la lumière blanche, bien que la lumière ainsi obtenue se distingue, comme nous le ferons voir plus loin, de la lumière solaire par certaines propriétés qu'il est possible de mettre en évidence.

Avec la lumière transmise par les milieux monochromatiques qu'on emploie ordinairement, lumière qui est loin d'être absolument homogène, le nombre des franges, bien que beaucoup plus considérable que dans la lumière blanche, est encore limité par la raison que nous venons d'exposer, c'est-à-dire par suite de la superposition des franges brillantes et obscures correspondant à des rayons dont les réfrangibilités sont très-peu différentes.

Cependant Fresnel, n'ayant pu observer plus d'une centaine de franges avec la lumière transmise par un verre rouge, se crut autorisé à en conclure qu'il est impossible de faire interférer deux rayons, même complétement homogènes, lorsque la différence de marche est tant soit peu considérable, impossibilité qu'il attribuait aux changements rapides survenant dans l'état de la source lumineuse. Cette opinion s'est conservée dans la science jusqu'à l'époqne où les expériences de MM. Fizeau et Foucault, sur lesquelles nous reviendrons plus loin, ont prouvé que les rayons lumineux conservent la propriété d'interférer, même lorsque la différence de marche s'élève à plusieurs milliers de longueurs d'ondulation.

24. Déplacement des franges par l'interposition d'une lame transparente. — Arago [1], en répétant les expériences de

----

[1] Note sur un phénomène remarquable qui s'observe dans la diffraction de la lumière [*Ann. de chim. et de phys.*, (2), I, 199]. — Remarques sur l'influence mutuelle de deux faisceaux lumineux qui se croisent sous un très-petit angle [*Ann. de chim. et de phys.*, (2), I, 332].

Fresnel, eut occasion de faire une observation qui a une grande portée, en ce qu'elle démontre que, conformément à la théorie de Huyghens, la lumière se meut d'autant plus lentement dans un milieu que ce milieu est plus réfringent. Ayant placé une lame de verre un peu épaisse sur le passage d'un des faisceaux interférents, il vit les franges disparaître complétement. Fresnel[1] expliqua ce fait par le retard que la lumière éprouve en traversant le verre, retard qui fait sortir la frange centrale et les franges voisines du champ commun aux deux miroirs; il annonça qu'en se servant d'une lame transparente très-mince, d'une feuille de mica par exemple, les franges resteraient visibles et seraient déplacées du côté de la lame transparente, ce que l'expérience vérifia parfaitement.

La frange centrale doit en effet résulter toujours du concours des rayons qui ont employé des temps égaux pour se propager depuis les deux sources lumineuses jusqu'à cette frange : si les deux rayons accomplissent entièrement leur trajet dans l'air, la frange centrale sera donc à égale distance des deux sources; mais, si l'un des rayons se trouve retardé par son passage à travers un milieu plus réfringent que l'air, il faudra, pour que l'égalité des durées de propagation subsiste, que ce rayon ait à parcourir une distance moins grande, et par suite la frange centrale se rapprochera de celle des deux sources qui se trouve du même côté que la lame transparente.

Le déplacement des franges d'interférence fournit un procédé très-précis pour mesurer l'indice de réfraction de la substance qui forme la lame transparente, en admettant, comme le veut la théorie de Huyghens, que cet indice est égal au rapport des vitesses de la lumière dans l'air et dans la lame. On commencera par faire coïncider le trait fin du micromètre de Fresnel avec la frange centrale sans interposer la lame transparente; pour déterminer la position de cette frange centrale, on opérera d'abord avec la lumière blanche, parce que la frange centrale, étant alors la seule qui soit entièrement blanche, sera plus facile à reconnaître; puis on y substituera une lumière homogène, ce qui ne changera pas la position de la frange centrale. On interposera ensuite la lame transparente sur le

____

[1] Lettre à Léonor Fresnel, *Œuvres complètes de Fresnel*, t. 1, p. 75.

passage de l'un des faisceaux réfléchis par les miroirs, de façon que
les rayons tombent normalement sur cette lame; les franges seront
déplacées, et le trait du micromètre coïncidera avec une certaine
frange, dont nous désignerons le rang par k.

Si nous connaissons de plus l'épaisseur de la lame, épaisseur
que nous représenterons par ε, et la longueur d'ondulation λ de la
lumière dans l'air, nous aurons tous les éléments nécessaires pour
déterminer l'indice de la lame. Soient en effet v la vitesse de la lumière dans l'air, u sa vitesse dans la lame : les rayons qui concourent
à l'endroit où se formait la frange centrale avant l'interposition de
la lame parcourent des chemins géométriques égaux, et la différence
entre les temps qu'ils emploient pour parcourir ces chemins est
égale à la différence des temps qu'emploie la lumière pour traverser
la lame transparente et une couche d'air d'égale épaisseur, c'est-à-
dire à

$$\frac{\varepsilon}{u} - \frac{\varepsilon}{v}.$$

Ces rayons donnant lieu à une frange dont le rang est k, on doit
avoir

$$\frac{\varepsilon}{u} - \frac{\varepsilon}{v} = k\frac{T}{2},$$

T étant la durée d'une vibration pour la lumière dont on se sert,
d'où

$$\varepsilon\left(\frac{v}{u} - 1\right) = k\,\frac{vT}{2} = \frac{k\lambda}{2}.$$

Cette formule permet de calculer le rapport $\frac{v}{u}$, c'est-à-dire l'indice
cherché.

Il faut remarquer que dans les milieux transparents la vitesse
de la lumière varie avec la couleur, et que par suite les franges
centrales correspondant aux différentes couleurs simples subissent
des déplacements inégaux; après l'interposition de la lame mince,
la frange centrale cesse donc d'être entièrement blanche.

Le procédé fondé sur le déplacement des bandes d'interférence a
été appliqué en 1818 par Arago et Fresnel à la comparaison de

l'indice de l'air sec avec celui de l'air humide [1]; ces expériences ont
été reprises plus tard par Arago seul [2]. M. Jamin s'est servi d'appareils désignés sous le nom de *réfracteurs interférentiels* et construits
d'après le même principe pour mesurer les indices des gaz et de
la vapeur d'eau et pour étudier les variations du pouvoir réfringent
de l'eau comprimée [3]. Enfin M. Fizeau a tiré parti de la méthode
du déplacement des franges pour constater les variations de l'indice
avec la température et pour mesurer la dilatation des corps cristallisés [4].

**25. Tautochronisme des trajectoires lumineuses abou-
tissant au même foyer.** — Une fois admis ce principe, auquel
l'expérience du déplacement des franges nous amène naturellement,
que l'indice de réfraction d'un milieu par rapport à un autre est
égal au rapport des vitesses de la lumière dans ce dernier milieu et
dans le premier, nous sommes en mesure de justifier complétement
le procédé dont s'est servi Fresnel pour observer les franges d'interférence et de nous rendre un compte exact des phénomènes
présentés par le biprisme.

Un théorème général sur le tautochronisme des trajectoires
lumineuses aboutissant à un même foyer va nous permettre d'atteindre facilement ce but. Rappelons d'abord que le théorème de
Gergonne (3) permet d'obtenir une infinité de surfaces normales à
tous les rayons d'un faisceau lumineux qui a subi un nombre quelconque de réflexions et de réfractions. Il s'agit de démontrer maintenant que tous les rayons emploient des temps égaux pour se propager du point lumineux aux différents points d'une quelconque
des surfaces auxquelles ils sont normaux. Considérons en premier
lieu le cas d'une réfraction unique : soient O (fig. 25) le point
lumineux, S une surface sphérique ayant pour centre ce point,

[1] Article *Lumière* dans le Supplément à la traduction du *Système de Chimie de Thompson*, p. 65.

[2] *Œuvres complètes d'Arago*, t. X, p. 298, 312, t. XI, p. 718.

[3] *C. R.*, XLII, 482, XLIII, 1191, XLV, 892. — *Ann. de chim. et de phys.*, (3),
LII, 163, 171, LIX, 282.

[4] *C. R.*, LIV, 1237, LVIII, 923, LX, 1161. — *Ann. de chim. et de phys.*, (3),
LXVI, 429 et (4), II, 143.

Σ la surface réfringente, S′ la surface normale aux rayons réfractés que le théorème de Gergonne nous apprend à construire, R une

Fig. 25.

surface parallèle à la surface S′ et obtenue en portant des longueurs égales sur les normales à cette dernière. D'après la construction de la surface S′, si, d'un point quelconque I de la surface réfringente comme centre, on décrit des sphères respectivement tangentes aux surfaces S et S′, les rayons IA et IB de ces sphères seront entre eux dans le rapport de n à l'unité, n étant l'indice de réfraction du second milieu par rapport au premier. Tous les rayons partis du point O arrivent en même temps sur la surface S: depuis cette surface jusqu'à la surface R ils parcourent des chemins tels que AI + IC, AI étant parcouru avec la vitesse v relative au premier milieu et IC avec la vitesse u relative au second milieu. Le temps τ, employé par la lumière pour se propager de la surface S à la surface R suivant la trajectoire AIC, est donc égal à

$$\frac{AI}{v} + \frac{IC}{u} ;$$

mais on a

$$\frac{v}{u} = n$$

et

$$\frac{AI}{n} = IB,$$

d'où

$$\frac{AI}{v} = \frac{IB}{u} ;$$

il vient par conséquent

$$\tau = \frac{IB}{u} + \frac{IC}{u} = \frac{BC}{u} .$$

Comme BC, distance normale des deux surfaces S et R, est une quantité constante pour tous les rayons, on voit que les rayons emploient tous des temps égaux pour se propager de la surface S à la surface R, et par suite aussi pour se propager du point lumineux à cette même surface R.

Si maintenant nous supposons que les rayons éprouvent une seconde réfraction, nous pourrons démontrer de la même manière qu'ils emploient des temps égaux pour se propager depuis la surface R jusqu'à une surface R' normale à ces rayons après la seconde réfraction. En continuant de même et en remarquant que la réflexion peut être considérée comme un cas particulier de la réfraction, nous arriverons à ce théorème général :

Les rayons émanés d'un même point lumineux et soumis à un nombre quelconque de réflexions et de réfractions arrivent en même temps sur l'une quelconque des surfaces qui sont normales à leurs dernières directions, pourvu qu'ils rencontrent réellement cette surface.

Un corollaire immédiat de cette proposition, c'est que, si les rayons concourent en un même foyer réel, ils arrivent simultanément en ce foyer. En effet, la surface normale aux rayons est alors une sphère ayant pour centre le foyer; les rayons arrivant en même temps sur cette surface sphérique d'après le théorème précédent, et employant évidemment des temps égaux pour se propager depuis cette surface jusqu'au foyer, il en résulte qu'en définitive tous les rayons partis simultanément du point lumineux arrivent en même temps au foyer[1]. Si donc des rayons, en partant d'un même point, présentent une certaine différence de marche et viennent converger en un foyer réel, cette différence de marche ne sera pas altérée par les réflexions et les réfractions auxquelles ces rayons sont soumis.

Or, lorsqu'on observe directement les franges d'interférence avec la loupe, comme le faisait Fresnel, il se forme sur la rétine une image nette des points situés dans un certain plan, qui est celui dans lequel la loupe permet de voir distinctement les objets. Si deux rayons viennent interférer en un point de ce plan, ces rayons iront converger

---

[1] Cette proposition n'est pas spéciale aux milieux isotropes et peut s'étendre à toute espèce de milieu homogène.

sur la rétine sans que leur différence de marche soit changée par
leur passage à travers la loupe et les milieux réfringents de l'œil.
L'image qui se forme sur la rétine est donc identique à celle qu'on
aurait obtenue en plaçant dans le plan dont il s'agit un écran dépoli,
sauf que, par suite des pertes de lumière résultant des réfractions
successives et de l'absorption exercée par les différents milieux que
traversent les rayons, l'intensité lumineuse de chaque point de cette
image est réduite dans un rapport constant.

26. Franges obtenues avec le biprisme. — Fresnel, pour
montrer toute la généralité du phénomène des interférences, s'est
servi d'un appareil complétement différent de celui des deux miroirs
et qui cependant conduit aux
mêmes résultats : cet appareil se
nomme le *biprisme*[1]. Le biprisme
est une lame de verre terminée
d'un côté par une face plane et
formant de l'autre une sorte de
toit très-obtus (fig. 26). On peut
encore le considérer comme composé de deux prismes tronqués
d'angle très-petit et accolés l'un
à l'autre par la base. Le point
lumineux doit toujours se trouver
dans le plan de la base commune
de ces deux prismes. Prenons
pour plan de figure le plan mené
par le point lumineux perpendiculairement aux arêtes du biprisme, et soit S ce point lumi-

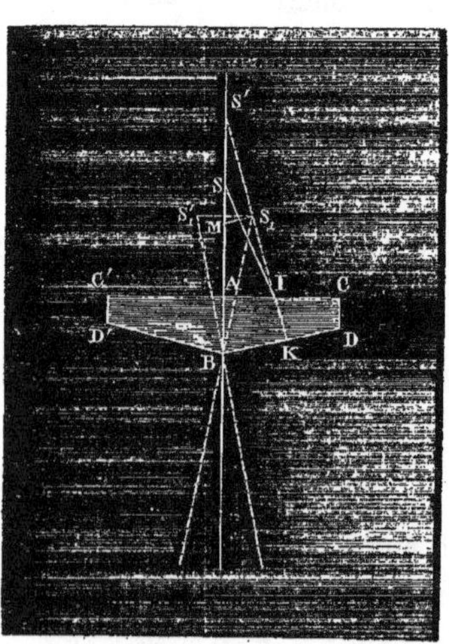

Fig. 26.

neux, situé sur le prolongement de la droite AB. Les rayons partis
du point S tombent sur la première face du biprisme sous une incidence très-voisine de l'incidence normale; il en résulte que les prolongements des rayons réfractés dans le verre viennent couper la
droite AS sensiblement en un même point. Soit, en effet, SI un

[1] *Œuvres complètes de Fresnel*, t. I, p. 330.

rayon incident rencontrant en I la face CC'; prolongeons le rayon réfracté correspondant jusqu'à sa rencontre en S' avec la droite AS : nous aurons, en désignant par i et r les angles d'incidence et de réfraction,

$$AI = AS \,\text{tang}\, i = AS' \,\text{tang}\, r,$$

d'où

$$AS' = AS \, \frac{\text{tang}\, i}{\text{tang}\, r}.$$

Les angles i et r étant toujours très-petits. on a approximativement

$$\frac{\text{tang}\, i}{\text{tang}\, r} = \frac{\sin i}{\sin r} = n,$$

d'où

$$AS' = n.AS.$$

Les prolongements des rayons réfractés viennent donc sensiblement concourir en un même point S'. et, en posant

$$AS = h,$$

ce point S' est déterminé par la relation

$$AS' = nh.$$

Les rayons réfractés par la première surface peuvent d'après cela être considérés comme originaires du point S'. Ceux d'entre eux qui rencontrent la moitié BD de la seconde face du biprisme tombent sur cette face sous une incidence très-voisine de l'incidence normale; les rayons émergents qui leur correspondent peuvent donc, d'après ce que nous venons de dire, être regardés comme émanant d'un même point S_1 situé sur la perpendiculaire S'K abaissée du point S' sur la face BD. La position du point S_1 est d'ailleurs facile à déterminer. Désignons l'épaisseur AB par e, l'angle des deux faces AC et BD par α: nous aurons

$$KS_1 = \frac{1}{n} KS',$$

$$BS' = nh + e,$$

$$KS' = (nh + e)\cos\alpha,$$

d'où

$$KS_1 = \left(h + \frac{e}{n} \right) \cos\alpha.$$

et par suite

$$S'S_1 = KS' - KS_1 = \left[(n-1)h + \frac{n-1}{n} e \right] \cos\alpha.$$

Comme d'ailleurs on a

$$SS' = (n-1)h,$$

il vient définitivement

$$S'S_1 = \left(SS' + \frac{n-1}{n} e \right) \cos\alpha.$$

On obtiendra donc le point S_1 en prenant sur AS, à partir du point S, une longueur SM égale à $\frac{n-1}{n} e$, et en abaissant du point M une perpendiculaire sur S'K.

Les rayons qui sortent du biprisme par la moitié BD' de la seconde face sont dirigés comme s'ils provenaient d'un point S_1' symétrique de S_1 par rapport à la droite AS. Tout se passe donc comme si deux sources lumineuses possédant des mouvements vibratoires identiques étaient placées en S_1 et en S_1'. Les deux faisceaux émergents auront une partie commune que limitent deux plans menés par les points S_1 et S_1' et par l'arête du biprisme qui passe en B; dans cette partie commune se produiront des franges d'interférence tout à fait semblables à celles qu'on obtient avec les miroirs.

Le biprisme est un appareil beaucoup plus facile à régler que les miroirs; mais le calcul de la différence de marche des rayons interférents est plus compliqué lorsqu'on emploie le biprisme, parce que ces rayons ont parcouru des chemins inégaux dans des milieux différents. De plus, la position des points S_1 et S_1', qui représentent les deux sources lumineuses, change un peu avec la couleur de la lumière dont on se sert, d'où résulte une complication du phénomène quand on opère avec la lumière blanche.

27. Généralité du phénomène des interférences. — Deux systèmes d'expériences entièrement différents nous conduisent à cette même conclusion que, si des rayons originaires d'une même source viennent concourir en un même point après avoir subi des réflexions ou des réfractions, ils apportent en ce point un mouvement vibratoire dont l'intensité est maximum ou minimum, suivant que la différence de marche de ces rayons équivaut à un nombre pair ou impair de demi-longueurs d'ondulation, l'intensité minimum étant nulle si les rayons concourants sont parallèles et de même intensité, et étant dans tous les cas inférieure à l'intensité que produirait un seul de ces rayons.

Si concluants que semblent ces faits contre la théorie de l'émission, Young a fait remarquer qu'il n'est pas absolument impossible de rendre compte dans cette théorie des phénomènes d'interférence. Il faudrait pour cela supposer les molécules lumineuses distribuées sur chaque rayon à des distances égales les unes des autres, de façon à venir frapper la rétine à intervalles égaux, et imaginer de plus que chaque action d'une molécule lumineuse sur le nerf optique est suivie d'une réaction égale et contraire; les actions et les réactions provenant de deux rayons lumineux pourraient alors, suivant les cas, être concordantes ou discordantes, s'ajouter ou se détruire. Mais cette hypothèse, qui n'est au fond que la théorie des ondes appliquée au nerf optique et à la rétine, tombe complétement devant les expériences qui ont démontré que les interférences sont un phénomène objectif, et que les rayons interférents s'ajoutent ou se détruisent avec toutes leurs propriétés lumineuses, calorifiques et chimiques. Parmi ces expériences il faut surtout citer celle d'Arago sur les interférences des rayons chimiques, qui consiste à projeter le système des franges sur un papier imprégné de chlorure d'argent et à constater que ce papier ne noircit que dans les points où se trouvent les franges brillantes [1], et celle de MM. Fizeau et Foucault sur les interférences des rayons calorifiques, dont ils ont démontré l'existence en promenant dans les franges un thermomètre à alcool de très-petites dimensions [2].

28. Nécessité d'employer une source unique. — Dans

(1) *OEuvres complètes d'Arago*, t. X, p. 484.
(2) *C. R.*, XXV, 447.

les expériences dont nous avons parlé, les rayons interférents ont toujours une origine commune : cette condition est indispensable, et, avec deux sources lumineuses réellement distinctes, les franges d'interférence disparaissent complétement. Nous allons faire voir que la nécessité d'employer une source unique provient de deux causes, savoir : la succession rapide en un même point de molécules qui sont dans des phases différentes de leurs mouvements vibratoires, et la coexistence dans un espace très-restreint d'un grand nombre de molécules dont les mouvements ne sont pas concordants.

Deux sources lumineuses sont dites identiques lorsqu'elles émettent des rayons de même couleur et de même intensité, c'est-à-dire lorsque, pour les molécules vibrantes de ces deux sources, la période et l'amplitude du mouvement vibratoire sont les mêmes; mais il n'en résulte nullement que deux molécules appartenant à ces deux sources soient au même instant dans la même phase de leur mouvement : il est évident au contraire que, dans l'immense majorité des cas, il n'en sera pas ainsi, et que ces deux molécules posséderont à un moment donné des vitesses de grandeur et de direction différentes.

Ceci posé, examinons l'action de la première des causes que nous avons signalées. Soient A un point de la première source, A′ un point de la seconde et M un point quelconque éclairé par ces deux sources : supposons qu'aux points A et A′ se trouvent deux molécules vibrantes qui envoient au point M des vitesses concordantes de façon à produire un maximum. Si, au bout d'un temps très-court, ces molécules sont remplacées par deux autres dont les mouvements vibratoires sont complétement indépendants des mouvements des deux premières, il pourra se faire que les vitesses envoyées au point M soient maintenant opposées de façon à produire un minimum. On voit d'une manière générale que, si aux points A et A′ se succèdent très-rapidement des molécules dont les vibrations n'ont d'autres éléments communs que la période et l'amplitude, mais peuvent différer par la forme, par l'orientation et par la phase, la relation entre les mouvements vibratoires des points A et A′ changera sans cesse, et l'intensité de la lumière au point M passera pendant un temps très-court par tous les degrés compris entre le maximum et le minimum : il résultera de là, dans la région où les deux sources envoient des rayons, un éclairement sensiblement uniforme et dont l'intensité est égale à la moyenne entre le maximum et le minimum, ou, si l'on veut, à la moyenne entre l'intensité des franges brillantes et celle des franges obscures.

Il en sera de même si, aux points A et A', au lieu de molécules se renouvelant sans cesse, se trouvent des molécules fixes, mais dont les mouvements vibratoires éprouvent des changements brusques et fréquemment répétés, les changements qui s'opèrent dans les états vibratoires des deux molécules n'ayant aucune relation les uns avec les autres.

Il est aisé de s'assurer que toutes les sources lumineuses sont dans l'une ou l'autre des conditions que nous venons d'indiquer. Si en effet la faculté lumineuse résulte directement d'une action chimique, et si les corps lumineux sont fluides, les courants intérieurs renouvellent rapidement les molécules superficielles. Si les sources lumineuses sont des corps solides portés à l'incandescence par l'élévation de température ou par le passage d'un courant électrique, l'uniformité et la constance de cet état d'incandescence ne sont jamais absolues, mais résultent en réalité d'un état variable qui oscille rapidement entre des limites très-voisines, et il n'en faut pas davantage pour faire varier à des instants rapprochés et d'une manière complétement indépendante les mouvements vibratoires des molécules des deux sources.

Ce qui a réellement besoin d'être expliqué, ce n'est pas que les vibrations émises par une source varient sans cesse, c'est qu'on trouve dans ces vibrations quelque chose de constant, l'intensité et la période. La constance de l'intensité résulte de la constance des causes par lesquelles le rayonnement est entretenu; la constance de la période tient à ce que la période des vibrations est comme l'expression de l'élasticité propre du système moléculaire vibrant, et à ce que ce système ne change pas de nature. C'est ainsi que, si l'on avait diverses plaques vibrantes de forme, de nature et de dimensions identiques, mais diversement orientées dans l'espace et ébranlées à des instants différents, il n'y aurait de commun que la période, dans les mouvements vibratoires qu'au même instant elles enverraient en un même point.

Cependant les perturbations qui surviennent dans l'état vibratoire des sources lumineuses ne suffisent pas toujours pour expliquer l'absence des franges d'interférence lorsqu'on emploie deux sources distinctes. Dans les expériences classiques de M. Wheatstone la durée de l'étincelle directe d'une machine électrique a été reconnue inférieure à $\frac{1}{1\,152\,000}$ de seconde. D'un autre côté, M. Fizeau, comme nous le verrons plus loin, est parvenu à produire des interférences avec des rayons dont la différence de marche atteignait 50 000 ondulations, et l'on doit admettre d'après cela que, dans certains cas du moins, les vibrations émises par une source lumineuse peuvent ne pas éprouver d'altération sensible pendant une durée très-supérieure à celle de 50 000 ondulations. Il n'y a donc rien d'impossible à ce que la durée de certaines étincelles descende à $\frac{1}{10\,000\,000}$ de seconde, et à ce que le mouvement vibratoire d'un de leurs points ne subisse pas de perturbation pendant la durée d'un million de vibrations. On doit se demander alors pourquoi il ne peut jamais se produire de phénomènes d'interférence entre les rayons provenant de deux étincelles électriques. Pour répondre à cette question, il faut faire intervenir la seconde des causes dont nous avons parlé, et montrer que, lors même que la durée d'illumination des deux sources est assez faible pour qu'on puisse regarder leur état vibratoire comme constant, aucun phénomène d'interférence ne pourra apparaître du moment que ces sources ont une étendue sensible.

Soient en effet deux sources lumineuses S et S', ayant chacune une étendue sensible et éclairant un certain point M. Considérons à un instant donné un point A de la source S et un point A' de la source S' : ces deux points envoient en M des vitesses qui s'ajoutent ou se détruisent suivant la relation qui existe en ce moment entre les mouvements vibratoires des points A et A'. Prenons au même instant un groupe formé de deux autres points B et B' qui soient respectivement très-voisins de A et de A'; la relation entre les mouvements vibratoires de B et de B' n'étant pas en général la même que celle entre les mouvements de A et de A', les vitesses envoyées en M par les points B et B' se combineront autrement que celles envoyées par les points A et A', et comme, dans les deux sources, on peut distinguer un nombre extrêmement grand de molécules qui se groupent deux à deux d'une infinité de manières, les vitesses envoyées en M par ces molécules se combineront de toutes les façons possibles, d'où résultera pour le point M un éclairement intermédiaire entre les éclairements maximum et minimum qui peuvent être produits par la combinaison des mouvements vibratoires émanés des deux sources. Le même raisonnement est applicable à un point quelconque situé dans la région où les deux sources envoient simultanément de la lumière, et l'on voit que l'éclairement de cette région sera sensiblement uniforme et ne présentera pas ces alternatives de maxima et de minima qui donnent naissance aux franges.

Nous sommes conduits par ce qui précède à nous occuper de la manière dont se forment les ondes avec une source lumineuse d'étendue finie, et à rechercher jusqu'à quelle limite une pareille source peut être confondue avec un point lumineux unique.

Pour plus de simplicité, supposons une source sphérique σ, et concevons une sphère S de très-grand rayon, concentrique à la source. Si tous les points de la source avaient des mouvements concordants, les mouvements de tous les points de la sphère S seraient aussi concordants, et on aurait une véritable onde sphérique ; mais, comme les mouvements des divers points de la source diffèrent les uns des autres, la résultante des vitesses qu'ils envoient à un instant donné en un point de la sphère S dépend de la position de ce point. Nous allons nous proposer de déterminer dans quelle étendue sur la sphère S les mouvements peuvent être considérés comme concordants.

Désignons par ρ le rayon de la sphère lumineuse σ, par R celui de la sphère S ; soi nt ξ, n, ζ les coordonnées d'un point π pris sur la première sphère ; x, y, z celles d'un point P pris sur la seconde, l'origine des coordonnées étant au centre commun des deux sphères. Nous aurons pour la distance entre ces deux points :

$$\pi P = \sqrt{(x - \xi)^2 + (y - n)^2 + (z - \zeta)^2} = \sqrt{R^2 + \rho^2 - 2x\xi - 2yn - 2z\zeta}.$$

Si l'on considère sur S un point P′ différent de P, dont les coordonnées soient $x + \Delta x$, $y + \Delta y$, $z + \Delta z$, la distance au point π

devient

$$\sqrt{R^2+\rho^2 - 2\,(x+\Delta x)\,\xi - 2\,(y+\Delta y)\,\eta - 2\,(z+\Delta z)\,\zeta}.$$

Si l'on suppose R très-grand par rapport à ρ, et conséquemment aussi par rapport à ξ, η, ζ, ces deux expressions se réduisent approximativement à

$$R+\frac{\rho^2}{2R} - \frac{\xi}{R}\,x - \frac{\eta}{R}\,y - \frac{\zeta}{R}\,z\,,$$

$$R+\frac{\rho^2}{2R} - \frac{\xi}{R}\,(x+\Delta x) - \frac{\eta}{R}\,(y+\Delta y) - \frac{\zeta}{R}\,(z+\Delta z),$$

et leur différence à

$$\frac{\xi}{R}\,\Delta x + \frac{\eta}{R}\,\Delta y + \frac{\zeta}{R}\,\Delta z.$$

Si les points P et P' sont tellement rapprochés, que pour toutes les valeurs de ξ, η, ζ cette expression soit en valeur absolue une très-petite fraction de la longueur d'ondulation, les mouvements vibratoires élémentaires envoyés par tous les points de la source aux deux points P et P' sont sensiblement identiques, et par suite les mouvements résultants le sont aussi. Considérons pour le moment le point π en particulier : l'ensemble des points de la sphère S auxquels ce point envoie un mouvement sensiblement identique à celui qu'il envoie en P forme une zone sphérique très-étroite, limitée par deux plans normaux au rayon de la sphère qui passe par le point π, menés de part et d'autre de P à des distances exprimées par

$$\frac{h\lambda}{\sqrt{\dfrac{\xi^2}{R^2}+\dfrac{\eta^2}{R^2}+\dfrac{\zeta^2}{R^2}}} = \frac{R}{\rho}\,h\lambda,$$

h désignant une très-petite fraction. Les points auxquels tous les éléments de la source envoient des mouvements sensiblement identiques sont contenus dans la partie commune à ces diverses zones, c'est-à-dire dans une calotte sphérique ne différant pas sensiblement d'un cercle qui aurait pour centre le point P et pour rayon

$$\frac{R}{\rho} h\lambda.$$

C'est dans l'intérieur de ce cercle seulement que les mouvements vibratoires peuvent être considérés comme concordants sur la sphère S. La valeur de la fraction h n'est pas susceptible d'être exactement déterminée, mais elle est certainement moindre que $\frac{1}{4}$, et par conséquent le cercle de diamètre égal à

$$\frac{R}{\rho}\frac{\lambda}{2}$$

est une limite supérieure de l'étendue sur laquelle on peut regarder les mouvements vibratoires comme concordants. Ce cercle contient tous les points tels, que la différence des distances de deux d'entre eux à un point quelconque de la source soit moindre qu'une demi-longueur d'ondulation. $\frac{\rho}{R}$ étant le demi-diamètre apparent de la source vue de la distance R, on peut dire que l'étendue de la surface S, dans laquelle les mouvements vibratoires peuvent être considérés comme concordants à chaque instant, est inférieure à celle d'un cercle qui aurait pour diamètre le quotient de la demi-longueur d'onde par le demi-diamètre apparent de la source vue d'un point de la sphère S, et par conséquent devient très-petite dès que la source a un diamètre apparent sensible.

En appliquant ces résultats au cas où la source lumineuse est le soleil, on est surpris de la petitesse de la région dans laquelle les mouvements peuvent être considérés comme concordants. On a alors

$$\frac{\rho}{R} = \tang 16' = 0{,}005,$$

et, pour une lumière dont la longueur d'onde est égale à $0^{mm},0005$, le diamètre du cercle défini plus haut est d'environ $\frac{1}{20}$ de millimètre; comme l'étendue superficielle de ce cercle n'est pas la quatre-centième partie d'un millimètre carré, on voit que sur chaque millimètre carré de la section transversale d'un faisceau solaire il y a, à un instant donné, au moins 400 modes de vibration différents. Il n'est donc pas étonnant qu'il soit impossible d'obtenir des franges d'interférence en pratiquant simplement deux fentes dans le volet d'une chambre obscure, même lorsque ces deux fentes ne sont distantes que de quelques millimètres.

Supposons maintenant qu'afin d'obtenir une source lumineuse intense on concentre les rayons solaires au foyer d'une lentille. Si la distance focale de cette lentille est par exemple de 5 millimètres, l'image du soleil qui se forme au foyer est un cercle égal à la base d'un cône ayant une ouverture angulaire de 33 minutes et une hauteur de 5 millimètres; le diamètre de ce cercle est égal à $0^{mm},05$. A une distance de 1 mètre du foyer de la lentille, le demi-diamètre apparent de cette image focale, considérée comme source lumineuse, c'est-à-dire le rapport $\frac{\rho}{R}$, a pour valeur $0,00005$. Dans ces conditions, le cercle dans l'intérieur duquel on peut regarder les mouvements comme concordants a un diamètre d'environ un demi-centimètre. On conçoit d'après cela qu'on puisse obtenir des franges d'interférence en faisant tomber sur deux fentes qui ne sont pas extrêmement voisines, soit, comme dans l'expérience de Young, le faisceau de lumière solaire transmis par un trou très-étroit percé dans le volet de la chambre obscure, soit les rayons émanant du foyer d'une lentille, disposition qui donne plus d'éclat au phénomène.

29. Définition et mesure de l'intensité lumineuse. — Les considérations qui précèdent vont nous fournir une mesure de ce qu'on appelle l'*intensité lumineuse*, et nous permettre de préciser le sens qu'on doit attacher à cette expression. On dit en photométrie que deux lumières ont même intensité, lorsqu'elles produisent à la même distance des éclairements égaux; et qu'une lumière a une intensité double de celle d'une autre, lorsqu'il faut deux lumières égales à celle-ci pour produire le même éclairement que la première. Or, d'après ce que nous venons de voir, l'éclairement provenant de deux lumières distinctes, de même couleur et de même intensité, est égal à la moyenne entre les éclairements que présen-

teraient les franges brillantes et les franges obscures qui pren-
draient naissance si les mouvements vibratoires des deux sources
étaient complétement identiques. D'autre part, si l'on prend pour
unité l'éclairement que donnerait une seule des deux sources, l'é-
clairement uniforme produit par les deux sources distinctes sera
égal à 2. Comme cet éclairement est égal à la moyenne entre l'é-
clairement des franges obscures, qui est nul, et celui des franges
brillantes, il en résulte que l'éclairement de ces dernières franges
est égal à 4. Donc, si les mouvements des deux sources sont identiques, l'intensité des franges brillantes est quadruple de celle qu'on
obtiendrait avec une seule source, et, comme la vitesse du mouvement vibratoire dans les franges brillantes est seulement double
de celle du mouvement qu'enverrait une source unique, on doit
admettre que l'intensité lumineuse est proportionnelle au carré de
la vitesse du mouvement vibratoire, c'est-à-dire de la vitesse maximum que prennent les molécules vibrantes pendant la durée d'une
vibration.

Cette conclusion peut d'ailleurs se justifier par des considérations d'un tout autre genre. L'effet produit par un mouvement
vibratoire est toujours le développement d'une certaine quantité de
force vive ou la production d'une quantité équivalente de travail :
il est donc naturel de prendre pour mesure de l'intensité lumineuse
la force vive qui est, comme on sait, proportionnelle au carré de la
vitesse. Ainsi deux modes de raisonnement complétement distincts,
fondés, l'un sur ce principe que les éclairements produits par deux
sources physiquement distinctes s'ajoutent toujours arithmétiquement, l'autre sur la notion de la force vive, nous conduisent au même
résultat, et cet accord ne peut guère laisser de doute sur la légiti-
mité de la conclusion.

30. Influence du diamètre apparent de la source. —
Nous avons vu précédemment que les franges d'interférence ne
peuvent prendre naissance avec deux sources distinctes, dès que ces
deux sources ont une étendue sensible ; il nous reste maintenant
à examiner l'influence qu'exerce sur le phénomène, lorsqu'on
opère avec une source unique, le diamètre apparent de cette source,

question que nous ne pouvions traiter qu'après avoir établi le principe de l'addition arithmétique des intensités des mouvements vibratoires envoyés au même endroit par deux points lumineux distincts.

Supposons, pour fixer les idées, qu'il s'agisse de l'expérience des deux miroirs. Si alors la source lumineuse se réduit à un point, on aura, dans un plan perpendiculaire à celui qui contient le point lumineux et ses deux images, des franges hyperboliques, et ces franges, dans le voisinage de ce dernier plan. que nous désignerons par P, se rapprocheront beaucoup d'être rectilignes. On peut sans inconvénient élargir la source perpendiculairement au plan P; chaque point de la source donnera, il est vrai, un système particulier de franges; mais dans la région où l'on observe les phénomènes, c'est-à-dire près du plan P, ces différents systèmes coïncideront sensiblement, et, par suite de leur superposition, en vertu du principe que nous venons de rappeler, il y aura simplement en chaque point addition des mouvements vibratoires envoyés par les différents points de la source, ce qui, loin de troubler le phénomène, en augmentera l'éclat.

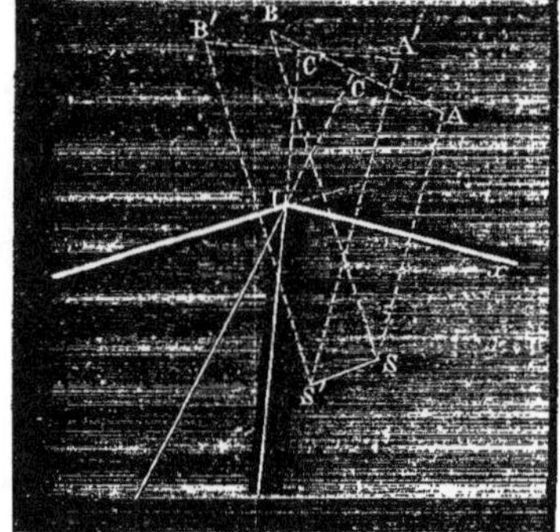

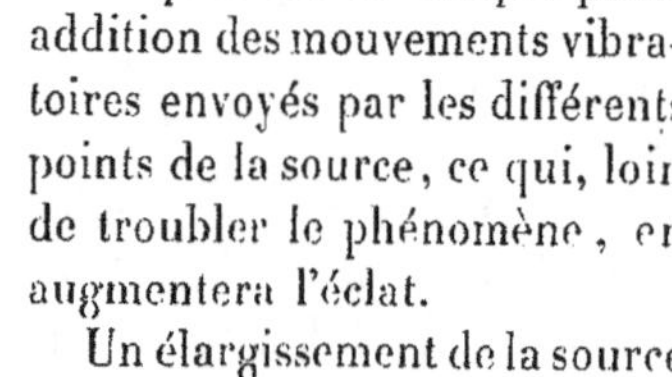

Un élargissement de la source dans une direction parallèle au plan P aura un effet tout différent, et il est facile de montrer qu'on ne peut dépasser une certaine limite sans détruire les franges d'interférence. Prenons pour plan de figure le plan P (fig. 27); soient SS′ la

Fig. 27.

source lumineuse, I la trace de l'intersection des deux miroirs, A et B les deux images du point S, A′ et B′ celles du point S′. La frange centrale correspondant au point S est située sur le prolongement de la droite IC, celle qui correspond au point S′ sur le prolongement de la droite IC′. Cherchons l'angle que forment ces deux droites : si Ix représente la trace de l'un des miroirs sur le plan de la figure, on aura

$$SIx = AIx. \quad S'Ix = A'Ix,$$

d'où

$$AIA' = SIS',$$

et de même

$$BIB' = SIS';$$

donc

$$CIC' = SIS' = \sigma,$$

en désignant par σ le diamètre apparent de la source vue du point I.

Si l'on observe les franges à une distance l du point I, l'intervalle qui sépare les deux franges centrales correspondant aux deux extrémités S et S' de la source sera égal à $l\sigma$. Or, si d désigne la distance du point C à la frange centrale du système provenant du point S, et si l'on pose

$$AB = 2a,$$

l'intervalle qui sépare, dans le système des franges provenant du point S, le milieu de la frange centrale du milieu de la première bande obscure sera représenté (20) par

$$\frac{\lambda}{2} \frac{d}{2a}.$$

Pour que cette bande obscure n'atteigne pas la frange centrale du système formé par le point S', ce qui amènerait la disparition complète des franges, il faut donc que l'on ait

$$l\sigma < \frac{\lambda}{2} \frac{d}{2a};$$

d'où

$$\sigma < \frac{\lambda d}{4\,al}.$$

Pour cette valeur limite de σ on n'observera plus qu'un éclairement uniforme; et, bien avant qu'elle soit atteinte, le phénomène aura déjà beaucoup perdu de sa netteté.

Proposons-nous maintenant de voir comment la valeur limite de σ

varie avec l. Posons à cet effet

$$SI = R,$$

et désignons par ω l'angle que forme l'un des miroirs avec le prolongement de l'autre : nous aurons

$$AIB = 2\omega,$$
$$d = l + R \cos \omega,$$
$$a = R \sin \omega.$$

La valeur limite de σ devient alors

$$\frac{\lambda}{4R \sin \omega} \left(1 + \frac{R \cos \omega}{l} \right),$$

et l'on voit que cette valeur décroît à mesure que l augmente. On remarque en effet, lorsqu'on répète l'expérience de Fresnel, que la netteté des franges diminue à mesure qu'on les observe à une distance plus grande des deux miroirs.

Si R est très-grand par rapport à l, la valeur limite de σ devient approximativement

$$\frac{\lambda}{4l} \cot \omega = \frac{\lambda}{4l \tang \omega} = \frac{\lambda}{4l \omega}.$$

Cette formule permet de déterminer l'inclinaison qu'il convient de donner aux deux miroirs dans des conditions assignées à l'avance. Si, par exemple, on suppose que σ soit égal au diamètre apparent du soleil, et l à un mètre, on trouve pour ω une valeur qui est bien au-dessous de celle qu'on donne habituellement à l'inclinaison des miroirs.

31. Interférences avec de grandes différences de marche. — Expériences de MM. Fizeau et Foucault. — Fresnel, n'ayant jamais observé plus de quelques centaines de franges d'interférence, même avec la lumière la plus homogène qu'il pût se procurer, fut conduit à admettre qu'il était impossible de faire interférer des rayons présentant une différence de marche supérieure à quelques centaines de longueurs d'ondulation, ce qu'il attribua à des changements brusques et très-souvent répétés dans l'état vibratoire de la source lumineuse. Supposons, en effet, que le nombre moyen des vibrations qui s'effectuent dans l'intervalle de deux perturbations successives soit égal à m, et qu'on réunisse en un même point deux rayons présentant une différence de marche égale à n longueurs d'ondulation, n étant plus petit que m. Les vibrations qui arrivent au même instant en ce point sont parties de la source à des instants séparés par un intervalle égal à la durée de n vibrations : donc, sur m de ces couples de vibrations, il y en aura $m - n$ tels, que les deux vibrations de chaque couple soient parties de la source à des instants faisant partie d'une période pendant laquelle l'état de la source reste constant, et pour ces vibrations les conditions d'interférence ne dépendent que de la différence des chemins parcourus; dans les n autres couples de vibrations, les deux vibrations de chaque couple sont parties de la source à des instants appartenant à deux périodes séparées par un changement brusque. Pour ces dernières vibrations les conditions d'interférence se modifient d'un instant à l'autre, et par suite, si n est une fraction un peu considérable de m, toute trace d'interférence disparaîtra. Fresnel, se fondant sur ce raisonnement, estimait que le temps pendant lequel l'état vibratoire d'une source lumineuse reste constant ne surpasse pas la durée de quelques milliers de vibrations. Mais cette conclusion n'était pas légitime, vu l'incomplète homogénéité de la lumière dont il se servait, et les expériences de MM. Fizeau et Foucault ont montré que, si les perturbations dont parle Fresnel existent réellement, il en a beaucoup exagéré les effets.

Il est facile de comprendre pourquoi les franges doivent nécessairement être limitées si la lumière n'est pas rigoureusement homogène. Soient, en effet, λ et λ' les longueurs d'onde entre lesquelles sont comprises celles des rayons qui composent la lumière qu'on emploie : le phénomène des interférences disparaîtra complétement pour une différence de marche telle, qu'en désignant par δ cette différence de marche et par p un nombre entier on ait

$$\delta = 2p\,\frac{\lambda}{2} = (2p + 1)\,\frac{\lambda'}{2},$$

car alors la frange brillante de rang p correspondant à la couleur
définie par la longueur d'onde λ se superposera à la frange obscure
de rang $p + 1$ correspondant à la couleur définie par la longueur
d'onde λ', et déjà bien avant cette limite les franges perdront de
leur netteté. On tire de la relation précédente

$$p = \frac{\lambda'}{2\,(\lambda - \lambda')},$$

ce qui montre que le nombre des franges visibles est d'autant plus
considérable que la différence $\lambda - \lambda'$ est plus petite, c'est-à-dire que
la lumière se rapproche plus d'être homogène. Or, la lumière dont
se servait Fresnel, c'est-à-dire celle qui est transmise par un verre
rouge, est loin, comme le montre l'analyse spectrale, de ne contenir
que des rayons d'un seul degré de réfrangibilité, et il en est de même
de toutes les lumières qu'on peut obtenir au moyen des milieux
absorbants. La lumière émise par la flamme de l'alcool salé, qui a
été proposée par Brewster[1] comme entièrement monochromatique
et avec laquelle on peut observer jusqu'à 500 franges d'interférence,
n'est cependant pas homogène, car, examinée au spectroscope, elle
donne un spectre formé de deux bandes distinctes.

La disparition des franges d'un ordre élevé ne prouve donc pas
que les rayons cessent d'interférer lorsqu'ils présentent une grande
différence de marche; mais il restait à démontrer que les interférences ont réellement lieu dans ces conditions : tel a été le but des
expériences exécutées en 1845 par MM. Fizeau et Foucault[2]. La
méthode qu'ils ont suivie repose sur un principe très-simple : si
l'on produit les franges d'interférence avec la lumière blanche,
à quelque distance de la frange centrale toute trace de coloration
aura disparu; cependant la lumière qui émane d'un point de cette
région, bien qu'elle paraisse entièrement blanche à l'œil, n'est pas
en réalité identique à la lumière solaire, car il y manque tous les
rayons d'un degré de réfrangibilité tel, que, pour ces rayons, la différence de marche soit égale à un nombre impair de demi-longueurs
d'ondulation. Si on analyse cette lumière avec un prisme, l'absence

[1] *Edinb. Trans.*, IX, part. II, 433. — *Ann. de chim. et de phys.*, (2), XXXVII, 437.
[2] *Ann. de chim. et de phys.*, (3), XXVI, 138.

des rayons qui se détruisent par interférence se manifestera par l'apparition, dans le spectre, de bandes noires équidistantes et d'autant plus serrées que la lumière analysée provient d'une région plus éloignée de la frange centrale; ces bandes étant équidistantes et de même largeur ne pourront, du reste, jamais être confondues avec les raies de Frauenhofer.

Dans les expériences de MM. Fizeau et Foucault les franges d'interférence étaient reçues sur un écran muni d'une fente étroite parallèle aux franges, et l'on pouvait déplacer cet écran parallèlement à lui-même de manière à faire coïncider la fente avec une région plus ou moins éloignée de la frange centrale. La lumière transmise par cette fente passait à travers un système de prismes et de lentilles disposé de façon à donner un spectre très-pur, qu'on observait à l'aide d'une lunette munie d'un réticule.

La différence de marche des rayons qui tombent sur la fente peut se calculer directement : il suffit pour cela de compter le nombre des bandes noires qui se trouvent entre deux régions déterminées du spectre. Soient en effet $\lambda_1, \lambda_2,..., \lambda_p$ les longueurs d'ondulation qui correspondent aux milieux de ces bandes en allant de l'extrémité la moins réfrangible du spectre vers l'extrémité la plus réfrangible : nous aurons, en désignant par δ la différence de marche cherchée et par x un nombre entier,

$$\delta = (2x + 1)\frac{\lambda_1}{2},$$

$$\delta = (2x + 3)\frac{\lambda_2}{2},$$

$$\delta = (2x + 5)\frac{\lambda_3}{2},$$

$$\dots\dots\dots\dots,$$

$$\delta = (2x + 2p - 1)\frac{\lambda_p}{2}.$$

Si l'on néglige les bandes voisines des extrémités du spectre et qu'on compte seulement celles qui sont comprises entre les raies B et H de Frauenhofer, on aura, en désignant par λ_b et λ_h les longueurs d'ondulation qui correspondent à ces raies,

$$\lambda_i = \lambda_b, \quad \lambda_p = \lambda_h.$$

$$\delta = (2x + 1)\frac{\lambda_b}{2} = (2x + 2p - 1)\frac{\lambda_h}{2}.$$

p étant un nombre donné par l'observation, ces deux dernières équations font connaître x et δ.

MM. Fizeau et Foucault ont d'abord employé, pour produire les franges, deux miroirs de Fresnel, dont l'un était muni d'une vis micrométrique de façon à pouvoir se déplacer parallèlement à lui-même. Ils ont reconnu ensuite que, pour obtenir de grandes différences de marche, il est préférable de faire interférer les rayons réfléchis par les deux faces rigoureusement parallèles d'une lame de verre d'environ 1 millimètre d'épaisseur. Ils ont pu constater ainsi les interférences de rayons présentant une différence de marche de 6000 à 7000 longueurs d'ondulation.

Ces expériences ont été reprises ultérieurement par M. Fizeau dans un travail dont le but principal était d'étudier l'influence de la chaleur sur la vitesse de propagation de la lumière[1]. Le procédé dont il s'est servi dans ces nouvelles recherches est fondé sur ce fait que la lumière émise par la flamme de l'alcool salé est dichromatique : en remplaçant l'alcool pur par un mélange de quatre parties d'esprit de bois et d'une partie d'alcool absolu, on obtient, par l'addition d'une petite quantité de sel marin à ce liquide, une flamme très-peu intense dont le spectre se réduit aux deux raies extrèmement rapprochées qui constituent la raie D de Frauenhofer. C'est la coexistence de rayons de réfrangibilités différentes, quoique très-voisines, dans la lumière de cette flamme, qui détermine la disparition des franges d'interférence au delà d'une certaine limite. Désignons par λ et λ' les longueurs d'ondulation correspondant aux deux espèces de rayons dont cette lumière est composée, et par δ la différence de marche pour laquelle les franges disparaissent pour la première fois : d'après ce que nous avons vu plus haut, on a

$$\delta = 2p\frac{\lambda}{2} = (2p + 1)\frac{\lambda'}{2};$$

[1] *Ann. de chim. et de phys.*, (3), LXVI, 429. — *C. R.*, LIV, 1237.

l'expérience prouve que, pour la flamme de l'alcool salé, p est égal
à 5oo environ. Si cette différence de marche est doublée, elle
devient

$$2\delta = 4p\,\frac{\lambda}{2} = 2\left(2p+1\right)\frac{\lambda'}{2}.$$

Pour les différences de marche voisines de 2δ, les maxima et les minima des deux systèmes de franges occupent donc sensiblement les
mêmes positions, et les franges doivent reparaître. Elles disparaîtront
de nouveau pour une différence de marche égale à 3δ, et ainsi de
suite. Si on augmente graduellement la différence de marche, on
pourra constater ces disparitions et ces réapparitions consécutives;
et, d'après ce qui précède, la $n^{\text{ième}}$ réapparition indiquera une différence de marche égale à $2n.5\text{oo}\lambda$.

Ce n'est pas sur les franges d'interférence proprement dites, mais,
ce qui au fond revient exactement au même, sur les anneaux produits par les interférences des rayons qui ont été réfléchis par les
deux faces d'une lame mince, que M. Fizeau a vérifié l'existence de
ces alternatives dont nous venons d'expliquer la cause. La lumière
de l'alcool salé était reçue normalement sur un système formé
d'un plan de verre et d'une lentille d'un très-grand rayon reposant
sur ce plan et pouvant en être écartée au moyen d'une vis micrométrique. Quand on soulevait la lentille à l'aide de la vis, on voyait
les anneaux se rapprocher du centre pour y disparaître successivement, et en même temps d'autres anneaux naître sur les bords et
prendre la place des premiers. Lorsque environ 5oo anneaux eurent
ainsi disparu au centre, le phénomène se troubla et le système des
anneaux s'effaça complétement; mais, en doublant l'écartement entre
la lentille et le plan de verre, on vit reparaître les anneaux, et
ainsi de suite. M. Fizeau put compter jusqu'à 5o réapparitions;
au delà de cette limite les anneaux devenaient complétement invisibles. Il est permis de conclure de là que, pour la source lumineuse employée dans ces expériences, le temps pendant lequel on
peut regarder l'état vibratoire de la source comme constant équivaut
à peu près à la durée de 5o ooo vibrations de la lumière jaune,
c'est-à-dire à $\dfrac{1}{10\,000\,\text{coo}\,000}$ de seconde environ. Cette durée, quoi-

qu'elle soit excessivement petite et bien au-dessous de tout ce que nous pourrions imaginer, est cependant encore beaucoup plus considérable que ne le pensait Fresnel; et d'ailleurs rien n'autorise à affirmer que pour d'autres lumières elle n'ait pas une valeur plus grande.

32. Explication de la scintillation. — Parmi les nombreuses applications du principe des interférences, une des plus intéressantes est celle qui en a été faite par Arago à l'explication d'un phénomène qui jusque-là avait fort embarrassé les astronomes et les physiciens. Ce phénomène est celui de la *scintillation* des étoiles, qui consiste en des changements brusques dans l'éclat et dans les dimensions apparentes de ces astres, qu'accompagnent, chez les plus brillants, des variations rapides de couleur [1]. La scintillation s'observe toutes les fois qu'on regarde un corps lumineux très-éloigné et d'un diamètre apparent insensible; ainsi l'astronome allemand Scheiner a vu scintiller très-distinctement l'image du soleil vu par réflexion sur la boule placée au sommet de la flèche d'une cathédrale. Les astres qui présentent un diamètre apparent sensible, les planètes, ne scintillent presque pas. La scintillation dépend de l'état de l'atmosphère : elle est en général peu marquée dans les nuits propres aux observations astronomiques, ce qui montre que le défaut d'homogénéité de l'atmosphère est une circonstance favorable à la production du phénomène; l'agitation de l'air contribue également ment à rendre la scintillation plus forte.

Divers procédés ont été indiqués pour compter les changements que subissent en un temps donné l'éclat et la couleur d'une étoile. Simon Marius, au xviie siècle, enlevait l'oculaire d'une lunette et observait directement l'image formée au foyer de l'objectif. Nicholson imprimait de petites secousses au tube de la lunette : l'image de l'étoile se trouvait ainsi développée en une courbe lumineuse présentant au même instant des couleurs diverses en ses différents points Arago a fait connaître un moyen très-simple pour transformer un

---

[1] La Notice fort étendue d'Arago sur la scintillation a été publiée pour la première fois dans l'*Annuaire du Bureau des longitudes* de 1852. Elle est reproduite dans ses *OEuvres complètes*, t. VII, p. 1.

lunette en un véritable scintillomètre : il suffit d'enfoncer graduellement l'oculaire après l'avoir mis au point; on voit alors l'image de l'étoile se dilater, puis au centre de l'image apparaître une tache noire qui grandit à son tour. Si on arrête l'oculaire au moment où cette tache noire commence à se montrer, on constate que, par l'effet de la scintillation, la tache apparaît et disparaît alternativement, et il suffit de compter le nombre de ces alternatives pendant un certain temps pour avoir une mesure de l'activité de la scintillation.

Les hypothèses proposées avant Arago pour expliquer la scintillation sont au nombre de trois principales. Les uns attribuaient ce phénomène aux vacillations de l'œil regardant à une grande distance; d'autres à des changements réels dans l'éclat de l'étoile; d'autres encore aux agitations de l'air produisant un déplacement des rayons. Ces hypothèses sont évidemment insuffisantes : d'après les deux premières, la scintillation devrait être indépendante de l'état de l'atmosphère, et, d'après la dernière, l'image de l'étoile vue dans une lunette devrait continuellement se déplacer, d'où résulterait l'apparition d'une courbe lumineuse.

Suivant Arago, la scintillation est due à ce que les rayons qui viennent, en concourant sur la rétine, y former l'image d'une étoile, ont parcouru dans l'atmosphère des chemins différents, quoique très-rapprochés. La moindre inégalité de température ou d'état hygrométrique dans les couches d'air que traversent ces rayons suffit pour leur faire contracter une différence de marche, d'où résulte la destruction des rayons de certaines couleurs, et par suite la coloration de l'image. Les principales particularités du phénomène s'expliquent facilement dans cette théorie. Ainsi on comprend que, l'état des couches atmosphériques se modifiant sans cesse, les conditions d'interférence varient également, ce qui entraîne des changements d'intensité et de couleur dans l'image de l'étoile. On conçoit aussi que la scintillation soit plus marquée dans une lunette qu'à l'œil nu, car l'objectif de la lunette reçoit une quantité bien plus grande de rayons que la pupille. Enfin, pour les astres qui ont un diamètre apparent sensible, comme les planètes, les conditions d'interférence varient au même instant d'un point à l'autre de l'image, et il doit en résulter un éclat sensiblement constant et une teinte à peu près uniforme, sauf sur les bords, où, en effet, on remarque souvent des ondulations assez prononcées.

La théorie d'Arago a été attaquée dans ces derniers temps par plusieurs physiciens, et en particulier par M. Montigny [1], qui voit dans la scintillation l'effet des réflexions totales s'opérant sur les surfaces de séparation des couches d'air de densité différente sous des incidences variables avec la couleur.

Deux observateurs, MM. Liandier et de Portal, se sont attachés à faire servir à la prédiction du temps [2] les résultats obtenus avec le scintillomètre d'Arago.

BIBLIOGRAPHIE.

INTERFÉRENCES EN GÉNÉRAL.

1665. GRIMALDI, *Physico-Mathesis de lumine, coloribus et iride*, Bononiæ.

1687. NEWTON, *Philosophiæ naturalis principia mathematica*, London, liv. III, prop. 24.

1800. YOUNG, Outlines of Experiments and Inquiries respecting Sound and Light, *Phil. Tr.*, 1800, p. 106.

1802. YOUNG, On the Theory of Light and Colours. *Phil. Tr.*, 1802, p. 12. — *Miscell. Works*, t. I, p. 140.

1802. YOUNG, An Account of Some Cases of the Production of Colours not hitherto described. *Phil. Tr.*, 1802, p. 387. — *Miscell. Works*, t. I, p. 170.

1804. YOUNG, Experiments and Calculations relative to Physical Optics, *Phil. Tr.*, 1804, p. 1. — *Miscell. Works*, t. I, p. 179.

1807. YOUNG, *Lectures on Natural Philosophy*, London.

1815. FRESNEL, Premier Mémoire sur la diffraction, *OEuvres complètes*, t. I, p. 9.

1815. FRESNEL, Lettre à Arago, *OEuvres complètes*, t. I, p. 64.

1816. ARAGO, Note sur un phénomène remarquable qui s'observe dans la diffraction de la lumière, *Ann. de chim. et de phys.*, (2), I, 195. — *OEuvres complètes de Fresnel*, t. I, p. 75.

1816. FRESNEL, Lettre à Léonor Fresnel, *OEuvres complètes*, t. I, p. 75.

[1] *Mémoires couronnés de l'Académie de Belgique*, t. XXVIII, p. 1.
[2] *Cosmos*. XIX, 20, 263; XX, 415.

1816.   Fresnel, Deuxième Mémoire sur la diffraction de la lumière, *Ann. de chim. et de phys.*, (2), I, 239. — *OEuvres complètes*, t. I, p. 89.

1816.   Arago, Rapport sur un Mémoire de M. Fresnel relatif aux phénomènes de la diffraction de la lumière, *OEuvres complètes de Fresnel*, t. I, p. 79.

1816.   Arago, Remarques sur l'influence mutuelle de deux faisceaux lumineux qui se croisent sous un très-petit angle, *Ann. de chim. et de phys.*, (2), I, 332. — *OEuvres complètes de Fresnel*, t. I, p. 123.

1816.   Fresnel, Supplément au deuxième Mémoire sur la diffraction de la lumière, *OEuvres complètes*, t. I, p. 129.

1818.   Fresnel, Note sur les effets produits par les rayons qui se croisent sous un très-petit angle, *OEuvres complètes*, t. I, p. 183.

1818.   Fresnel, Note sur les franges produites par deux miroirs, *OEuvres complètes*, t. I, p. 186.

1818.   Fresnel, Note sur l'application du principe de Huyghens et de la théorie des interférences aux phénomènes de la réflexion et de la diffraction, *OEuvres complètes*, t. I, p. 201.

1818.   Fresnel, Mémoire sur la diffraction de la lumière, couronné par l'Académie des sciences, *Mém. de l'Acad. des sciences*, V, 339. — *OEuvres complètes*, t. I, p. 247. — *Ann. de chim. et de phys.*, (2), XI, 246, 337.

1819.   Arago, Rapport sur le concours relatif à la diffraction, *Ann. de chim. et de phys.*, (2), XI, 5. — *OEuvres complètes de Fresnel*, t. I, p. 229. — *OEuvres complètes d'Arago*, t. X, p. 375.

1821.   Fresnel, Considérations mécaniques sur la polarisation de la lumière, *Ann. de chim. et de phys.*, (2), XVII, 179, 312. — *OEuvres complètes*, t. I, p. 629.

1822.   Fresnel, Article *Lumière* dans le Supplément à la traduction de la cinquième édition du *Système de chimie de Th. Thompson* par Riffaut, Paris.

1822.   Arago, Interférences de l'action chimique de la lumière, *OEuvres complètes*, t. X, p. 484.

1828.   Brewster, Description of a Monochromatic Lamp, *Edinb. Trans.*, t. IX, part. II, p. 433. — *Ann. de chim. et de phys.*, (2), XXXVII, 437.

1833.   Potter, On a Particular Modification of the Interference of Homogeneous Light, *Phil. Mag.*, (3), II, 81. (Objections contre la théorie des ondulations fondées sur des phénomènes observés en plaçant des prismes sur le chemin des rayons interférents.)

1833.   Potter, Airy et Hamilton, Discussion au sujet des expériences de Potter, *Phil. Mag.*, (3), II, 161, 191, 276, 284, 371, 451.

1834.   Lloyd, A New Case of Interference of Rays of Light, *Ir. Trans.*,

t. XVII. (Interférences des rayons directs avec les rayons réfléchis.)

1839.　Powell, On a New Case of Interference of Light, 9th *Rep. of the Brit. Assoc.* — *Instit.*, VIII, 43.

1840.　Potter, On Interferences as an Experimentum Crucis as to the Nature of Light, *Phil. Mag.*, (3), XVI.

1840.　Powell, On Fresnel's Experiments, 10th *Rep. of the Brit. Assoc.* — *Instit.*, VIII, 378. (Réfutation de Potter.)

1840.　Ohm, Beschreibung einiger einfachen und leicht zu behandelnden Vorrichtungen zur Anstellung der Licht-Interferenz Versuche, *Pogg. Ann.*, XLIX, 98.

1845.　Fizeau et Foucault, Sur le phénomène des interférences entre deux rayons de lumière dans le cas de grandes différences de marche, *Ann. de chim. et de phys.*, (3), XXVI, 138. — *C. R.*, XXI. 1115.

1847.　Fizeau et Foucault, Recherches sur les interférences des rayons calorifiques, *C. R.*, XXV, 447.

1848.　Babinet, Rapport sur deux Mémoires de MM. Fizeau et Foucault, relatifs à l'observation d'interférences dans le cas de grandes différences de marche entre les rayons interférents, *C. R.*, XXVI, 680.

1848.　Powell, On a New Case of Interference of Light, *Phil. Tr.*, 1848, p. 213. — *Proceed. of R. S.*, V, 756. — *Instit.*, XVI, 282. (En plongeant une plaque de verre dans un prisme liquide, on voit le spectre sillonné de raies noires parallèles.)

1848.　Stokes, On the Theory of Certain Bands seen in the Spectrum, *Phil. Tr.*, 1848, p. 213. — *Proceed. of R. S.*, V, 795. — *Instit.*, XVII, 159. (Explication des raies aperçues par Powell.)

1849.　A. Seebeck, Ueber die Interferenz der Wärmestrahlen, *Pogg. Ann.*, LXXVII, 574.

1850.　Powell, On a Fictitious Deplacement of Fringes of Interference, 20th *Rep. of the Brit. Assoc.*, p. 20. — *Instit.*, XVIII, 320. (Cause d'erreur dans la mesure des indices de réfraction par le déplacement des franges d'interférence.)

1854.　Poppe, Beobachtung eines schönen Interferenz und Farbenphænomens beim Durchgang eines Sonnenstrahls durch eine feine mit Wasser oder Oel gefüllte Oeffnung, *Pogg. Ann.*, XCV, 481.

1855.　Billet, Mémoire sur les franges d'interférence, *C. R.*, t. XLI, p. 396.

1859.　Knoblauch, Ueber die Interferenz der Wärmestrahlen, *Berl. Monatsber.*, 1859, p. 565. — *Pogg. Ann.*, CVIII, 610. — *Ann. de chim. et de phys.*, (3), LIX, 492.

1860.　Dove, Ueber die Darstellung der Interferenzfarben aus den Interferenzen in verschiedner homogener Beleuchtung, *Berl. Monatsber.*, 1860, p. 104.

1861.   Billet, Communication relative à deux appareils qui offrent de grandes ressources pour la production et pour l'étude des franges d'interférence, *Cosmos*, XIX, 676. (Demi-lentilles d'interférence et compensateur.)

1862.   Billet, Mémoire sur les demi-lentilles d'interférence, *Ann. de chim. et de phys.*, (3), LXIV, 385.

1862.   Fizeau, Recherches sur les modifications que subit la vitesse de la lumière dans le verre et plusieurs autres corps solides sous l'influence de la chaleur, *Ann. de chim. et de phys.*, (3), LXVI, 429. — *C. R.*, LIV, 1237. (Interférences entre des rayons présentant de grandes différences de marche.)

1864.   Breton, Instrument pour faire comprendre le principe des interférences, *Mondes*, V, 757.

APPLICATIONS DES INTERFÉRENCES. — RÉFRACTOMÈTRES INTERFÉRENTIELS.

1816.   Arago, Remarques sur l'influence mutuelle de deux faisceaux lumineux qui se croisent sous un très-petit angle, *Ann. de chim. et de phys.*, (2), I, 332.

1816.   Fresnel, Projet d'expérience sur la dilatation de l'eau, *OEuvres complètes*, t. I, p. 125,

1819.   Fresnel, Mémoire sur la réflexion de la lumière, *Mém. de l'Acad. des sciences*, XX, 195. — *Ann. de chim. et de phys.*, (3), XVII, 316. — *OEuvres complètes*, t. I, p. 691. (Double réfraction du verre comprimé constatée par le déplacement des franges d'interférence.)

1822.   Fresnel, Note sur la double réfraction du verre comprimé, *Ann. de chim. et de phys.*, (2), XX, 376. — *OEuvres complètes*, t. I, p. 713.

1822.   Arago, Détermination des indices de réfraction par la méthode des interférences, article *Lumière* du Supplément à la traduction de la cinquième édition du *Système de Chimie de Th. Thompson* par Riffaut. (Expériences rapportées par Fresnel.)

1840.   Arago, Sur les interférences de la lumière considérées comme moyen de résoudre diverses questions très-délicates de physique et comme servant de base à la construction de nouveaux instruments de météorologie, *C. R.*, X, 813.

1850.   Arago, Mémoire sur des projets d'expériences destinés à compléter les résultats déjà obtenus en 1815 et années subséquentes relativement au maximum de densité de l'eau, à la réfraction de l'eau sous diverses pressions, à l'influence de la température sur la réfraction des corps et à la réfraction de l'hydrophane imbibée de divers liquides, *C. R.*, XXI, 149. — *OEuvres complètes*, t. X, p. 298.

1850. Arago, Mémoire sur la méthode des interférences appliquée à la recherche des indices de réfraction, *OEuvres complètes*, t. X. p. 312.

1854. Arago, Application du réfracteur interférentiel à la mesure de la réfraction des gaz, *Cosmos*, IV, 7, 180.

1856. Jamin, Description d'un nouvel appareil de recherches fondé sur les interférences, *C. R.*, XLII, 482.

1856. Jamin, Sur les vitesses de la lumière dans l'eau à différentes températures, *C. R.*, XLIII, 1191.

1857. Jamin, Mémoire sur la mesure des indices de réfraction des gaz, *Ann. de chim. et de phys.*, (3), XLIX, 382.

1857. Jamin, Sur les variations de l'indice de réfraction de l'eau par l'effet de la compression, *Ann. de chim. et de phys.*, (3), LII, 163. — *C. R.*, XLV, 892.

1857. Jamin, Mémoire sur l'indice de réfraction de la vapeur d'eau, *Ann. de chim. et de phys.*, (3), LII, 171.

1851-59. Fizeau, Sur les hypothèses relatives à l'éther lumineux et sur une expérience qui paraît démontrer que le mouvement des corps change la vitesse avec laquelle la lumière se propage dans leur intérieur, *Ann. de chim. et de phys.*, (3), LVII, 385. — *C. R.*, XXXIII, 349.

1862. Fizeau, Recherches sur les modifications que subit la vitesse de la lumière dans le verre et plusieurs autres corps solides sous l'influence de la chaleur, *Ann. de chim. et de phys.*, (3), LXVI, 429. — *C. R.*, LIV, 1237.

1862. Schröder, Ueber eine neue Methode die sphærische Aberration mit Hülfe der Interferenz zu untersuchen, *Pogg. Ann.*, CXIII, 502.

1864. Fizeau, Recherches sur la dilatation et la double réfraction du cristal de roche échauffé, *Ann. de chim. et de phys.*, (4), II, 143. — *C. R.*, LVIII, 923.

1865. Fizeau, Sur la dilatation du diamant et du protoxyde de cuivre cristallisé sous l'influence de la chaleur, *C. R.*, LX, 1161.

EXPLICATION DE LA SCINTILLATION PAR LES INTERFÉRENCES.

1824. Arago, Sur la scintillation des étoiles, *Ann. de chim. et de phys.*, (2), XXVI, 431.

1847. Arago, De l'influence du phénomène des interférences sur la vision, *Cosmos de Humboldt*, t. III, et *OEuvres complètes d'Arago*, t. X, p. 583.

1851. Babinet, Sur le scintillomètre de M. Arago, *C. R.*, XXXIII, 589.

1852. Arago, Notice sur la scintillation, *Annuaire du Bureau des longitudes pour 1852*, p. 363. — *OEuvres complètes*, t. VII, p. 1.

1856. Dufour, De la scintillation des étoiles, *C. R.*, XLII, 634. — *Bullet. de Brux.*, (2), XXIII, 347, 366.

1856. Vallée, Note sur la scintillation des étoiles, *C. R.*, XLII, 859.

1856. Montigny, La cause de la scintillation ne proviendrait-elle pas des phénomènes de réfraction et de dispersion par l'atmosphère ? *Mémoires couronnés de l'Académie de Belgique*, XXVIII, 1. — *Bullet. de Brux.*, (2), XXIII, 731. — *Instit.*, XXIV, p. 389. — *Cosmos*, IX, 166, 191.

1856. Secchi, Sopra la scintillazione delle stelle, *Atti de' Nuovi Lincei*, VII, 137. — *Cosmos*, XI, 35.

1857. M. F., Twinkling of Stars, *Phil. Mag.*, (4), XIII, 301.

1860. Dufour, Instruction for the Better Observation of the Scintillation of the Stars, *Phil. Mag.*, (4), XIX, 216.

1861. Liandier, Sur la scintillation, *Cosmos*, XIX, 20.

1861. De Portal, Sur le temps prédit par la scintillation, *Cosmos*, XIX, 263; XX, 415.

1864. Montigny, Nouveau scintillomètre, *Bullet. de Brux.*, (2), XVII, 260. — *Mondes*, V, 400. — *Instit.*, XXXII, 316.

1864. Montigny, Recherches expérimentales sur cette question posée par Arago : la scintillation d'une étoile est-elle la même pour des observateurs diversement placés? *Bullet. de Brux.*, (2), XVII, 443. — *Mondes*, IV, 360. — *Instit.*, XXXII, 333.

II.

COULEURS DES LAMES MINCES NON CRISTALLISÉES.

33. Historique. — Les couleurs très-vives qui se montrent
toutes les fois que la lumière est réfléchie ou transmise par un corps
réduit en lame mince ont été sans aucun doute observées de tout
temps. Ces couleurs apparaissent en effet dans des circonstances très-
variées, et dans un grand nombre de cas elles ne peuvent échapper
même à l'examen le moins attentif. Boyle est cependant le premier
auteur qui ait donné quelques détails sur les couleurs des lames
minces [1]. Pour prouver que la couleur d'un corps ne dépend pas toujours de sa composition chimique et peut changer sans que la nature
de ses principes constituants soit altérée, il cite les couleurs des
bulles qu'on peut former avec l'eau de savon et avec les différentes
essences, en particulier avec celle de térébenthine; il ajoute que le
verre, lorsqu'il est soufflé en bulles très-minces, peut offrir des phénomènes du même genre.

Hooke [2] étendit et varia les observations de Boyle : c'est à lui
qu'on doit la découverte des anneaux colorés proprement dits. En
regardant au microscope des lamelles minces de talc de Moscovie, il
distingua des anneaux colorés entourant une tache centrale blanche,
et remarqua que l'ordre des couleurs était le même que dans le premier arc-en-ciel. Il reconnut aussi que, si l'on pressait la lame avec le
doigt, les couleurs changeaient de place. Il parvint même à obtenir des
lames d'une épaisseur assez uniforme pour ne présenter qu'une seule
couleur, et vit les colorations disparaître lorsque l'épaisseur de la
lame était trop grande, et aussi lorsque cette épaisseur devenait excessivement petite. Ayant pressé l'un contre l'autre deux objectifs de
lunette, il aperçut des anneaux colorés autour du point de contact;
ainsi c'est à Hooke qu'est due la première idée de l'appareil avec

[1] *Boyle's Works published by Shaw*, t. II, p. 70. — Voyez aussi l'*Histoire de l'optique*
de Priestley, p. 173.

[2] *Micrographia*, p. 47.

lequel Newton détermina les lois de ces phénomènes. Hooke cite encore les couleurs que présente l'acier trempé, les teintes de la nacre, des plumes des oiseaux, des ailes des insectes, etc. Quant à la théorie par laquelle il cherche à expliquer la coloration des lames minces, nous en avons donné une idée dans l'Introduction (9); elle repose, comme oh l'a vu, sur un principe entièrement faux.

Hooke s'était contenté de décrire les phénomènes sans prendre de mesures; c'est à Newton qu'on doit la découverte des lois qui les régissent [1], et on peut dire que, sous le rapport expérimental, il a été peu ajouté à ses travaux classiques sur les anneaux colorés. En produisant les anneaux avec des lumières homogènes différentes, et en remarquant qu'ils se rétrécissent à mesure que la réfrangibilité augmente, il put rendre compte de la complexité que présente la succession des couleurs lorsqu'on opère avec la lumière blanche. Ayant constaté que les épaisseurs de la lame mince pour lesquelles cette lame réfléchit la même couleur sont entre elles comme la série des nombres impairs, il fut conduit à la théorie des accès, dont nous avons dit quelques mots plus haut (13); cette théorie, qui, avec quelques modifications, fut presque universellement adoptée, a été définitivement renversée le jour où Fresnel a montré que l'obscurité des anneaux noirs vus par réflexion est due à une absence complète de lumière, et non pas seulement à un effet de contraste avec les anneaux brillants, et que, par conséquent, il est impossible d'admettre, comme le veut la théorie des accès, que les rayons réfléchis à la première surface de la lame subsistent toujours.

Nous avons fait connaître également les explications qu'Euler, se laissant guider par de fausses analogies, essaya de donner du phénomène des anneaux colorés dans l'hypothèse des ondulations (14); ces explications ne résistent pas à un examen approfondi, et c'est à Young (16) que revient l'honneur d'avoir le premier formulé une théorie satisfaisante des couleurs des lames minces, en s'appuyant sur le principe des interférences. Cette théorie fut reprise et complétée en plusieurs points par Fresnel [2], qui tint compte, pour la pre-

[1] *Optique*, liv. II.
[2] *OEuvres complètes*, t. I, p. 51, 144, 252, 686, 695. — *Ann. de chim. et de phys.*, (3), XXIII, 129.

mière fois, des rayons qui ont subi dans l'intérieur de la lame des réflexions multiples. Une dernière difficulté, provenant de ce que les mesures prises par Newton ne s'accordaient pas, pour le cas des grandes incidences, avec la loi à laquelle conduit le principe des interférences, a été levée par les expériences de MM. de la Provostaye et P. Desains [1].

34. Description des anneaux colorés. — La coloration des lames minces dépend essentiellement de leur épaisseur; il semble donc au premier abord qu'il y ait avantage, pour déterminer les lois suivant lesquelles varie cette coloration, à employer des lames à faces parallèles. Mais, pour que les couleurs fussent visibles, il faudrait donner à ces lames une épaisseur extrêmement petite, égale au plus à quelques millièmes de millimètre, et on conçoit combien il est difficile dans ces conditions d'obtenir une épaisseur uniforme : aussi est-il préférable de se servir d'une lame dont l'épaisseur varie d'une façon régulière.

L'appareil le plus précis pour l'observation des anneaux vus par réflexion est celui que Newton a employé dans la plupart de ses expériences. Il se compose d'une lentille sphérique en verre dont la courbure est très-faible, et qui repose sur un plan horizontal également en verre; la lame mince est formée par la couche d'air comprise entre la lentille et le plan de verre, et présente par conséquent une forme régulière.

En plaçant l'œil au-dessus de la lentille on aperçoit, lorsque le système est éclairé par de la lumière blanche, une série d'anneaux disposés régulièrement autour du point de contact et sensiblement circulaires. Voici la description exacte de ces anneaux qui, dans les conditions que nous venons d'indiquer, sont vus par réflexion.

Autour du point de contact se trouve une tache noire qui s'étend jusqu'à une certaine distance et qui est bordée d'un anneau violet: puis vient un anneau blanc qui passe au rouge sur son bord extérieur, et qui est suivi d'un anneau noir; à cet anneau noir, qui est bordé extérieurement de bleu et de violet, succède un second

____
[1] *Ann. de chim. et de phys.*, (3), XXVII, 423.

anneau blanc très-étroit, suivi d'une série d'anneaux colorés où bientôt on ne distingue plus que deux couleurs, le rouge et le vert. On observe dans ces anneaux des maxima et des minima d'intensité assez sensibles; les maxima se présentent dans les points où la teinte passe du vert au rouge, et les minima dans les points où elle passe du rouge au vert.

Si l'on emploie la lumière homogène obtenue au moyen du prisme, on ne voit plus qu'une succession d'anneaux d'une seule couleur, alternativement brillants et obscurs, et les anneaux obscurs paraissent entièrement noirs; en faisant tomber successivement sur le système des verres les différentes couleurs du spectre, on s'assure que les anneaux s'élargissent lorsqu'on passe du violet au rouge.

En déplaçant l'œil on peut observer les anneaux réfléchis sous différentes incidences : l'aspect général du phénomène reste le même quand l'incidence change; la largeur seule des anneaux varie. Lorsqu'on veut opérer sous une incidence rigoureusement normale, il faut s'arranger de façon à ne pas intercepter les rayons incidents. Il suffit pour cela d'interposer, entre la lentille et l'œil placé sur le prolongement du rayon de cette lentille qui passe par le point de contact, une lame de verre inclinée à 45 degrés, et de faire arriver horizontalement les rayons sur cette lame, qui les renvoie sur la lentille dans une direction verticale. Newton n'a pas employé cet artifice; il se contentait d'observer les anneaux sous une incidence de 3 à 4 degrés, ce qui n'offre pas grand inconvénient, car, dans le voisinage de l'incidence normale, les diamètres des anneaux varient très-lentement.

Pour voir les anneaux colorés par transmission, il faut modifier la disposition de l'appareil : le plan de verre est alors placé verticalement, et la lentille, au lieu de reposer simplement sur ce plan, est enchâssée dans une monture et peut être serrée contre le plan au moyen de vis de pression. Il faut avoir soin que les deux verres se touchent, sans quoi la tache centrale serait colorée. Les anneaux vus par transmission sont complémentaires de ceux qu'on voit par réflexion, et, par conséquent, présentent une tache centrale blanche; les anneaux transmis sont d'ailleurs beaucoup moins apparents que les anneaux réfléchis, ce qui tient à ce que les différences entre les maxima et les minima de lumière sont très-faibles dans les premiers.

Le nombre des anneaux qn'on peut apercevoir, soit par réflexion, soit par transmission, est toujours limité; il est beaucoup plus considérable dans la lumière homogène que dans la lumière blanche, phénomène tout à fait analogue à celui qu'on observe pour les franges d'interférence.

35. Mesure des diamètres des anneaux colorés. — Pour calculer les épaisseurs de la lame qui correspondent aux différents

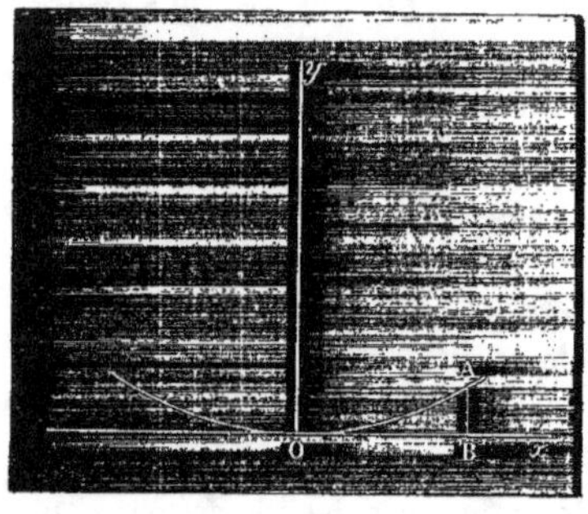

Fig. 28.

anneaux, il suffit de mesurer les diamètres de ces anneaux. Soit en effet (fig. 28) une section faite dans le système des verres par un plan quelconque mené par le rayon de la lentille qui passe au point de contact O. Prenons ce rayon pour axe des y, et la trace sur le plan de la figure de la surface plane du verre inférieur pour axe des x. L'équation du cercle suivant lequel la surface de la lentille est coupée par le plan de la figure est, en désignant par R le rayon de la lentille,

$$x^2 + y^2 - 2Ry = 0.$$

Or le rayon OB d'un anneau quelconque et l'épaisseur correspondante AB de la lame mince d'air sont précisément les coordonnées du point A de ce cercle, rapportées aux axes que nous avons choisis; on a donc, en représentant par r le rayon d'un anneau et par e l'épaisseur de la lame mince aux points où se produit cet anneau,

$$e = \frac{r^2 + e^2}{2R}.$$

L'épaisseur e étant une quantité très-petite, son carré est négligeable et la formule précédente se réduit à

$$e = \frac{r^2}{2R},$$

ce qui montre que l'épaisseur de la lame en un point quelconque est proportionnelle au carré du rayon de l'anneau qui passe par ce point.

La comparaison des épaisseurs de la lame qui correspondent aux différents anneaux se trouve ainsi ramenée à la mesure des diamètres de ces anneaux. Plusieurs méthodes ont été employées pour effectuer cette mesure. Newton se servait simplement d'un compas, dont il plaçait les pointes sur la face supérieure de la lentille, de façon qu'elles parussent coïncider avec les deux extrémités d'un même diamètre de l'anneau qu'il voulait mesurer. Pour éviter autant que possible l'erreur due à la réfraction qu'éprouvent les rayons lumineux en traversant la lentille, il prenait les diamètres perpendiculaires au plan vertical passant par l'œil et par le centre des anneaux. L'erreur était à peu près insensible lorsqu'il opérait sous une incidence voisine de l'incidence normale, car les rayons provenant des deux extrémités du diamètre qu'il mesurait étaient alors réfractés sous la même incidence. Mais le procédé devenait défectueux dès que l'incidence était un peu considérable : car, dans ce cas, la valeur du diamètre se trouvait altérée par la réfraction, et la correction était difficile à calculer d'une manière tant soit peu exacte.

M. Babinet a eu l'idée de tracer sur le plan de verre inférieur un réseau formé de traits très-fins et également espacés. Les anneaux se projettent sur ces divisions, et il suffit de compter le nombre de traits compris entre les deux extrémités d'un diamètre.

Le procédé le plus exact est celui dont se sont servis MM. de la Provostaye et P. Desains [1]. Le système formé par la lentille et le plan de verre était fixé sur une plaque horizontale en cuivre qu'on pouvait déplacer horizontalement à l'aide d'une vis micrométrique. Les anneaux étaient observés à l'aide d'une lunette mobile dans un plan vertical perpendiculaire à la vis. On faisait d'abord coïncider le point de croisement des fils du réticule avec le centre

[1] *Ann. de chim. et de phys.*, (3), XXVII, 423.

des anneaux, puis, à l'aide de la vis, on déplaçait le système des verres jusqu'à ce que le fil vertical du réticule coïncidât avec un point de l'anneau dont on voulait évaluer le rayon. La longueur dont il avait fallu faire avancer la vis était alors égale au rayon cherché.

Dans ces conditions, aucune correction n'était évidemment nécessaire pour tenir compte de la réfraction que subissaient les rayons en traversant la lentille, pourvu que la face supérieure de cette lentille fût plane, ou du moins eût une courbure très-faible. L'angle formé par l'axe optique de la lunette avec la verticale indiquait l'angle d'émergence des rayons, angle qu'il était facile de faire varier en éloignant ou en rapprochant la lunette de la vis. Lorsqu'on opérait sous une incidence considérable, il était nécessaire d'arrêter au moyen d'un écran les rayons réfléchis par la surface supérieure de la lentille, rayons qui, possédant dans ces circonstances une intensité assez grande, auraient masqué les anneaux.

36. Lois des anneaux colorés. — Newton, en mesurant, par le procédé que nous venons d'indiquer, les diamètres des anneaux dans la lumière blanche et sous l'incidence normale, trouva que les carrés des diamètres des anneaux obscurs vus par réflexion sont entre eux comme la série des nombres pairs 0, 2, 4, 6, 8,... (la tache centrale étant considérée comme le premier anneau obscur), et que les carrés des diamètres des anneaux brillants sont entre eux comme la suite des nombres impairs 1, 3, 5, 7,.... Il résulte de là, d'après ce que nous avons dit plus haut, que les épaisseurs de la lame mince correspondant aux maxima de lumière dans les anneaux réfléchis sont entre elles comme la suite des nombres impairs, et les épaisseurs correspondant aux minima comme la suite des nombres pairs. Cette loi devient plus facile à vérifier lorsqu'on éclaire la lame mince avec une lumière homogène; dans ce cas les anneaux sont beaucoup plus nombreux et les anneaux obscurs paraissent entièrement noirs. En répétant les mêmes observations pour les différentes couleurs simples, on reconnaît que les anneaux s'élargissent à mesure qu'on passe du violet au rouge, c'est-à-dire que le diamètre des anneaux augmente avec la longueur d'ondulation.

Fresnel, en comparant les nombres trouvés par Newton pour les

épaisseurs de la lame d'air correspondant aux différents anneaux
réfléchis dans la lumière rouge avec la longueur d'ondulation de
cette lumière, déterminée au moyen de l'expérience des deux miroirs,
reconnut qu'aux points où se montrent les anneaux brillants vus par
réflexion sous l'incidence normale, l'épaisseur de la lame est égale
à un multiple impair du quart de la longueur d'ondulation, tandis
qu'aux points où se produisent les anneaux obscurs elle est égale à
un multiple pair de la même quantité. Cette relation importante,
bien qu'elle n'ait été vérifiée par Fresnel que pour la lumière transmise par un verre rouge, est générale et s'applique à toute espèce de
lumière simple.

La superposition des systèmes d'anneaux produits par les différents
rayons simples explique facilement les apparences qui se présentent
dans la lumière blanche et le petit nombre d'anneaux qu'on observe
dans cette lumière. Les détails que nous avons donnés à propos des
franges d'interférence (23) nous dispensent d'insister sur ce point.

Si les anneaux réfléchis sont observés sous une incidence oblique,
l'expérience conduit à cette loi, déjà énoncée par Newton, que
l'épaisseur de la lame d'air qui correspond à un anneau réfléchi
d'un ordre déterminé est en raison inverse du cosinus de l'angle
d'incidence, en entendant par là l'angle sous lequel le rayon qui a
pénétré dans la lame mince tombe sur la seconde face de cette lame.
Newton, en se fondant sur des mesures inexactes, avait été amené à
penser que cette loi n'était vraie que pour les incidences inférieures
à 50 degrés, et avait donné pour les incidences supérieures à cette
limite une formule empirique fort compliquée. Les expériences de
MM. de la Provostaye et P. Desains, dans lesquelles les anneaux ont
été observés jusqu'à une incidence de 84°14′, ont montré que la
loi énoncée plus haut et appelée souvent *loi des sécantes* est applicable, comme le veut la théorie des ondulations, à toutes les incidences; ainsi s'est trouvée levée une difficulté qui avait été proposée par J. Herschel[1] comme un argument sérieux contre cette
théorie, et qui avait conduit Fresnel à admettre que la loi ordinaire
de la réfraction peut subir des modifications lorsque l'incidence est

[1] *Phil. Trans.*, 1807, p. 180; 1809, p. 259; 1810, p. 149.

très-oblique [1]. Remarquons que, vu la faible courbure des deux faces de la lentille, les plans tangents à ces deux faces, aux points où elles sont rencontrées par un rayon qui s'est réfléchi sur la face inférieure de la lame mince, peuvent être regardés comme sensiblement parallèles : l'angle d'incidence du rayon qui se meut dans la lame mince est donc égal à l'angle que forme le rayon émergent avec la verticale, et, pour vérifier la loi des sécantes, il suffit de mesurer ce dernier angle, c'est-à-dire, dans le procédé de MM. de la Provostaye et Desains, de mesurer l'angle formé par l'axe de la lunette avec la verticale.

Les anneaux transmis sont toujours, quelle que soit l'incidence, complémentaires des anneaux vus par réflexion. Dans la lumière homogène, à l'épaisseur qui donne un anneau réfléchi brillant correspond un anneau transmis obscur, et réciproquement; quand on se sert de la lumière blanche, les anneaux réfléchis et transmis qui ont même diamètre sont teints de couleurs complémentaires. Arago a démontré que les anneaux réfléchis et transmis sont rigoureusement complémentaires les uns des autres, en plaçant verticalement le système des deux verres à quelque distance d'un mur blanc éclairé d'une manière uniforme : on n'aperçoit alors aucune trace de coloration sur les lentilles, ce qui prouve que les deux systèmes d'anneaux, en se superposant, se neutralisent complétement; mais les anneaux reparaissent si l'on arrête au moyen d'un écran placé entre les verres et le mur les rayons qui auraient donné naissance aux anneaux transmis [2].

Enfin une dernière loi fournie par l'expérience est relative à l'influence de la nature de la substance qui forme la lame mince. En substituant l'eau à l'air, Newton reconnut que les épaisseurs de la lame mince qui, sous une même incidence, réfléchissent un anneau d'un ordre déterminé, lorsque cette lame est successivement constituée par deux milieux différents, sont en raison inverse des indices de réfraction de ces milieux. Cette loi a une grande importance au point de vue théorique : elle montre en effet que, pour les rayons d'une couleur déterminée, la longueur d'ondulation, et par suite

[1] Mémoire couronné sur la diffraction (*OEuvres complètes*, t. I, p. 259).
[2] *OEuvres complètes*, t. X, p. 16.

aussi la vitesse de propagation qui, en vertu de la formule

$$\lambda = VT,$$

est proportionnelle à cette longueur, sont d'autant plus petites que le milieu où se meuvent les rayons est plus réfringent; c'est une nouvelle confirmation des conséquences auxquelles nous a conduits le déplacement des franges d'interférence par l'interposition d'une lame transparente (24).

37. Théorie des accès. — Newton ayant été conduit, par l'impossibilité où il se trouvait d'expliquer dans l'hypothèse des ondulations les phénomènes de la polarisation découverts par Huyghens, à rejeter cette hypothèse pour adopter celle de l'émission, dut chercher dans les propriétés des molécules lumineuses la cause des phénomènes de la coloration des lames minces.

Suivant lui, la réfraction communique aux molécules lumineuses une disposition périodiquement variable, qui favorise tantôt la réflexion, tantôt une nouvelle réfraction, la durée de la période étant dépendante de la couleur; il est obligé d'ailleurs, pour rendre compte de ce fait que les couleurs ne se montrent que sur des lames extrêmement minces, d'admettre que ces alternatives ne se produisent que pendant un temps très-court et finissent par cesser entièrement. Suivant l'épaisseur de la lame, la molécule qui vient frapper la seconde face de cette lame sera disposée, soit à se réfléchir, soit à se réfracter; par suite, pour certaines épaisseurs, le rayon réfléchi à la seconde surface viendra s'ajouter à celui qui est réfléchi par la première, ce qui produira un maximum d'intensité; pour d'autres épaisseurs, au contraire, le rayon réfléchi à la seconde surface manquera, ce qui donnera naissance à un minimum. Telle est la conception fondamentale de la célèbre théorie des *accès de facile réflexion et de facile transmission.* Newton cherchait la cause de ces accès dans le mouvement vibratoire de l'éther de la lame mince ébranlé par le choc de la molécule lumineuse contre la première surface de cette lame. Mais ultérieurement Boscovich [1] a attribué les accès à une polarité des molécules lumineuses et à des mouvements de rota-

[1] *Philosophiæ naturalis theoria;* Venetiæ, 1758.

tion de ces molécules en vertu desquels elles présentent alternativement leurs différents côtés à la surface réfléchissante, et c'est sous une forme analogue que Biot a exposé la théorie des accès dans son Traité de physique [1].

Fresnel a porté à cette théorie un coup décisif en montrant que les anneaux obscurs vus par réflexion ne sont pas tels par un pur effet de contraste. L'expérience consiste à placer la lentille de façon que son point d'appui sur le plan de verre soit tout près du bord de celui-ci : on obtient ainsi des anneaux incomplets, et on constate que les anneaux obscurs sont beaucoup moins éclairés que la partie de la lentille qui se trouve en dehors du plan de verre; or chacun des points de cette dernière région renvoie à l'œil un seul rayon réfléchi : l'obscurité des anneaux n'est donc pas due uniquement à l'absence du rayon réfléchi par la seconde face de la lame mince [2].

Une seconde objection très-sérieuse, élevée par Fresnel contre la théorie des accès, est fondée sur ce que, les dispositions des molécules à se réfléchir et à se réfracter devant varier d'une manière continue, et la réfraction étant attribuée dans l'hypothèse de l'émission à une force attractive, l'intensité de cette force, et par suite l'indice de réfraction, devraient dépendre de la phase où se trouverait la molécule lumineuse au moment où elle rencontrerait la seconde face de la lame.

38. Explication des anneaux réfléchis et transmis sous l'incidence normale. — La théorie des ondulations permet d'expliquer d'une façon très-simple, à l'aide du principe des interférences, toutes les particularités du phénomène des anneaux colorés.

Considérons en premier lieu les anneaux vus par réflexion sous l'incidence normale, et remarquons que, dans le voisinage du point de contact, la lame mince peut sans erreur sensible être regardée comme ayant ses faces parallèles. Soit (fig. 29) SI un rayon qui tombe *presque perpendiculairement* sur la lame mince : ce rayon se réfléchit en partie sur la première face de cette lame et donne

[1] Tome IV, page 1.
[2] *OEuvres complètes*, t. I, p. 133.

naissance à un rayon réfléchi IR. Suivant cette même direction IR se propage un rayon qui s'est réfléchi en M à la seconde surface de

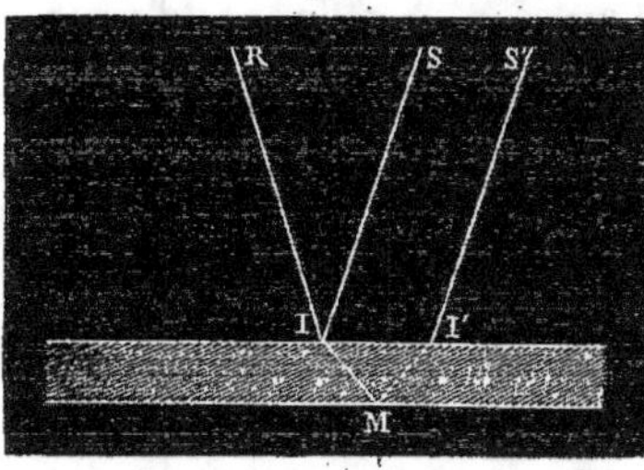

Fig. 29.

la lame et qui provient d'un rayon incident S′I′ parallèle à SI et très-voisin de SI. L'incidence étant presque normale, la différence de marche des deux rayons qui se propagent suivant IR est sensiblement égale au double de l'épaisseur de la lame. Il semble donc au premier abord que ces deux rayons s'ajouteront ou se détruiront, et que, par conséquent, il y aura maximum ou minimum suivant que l'on aura, en désignant par e l'épaisseur de la lame au point considéré et par λ la longueur d'ondulation dans la substance de la lame,

$$e = 2\,n\frac{\lambda}{4}$$

ou

$$e = \left(2\,n+1\right)\frac{\lambda}{4}.$$

Or c'est précisément l'inverse qui a lieu. L'expérience montre donc que, pour obtenir les conditions d'interférence des rayons réfléchis par les deux faces de la lame mince, il faut ajouter à la différence réelle des chemins parcourus une demi-longueur d'ondulation. Young, pour expliquer la modification que subissent dans ce cas les lois ordinaires de l'interférence, partit de ce fait que les deux réflexions s'effectuent dans des conditions essentiellement différentes : le rayon qui est renvoyé par la première face de la lame se réfléchit à la surface d'un milieu moins réfringent que celui où il se propage, tandis que c'est l'inverse qui a lieu pour le rayon réfléchi à la seconde surface. Il suffit d'admettre, pour rétablir la concordance entre la théorie et l'expérience, qu'une de ces deux réflexions est accompagnée d'une modification du mouvement vibratoire équivalant à la soustraction d'une demi-longueur d'ondulation au chemin parcouru par le rayon, ou, ce qui revient au même, à un changement de signe dans la vitesse de ce mouvement. L'expérience n'indique pas quelle est celle des deux réflexions d'espèces contraires qui est accompagnée de cette modification, mais l'analogie avec ce qui se passe dans le choc des corps élastiques a fait penser à Young que le changement de signe doit se produire lorsque le rayon se réfléchit sur un milieu plus réfringent que celui où il se propage.

Young a cherché à justifier cette hypothèse de la perte d'une demi-longueur d'ondulation au moyen d'une expérience très-ingénieuse. Il remarque que, si les réflexions sur les deux faces de la lame mince sont de même espèce, c'est-à-dire si l'indice de cette lame est intermédiaire entre les indices des deux milieux situés de part et d'autre, chacune des réflexions doit se faire sans changement de signe de la vitesse, ou bien chacune d'elles doit être accompagnée de la perte d'une demi-longueur d'ondulation; dans les deux cas, les conditions d'interférence pourront être établies en ne tenant compte que de la différence de marche, et par suite les anneaux réfléchis devront être à centre blanc. Young a vérifié cette conséquence de sa théorie à l'aide d'un appareil formé d'une lentille de crown et d'une plaque de flint, entre lesquelles il introduisait de l'essence de sassafras, liquide dont l'indice est intermédiaire entre celui du crown et celui du flint : les anneaux réfléchis sont alors à centre blanc et les anneaux transmis à centre noir. On peut remplacer l'essence de sassafras par un mélange d'essence de girofle et d'essence de laurier. Si la plaque inférieure est moitié en flint, moitié en crown, et si la lentille repose sur la ligne de jonction de ces deux moitiés, la tache centrale dans les anneaux réfléchis est blanche du côté du flint, noire du côté du crown, et chaque anneau est formé de deux parties teintes de couleurs complémentaires. Si le milieu qui forme la lame mince est plus réfringent que les deux milieux entre lesquels il est compris, les anneaux réfléchis doivent être à centre noir, car alors les deux réflexions sont encore d'espèces contraires; c'est ce qu'a vérifié Arago en introduisant entre un objectif de crown et un prisme de flint de l'huile de cassia, dont l'indice est supérieur à celui du flint.

En définitive, l'expérience nous amène donc à la conclusion suivante : lorsque deux rayons réfléchis interfèrent et que les réflexions sont d'espèces contraires, il faut ajouter une demi-longueur d'ondulation à la différence des chemins parcourus ; quand, au contraire, les réflexions sont de même espèce, tout se passe comme si, dans aucune des deux réflexions, la vitesse du mouvement vibratoire ne subissait de changement de signe. C'est là un fait que nous admettrons pour le moment comme une conséquence directe des phénomènes observés, et dont il ne nous sera possible de rendre entièrement compte qu'après avoir établi les lois de la réflexion de la lumière polarisée.

Occupons-nous maintenant des anneaux transmis. Ces anneaux proviennent des interférences des rayons qui ont traversé directe-

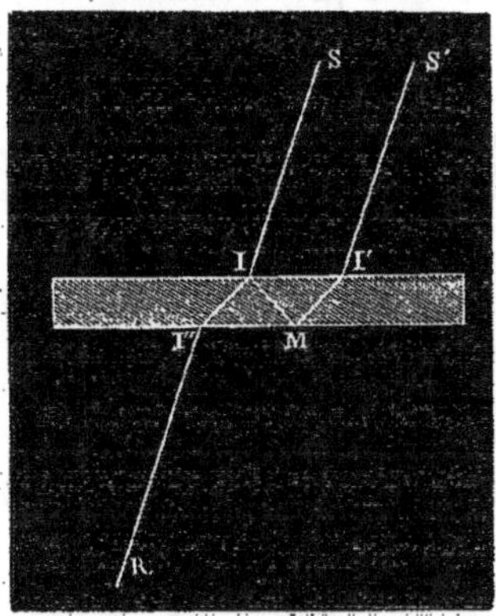

Fig. 3o.

tement la lame mince avec ceux qui se sont réfléchis deux fois dans l'intérieur de cette lame (fig. 3o). Sous l'incidence normale, la différence de marche des deux rayons interférents est égale au double de l'épaisseur de la lame. Si l'indice du milieu qui forme la lame est plus petit que ceux des milieux entre lesquels cette lame est comprise, les deux réflexions qui s'opèrent dans l'intérieur de la lame sont de même signe ; il en est de même si l'indice de la lame est supérieur à ceux des deux milieux.

Si, au contraire, l'indice de la lame est intermédiaire entre ceux des deux milieux, les deux réflexions seront d'espèces contraires. On voit par là que, pour les rayons transmis, les conditions d'interférence seront, dans tous les cas, inverses de ce qu'elles sont pour les rayons réfléchis, et que, par conséquent, les anneaux transmis seront toujours complémentaires des anneaux réfléchis.

Il reste à expliquer pourquoi les anneaux réfléchis sont beaucoup plus visibles que les anneaux transmis. Considérons en premier lieu les anneaux réfléchis : prenons pour unité l'intensité du rayon qui tombe sur la lame mince, et supposons que la vitesse du mouvement vibratoire soit réduite, par la réflexion à la première surface de la lame, dans le rapport de 1 à a; par la réflexion à la seconde surface, dans le rapport de 1 à a'. L'intensité lumineuse étant proportionnelle au carré de la vitesse (29), l'intensité du rayon réfléchi à la première surface sera égale à a^2, celle du rayon réfracté dans l'intérieur de la lame à $1 - a^2$. Après la réflexion à la seconde surface de la lame, l'intensité de ce dernier rayon devient $(1 - a^2)a'^2$, et, lorsqu'il aura de nouveau traversé la première face de la lame, cette intensité se réduira à $a'^2(1 - a^2)(1 - a'^2)$. Les coefficients a et a' pouvant être considérés comme sensiblement égaux, les intensités des deux rayons interférents sont respectivement a^2 et $a^2(1 - a^2)^2$. La quantité a étant toujours assez petite dans les conditions où se produisent les anneaux colorés, ces deux intensités sont très-près d'être égales, et par suite dans les anneaux réfléchis les minima sont presque nuls. Les anneaux transmis proviennent de l'interférence de deux rayons dont l'un a été transmis deux fois et a acquis par conséquent une intensité égale à $(1 - a^2)^2$, tandis que l'autre a été deux fois transmis et deux fois réfléchi, ce qui a rendu son intensité égale à $a^2(1 - a^2)^2$. La différence entre les intensités des deux rayons interférents est alors égale à $(1 - a^2)^3$; c'est une fraction assez considérable des intensités de ces deux rayons. Dans les anneaux transmis, les minima de lumière sont donc loin d'être nuls, et le contraste entre ces minima et les maxima est beaucoup moins marqué que dans les anneaux réfléchis.

39. Explication des anneaux réfléchis et transmis sous l'incidence oblique. — Pour établir la théorie des anneaux colorés vus sous l'incidence oblique, nous allons d'abord nous placer dans un cas aussi simple que possible, en supposant que le système producteur des anneaux soit formé d'une lame de verre plane sur laquelle repose un prisme également en verre dont la face inférieure est de forme sphérique et a une courbure très-faible (fig. 31). Cette disposition, qui du reste est souvent employée, ne change en rien l'aspect général du phénomène. Nous admettrons de plus

qu'on observe les anneaux réfléchis provenant d'un faisceau de
rayons incidents, parallèles entre
eux et normaux à la face par laquelle ils pénètrent dans le
prisme.

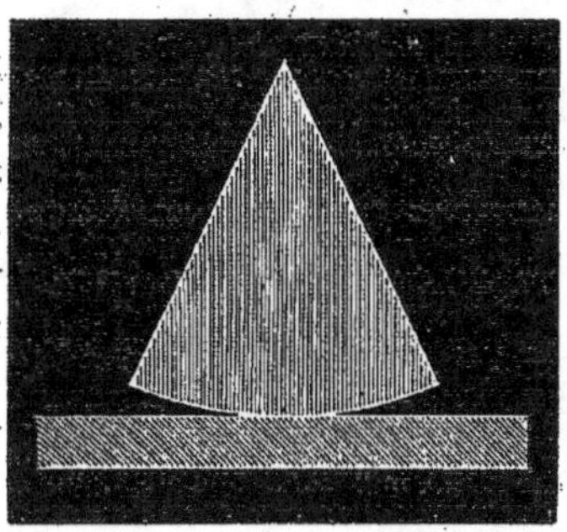

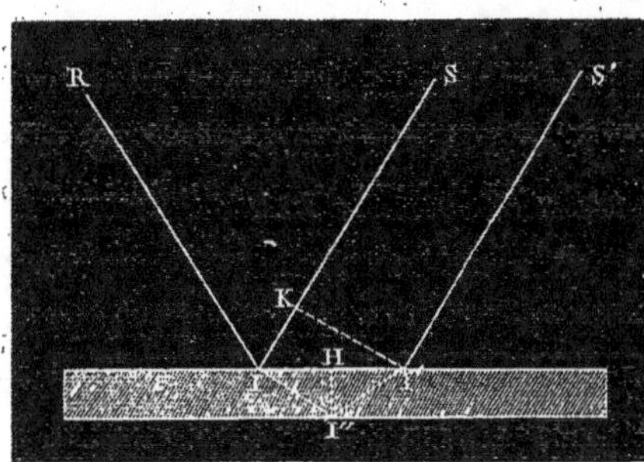

Fig. 31.

Suivant IR (fig. 32) se propagent deux rayons, l'un provenant du rayon incident SI qui
s'est réfléchi à la première face
de la lame, l'autre provenant du
rayon incident S'I', qui, après
avoir pénétré dans l'intérieur de
la lame suivant la direction I'I″,

s'est réfléchi en I″ sur la seconde surface; entre les points I et I', la
lame peut être regardée comme conservant une épaisseur sensiblement constante, ce qui
simplifiera beaucoup le
calcul que nous avons à
faire. Pour trouver la différence de marche des
deux rayons qui se pro-
pagent suivant IR, il faut
tenir compte non-seule-
ment de la différence des
chemins parcourus, mais
encore de la nature des
milieux dans lesquels ces

Fig. 32.

rayons se meuvent. Abaissons du point I' une perpendiculaire I'K
sur SI. Les deux rayons SI et S'I', étant parallèles et normaux
à la face par laquelle ils pénètrent dans le prisme, arrivent en
même temps sur cette face; depuis cette face jusqu'aux points I'
et K, ils parcourent des chemins égaux dans le verre, et par suite
ils arrivent en même temps aux points I' et K. Depuis ces deux
points jusqu'au point I, à partir duquel ils suivent des chemins
identiques, l'un des rayons parcourt le chemin KI dans le verre, et
l'autre le chemin I'I″ + I″I dans le milieu qui forme la lame mince.

Si donc nous désignons par v la vitesse de propagation de la lumière dans ce dernier milieu, par u sa vitesse dans le verre du prisme, la différence des temps employés par les deux rayons pour atteindre un point quelconque du rayon IR sera représentée par

$$\frac{I'I'' + I''I}{v} - \frac{KI}{u}.$$

A cette différence il faut ajouter la durée d'une demi-vibration, pour tenir compte de ce que les deux réflexions sont d'espèces contraires. En désignant par T la durée d'une vibration, on voit que les deux rayons interférents s'ajouteront ou se retrancheront suivant qu'on aura, m étant un nombre entier quelconque,

$$\frac{I'I'' + I''I}{v} + \frac{T}{2} - \frac{KI}{u} = 2\,m\,\frac{T}{2}$$

ou

$$\frac{I'I'' + I''I}{v} + \frac{T}{2} - \frac{KI}{u} = (2\,m + 1)\frac{T}{2}.$$

Cherchons à exprimer ces conditions en faisant entrer dans les formules l'épaisseur e de la lame et l'angle d'incidence i que fait dans l'intérieur de la lame le rayon I'I'' avec la normale I''H. La figure nous donne

$$I'I'' = I''I = \frac{e}{\cos i},$$

$$KI = II' \sin KI'I.$$

Si n désigne l'indice de réfraction du verre du prisme par rapport au milieu de la lame, on a d'ailleurs

$$\frac{\sin i}{\sin KI'I} = n,$$

d'où

$$KI = II' \frac{\sin i}{n};$$

et, comme

$$II' = 2\,IH = 2\,e\,\tang i,$$

il vient

$$KI = \frac{2e \tan g\, i \sin i}{n}.$$

En appelant λ la longueur d'ondulation dans le milieu qui forme la lame mince, les conditions d'interférence deviennent, pour les maxima,

$$\frac{2e}{\cos i} - \frac{v}{nu}\, 2e \tan g\, i \sin i = (2m - 1)\frac{\lambda}{2},$$

et pour les minima,

$$\frac{2e}{\cos i} - \frac{v}{nu}\, 2e \tan g\, i \sin i = 2m\frac{\lambda}{2}.$$

Or, si l'on désigne par E l'épaisseur de la lame qui réfléchit le $m^{ième}$ anneau brillant ou le $m^{ième}$ anneau obscur sous l'incidence normale, épaisseur dont le double est égal à $(2m - 1)\frac{\lambda}{2}$ ou à $2m\frac{\lambda}{2}$, et par e l'épaisseur de la lame qui réfléchit le même anneau sous l'incidence i, les expériences de MM. de la Provostaye et Desains nous apprennent que la relation

$$e = \frac{E}{\cos i}$$

est toujours satisfaite. Donc, pour que la formule que nous venons de trouver s'accorde avec l'expérience, il faut et il suffit que l'on ait

$$2e\cos i = 2E = \frac{2e}{\cos i} - \frac{v}{nu}\, 2e \tan g\, i \sin i,$$

d'où

$$1 = \frac{1}{\cos^2 i} - \frac{v}{nu} \tan g^2 i,$$

et enfin

$$\sin^2 i \left(1 - \frac{v}{nu}\right) = 0.$$

Cette condition équivaut à

$$\frac{v}{u} = n.$$

La théorie des anneaux colorés nous conduit donc par une autre voie à cette loi, déjà vérifiée par le déplacement des franges d'inter- férence, que l'indice de réfraction d'un milieu par rapport à un autre est égal au rapport des vitesses de propagation de la lumière·dans le second et dans le premier milieu.

L'explication précédente s'étend sans modification aucune au cas où le milieu supérieur est formé, comme cela a lieu ordinairement, par une lentille et non par un prisme, et où les rayons rencontrent la face supérieure de cette lentille sous une incidence quelconque. En effet, d'après le théorème de Gergonne, les rayons réfractés dans la lentille qui tombent sur la première surface de la lame mince sont toujours normaux à une même surface, qui ici, les rayons pouvant être regardés comme parallèles, est sensiblement plane ; de plus, comme nous l'avons vu précédemment (25), ces rayons arrivent en même temps aux différents points de toute surface qui leur est normale. Donc, si par le point I' (fig. 3 2) on mène un plan perpendiculaire à la direction commune des rayons qui se propagent dans la lentille, plan qui coupe en K le rayon SI, les deux rayons SI et S'I' arrivent en même temps en I' et en K, et par suite le calcul de la différence de marche peut se faire comme dans le cas pré- cédent.

Quant à la théorie des anneaux transmis sous l'incidence oblique, elle est tout à fait analogue à celle des anneaux réfléchis et n'exige aucun nouveau développement.

Les conditions d'interférence auxquelles nous sommes arrivés montrent d'ailleurs que l'épaisseur de la lame mince qui correspond à un anneau d'un ordre déterminé est proportionnelle à la longueur d'ondulation dans le milieu qui constitue la lame, et par suite à la vitesse de propagation de la lumière dans ce milieu, ce qui s'ac- corde avec les expériences de Newton qui montrent que cette épaisseur est en raison inverse de l'indice de réfraction de la subs- tance de la lame.

40. Influence des réflexions multiples. — Dans la théorie des anneaux colorés telle que nous venons de l'exposer, on ne tient compte, pour expliquer soit la production des anneaux réfléchis, soit celle des anneaux transmis, que de deux rayons interférents. Poisson a fait remarquer le premier que cette théorie est incomplète[1]. Suivant chaque direction telle que IR (fig. 33) se propagent

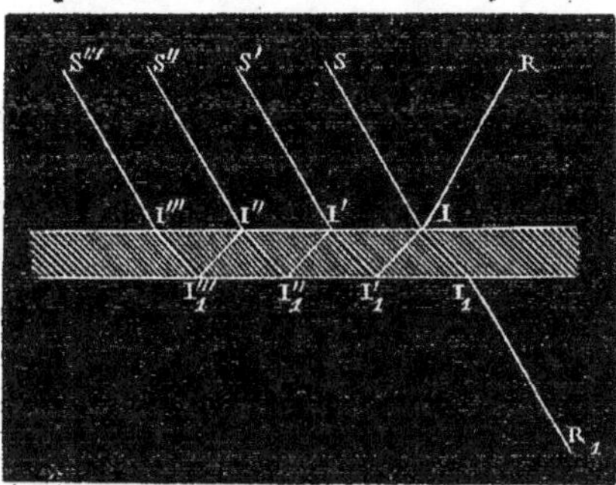

Fig. 33.

en effet, outre les deux rayons que nous avons considérés et qui n'ont subi chacun qu'une réflexion, un grand nombre d'autres rayons qui se sont réfléchis un nombre impair de fois dans l'intérieur de la lame mince; l'intensité de ces rayons diminuant de plus en plus à mesure que le nombre des réflexions augmente, on peut les regarder comme étant en nombre infini. De même, suivant chaque direction telle que I_1R_1, outre les deux rayons par lesquels nous avons expliqué la formation des anneaux transmis, se propagent des rayons, en très-grand nombre, qui ont subi dans l'intérieur de la lame un nombre pair de réflexions.

Fresnel[2] est parvenu à donner une solution de cette difficulté, et, en faisant intervenir dans la théorie des anneaux colorés les rayons qui ont subi des réflexions multiples dans l'intérieur de la lame, il a démontré que les anneaux obscurs vus par réflexion sont entièrement noirs, ce qui est conforme à l'expérience. La théorie de Fresnel repose sur les deux principes suivants :

1° L'intensité de la lumière incidente est la somme des intensités de la lumière réfléchie et de la lumière réfractée.

2° Les anneaux réfléchis sont complémentaires des anneaux transmis.

Admettons ces deux principes, qui peuvent être regardés comme démontrés par l'expérience, et considérons en premier lieu tous les rayons qui se propagent suivant IR, en supposant que l'incidence et

[1] *Ann. de chim. et de phys.*, (2), XXII, 337.
[2] *Ann. de chim. et de phys.*, (2), XXIII, 129.

l'épaisseur de la lame mince soient telles, que la théorie élémentaire indique pour cette direction un minimum de lumière.

La vitesse de vibration est représentée, comme nous l'avons vu (18), par une fonction périodique du temps multipliée par un certain coefficient. Désignons cette fonction par $F(t)$; prenons pour unité le coefficient de la vitesse sur le rayon incident; supposons que ce coefficient soit réduit dans le rapport de 1 à m par la réflexion à l'extérieur de la lame mince, et dans le rapport de 1 à m' par la réflexion à l'intérieur de cette lame; soient enfin p et p' les fractions qui expriment les rapports suivant lesquels est réduit le coefficient de la vitesse lorsque le rayon passe du milieu supérieur dans la lame mince, et de la lame mince dans le milieu supérieur.

Occupons-nous d'abord des deux rayons qu'on considère dans la théorie élémentaire, c'est-à-dire des rayons qui suivent les chemins SIR et $S'I'I_1'IR$: ces deux rayons emploient pour atteindre un même point de IR des temps qui diffèrent d'un nombre impair de demi-durées de vibration; les vitesses qu'ils apportent en ce point sont donc égales à la même fonction périodique du temps $F(t)$, multipliée pour le premier rayon par m et pour le second par $-m'pp'$ Le troisième rayon, celui qui suit le chemin $S''I''I_1''I'I_1'IR$, apporte en ce même point une vitesse de vibration égale à la fonction $F(t)$ multipliée par $-m'^3pp'$: la différence des temps employés par ce troisième rayon et par le second pour atteindre un même point de IR est en effet égale à un nombre pair de demi-durées de vibration, puisque ce troisième rayon subit trois réflexions accompagnées de changement de signe, tandis que le second ne subit qu'une seule réflexion de ce genre. En continuant de même, on voit que la vitesse qui résulte de toutes celles qu'apportent en un même point de IR les rayons qui se propagent suivant cette droite a pour coefficient

$$m - \left(m'pp' + m'^3pp' + m'^5pp' + \ldots \right)$$

ou

$$m - \frac{m'pp'}{1 - m'^2} \, .$$

Le carré de cette expression est la mesure de l'intensité de la lumière réfléchie suivant IR.

Considérons maintenant les rayons transmis suivant I_1R_1; il est facile de voir que, d'après l'hypothèse que nous avons faite, la direction I_1R_1 correspond à un maximum dans la théorie élémentaire, et que par suite les différences des temps employés par ces rayons pour atteindre un même point de I_1R_1 sont toutes égales à des multiples pairs de la demi-durée de vibration. Les vitesses que ces rayons apportent en un même point de I_1R_1 sont donc toutes concordantes et représentées par la même fonction périodique du temps, multipliée par pp' pour le premier rayon, par m'^2pp' pour le second, par m'^4pp' pour le troisième, et ainsi de suite. On peut conclure de là que le coefficient de la vitesse résultante a une valeur égale à

$$\frac{pp'}{1-m'^2},$$

expression dont le carré représente l'intensité de la lumière transmise suivant I_1R_1.

En exprimant que les anneaux réfléchis et les anneaux transmis sont complémentaires, on obtient l'équation

$$(A) \qquad \left(m-\frac{m'pp'}{1-m'^2}\right)^2+\left(\frac{pp'}{1-m'^2}\right)^2=1;$$

d'ailleurs, puisque l'intensité de la lumière incidente est toujours égale à la somme des intensités de la lumière réfléchie et de la lumière réfractée, on a

$$m^2+p^2=1,$$
$$m'^2+p'^2=1.$$

On tire de là

$$\frac{pp'}{1-m'^2}=\sqrt{\frac{1-m^2}{1-m'^2}},$$

et l'équation (A) devient

$$\left(m-m'\sqrt{\frac{1-m^2}{1-m'^2}}\right)^2+\frac{1-m^2}{1-m'^2}=1.$$

En effectuant les opérations, il vient successivement

$$m^2\left(1-m'^2\right)+m'^2\left(1-m^2\right)-2mm'\sqrt{\left(1-m^2\right)\left(1-m'^2\right)}+1-m^2=1-m'^2,$$

$$2m'^2-2m^2m'^2-2mm'\sqrt{\left(1-m^2\right)\left(1-m'^2\right)}=0,$$

$$m'^2\left(1-m^2\right)-mm'\sqrt{\left(1-m^2\right)\left(1-m'^2\right)}=0,$$

$$m'\sqrt{1-m^2}\left(m'\sqrt{1-m^2}-m\sqrt{1-m'^2}\right)=0,$$

$$m'\sqrt{1-m^2}=m\sqrt{1-m'^2},$$

d'où enfin

$$m=m'.$$

L'intensité de la lumière réfléchie suivant IR a pour mesure

$$\left(m-\frac{m'pp'}{1-m'^2}\right)^2;$$

en remplaçant dans cette expression m', p, p' par leurs valeurs, elle s'annule, d'où il faut conclure que les anneaux réfléchis obscurs sont entièrement noirs.

Il est facile de s'assurer, en suivant une marche analogue, que dans les anneaux transmis, même en tenant compte des rayons qui ont éprouvé des réflexions multiples, la différence entre les maxima et les minima est peu marquée. Sur les directions qui correspondent pour ces anneaux aux maxima l'intensité est en effet, d'après ce que nous venons de voir, égale à l'unité; sur les directions qui, pour les anneaux transmis, correspondent aux minima, le coefficient de la vitesse du mouvement vibratoire a pour expression

$$pp'-m'^2\,pp'+m'^4pp'-m'^6pp'+\ldots,$$

ou

$$pp'\left(1-m'^2+m'^4-m'^6+\ldots\right),$$

ou enfin

$$\frac{pp'}{1+m'^2}.$$

En remplaçant dans cette expression p, p' et m' par leurs valeurs obtenues précédemment et en élevant au carré, on a pour l'intensité des anneaux transmis obscurs

$$\left(\frac{1-m^2}{1+m^2}\right)^2,$$

valeur qui est loin d'être nulle, ce qui montre que ces anneaux ne sont pas entièrement noirs et ne paraissent obscurs que par contraste.

41. Conséquences de la théorie des anneaux colorés relatives à l'expression de la vitesse dans le mouvement vibratoire. — Dans les expériences des miroirs de Fresnel et du biprisme, les rayons qui interfèrent à une certaine distance de l'appareil se séparent immédiatement pour aller interférer plus loin avec d'autres rayons; les rayons réfléchis par les deux faces d'une lame mince, au contraire, ne se séparent plus, une fois qu'ils ont pris la même direction, et constituent un rayon modifié d'une manière permanente par l'interférence. Si l'on admet qu'un tel rayon ne diffère des rayons incidents qui tombent sur la lame mince que par l'intensité et la phase, on arrive à une conséquence importante relative à la forme de la fonction périodique du temps qui représente la vitesse du mouvement vibratoire estimée suivant une direction déterminée.

Nous avons vu précédemment (25) que le déplacement d'une molécule vibrante suivant une certaine direction est représenté par une série trigonométrique réduite aux termes de rang impair; la vitesse, étant la dérivée du déplacement par rapport au temps, sera exprimée par une série de même forme. Soient donc deux rayons de même intensité, se propageant suivant la même droite et présentant une différence de marche équivalente à un temps φ : les vitesses de vibration v et v', estimées sur ces rayons suivant la même direction, auront pour expression en un même point

$$v = A_1 \sin m\,(t+\theta_1) + A_3 \sin 3m\,(t+\theta'_3) + A_5 \sin 5m\,(t+\theta_5) + \ldots,$$
$$v' = A_1 \sin m\,(t+\theta_1+\varphi) + A_3 \sin 3m\,(t+\theta'_3+\varphi) + A_5 \sin 5m\,(t+\theta_5+\varphi) + \ldots.$$

La vitesse du mouvement vibratoire qui résulte de la superposition des deux rayons a toujours pour composante, parallèlement à la direction considérée, $v + v'$.

Or, si l'on fait

$$\varphi = \frac{\pi}{(2n + 1)\, m} \,,$$

n étant un nombre entier quelconque, les termes qui ont pour coefficients $A_{(2n+1)}$, $A_{3(2n+1)}$, $A_{5(2n+1)}$, . . ., et généralement $A_{(2k+1)\,(2n+1)}$, manqueront dans le développement de $v + v'$. Il résulterait de là que le mouvement vibratoire sur le rayon formé par la superposition des deux rayons interférents serait représenté par une série dans laquelle, pour certaines valeurs de la différence de marche, pourraient manquer plusieurs termes; il serait alors inexplicable que sur ce rayon la nature du mouvement vibratoire fût indépendante de la différence de marche, sauf en ce qui touche l'intensité et la phase. Pour faire disparaître cette difficulté, il faut admettre que la série qui, dans le mouvement vibratoire lumineux, exprime le déplacement d'une molécule vibrante suivant une direction quelconque se réduit à son premier terme, et que par conséquent il en est de même de la série qui représente la vitesse.

La valeur de cette démonstration est subordonnée à celle de l'hypothèse que nous avons faite en supposant que, sur le rayon modifié par l'interférence, le mouvement vibratoire ne diffère que par l'intensité et la phase de ce qu'il est sur un rayon quelconque. Bien que ce point n'ait jamais été établi directement, comme l'hypothèse n'a rien de contraire à l'expérience et que les conséquences qu'on en tire s'accordent avec les phénomènes observés, nous l'admettrons, de même qu'on admet, par exemple, que deux corps qui sont en équilibre de température avec un troisième le sont aussi entre eux, proposition qui n'a jamais sans doute été vérifiée directement.

42. Couleurs propres des corps. — Newton a cru trouver dans les phénomènes de coloration que présentent les lames minces l'explication des couleurs propres des corps. Suivant lui, les rayons qui tombent sur la surface d'un corps pénètrent toujours dans l'intérieur jusqu'à une certaine distance de la surface; la première couche de molécules agit sur ces rayons comme le ferait une lame mince, et les rayons réfléchis à la surface intérieure de cette couche prennent une coloration qui dépend de l'épaisseur de la couche et du pouvoir réfringent du corps. Pour rendre compte de ce que la couleur est sensiblement indépendante de l'incidence, il est obligé d'admettre que les molécules ou les groupes moléculaires possèdent un pouvoir réfringent beaucoup plus considérable que celui du milieu qui les sépare. Il examine dans cette hypothèse les couleurs propres d'un certain nombre de corps et cherche à les assimiler à celles d'anneaux d'un ordre déterminé; il distingue ainsi les rouges, les verts, etc., du premier, du second, du troisième ordre; le vert des feuilles, par exemple, est pour lui du troisième ordre, le bleu du ciel est du premier ordre, et ainsi de suite. Il essaye même, en se fondant sur la loi en vertu de laquelle l'épaisseur de la lame qui réfléchit une couleur d'un ordre déterminé est en raison inverse de l'indice de réfraction de cette lame, de calculer les dimensions absolues des molécules des corps[1].

L'explication donnée par Newton de la coloration propre des corps est renversée par ce fait que la série des anneaux colorés obtenus avec une lame mince est loin de présenter toutes les nuances qu'offrent les corps qu'on trouve dans la nature. De plus, comme Brewster l'a prouvé par de nombreuses expériences[2], lors même que la couleur d'un corps paraît être identique à celle d'un certain anneau, on reconnaît, en analysant les deux couleurs au moyen d'un prisme, qu'elles diffèrent essentiellement l'une de l'autre; ainsi Brewster a analysé la couleur d'un très-grand nombre de feuilles et s'est assuré qu'aucune de ces nuances vertes n'a la même composition que les verts des anneaux colorés.

Quoiqu'il ne faille pas chercher l'origine des couleurs propres des corps dans les phénomènes des lames minces, les irisations dues à la présence de pareilles lames n'en sont pas moins visibles dans un grand nombre de cas. Outre les couleurs des bulles de savon, on

[1] *Optique,* liv. II, part. III, prop. 5, 6 et 7. Voyez aussi Biot, *Traité de Physique,* t. IV, p. 123.

[2] *Edinb. Trans.,* t. XII. — *Phil. Trans.,* 1837, p. 245. — *Instit.,* V, 214.

peut citer celles qu'on obtient en étendant à la surface d'un liquide une couche très-mince d'un liquide moins dense, par exemple une couche d'huile à la surface d'une masse d'eau, ainsi que les bandes colorées qu'on aperçoit dans l'intérieur de certains cristaux qui présentent des fentes, sur le verre altéré par l'action de l'humidité et sur les métaux oxydables chauffés au contact de l'air. Ces colorations peuvent recevoir certaines applications : ainsi, quand on recuit l'acier après lui avoir donné le maximum de trempe, on juge de la marche de l'opération par la teinte de la pellicule d'oxyde qui se forme à la surface.

43. Interférences des lames épaisses. — Les phénomènes dont nous allons parler maintenant se rattachent immédiatement à ceux des lames minces; ils sont dus à l'interférence de rayons qui, tout en ayant parcouru des chemins différents dans des lames relativement épaisses, n'ont contracté cependant que des différences de marche très-petites. Il faut se garder de les confondre avec les apparences beaucoup plus complexes connues sous le nom d'*anneaux colorés des plaques épaisses*, dans lesquelles la diffusion joue un rôle important et dont nous nous occuperons plus loin. On doit se rappeler également que, lorsqu'on parle en optique de lames ou de plaques épaisses, on entend par là que leur épaisseur est considérable par rapport à la longueur d'ondulation des rayons qui les traversent, ce qui ne l'empêche pas d'être très-petite d'une manière absolue; ainsi une lame d'un millième de millimètre d'épaisseur doit déjà être considérée comme épaisse.

Les interférences des lames épaisses ont été découvertes par Brewster en 1817[1]. Nous allons décrire celle de ses expériences qui a servi de type à toutes les autres. Un tube T noirci intérieurement (fig. 34) est fermé à l'une de ses extrémités par un disque percé d'une ouverture très-petite O qui sert de source lumineuse; à l'autre extrémité se trouvent ajustées deux lames de verre épaisses de 2 ou 3 millimètres et dont les épaisseurs doivent être, autant que possible, égales entre elles. L'une de ces lames M est perpendiculaire à l'axe du tube; l'autre lame, figurée en N, fait avec la pre-

[1] *Edinb. Trans.*, t. VII.

mière un angle de quelques minutes. En regardant à travers le système des deux lames, on voit d'abord directement l'ouverture au moyen des rayons qui ont traversé les deux lames sans se réfléchir

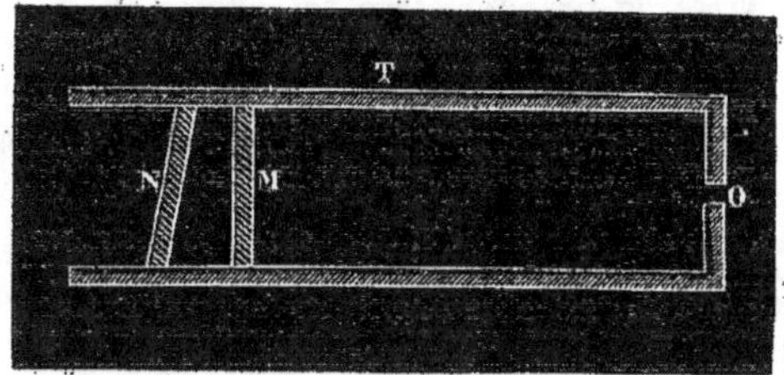

Fig. 34.

ou qui ont été réfléchis un nombre pair de fois sur les deux faces de la même lame; mais on aperçoit de plus une image latérale formée de bandes colorées tout à fait semblables aux franges d'interférence et parallèles à l'intersection des deux lames. Ces bandes sont dues aux interférences des rayons qui se sont réfléchis d'abord sur la lame N, puis sur la lame M. Il est facile de voir que ces rayons peuvent se partager en quatre groupes :

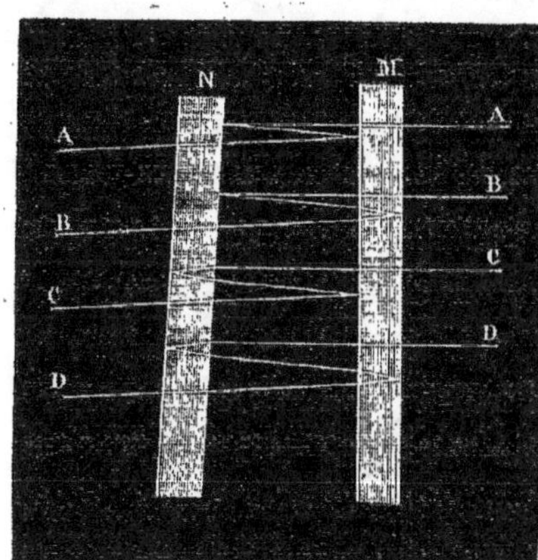

Fig. 35.

1° Ceux qui, comme le rayon A (fig. 35)[1], se réfléchissent à la première face de la lame N et à la seconde face de la lame M;

2° Ceux qui, comme le rayon B, se réfléchissent à la première face de la lame N et à la première face de la lame M;

lame N et à la première face de la lame M;

[1] Pour rendre la figure plus claire, on a supposé le milieu qui forme les deux lames *moins* réfringent que le milieu intermédiaire, ce qui d'ailleurs ne change en rien le raisonnement.

3° Ceux qui, comme le rayon C, se réfléchissent à la seconde face de la lame N et à la seconde face de la lame M;

4° Ceux qui, comme le rayon D, se réfléchissent à la seconde face de la lame N et à la première face de la lame M.

On peut calculer approximativement les chemins parcourus par ces différents rayons en remarquant qu'ils tombent à peu près normalement sur les deux lames de verre, et que l'épaisseur de la couche d'air comprise entre ces deux lames varie très-peu dans la région traversée par les rayons. Si l'on désigne par e l'épaisseur de chacune des lames de verre et par i l'épaisseur moyenne de la couche d'air intermédiaire, on voit que les chemins parcourus par les rayons depuis leur entrée dans la lame M jusqu'à leur sortie de la lame N sont sensiblement égaux à

$$2e + 3i \dots \dots \text{ pour les rayons A,}$$
$$4e + 3i \dots \dots \text{ pour les rayons B,}$$
$$4e + 3i \dots \dots \text{ pour les rayons C,}$$
$$6e + 3i \dots \dots \text{ pour les rayons D.}$$

Les rayons appartenant à ces quatre groupes se superposent au sortir de la lame N; la différence de marche entre les rayons A et les rayons B ou C est égale à $2e$; celle qui existe entre les rayons A et les rayons D, à $4e$; enfin celle qui existe entre les rayons B ou C et les rayons D, à $2e$. L'épaisseur e comprenant un grand nombre de longueurs d'ondulation, les seuls rayons qui peuvent interférer entre eux sont ceux des groupes B et C; car ces rayons ont parcouru des chemins très-peu différents, mais qui, cependant, à cause des inclinaisons différentes des deux lames M et N sur la direction primitive des rayons et de la petite variation d'épaisseur de la couche d'air intermédiaire suivant le point d'incidence, ne sont pas rigoureusement égaux entre eux.

M. Jamin a tiré parti des interférences des plaques épaisses dans la construction de son réfractomètre interférentiel [1]. Il se sert de deux plaques de verre ayant chacune environ 1 centimètre d'épaisseur et aussi égales que possible; ces deux plaques M et N sont dis-

[1] *Ann. de chim. et de phys.*, (3), LII, 163, 171.

posées parallèlement, à une distance assez considérable l'une de
l'autre (fig. 36). On fait tomber un faisceau de lumière sur l'une
des plaques, et on place l'œil de façon à recevoir les rayons qui se

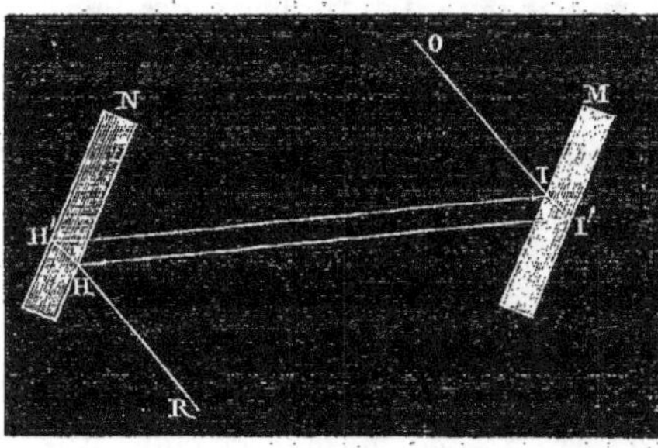

Fig. 36.

sont réfléchis successivement sur les deux pla-
ques. Suivant une direc-
tion telle que HR peuvent
dans ce cas se propager
deux rayons provenant
d'un même rayon inci-
dent OI, mais ayant suivi
des chemins différents;
l'un de ces rayons s'est
réfléchi à la première face

de la première lame et à la seconde face de la deuxième; l'autre, au
contraire, s'est réfléchi à la seconde face de la première lame et à la
première face de la deuxième : l'un a suivi le chemin OIH′HR, l'autre
le chemin OII′HR. Si les deux lames de verre étaient rigoureusement
parallèles et avaient exactement la même épaisseur, les deux rayons
qui se superposent suivant HR seraient concordants; mais, en réalité, ces conditions ne sont jamais mathématiquement satisfaites, et
les deux rayons présentent une différence de marche très-petite, ce
qui donne naissance à des franges d'interférence. Les deux rayons
qui se réunissent suivant HR étant séparés pendant qu'ils vont d'une
lame à l'autre, on peut placer sur le trajet de chacun de ces rayons
un tube contenant un liquide ou un gaz. Si les deux colonnes liquides ou gazeuses que les rayons interférents ont à traverser ont
exactement même longueur et même indice de réfraction, la différence de marche ne sera pas altérée; mais la plus légère variation
dans l'indice de réfraction de la substance qui forme l'une des colonnes changera la différence de marche et se traduira par un déplacement des franges d'interférence.

Ce procédé extrêmement sensible a été appliqué par M. Jamin à
la mesure des indices de réfraction de l'air et de la vapeur d'eau à
différentes températures et à l'étude des variations de l'indice de
réfraction de l'eau dans le voisinage du maximum de densité. Il s'en

est même servi pour montrer qu'une solution magnétique se concentre près du pôle d'un aimant [1].

44. Couleurs des lames mixtes. — Les couleurs des lames mixtes ont été découvertes par Young en regardant la flamme d'une bougie à travers deux plaques de verre légèrement humides et presque en contact [2]. Ces couleurs se manifestent toutes les fois qu'entre deux lames transparentes très-rapprochées on introduit deux liquides non susceptibles de se mélanger, ou bien des gouttelettes d'un seul liquide séparées par des intervalles remplis d'air. Suivant Brewster, qui a fait de nombreuses expériences sur ce sujet [3], le meilleur moyen de produire les couleurs des lames mixtes est d'étendre sur les plaques de verre un peu de blanc d'œuf battu, de les sécher pendant quelques instants devant le feu pour enlever l'excès d'humidité, et de les mettre ensuite en contact. Les couleurs peuvent être vues, soit par transmission, soit par réflexion; si l'un des verres est un peu convexe, elles prennent la forme d'anneaux. Ces anneaux sont beaucoup plus larges que ceux des lames minces ordinaires : ainsi, si la lame mixte est formée d'air et d'eau, les diamètres des différents anneaux sont à ceux des anneaux de même rang qu'on obtient avec une lame d'air dans le rapport de $\sqrt{6}$ à l'unité. Les anneaux des plaques mixtes sont d'ailleurs d'autant plus resserrés que l'incidence est plus oblique.

Young, sans entrer dans aucun détail, a attribué les couleurs des plaques mixtes aux interférences des rayons qui, dans la lame, traversent des milieux différents. La régularité du phénomène, qui est complétement indépendant des dimensions et de la forme des gouttelettes liquides, montre qu'il n'est point dû, comme le pensait Brewster, à la diffraction qu'éprouveraient les rayons lumineux en passant près des bords de ces gouttelettes.

Nous allons développer l'explication d'Young en nous bornant au

[1] *Ann. de chim. et de phys.*, (3), XLIX, 382; LII, 163, 171. — *C. R.*, XLII, 482; XLIII, 1191; XLV, 892.

[2] *Phil. Trans.*, 1802, p. 387. — *Lectures on Natural Philosophy*, p. 369.

[3] *Phil. Trans.*, 1838, p. 73. — *Instit.*, VI, 262.

cas des anneaux transmis[1]. Soit (fig. 37) une lame que, dans une petite étendue, nous pouvons considérer comme ayant ses faces parallèles, et dont nous représenterons l'épaisseur par e; supposons que cette lame soit remplie par deux milieux différents m et m', m étant le milieu le plus réfringent. Suivant une direction telle que RT se propagent deux rayons provenant des rayons incidents parallèles SI et S'I' et ayant

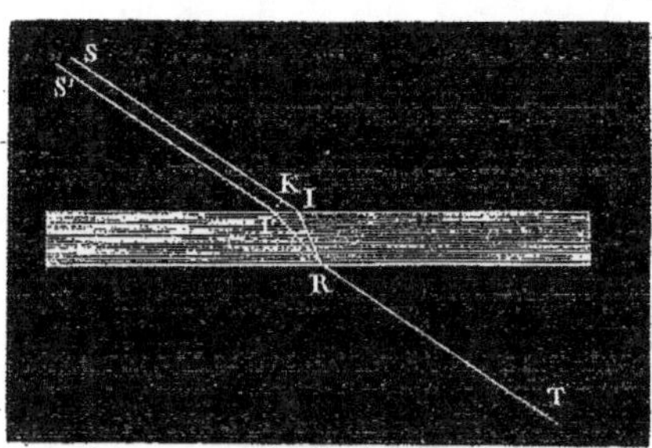

Fig. 37.

traversé l'épaisseur de la lame, le premier dans le milieu m, le second dans le milieu m'. Pour calculer la différence de marche de ces deux rayons, appelons u la vitesse de propagation de la lumière dans le milieu où se meuvent les rayons incidents, v sa vitesse dans le milieu m, v' sa vitesse dans le milieu m'; représentons par l, λ, λ' les longueurs d'ondulation dans ces trois milieux, par T la durée d'une vibration; enfin appelons i et i' les angles d'incidence des rayons réfractés IR et I'R lorsqu'ils tombent sur la seconde face de la lame, r l'angle que forment les rayons incidents tels que SI avec la normale à la première face de cette lame. Nous aurons

$$\frac{\sin i}{\sin r} = \frac{v}{u} = \frac{\lambda}{l}, \qquad \frac{\sin i'}{\sin r} = \frac{v'}{u} = \frac{\lambda'}{l},$$

$$\frac{\sin i}{\sin i'} = \frac{\lambda}{\lambda'} = \frac{v}{v'}.$$

Abaissons du point I' une perpendiculaire I'K sur le rayon SI; la différence des temps employés par les deux rayons interférents pour atteindre un même point de la droite RT, ou, comme on dit, la

<hr>

[1] Ce qui suit a été rédigé d'après quelques indications contenues dans une note manuscrite de M. Verdet.

différence de phase, aura pour expression

$$\frac{IK}{u} + \frac{IR}{v} - \frac{I'R}{v'}.$$

On a d'ailleurs

$$IR = \frac{e}{\cos i}, \qquad\qquad I'R = \frac{e}{\cos i''},$$

$$IK = II'\sin r, \qquad II' = e\,(\tang i' - \tang i).$$

En substituant ces valeurs dans l'expression de la différence de phase, elle devient

$$\frac{e\,(\tang i' - \tang i)\sin r}{u} + \frac{e}{v\cos i} - \frac{e}{v'\cos i'}$$

$$= \frac{e}{v}\left[\frac{\lambda}{l}(\tang i' - \tang i)\sin r + \frac{1}{\cos i} - \frac{\lambda}{\lambda'}\frac{1}{\cos i''}\right]$$

$$= \frac{e}{v}\left[\frac{1}{\cos i} - \frac{\lambda}{l}\tang i\,\sin r - \left(\frac{\lambda}{\lambda'}\frac{1}{\cos i''} - \frac{\lambda}{l}\tang i'\sin r\right)\right]$$

$$= \frac{e}{v}\left[\frac{1}{\cos i} - \tang i\,\sin i - \frac{\lambda}{\lambda'}\left(\frac{1}{\cos i''} - \tang i'\sin i'\right)\right]$$

$$= \frac{e}{v}\left[\cos i - \frac{\lambda}{\lambda'}\cos i''\right].$$

Il y aura maximum ou minimum suivant que cette quantité sera égale à $2n\dfrac{T}{2}$ ou à $(2n+1)\dfrac{T}{2}$, c'est-à-dire suivant que l'on aura

$$e\left(\cos i - \frac{\lambda}{\lambda'}\cos i''\right) = 2\,n\frac{\lambda}{2}$$

ou

$$e\left(\cos i - \frac{\lambda}{\lambda'}\cos i''\right) = (2\,n+1)\frac{\lambda}{2}.$$

Pour l'incidence normale, ces conditions se réduisent à

$$e\left(1 - \frac{\lambda}{\lambda'}\right) = 2\,n\frac{\lambda}{2}$$

et à

$$e\left(1 - \frac{\lambda}{\lambda'}\right) = (2\,n+1)\frac{\lambda}{2}.$$

Pour les anneaux ordinaires des lames minces vus par transmission, les conditions du maximum et du minimum sont, la lame étant formée par le milieu m',

$$e' = 2n\frac{\lambda'}{4}$$

et

$$e' = (2n+1)\frac{\lambda'}{4};$$

il résulte de là que les épaisseurs e et e', qui dans la lame mixte et dans la lame simple du milieu m' transmettent le même anneau brillant, doivent être telles que l'on ait

$$\frac{4e'}{\lambda'} = \frac{2e\left(1 - \frac{\lambda}{\lambda'}\right)}{\lambda},$$

d'où

$$\frac{e'}{e} = \frac{1}{2}\frac{\lambda'}{\lambda}\left(1 - \frac{\lambda}{\lambda'}\right).$$

Si le milieu m est l'eau et le milieu m' l'air, on a approximativement

$$\frac{\lambda}{\lambda'} = \frac{3}{4},$$

d'où

$$\frac{e'}{e} = \frac{1}{6};$$

les diamètres des deux espèces d'anneaux doivent donc dans ce cas être entre eux dans le rapport de l'unité à $\sqrt{6}$, ce que vérifie l'expérience.

Cherchons enfin comment doit varier la largeur des anneaux des lames mixtes avec l'incidence; d'après la valeur trouvée plus haut pour l'épaisseur qui donne un anneau d'un ordre déterminé, cette épaisseur est d'autant plus petite, et par suite les anneaux d'autant plus resserrés, que la quantité $\cos i - \frac{\lambda}{\lambda'}\cos i'$ est plus grande. Il suffit donc d'étudier la variation de cette expression, ou, ce qui revient au même, la variation de la quantité

$$\lambda' \cos i - \lambda \cos i'.$$

La dérivée de cette quantité par rapport à i est égale à

$$- \lambda' \sin i + \lambda \sin i'' \frac{di'}{di}.$$

D'ailleurs, de la relation

$$\frac{\sin i}{\sin i''} = \frac{\lambda}{\lambda'}$$

on tire

$$\lambda' \cos i\, di = \lambda \cos i' di',$$

d'où

$$\frac{di'}{di} = \frac{\lambda' \cos i}{\lambda \cos i'};$$

et la valeur de la dérivée devient

$$\frac{\lambda'}{\cos i'} \left(\sin i' \cos i - \cos i' \sin i \right) = \frac{\lambda' \sin (i' - i)}{\cos i'}.$$

Cette expression étant toujours positive, la quantité $\cos i - \frac{\lambda}{\lambda'} \cos i'$ augmente avec i, et par suite les anneaux se resserrent à mesure que l'incidence devient plus oblique.

BIBLIOGRAPHIE.

COULEURS DES LAMES MINCES [1].

1663.   Boyle, *Experiments and Observations upon Colours*, London.—*Works published by Shaw*, t. II, p. 70.
1665.   Hooke, *Micrographia*, p. 48.
1704.   Newton, *Optics*, London, liv. II.

[1] Pour les travaux relatifs à la polarisation de la lumière des anneaux, voyez les Leçons sur les lois de la réflexion et de la réfraction de la lumière polarisée.

1717. Mariotte, Traité de la nature des couleurs, *OEuvres complètes* publiées à la Haye en 1740, t. I, p. 298.

1746. Euler, Nova theoria lucis et colorum in *Opusculis varii argumenti*, t. I, p. 179.

1752. Euler, Essai d'une explication physique des couleurs engendrées sur des surfaces extrêmement minces, *Mém. de Berl.*, 1752, p. 262.

1752. Mazéas, Sur les couleurs engendrées par le frottement des surfaces planes et transparentes, *Mém. de Berl.*, 1752, p. 248.

1763. Dutour, Recherches sur le phénomène des anneaux colorés, *Mém. des sav. étrang.*, IV, 285. — *Journ. de phys. de Rozier*, I, 360; II, 11, 349; V, 120, 230; VII, 330, 341.

1773. M. (Dutour), Mémoire sur la décomposition de la lumière dans le phénomène des anneaux colorés, *Journ. de phys. de Rozier*, III, 338.

1800. Jordan, *New Observations concerning the Colours of Thin Transparent Bodies, Showing these Phænomena to be Inflections of Light*, London.

1800. Young, Outlines of Experiments and Inquiries respecting Sound and Light, *Phil. Trans.*, 1800, p. 106.

1802. Young, On the Theory of Light and Colours, *Phil. Trans.*, 1802, p. 12. — *Miscell. Works*, t. I, p. 140.

1802. Young, An Account of Some Cases of the Production of Colours not hitherto described, *Phil. Tr.*, 1802, p. 387. — *Miscell. Works*, t. I, p. 170.

1804. Young, Experiments and Calculations relative to Physical Optics, *Phil. Trans.*, 1804, p. 1. — *Miscell. Works*, t. I, p. 179.

1807. Young, *Lectures on Natural Philosophy*, London.

1807. Prieur, Considérations sommaires sur les couleurs irisées des corps réduits en pellicules minces, *Ann. de chim.*, (1), LXI, 154.

1807-10. J. Herschel, Experiments for Investigating the Cause of the Coloured Concentric Rings discovered by Sir Isaac Newton, *Phil. Trans.*, 1807, p. 180; 1809, p. 259; 1810, p. 149.

1808. Hassenfratz, Sur la colorisation des corps, *Ann. de chim.*, (1), LXVII, 5, 113.

1811. Arago, Mémoire sur les couleurs des lames minces, *Mém. de la Soc. d'Arcueil*, t. III, p. 223. — *OEuvr. compl.*, t. X, p. 1.

1811. Arago, Sur les variations singulières que présentent les anneaux colorés fournis par les vernis, *OEuvr. compl.*, t. X, p. 341.

1811. Arago, Sur la cause des anneaux colorés, *OEuvr. compl.*, t. X, p. 356.

1811. Arago, Sur les couleurs irisées de divers corps, *OEuvr. compl.*, t. X, p. 358.

1811. Arago, Notice historique sur les anneaux colorés, *OEuvr. compl.*, t. X, p. 363.

1815. Knox, On Some Phænomena of Colours exhibited by Thin Plates, *Phil. Trans.*, 1815, p. 161.

1815. Fresnel, Complément au premier Mémoire sur la diffraction, *OEuvr. compl.*, t. I, p. 41.

1816. Fresnel, Supplément au deuxième Mémoire sur la diffraction, *OEuvr. compl.*, t. I, p. 129.

1817. Young, article *Chromatics* dans le *Supplément à l'Encyclopédie britannique*. — *Miscell. Works*, t. I, p. 233.

1819. Fresnel, Résumé d'un Mémoire sur la réflexion de la lumière, *Ann. de chim. et de phys.*, (2), XV, 379. — *OEuvres complètes*, t. I, p. 685.

1819. Fresnel, Mémoire sur la réflexion de la lumière, *Mém. de l'Acad. des sciences*, XX, 195. — *OEuvr. compl.*, t. I, p. 691.

1822. Fresnel, article *Lumière* dans le *Supplément à la traduction de la cinquième édition du Système de Chimie de Thompson* par Riffault. p. 270.

1823. Poisson, Sur le phénomène des anneaux colorés, *Ann. de chim. et de phys.*, (2), XXII, 337.

1823. Fresnel, Note sur le phénomène des anneaux colorés. *Ann. de chim. et de phys.*, (2), XXIII, 129.

1831. Airy, On a Remarkable Modification of Newton's Rings, *Cambr. Trans.*, IV, 219. — *Phil. Mag.*, (2), X, 141.

1832. Brewster, On a New Species of Coloured Rings produced by the Reflection of Light between the Two Lenses of Achromatic Compound Object-Glasses, *Edinb. Trans.*, XII, 191. — *Phil. Mag.*, (3), I, 19.

1832. Airy, On the Phænomena of Newton's Rings when Formed between Two Transparent Substances of Different Refractive Power. *Cambr. Trans.*, IV, 409. — *Phil. Mag.*, (3), II, 120.

1839. Babinet, Sur la perte d'un demi-intervalle d'interférence qui a lieu dans la réflexion à la surface d'un milieu réfringent, *C. R.*, VIII, 708.

1840. Reade, On the Iriscop, 10th *Rep. of the Brit. Assoc.* — *Inst.*, IX, 36.

1841. Jerichau, Ueber die Farben dünner Blätter und ueber zwei neue Instrumente, *Pogg. Ann.*, LIV, 139. — *Ann. de chim. et de phys.*, (3), IV, 363. (Gyréidoscope et thermomicromètre.)

1843. Soleil, Appareil propre à l'observation des anneaux colorés à centre blanc ou noir, *Instit.*, XII, 90.

1844. Matthiessen, Sur les anneaux colorés produits dans un solide transparent limité par une surface plane combinée avec une surface courbe, *C. R.*, XVII, 710.

1848.   Brücke, Ueber die Auseinanderfolge der Farben in den Newtonis-chen Ringen, *Pogg. Ann.*, LXXV, 582.

1849.   De la Provostaye et P. Desains, Mémoire sur les anneaux colorés de Newton, *Ann. de chim. et de phys.*, (3), XXVII, 423. — *C. R.*, XXVIII, 353.

1850.   Cauchy, Rapport sur un Mémoire de MM. de la Provostaye et P. Desains concernant les anneaux colorés de Newton, *C. R.*, XXX, 498.

1850.   Wilde, Ueber die Unhaltbarkeit der bisherigen Theorie der New-tonischen Farbenringe, *Pogg. Ann.*, LXXX, 407. — *Phil. Mag.*, (3), XXXVII, 451.

1850.   Wilde, Beschreibung des Gyreidometers, eines Instruments zur genauen Messung der Farbenringe, *Pogg. Ann.*, LXXXI, 264.

1850.   Löve, Ueber die Darstellung der Newtonischen Farbenringe, *Dingler's Polytechnisches Journal*, CXIX, 316.

1851.   Wilde, Die Theorie der Farben dünner Blättchen, *Pogg. Ann.*, LXXXII, 18, 188.

1851.   Wilde, Ueber die Interferenzfarben die zwischen zwei Glasprismen oder einem solchen Prisma und einer planparallelen Glasplatte sich bilden können, *Pogg. Ann.*, LXXXIII, 541.

1852.   Jamin, Mémoire sur les anneaux colorés, *Ann. de phys. et de chim.*, (3), XXXVI, 158. — *C. R.*, XXXV, 14.

1853.   Plateau, Sur une production curieuse d'anneaux colorés, *Bullet. de Brux.*, XX, 3.

1853.   Ungerer, Die Farben dünner Blättchen in einem einfachen Experi-ment, *Dingler's Polytechnisches Journal*, CXXVII, 464.

1854.   Haidinger, Die Interferenzlinien am Glimmer. — Berührungsringe und Plattenringe, *Wien. Ber.*, XIV.

1855.   Carrère, Deux procédés à l'aide desquels on peut produire avec une grande intensité le phénomène des anneaux colorés, *C. R.*, XLI, 1046; XLII, 689.

1856.   Eisenlohr, Apparat zur Erzeugung der Newtonischen Farbenringe, *Berichte der Freiburger Gesellschaft*, I, 2.

1857.   Van der Willigen, Ueber die Constitution der Seifenblasen, *Pogg. Ann.*, CII, 629.

1861.   Place, Newton's Ringe durch's Prisma betrachtet, *Pogg. Ann.*, CXIV, 504.

1862.   Fizeau, Recherches sur les modifications que subit la vitesse de la lumière dans le verre et plusieurs autres corps solides sous l'in-fluence de la chaleur, *Ann. de chim. et de phys.*, (3), LXVI, 429. — *C. R.*, LV, 1237.

1864.   Van der Willigen, Ueber ein System von geradlinigen Fransen welche gleichzeitig mit den Newtonischen Ringe zu beobachten sind, *Pogg. Ann.*, CXXIII, 588. (Explication des phénomènes observés par Knox en 1815.)

1866.   BROUGHTON, On Some Properties of Soap-Bubbles. *Phil. Mag.*, (4), XXXI. 228.

ANNEAUX PRODUITS A LA SURFACE DES MÉTAUX PAR L'ÉCHAUFFEMENT ET PAR LES DÉCHARGES ÉLECTRIQUES.

1768.   PRIESTLEY, Account of Rings consisting of all Prismatic Colours, made by Electrical Explosions on the Surfaces of Pieces of Metal. *Phil. Trans.*, 1768, p. 68.

1785.   DELAVAL, Experimental Inquiry into the Cause of Permanent Colours of Opake Bodies, *Trans. of the Soc. of Manchester*, II, 147.

1819.   FUSINIERI, Richerche sui colori che acquistano i metalli riscaldati, *Giornale di Fisica da Brugnatelli*, decade II, vol. II.

1819.   FUSINIERI, Sui colori delle lamine sottili et sui loro rapporto coi colori prismatici, *Giornale di Fisica da Brugnatelli*, decade II, vol. II.

1820.   FUSINIERI, Sugli effetti analoghi del gas ossigeno et del cloro nel coloramento delle lamine sottili, *Giornale di Fisica da Brugnatelli*, decade II, vol. III, p. 291, et vol. IV, p. 37.

1826.   NOBILI, Sur une nouvelle classe de phénomènes électro-chimiques. *Arch. de Genève*, XXIII. XXIV. XXXVI. — *Memorie ed osservazioni*, t. I, p. 18.

1830.   NOBILI, Mémoire sur les couleurs en général et en particulier sur une nouvelle échelle chromatique déduite de la métallochromie, *Arch. de Genève*, XLIV. XLV. — *Memorie ed osservazioni*, t. I, p. 162.

1834.   NOBILI, Nouvelles observations sur les apparences électro-chimiques, *Arch. de Genève*, LVI.

1845.   E. BECQUEREL, Sur les anneaux colorés produits par le dépôt des oxydes métalliques sur les métaux, *Ann. de chim. et de phys.*, (3), XIII, 342.

1845.   Dr BOIS-REYMOND et BEETZ, Zur Theorie der Nobilischen Farbenringe, *Pogg. Ann.*, LXXI, 71.

1848.   HAUSMANN, Ueber das Irisiren der Mineralien, *Göttinger Nachrichten*, 1848, p. 34.

INTERFÉRENCES DES LAMES ÉPAISSES.

1817.   BREWSTER, On a New Species of Coloured Fringes produced by the Reflection of Light between Two Plates of Parallel Glass of Equal Thickness, *Edinb. Trans.*, VII.

1857.   JAMIN, Sur les variations de l'indice de réfraction de l'eau par l'effet de la compression, *Ann. de chim. et de phys.*, (3), LII, 163. — *C. R.*, XLV, 892.

1857.   JAMIN, Mémoire sur l'indice de réfraction de la vapeur d'eau, *Ann. de chim. et de phys.*, (3), LII, 171.

COULEURS DES LAMES MIXTES.

1802.   YOUNG, An Account of Some Cases of the Production of Colours not hitherto described, *Phil. Trans.*, 1802, p. 387.

1838.   BREWSTER, On the Colours of Mixed Plates, *Phil. Trans.*, 1838, p. 73. — *Instit.*, VI, 262.

1848.   POWELL, On a New Case of Interference of Light, *Phil. Trans.*, 1848, p. 213. — *Proceed. of R. S.*, V, 756. — *Instit.*, XVI, 282. (En plongeant une plaque de verre dans un prisme liquide, on voit le spectre sillonné de raies noires parallèles.)

1848.   STOKES, On the Theory of Certain Bands seen in the Spectrum, *Phil. Trans.*, 1848, p. 213. — *Proceed. of R. S.*, V, 795. — *Instit.*, XVII. 159. (Explication des raies aperçues par Powell.)

III.

REPRÉSENTATION ANALYTIQUE ET COMBINAISON DES MOUVEMENTS VIBRATOIRES LUMINEUX.

45. Expressions des déplacements et des vitesses dans le mouvement vibratoire. — Nous avons vu précédemment (18) que, dans le mouvement vibratoire qui constitue la lumière, les déplacements des molécules vibrantes, estimés suivant une direction quelconque, sont nécessairement représentés en fonction du temps par des séries trigonométriques dont nous avons indiqué la forme. Nous avons été conduit plus loin (41), en nous appuyant sur ce fait qu'un rayon modifié d'une manière permanente par l'interférence ne diffère d'un rayon ordinaire que par l'intensité et la phase, à admettre que, pour une lumière homogène, ces séries se réduisent à leur premier terme; ce terme peut d'ailleurs contenir un sinus ou un cosinus suivant l'origine qu'on adopte pour le temps. Il importe de remarquer que réduire ainsi les séries qui représentent les déplacements des molécules vibrantes à leur premier terme revient à supposer que les forces qui tendent à ramener ces molécules vers leur position d'équilibre sont des fonctions linéaires des déplacements, et c'est souvent en partant de cette relation entre les forces moléculaires et les déplacements qu'on arrive aux équations du mouvement d'une molécule vibrante. Mais, qu'on parvienne à ces équations par la considération directe des forces moléculaires ou, comme nous l'avons fait, en précisant la nature du mouvement vibratoire au moyen des phénomènes d'interférence, il reste toujours quelque chose d'hypothétique dans la manière dont les formules sont établies, et c'est surtout dans l'accord des conséquences qu'on en tire avec les faits qu'il faut en chercher la véritable démonstration.

Ceci posé, nous allons donner quelques détails sur la manière de représenter les déplacements et les vitesses dans le mouvement vibratoire et démontrer un certain nombre de formules relatives à la composition de plusieurs mouvements de ce genre, formules dont

nous aurons souvent à faire usage par la suite[1]. Nous supposerons
toujours le mouvement vibratoire simple, c'est-à-dire la lumière
homogène; nous prendrons pour origine des coordonnées la position
d'équilibre de la molécule vibrante et pour axes trois droites rectangulaires quelconques. D'après ce que nous venons de dire, nous
aurons, en désignant par ξ, η, ζ les déplacements de la molécule
vibrante parallèlement à ces trois axes, par t le temps, par a, b, c,
m, φ, χ, ψ des paramètres constants,

$$(\text{A}) \qquad \left\{ \begin{aligned} \xi &= a \cos m\,(t - \varphi), \\ \eta &= b \cos m\,(t - \chi), \\ \zeta &= c \cos m\,(t - \psi). \end{aligned} \right.$$

Dans ces trois expressions la quantité m, par laquelle se trouve
multiplié le temps, doit avoir la même valeur; car la durée de
la période doit être la même, quelle que soit la droite sur laquelle
on projette le déplacement, et cette durée est représentée par $\frac{2\pi}{m}$.
Les coefficients a, b, c sont ce qu'on appelle les *amplitudes* du mouvement vibratoire suivant les trois axes; ces coefficients représentent
les déplacements maxima de la molécule vibrante parallèlement à
chacun de ces axes.

Nous avons exprimé les déplacements au moyen de cosinus; les
vitesses seront par suite exprimées par des sinus; mais il suffirait
de déplacer l'origine du temps d'une quantité égale à $\frac{\pi}{2m}$ pour que
ce fût l'inverse : la notation que nous employons ici est la plus usitée.

Il est facile de déduire des équations (A) la forme de la trajectoire
de la molécule vibrante. Ces équations deviennent, en effet, si on
les développe,

$$(\text{B}) \qquad \left\{ \begin{aligned} \frac{\xi}{a} &= \cos m\varphi \, \cos mt + \sin m\varphi \, \sin mt, \\ \frac{\eta}{b} &= \cos m\chi \, \cos mt + \sin m\chi \, \sin mt, \\ \frac{\zeta}{c} &= \cos m\psi \, \cos mt + \sin m\psi \, \sin mt. \end{aligned} \right.$$

[1] Ces formules ont été établies pour la première fois par Fresnel en 1818 dans son
Mémoire sur la diffraction.

Si des deux premières de ces relations nous tirons les valeurs de $\sin mt$ et de $\cos mt$, il vient

$$\sin mt = \frac{\dfrac{\xi}{a}\cos m\chi - \dfrac{\eta}{b}\cos m\varphi}{\sin m(\varphi-\chi)},$$

$$\cos mt = \frac{\dfrac{\xi}{a}\sin m\chi - \dfrac{\eta}{b}\sin m\varphi}{\sin m(\chi-\varphi)},$$

d'où, en élevant au carré et en ajoutant,

$$\frac{\xi^2}{a^2}+\frac{\eta^2}{b^2}-\frac{2\xi\eta}{ab}\cos m(\chi-\varphi)=\sin^2 m(\chi-\varphi).$$

Cette équation, qui représente la projection de la trajectoire sur le plan des ξ, η, est celle d'une ellipse. Si d'ailleurs nous portons dans la troisième des équations (B) les valeurs de $\sin mt$ et de $\cos mt$, elle devient

$$\frac{\xi}{a}\sin m(\chi-\psi)+\frac{\eta}{b}\sin m(\psi-\varphi)+\frac{\zeta}{c}\sin m(\varphi-\chi)=0.$$

Cette dernière équation, qui est indépendante de t, représente un plan; donc la trajectoire, étant plane et se projetant sur un plan suivant une ellipse, est elle-même une ellipse. Ainsi, tant qu'on se borne aux phénomènes dont nous avons parlé jusqu'à présent, tout ce qu'on peut affirmer, c'est que la forme la plus générale de la trajectoire d'une molécule lumineuse est une ellipse orientée d'une manière quelconque dans l'espace; l'étude de la lumière polarisée pourra seule nous fournir des notions plus précises sur la forme de cette trajectoire et sur sa position relativement à la direction du rayon.

Les composantes de la vitesse parallèlement aux trois axes sont

$$u=\frac{d\xi}{dt}=\alpha\sin m(t-\varphi),$$

$$v=\frac{d\eta}{dt}=\beta\sin m(t-\chi),$$

$$w=\frac{d\zeta}{dt}=\gamma\sin m(t-\psi),$$

en posant

$$- ma = \alpha, \quad - mb = \beta, \quad - mc = \gamma.$$

Les coefficients α, β, γ, qui désignent les valeurs maxima des trois composantes de la vitesse, se nomment les coefficients des vitesses parallèles aux axes, et souvent, pour abréger, les *vitesses* parallèles aux axes.

On donne aux expressions des composantes de la vitesse une forme plus commode en y faisant entrer la durée T de la vibration ; comme on a

$$T = \frac{2\pi}{m},$$

ces expressions deviennent

$$u = \alpha \sin 2\pi \left(\frac{t - \varphi}{T} \right),$$

$$v = \beta \sin 2\pi \left(\frac{t - \chi}{T} \right),$$

$$w = \gamma \sin 2\pi \left(\frac{t - \psi}{T} \right).$$

Proposons-nous maintenant de trouver les valeurs des composantes de la vitesse du mouvement vibratoire en un point M, dont la distance à l'origine O est égale à R. Si cette distance est assez petite pour qu'on puisse faire abstraction de l'affaiblissement qu'éprouve l'intensité lumineuse lorsqu'on passe du point O au point M, le mouvement en M au temps t est identique à ce qu'il est en O au temps $t - \dfrac{R}{V}$, V étant la vitesse de propagation de la lumière. On a donc, pour les composantes de la vitesse au point M,

$$u' = \alpha \sin 2\pi \left(\frac{t - \dfrac{R}{V}}{T} - \frac{\varphi}{T} \right),$$

$$v' = \beta \sin 2\pi \left(\frac{t - \dfrac{R}{V}}{T} - \frac{\chi}{T} \right),$$

$$w' = \gamma \sin 2\pi \left(\frac{t - \dfrac{R}{V}}{T} - \frac{\psi}{T} \right).$$

En remarquant que
$$VT = \lambda.$$

et en posant
$$V\varphi = g, \quad V\chi = h, \quad V\psi = k,$$

il vient, pour les composantes de la vitesse en O.

$$u = \alpha \, \sin 2\pi \left(\frac{t}{T} - \frac{g}{\lambda} \right),$$

$$v = \beta \, \sin 2\pi \left(\frac{t}{T} - \frac{h}{\lambda} \right),$$

$$w = \gamma \, \sin 2\pi \left(\frac{t}{T} - \frac{k}{\lambda} \right);$$

et pour les composantes de la vitesse en M,

$$u' = \alpha \, \sin 2\pi \left(\frac{t}{T} - \frac{g + R}{\lambda} \right),$$

$$v' = \beta \, \sin 2\pi \left(\frac{t}{T} - \frac{h + R}{\lambda} \right),$$

$$w' = \gamma \, \sin 2\pi \left(\frac{t}{T} - \frac{k + R}{\lambda} \right).$$

Les quantités φ, χ, ψ au point O, $\varphi + \frac{R}{V}$, $\chi + \frac{R}{V}$, $\psi + \frac{R}{V}$ au point M, sont ce qu'on appelle les *phases* des vitesses composantes en ces points.

On voit que, si R est égal à un nombre pair de demi-longueurs d'ondulation, les composantes u', v', w' sont respectivement égales aux composantes u, v, w et de même signe; si R est égal à un nombre impair de demi-longueurs d'ondulation, les composantes u', v', w' seront égales en valeur absolue aux composantes u, v, w, mais de signes contraires.

46. Évaluation de l'intensité lumineuse. — Nous avons vu (29) que l'intensité lumineuse à un instant donné a pour mesure le carré de la vitesse du mouvement vibratoire; il suit de là qu'en désignant cette vitesse par 1, l'intensité lumineuse pendant l'unité de temps sera représentée par

$$\int_0^{1} I^2 \, dt;$$

comme on a toujours

$$I^2 = u^2 + v^2 + w^2,$$

l'intégrale qui sert de mesure à l'intensité lumineuse a pour valeur

$$\int_0^1 u^2 \, dt + \int_0^1 v^2 \, dt + \int_0^1 w^2 \, dt.$$

Considérons séparément l'une de ces trois intégrales, par exemple $\int_0^1 u^2 \, dt$; en remplaçant u^2 par sa valeur, elle devient

$$\alpha^2 \int_0^1 \sin^2 m(t - \varphi) \, dt.$$

Or, si T désigne la durée d'une vibration, on a

$$\int_0^{T} \sin^2 m\,(t - \varphi)\, dt = \int_0^{T} \left(\frac{1 - \cos 2m(t - \varphi)}{2} \right) dt = \frac{T}{2}.$$

L'intégrale qui représente l'intensité lumineuse est donc égale, si on la prend entre les limites zéro et T, à

$$(\alpha^2 + \beta^2 + \gamma^2) \frac{T}{2}.$$

L'unité de temps comprenant toujours un nombre immense de vibrations, on peut admettre sans erreur sensible qu'elle est un multiple exact de la durée d'une vibration, et poser

$$nT = 1;$$

l'intensité lumineuse pendant l'unité de temps aura alors pour mesure

$$(\alpha^2 + \beta^2 + \gamma^2) \frac{nT}{2} = \frac{1}{2} (\alpha^2 + \beta^2 + \gamma^2).$$

Les intensités de deux mouvements vibratoires ayant même période sont donc entre elles comme les sommes des carrés des trois coefficients des composantes de la vitesse, ces intensités étant évaluées pendant le même temps pour les deux mouvements.

Supposons maintenant qu'il s'agisse de comparer les intensités lumineuses de deux mouvements vibratoires ayant des périodes différentes. Soient T et T' les durées de ces périodes; les intensités lumineuses des deux mouvements évaluées pendant la durée d'une période seront respectivement

$$(\alpha^2 + \beta^2 + \gamma^2)\frac{T}{2}$$

et

$$(\alpha'^2 + \beta'^2 + \gamma'^2)\frac{T'}{2};$$

mais si on évalue ces intensités pendant l'unité de temps, elles auront pour mesure

$$\frac{1}{2}(\alpha^2 + \beta^2 + \gamma^2)$$

et

$$\frac{1}{2}(\alpha'^2 + \beta'^2 + \gamma'^2).$$

Donc, que deux mouvements vibratoires soient de même période ou de périodes différentes, leurs intensités sont toujours proportionnelles à la somme des carrés des coefficients de la vitesse, ces intensités étant évaluées pendant un même temps pour les deux mouvements.

47. Composition des mouvements vibratoires. — Imaginons qu'en un même point O arrivent un nombre quelconque de mouvements vibratoires ayant tous même période, mais différant par la phase et par l'intensité : nous allons faire voir que le mouvement résultant de leur superposition sera encore un mouvement vibratoire ayant même période que les mouvements composants.

Soient en effet u, v, w, u', v', w', ..., les composantes parallèles aux axes des vitesses apportées en O par les différents mouvements vibratoires qui se rencontrent en ce point : nous aurons

$$u = \alpha \, \sin 2\pi \left(\frac{t}{T} - \frac{g}{\lambda}\right), \qquad u' = \alpha' \, \sin 2\pi \left(\frac{t}{T} - \frac{g'}{\lambda}\right),$$

$$v = \beta \, \sin 2\pi \left(\frac{t'}{T} - \frac{h}{\lambda}\right), \qquad v' = \beta' \, \sin 2\pi \left(\frac{t}{T} - \frac{h'}{\lambda}\right),$$

$$w = \gamma \, \sin 2\pi \left(\frac{t}{T} - \frac{k}{\lambda}\right), \qquad w' = \gamma' \, \sin 2\pi \left(\frac{t}{T} - \frac{k'}{\lambda}\right),$$

et ainsi de suite.

Désignons par U, V, W les composantes de la vitesse du mouvement résultant : nous aurons

$$U = u + u' + u'' + \ldots,$$
$$V = v + v' + v'' + \ldots,$$
$$W = w + w' + w'' + \ldots,$$

ou

$$U = \sin 2\pi \frac{t}{T} \left(\alpha \cos 2\pi \frac{g}{\lambda} + \alpha' \cos 2\pi \frac{g'}{\lambda} + \ldots\right)$$
$$- \cos 2\pi \frac{t}{T} \left(\alpha \sin 2\pi \frac{g}{\lambda} + \alpha' \sin 2\pi \frac{g'}{\lambda} + \ldots\right),$$

$$V = \sin 2\pi \frac{t}{T} \left(\beta \cos 2\pi \frac{h}{\lambda} + \beta' \cos 2\pi \frac{h'}{\lambda} + \ldots\right)$$
$$- \cos 2\pi \frac{t}{T} \left(\beta \sin 2\pi \frac{h}{\lambda} + \beta' \sin 2\pi \frac{h'}{\lambda} + \ldots\right),$$

$$W = \sin 2\pi \frac{t}{T} \left(\gamma \cos 2\pi \frac{k}{\lambda} + \gamma' \cos 2\pi \frac{k'}{\lambda} + \ldots\right)$$
$$- \cos 2\pi \frac{t}{T} \left(\gamma \sin 2\pi \frac{k}{\lambda} + \gamma' \sin 2\pi \frac{k'}{\lambda} + \ldots\right).$$

Il est facile de démontrer que les quantités U, V et W peuvent être mises sous la forme

$$U = A \, \sin 2\pi \left(\frac{t}{T} - \frac{G}{\lambda}\right),$$

$$V = B \, \sin 2\pi \left(\frac{t}{T} - \frac{H}{\lambda}\right),$$

$$W = C \, \sin 2\pi \left(\frac{t}{T} - \frac{K}{\lambda}\right).$$

Si on identifie, en effet, cette dernière valeur de U avec celle qui a été trouvée plus haut, on obtient les deux conditions

$$A \cos 2\pi \frac{G}{\lambda} = \Sigma \alpha \cos 2\pi \frac{g}{\lambda},$$

$$A \sin 2\pi \frac{G}{\lambda} = \Sigma \alpha \sin 2\pi \frac{g}{\lambda},$$

le signe Σ désignant une somme de quantités analogues; de là on tire immédiatement

$$A^2 = \left(\Sigma \alpha \cos 2\pi \frac{g}{\lambda}\right)^2 + \left(\Sigma \alpha \sin 2\pi \frac{g}{\lambda}\right)^2,$$

$$\tan g \, 2\pi \frac{G}{\lambda} = \frac{\Sigma \alpha \sin 2\pi \frac{g}{\lambda}}{\Sigma \alpha \cos 2\pi \frac{g}{\lambda}}.$$

Les valeurs trouvées pour les quantités A et G étant toujours réelles, on voit que U peut toujours se mettre sous la forme indiquée plus haut : il en est évidemment de même des composantes V et W. Donc le mouvement résultant de la composition d'un nombre quelconque de mouvements vibratoires de même période est aussi un mouvement vibratoire dont la période est la même que celle des mouvements composants et dont l'intensité est égale à

$$A^2 + B^2 + C^2,$$

c'est-à-dire à

$$\left(\Sigma \alpha \cos 2\pi \frac{g}{\lambda}\right)^2 + \left(\Sigma \alpha \sin 2\pi \frac{g}{\lambda}\right)^2 + \left(\Sigma \beta \cos 2\pi \frac{h}{\lambda}\right)^2$$

$$+ \left(\Sigma \beta \sin 2\pi \frac{h}{\lambda}\right)^2 + \left(\Sigma \gamma \cos 2\pi \frac{k}{\lambda}\right)^2 + \left(\Sigma \gamma \sin 2\pi \frac{k}{\lambda}\right)^2.$$

48. Application des formules précédentes aux phénomènes d'interférence. — Les formules que nous venons d'établir permettent de résoudre dans tous les cas les problèmes relatifs à l'interférence des rayons lumineux et de calculer l'intensité lumineuse résultant de la rencontre en un même point d'un nombre quelconque de rayons dans des conditions données. Nous nous bornerons à traiter le cas le plus simple, qui est en même temps celui qui se trouve le plus souvent réalisé dans les expériences; nous supposerons que deux rayons partis de la même origine et ayant parcouru des chemins différents se rencontrent en un certain point en faisant un angle très-petit, de sorte qu'à l'intensité près la relation entre les deux mouvements vibratoires apportés en ce point est la même que celle qui existe entre les mouvements de deux molécules situées sur un même rayon à une distance δ égale à la différence des chemins parcourus par les rayons interférents.

Les composantes des vitesses des deux mouvements vibratoires interférents auront pour expression, d'après ce que nous avons vu,

$$u = \alpha \sin 2\pi \left(\frac{t}{T} - \frac{g}{\lambda} \right), \qquad u' = \alpha' \sin 2\pi \left(\frac{t}{T} - \frac{g+\delta}{\lambda} \right),$$

$$v = \beta \sin 2\pi \left(\frac{t}{T} - \frac{h}{\lambda} \right), \qquad v' = \beta' \sin 2\pi \left(\frac{t}{T} - \frac{h+\delta}{\lambda} \right),$$

$$w = \gamma \sin 2\pi \left(\frac{t}{T} - \frac{k}{\lambda} \right), \qquad w' = \gamma' \sin 2\pi \left(\frac{t}{T} - \frac{k+\delta}{\lambda} \right).$$

En appliquant les formules démontrées plus haut (47), il vient

$$A^2 = \left(\alpha \cos 2\pi \frac{g}{\lambda} + \alpha' \cos 2\pi \frac{g+\delta}{\lambda} \right)^2 + \left(\alpha \sin 2\pi \frac{g}{\lambda} + \alpha' \sin 2\pi \frac{g+\delta}{\lambda} \right)^2$$

$$= \alpha^2 + \alpha'^2 + 2\alpha\alpha' \cos 2\pi \frac{\delta}{\lambda},$$

et de même

$$B^2 = \beta^2 + \beta'^2 + 2\beta\beta' \cos 2\pi \frac{\delta}{\lambda},$$

$$C^2 = \gamma^2 + \gamma'^2 + 2\gamma\gamma' \cos 2\pi \frac{\delta}{\lambda}.$$

L'intensité du mouvement résultant a donc pour valeur

$$A^2 + B^2 + C^2 = \alpha^2 + \beta^2 + \gamma^2 + \alpha'^2 + \beta'^2 + \gamma'^2$$

$$+ 2 \left(\alpha\alpha' + \beta\beta' + \gamma\gamma' \right) \cos 2\pi \frac{\delta}{\lambda}.$$

Cette expression se compose de deux parties, dont la première est indépendante de la différence de marche δ. Si les coefficients α, β, γ ont respectivement les mêmes signes que les coefficients α', β', γ', c'est-à-dire si les rayons interférents n'ont eu à subir que des variations d'intensité et non des changements de signe dans la vitesse du mouvement vibratoire, comme peut en produire la réflexion, l'intensité du mouvement résultant sera maximun ou minimum suivant qu'on aura

$$\cos 2\pi \frac{\delta}{\lambda} = +1$$

ou

$$\cos 2\pi \frac{\delta}{\lambda} = -1,$$

c'est-à-dire suivant que la différence de marche δ sera égale à un nombre pair ou impair de demi-longueurs d'ondulation. Si la quantité $\alpha\alpha' + \beta\beta' + \gamma\gamma'$ a une valeur négative, ces conditions sont renversées.

Considérons spécialement le cas où les vibrations des rayons interférents sont rectilignes et dirigées suivant la même droite : soient alors u et u' les vitesses des deux mouvements vibratoires, U la vitesse du mouvement résultant; on aura

$$U = A \sin 2\pi \left(\frac{t}{T} - \frac{y + \varepsilon}{\lambda} \right),$$

et les quantités A et ε seront déterminées par les équations

$$A^2 = \alpha^2 + \alpha'^2 + 2\alpha\alpha' \cos 2\pi \frac{\delta}{\lambda}$$

et

$$\tan g \, 2\pi \frac{y + \varepsilon}{\lambda} = \frac{\alpha \sin 2\pi \frac{y}{\lambda} + \alpha' \sin 2\pi \frac{y + \delta}{\lambda}}{\alpha \cos 2\pi \frac{y}{\lambda} + \alpha' \cos 2\pi \frac{y + \delta}{\lambda}},$$

dont la dernière se réduit à

$$\tan g \, 2\pi \frac{\varepsilon}{\lambda} = \frac{\alpha' \sin 2\pi \frac{\delta}{\lambda}}{\alpha + \alpha' \cos 2\pi \frac{\delta}{\lambda}}.$$

La valeur maximum de l'intensité A^2 est $(\alpha + \alpha')^2$, et sa valeur minimum $(\alpha - \alpha')^2$. Par suite, si les deux rayons interférents ont même intensité, le minimum de l'intensité qui résulte de leur superposition est nul et le maximum de cette intensité est égal au quadruple de l'intensité de chacun des rayons.

Si, les vibrations étant toujours rectilignes et parallèles sur les deux rayons, on a

$$\cos 2\pi \frac{\delta}{\lambda} = 0,$$

c'est-à-dire si la différence de marche δ est égale à un nombre impair de quarts de longueur d'ondulation, il vient

$$A^2 = \alpha^2 + \alpha'^2 ;$$

donc, dans ce cas, les intensités des rayons interférents s'ajoutent. Réciproquement, tout mouvement vibratoire rectiligne peut être remplacé par deux mouvements vibratoires de même période, s'effectuant suivant la même direction et présentant une différence de marche égale à un quart de longueur d'ondulation, pourvu que la somme des intensités de ces mouvements composants soit égale à l'intensité du mouvement donné.

La formule qui donne l'intensité A^2 du mouvement vibratoire résultant est exactement la même que celle qui fait connaître la grandeur de la résultante de deux forces appliquées en un même point, proportionnelles à α et à α', et faisant entre elles un angle égal à $2\pi \frac{\delta}{\lambda}$. Il existe donc une analogie remarquable entre la composition des forces concourantes et celle des mouvements vibratoires rectilignes et parallèles.

Nous avons supposé jusqu'à présent les deux rayons qui se croisent en un même point émanés d'une source unique; examinons maintenant le cas où ces rayons proviennent de deux sources physiquement distinctes. La différence de phase change alors continuellement, et, par suite, $\cos 2\pi \frac{\delta}{\lambda}$ passe dans un temps très-court par toutes les valeurs comprises entre $+ 1$ et $- 1$; la valeur moyenne de cette quantité est donc sensiblement nulle, et l'expresssion de l'intensité du mouvement vibratoire résultant se réduit à la partie constante qui est égale à la somme des intensités des mouvements composants. Nous retombons ainsi sur cette loi, que l'éclairement produit en un point par plusieurs sources distinctes est toujours égal à la somme des éclairements que produirait chacune de ces sources prise isolément, et il en résulte une confirmation *a posteriori* du principe de la proportionnalité de l'intensité lumineuse au carré de la vitesse du mouvement vibratoire, principe qui a servi de base à nos raisonnements et que nous avons admis en nous laissant guider par l'analogie sans en donner, à proprement parler, une démonstration rigoureuse.

———

BIBLIOGRAPHIE.

1818. Fresnel, Mémoire sur la diffraction de la lumière, couronné par l'Académie des sciences, *Mém. de l'Acad. des sciences*, V, 339. — *Ann. de chim. et de phys.*, (2), XI, 246. — *OEuvres complètes*, t. I, p. 286.

1818. Fresnel, Supplément au Mémoire sur les modifications que la réflexion imprime à la lumière polarisée, *OEuvres complètes*, t. I, p. 488.

IV.

PROPAGATION DE LA LUMIÈRE DANS UN MILIEU HOMOGÈNE.

49. Combinaison du principe de Huyghens avec celui des interférences. — C'est à Huyghens qu'on doit, comme nous l'avons vu (11), la méthode si féconde de raisonnement qui consiste à regarder comme un centre lumineux chacun des points soit d'une onde se propageant dans un milieu homogène, soit d'une surface réfléchissante ou réfringente. Mais, lorsqu'il s'agit de chercher les effets produits par la combinaison des ondes élementaires émanées de tous ces centres lumineux, la théorie de Huyghens, qui admet, sans preuve véritable, qu'il n'y a de mouvement sensible que sur l'enveloppe des positions occupées au même instant par les ondes élémentaires, devient, ainsi que nous l'avons démontré (12), complétement insuffisante.

Il était réservé à Fresnel de lever cette difficulté par une combinaison heureuse du principe des interférences avec celui de Huyghens, et ce progrès, le premier dans l'ordre chronologique, est aussi un des plus importants que lui doive la théorie des ondes[1]. Grâce à cet artifice, les phénomènes de diffraction ont cessé de constituer une exception aux lois générales de la propagation de la lumière, et on a pu les traiter comme des cas particuliers de ces lois en considérant les écrans ou les diaphragmes interposés sur le passage des rayons lumineux comme limitant la portion efficace de l'onde primitive ; les phénomènes de la réflexion et de la réfraction ont pu être réunis dans une même théorie avec ceux de la propagation de la lumière dans un milieu homogène, chaque point de la surface réfléchissante ou réfringente étant regardé comme le centre d'une onde élémentaire; enfin les effets produits par la limitation d'une telle surface se sont trouvés assimilés à ceux auxquels donne naissance l'interposition d'un diaphragme sur le trajet des rayons qui se meuvent dans un milieu homogène.

<hr>

[1] Voyez surtout le *Supplément au deuxième Mémoire sur la diffraction* et le *Mémoire sur la diffraction* couronné par l'Académie des sciences.

C'est l'étude de cette théorie générale, comprenant les phénomènes de la propagation de la lumière dans un milieu homogène, ceux de la diffraction et les lois géométriques de la réflexion et de la réfraction, que nous allons aborder maintenant. Dans le présent chapitre nous nous occuperons du cas où la lumière se meut dans un milieu homogène indéfini sans se réfléchir ni se réfracter; les chapitres suivants seront consacrés à l'explication des lois géométriques de la réflexion et de la réfraction, ainsi qu'à l'examen approfondi des principaux cas de diffraction.

Tant qu'il ne s'agira que de la propagation de la lumière dans un milieu homogène, les ondes élémentaires que nous aurons à considérer auront pour centres les différents points d'une onde émanée directement du point lumineux et que nous nommerons l'onde primitive ; de plus ces ondes élémentaires correspondront toujours à des temps égaux. Pour pouvoir raisonner sur des ondes élémentaires de cette nature, on est obligé dès l'abord de faire sur leur constitution une hypothèse qui se trouve justifiée par l'accord des résultats auxquels on est ainsi conduit avec l'expérience. Remarquons en premier lieu que le mouvement vibratoire des différents points de la surface d'une onde primitive ne doit exercer aucune influence sur l'état des points qui sont situés à l'intérieur de cette onde : comme preuve expérimentale de cette assertion, on peut citer ce fait que l'interposition d'un écran opaque non réfléchissant sur le trajet de la lumière ne modifie en rien la distribution de celle-ci dans la région comprise entre l'écran et la source et n'a d'effet que sur les points situés au delà de l'obstacle. Il résulte de là que chaque point de l'onde primitive ne peut envoyer de mouvement qu'au delà du plan tangent à l'onde en ce point, et que, par suite, chaque onde élémentaire ne doit être regardée comme active que sur la moitié de sa surface qui est située au delà du plan tangent mené par son centre à l'onde primitive, tandis que sur l'autre moitié, comprise entre ce plan tangent et la source lumineuse, le mouvement vibratoire doit être considéré comme nul. Le mouvement vibratoire étant nul sur l'onde élémentaire aux points où elle coupe le plan tangent mené par son centre à l'onde primitive, il est naturel d'admettre que l'intensité de ce mouvement croît sur l'onde élémentaire à mesure qu'on s'éloigne de ce plan tangent, sans qu'il soit cependant nécessaire de supposer que cette intensité ait une valeur maximum au point où l'onde élémentaire rencontre la normale menée par son centre à l'onde primitive. Nous pourrons donc considérer l'intensité du mouvement vibratoire sur l'onde élémentaire comme ayant des valeurs continues, symétriques par rapport à cette normale, et décroissant indéfiniment à mesure qu'on se rapproche du plan tangent à l'onde primitive. Il est impossible de rien spécifier à l'avance sur la loi suivant laquelle s'opère ce décroissement, et un des résultats les plus remarquables des travaux de Fresnel est précisément d'avoir rendu inutile la connaissance de cette loi.

Nous allons, en nous appuyant sur l'hypothèse que nous venons d'énoncer, chercher à déterminer l'effet produit par une onde se propageant dans un milieu homogène indéfini sur un point extérieur, c'est-à-dire situé au delà de l'onde par rapport au point lumineux. Dans le but de graduer les difficultés, nous examinerons d'abord le cas d'une onde plane, puis celui d'une onde sphérique, et enfin celui d'une onde de forme quelconque; nous commencerons même, pour plus de simplicité, par étudier l'effet d'une droite lumineuse indéfinie sur un point extérieur.

50. Effet d'une onde rectiligne sur un point extérieur. — Considérons dans un milieu homogène indéfini une onde située

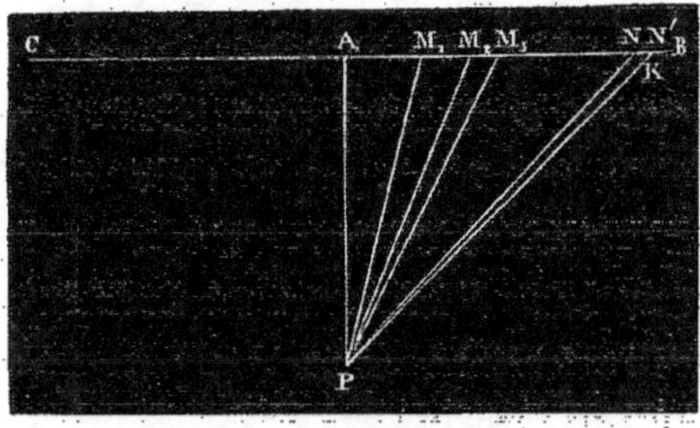

Fig. 38.

à une distance assez grande du point lumineux pour qu'elle puisse être regardée comme plane : prenons sur cette onde une droite BC (fig. 38), et proposons-nous de déterminer l'action de cette droite sur un point P extérieur à l'onde. Abaissons à cet effet du point P une perpendiculaire PA sur la droite BC; désignons par b la distance PA, et, pour abréger le langage, appelons le point A le *pôle* de l'onde rectiligne par rapport au point éclairé P [1]. Prenons, à partir du pôle A, sur la droite BC, une série de longueurs AM_1, M_1M_2, M_2M_3,... telles, que la différence des distances de deux points de division consécutifs au point P soit égale à une demi-longueur d'ondulation; les segments ainsi déterminés sur la droite BC porteront le nom d'*arcs élémentaires*.

Il est facile de voir que deux arcs élémentaires consécutifs envoient au point P des vitesses de signes contraires; car à chaque point pris sur l'un de ces arcs correspond un point situé sur l'arc précédent et dont la distance au point P est inférieure d'une demi-longueur d'ondulation à celle du premier point au même point P, d'où il résulte que ces deux points envoient en P des vitesses de signes contraires.

La grandeur de la vitesse provenant de chaque arc élémentaire dépend évidemment de la longueur de cet arc, et elle est d'autant plus considérable que, toutes choses égales d'ailleurs, la longueur de l'arc est plus grande; on est donc conduit à étudier les variations que subit la longueur d'un arc élémentaire à mesure qu'on s'éloigne du pôle.

Considérons d'abord les arcs élémentaires très-voisins du pôle, et posons
$$AM_1 = z_1, \quad AM_2 = z_2, \quad AM_3 = z_3,\ldots$$

D'après la définition des arcs élémentaires, on a
$$PM_1 = b + \frac{\lambda}{2}, \quad PM_2 = b + \frac{2\lambda}{2}, \quad PM_3 = b + \frac{3\lambda}{2},\ldots;$$

le triangle rectangle APM_1 donne d'ailleurs
$$\left(b + \frac{\lambda}{2}\right)^2 = b^2 + z_1^2;$$

d'où, en négligeant le carré de la longueur d'ondulation,
$$z_1 = \sqrt{b\lambda}.$$

---

[1] Cette dénomination est due à M. Lamé, qui l'a employée pour la première fois dans son *Traité de physique*.

Il vient de même

$$z_2 = \sqrt{2b\lambda},$$
$$z_3 = \sqrt{3b\lambda},$$
$$\cdots\cdots\cdots,$$

et l'on trouve ainsi pour les longueurs des arcs élémentaires

$$AM_1 = z_1 = \sqrt{b\lambda},$$
$$M_1M_2 = z_2 - z_1 = \sqrt{b\lambda}\left(\sqrt{2} - 1\right),$$
$$M_2M_3 = z_3 - z_2 = \sqrt{b\lambda}\left(\sqrt{3} - \sqrt{2}\right),$$
$$M_3M_4 = z_4 - z_3 = \sqrt{b\lambda}\left(\sqrt{4} - \sqrt{3}\right),$$
$$\cdots\cdots\cdots\cdots\cdots\cdots\cdots\cdots\cdots$$

Ces longueurs sont entre elles comme les différences des racines carrées des nombres entiers consécutifs, et, par suite, dans le voisinage du pôle, elles décroissent très-rapidement.

Cherchons maintenant la longueur d'un arc élémentaire NN′ séparé du pôle par un grand nombre d'autres arcs élémentaires. Abaissons à cet effet la perpendiculaire NK sur PN′ et désignons PN′ par R. Les triangles semblables APN′ et NN′K donnent

$$NN' = KN' \frac{PN'}{AN'};$$

comme la droite NK se confond sensiblement avec un arc de cercle décrit du point P comme centre avec PN pour rayon, il vient

$$KN' = PN' - PN = \frac{\lambda}{2}$$

et

$$NN' = \frac{\lambda}{2} \frac{R}{\sqrt{R^2 - b^2}}.$$

Cette expression décroît à mesure que R augmente et tend vers une limite égale à la quantité très-petite $\frac{\lambda}{2}$. Lorsque la longueur AN comprend un grand nombre d'arcs élémentaires, la longueur de l'arc NN′ se rapproche de cette limite et décroît très-lentement.

La longueur des arcs tels que NN′, séparés du pôle par un grand nombre d'arcs élémentaires, est d'ailleurs extrêmement petite par rapport à celle des arcs situés dans le voisinage du pôle, car la longueur de l'arc NN′ est de l'ordre de grandeur de λ, tandis que celle du premier arc élémentaire est de l'ordre de grandeur de $\sqrt{\lambda}$. A cause de l'extrême petitesse de la longueur d'ondulation, la droite AN, dès qu'elle a une grandeur appréciable, contient déjà un grand nombre d'arcs élémentaires; on peut donc dire qu'à une distance du pôle même très-petite par rapport à AP, les arcs élémentaires se rapprochent déjà beaucoup de la limite vers laquelle ils tendent, décroissent, par suite, avec une lenteur extrême, et sont très-petits par rapport aux premiers arcs élémentaires.

Revenons maintenant à la considération des vitesses envoyées en P par les différents arcs élémentaires. Ces vitesses ne dépendent pas uniquement de la grandeur des arcs : la vitesse du mouvement vibratoire s'affaiblit en effet à mesure que ce mouvement s'éloigne du point lumineux, comme le prouve le décroissement de l'intensité lumineuse; de plus, d'après ce que nous avons dit sur la constitution des ondes élémentaires, la vitesse envoyée suivant une certaine direction doit être d'autant moindre que cette direction fait un angle plus grand avec la normale à l'onde primitive. L'influence de ces causes s'ajoute à celle du décroissement des arcs élémentaires pour rendre de plus en plus petites les vitesses envoyées au point P par ces arcs à mesure qu'ils sont plus éloignés du pôle. La vitesse provenant de la moitié AB de l'onde rectiligne est donc représentée par une série dont les termes, alternativement positifs et négatifs, vont en décroissant d'abord très-rapidement, puis de plus en plus lentement. Si on prend pour unité la vitesse envoyée par le premier arc élémentaire, et si on désigne par m, m', m'',... les valeurs absolues des vitesses envoyées par les arcs suivants, cette série a pour expression

(S) $$1 - m + m' - m'' + \dots$$

Étant formée de termes décroissants alternativement positifs et négatifs, la série est convergente, et comme la différence entre deux termes consécutifs devient bientôt très-petite, sa valeur se réduit sensiblement à la somme de ses premiers termes. Une série identique représente la vitesse envoyée en P par l'autre moitié AC de l'onde rectiligne.

Deux propositions importantes se déduisent des développements précédents :

1° L'effet d'une onde rectiligne indéfinie sur un point extérieur n'est pas sensiblement modifié lorsqu'on réduit cette onde à deux portions très-petites, situées de part et d'autre du pôle, pourvu que ces portions comprennent un grand nombre d'arcs élémentaires.

2° La valeur de la série S étant comprise entre 1 et $1 - m$, la vitesse envoyée au point P par l'une des moitiés de la droite BC est une fraction de celle qu'envoie le premier arc élémentaire; donc la vitesse de vibration envoyée par une onde rectiligne indéfinie en un point extérieur est égale à la vitesse envoyée en ce point par une portion extrêmement petite de cette onde, formée de deux longueurs égales situées de part et d'autre du pôle, et dont chacune est moindre que le premier arc élémentaire.

La détermination de la valeur exacte de la série S, et par suite l'évaluation de la fraction du premier arc élémentaire dont l'action équivaut à celle de la demi-onde rectiligne, exigeraient la connaissance complète de la constitution des ondes élémentaires et ne nous seraient pour le moment d'aucune utilité.

51. Effet d'une onde plane indéfinie sur un point extérieur. — Nous allons maintenant considérer une onde plane indéfinie et chercher à évaluer l'action qu'elle exerce sur un point extérieur P. Nous appellerons encore *pôle de l'onde* par rapport au point éclairé P le pied de la perpendiculaire abaissée du point P sur le plan de l'onde. Prenons pour plan de figure le plan de l'onde et soit A le pôle (fig. 39); menons dans ce plan une droite quelconque XX′ passant par le pôle, et divisons l'onde plane en une infinité de bandes infiniment étroites perpendiculaires à cette droite. Nous pourrons raisonner sur chacune de ces bandes comme nous l'avons fait sur l'onde rectiligne dans le cas précédent, et nous verrons ainsi que l'action de l'onde plane indéfinie sur le point P est

égale à celle d'une bande de largeur variable, comprise entre deux
courbes BB′ et CC′, qui sont symétriques par rapport à la droite XX′.
La vitesse envoyée en P par chaque bande infiniment étroite est

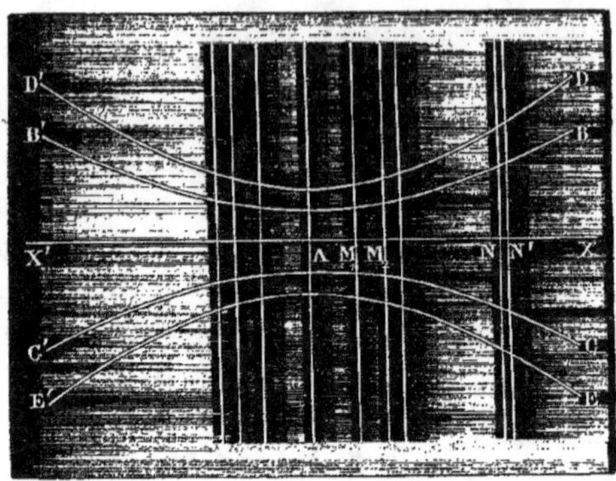

Fig. 39.

égale à une fraction de la vitesse envoyée par les premiers arcs élémentaires de cette bande situés de part et d'autre de XX′, et cette
fraction est la même pour toutes les bandes. Il résulte de là que
la bande située entre les courbes BB′ et CC′, bande que nous désignerons par Z, est elle-même comprise à l'intérieur d'une autre
bande, que nous appellerons Z′, limitée par deux courbes DD′ et EE′
qui sont le lieu des extrémités des premiers arcs élémentaires de
chacune des bandes perpendiculaires à XX′; de plus, la largeur de
la bande Z en un point quelconque de la droite XX′ est dans un
rapport constant avec la largeur de la bande Z′ au même point.

Ceci posé, divisons la droite XX′ en arcs élémentaires AM_1,
M_1M_2, M_2M_3,..., et par les points de division menons des perpendiculaires à la droite XX′; nous aurons ainsi décomposé les bandes Z
et Z′ en zones élémentaires, et la surface de chacune des zones élémentaires de la bande Z sera dans un rapport constant avec celle
de la zone correspondante de la bande Z′.

La vitesse envoyée au point éclairé P par une zone élémentaire
de la bande Z est proportionnelle à la surface de cette zone, et, par
suite, à celle de la zone correspondante de la bande Z′; de plus,

cette vitesse est en raison inverse de la distance moyenne de la zone
au point éclairé, car, l'intensité lumineuse variant en raison inverse
du carré des distances et étant proportionnelle au carré de la vitesse
du mouvement vibratoire (29 et 46), la vitesse doit être en raison
inverse de la simple distance. Donc, si nous négligeons l'influence
de l'obliquité, qui s'ajoute aux autres causes pour faire décroître la
vitesse envoyée au point éclairé par une zone élémentaire à mesure
que cette zone est plus éloignée du pôle, nous pourrons dire que la
vitesse provenant d'une zone élémentaire de la bande Z a pour mesure le quotient de la surface de la zone correspondante de la bande
Z′ par la distance moyenne de cette dernière zone au point éclairé.

Nous sommes ainsi conduits à évaluer les surfaces des zones élémentaires de la bande Z′. La première de ces zones se confond sensiblement avec un trapèze dont la hauteur AM_1 est égale à $\sqrt{b\lambda}$ et
les deux bases à $2\sqrt{b\lambda}$ et à $2\sqrt{\left(b+\dfrac{\lambda}{2}\right)\lambda}$, b désignant toujours
la distance PA du point éclairé à l'onde. La surface de cette pre-
mière zone est donc égale à

$$\left[\sqrt{b\lambda}+\sqrt{\left(b+\frac{\lambda}{2}\right)\lambda}\right]\sqrt{b\lambda},$$

c'est-à-dire à $2b\lambda$, en négligeant les termes qui renferment le carré
de λ. La surface de la seconde zone élémentaire de la bande Z′ est
sensiblement celle d'un trapèze dont la hauteur M_1M_2 est égale à
$\sqrt{b\lambda}\left(\sqrt{2}-1\right)$ et les deux bases à

$$2\sqrt{\left(b+\frac{\lambda}{2}\right)\lambda} \qquad \text{et} \qquad 2\sqrt{\left(b+\frac{2\lambda}{2}\right)\lambda};$$

cette surface a donc pour expression, si l'on néglige les termes en λ^2,

$$2b\lambda\left(\sqrt{2}-1\right).$$

En continuant de même on voit que, dans le voisinage du pôle,
les surfaces des zones élémentaires de la bande Z′ décroissent sensiblement comme les différences entre les racines carrées des nombres
entiers consécutifs, c'est-à-dire très-rapidement. Les vitesses en-

voyées en P par les zones élémentaires de la bande Z qui sont voisines du pôle, vitesses qui, en même temps qu'elles sont proportionnelles aux surfaces que nous venons de calculer, sont en raison inverse des distances moyennes de ces zones au point éclairé, décroissent plus rapidement encore.

Prenons maintenant sur la droite XX' un arc NN' séparé du pôle par un grand nombre d'autres arcs élémentaires. En désignant par R la distance PN', on a, comme nous l'avons vu (50),

$$NN' = \frac{\lambda}{2} \frac{R}{\sqrt{R^2 - b^2}} \cdot$$

La surface de la zone correspondant à NN' de la bande Z' est sensiblement celle d'un trapèze dont la hauteur est NN' et dont les deux bases sont $2\sqrt{R\lambda}$ et $2\sqrt{\left(R - \frac{\lambda}{2}\right)\lambda}$; elle est donc égale, en négligeant toujours les termes en λ^2, à

$$R\lambda \sqrt{\frac{R\lambda}{R^2 - b^2}} \cdot$$

Cette expression croissant indéfiniment avec R, les surfaces des zones élémentaires de la bande Z' peuvent devenir très-grandes lorsqu'on s'éloigne du pôle. Mais il en est autrement des vitesses envoyées en P par les zones élémentaires de la bande Z; en effet, la vitesse provenant de la zone de la bande Z qui correspond à NN' est proportionnelle à la surface que nous venons de calculer et en raison inverse de la distance moyenne de cette zone au point éclairé : cette vitesse a donc pour mesure

$$\lambda \sqrt{\frac{\lambda R}{R^2 - b^2}},$$

expression qui, lorsque R augmente indéfiniment, tend vers zéro.

La vitesse envoyée en P par la première zone élémentaire de la bande Z a pour mesure $\frac{2b\lambda}{b}$ ou 2λ. Il en résulte que la vitesse envoyée en P par une zone de la bande Z, séparée du pôle par un grand nombre d'arcs élémentaires, vitesse qui est de l'ordre de $\lambda \sqrt{\lambda}$, est négligeable vis-à-vis de la vitesse qui provient de la première zone de cette bande.

Les vitesses envoyées au point éclairé par les zones élémentaires de la bande Z sont de signes contraires pour deux zones consécutives; de plus, d'après ce que nous venons de voir, ces vitesses décroissent en partant du pôle, d'abord très-rapidement, puis de plus en plus lentement, de façon à devenir négligeables dès que la distance au pôle comprend un grand nombre d'arcs élémentaires. Nous sommes donc amenés à énoncer deux propositions tout à fait analogues à celles que nous avons établies pour une onde rectiligne :

1° L'effet d'une onde plane indéfinie sur un point extérieur n'est pas sensiblement modifié lorsqu'on supprime les parties de cette onde qui sont séparées du pôle par un grand nombre d'arcs élémentaires.

2° La vitesse envoyée en un point extérieur par la zone Z ou par l'onde plane indéfinie, dont l'action se réduit à celle qu'exerce cette zone, est une fraction de la vitesse envoyée au même point par les deux premières zones élémentaires de la bande Z, et, à plus forte raison, une fraction de la vitesse provenant des deux premières zones élémentaires de la bande Z'; l'action d'une onde plane indéfinie sur un point extérieur équivaut par conséquent à celle d'une fraction des deux premières zones élémentaires de la bande Z', c'est-à-dire des zones de cette bande qui sont situées de part et d'autre du pôle.

En modifiant le mode de décomposition de l'onde plane, on peut arriver à une évaluation plus précise de la portion de cette onde dont l'action sur un point extérieur équivaut à celle de l'onde tout entière. A cet effet, du pôle A comme centre, décrivons une série de cercles tels, que les distances de leurs circonférences au point éclairé aillent en augmentant d'une demi-longueur d'ondulation. L'onde se trouve ainsi décomposée en anneaux concentriques dont la superficie ne décroît plus de la même manière que celle des zones élémentaires que nous avons considérées précédemment, mais

qui partagent avec ces zones la propriété d'envoyer au point éclairé
des vitesses qui sont alternativement de signes contraires.   .

Les rayons des cercles voisins du pôle sont égaux à

$$\sqrt{b\lambda}, \qquad \sqrt{2\,b\lambda}, \qquad \sqrt{3\,b\lambda}, \ldots :$$

ce qui donne pour les surfaces de ces cercles

$$\pi b\lambda, \qquad 2\pi b\lambda, \qquad 3\pi b\lambda, \ldots$$

Les surfaces des anneaux voisins du pôle sont donc très-approximativement égales entre elles, et comme, dans le voisinage du pôle,
la distance au point éclairé varie très-lentement, le quotient de la
surface de chacun de ces anneaux par sa distance au point éclairé,
quotient qui sert de mesure, en négligeant l'influence de l'obliquité, à la vitesse envoyée par chaque anneau, a une valeur absolue
sensiblement constante et égale à $\pi\lambda$.

Considérons maintenant un anneau séparé du pôle par un grand
nombre d'autres anneaux. En désignant par R la distance de la
circonférence qui limite intérieurement cet anneau au point éclairé,
cette circonférence aura pour expression $2\pi\sqrt{R^2 - b^2}$. En multipliant cette circonférence par sa distance normale à la circonférence
extérieure, distance qui, d'après la valeur trouvée précédemment pour
un arc élémentaire éloigné du pôle, est égale à $\dfrac{\lambda}{2}\dfrac{R}{\sqrt{R^2 - b^2}}$, on obtiendra $\pi\lambda R$ pour la surface de l'anneau; le quotient de la surface
de cet anneau par sa distance au point éclairé est encore $\pi\lambda$.

Donc, si la vitesse ne dépendait pas de l'obliquité par rapport à
l'onde de la direction suivant laquelle le mouvement est envoyé
en P, les vitesses envoyées par deux anneaux consécutifs au point P
seraient égales et de signes contraires; mais l'influence de cette
obliquité, presque nulle dans le voisinage du pôle, devient de plus
en plus sensible à mesure qu'on s'en éloigne et doit, d'après l'hypothèse que nous avons adoptée sur la constitution des ondes élémentaires, rendre négligeable la vitesse provenant d'un anneau
séparé du pôle par un grand nombre d'arcs élémentaires. Si donc
on désigne par m, m', m'',... les vitesses envoyées au point éclairé

-par les anneaux en lesquels nous avons décomposé l'onde plane,
nous aurons pour la vitesse envoyée en ce point par l'onde plane
tout entière

$$m - m' + m'' - m''' + \ldots + m^{(n)} - m^{(n+1)} + \ldots,$$

série dont les premiers termes décroissent très-lentement et dont les
termes d'un ordre élevé sont très-petits.

Cette série peut s'écrire

$$\frac{1}{2}\, m + \left(\frac{1}{2}\, m - \frac{1}{2}\, m'\right) - \left(\frac{1}{2}\, m' - \frac{1}{2}\, m''\right) + \left(\frac{1}{2}\, m'' - \frac{1}{2}\, m'''\right) - \ldots$$

$$+ \left(\frac{1}{2}\, m^{(n)} - \frac{1}{2}\, m^{(n+1)}\right) - \ldots$$

Les quantités entre parenthèses sont toutes très-petites vis-à-vis du
premier terme $\frac{1}{2}\, m$: les premières, parce que dans le voisinage du
pôle les vitesses envoyées par deux anneaux consécutifs sont presque
égales; les autres, parce que ces vitesses, dès qu'on s'éloigne notablement du pôle, deviennent très-petites. La série se réduit donc
approximativement à $\frac{1}{2}\, m$, et on peut dire que :

La vitesse envoyée par une onde plane indéfinie en un point
extérieur équivaut sensiblement à la moitié de celle qui est envoyée
par un cercle ayant pour centre le pôle, et tel, que les distances de
son centre et de sa circonférence au point éclairé diffèrent d'une
demi-longueur d'ondulation.

Il faut remarquer que, pour établir cette conclusion, nous avons
été obligés de faire intervenir l'influence de l'obliquité, ou, en
d'autres termes, de supposer que, sur une onde élémentaire, le
mouvement vibratoire devient sensiblement nul dans le voisinage
du plan tangent mené par le centre de cette onde à l'onde primitive.

Nous pouvons maintenant nous rendre compte, du-moins dans le
cas d'une onde plane, c'est-à-dire dans le cas où le point lumineux
est situé à une distance très-grande, de la signification physique
qu'il faut attribuer à ce qu'on appelle la loi de la *propagation rectiligne de la lumière*. En effet, l'action d'une onde plane indéfinie sur

un point extérieur se réduit à celle d'une très-petite région qui a
pour centre le pied de la perpendiculaire abaissée de ce point sur le
plan de l'onde, c'est-à-dire le point où cette onde est rencontrée
par la droite qui joint le point lumineux au point éclairé ; donc,
en supprimant cette région de l'onde, c'est-à-dire en plaçant un
écran opaque en un point de la droite qui va du point lumineux au
point éclairé, on fait disparaître tout éclairement, tandis qu'en supprimant tout le reste de l'onde pour ne conserver que la région efficace on ne change rien à l'état du point éclairé.

On voit par ce qui précède que les mouvements vibratoires qui
existent à un certain moment sur une onde plane se transportent,
au bout d'un temps T, à tous les points d'un plan parallèle à cette
onde et situé à une distance égale à VT, V étant la vitesse de propagation de la lumière. Ce dernier plan sera donc la position de
l'onde plane au bout du temps T. Ainsi se trouve justifié, pour le
cas des ondes planes, le principe des ondes enveloppes, établi
d'une façon insuffisante par Huyghens, et en vertu duquel l'onde,
dans une position quelconque, est l'enveloppe des ondes élémentaires
décrites des différents points d'une onde antécédente comme centres,
avec des rayons égaux à la distance que parcourt la lumière pendant
l'intervalle de temps qui sépare les deux ondes considérées ; si l'on
décrit en effet, des différents points d'un plan comme centres, des
sphères de rayons égaux, l'enveloppe de ces sphères sera un plan
parallèle au premier et situé à une distance de ce plan égale au
rayon des sphères.

52. Effet d'une onde circulaire sur un point extérieur.
— Avant d'étudier l'action d'une onde sphérique, nous allons examiner successivement l'action d'une onde circulaire d'abord sur un
point extérieur situé dans son plan, puis sur un point situé en
dehors de ce plan.

Soient encore (fig. 40) P le point éclairé, A le pôle de l'onde circulaire, c'est-à-dire le point où la droite qui joint le point P au
centre O de l'onde rencontre cette onde, et posons

$$OA = a, \quad AP = b.$$

Décomposons la circonférence à partir du pôle en arcs élémentaires tels, que les distances des extrémités de chacun de ces arcs au point P diffèrent d'une demi-longueur d'ondulation. Nous n'aurons à effectuer cette décomposition que pour la partie SAT de l'onde circulaire qui est comprise entre les deux tangentes qu'on peut mener à cette onde par le point P; car, en vertu de l'hypothèse que nous avons admise sur la constitution des ondes élémentaires, les autres points de la circonférence ne pourront envoyer aucun mouvement au point P.

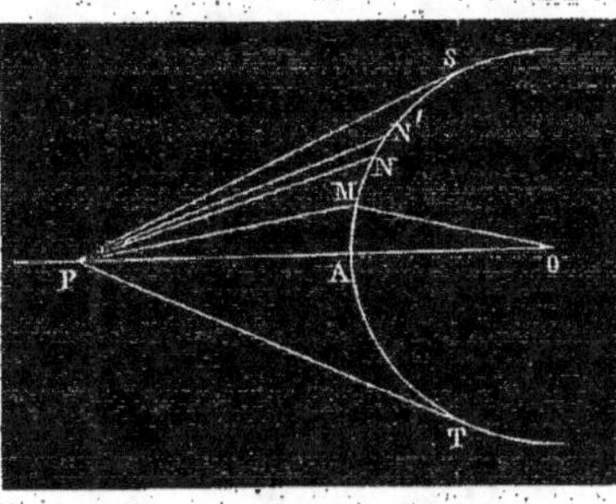

Fig. 40.

Cherchons d'abord à évaluer les longueurs des arcs élémentaires voisins du pôle. Soit M un point quelconque de la circonférence; désignons par s l'arc AM, par $b + \delta$ la distance PM. Le triangle OMP donne

$$\overline{PM}^2 = \overline{OM}^2 + \overline{OP}^2 - 2 OM . OP . \cos MOP$$

ou

$$(b + \delta)^2 = a^2 + (a + b)^2 - 2a(a + b)\cos\frac{s}{a}.$$

Si l'on suppose $\frac{s}{a}$ très-petit, c'est-à-dire le point M très-voisin du pôle, on peut remplacer $\cos\frac{s}{a}$ par $1 - \frac{s^2}{2a^2}$ et négliger δ^2. Il vient alors

$$b\delta = \frac{(a + b)s^2}{2a},$$

d'où

$$s = \sqrt{\frac{2ab\delta}{a + b}}.$$

En faisant $\delta = \frac{\lambda}{2}$, on a la longueur du premier arc élémentaire, qui est

$$s_1 = \sqrt{\frac{ab\lambda}{a + b}};$$

on obtient de même pour les arcs élémentaires suivants

$$s_2 = \sqrt{\frac{ab\lambda}{a+b}}\,(\sqrt{2}-1),$$

$$s_3 = \sqrt{\frac{ab\lambda}{a+b}}\,(\sqrt{3}-\sqrt{2}),$$

$$\dots\dots\dots\dots\dots\dots$$

La longueur des arcs élémentaires décroît donc très-rapidement dans le voisinage du pôle.

Considérons maintenant un arc tel que NN′, séparé du pôle par un grand nombre d'autres arcs élémentaires. En posant

$$PN = b + \delta = R,$$

il vient

$$R^2 = a^2 + (a+b)^2 - 2a(a+b)\cos\frac{s}{a}\cdot$$

Lorsqu'on passe du point N au point N′, R croît de $\frac{\lambda}{2}$ et l'arc s de σ, σ désignant l'arc élémentaire NN′; R étant très-grand par rapport à $\frac{\lambda}{2}$, le rapport entre les accroissements des quantités R et s est sensiblement le même que celui qui existe entre les différentielles de ces quantités. Or l'équation précédente donne par la différentiation

$$R\,dR = (a+b)\sin\frac{s}{a}\,ds:$$

il vient donc approximativement

$$\frac{\sigma}{\frac{\lambda}{2}} = \frac{ds}{dR} = \frac{R}{(a+b)\sin\frac{s}{a}},$$

d'où

$$\sigma = \frac{R\lambda}{2(a+b)\sin\frac{s}{a}}.$$

Cette expression est très-petite par rapport à la longueur des premiers arcs élémentaires; on a en effet

$$\frac{\sigma}{s_1} = \frac{R\lambda}{2(a+b)\sin\frac{s}{a}}\sqrt{\frac{a+b}{ab\lambda}} = \frac{R}{2\sqrt{ab}\sin\frac{s}{a}}\sqrt{\frac{\lambda}{a+b}};$$

R tend vers une limite égale à $\sqrt{b^2 + 2ab}$, $\sin\frac{s}{a}$ vers une limite inférieure à l'unité; le facteur $\sqrt{\dfrac{\lambda}{a+b}}$ est d'ailleurs une quantité trèspetite : le rapport $\dfrac{\sigma}{s_1}$ tend donc lui-même vers une limite très-petite.

Les arcs élémentaires décroissent d'abord très-rapidement quand on s'éloigne du pôle, et deviennent, dès qu'ils sont séparés du pôle par un grand nombre d'autres arcs élémentaires, très-petits par rapport à ce qu'ils sont dans le voisinage du pôle. Nous pouvons

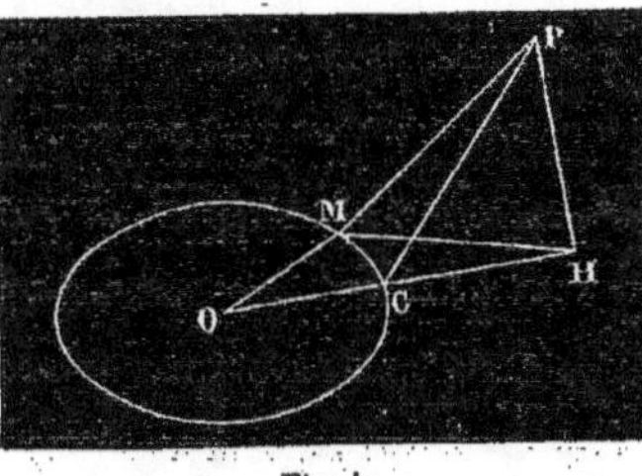

par conséquent étendre à une onde circulaire les conclusions que nous avons établies pour une onde rectiligne : l'action d'une onde circulaire sur un point extérieur situé dans le plan de l'onde n'est pas sensiblement modifiée lorsqu'on supprime les parties de cette onde qui sont séparées du

Fig. 41.

pôle par un grand nombre d'arcs élémentaires, et cette action équivaut à celle d'une fraction des deux premiers arcs élémentaires situés de part et d'autre du pôle.

Il est facile de démontrer que ces résultats sont applicables à un point situé en dehors du plan de l'onde circulaire. Soit en effet P ce point (fig. 41); appelons h la distance du point P au plan de l'onde, d la plus courte distance PC du point P à l'onde circulaire, a le rayon de cette onde, et prenons pour pôle le point C de l'onde dont la distance au point éclairé est minimum. Soit M un point quelconque de l'onde; en désignant par s l'arc CM, par $d + \delta$ la distance PM, on a dans le triangle rectangle PMH

$$(d + \delta)^2 = h^2 + \overline{\mathrm{MH}}^2,$$

et dans le triangle OMH

$$\overline{\mathrm{MH}}^2 = a^2 + \left(a + \sqrt{d^2 - h^2}\right)^2 - 2a\left(a + \sqrt{d^2 - h^2}\right)\cos\frac{s}{a},$$

d'où

$$(d + \delta)^2 = h^2 + a^2 + \left(a + \sqrt{d^2 - h^2}\right)^2 - 2a\left(a + \sqrt{d^2 - h^2}\right)\cos\frac{s}{a}.$$

Si δ est très-petit, c'est-à-dire si le point M est très-voisin du pôle, on peut négliger les termes en δ^2 et remplacer $\cos\frac{s}{a}$ par $1-\frac{s^2}{2a^2}$; il vient alors

$$d\,\delta = \left(a + \sqrt{d^2 - h^2}\right)\frac{s^2}{2a},$$

d'où

$$s = \sqrt{\frac{2ad\delta}{a + \sqrt{d^2 - h^2}}}.$$

On déduit de là pour les longueurs des premiers arcs élémentaires

$$s_1 = \sqrt{\frac{a\,d\lambda}{a + \sqrt{d^2 - h^2}}},$$

$$s_2 = \sqrt{\frac{a\,d\lambda}{a + \sqrt{d^2 - h^2}}}\left(\sqrt{2} - 1\right),$$

$$s_3 = \sqrt{\frac{a\,d\lambda}{a + \sqrt{d^2 - h^2}}}\left(\sqrt{3} - \sqrt{2}\right),$$

$$\cdots\cdots\cdots\cdots\cdots\cdots\cdots\cdots$$

Ces arcs décroissent donc très-rapidement dans le voisinage du pôle. Pour un arc NN′ séparé du pôle par un grand nombre d'arcs élémentaires, on a, en désignant par R la distance PN,

$$R^2 = h^2 + a^2 + \left(a + \sqrt{d^2 - h^2}\right)^2 - 2a\left(a + \sqrt{d^2 - h^2}\right)\cos\frac{s}{a};$$

en désignant par σ l'arc élémentaire NN′ et en raisonnant comme dans le cas précédent, il vient

$$\frac{\sigma}{\frac{\lambda}{2}} = \frac{ds}{dR} = \frac{R}{\left(a + \sqrt{d^2 - h^2}\right)\sin\frac{s}{a}},$$

d'où

$$\sigma = \frac{R\lambda}{2\left(a + \sqrt{d^2 - h^2}\right)\sin\frac{s}{a}}.$$

Le rapport de cette expression à la longueur du premier arc élémentaire est

$$\frac{R\lambda}{2\left(a+\sqrt{d^2-h^2}\right)\sin\frac{s}{a}}\cdot\sqrt{\frac{a+\sqrt{d^2-h^2}}{ad\lambda}}=\frac{R\sqrt{\lambda}}{2\sqrt{ad\left(a+\sqrt{d^2-h^2}\right)}\sin\frac{s}{a}},$$

quantité de l'ordre de $\sqrt{\lambda}$ et par suite très-petite.

Les arcs élémentaires variant dans le cas actuel de la même façon que dans le cas où le point éclairé est situé dans le plan de l'onde, les conclusions énoncées plus haut peuvent s'étendre au cas où le point éclairé est en dehors du plan de l'onde circulaire.

53. Effet d'une onde sphérique sur un point extérieur. — L'action d'une onde sphérique se déduit de celle d'une onde circulaire, à peu près comme l'action d'une onde plane se déduit de celle d'une onde rectiligne.

Remarquons d'abord que les seuls points de l'onde sphérique qui puissent agir sur le point éclairé P sont les points contenus dans l'intérieur d'un cône ayant pour sommet le point P et tangent à la sphère. Prenons pour plan de figure le plan du cercle de contact de ce cône (fig. 42); appelons O le centre de l'onde sphérique, A le

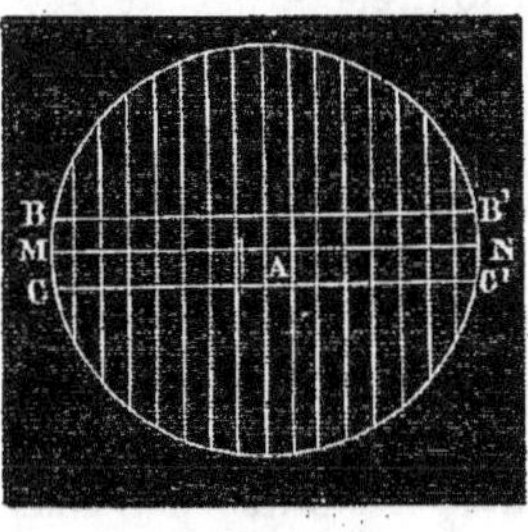

Fig. 42.

pôle de l'onde par rapport au point P, c'est-à-dire le point où la droite OP rencontre la surface de l'onde; désignons par a le rayon de la sphère et par b la distance PA. Par la droite PA menons un plan quelconque qui coupe l'onde suivant un arc de grand cercle MAN; décomposons ensuite la surface de l'onde, ou du moins la partie efficace que nous considérons, en une infinité de bandes infiniment étroites, par des plans perpendiculaires au plan de l'arc MAN : chacune de ces bandes pourra être assimilée à une onde circulaire. Celles qui sont voisines du point M ou du point N ne comprennent qu'un petit nombre d'arcs élémentaires; dans celles qui sont au contraire voisines du pôle A on peut négliger, d'après ce que nous avons vu à propos des ondes circulaires, les por-

tions séparées de l'arc MN par un grand nombre d'arcs élémentaires.
L'action de l'onde sphérique se réduit donc à celle d'une bande
BB'CC' limitée par deux plans menés parallèlement au plan MAN et
à une distance de ce plan telle qu'ils interceptent, sur chacune des
bandes infiniment étroites qu'ils coupent, un grand nombre d'arcs
élémentaires, ce qui n'empêche pas cette distance d'être très-petite
par rapport à AP.

Décomposons maintenant la région BB'CC' ainsi déterminée en
une infinité d'autres bandes infiniment étroites par des plans parallèles au plan MAN (fig. 43). Ces bandes comprenant toutes un
grand nombre d'arcs élémentaires, nous pouvons leur appliquer

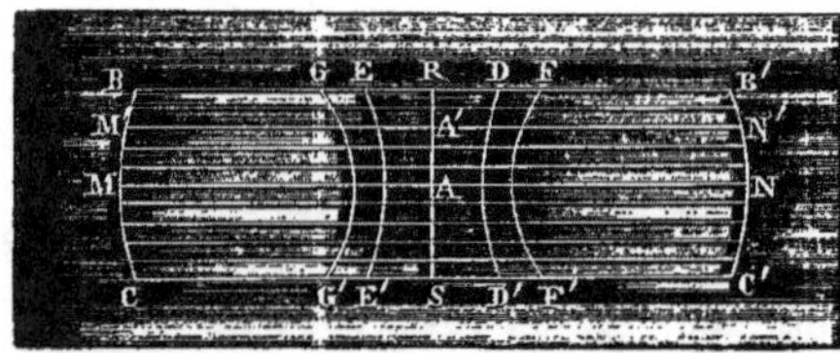
Fig. 43.

sans estriction les ré-
sultats obtenus pour les
ondes circulaires et ré-
duire l'action de cha-
cune d'elles à celle
d'une fraction des deux
premiers arcs élémen-
taires situés de part et
d'autre de l'arc de grand cercle RS perpendiculaire à MN : cette fraction a sensiblement la même valeur pour toutes ces bandes, car les
distances de l'arc MN aux arcs BB' et CC', bien que comprenant un
grand nombre d'arcs élémentaires, n'en sont pas moins très-petites
par rapport à AP. L'action de l'onde sphérique se réduit donc en définitive à celle d'une bande Z de largeur variable, limitée par deux
courbes DD' et EE' symétriques par rapport à RS, et par les arcs BB'
et CC'. Cette bande, d'après ce que nous venons de dire, est elle-
même comprise à l'intérieur d'une autre bande Z' limitée par deux
courbes FF' et GG', qui sont le lieu des extrémités des premiers arcs
élémentaires des bandes infiniment étroites parallèles à MN, et les
largeurs des bandes Z et Z' en un même point de RS sont dans un
rapport sensiblement constant.

Décomposons l'arc de grand cercle RS en arcs élémentaires à
partir du pôle A, et menons par les points de division des plans
perpendiculaires au plan RAS ; les bandes Z et Z' se trouveront ainsi
décomposées en zones élémentaires, et il y aura un rapport sensi-

blement constant entre les zones élémentaires de ces deux bandes
qui correspondent à un même arc élémentaire de RS.

Il suffit par conséquent de chercher comment varient les surfaces
des zones élémentaires de la bande Z'. La largeur de cette bande
parallèlement à MN est égale en A à deux fois la longueur du premier arc élémentaire de MN, c'est-à-dire à

$$2\sqrt{\frac{ab\lambda}{a+b}}.$$

Prenons maintenant sur l'arc RS un point A' à quelque distance
du point A; désignons par c le rayon de l'onde circulaire M'A'N'
parallèle à MAN et passant par le point A', par d la plus courte
distance du point éclairé à la circonférence de l'onde M'A'N', par h
la distance du point P au plan M'A'N'. La largeur de la zone Z' au
point A' sera, d'après la valeur trouvée pour le premier arc élémentaire dans le cas d'une onde circulaire agissant sur un point situé
en dehors de son plan,

$$2\sqrt{\frac{cd\lambda}{c+\sqrt{d^2-h^2}}};$$

or, si l'on prend pour plan de figure le plan RAS (fig. 44) et si O'
désigne le centre du petit cercle M'A'N', on voit immédiatement que
l'on a

$$c+\sqrt{d^2-h^2}=O'A'+\sqrt{\overline{A'P^2}-\overline{OO'^2}}=OP=a+b;$$

l'expression de la largeur de la bande Z' en A' devient donc

$$2\sqrt{\frac{cd\lambda}{a+b}}.$$

Les deux plans BB' et CC' étant toujours peu distants l'un de
l'autre, c diffère peu de a, et d est sensiblement égal à b; la largeur de la bande Z' varie donc très-peu entre BB' et CC', et par
suite les zones élémentaires de cette bande ont des hauteurs peu
différentes. Les bases de ces zones, qui sont les arcs élémentaires
de RS, décroissent au contraire très-rapidement. Donc les surfaces
des zones élémentaires de la bande Z' décroissent très-rapidement

dans le voisinage du pôle et deviennent très-petites pour les zones
séparées du pôle par un grand nombre d'arcs élémentaires relativement à ce qu'elles sont
dans le voisinage du pôle.

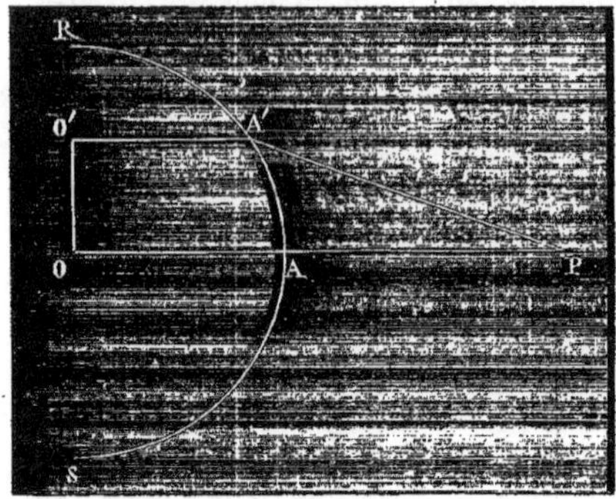

Fig. 44.

En partant de là et en
raisonnant comme dans
le cas d'une onde plane
indéfinie, on voit que
l'action d'une onde sphé-
rique sur un point exté-
rieur n'est pas sensible-
ment modifiée quand on
supprime les parties de
cette onde qui sont sépa-
rées du pôle par un grand
nombre d'arcs élémentaires, et que cette action équivaut à celle
qu'exercerait une fraction des deux premières zones élémentaires de
la bande Z' situées de part et d'autre du pôle.

On peut évaluer la grandeur de la portion efficace d'une onde
sphérique au moyen de la décomposition de cette onde en anneaux
concentriques, comme nous l'avons fait dans le cas d'une onde plane,
et, en suivant exactement la même marche, on trouve que l'action
d'une onde sphérique sur un point extérieur est sensiblement égale
à la moitié de celle d'une calotte sphérique différant très-peu d'un
cercle qui aurait le pôle pour centre, et telle, que la distance de la
circonférence qui limite cette calotte au point éclairé surpasse d'une
demi-longueur d'ondulation la distance du pôle au même point.

Nous pouvons maintenant étendre la notion de la propagation
rectiligne de la lumière au cas où l'onde est sphérique, c'est-à-dire
où le point lumineux est situé à une distance finie, car les raisonnements précédents prouvent que l'éclairement doit être considéré
comme transmis par une région très-petite de l'onde dont le centre
se trouve sur la droite qui joint le point lumineux au point éclairé.

Nous voyons de plus que les mouvements vibratoires qui existent
à un certain moment aux différents points de l'onde sphérique se
seront sensiblement transportés au bout d'un temps T en des points

dont les distances normales à cette surface sphérique sont égales
à VT, V étant la vitesse de la propagation de la lumière. Ces points
forment une seconde surface sphérique, concentrique à la première;
cette seconde surface peut être regardée comme la position de l'onde
au bout du temps T, et elle est en même temps l'enveloppe des
ondes élémentaires décrites des différents points de l'onde primitive comme centres, avec un rayon égal à VT.

Ainsi se trouve justifié pour les ondes sphériques le principe des
ondes enveloppes.

**54. Effet d'une onde de forme quelconque sur un point
extérieur.** — La question de la propagation de la lumière dans
un milieu homogène n'est pas complétement résolue par l'étude que
nous venons de faire des ondes planes et des ondes sphériques; en
effet, sans parler des milieux où la vitesse de propagation n'est pas
la même dans toutes les directions, nous verrons que, même dans
les milieux isotropes, la réflexion ou la réfraction peut donner
naissance à des ondes qui
ne sont ni sphériques ni
planes. Pour trouver l'action exercée par une onde
produite dans ces condi-
tions et dont la forme
peut être quelconque,
nous admettrons encore
que chaque point de cette
onde donne naissance à
une onde élémentaire, et
que, sur chacune de ces
ondes élémentaires, l'in-

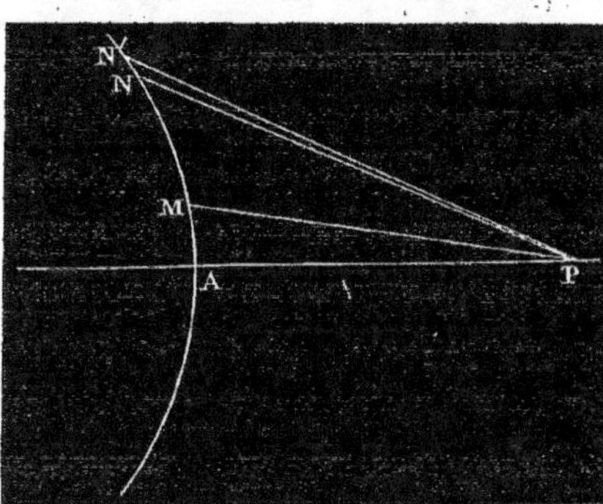

Fig. 45.

tensité du mouvement vibratoire devienne sensiblement nulle dans
le voisinage du plan tangent mené par le centre de cette onde à
l'onde primitive.

Nous examinerons en premier lieu l'action exercée sur un point
extérieur P par une onde linéaire de forme quelconque, plane ou
non. Le pôle sera dans ce cas le point A de l'onde le plus rapproché

du point éclairé P (fig. 45). Prenons sur l'onde un point quelconque M, et posons

$$AP = b,$$
$$PM = b + \delta = R,$$
$$AM = s.$$

Si le point M est très-voisin du pôle A, en développant par la série de Maclaurin la distance R en fonction de l'arc s compté à partir du point A, et en remarquant que, R étant minimum pour $s = 0$, $\left(\dfrac{dR}{ds}\right)_0$ est nul, il vient

$$R = b + \delta = b + \frac{s^2}{2}\left(\frac{d^2R}{ds^2}\right)_0 + \cdots$$

Les termes qui contiennent des puissances de s supérieures à la seconde peuvent être négligés à cause de la petitesse de l'arc s : on a donc

$$\delta = \frac{s^2}{2}\left(\frac{d^2R}{ds^2}\right)_0 ;$$

δ est au plus égal à s, donc $\dfrac{s}{2}\left(\dfrac{d^2R}{ds^2}\right)_0$ est au plus égal à l'unité. En outre, si, au voisinage du pôle, la courbure de l'onde linéaire n'est pas extrêmement grande, δ est très-petit par rapport à s, et par suite $\dfrac{s}{2}\left(\dfrac{d^2R}{ds^2}\right)_0$ est une fraction très-petite.

On doit donc considérer, dans l'hypothèse qui précède, laquelle exclut le cas particulier où le pôle serait un point singulier, la quantité $\left(\dfrac{d^2R}{ds^2}\right)_0$ comme étant égale au quotient de l'unité par une longueur très-grande par rapport à s, et à plus forte raison par rapport à la longueur d'ondulation λ.

De la valeur trouvée pour δ on déduit

$$s = \sqrt{\frac{2\delta}{\left(\dfrac{d^2R}{ds^2}\right)_0}},$$

et on obtient pour les premiers arcs élémentaires s_1, s_2, s_3,... les valeurs

$$s_1 = \sqrt{\frac{\lambda}{\left(\dfrac{d^2\mathrm{R}}{ds^2}\right)_0}},$$

$$s_2 = \sqrt{\frac{\lambda}{\left(\dfrac{d^2\mathrm{R}}{ds^2}\right)_0}} \, (\sqrt{2}-1),$$

$$s_3 = \sqrt{\frac{\lambda}{\left(\dfrac{d^2\mathrm{R}}{ds^2}\right)_0}} \, (\sqrt{3}-\sqrt{2}),$$

$$\dots \dots \dots \dots \dots \dots \dots \dots$$

d'où l'on conclut que ces arcs décroissent très-rapidement dans le voisinage du pôle.

Considérons maintenant un arc élémentaire NN′ séparé du pôle par un grand nombre d'autres arcs élémentaires : en appelant encore R la longueur PN, nous aurons

$$\mathrm{PN}' = \mathrm{R} + \frac{\lambda}{2};$$

en développant PN′ par la série de Taylor, et en négligeant les termes qui renferment des puissances supérieures à la première de l'arc NN′, que nous désignerons par σ, il vient

$$\mathrm{R} + \frac{\lambda}{2} = \mathrm{R} + \sigma\,\frac{d\mathrm{R}}{ds},$$

d'où

$$\sigma = \frac{\lambda}{2\,\dfrac{d\mathrm{R}}{ds}};$$

$\dfrac{d\mathrm{R}}{ds}$ est une expression numérique au plus égale à l'unité. Les arcs élémentaires tels que NN′ sont très-petits par rapport à ceux qui sont voisins du pôle, car on a

$$\frac{\sigma}{s_1} = \frac{1}{2\,\dfrac{d\mathrm{R}}{ds}} \sqrt{\lambda\left(\frac{d^2\mathrm{R}}{ds^2}\right)_0},$$

expression qui est très-petite, sauf le cas où $\frac{d\mathrm{R}}{ds}$ a une valeur voisine de zéro. Mais, si $\frac{d\mathrm{R}}{ds}$ a une valeur très-petite au point M, c'est que la distance de ce point au point éclairé P est très-près d'une valeur minimum ou maximum, et que, par conséquent, l'onde présente un second pôle dans le voisinage du point M.

Il résulte de ce que nous venons de dire que, toutes les fois qu'une onde linéaire ne présente qu'un seul pôle par rapport au point éclairé, et que ce pôle n'est pas un point singulier de l'onde, on peut raisonner sur cette onde comme nous l'avons fait sur une onde circulaire, et que, par suite, l'action de cette onde sur un point extérieur équivaut à celle d'une fraction des deux premiers arcs élémentaires situés de part et d'autre du pôle.

Les raisonnements précédents étant uniquement fondés sur les propriétés des minima, propriétés qui appartiennent également aux maxima, on doit regarder comme pôle de l'onde linéaire par rapport au point éclairé tout point de l'onde dont la distance au point éclairé est un maximum ou un minimum.

Passons maintenant au cas d'une onde de forme quelconque, et appelons encore pôle de l'onde par rapport au point éclairé tout point de la surface de l'onde dont la distance au point éclairé est un maximum ou un minimum. Supposons d'abord qu'il n'y ait qu'un seul pôle sur l'onde ; il peut alors se présenter deux cas : 1° il existe un cône tangent à l'onde et ayant pour sommet le point éclairé ; 2° parmi les cônes ayant ce point pour sommet, il n'existe pas de cône tangent à l'onde, mais seulement un cône asymptote à l'onde ou un cône parallèle au cône asymptote.

Dans le premier cas, on peut raisonner comme nous l'avons fait pour une onde sphérique (53) ; par le pôle et par le point éclairé on mènera un plan quelconque, puis, par une série de plans infiniment voisins, perpendiculaires au premier, on partagera en bandes la portion efficace de l'onde, limitée par la courbe de contact du cône tangent. Certaines de ces bandes pourront ne pas être infiniment étroites : c'est ce qui arrivera si le plan tangent à l'onde en un point d'une de ces bandes fait un angle infiniment petit avec la direction des plans qui limitent les bandes ; mais alors, la droite qui va de ce point au point éclairé faisant un angle infiniment petit avec le plan tangent à l'onde, l'intensité du mouvement envoyé suivant cette direction est négligeable. Dans tous les cas, les bandes peuvent donc être assimilées à des ondes linéaires. Il suffira par suite de considérer la portion de l'onde comprise entre deux plans perpendiculaires à ceux qui limitent les bandes et tels, que, dans l'intervalle de ces deux plans, il y ait toujours un grand nombre d'arcs élémentaires. On divisera cette région en bandes infiniment étroites perpendiculaires aux précédentes, et, en continuant le raisonnement comme dans le cas d'une onde sphérique, on arrivera aux mêmes conclusions.

Si, parmi les cônes ayant pour sommet le point éclairé, aucun n'est tangent à l'onde, et s'il existe seulement un cône asymptote à l'onde ou un cône parallèle au cône asymptote, il faudra employer le même mode de démonstration que dans le cas d'une onde plane indéfinie (51). On décomposera l'onde en bandes infiniment étroites par des plans parallèles entre eux, et on ramènera l'action de chacune de ces bandes à celle d'une portion située près de son pôle. L'action de l'onde se trouve ainsi réduite à celle d'une bande qui va en s'élargissant à mesure qu'on s'éloigne du pôle; les zones élémentaires de cette bande ont des surfaces de plus en plus grandes lorsqu'on s'écarte du pôle; mais, comme nous l'avons vu dans le cas d'une onde plane qui est le plus favorable à l'élargissement de la bande efficace, par suite de l'accroissement de la distance au point éclairé et de l'obliquité, les vitesses envoyées par ces zones au point éclairé n'en décroissent pas moins de façon à devenir négligeables pour les zones séparées du pôle par un grand nombre d'arcs élémentaires.

Nous arrivons ainsi à cette conclusion générale : *Lorsqu'une onde de forme quelconque ne présente qu'un pôle unique par rapport à un point extérieur, son action sur ce point se réduit à celle d'une région très-petite comprenant le pôle.*

Si l'onde présente par rapport au point éclairé plusieurs pôles séparés les uns des autres par un grand nombre d'arcs élémentaires, il est évident que l'action de l'onde sur ce point se réduit à celles de régions très-petites en nombre égal à celui des pôles et comprenant respectivement ces pôles.

Un certain nombre de cas particuliers restent en dehors de la
théorie que nous venons d'exposer et exigent une discussion spéciale :
ce sont d'abord ceux où il existe sur l'onde des pôles très-voisins
les uns des autres ou même une infinité de pôles formant une ligne
continue ou une portion de surface. Nous examinerons, en parlant de la diffraction, un des cas particuliers que nous venons d'indiquer, celui où l'onde est une surface sphérique ayant pour centre
le point éclairé, et où par conséquent tous les points de l'onde sont
des pôles.

Les raisonnements précédents ne sont pas applicables non plus
lorsqu'il existe sur l'onde des arêtes vives, des points saillants ou
rentrants ; il n'est même pas nécessaire, pour que l'exception se
présente, qu'en un point de l'onde un des rayons de courbure soit
nul dans l'acception mathématique du mot ; il suffit qu'un de ces
rayons ne soit pas très-grand par rapport à la longueur d'ondulation.

En laissant de côté les exceptions que nous venons de signaler,
il est facile de déduire de ce qui précède le mode de propagation

Fig. 46.

d'une onde de forme quelconque dans un milieu
homogène indéfini et isotrope. Soient en effet S
l'onde considérée dans une certaine position et
P un point extérieur à cette onde, c'est-à-dire
situé du côté vers lequel elle se propage (fig. 46).
Si A est le pôle de l'onde S par rapport au point
P, la droite AP, mesurant la distance minimum
ou maximum du point P à l'onde S, est normale à cette onde ; le mouvement du point P
provient d'une très-petite région de l'onde comprenant le pôle A,
et se trouve à un certain instant dans la même phase que le mou-
vement du point A à une époque antérieure de $\frac{\mathrm{AP}}{\mathrm{V}}$ à l'instant considéré. Prenons maintenant un autre point P' ; le pôle de P' est en A'
sur la normale menée à l'onde par ce point P' ; si donc on a
A'P' = AP, les mouvements partis en même temps des points A
et A' arriveront en même temps en P et en P' et, comme les mouvements des points A et A', qui sont situés sur une même onde,

sont concordants, il en sera de même des mouvements de P et de P′. Ces derniers points sont donc aussi situés sur une même onde. Il suit de là que, pour avoir la position de l'onde S au bout d'un temps T, il suffit de prolonger chacune des droites normales à l'onde S d'une longueur égale à VT dans le sens de la propagation de l'onde, et de réunir par une surface continue les extrémités des droites ainsi obtenues. Il est d'ailleurs facile de voir que l'onde S′, qui représente la position occupée par l'onde S au bout du temps T, est l'enveloppe des ondes élémentaires décrites des différents points de l'onde S comme centres, avec un rayon égal à VT. Supposons en effet que, comme cela a lieu ordinairement, les distances PA, P′A′ correspondent à un minimum; on aura alors AP′ ⟩ A′P′, et par suite AP′ ⟩ AP; les points de l'onde S′ voisins du point P sont donc tous plus éloignés du point A que le point P, et par suite l'onde S′ est tangente en P à la sphère décrite du point A comme centre, avec AP pour rayon. La démonstration se fait de la même façon dans le cas où les distances AP et A′P′ correspondent à un maximum. Le principe des ondes enveloppes est donc applicable aux ondes de forme quelconque.

Quant à la loi de la propagation rectiligne, elle signifie dans ce cas que, si on considère l'onde S dans les différentes positions qu'elle occupe successivement, les régions très-petites de ces différentes ondes d'où provient l'éclairement d'un même point sont rencontrées par une même droite passant par le point éclairé, ou, en d'autres termes, que les pôles de ces ondes par rapport à un même point sont en ligne droite, ce qui ressort immédiatement de la construction indiquée plus haut.

55. Théorie générale des ombres. — Sans entrer pour le moment dans l'étude détaillée des phénomènes de diffraction, dont la théorie complète sera exposée plus loin avec les développements qu'elle comporte, nous allons déduire des résultats que nous venons d'obtenir, relativement à l'action exercée par les ondes sur les points qui leur sont extérieurs, d'importantes considérations sur les effets produits d'une manière générale par la limitation des ondes.

Examinons en premier lieu le cas où la lumière passe à travers

une ouverture percée dans un diaphragme opaque illimité, la source
lumineuse ayant des dimensions suffisamment petites pour pouvoir
être confondue avec un point. D'après la théorie géométrique des
ombres, il y aurait alors éclairement uniforme dans l'intérieur d'un
cône ayant pour sommet le point lumineux et pour base l'ouverture
du diaphragme, obscurité absolue en tous les points qui, situés au
delà du diaphragme par rapport à la source lumineuse, se trouvent
en dehors de ce cône ; mais, en réalité, les phénomènes sont beaucoup plus complexes et dépendent essentiellement de la grandeur
de l'ouverture du diaphragme.

Supposons d'abord que cette ouverture comprenne un grand
nombre de zones élémentaires par rapport aux points dont on
cherche l'éclairement, ou, en d'autres termes, que les distances du
point éclairé au centre de l'ouverture et à un point quelconque de
son contour diffèrent d'un grand nombre de longueurs d'ondulation, ce qui n'empêchera pas les dimensions de l'ouverture d'être
petites par rapport à sa distance au point éclairé. Pour tout point
situé au delà du diaphragme, l'action du point lumineux se réduit à
celle d'une onde sphérique limitée par le contour de ce diaphragme.
Prenons un point P à l'intérieur du cône qui délimite l'ombre géométrique, et soit A le pôle de ce point sur l'onde dont nous venons
de parler : si la distance de ce pôle A à un point quelconque du
contour de l'ouverture comprend un grand nombre d'arcs élémentaires, les parties de l'onde sphérique qui sont supprimées par l'interposition du diaphragme n'auront, d'après ce que nous avons vu
(53), aucune action sensible sur le point A, et par suite ce point
sera éclairé comme si l'écran n'existait pas. Il résulte de là que, dans
l'intérieur de la projection conique de l'ouverture, il y aura éclairement uniforme en tous les points qui sont assez écartés des limites
de l'ombre géométrique pour que la distance de chacun des points
du contour de l'ouverture à leur pôle comprenne un grand nombre
d'arcs élémentaires.

Considérons maintenant un point P′ toujours situé à l'intérieur
du cône qui limite l'ombre géométrique, mais assez voisin de la
surface de ce cône pour que la distance de son pôle B à certains
points du contour de l'ouverture ne comprenne qu'un petit nombre

d'arcs élémentaires, et soit M le point de ce contour le plus rapproché du pôle B (fig. 47). Menons par ce point M une tangente TT' au bord du diaphragme, et par le point B une paral-

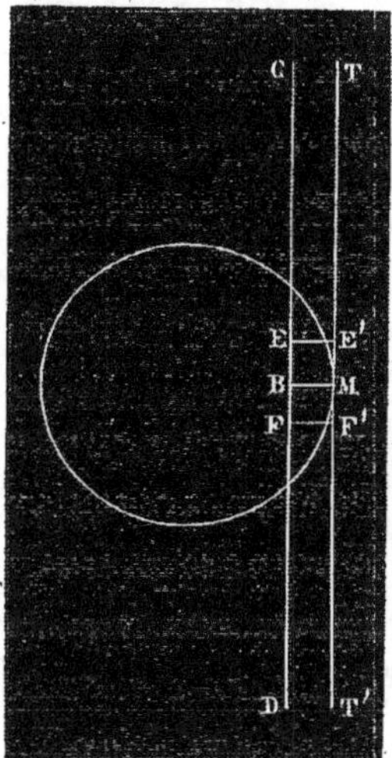

Fig. 47.

lèle CD à cette tangente : si nous faisons passer un plan par cette droite CD et par le point éclairé P', la portion efficace de l'onde sphérique, c'est-à-dire celle qui est limitée par l'ouverture, se trouvera divisée en deux parties dont l'une, celle qui se trouve sur la figure à gauche de CD, peut être regardée comme illimitée, tandis que l'autre, pourvu que le rayon de courbure de la courbe qui circonscrit l'ouverture soit en M très-grand par rapport à la longueur d'ondulation, exerce une action sensiblement égale à celle d'une bande qui s'étendrait indéfiniment entre les deux parallèles CD et TT'. L'action de cette dernière bande se réduit à celle d'une zone très-petite, limitée par deux courbes EE', FF' symétriques par rapport à BM. En divisant BM en arcs élémentaires et en menant par les points de division des perpendiculaires à BM, on partagera cette zone en zones élémentaires qui seront en petit nombre, et, comme deux zones élémentaires consécutives envoient au point éclairé des vitesses de signes contraires, suivant que BM comprendra un nombre pair ou impair d'arcs élémentaires, l'éclairement du point P' sera faible ou intense. Ainsi s'explique la production, dans le voisinage de l'ombre géométrique, de franges alternativement brillantes et obscures dans la lumière homogène et colorées dans la lumière blanche.

Nous avons encore à examiner comment varie l'éclairement pour les points situés en dehors du cône qui limite l'ombre géométrique. Soit d'abord Q un point assez éloigné de la surface de ce cône pour que son pôle soit séparé, même du point du contour de l'ouverture qui en est le plus rapproché, par un grand nombre d'arcs élémentaires. La portion conservée de l'onde sphérique n'aura alors aucune action appréciable sur le point Q, dont l'éclairement sera par suite insensible. Ainsi, à une petite distance de la surface du cône, l'obscurité sera à peu près complète, ce qui explique la formation d'une ombre assez nettement délimitée lorsque l'ouverture a des dimensions suffisantes.

Quant à la région située entre la surface du cône d'ombre géométrique et les points dont l'éclairement est négligeable, l'expérience montre que l'intensité lumineuse y décroît très-rapidement sans présenter de maxima ni de minima bien marqués ; mais les considérations simples que nous avons employées jusqu'à présent ne suffisent plus pour rendre compte de la manière dont varie l'éclairement dans cette région.

Si les dimensions de l'ouverture deviennent assez petites pour qu'elle ne comprenne qu'un petit nombre de zones élémentaires, c'est-à-dire pour que la différence des distances du point éclairé au centre de l'ouverture et à un point quelconque de son contour ne soit que d'un petit nombre de longueurs d'ondulation, tous les points situés à l'intérieur du cône d'ombre géométrique se trouvent dans les mêmes conditions que les points voisins de la surface de ce cône dans le cas d'une ouverture de grande dimension, et par suite il n'y a plus, dans la projection conique de l'ouverture, de région présentant un éclairement uniforme. On observe alors des maxima et des minima à l'intérieur du cône d'ombre géométrique; mais, à l'extérieur de ce cône et à une petite distance de sa surface, l'éclairement devient encore insensible par la même raison que dans le cas précédent.

Enfin, si la petitesse de l'ouverture est poussée à l'extrême, de sorte que la différence des distances du point éclairé à deux points quelconques de l'ouverture ne soit qu'une petite fraction de la demi-longueur d'ondulation, les mouvements envoyés par les différents points de l'ouverture au point éclairé seront sensiblement concordants; l'intensité lumineuse ne pourra alors s'affaiblir que par suite de l'obliquité de la direction suivant laquelle se propage le mouvement vibratoire par rapport à l'onde sphérique limitée par l'ouverture. Il y aura donc diffusion de la lumière dans toutes les directions qui ne sont pas trop inclinées sur cette onde, et toute trace d'ombre disparaîtra.

Si une seule des dimensions de l'ouverture est extrêmement petite, la diffusion de la lumière a lieu dans toutes les directions perpendiculaires à cette dimension et qui ne sont pas trop obliques par rapport à l'onde; c'est ce qu'on peut vérifier au moyen d'une de ces fentes sur lesquelles on fait tomber les rayons solaires pour obtenir un spectre pur et dont on peut faire varier la largeur à volonté. Un peu avant que les bords de la fente se touchent, une diffusion très-visible de la lumière succède à la délimitation nette qui existait auparavant.

Les phénomènes que nous venons de décrire ne dépendent pas seulement de la grandeur absolue de l'ouverture, mais encore de sa distance au point éclairé; car, à mesure que cette distance augmente, les dimensions de l'ouverture restant constantes, la différence des distances du point éclairé au centre de l'ouverture et à un point de son contour va en décroissant, et par suite l'ouverture comprend un nombre de plus en plus petit d'arcs élémentaires. Ainsi, quelles que soient les dimensions de l'ouverture, à une distance suffisamment grande l'ombre finira toujours par disparaître, et en général les phénomènes de diffraction seront d'autant plus sensibles qu'on les observera à une distance plus grande de l'écran qui limite le faisceau lumineux.

Une conséquence générale qui ressort de tout ce qui précède est que les rayons lumineux n'ont pas d'existence physique; si l'on cherche à isoler un rayon en restreignant de plus en plus les dimensions de l'ouverture qui laisse passer la lumière, on finit par arriver à une diffusion du mouvement vibratoire dans toutes les directions [1].

Des raisonnements tout à fait analogues à ceux que nous venons de faire pour le cas d'une ouverture percée dans un écran opaque

---

[1] On conçoit d'après cela pourquoi certains géomètres qui, pour expliquer la propagation rectiligne de la lumière, ont considéré un mouvement vibratoire limité par un cône d'ouverture angulaire très-petite, ont vu leurs efforts rester infructueux. Poisson en particulier était tombé dans cette erreur, et il y a toujours persisté. On raconte que, dans sa dernière maladie, il répétait souvent : « J'avais trouvé un filet de lumière. »

illimité peuvent servir à expliquer les effets produits par un écran opaque limité.

Si cet écran a de grandes dimensions, et nous avons vu plus haut ce qu'il faut entendre par là, les points situés en dehors du cône d'ombre géométrique et à une certaine distance de la surface de ce cône seront éclairés comme si l'écran n'existait pas; dans le voisinage de cette surface, il y aura des maxima et des minima de lumière, et à l'intérieur du cône l'intensité lumineuse décroîtra très-rapidement, de façon à devenir insensible à une faible distance de la limite de l'ombre géométrique.

Si l'écran est très-petit, il y aura des maxima et des minima de lumière dans toute l'étendue de l'ombre géométrique; dans certains cas simples, par exemple lorsqu'on observe l'ombre d'un fil très-étroit, on verra des franges qui ressemblent beaucoup aux bandes d'interférence.

Enfin, si l'écran est extrêmement petit, de façon à ne comprendre qu'une petite fraction du premier arc élémentaire, tous les points, même ceux qui sont situés vers le centre de la projection conique de l'écran, sont éclairés à peu près comme si cet écran n'existait pas, et, par suite, il n'y a plus d'ombre.

La théorie des ombres que nous venons d'exposer repose entièrement sur l'extrême petitesse des longueurs d'ondulation de la lumière; c'est ce qui explique la différence apparente entre les propriétés du son et celles de la lumière.

On sait en effet que, dans les conditions ordinaires, on n'observe pas d'ombre sonore. Euler a cru lever cette difficulté proposée par Newton [1] en remarquant que les corps dont on se sert le plus souvent pour arrêter les ondes sonores ne sont pas complétement imperméables au son; mais cette explication est insuffisante, car, si l'on se place derrière un obstacle très-massif et percé d'une ouverture, on perçoit le son à peu près avec la même intensité, quelle que soit la position qu'on occupe. La véritable cause qui empêche la formation des ombres sonores est la longueur considérable des ondulations qui correspondent aux sons perceptibles : cette longueur

---

[1] *Optique*, liv. III, quest. 28.

étant immense par rapport à celle des ondulations lumineuses, les dimensions des ouvertures ou des écrans qui peuvent produire une diffusion du mouvement vibratoire dans toutes les directions sont incomparablement plus grandes pour le son que pour la lumière[1].

[1] Pour la bibliographie de ce chapitre, voyez à la fin de la première partie la bibliographie générale de la diffraction.

V.

LOIS GÉOMÉTRIQUES DE LA RÉFLEXION ET DE LA RÉFRACTION.

56. Considérations générales sur la théorie de la réflexion et de la réfraction. — Nous avons fait voir dans l'Introduction (12) en quoi la marche suivie par Huyghens pour rendre compte des phénomènes de la réflexion et de la réfraction dans la théorie des ondulations est défectueuse. Les raisonnements de Huyghens ont cependant été admis comme suffisants par presque tous les auteurs qui l'ont suivi, et même par Young. Fresnel[1] est le premier qui ait donné des lois géométriques de la réflexion et de la réfraction une explication débarrassée des difficultés que laissait subsister la démonstration peu rigoureuse par laquelle Huyghens avait cru établir le principe des ondes enveloppes. Cette théorie, que nous allons exposer en y ajoutant quelques développements, n'est qu'une extension des principes qui nous ont servi à déterminer le mode de propagation de la lumière dans un milieu homogène indéfini : elle ne comprend que les lois géométriques qui règlent les directions des rayons réfléchis ou réfractés; les questions relatives au partage de la lumière incidente entre les rayons réfléchis et les rayons réfractés constituent ce qu'on appelle la théorie mécanique de la réflexion et de la réfraction, et ne peuvent être abordées qu'après l'étude des propriétés de la lumière polarisée.

Tant que la lumière se meut dans un milieu homogène, le mouvement vibratoire ne se propage pas en arrière; mais, s'il survient un changement brusque dans la nature du milieu, c'est-à-dire si le mouvement atteint la surface de séparation de deux milieux homogènes, il est naturel d'admettre, par analogie avec ce qui a lieu dans le choc des corps, que le mouvement ne se transmet pas tout entier au delà de cette surface et qu'une partie de ce mouvement

---

[1] Voyez les deux premiers Mémoires sur la diffraction, la Note sur l'application du principe de Huyghens et de la théorie des interférences aux phénomènes de la réflexion et de la réfraction, et une autre Note sur l'explication de la réfraction dans le système des ondes (*OEuvres complètes de Fresnel*, t. I, p. 28, 45, 117, 201, 217, 220, 225, 373).

rebrousse chemin dans le premier milieu. Nous aurons donc à considérer chaque point de la surface de séparation comme un centre d'ébranlement donnant naissance à des ondes élémentaires qui se propagent à la fois dans les deux milieux : cette surface tiendra, dans les raisonnements que nous aurons à faire sur la formation des ondes réfléchies ou réfractées, la même place que la surface de l'onde primitive lorsqu'il s'agissait de la propagation de la lumière dans un milieu homogène indéfini.

Comme nous ne parlerons ici que des milieux isotropes, les ondes élémentaires qui émanent des différents points de la surface réfléchissante ou réfringente devront toujours être regardées comme sphériques. Ces ondes élémentaires ne sont pas tout à fait identiques à celles que produisent les différents points d'une onde primitive dans un milieu homogène : les mouvements vibratoires de leurs centres ne sont pas en général concordants, car les différents points de la surface réfléchissante ou réfringente sont atteints à des époques différentes par le mouvement vibratoire parti du point lumineux; de plus, rien ne nous autorise à admettre que sur certaines parties de ces ondes élémentaires l'intensité du mouvement vibratoire est sensiblement nulle, et par suite nous ne sommes pas en droit d'appliquer à la réflexion et à la réfraction des conséquences analogues à celles que nous avons tirées, pour la propagation de la lumière dans un milieu homogène, de l'obliquité de certaines directions par rapport à l'onde primitive.

Enfin, si O désigne le point lumineux, P le point éclairé par réflexion ou par réfraction, A le point où s'opère la réflexion ou la réfraction, la vitesse envoyée en P doit être considérée, en laissant de côté l'influence de l'obliquité, comme inversement proportionnelle au produit des distances OA et AP. En effet, la vitesse du mouvement vibratoire du point A, que nous regardons comme un centre d'ébranlement, est en raison inverse de OA; d'autre part, la vitesse envoyée au point P par le point A est en raison inverse de AP; donc la vitesse que le point P reçoit du point lumineux O par l'intermédiaire du point A est en raison inverse du produit $OA \times AP$.

57. Action d'une surface réfléchissante plane sur un point extérieur. — Supposons d'abord, pour plus de simplicité, la surface réfléchissante plane et illimitée : soit O le point lumi-

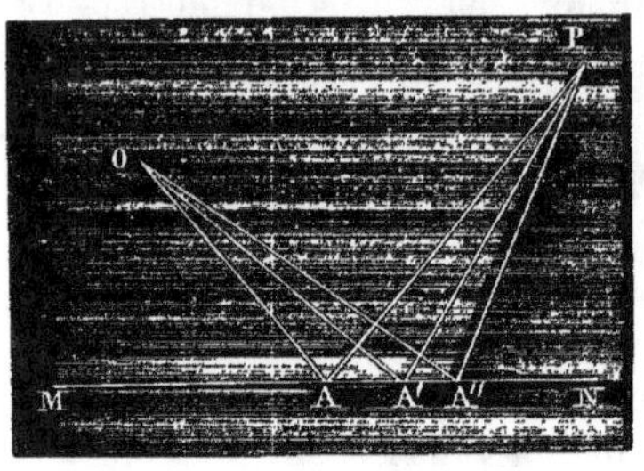

Fig. 48.

neux, et proposons-nous de chercher l'action de cette surface sur un point P situé dans le premier milieu (fig. 48). Prenons pour plan de figure le plan mené par les points O et P perpendiculairement à la surface réfléchissante, et soit MN la tracè de ce plan sur le plan réfléchissant. Le point A de la droite MN, pour lequel la somme des chemins OA et AP est minimum, est déterminé par la condition que les deux droites OA et AP fassent des angles égaux avec la normale menée en A à la surface réfléchissante. Considérons le point A comme le pôle de la droite réfléchissante MN par rapport au point P, et divisons cette droite, à partir du point A, en arcs élémentaires AA′, A′A″, A″A‴,..., de façon que l'on ait

$$(OA' + A'P) - (OA + AP) = \frac{\lambda}{2},$$

$$(OA'' + A''P) - (OA' + A'P) = \frac{\lambda}{2},$$

$$(OA''' + A''P) - (OA'' + A''P) = \frac{\lambda}{2},$$

. . . .

Les raisonnements par lesquels nous avons déterminé l'action d'une onde linéaire de forme quelconque sur un point extérieur sont applicables ici, puisque ces raisonnements sont uniquement fondés sur les propriétés des maxima et des minima. Les longueurs des arcs élémentaires de la droite MN vont donc en décroissant à partir du pôle, d'abord très-rapidement, puis de plus en plus lentement, de façon que ces arcs, lorsqu'ils sont séparés du pôle par un grand nombre d'éléments, sont très-petits par rapport à ce qu'ils sont dans le voisinage du pôle. Il résulte de là que l'action de la droite MN sur le point P se réduit à celle d'une fraction des deux premiers arcs élémentaires situés de part et d'autre du pôle A.

Si maintenant nous décomposons le plan réfléchissant en bandes infiniment étroites, parallèles au plan normal OAP qui contient le point lumineux et le point éclairé, nous pourrons raisonner sur chacune de ces bandes comme sur la droite MN, et par suite l'action de chaque bande se réduira à celle d'une très-petite longueur de cette bande ayant pour milieu le point de la bande pour lequel la somme des distances au point lumineux et au point éclairé a une valeur minimum. L'action du plan réfléchissant tout entier sur le point P se trouve ainsi ramenée à celle d'une bande Z, dont nous allons chercher à déterminer la forme et la largeur.

Prenons pour plan de figure le plan réfléchissant : soient o et p les projections sur ce plan du point lumineux et du point éclairé (fig. 49), et posons

$$Oo = h, \quad Pp = k, \quad op = l.$$

Choisissons pour axe des x la droite op, qui n'est autre que la trace sur le plan de la figure du plan normal OAP, et pour axe des y

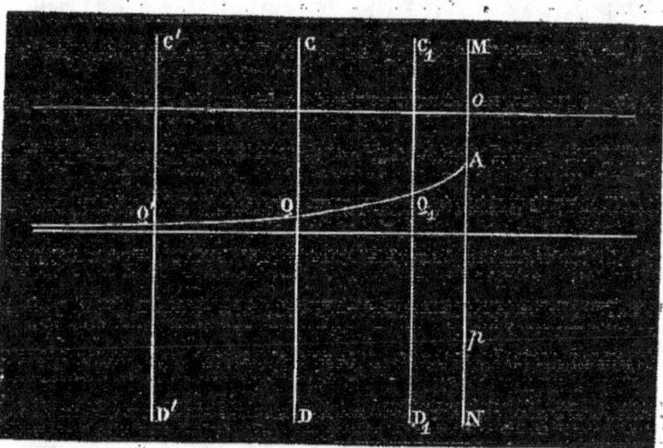

Fig. 49.

une perpendiculaire à cette droite menée par le point o; soit enfin CD une des droites parallèles à MN qui limitent les bandes infiniment étroites dont nous avons supposé le plan réfléchissant formé.

Proposons-nous de déterminer sur la droite CD un point Q tel, que la somme des distances de ce point aux points O et P soit minimum : les coordonnées de ce point doivent satisfaire à la condition

$$d \left(\sqrt{x^2 + y^2 + h^2} + \sqrt{(l - x)^2 + y^2 + k^2} \right) = 0 ;$$

comme y conserve une valeur constante sur la droite CD, il suffit de différentier l'expression entre parenthèses par rapport à x, ce qui donne

$$\frac{x}{\sqrt{x^2 + y^2 + h^2}} = \frac{l - x}{\sqrt{(l-x)^2 + y^2 + k^2}} \cdot$$

En élevant au carré, on a

$$\frac{x^2 + y^2 + h^2}{x^2} = \frac{(l - x)^2 + y^2 + k^2}{(l - x)^2},$$

d'où

$$(y^2 + h^2)(l - x)^2 = x^2 (y^2 + k^2).$$

Cette équation, si on y considère x et y comme variables, représente une courbe qui est le lieu des points jouissant de la même propriété que le point Q sur les droites parallèles à CD, courbe qui forme l'axe de la bande étroite Z, à l'action de laquelle se ramène celle que le plan réfléchissant exerce sur le point P.

En tirant de l'équation de cette courbe la valeur de x, on a

$$x = \frac{l \sqrt{y^2 + h^2}}{\sqrt{y^2 + h^2} + \sqrt{y^2 + k^2}} ;$$

si on y fait $y = 0$, cette expression devient

$$x = \frac{lh}{h + k}$$

et donne l'abscisse du point A où la courbe rencontre la droite MN.

Si y prend une valeur infinie, on a

$$x = \frac{l}{2} ;$$

la droite menée par le milieu de op parallèlement à l'axe des y est

donc asymptote à la courbe, qui, par suite, a une forme telle que
AQQ'.

Si nous décomposons cette courbe AQQ' en arcs élémentaires tels,
que, pour les deux extrémités d'un même arc, les sommes des distances au point lumineux et au point éclairé diffèrent de $\frac{\lambda}{2}$, et que
par les points de division nous menions des parallèles à CD, la
bande efficace Z se trouvera partagée en zones élémentaires. Les arcs
élémentaires de la courbe AQQ' décroissent très-rapidement à partir
du point A, mais, pour démontrer qu'il en est de même des vitesses
envoyées au point P par les zones élémentaires, il faut comparer les
surfaces de ces zones dans le voisinage du plan normal OAP et à
une certaine distance de ce plan. Or la bande Z est comprise dans
l'intérieur d'une autre bande Z' limitée par deux courbes qui sont le
lieu des extrémités des premiers arcs élémentaires des droites parallèles à CD, arcs qui sont situés sur chacune de ces droites de part
et d'autre du point analogue au point Q; de plus, les surfaces des
zones élémentaires des bandes Z et Z' qui correspondent à un même
arc élémentaire de la courbe AQQ' sont dans un rapport sensiblement constant : il suffira donc de voir comment varient les surfaces
des zones élémentaires de la bande Z'.

Soit Q_1 l'extrémité du premier arc élémentaire de la courbe AQQ',
et désignons par s la longueur de l'arc AQ_1, par σ la longueur du
premier arc élémentaire de la droite MN à partir du point A : la
surface de la première zone élémentaire de la bande Z' sera de
l'ordre du produit σs. Or, en appelant R la somme des distances d'un
point quelconque du plan réfléchissant au point lumineux et au point
éclairé, on arrive, en suivant la même marche que pour déterminer
la grandeur des arcs élémentaires voisins du pôle dans le cas d'une
onde linéaire de forme quelconque, à l'équation

$$\sigma = \sqrt{\frac{\lambda}{\dfrac{d^2R}{dx^2}}},$$

la valeur de $\dfrac{d^2R}{dx^2}$ étant celle qui correspond au point A...

Comme on a d'ailleurs

$$R = \sqrt{x^2 + y^2 + h^2} + \sqrt{(l - x)^2 + y^2 + k^2},$$

il vient

$$\frac{d^2R}{dx^2} = \frac{y^2 + h^2}{(x^2 + y^2 + h^2)^{\frac{3}{2}}} + \frac{y^2 + k^2}{[(l - x)^2 + y^2 + k^2]^{\frac{3}{2}}}.$$

En remplaçant dans cette expression x et y par les coordonnées du point A, qui sont $y = 0$ et $x = \dfrac{lh}{h + k}$, elle devient

$$\frac{d^2R}{dx^2} = \frac{(h + k)^4}{hk\,[l^2 + (h + k)^2]^{\frac{3}{2}}},$$

d'où

$$\sigma = \sqrt{\lambda\,\frac{hk\,[l^2 + (h + k)^2]^{\frac{3}{2}}}{(h + k)^4}}.$$

Les quantités h, k, l sont du même ordre de grandeur, et par suite la fraction qui multiplie λ sous le radical est de l'ordre de la première puissance d'une quelconque de ces quantités; σ est donc de l'ordre de $\sqrt{h\lambda}$, et la surface de la première zone élémentaire de l'ordre de $s\sqrt{h\lambda}$. Quant à la vitesse envoyée par cette zone, comme elle est inversement proportionnelle au produit des distances de la zone au point lumineux et au point éclairé, elle est de l'ordre de la quantité $\dfrac{s\sqrt{h\lambda}}{hk}$.

Considérons maintenant une zone élémentaire de la bande Z′ séparée du point A par un grand nombre d'arcs élémentaires : soient s' l'arc élémentaire de la courbe AQQ′ qui sert de base à cette zone, et σ' la longueur du premier arc élémentaire de la droite parallèle à CD qui limite la zone. Lorsque y augmente, x tend vers une limite égale à $\dfrac{l}{2}$, et $\dfrac{d^2R}{dx^2}$ vers une limite égale à $\dfrac{2}{y}$; à une grande distance du pôle A, la surface d'une zone élémentaire est donc de l'ordre de $s'\sqrt{\lambda y}$, et, comme les distances de cette zone au point éclairé et au point lumineux diffèrent alors peu de y, la vitesse envoyée par cette zone au point P est de l'ordre de $\dfrac{s'\sqrt{\lambda y}}{y^2}$. Cette dernière quantité est très-petite par rapport à la quantité $\dfrac{s\sqrt{h\lambda}}{hk}$, qui indique l'ordre de grandeur de la vitesse envoyée par la première zone élémentaire. Donc, malgré l'élargissement de la bande Z', les vitesses envoyées par les différentes zones élémentaires de cette bande au point P décroissent très-rapidement à mesure qu'on s'éloigne du pôle A, et par suite il en est de même des vitesses provenant des zones élémentaires de la bande efficace Z.

L'action du plan réfléchissant sur le point P se réduit en définitive à celle d'une très-petite région comprenant le point A, et l'éclairement du point P peut être regardé comme provenant sensiblement du point A. Or A est dans le plan normal passant par le point lumineux O et le point éclairé P, et les droites OA et AP font des angles égaux avec la normale menée en A au plan réfléchissant; la loi de la réflexion régulière se trouve donc démontrée pour le cas d'une surface réfléchissante plane et illimitée.

58. Réflexion par une surface courbe. — Lorsque la surface réfléchissante est courbe, l'action de cette surface sur un point extérieur se réduit encore à celle d'une très-petite région comprenant le pôle : pour le démontrer on raisonnera, si la surface est illimitée, comme dans le cas d'une surface réfléchissante plane; si elle est limitée par une courbe, tout en ayant une étendue assez considérable pour comprendre un grand nombre d'arcs élémentaires, comme dans le cas d'une onde sphérique (53) ou d'une onde limitée de forme quelconque (54). Mais, quand la surface réfléchissante est courbe, on devra considérer comme pôle tout point de la surface pour lequel la somme des distances au point lumineux et au point éclairé est un maximum ou un minimum; il peut par conséquent y avoir plusieurs pôles, c'est-à-dire que la lumière peut se propager par plusieurs chemins différents, du point lumineux au point éclairé, en touchant la surface réfléchissante.

Il est facile de voir que la condition qui détermine sur la surface
réfléchissante les points où a lieu la réflexion, étant donnés le point
lumineux et le point éclairé, conduit à la loi de la réflexion régulière. Soient en effet (fig. 5o) S le point lumineux, P le point
éclairé, Σ la surface réfléchissante, A le point de cette surface qui

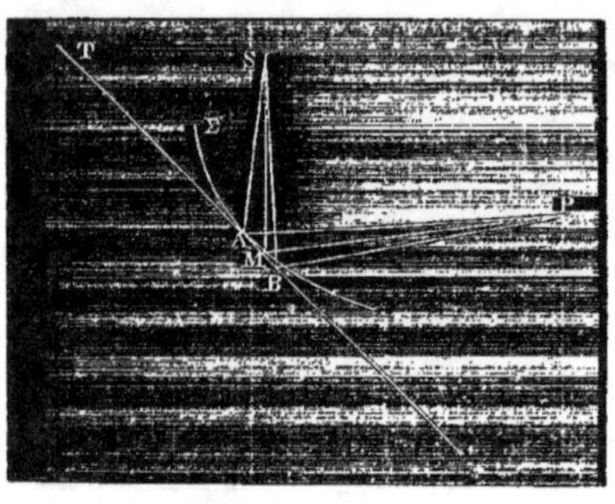

Fig. 5o.

renvoie en P la lumière venant de S, ou un des points
jouissant de cette propriété
s'il y en a plusieurs. Au
point A, d'après ce que
nous venons de dire, la
somme SA + AP a sur la
surface Σ une valeur mi-
nimum ou maximum. Ceci
posé, menons en A un plan
tangent T à la surface Σ;
prenons sur la surface Σ et
sur le plan tangent deux points M et B dont les distances au point A
soient des infiniment petits du premier ordre. Il résulte de la définition même du point A que la différence entre SM + MP et SA + AP
est un infiniment petit du second ordre; d'ailleurs, la distance d'une
surface à son plan tangent est, pour un point de cette surface infiniment voisin du point de contact, un infiniment petit du second
ordre; donc la différence entre SM + MP et SB + BP est un infiniment petit du second ordre, et, par suite, il en est de même de
la différence entre SB + BP et SA + AP. Sur le plan tangent la
somme des distances au point lumineux et au point éclairé doit
donc être maximum ou minimum au point A, et il est évident qu'elle
ne peut être que minimum. La loi de la réflexion régulière est ainsi
satisfaite au point A sur le plan tangent, et par suite aussi sur la surface Σ.

On voit que, dans le cas d'une surface courbe, la loi de la réflexion régulière n'astreint pas toujours la lumière à suivre le chemin le plus court pour aller du point lumineux au point éclairé en
touchant la surface réfléchissante; la lumière peut dans certains cas
suivre, au contraire, le chemin le plus long. Ainsi, concevons un

ellipsoïde de révolution ayant pour foyers le point lumineux S et le point éclairé P, et prenons sur la surface de cet ellipsoïde un point quelconque A : pour toute surface tangente à l'ellipsoïde en A la loi de la réflexion régulière est satisfaite en ce point; mais, tandis que sur la surface de l'ellipsoïde la somme SA + AP est constante, cette somme est minimum en A pour toute surface tangente extérieurement à l'ellipsoïde en ce point, maximum pour toute surface tangente intérieurement. Si· la surface réfléchissante est illimitée, elle ne peut d'ailleurs présenter de pôle correspondant à un maximum sans qu'il y ait sur cette surface au moins un autre pôle correspondant à un minimum [1].

59. Construction de l'onde réfléchie. — Soient Σ (fig. 51) une surface réfléchissante quelconque, S le point lumineux : considérons sur la surface Σ une série de points voisins A, A′, A″,...; joi-

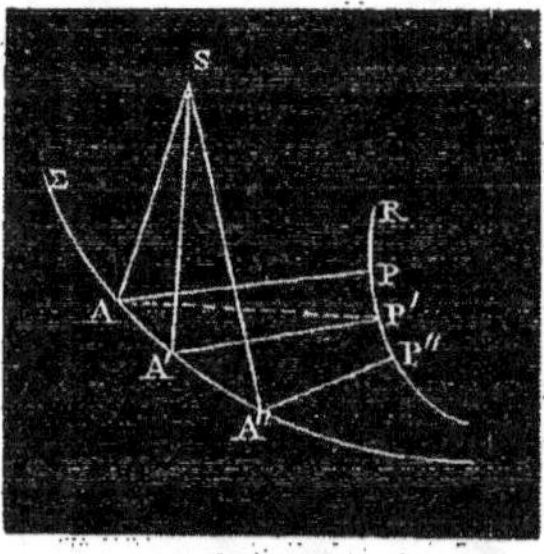

Fig 51.

gnons ces points au point S et menons les rayons réfléchis qui correspondent aux rayons incidents SA, SA′, SA″,...; sur ces rayons prenons des longueurs AP, A′P′, A″P″,... telles, que les chemins SA+AP, SA′+A′P′, SA″+A″P″,... soient égaux. Les points P, P′, P″,... peuvent être regardés comme recevant respectivement leur éclairement du point lumineux S par l'intermédiaire des points A, A′, A″,... de la surface réfléchissante; le mouvement vibratoire emploie donc des temps égaux pour se propager du point lumineux S aux points P, P′, P″,...; de plus, si, par le fait de la réflexion, il se produit un changement de phase, on peut supposer que ce changement est sensiblement le

[1] La propriété qui définit le pôle A d'une surface réfléchissante par rapport à deux points donnés S et P consiste, à proprement parler, en ce que, si l'on passe de ce pôle A à un point infiniment voisin sur la surface, la variation de la somme SA + AP est un infiniment petit d'un ordre supérieur au premier, et, dans certains cas particuliers, cette somme peut n'être ni maximum ni minimum au point A; c'est ce qui arrivera si la surface réfléchissante a au point A un contact d'ordre pair avec l'ellipsoïde de révolution ayant pour foyers les points S et P et passant en A.   (L.)

même aux points A, A′, A″, . . ., puisque ces points sont voisins. Il résulte de là que, sur une petite étendue de la surface R qui est le lieu des points P, P′, P″, . . ., les mouvements vibratoires de ces points peuvent être regardés comme concordants : nous pouvons donc considérer cette surface comme étant l'onde réfléchie. Il est facile d'ailleurs de faire voir que la surface R est l'enveloppe des sphères décrites des points A, A′, A″, . . . comme centres, avec des rayons égaux respectivement à AP, A′P′, A″P″, .. et de justifier ainsi le principe des ondes enveloppes dans le cas de la réflexion. Supposons en effet qu'au point A′ sur la surface Σ la somme SA′+A′P soit un minimum : on aura alors

$$SA + AP' > SA' + A'P',$$

et comme

$$SA' + A'P' = SA + AP,$$

il viendra

$$SA + AP' > SA + AP.$$

d'où

$$AP' > AP;$$

tout point voisin du point P sur la surface R étant plus éloigné du point A que le point P, la sphère décrite du point A comme centre, avec AP pour rayon, est tangente en P à la surface R. Une démonstration tout à fait analogue s'applique au cas où la somme SA′+A′P′ est maximum sur la surface Σ au point A′. La surface de l'onde réfléchie est donc identique à celle que nous apprend à construire le principe des ondes enveloppes, et par suite aussi à la surface normale aux rayons réfléchis que définit le théorème de Gergonne (3).

60. Théorie géométrique de la réfraction. — La théorie géométrique de la réfraction, lorsque les deux milieux sont isotropes, peut se calquer presque entièrement sur celle de la réflexion, ce qui nous dispense d'entrer dans aucun développement. Mais il faut remarquer que, dans le cas de la réfraction, les conditions de concordance ou de discordance des mouvements vibratoires envoyés par les différents points de la surface réfringente, considérés comme centres d'ébranlement, à un point du second milieu, ne dépendent plus de la somme des distances des points de la surface réfringente au point lumineux et au point éclairé, mais de la somme des temps employés par la lumière pour parcourir ces distances. Les arcs élémentaires sont alors définis par cette propriété, que la somme des temps employés par la lumière pour se propager du point lumineux à l'une des extrémités de l'arc et de cette extrémité au point éclairé surpasse de la durée d'une demi-vibration la somme analogue relative à l'autre extrémité de l'arc. Si la surface réfringente est plane, son pôle sera par conséquent un point tel, que la somme des temps employés par la lumière pour se propager du point lumineux à ce point et de ce point au point éclairé soit un minimum, et l'action du plan réfringent sur un point du second milieu se réduira à celle d'une très-petite région comprenant le pôle; la lumière suivra donc le chemin de plus prompte arrivée, ce qui conduit, comme nous l'avons vu (8), à la loi de Descartes.

Si la surface réfringente est courbe, tout point, pour lequel la somme des temps que nous venons de définir est maximum ou minimum sur la surface, est un pôle, et la lumière peut suivre soit le chemin de plus prompte arrivée, soit, au contraire, le chemin de plus lente arrivée. Mais, dans l'un ou l'autre cas, il est facile de démontrer, en suivant la même marche que pour la réflexion, que, sur le plan tangent au pôle à la surface réfringente, la somme des temps est un minimum en ce point. La loi de Descartes est donc satisfaite pour le plan tangent, et par suite aussi pour la surface réfringente.

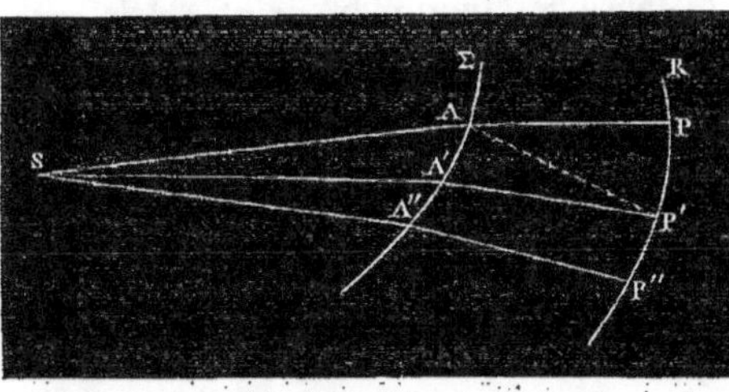

Fig. 52.

Passons maintenant à la construction de l'onde réfractée. Soient (fig. 52) Σ une surface réfringente quelconque, S le point lumineux, AP, A'P', A"P",... les rayons réfractés qui correspondent aux rayons incidents SA, SA', SA",...; prenons sur ces rayons des points P, P', P",... tels, que les chemins

SAP, SA'P', SA"P",... soient parcourus en temps égaux, c'est-à-dire qu'on ait, en désignant par v et v' les vitesses de propagation dans le premier et dans le second milieu,

$$\frac{SA}{v} + \frac{AP}{v'} = \frac{SA'}{v} + \frac{A'P'}{v'} = \frac{SA''}{v} + \frac{A''P''}{v'} = \cdots ;$$

le lieu des points P, P', P",... sera l'onde réfractée, et il est facile de voir que cette onde R est l'enveloppe des sphères décrites des points A, A', A",... comme centres, avec des rayons respectivement égaux à AP, A'P', A"P",.... En effet, au point A' sur la surface Σ la somme $\frac{SA'}{v} + \frac{A'P'}{v'}$ est minimum ou maximum : supposons qu'elle soit minimum, on aura

$$\frac{SA}{v} + \frac{AP'}{v'} > \frac{SA'}{v} + \frac{A'P'}{v'},$$

et, comme

$$\frac{SA'}{v} + \frac{A'P'}{v'} = \frac{SA}{v} + \frac{AP}{v'},$$

il vient

$$\frac{SA}{v} + \frac{AP'}{v'} > \frac{SA}{v} + \frac{AP}{v'},$$

d'où

$$AP' > AP.$$

La droite AP mesurant la distance minimum du point A à la surface R, cette surface est tangente à la sphère décrite du point A avec AP comme rayon. La même démonstration convient d'ailleurs au cas où la somme $\frac{SA'}{v} + \frac{A'P'}{v'}$ est un maximum sur la surface Σ au point A'. Le principe des ondes enveloppes s'applique donc à la construction de l'onde réfractée, et, par suite, cette onde dans les milieux isotropes est normale aux rayons réfractés.

61. Influence des dimensions de la surface réfléchissante ou réfringente. — Les raisonnements par lesquels nous avons établi les lois de la réflexion et de la réfraction sont liés à la possibilité de diviser la surface réfléchissante ou réfringente en un grand nombre de zones élémentaires et ne sont applicables qu'autant que le pôle est séparé de tous les points des bords de la surface par un grand nombre d'arcs élémentaires. Ces lois doivent donc se trouver en défaut pour les rayons réfléchis ou réfractés près des bords de la surface, et, lorsque cette surface est très-petite, de façon à ne comprendre qu'un petit nombre de zones élémentaires, il ne doit y avoir en aucun point réflexion ou réfraction régulière.

Ces conséquences de la théorie peuvent être vérifiées au moyen d'une expérience très-instructive due à Fresnel. On recouvre une

Fig 53.

lame de verre suffisamment polie de noir de fumée, et on enlève cet enduit dans toute l'étendue d'un triangle isocèle très-allongé ABC (fig. 53); on fait tomber sur la lame un faisceau de rayons parallèles, de manière que le plan d'incidence soit perpendiculaire à la bissectrice AD du triangle, et on reçoit la lumière réfléchie sur un écran placé à quelque distance. Dans le voisinage de la base BC le faisceau réfléchi est assez nettement délimité et bordé seulement de quelques franges de diffraction; à mesure qu'on se rapproche du sommet, ces franges envahissent de plus en plus l'espace éclairé par réflexion, et très-près du point A il y a diffusion de la lumière dans presque toutes les directions perpendiculaires à AD.

BIBLIOGRAPHIE.

1637.   Descartes, *Dioptrica*, Ludg. Batav.

1662.   La Chambre, *De la lumière*, Paris.

1665.   Hooke, *Micrographia*, London.

1667.   Fermat, Litteræ ad patrem Mersennum continentes objectiones quasdam contra Dioptricam Cartesianam in *Epistolis Cartesianis*, Paris, 1667, pars III, litter. 29-46.

1682.   Ango, *L'Optique divisée en trois livres*, Paris.

1682.   Leibnitz, Unum opticæ, catoptricæ et dioptricæ principium, *Acta Eruditorum*, I. (Principe de la moindre action.)

1687.   Newton, *Philosophiæ naturalis principia mathematica*, Londini.

1690.   Huyghens, *Traité de la lumière*, Leyde.

1704.   Newton, *Optics*, London.

1739.   Clairaut, Sur les explications cartésienne et newtonienne de la réflexion de la lumière, *Mém. de l'anc. Acad. des sc.*, 1739, p. 259.

1744.   Maupertuis, Accord de différentes lois de la nature qui avaient été
tenues jusqu'ici pour incompatibles, *Mém. de l'anc. Acad. des sc.*,
1744, p. 83. (Principe de la moindre action.)

1746.   Euler, Nova theoria lucis et colorum in *Opusculis varii argumenti*,
Berol., t. I, p. 179.

1785.   Fontana, Ricerche analitiche sopra diversi soggetti, *Mem. della
Società Italiana*, III, 498.

1802.   Young, On the Theory of Light and Colours, *Phil. Tr.*, 1802, p. 12.
— *Miscell. Works*, t. I, p. 140.

1807.   Laplace, Sur le mouvement de la lumière dans les milieux diaphanes,
Mém. d'Arcueil, II, 3. — *Mém. de la première classe de l'Institut*, X, 300.

1815.   Ampère, Démonstration d'un théorème d'où l'on peut déduire toutes
les lois de la réfraction ordinaire ou extraordinaire, *Mém. de la
première classe de l'Institut*, XIV, 235.

1815.   Fresnel, Premier Mémoire sur la diffraction de la lumière, *OEuvres
complètes*, t. I, p. 28.

1815.   Fresnel, Complément au premier Mémoire sur la diffraction, *OEuvres
complètes*, t. I, p. 45.

1815.   Fresnel, Deuxième Mémoire sur la diffraction de la lumière, *OEuvres
complètes*, t. I, p. 117. — *Ann. de chim. et de phys.*, (2), I, 239.

1819.   Fresnel, Note sur l'application du principe de Huyghens et de la
théorie des interférences aux phénomènes de la réflexion et de
la diffraction, *OEuvres complètes*, t. I, p. 201.

1819.   Fresnel, Seconde Note sur la réflexion, *OEuvres complètes*, t. I,
p. 217.

1821.   Fresnel, Explication de la réfraction dans le système des ondes,
Ann. de chim. et de phys., (2), XXI, 225. — *OEuvres complètes*,
t. I, p. 373.

1823.   Lagrange, Sur la théorie de la lumière de Huyghens, *Ann. de chim.
et de phys.*, (2), XXII, 241.

1823.   Poisson, Lettre à Fresnel sur la théorie des ondulations, *Ann. de
chim. et de phys.*, (2), XXII, 270.

1823.   Fresnel, Réponse à Poisson, *Ann. de chim. et de phys.*, (2), XXIII,
32, 113.

1837.   Challis, Theory of the Transmission of Light through Mediums and
its Refraction at their Surfaces, according to the Hypothesis of
Undulations. *Phil. Mag.*, (3), XI, 161.

VI.

DIFFUSION. — INTERFÉRENCES DES RAYONS DIFFUSÉS. — ANNEAUX
COLORÉS DES PLAQUES ÉPAISSES.

62. Influence du degré de poli de la surface réfléchissante ou réfringente. — La diffusion de la lumière dans toutes les directions par les surfaces dépolies ne doit pas être regardée comme un phénomène particulier distinct de la réflexion et de la réfraction régulières ; elle ne doit pas être attribuée non plus à la réflexion ou à la réfraction de la lumière par les aspérités de la surface, car on observe encore une diffusion très-sensible lorsque ces aspérités sont opaques et dépourvues de tout pouvoir réfléchissant, comme cela a lieu, par exemple, quand la lumière tombe sur une plaque de verre où l'on a projeté du noir de fumée en poudre.

Tous les points de la surface de séparation de deux milieux devant être regardés comme des centres d'ébranlement, la diffusion est au contraire le phénomène général, et ce qui a besoin d'explication, ce n'est pas l'éparpillement de la lumière dans toutes les directions par une surface dépolie, mais au contraire le fait de la réflexion et de la réfraction de la lumière dans une direction déterminée par des surfaces qui ne sont jamais mathématiquement régulières, quel que soit le soin avec lequel on les ait polies. Les raisonnements par lesquels nous avons démontré la destruction des mouvements vibratoires émanés des différents points de la surface réfléchissante ou réfringente dans toutes les directions sauf une seule reposent en effet sur l'hypothèse qu'en aucun point de cette surface le rayon de courbure ne soit comparable à la longueur d'ondulation ; ils deviennent donc en général inapplicables si la surface offre des aspérités. Mais ces raisonnements subsistent si le temps employé par la lumière pour se propager du point lumineux au point éclairé en touchant la surface réfléchissante ou réfringente n'est altéré par la présence de ces aspérités que d'une quantité très-petite par rapport à la durée d'une vibration. Cette dernière considération explique comment les surfaces peuvent réfléchir ou réfracter régulièrement la lumière

sans être parfaitement polies, et permet de définir ce qu'on doit entendre, au point de vue de la théorie des ondulations, par *poli
spéculaire* d'une surface.

Nous allons maintenant entrer dans quelques détails relativement
à l'influence exercée sur les phénomènes de la réflexion et de la réfraction par les aspérités de la surface réfléchissante ou réfringente.
Occupons-nous d'abord de la réflexion; soit Σ (fig. 54) une surface
réfléchissante idéale sur laquelle le rayon de courbure n'est en aucun

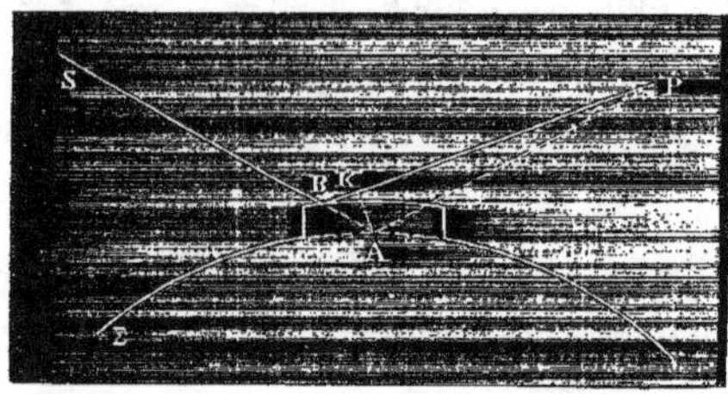

Fig. 54.

point de l'ordre de gran-
deur de la longueur d'on-
dulation; appelons S le
point lumineux, P le point
éclairé, A le point de la
surface Σ où un rayon
provenant du point S
est réfléchi régulièrement
vers le point P. Suppo-
sons qu'il existe en A une aspérité que, pour plus de simplicité, nous
considérerons comme ayant la forme d'un prisme droit et dont
nous désignerons la hauteur, comptée normalement à la surface
Σ, par h. Le rayon incident SA rencontre en B la surface supérieure de cette aspérité; les mouvements qui seraient envoyés au
point P par le point A et les points voisins sont donc remplacés
par ceux qui proviennent du point B et des autres points de la surface supérieure de l'aspérité. Pour que tout se passe comme si l'aspérité n'existait pas, c'est-à-dire pour qu'il y ait réflexion régulière
au point B, il faut par conséquent que la somme des distances au
point lumineux et au point éclairé ne diffère en B de ce qu'elle est
en A que d'une très-petite fraction de la longueur d'ondulation.
Nous sommes ainsi conduits à évaluer la différence

$$SA + AP - (SB + BP).$$

En appelant i l'angle d'incidence du rayon SA, on a

$$SB = SA - AB = SA - \frac{h}{\cos i}.$$

En décrivant du point P comme centre, avec PA pour rayon, un arc de cercle qui rencontre en K la droite BP, il vient

$$BP = AP + BK = AP + AB \cos(\pi - 2i) = AP - \frac{h}{\cos i} \cos 2i,$$

d'où

$$SB + BP = SA + AP - \frac{h}{\cos i}(1 + \cos 2i) = SA + AP - 2h \cos i.$$

La différence cherchée est $2h \cos i$; c'est cette quantité qui doit être égale à une très-petite fraction de la longueur d'ondulation pour qu'il y ait réflexion régulière. Or cette quantité, pour une valeur constante de h, décroît indéfiniment à mesure que i se rapproche de 90 degrés. Il résulte de là que toute surface, si peu polie qu'elle soit, doit réfléchir régulièrement la lumière lorsque l'incidence est suffisamment oblique. Il est facile de vérifier par l'expérience cette conséquence de la théorie : ainsi une feuille de papier blanc convenablement inclinée donne une image assez nette de la flamme d'une bougie.

La longueur d'ondulation varie assez notablement avec la couleur et va en croissant du violet au rouge à peu près dans le rapport de 4 à 7 : on conçoit donc que la quantité $2h \cos i$ puisse être négligeable vis-à-vis de la longueur d'ondulation de la lumière rouge, tout en conservant une valeur sensible comparativement à la longueur d'ondulation de la lumière violette. Une surface imparfaitement polie pourra par suite réfléchir régulièrement une certaine proportion de lumière rouge, tout en diffusant presque complétement la lumière violette. Il serait difficile de donner à une surface réfléchissante un degré de poli tel que, sous l'incidence normale, elle ne réfléchisse régulièrement que les rayons les moins réfrangibles. Mais on peut arriver au même résultat en employant un procédé très-simple, qui a été indiqué par Fresnel [1]. Il suffit de prendre un miroir de verre ou de métal dont la surface n'a été que *doucie* et de faire varier graduellement l'incidence. On obtient ainsi les effets que produiraient, sous une incidence constante, toutes les variations possibles dans le

---

[1] Expérience sur la réflexion régulière produite par des surfaces non polies (*OEuvres complètes*, t. I, p. 226). — L'expérience de Fresnel a été répétée avec soin par M. Hanckel (*Pogg. Ann.*, C, 302).

degré de poli du miroir. Fresnel a constaté que, conformément à
la théorie, l'image d'un objet lumineux, vu par réflexion sur une
glace simplement doucie, est colorée en rouge, au moment où elle
commence à apparaître par suite de l'obliquité croissante des rayons
incidents, et que cette coloration, lorsqu'on continue à augmenter

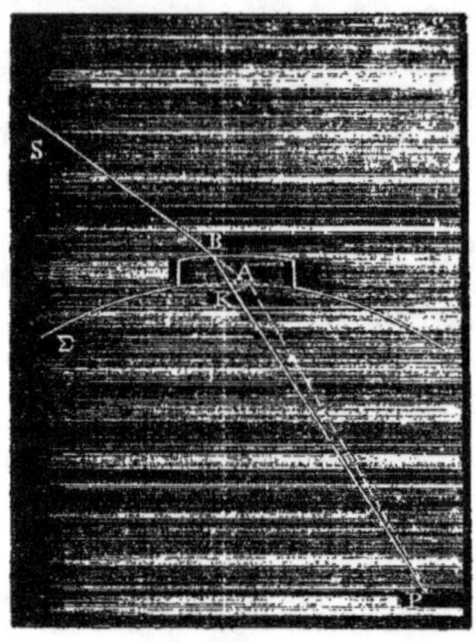

Fig. 55.

l'angle d'incidence, passe au blanc
par l'addition successive des couleurs spectrales, c'est-à-dire par
l'intermédiaire de l'orangé et du
jaune. L'expérience réussit également avec un miroir métallique.

Occupons-nous maintenant de
l'influence des aspérités de la surface de séparation de deux milieux
dans le phénomène de la réfraction. Soient (fig. 55) Σ une surface réfringente idéale présentant
un poli parfait, S le point lumineux, P le point éclairé par réfraction, A le point de la surface où a

lieu la réfraction régulière. Imaginons en A une saillie de forme
prismatique et d'une hauteur égale à h, et soit B le point où le
rayon incident SA rencontre cette saillie. La somme des temps employés par la lumière pour se propager du point lumineux à la surface réfringente et de cette surface au point éclairé subit, par suite
de la présence de cette aspérité, une variation égale à

$$\frac{SA}{v} + \frac{AP}{v'} - \left(\frac{SB}{v} + \frac{BP}{v'}\right),$$

v et v' désignant les vitesses de propagation de la lumière dans le
premier et dans le second milieu; pour que la réfraction continue
à se faire d'une manière régulière, il faut que cette variation soit
très-petite par rapport à la durée d'une vibration, ou, ce qui revient
au même, que la différence $SA + n\,AP - (SB + n\,BP)$ soit très-
petite par rapport à la longueur d'ondulation dans le premier milieu, n étant l'indice de réfraction du second milieu par rapport au
premier.

Or, en décrivant du point P comme centre, avec PA comme rayon, un arc de cercle qui rencontre en K la droite BP, il vient

$$SB = SA - \frac{h}{\cos i}, \qquad BP = BK + AP,$$

$$BK = \frac{h}{\cos i} \cos (i - r),$$

$$SB + n\,BP = SA - \frac{h}{\cos i} + \frac{nh}{\cos i} \cos (i - r) + n\,AP,$$

$$SB + n\,BP - (SA + n\,AP) = \frac{h}{\cos i} \left[n \cos (i - r) - 1 \right]$$

$$= \frac{h}{\cos i} \left(n \cos i \cos r + \sin^2 i - 1 \right)$$

$$= h \left(n \cos r - \cos i \right) = h \left(\sqrt{n^2 - \sin^2 i} - \cos i \right)$$

$$= h \frac{n^2 - 1}{\sqrt{n^2 - \sin^2 i} + \cos i}.$$

Cette expression, qui représente la différence de phase produite par une aspérité de hauteur h, ne s'annule pour aucune valeur de i; elle croît avec l'angle d'incidence i, et sa valeur minimum, qui est égale à $h(n - 1)$, correspond à l'incidence normale.

Ainsi, dans le cas de la réfraction, il n'est pas toujours possible, comme cela a lieu pour la réflexion, de faire disparaître l'influence des aspérités de la surface de séparation par une inclinaison convenable des rayons incidents, et, lorsque la quantité $h(n - 1)$ n'est pas une très-petite fraction de la longueur d'ondulation dans le premier milieu, la réfraction ne peut s'opérer d'une manière régulière sous aucune incidence.

63. Couleurs des lames épaisses. — Description et lois des phénomènes. — Les couleurs dites des lames épaisses provenant, comme nous le verrons plus loin, des interférences des rayons diffusés par la première face de la lame, leur étude se rattache au sujet que nous venons de traiter.

La découverte des anneaux colorés des lames épaisses est due à Newton[1], qui les observa dans les circonstances que nous allons décrire. Un trou pratiqué dans le volet d'une chambre obscure

[1] *Optique*, liv. II, part. IV.

laissait pénétrer dans .cette chambre un faisceau de rayons solaires qui étaient reçus sur un miroir concave en verre étamé ; les rayons, avant d'arriver au miroir, rencontraient un carton blanc percé d'une ouverture très-petite, laquelle coïncidait aussi exactement que possible avec le centre du miroir. Ce carton arrêtait la plus grande partie du faisceau lumineux et ne laissait passer qu'un cône de rayons divergents qui allaient tomber normalement sur le miroir. Les rayons réfléchis régulièrement par le miroir revenaient passer par l'ouverture du carton, et autour de cette ouverture on apercevait une série d'anneaux, colorés dans la lumière blanche, alternativement obscurs et brillants dans la lumière homogène. Newton, en mesurant les diamètres de ces anneaux, trouva qu'ils étaient soumis aux lois suivantes :

1° Ces diamètres varient comme ceux des anneaux transmis formés par une lame mince, c'est-à-dire que les carrés des diamètres des anneaux brillants sont proportionnels à la suite des nombres pairs 0, 2, 4, 6,..., et les carrés des diamètres des anneaux obscurs à la suite des nombres impairs 1, 3, 5, 7,....

2° Si l'on produit successivement les anneaux des plaques épaisses avec de la lumière homogène de différentes couleurs, ils vont en s'élargissant à mesure que la réfrangibilité de la lumière diminue, et les rapports entre les diamètres que présente un même anneau, lorsqu'on fait varier la couleur, sont les mêmes que pour les anneaux des lames minces.

3° Les diamètres des anneaux des plaques épaisses sont sensiblement proportionnels au rayon de courbure du miroir, c'est-à-dire à la distance du miroir à l'ouverture.

4° Ces diamètres sont en raison inverse de la racine carrée de l'épaisseur du miroir.

5° Les anneaux sont d'autant plus larges que l'indice de réfraction du verre qui forme le miroir est plus considérable.

Newton reconnut en outre que, si on enlève l'étamage de la face postérieure du miroir, les anneaux deviennent très-peu intenses, et qu'ils disparaissent complétement avec un miroir métallique, ce qui prouve que les deux faces du miroir de verre concourent à la production des anneaux.

Les apparences que présente le phénomène lorsque les rayons incidents cessent de tomber normalement sur le miroir ont été également décrites par Newton. Si on incline un peu le miroir sur la direction des rayons incidents, et si on place l'écran de façon qu'il soit rigoureusement perpendiculaire à l'axe du miroir, les rayons réfléchis régulièrement iront former sur l'écran une image de l'ouverture qui occupera une position symétrique de celle de l'ouverture par rapport au point où l'axe du miroir rencontre l'écran. On voit alors un anneau blanc qui passe par l'ouverture et par son image : cet anneau est en réalité de forme elliptique, mais, lorsque l'inclinaison du miroir sur les rayons incidents est peu considérable, il est sensiblement circulaire ; les faisceaux lumineux incident et réfléchi forment deux taches lumineuses en deux points diamétralement opposés de cet anneau. A l'intérieur et à l'extérieur de l'anneau blanc se montrent des anneaux colorés où les teintes se succèdent dans le même ordre à partir de l'anneau blanc. A mesure que l'on augmente l'inclinaison du miroir, les anneaux s'élargissent, et en même temps ils présentent un maximum d'éclairement de plus en plus marqué dans le voisinage du point où se forme l'image de l'ouverture. Dès que l'inclinaison du miroir atteint 10 ou 15 degrés, les anneaux ne sont plus visibles que dans leur partie la plus éclairée ; on n'aperçoit plus alors que des bandes colorées qui se rapprochent d'autant plus de la forme rectiligne que le miroir est plus incliné.

Enfin Newton constata qu'on peut voir directement les anneaux en supprimant le carton et en plaçant l'œil à l'endroit où les anneaux viennent se peindre le plus distinctement sur l'écran.

Frappé de l'analogie qui existe entre les couleurs des plaques épaisses et celles des lames minces, Newton s'efforça de les rattacher à la même cause et d'expliquer la formation des premières par la théorie des accès. Suivant lui, les anneaux colorés des plaques épaisses sont dus à ce que les rayons diffusés par la *seconde face* de la plaque sont réfléchis ou transmis par la première suivant qu'ils se trouvent, au moment où ils rencontrent cette première face, dans un accès de facile réflexion ou de facile transmission. Cette explication est contredite par les faits, car la surface étamée du miroir dont se servait Newton ne pouvait diffuser la lumière d'une façon sensible, et, de plus, de nombreuses expériences ont montré que les anneaux présentent d'autant plus d'éclat que la première face du miroir a un pouvoir diffusif plus grand et la seconde face un pouvoir réflecteur plus considérable, et que, par conséquent, c'est aux rayons diffusés à la première face qu'il faut attribuer le phénomène. Newton lui-même avait vu les anneaux devenir moins intenses lorsque la seconde face du miroir n'était plus étamée. Quant à l'influence du pouvoir diffusif de la première face, la découverte en est due au duc de Chaulnes [1], qui se servait, pour produire les anneaux, d'un miroir métallique concave devant lequel il plaçait une lame de verre ou de mica. Ayant par hasard soufflé sur cette lame, il remarqua que les anneaux devenaient beaucoup plus distincts. Pour augmenter l'éclat des anneaux d'une manière permanente, il étendit sur la face antérieure de la lame une couche très-mince de lait additionné d'une grande quantité d'eau ; par l'évaporation, il se dépose sur la lame des globules de caséine de grosseurs différentes, qui en ternissent la surface et lui font acquérir un pouvoir diffusif considérable.

Biot [2] et M. Pouillet [3], qui ont répété toutes les expériences de Newton sur les couleurs des lames épaisses et vérifié l'exactitude des lois qu'il avait assignées à ces phénomènes, ont constaté également l'influence du pouvoir diffusif de la première face en se servant de miroirs en verre. Lorsque la surface antérieure du miroir est bien polie, les anneaux sont à peine visibles ; ils deviennent au contraire très-nets lorsque cette surface est simplement doucie, ou lorsqu'on la ternit, soit au moyen de l'haleine, soit en la couvrant d'une poussière fine, soit enfin en employant le procédé du duc de Chaulnes ; mais, quand on répand de la poussière sur la surface du miroir, il faut avoir soin que cette poussière ne soit pas formée, comme celle de lycopode par exemple, de grains réguliers et égaux, car, s'il en était ainsi, des phénomènes de diffraction viendraient masquer en partie ceux qu'on veut observer.

<hr>

[1] *Mém. de l'anc. Acad. des sc.*, 1755, p. 136.
[2] *Traité de Physique*, t. IV, p. 149.
[3] *Ann. de chim. et de phys.*, (2), I, 87.

Newton croyait qu'il fallait nécessairement se servir d'un miroir concave pour apercevoir les anneaux des plaques épaisses ; mais les expériences de Biot et de M. Pouillet ont montré que ces anneaux peuvent aussi se produire avec des miroirs convexes, et même avec des lames de verre à faces parallèles : il faut seulement s'arranger de façon que les rayons réfléchis régulièrement, dont l'intensité est bien supérieure à celle des rayons diffusés, ne se superposent pas à ceux-ci, ce qui ferait disparaître les anneaux.

Lorsque les rayons qui tombent sur le miroir sont divergents, comme cela avait lieu dans les expériences de Newton, si l'on substitue au miroir concave un miroir plan, les rayons réfléchis régulièrement deviennent divergents et vont rencontrer l'écran dans la région où devraient se former les anneaux : il n'y a donc rien d'étonnant à ce que, dans de telles circonstances, on n'observe pas d'anneaux. Mais on pourra obtenir des anneaux avec un miroir plan, à condition que les rayons incidents soient parallèles, ce qu'on réalisera facilement en faisant passer ces rayons à travers deux ouvertures égales et placées à une grande distance l'une de l'autre.

Les anneaux que donne un miroir plan sont toujours beaucoup moins brillants que ceux qu'on observe avec un miroir concave : lorsqu'on se sert d'un miroir plan, il faut en effet que le faisceau incident soit très-étroit, sans quoi le phénomène devient tout à fait confus, et on a par suite un éclairement beaucoup moins grand qu'avec le faisceau conique divergent dont un miroir concave permet l'emploi. Enfin, si le miroir est convexe, le faisceau incident doit être assez convergent pour que les rayons réfléchis régulièrement forment également un faisceau convergent.

64. Théorie des couleurs des lames épaisses. — Nous venons de voir en quoi l'explication donnée par Newton des couleurs des lames épaisses est défectueuse et quelles sont les raisons qui doivent faire chercher l'origine de ces couleurs dans la diffusion exercée par la première face de la lame. Young est le premier qui ait essayé de rendre compte des phénomènes présentés par les lames épaisses au moyen de la théorie des ondulations et de les déduire du principe des interférences [1]; mais il s'est contenté d'un simple aperçu. J. Herschel [2] est entré plus avant dans l'explication des anneaux des plaques épaisses et a appliqué le calcul au cas de l'incidence normale : cette théorie a été complétée en plusieurs points et étendue au cas de l'incidence oblique par M. Stokes [3] et par M. Schäfli [4]; nous allons l'exposer en suivant la marche indiquée par ces derniers auteurs.

Considérons un faisceau de rayons tombant sur une lame transparente dont la première face est douée d'un pouvoir diffusif assez considérable, tandis que la seconde présente un poli suffisant pour ne pas diffuser sensiblement la lumière. Une première partie de la lumière incidente est réfléchie régulièrement par la face antérieure de la lame : l'expérience doit être disposée de façon que ces rayons réfléchis ne troublent pas le phénomène; nous n'avons donc pas à nous en occuper. Une autre partie de la lumière incidente est diffusée par réflexion sur cette même face : nous la désignerons par R'; elle contribue à l'éclairement de la région de l'écran où l'on observe les anneaux colorés. Une troisième partie ρ des rayons incidents se réfracte régulièrement, et enfin une dernière partie ρ' est diffusée par réfraction. Les rayons ρ et ρ' rencontrent la face postérieure de la lame et y sont réfléchis régulièrement; ils viennent tomber alors sur la première face de la lame, où ils sont en partie diffusés et en partie réfractés régulièrement. Mais, une double diffusion affaiblissant considérablement la lumière, on peut se borner à considérer ceux des rayons ρ' qui sont réfractés régulièrement à la première face : nous les désignerons par ρ''. Parmi les rayons ρ, ceux qui en revenant à la première face sont diffusés par réfraction sur cette face ont une intensité comparable à celle des rayons ρ'' : nous les désignerons par ρ'''. Il existe donc en définitive trois systèmes de rayons diffusés :

<hr>

[1] On the Theory of Light and Colours (*Phil. Tr.*, 1802, p. 41. — *Miscell. Works*, t. I, p. 140).

[2] *Traité de la lumière* (traduction de Verhulst et Quetelet), t. I, p. 440.

[3] *Cambr. Trans.*, IX, 147. — *Phil. Mag.*, (4), II, 419.

[4] *Grünert's Archiven*, XIII, 229. — *Mittheilungen der Naturforscher-Gesellschaft in Bern*, 1848, p. 177.

1° Les rayons R′ diffusés par réflexion à la première face de la lame ;

2° Les rayons ρ'' diffusés par réfraction à la première face, réfléchis régulièrement par la seconde et réfractés régulièrement en retombant sur la première;

3° Les rayons ρ''' réfractés régulièrement à la première face, réfléchis régulièrement par la seconde et enfin diffusés par réfraction en émergeant de la lame.

Les rayons R′ ne peuvent interférer avec les autres, car la différence de marche entre ces rayons R′ et les rayons ρ'' ou ρ''' est de l'ordre du double de l'épaisseur de la lame ; nous n'avons donc à nous occuper que des rayons ρ'' et ρ'''. Malgré cette première simplification, le phénomène semble encore devoir être très-compliqué : chaque point de l'écran reçoit en effet une infinité de rayons diffusés appartenant aux systèmes ρ'' et ρ''' ; car, si on prend sur l'écran un point quelconque, on voit qu'à chaque rayon incident correspond un couple de rayons diffusés aboutissant en ce point et faisant partie, l'un du système ρ'', l'autre du système ρ'''. Cette difficulté disparaît si l'on a égard à un principe posé par M. Stokes et qui consiste en ce que *deux rayons diffusés ne peuvent interférer qu'à condition d'avoir été diffusés au même point.* La raison théorique de ce principe est facile à comprendre : deux rayons qui ont été diffusés en deux points différents présentent en effet une différence de phase qu'il est impossible d'assigner à l'avance et qui peut avoir une valeur complétement différente pour deux rayons diffusés en des points très-voisins de ceux où ont été diffusés les deux premiers ; de là doit résulter, comme nous l'avons déjà vu (28), un éclairement sensiblement uniforme et la disparition de tout phénomène d'interférence. Il n'en est plus de même lorsque deux rayons ont été diffusés en un même point et qu'ils ont des directions peu différentes; ces rayons présentent alors une différence de phase qu'on peut calculer et qui a à peu près la même valeur pour des couples de rayons diffusés en des points très-voisins les uns des autres. Le principe de M. Stokes est du reste confirmé par plusieurs faits faciles à constater. Si, par exemple, on produit des franges d'interférence au moyen de deux fentes, comme le faisait Young, et qu'on vienne à placer devant ces fentes une lame de verre dépoli, les franges disparaissent complétement. Une seconde expérience, qui prouve également qu'il ne peut y avoir interférence entre des rayons qui ont été diffusés en des points différents, consiste à faire tomber un faisceau lumineux sur une lame de verre à faces parallèles, dépolie sur ses deux faces, et à constater qu'il ne se produit aucun phénomène d'interférence sur un écran placé derrière cette lame, bien qu'il y ait sur cet écran rencontre entre les rayons diffusés à la première et à la seconde face. Si quelques physiciens, et entre autres M. Babinet [1], ont aperçu des anneaux colorés dans les conditions que nous venons d'indiquer, c'est que, pour donner aux deux faces de la lame un pouvoir diffusif considérable, ils les avaient recouvertes d'une poussière à grains réguliers et égaux, comme la poudre de lycopode, et qu'il se produisait alors des phénomènes de diffraction complétement distincts de ceux qui nous occupent en ce moment.

Après avoir montré quels sont les rayons diffusés qui, en interférant, peuvent donner naissance aux anneaux des plaques épaisses,

Fig. 56.

nous allons aborder la théorie de ces anneaux en commençant par le cas le plus simple, celui d'une lame à faces planes et parallèles sur laquelle tombe normalement un faisceau de rayons incidents. Considérons en particulier un rayon incident SI et un point P de l'écran (fig. 56); parmi les rayons diffusés provenant de SI et qui aboutissent en P, il n'y en a, comme nous venons de le voir, que deux qui peuvent interférer : celui qui pénètre dans la lame en se réfractant régulièrement suivant II', se réfléchit régulièrement suivant I'I et est diffusé par réfraction en I dans la direction IP, et celui qui est diffusé par réfraction en I dans la direction IR, réfléchi régulièrement en R sui-

[1] *C. R.*, VII, 694.

vant RR′, et réfracté régulièrement en R′ de façon à émerger dans la direction R′P.

La différence des temps employés par ces deux rayons pour atteindre le point P est égale à

$$\frac{IP}{v} + \frac{2II'}{v'} - \left(\frac{R'P}{v} + \frac{2IR}{v'}\right),$$

v et v' désignant les vitesses de propagation de la lumière dans l'air et dans la substance de la lame. Par suite, il y aura maximum ou minimum d'intensité en P suivant que la quantité

$$IP + 2n\,II' - (R'P + 2n\,IR)$$

sera égale à $2k\dfrac{\lambda}{2}$ ou à $(2k+1)\dfrac{\lambda}{2}$, n étant l'indice de réfraction de la lame par rapport à l'air, λ la longueur d'ondulation dans l'air, k un nombre entier quelconque; cette quantité peut être regardée comme la différence de marche des deux rayons rapportée à l'air : nous la désignerons par δ.

Pour calculer cette différence de marche, posons

$$II' = e, \qquad SP = y, \qquad SI = d,$$

et appelons i l'angle formé par R′P avec la normale au miroir, r l'angle formé par RR′ avec cette même normale; nous aurons immédiatement

$$IP = \sqrt{d^2 + y^2}, \qquad IR = \frac{e}{\cos r}.$$

Pour trouver la valeur de R′P, prolongeons les droites R′P et RR′ jusqu'à leur rencontre en E′ et en E avec la droite SI; il viendra alors

$$R'P = E'P - RE',$$
$$E'P = \sqrt{y^2 + \overline{SE'}^2} = \sqrt{y^2 + (d + IE')^2}.$$

Il reste donc à chercher l'expression de IE′ et celle de R′E′; on trouve facilement

$$R'E' = \frac{IR'}{\sin i} = \frac{2e}{n\cos r},$$
$$IR' = (II' + I'E)\tang r = 2e\,\tang r,$$
$$IE' = IR'\cot i = 2e\,\frac{\tang r}{\tang i} = \frac{2e\cos i}{n\cos r},$$

en substituant ces valeurs dans l'expression de δ, il vient

$$\delta = \sqrt{d^2 + y^2} + 2ne - \sqrt{\left(d + \frac{2e}{n}\frac{\cos i}{\cos r}\right)^2 + y^2} + \frac{2e}{n\cos r} - \frac{2ne}{\cos r}.$$

Cette expression se simplifie considérablement, car, les angles i et r étant très-petits lorsque le point P se trouve dans la région où l'on observe les anneaux, les termes d'un ordre supérieur à $\sin^2 i$ ou à $\sin^2 r$ sont négligeables ; on a donc, avec un degré suffisant d'approximation,

$$\frac{1}{\cos r} = \left(1 - \sin^2 r\right)^{-\frac{1}{2}} = 1 + \frac{1}{2}\sin^2 r,$$

$$\frac{2e}{n}\frac{\cos i}{\cos r} = \frac{2e}{n}\left(1 - \sin^2 i\right)^{\frac{1}{2}}\left(1 - \sin^2 r\right)^{-\frac{1}{2}} = \frac{2e}{n}\left(1 + \frac{1}{2}\sin^2 r - \frac{1}{2}\sin^2 i\right);$$

et, en remarquant que la quantité $\frac{y^2}{d^2}$ est le carré de la tangente de l'angle PIS qui diffère peu de l'angle i, que, par conséquent, cette quantité est de l'ordre de $\sin^2 i$, et que, de plus, y est très-petit par rapport à d,

$$\sqrt{y^2 + d} = d + \frac{y^2}{2d},$$

$$\sqrt{y^2 + \left(d + \frac{2e}{n}\frac{\cos i}{\cos r}\right)^2} = d + \frac{2e}{n}\frac{\cos i}{\cos r} + \frac{y^2}{2\left(d + \frac{2e}{n}\frac{\cos i}{\cos r}\right)}.$$

La valeur de δ devient, en y introduisant ces simplifications,

$$\delta = \frac{y^2}{2d} - \frac{y^2}{2\left(d + \frac{2e}{n}\frac{\cos i}{\cos r}\right)}.$$

En remplaçant dans le dernier terme $\frac{\cos i}{\cos r}$ par l'unité, on ne supprime que des termes qui sont de l'ordre du produit de y^2 par $\sin^2 i$ ou par $\sin^2 r$, c'est-à-dire des termes négligeables, lorsqu'on se contente du degré d'approximation que nous avons adopté : il vient alors

$$\delta = \frac{e}{n}\frac{y^2}{d\left(d + \frac{2e}{n}\right)}.$$

Les deux rayons interférents subissant chacun une seule réflexion sur la seconde face de la lame, les conditions d'interférence ne dépendent que de la différence de marche, et il y aura maximum ou minimum d'intensité en P suivant que δ sera égal à $2k\frac{\lambda}{2}$ ou à $(2k+1)\frac{\lambda}{2}$, c'est-à-dire suivant qu'on aura

$$y^2 = \frac{2k\lambda n d \left(d + \frac{2e}{n}\right)}{2e}$$

ou

$$y^2 = \frac{(2k+1)\lambda n d \left(d + \frac{2e}{n}\right)}{2e}.$$

On voit par là que l'intensité est la même en tous les points pour lesquels y a la même valeur, c'est-à-dire en tous les points également éloignés du point S où le rayon incident rencontre le plan de l'écran ; les anneaux ont donc la forme circulaire, et leur centre est le point S. Les formules précédentes montrent encore que les carrés des diamètres des anneaux sont entre eux comme la suite des nombres pairs pour les anneaux brillants, comme la suite des nombres impairs pour les anneaux obscurs. Si l'épaisseur e du miroir est négligeable vis-à-vis de la distance d de l'écran au miroir, comme cela a lieu dans les conditions où se fait ordinairement l'expérience, il résulte de la valeur trouvée pour y^2 que les diamètres des anneaux sont proportionnels à la distance d et en raison inverse de la racine carrée de l'épaisseur du miroir, que de plus y augmente avec l'indice de réfraction n et aussi avec la longueur d'ondulation λ. Les lois expérimentales de Newton sont donc toutes confirmées par la théorie.

Nous avons supposé dans ce qui précède les rayons incidents parallèles, et nous n'avons considéré qu'un rayon unique ; mais en réalité chacun des rayons qui composent le faisceau incident donne naissance à un système d'anneaux ayant pour centre le point où ce rayon rencontre l'écran. Pour que ces systèmes d'anneaux se superposent sensiblement et que le phénomène ait quelque netteté, il faut donc que le faisceau incident soit très-étroit, ce qui montre combien est désavantageux l'emploi d'un miroir plan pour la production

des anneaux des plaques épaisses. Avec un miroir sphérique concave le même inconvénient n'est pas à craindre : dans ce cas, en
effet, les rayons peuvent être divergents, ce qui permet de conserver au faisceau incident une intensité assez considérable, bien que
l'ouverture qui limite ce faisceau ait de très-petites dimensions et
que, par conséquent, les centres des différents systèmes d'anneaux
correspondant aux rayons qui forment ce faisceau soient très-voisins
les uns des autres.

Nous allons maintenant passer au cas de l'incidence oblique :
pour plus de simplicité dans les calculs, nous supposerons le miroir
plan et à faces parallèles, et
l'écran parallèle au miroir :
nous admettrons de plus que
les rayons incidents sont parallèles. Considérons en particulier un rayon incident SI
(fig. 57) : ce rayon, après
s'être réfracté régulièrement
en I et réfléchi régulièrement
en R sur la seconde face de
la lame, vient rencontrer de
nouveau la première face en
I'. Prenons sur l'écran un
point P qui ne soit pas trop

[Fig. 57.

éloigné du point H, où la normale I'H menée au miroir par le
point I' rencontre l'écran : parmi les rayons provenant de RI' et diffusés au point I' par réfraction, il y en aura un qui ira passer par
le point P. En ce même point arrive un autre rayon I"P provenant
du rayon incident S'I, qui s'est diffusé par réfraction en I' suivant
I'Q, réfléchi régulièrement en Q suivant QI" et réfracté régulièrement suivant I"P. Les deux rayons I'P et I"P ayant été diffusés au
même point I' sont susceptibles d'interférer. Si du point I on abaisse
une perpendiculaire IK sur S'I', on voit que la différence de marche
de ces deux rayons rapportée à l'air, différence que nous désignerons par δ, est égale à

$$I'K + 2nI'Q + I''P - 2nIR - I'P.$$

16.

Pour calculer cette différence de marche, posons

$$I'H = d, \qquad HP = y;$$

appelons e l'épaisseur de la lame, i et r les angles que font avec la normale au miroir les rayons SI et IR, i' et r' les angles que font avec cette même normale les rayons I''P et I'Q. Il vient immédiatement

$$I'P = \sqrt{d^2 + y^2}, \quad IR = \frac{e}{\cos r}, \quad I'Q = \frac{e}{\cos r'},$$

$$I'K = II' \sin i = 2e \tan g r \sin i.$$

Par un calcul tout à fait identique à celui que nous avons fait pour le cas de l'incidence normale, on obtient

$$I''P = \sqrt{y^2 + \left(d + \frac{2e}{n} \frac{\cos i'}{\cos r'}\right)^2} - \frac{2e}{n \cos r'}.$$

En substituant ces valeurs dans l'expression de δ, elle devient

$$\delta = 2e \tan g r \sin i + \frac{2ne}{\cos r'} + \sqrt{y^2 + \left(d + \frac{2e}{n} \frac{\cos i'}{\cos r'}\right)^2} - \frac{2e}{n \cos r'}$$

$$- \frac{2ne}{\cos r} - \sqrt{y^2 + d^2},$$

et, en négligeant les termes dont la petitesse est d'un ordre supérieur à celle du carré des sinus des angles i, i', r et r', ce qui est permis puisque ces angles sont très-petits,

$$\delta = \frac{e}{n} \sin^2 i + \frac{y^2}{2\left(d + \frac{2e}{n}\right)} - \frac{y^2}{2d}.$$

Il y aura maximum ou minimum en P suivant que δ sera égal à un nombre pair ou impair de demi-longueurs d'ondulation, c'est-à-dire suivant qu'on aura

$$\frac{e}{n} \frac{y^2}{d\left(d + \frac{2e}{n}\right)} = 2k \frac{\lambda}{2} + \frac{e}{n} \sin^2 i$$

ou

$$\frac{e}{n} \frac{y^2}{d\left(d + \frac{2e}{n}\right)} = (2k+1) \frac{\lambda}{2} + \frac{e}{n} \sin^2 i.$$

Il résulte de là que les anneaux diffèrent peu de cercles qui auraient pour centre le point H, du moins lorsque l'obliquité des rayons incidents est petite; mais, à mesure que cette obliquité augmente, l'influence des termes que nous avons négligés dans le calcul devient de plus en plus sensible, et les anneaux prennent une forme elliptique.

À une différence de marche nulle entre les deux rayons interférents doit correspondre un maximum d'intensité pour toutes les couleurs, et par suite un anneau blanc. La valeur de y pour les points de cet anneau blanc est donnée par la relation

$$\frac{e}{n}\,\frac{y^2}{d\left(d+\frac{2e}{n}\right)}=\frac{e}{n}\sin^2 i,$$

d'où, en admettant que l'épaisseur e du miroir soit négligeable vis-à-vis de la distance d,

$$y = d\sin i\,;$$

l'angle i étant très-petit, on a approximativement

$$y = d\tang i = \text{S}'\text{H},$$

ce qui montre que l'anneau blanc passe par le point S″ symétrique du point S′ par rapport au point H, c'est-à-dire par l'image de l'ouverture que le rayon réfléchi régulièrement et correspondant au rayon incident S′I concourt à former sur l'écran. D'ailleurs, k pouvant devenir négatif sans que y cesse d'être réel, il y aura des anneaux colorés aussi bien à l'intérieur qu'à l'extérieur de l'anneau blanc. Lorsque k est positif, la valeur de y augmente avec λ; lorsque k est négatif, y varie en sens contraire de λ : donc, à l'extérieur de l'anneau blanc, la largeur des anneaux colorés va en augmentant du violet au rouge, tandis qu'à l'intérieur de cet anneau ce sont les anneaux violets qui sont les plus larges, d'où il résulte que les couleurs se succèdent à peu près dans le même ordre à partir de l'anneau blanc à l'intérieur et à l'extérieur de cet anneau. Le point H, qui forme le centre des anneaux, présente une coloration qui dépend uniquement de l'épaisseur de la lame, de son indice et de l'obliquité des rayons; car en ce point y est nul, et par suite la différence de marche δ est égale à $\frac{e}{n}\sin^2 i$.

Chaque rayon incident donne un système d'anneaux; et le phénomène n'est net qu'autant que ces différents systèmes coïncident sensiblement; de là résulte la nécessité d'employer un faisceau incident très-étroit lorsque le miroir est plan. Il y a donc, dans le cas de l'incidence oblique comme dans le cas de l'incidence normale, avantage à employer un miroir concave.

65. Anneaux du duc de Chaulnes. — Anneaux de M. Pouillet. — Bandes colorées de M. Quetelet. — Nous pouvons maintenant donner l'explication d'un certain nombre de phénomènes qui se rattachent aux couleurs des lames épaisses.

Le duc de Chaulnes obtenait des anneaux colorés en plaçant devant un miroir métallique concave une lame de verre ou de mica très-mince, dont la surface avait été ternie, soit en y répandant de la poussière, soit en y faisant évaporer du lait étendu d'eau [1]. Dans ce cas, la surface diffusante est celle du verre ou du mica, la surface réfléchissante celle du métal, et la couche d'air comprise entre la lame mince et le miroir joue le même rôle que la couche de verre comprise entre les deux surfaces du miroir dans les expériences faites avec un miroir de verre. L'épaisseur de la lame placée devant le miroir étant négligeable, les formules établies plus haut sont applicables aux anneaux observés par le duc de Chaulnes, à condition qu'on y remplace n par l'unité, ce qui explique pourquoi ces anneaux sont moins larges que ceux qu'on obtient avec un miroir de verre.

Dans les expériences de M. Pouillet [2], le miroir était encore en métal et de forme concave, mais la lame transparente était remplacée par une plaque opaque percée d'un trou de petites dimensions, ou même simplement par une plaque opaque à bords rectilignes. Si cette plaque est disposée de façon que les rayons incidents et les rayons réfléchis régulièrement par le miroir passent très-près des bords de l'ouverture, ou rasent le bord de la plaque si celle-ci n'est pas percée, on aperçoit des anneaux analogues à ceux des plaques épaisses. Ces anneaux résultent des interférences des rayons

[1] *Mém. de l'anc. Acad. des sc.*, 1755, p. 136.
[2] *Ann. de chim. et de phys.*, (2), 1, 87.

qui ont été diffractés par la plaque et ensuite réfléchis régulièrement par le miroir avec ceux qui, au contraire, ont été d'abord réfléchis régulièrement, puis diffractés aux mêmes points que les
premiers; deux rayons diffractés au même point sont en effet susceptibles d'interférer au même titre que deux rayons diffusés au même
point, car en réalité la diffusion et la diffraction ne constituent
qu'un seul et même phénomène.

Enfin M. Quetelet [1] a reconnu que les anneaux des plaques
épaisses, lorsque l'obliquité des rayons incidents sur le miroir dé-
passe 10 ou 15 degrés, se transforment en bandes colorées parallèles et sensiblement rectilignes. La plus brillante de ces bandes est
blanche et passe par l'image de l'ouverture. Ces apparences sont dues
à ce que, le pouvoir diffusif de la première surface du miroir n'étant
jamais très-considérable, l'intensité des rayons diffusés n'est sensible qu'autant que ces rayons font un angle très-petit avec le rayon
réfléchi régulièrement qui correspond au même rayon incident,
d'où il suit que, toutes les fois que les rayons ne tomberont pas sur
le miroir sous une incidence très-voisine de l'incidence normale,
les anneaux ne seront visibles que dans le voisinage de l'image de
l'ouverture par où passe le faisceau incident, et se réduiront à des
arcs colorés. Ces arcs se rapprocheront d'autant plus de la forme
rectiligne que l'incidence sera plus oblique, puisque le diamètre des
anneaux croît en même temps que l'angle d'incidence.

BIBLIOGRAPHIE.

———

DIFFUSION.

1815.   Fresnel, Premier Mémoire sur la diffraction, *OEuvres complètes*,
        t. I, p. 30.
1815.   Fresnel, Deuxième Mémoire sur la diffraction, *OEuvres complètes*,
        t. I, p. 119. — *Ann. de chim. et de phys.*, (2), I, 239.
1819.   Fresnel, Note sur l'application du principe de Huyghens et de la
        théorie des interférences aux phénomènes de la réflexion et de
        la diffraction, *OEuvres complètes*, t. I, p. 216.

[1] *Corresp. math. et phys.*, V, 394.

1819. FRESNEL, Note sur la réflexion et la réfraction considérées dans le système de l'émission, *OEuvres complètes*, t. I, p. 220.

1819. FRESNEL, Expérience sur la réflexion régulière produite par des surfaces non polies, *OEuvres complètes*, t. I, p. 225.

1857. HANKEL, Ueber farbige Reflexion des Lichtes von mattgeschliffenen Flächen bei und nach dem Eintritt einer spiegelnden Zurückwerfung, *Pogg. Ann.*, C, 302.

1860. DOVE, Ueber Reflexion des Lichtes von rauhen Flächen, *Pogg. Ann.*, CX, 288.

ANNEAUX COLORÉS DES PLAQUES ÉPAISSES.

1704. NEWTON, *Optics*, liv. II, part. IV.

1755. DUC DE CHAULNES, Observations sur quelques expériences de Newton, *Mém. de l'anc. Acad. des sc.*, 1755, p. 136.

1773. M. (DUTOUR), Mémoire sur la décomposition de la lumière dans le phénomène des anneaux colorés produits avec un miroir concave, *Journ. de phys. de Rozier*, IV, 349.

1802. YOUNG, On the Theory of Light and Colours, *Phil. Tr.*, 1802, p. 41. — *Miscell. Works*, t. I, p. 140.

1807. YOUNG, *Lectures on Natural Philosophy*, London, p. 471.

1816. BIOT, *Traité de physique*, Paris, t. IV, p. 149.

1816. POUILLET, Expériences sur les anneaux colorés qui se forment par la réflexion des rayons à la seconde surface des lames épaisses, *Ann. de chim. et de phys.*, (2), I, 87.

1816. ARAGO, Observations sur les expériences de M. Pouillet, *Ann. de chim. et de phys.*, (2), I, 89.

1828. J. HERSCHEL, *On the Theory of Light*, London. (Traduction par MM. Verhulst et Quetelet, t. I, p. 438.)

1829. QUETELET, Sur certaines bandes colorées, *Corresp. phys. et mathém.*, V, 394.

1838. BABINET, Sur les couleurs des doubles surfaces à distance, *C. R.*, VII, 694.

1848. SCHÄFLI, Ueber eine durch zerstreutes Licht bewirkte Interferenzerscheinung, *Grünert's Archiven*, XIII, 299. — *Mittheilungen der Naturforscher Gesellschaft in Bern*, 1848, p. 177.

1850-53. MOUSSON, Ueber die Quetelet'schen Streifen, *Verhandlungen der Schweizer Naturforscher Gesellschaft*, 1850, p. 57, 1853, p. 3.

1851. WHEWELL, On a New Kind of coloured Fringes, *Phil. Mag.*, (4), I, 336.

1851. STOKES, On the Colours of thick Plates, *Cambr. Trans.* IX, 147. — *Phil. Mag.*, (4), II, 419. — *Inst.*, XX, 93.

VII.

DIFFRACTION.

―――

PREMIÈRE PARTIE.

66. Historique de la diffraction. — Les phénomènes de diffraction, c'est-à-dire ceux qui résultent du passage de la lumière
près des bords d'un corps opaque, ont été observés pour la première
fois vers le milieu du xviie siècle par Grimaldi. Ce physicien, ayant
fait pénétrer un faisceau de rayons solaires dans une chambre
obscure par une ouverture très-petite, reconnut que les ombres des
corps opaques interposés sur le trajet de ces rayons étaient plus
larges qu'elles ne devaient l'être d'après la loi de la propagation
rectiligne de la lumière, et que ces ombres étaient bordées de
franges colorées, ordinairement au nombre de trois [1].

Newton répéta et varia les expériences de Grimaldi [2]. La lumière
étant admise dans la chambre obscure par une ouverture très-petite,
il vit l'ombre d'un cheveu élargie et bordée de trois franges colorées : dans ces franges, les couleurs se succédaient à peu près dans
le même ordre que dans les anneaux colorés des plaques minces,
c'est-à-dire que les franges étaient violettes dans la partie la plus
rapprochée de l'ombre et rouges dans la partie la plus éloignée.
Newton observa les mêmes apparences en employant comme écran
opaque des corps de nature très-diverse; mais il ne parle que des
franges extérieures à l'ombre et ne paraît pas avoir aperçu les
franges brillantes qui se montrent à l'intérieur de l'ombre d'un corps
très-étroit. Dans le but d'étudier les phénomènes qui se manifestent
lorsque la lumière passe entre deux corps assez rapprochés pour que
les franges qui bordent les ombres de ces corps empiètent les unes

―――

[1] *Physico-Mathesis de lumine, coloribus et iride*, Bononiæ, 1665.
[2] *Optics*, liv. III.

sur les autres, il fit tomber le faisceau lumineux sur deux couteaux dont les tranchants étaient placés parallèlement; il vit, lorsque la distance entre ces tranchants était suffisamment petite, une frange noire se dessiner au milieu de la projection de la fente lumineuse et la largeur de cette frange augmenter à mesure que la fente devenait plus étroite. Newton constata encore l'élargissement que subissent les franges de diffraction lorsqu'on les observe à une distance de plus en plus grande du corps opaque. Ayant remplacé la lumière blanche par de la lumière homogène, il s'assura que la largeur des franges était d'autant plus grande que la lumière était moins réfrangible, ce qui permet de rendre compte de l'ordre dans lequel se succèdent les couleurs lorsqu'on opère avec la lumière blanche. Il montra enfin qu'il n'est point nécessaire pour la production des franges de diffraction que le corps opaque se trouve dans l'air; car, ayant placé un cheveu entre deux plaques de verre et rempli d'eau l'espace compris entre ces deux plaques, il vit encore l'ombre de ce cheveu bordée de bandes irisées.

Newton s'est peu étendu sur l'explication théorique des phénomènes de diffraction [1] : il les attribue à des forces émanant de la surface des corps près desquels passent les rayons diffractés, forces qui feraient dévier les molécules lumineuses de leur trajectoire rectiligne. Ces forces, suivant la distance de la molécule lumineuse au corps opaque, seraient tantôt attractives, tantôt répulsives, de façon que la trajectoire pourrait être infléchie, soit vers l'extérieur, soit vers l'intérieur de l'ombre ; de ces changements de direction résulteraient, sur l'écran où vient se peindre l'ombre, une accumulation des rayons en certains points et un manque complet de lumière en d'autres points, ce qui donnera lieu à des franges qui seront colorées dans la lumière blanche, si l'on suppose que les rayons des différentes couleurs soient inégalement déviés.

Parmi les observateurs qui s'occupèrent après Newton des phénomènes de diffraction, il faut surtout citer, dans la première moitié du xviiie siècle, deux astronomes, Delisle et Maraldi. Delisle reconnut le premier l'existence d'un point brillant au centre de l'ombre d'un

<hr>

[1] *Optics*, liv. III, quest. 1, 2, 3, 4.

écran opaque de forme circulaire et de très-petite dimension [1]; cette expérience fut complétement oubliée par la suite, au point que Poisson crut réfuter la théorie de Fresnel en montrant que, d'après cette théorie, le centre de l'ombre d'un écran circulaire très-petit doit être éclairé comme si l'écran n'existait pas. Quant à Maraldi, il a décrit pour la première fois les franges brillantes qui apparaissent à l'intérieur de l'ombre d'un corps très-étroit [2].

Mairan [3], peu de temps après la publication de l'Optique de Newton, proposa, pour expliquer les phénomènes de diffraction, une hypothèse qui fut plus tard reprise et développée par Dutour [4]. Cette hypothèse consiste à admettre que, dans le voisinage immédiat de la surface des corps solides, l'air se trouve dans un état particulier de condensation, et qu'en passant à travers les couches d'air ainsi modifiées les rayons se réfractent de façon à être déviés de leur direction. En combinant cette théorie avec celle de Newton, on peut expliquer l'existence simultanée des franges intérieures et des franges extérieures sans être obligé d'admettre que les surfaces des corps solides exercent sur les molécules lumineuses, tantôt une attraction, tantôt une répulsion, suivant la distance : il suffit de supposer que les forces émanées de la surface des corps sont toujours répulsives et donnent naissance aux franges extérieures, tandis que les franges intérieures seraient dues à la condensation de l'air dans le voisinage de cette surface.

Young est le premier qui ait essayé de rendre compte des phénomènes de diffraction dans la théorie des ondulations en les rattachant au principe des interférences. Il attribua les franges extérieures aux interférences des rayons directs avec les rayons réfléchis sur les bords du corps opaque, en remarquant que, l'incidence étant très-près d'être rasante, l'intensité de ces rayons réfléchis doit être comparable à celle des rayons directs. Quant aux franges intérieures, il les expliqua par l'interférence des rayons infléchis par les deux bords de l'écran, sans se prononcer d'une manière bien nette sur la cause

[1] *Mém. de l'anc. Acad. des sc.*, 1715, p. 166.
[2] *Mém. de l'anc. Acad. des sc.*, 1723, p. 111.
[3] *Mém. de l'anc. Acad. des sc.*, 1738, p. 53.
[4] *Mém. des sav. étrang.*, V, 635; VI, 19, 36. — *Journ. de phys. de Rozier*, V, 120, 130; VI, 135, 413.

de cette inflexion [1]. Fresnel adopta dans ses premiers travaux sur la diffraction les idées de Young, mais il ne tarda pas à y renoncer après en avoir reconnu l'inexactitude.

Trois opinions différentes avaient donc été émises avant Fresnel sur la cause de la diffraction; ces opinions, comme Fresnel le prouva par de nombreuses expériences, étaient également erronées. Si les phénomènes de diffraction étaient dus à une condensation de l'air dans le voisinage des surfaces des corps opaques ou à des forces répulsives émanées de ces surfaces, la position et l'intensité des franges de diffraction dépendraient de la nature et de l'état physique des écrans qui limitent l'ouverture par où passe la lumière; si la diffraction provenait d'une réflexion des rayons sur les bords des écrans, toute variation dans le degré de poli de ces bords entraînerait une modification, sinon dans la position, du moins dans l'intensité des franges. Il suffisait donc, pour renverser les trois hypothèses que nous venons d'énoncer, de montrer que l'aspect des franges de diffraction ne dépend nullement de la nature des corps diffringents : c'est ce que fit Fresnel de la manière la plus concluante. Il remarqua d'abord que le tranchant et le dos d'un rasoir donnent des franges de même largeur et de même intensité; dans une seconde expérience, après avoir observé les franges produites par un système formé de deux cylindres de cuivre d'un centimètre de diamètre, placés très-près l'un de l'autre, il substitua à ce système une lame de verre recouverte de noir de fumée, sauf une bande dont la largeur était précisément égale à la distance des deux cylindres de cuivre, et ne put constater aucun changement, ni dans la largeur des franges, qu'il mesura avec soin dans les deux cas, ni dans leur éclat [2]. Après que Fresnel eut donné sa théorie de la diffraction, de Haldat entreprit une série d'expériences sur le même sujet et arriva à des conclusions identiques à celles de Fresnel; il se servit de fils métalliques pour produire les franges de diffraction, et vit ces franges conserver le même aspect pendant qu'il soumettait les fils aux actions

[1] *Lectures on Natural Philosophy*, p. 365.

[2] Supplément au deuxième Mémoire sur la diffraction (*OEuvres complètes*, t. 1, p. 148). — Mémoire sur la diffraction couronné par l'Académie des sciences (*OEuvres complètes*, t. I, p. 280).

les plus diverses, telles que passage d'un courant électrique, aimantation, élévation de température, etc. [1].

Outre l'objection générale que nous venons de faire connaître et qui s'applique également aux trois hypothèses que Fresnel avait à combattre, on peut en élever de particulières contre chacune de ces hypothèses. Dans celle de Newton, on ne voit pas comment la largeur des franges peut varier avec la distance du corps diffringent à la source lumineuse, car la force répulsive exercée par la surface du corps opaque sur une molécule lumineuse ne pourrait dépendre que de la distance de cette molécule à la surface. L'hypothèse des atmosphères condensées autour des corps solides est entièrement contredite par les expériences de Magnus, qui ont montré que les phénomènes de diffraction peuvent se produire dans le vide [2]. Quant à la théorie de Young, elle peut être réfutée par des considérations tirées de mesures précises de la largeur des franges, prises à des distances différentes du corps diffringent. Soient en effet S le point lumineux, P un point situé dans un plan mené par le point S perpendiculairement au bord de l'écran diffringent, A le point où ce plan rencontre le bord de l'écran : si les franges résultaient de l'interférence des rayons directs avec les rayons réfléchis, il y aurait, en tenant compte de la perte d'une demi-longueur d'ondulation par le fait de la réflexion, maximum ou minimum en P, suivant que la différence des longueurs SA+AP et SP serait égale à un nombre impair ou pair de demi-longueurs d'ondulations, et, par suite, le point où une frange d'un ordre déterminé rencontre le plan mené par le point S perpendiculairement au bord de l'écran devrait se déplacer, lorsqu'on observe le phénomène à des distances différentes de l'écran, suivant une branche d'hyperbole ayant pour foyers les points S et A. Or, l'expérience prouve que ce point se déplace bien suivant une trajectoire hyperbolique, mais que les points S et A sont les sommets et non les foyers de cette hyperbole.

La véritable théorie de la diffraction, que nous avons fait connaître d'une manière sommaire (55) et que nous allons maintenant exposer dans tous ses détails, a été fondée par Fresnel et inaugure

<hr>

[1] *Ann. de chim. et de phys.*, (2), XLI, 424.
[2] *Pogg. Ann.*, LXXXI, 408. — *Berl. Monatsber.*, 1847, p. 79.

brillamment la série de ses travaux sur l'optique. Les méthodes de calcul ont été plus récemment perfectionnées et simplifiées par plusieurs mathématiciens, parmi lesquels il faut citer surtout Knochenhauer [1], Cauchy [2] et M. Gilbert [3]; des phénomènes beaucoup plus complexes que ceux qu'a étudiés Fresnel ont été observés et mesurés par un grand nombre de physiciens, au premier rang desquels se placent Frauenhofer [4] et Schwerd [5] pour leurs travaux sur les réseaux. Mais, on peut le dire, rien d'essentiel n'a été ajouté aux principes posés par Fresnel; dans tous les cas, l'accord entre l'expérience et la théorie s'est maintenu jusque dans les plus minutieux détails, et on a pu affirmer sans exagération que « la théorie des ondulations prédit les phénomènes de diffraction aussi exactement que la théorie de la gravitation prédit les mouvements des corps célestes [6]. »

Nous diviserons ici, en nous attachant uniquement à l'ordre logique, l'exposé de la théorie des phénomènes de diffraction en trois parties.

Dans la première, nous nous occuperons des effets produits par une onde sphérique concave sur les points d'un plan passant par son centre : à ce cas se rattachent les phénomènes qu'on observe sur un écran placé à une très-grande distance du corps diffringent.

Dans la seconde partie, nous supposerons que l'onde est sphérique et a pour centre le point lumineux, et nous rechercherons les effets produits par la limitation de cette onde sur l'éclairement des points extérieurs à l'onde et situés à une distance finie du corps diffringent : c'est dans cette catégorie que rentrent les phénomènes plus spécialement observés par Fresnel; nous ne les étudierons qu'en second lieu, parce que leur théorie est moins simple que celle des phénomènes qui font l'objet de la première partie.

Enfin la troisième partie sera consacrée à l'examen de l'action

[1] *Die Undulationstheorie des Lichtes*, Berlin, 1839.— *Pogg. Ann.*, XLI, 103; XLIII, 286.
[2] *C. R.*, II, 455; XV, 534, 573, 712.
[3] *Mém. couronn. de l'Acad. de Brux.*, XXXI, 1.
[4] *Gilbert's Annalen*, LXXIV, 337. — *Schumacher's Astronom. Abhandl.*, II.
[5] *Die Beugungserscheinungen*, Manheim, 1835.
[6] Schwerd, *Die Beugungserscheinungen*, p. x.

exercée par les ondes dont la forme n'est pas sphérique, et en particulier à la théorie complète de l'arc-en-ciel.

67. Expression générale de l'intensité du mouvement vibratoire envoyé par une onde sphérique concave en un point d'un plan passant par son centre. — Soit une onde sphérique concave dont le centre est en O (fig. 58); menons par le point O un plan qui sera celui dans lequel les phénomènes seront supposés observés; prenons ce plan pour plan des xy, et le point O pour origine. Nous allons nous proposer de déterminer l'intensité du mouvement vibratoire en un point M du plan des xy, point dont nous désignerons les coordonnées par (ξ, η). Supposons à cet effet que l'origine du temps soit choisie de telle façon que la vitesse du mouvement vibratoire soit représentée à la surface de l'onde par

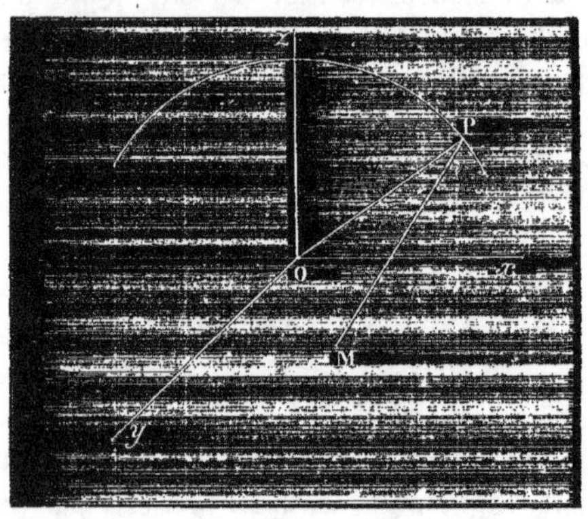

Fig. 58.

$$\alpha \sin 2\pi \frac{t}{T},$$

T étant la durée d'une vibration [1]. Soient (x, y, z) les coordonnées d'un point P de la surface de l'onde, $d^2\sigma$ l'élément superficiel correspondant à ce point, ρ la distance PM : la vitesse du mouvement vibratoire envoyé en M par l'élément $d^2\sigma$ sera, d'après une formule établie précédemment (45),

$$C\,d^2\sigma \sin 2\pi \left(\frac{t}{T} - \frac{\rho}{\lambda} \right).$$

[1] Dans tout ce qui va suivre nous supposerons la vitesse estimée suivant une certaine direction; les résultats que nous obtiendrons, étant indépendants de la direction suivant laquelle on estime la vitesse, s'appliqueront à l'intensité totale du mouvement vibratoire, qui est égale à la somme des intensités estimées suivant trois axes rectangulaires.

Le coefficient C dépend de la distance de l'élément considéré au point M, et aussi de l'inclinaison de la droite PM par rapport à la surface de l'onde; mais, si cette onde est limitée par un diaphragme dont l'ouverture soit très-petite, et si on se borne à chercher l'éclairement des points du plan xy qui sont voisins de l'origine, ce coefficient peut être considéré comme sensiblement constant : aussi le supprimerons-nous en général dans ce qui va suivre, sauf à le rétablir quand les conditions que nous venons d'indiquer ne seront pas remplies.

La vitesse de vibration envoyée au point M par la partie active de l'onde pourra être représentée par

$$v = \iint \sin 2\pi \left(\frac{t}{T} - \frac{\rho}{\lambda} \right) d^2\sigma\,;$$

l'intégration devra s'étendre à toute la partie de l'onde dont l'action n'est pas arrêtée par la présence du diaphragme, et par suite les limites entre lesquelles doivent être prises les intégrales correspondent au contour de l'ouverture de ce diaphragme.

En désignant par R le rayon de l'onde sphérique, on a

$$R^2 = x^2 + y^2 + z^2,$$
$$\rho^2 = (x - \xi)^2 + (y - \eta)^2 + z^2,$$

d'où

$$\rho^2 = R^2 - 2x\xi - 2y\eta + \xi^2 + \eta^2.$$

Si la partie active de l'onde n'a qu'une petite étendue et si le point M est très-voisin du point O, les quantités x et y sont très-petites par rapport à R, et les termes du second degré en ξ et en η sont négligeables; on a donc alors, avec une approximation suffisante,

$$\rho = R - \frac{x\xi + y\eta}{R} \quad \text{et} \quad d^2\sigma = dx\,dy.$$

En substituant ces valeurs dans l'expression de v, il vient

$$v = \iint \sin 2\pi \left(\frac{t}{T} - \frac{R}{\lambda} + \frac{x\xi + y\eta}{R\lambda} \right) dx\,dy$$
$$= \sin 2\pi \left(\frac{t}{T} - \frac{R}{\lambda} \right) \iint \cos 2\pi \frac{x\xi + y\eta}{R\lambda} dx\,dy$$
$$+ \cos 2\pi \left(\frac{t}{T} - \frac{R}{\lambda} \right) \iint \sin 2\pi \frac{x\xi + y\eta}{R\lambda} dx\,dy.$$

Si l'on pose

$$\varphi = 2\pi \left(\frac{t}{T} - \frac{R}{\lambda} \right),$$

$$A = \iint \cos 2\pi \frac{x\xi + y\eta}{R\lambda}\, dx\,dy,$$

$$B = \iint \sin 2\pi \frac{x\xi + y\eta}{R\lambda}\, dx\,dy,$$

il vient

$$v = A \sin\varphi + B \cos\varphi.$$

expression qui peut être mise sous la forme

$$v = C \sin (\varphi + \theta).$$

en posant

$$\theta = \text{arc tang } \frac{B}{A},$$

$$C = \sqrt{A^2 + B^2}.$$

L'intensité lumineuse en M a pour mesure le carré du coefficient C de la vitesse du mouvement vibratoire : en désignant cette intensité par I^2, on a donc définitivement

$$I^2 = \left(\iint \cos 2\pi \frac{x\xi + y\eta}{R\lambda}\, dx\,dy \right)^2 + \left(\iint \sin 2\pi \frac{x\xi + y\eta}{R\lambda}\, dx\,dy \right)^2.$$

Des deux intégrations indiquées dans chaque terme du second membre, il y en a toujours une qui peut s'effectuer immédiatement, de sorte que, dans le cas dont nous nous occupons, l'intensité du mouvement vibratoire peut s'exprimer au moyen de deux intégrales simples : c'est là la raison qui nous a fait étudier ce cas en premier lieu, car dans le cas général l'expression de l'intensité contient deux intégrales doubles qui ne peuvent pas toujours se ramener à des intégrales simples.

68. Conditions expérimentales dans lesquelles peuvent être observés des phénomènes de diffraction identiques à ceux que produit une onde sphérique concave. — Avant de discuter la valeur que nous venons de trouver pour l'intensité du mouvement vibratoire envoyé par une onde sphérique concave en un point d'un plan passant par son centre et d'attribuer à l'ouverture qui limite cette onde une forme particulière, il est utile de faire connaître les dispositions expérimentales à l'aide desquelles on peut réaliser les conditions que la théorie précédente suppose remplies et de montrer que cette théorie comporte une généralité beaucoup plus grande qu'on ne serait porté à le croire au premier abord.

Le moyen le plus simple qui se présente pour étudier les effets d'une onde sphérique concave consiste à faire tomber les rayons émanés d'un point lumineux sur une lentille convergente, de façon qu'ils aillent concourir en un foyer réel : il se forme alors une onde sphérique concave ayant pour centre le foyer conjugué du point lumineux, et pour limiter cette onde il suffit de placer un diaphragme entre la lentille et le foyer. Les rayons peuvent être reçus sur un écran passant par le foyer et perpendiculaire à l'axe de la lentille : on voit alors directement les phénomènes se dessiner sur cet écran. On peut aussi supprimer l'écran et observer les phénomènes avec une loupe disposée de façon à faire voir nettement les points situés dans le plan mené par le foyer perpendiculairement à l'axe de la lentille; l'emploi de la loupe a l'avantage de produire un grossissement qui permet de distinguer plus facilement les apparences dues à la diffraction.

Le procédé le plus commode consiste à réunir dans un même instrument la lentille convexe et la loupe, c'est-à-dire à se servir d'une lunette astronomique avec laquelle on vise une source lumineuse de très-petites dimensions : il suffit alors, pour donner naissance aux phénomènes de diffraction, de placer un diaphragme entre l'objectif et l'oculaire; si la lunette est munie d'un réticule à fil mobile, on pourra prendre des mesures et comparer les résultats de l'expérience avec ceux de la théorie.

Nous allons faire voir maintenant qu'on peut obtenir des effets identiques à ceux d'une onde sphérique concave, en se plaçant dans des conditions tout à fait différentes en apparence, par exemple en faisant tomber sur un diaphragme plan et percé d'une ouverture de forme quelconque un faisceau de rayons parallèles entre eux et

perpendiculaires au diaphragme, et en recevant ces rayons sur un
écran assez éloigné du diaphragme pour que les droites menées des
différents points de l'ouverture à un même point de l'écran puissent
être considérées comme parallèles. Supposons en effet le plan de
l'écran parallèle à celui de l'ouverture, et prenons-le pour plan
des xy; considérons sur ce plan un point P dont nous allons chercher à déterminer l'éclairement (fig. 59); choisissons enfin pour
axe des z une droite perpendiculaire au plan des xy et passant par
celui des points du contour de l'ouverture qui est le plus rapproché
du point P, pour axes des x et des y deux droites quelconques. Si
par le point A, où l'axe des z rencontre l'ouverture, nous menons un

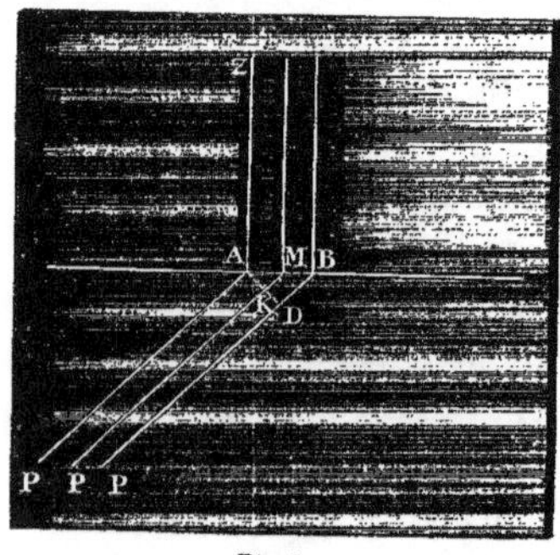

Fig. 59.

plan AD perpendiculaire à la direction AP, ce plan se confondra
sensiblement avec la surface d'une
sphère décrite du point P comme
centre avec AP pour rayon. L'onde
incidente est plane et se confond
avec le plan de l'ouverture; les
rayons incidents arrivent donc en
même temps aux différents points
de l'ouverture AB, et les mouvements vibratoires de ces points sont
concordants; d'autre part, le mou-
vement vibratoire emploie des temps égaux pour se propager
des différents points du plan AD au point P : les différences de
phase que présentent les mouvements envoyés en P par les différents points de l'ouverture ne proviennent donc que des chemins
parcourus entre l'ouverture AB et le plan AD perpendiculaire à la
direction AP des rayons qui aboutissent au point P.

Pour évaluer ces différences de phase, appelons α et β les
angles formés par la direction AP avec l'axe des x et avec l'axe des y;
prenons sur l'ouverture un point quelconque M ayant pour coordonnées x et y, et menons par ce point une parallèle à AP; soit K
le point où cette droite rencontre le plan AD. La différence de
marche entre les mouvements envoyés en P par les points A et M
est égale à MK; or, MK étant la projection de AM sur une direction

parallèle à AP, on a

$$MK = x \cos \alpha + y \cos \beta.$$

Si l'on représente la vitesse du mouvement vibratoire sur l'onde plane qui coïncide avec l'ouverture par

$$\alpha \sin 2\pi \frac{t}{T},$$

la distance AP par R, l'élément correspondant au point M par $dx\,dy$, on voit immédiatement que la vitesse envoyée par cet élément au point P a pour expression

$$v = \sin 2\pi \left(\frac{t}{T} - \frac{R}{\lambda} - \frac{x \cos\alpha + y \cos\beta}{\lambda} \right) dx\,dy.$$

En désignant par ξ et η les coordonnées du point P, il vient

$$\cos\alpha = \frac{\xi}{R}, \qquad \cos\beta = \frac{\eta}{R},$$

et par suite

$$v = \sin 2\pi \left(\frac{t}{T} - \frac{R}{\lambda} - \frac{x\xi + y\eta}{R\lambda} \right) dx\,dy.$$

Cette valeur de la vitesse ne diffère de celle qu'on trouve dans le cas d'une onde sphérique concave que par le signe du dernier terme de la parenthèse, et il est facile de s'assurer qu'on arrive, en continuant le calcul, à une expression de l'intensité lumineuse identique à celle que nous avons obtenue plus haut.

Au lieu d'observer les phénomènes sur un écran placé à une très-grande distance du corps diffringent, on peut, ce qui est plus commode, recevoir la lumière après son passage par l'ouverture sur une lentille convergente et donner successivement à l'axe de cette lentille différentes directions. Soit en effet une lentille convergente dont l'axe est dirigé parallèlement à AP : si la lentille n'existait pas, les mouvements envoyés, parallèlement à AP, en un point P situé à une distance infiniment grande sur cette direction, partiraient en même temps des différents points de l'ouverture AB et emploieraient des temps égaux pour se propager du plan AD, perpendiculaire à AP, jusqu'au point P. La lentille, ayant son axe parallèle à AP, fait converger en son foyer principal F les rayons parallèles à AP qu'on peut supposer émanés des différents points de l'ouverture ; la réfraction à travers la lentille, supposée aplanétique, n'introduisant aucune différence de marche entre les rayons qui concourent en son foyer (25), ces rayons emploient encore des temps égaux pour se propager du plan AD. qui leur est perpendiculaire, jusqu'au foyer F. Les différences de phase de ces rayons seront donc exactement au foyer F ce qu'elles seraient en P sans la présence de la lentille, et par suite l'intensité lumineuse aura en F la même valeur qu'en P, à un facteur constant près. Si maintenant on considère des rayons parallèles à une direction AP′ faisant un petit angle avec l'axe de la lentille, on voit que ces rayons iront très-sensiblement concourir en un point F′ voisin du foyer principal ; la réfraction à travers la lentille ne communique encore dans ce cas aux rayons aucune différence de marche appréciable, et par suite ces rayons emploient des temps égaux pour se propager du plan AD′ qui leur est perpendiculaire jusqu'au point F′. L'intensité au point F′ sera donc proportionnelle à ce qu'elle serait, si la lentille n'existait pas, en un point P′ situé à une distance extrêmement grande sur la direction AP′. Ainsi, si l'axe de la lentille est parallèle à AP, on observera les mêmes apparences dans le plan focal de la lentille autour du point F que sur un écran extrêmement éloigné autour du point P, et, en faisant varier la direction de l'axe de la lentille, on apercevra les phénomènes qui seraient venus se peindre dans les différentes régions de l'écran.

Le plus souvent on se sert, au lieu d'une simple lentille convergente, d'une lunette astronomique avec laquelle on vise l'ouverture diffringente et dont l'axe optique peut recevoir différentes directions : l'oculaire fait alors office de loupe, et, en adaptant un micromètre à la lunette, il est possible de prendre des mesures. La lunette est montée ordinairement sur un cercle gradué, ce qui permet d'évaluer l'inclinaison de son axe optique sur la direction des rayons incidents.

Lorsqu'on se propose uniquement d'examiner l'aspect des phénomènes sans prendre de mesures, on peut supprimer la lentille convergente et placer simplement l'œil derrière l'ouverture diffringente :

les phénomènes se dessinent alors sur la rétine comme ils le feraient sur un écran situé à une distance infiniment grande, pourvu toutefois que l'œil puisse s'accommoder pour des rayons parallèles. L'œil myope ne jouit pas de cette faculté, mais on peut la lui faire acquérir au moyen d'un verre divergent convenablement choisi.

En résumé, trois méthodes différentes d'observation conduisent aux mêmes résultats :

1° Celle qui consiste à viser directement le point lumineux avec une lunette astronomique, en interposant un diaphragme entre l'objectif et l'oculaire ;

2° La projection du phénomène sur un écran situé à une très-grande distance du corps diffringent ;

3° L'emploi d'une lunette astronomique qu'on dirige sur l'ouverture diffringente et dont l'axe peut recevoir différentes directions.

Lorsqu'on emploie une des deux dernières méthodes, les rayons qui tombent sur le diaphragme doivent être sensiblement parallèles, c'est-à-dire émaner d'un point situé à une grande distance de l'ouverture diffringente ; dans le premier procédé, il n'est pas nécessaire que cette condition soit remplie.

Par les raisons que nous avons indiquées en parlant des franges d'interférence, la source lumineuse, pour que les phénomènes de diffraction soient visibles, doit avoir un diamètre apparent très-petit. Cependant, quand l'ouverture diffringente est formée d'une ou de plusieurs fentes étroites, la source lumineuse peut sans inconvénient être allongée dans le sens parallèle à la grande dimension des fentes, car les systèmes de franges produits par les différents points de la source se superposent alors sensiblement, ce qui augmente l'éclat du phénomène. La source lumineuse de forme linéaire, qui peut être soit une fente pratiquée dans le volet d'une chambre obscure, soit la ligne focale d'une lentille cylindrique, doit, lorsqu'on se sert de l'une des deux dernières méthodes d'observation, se trouver à une grande distance du corps diffringent, à moins qu'on ne rende les rayons parallèles à l'aide d'un collimateur placé entre la source et l'ouverture diffringente.

Fresnel a indiqué la simplification qui s'introduit dans les apparences dues à la diffraction lorsque le centre de l'onde incidente, au lieu d'être au point lumineux, se trouve dans le plan du tableau [1]; mais il n'est entré dans aucun détail sur les phénomènes dont l'étude fait l'objet de cette première partie. Frauenhofer s'est servi le premier d'une lunette astronomique pour observer les effets produits par des ouvertures diffringentes : il a établi avec beaucoup de soin les lois expérimentales de ces phénomènes, principalement dans le cas où l'ouverture, formée d'un grand nombre de fentes égales et équidistantes, constitue ce qu'on appelle un réseau [2].

On doit à M. Herschel de nombreuses observations sur les apparences que présente l'image d'une étoile vue dans une lunette dont l'objectif est muni de diaphragmes de différentes formes [3].

La théorie des phénomènes observés à une grande distance du corps diffringent ou au moyen d'une lentille convexe a été établie d'une manière sommaire par Airy [4], puis développée et perfectionnée par Schwerd, qui a coordonné tous les travaux de ses devanciers sur ce sujet [5].

69. Diffraction par une ouverture rectangulaire.—Nous allons maintenant effectuer le calcul de l'intensité lumineuse dans un certain nombre de cas particuliers; les résultats que nous obtiendrons en partant de la formule établie pour une onde sphérique concave seront applicables à l'un quelconque des trois modes d'observation que nous avons indiqués plus haut.

Supposons en premier lieu que l'ouverture du diaphragme qui limite l'onde soit de forme rectangulaire. Si l'axe des z passe par le centre de cette ouverture, et si l'on désigne par a la longueur du côté de l'ouverture qui est parallèle à l'axe des x, par b celle du côté qui est parallèle à l'axe des y, les limites des intégrales sont $-\frac{a}{2}$ et $+\frac{a}{2}$ relativement à x, $-\frac{b}{2}$ et $+\frac{b}{2}$ relativement à y, et la formule

[1] Mémoire couronné sur la diffraction (*OEuvres complètes*, t. I, p. 3o2).
[2] *Schumacher's Astronomische Abhandlungen*, II. — *Gilbert's Annalen*, LXXIV, 337.
[3] *Traité de la Lumière* de Herschel (traduction de Verhulst et Quetelet), t. I, p. 5o3.
[4] *Mathematical Tracts*, Cambridge, 1831, p. 3a1.
[5] *Die Beugungserscheinungen*, Manheim, 1835.

qui donne l'intensité devient

$$I^2 = \left(\int_{-\frac{a}{2}}^{+\frac{a}{2}} \int_{-\frac{b}{2}}^{+\frac{b}{2}} \cos 2\pi \, \frac{x\xi + y\eta}{R\lambda} \, dx \, dy \right)^2$$

$$+ \left(\int_{-\frac{a}{2}}^{+\frac{a}{2}} \int_{-\frac{b}{2}}^{+\frac{b}{2}} \sin 2\pi \, \frac{x\xi + y\eta}{R\lambda} \, dx \, dy \right)^2$$

$$= \left(\int_{-\frac{a}{2}}^{+\frac{a}{2}} \cos 2\pi \, \frac{x\xi}{R\lambda} \, dx \int_{-\frac{b}{2}}^{+\frac{b}{2}} \cos 2\pi \, \frac{y\eta}{R\lambda} \, dy \right.$$

$$\left. - \int_{-\frac{a}{2}}^{+\frac{a}{2}} \sin 2\pi \, \frac{x\xi}{R\lambda} \, dx \int_{-\frac{b}{2}}^{+\frac{b}{2}} \sin 2\pi \, \frac{y\eta}{R\lambda} \, dy \right)^2$$

$$+ \left(\int_{-\frac{a}{2}}^{+\frac{a}{2}} \sin 2\pi \, \frac{x\xi}{R\lambda} \, dx \int_{-\frac{b}{2}}^{+\frac{b}{2}} \cos 2\pi \, \frac{y\eta}{R\lambda} \, dy \right.$$

$$\left. + \int_{-\frac{a}{2}}^{+\frac{a}{2}} \cos 2\pi \, \frac{x\xi}{R\lambda} \, dx \int_{-\frac{b}{2}}^{+\frac{b}{2}} \sin 2\pi \, \frac{y\eta}{R\lambda} \, dy \right)^2.$$

En remarquant que l'on a

$$\int_{-\frac{a}{2}}^{+\frac{a}{2}} \sin 2\pi \, \frac{x\xi}{R\lambda} \, dx = 0, \qquad \int_{-\frac{b}{2}}^{+\frac{b}{2}} \sin 2\pi \, \frac{y\eta}{R\lambda} \, dy = 0,$$

$$\int_{-\frac{a}{2}}^{+\frac{a}{2}} \cos 2\pi \, \frac{x\xi}{R\lambda} \, dx = \frac{R\lambda}{\pi\xi} \sin \pi \, \frac{a\xi}{R\lambda},$$

$$\int_{-\frac{b}{2}}^{+\frac{b}{2}} \cos 2\pi \, \frac{y\eta}{R\lambda} \, dy = \frac{R\lambda}{\pi\eta} \sin \pi \, \frac{b\eta}{R\lambda},$$

il vient

$$I^2 = \frac{R^4 \lambda^4}{\pi^4 \xi^2 \eta^2} \sin^2 \pi \, \frac{a\xi}{R\lambda} \sin^2 \pi \, \frac{b\eta}{R\lambda}.$$

En multipliant et divisant la valeur de l'intensité par $a^2 b^2$, elle prend une forme plus commode pour la discussion : on obtient ainsi l'expression

$$I^2 = a^2 b^2 \, \frac{\sin^2 \pi \, \dfrac{a\xi}{R\lambda}}{\dfrac{\pi^2 a^2 \xi^2}{R^2 \lambda^2}} \cdot \frac{\sin^2 \pi \, \dfrac{b\eta}{R\lambda}}{\dfrac{\pi^2 b^2 \eta^2}{R^2 \lambda^2}}.$$

L'intensité lumineuse au point dont les coordonnées sont ξ et η est donc représentée par un produit de trois facteurs dont l'un est constant, tandis que les deux autres sont de la forme $\dfrac{\sin^2 u}{u^2}$.

Nous sommes ainsi amenés à étudier les variations de la fonction $\dfrac{\sin^2 u}{u^2}$, fonction que nous représenterons par S. On voit immédiatement que cette fonction ne peut jamais prendre de valeurs négatives, qu'elle est égale à l'unité pour $u = 0$, et qu'elle s'annule toutes les fois qu'on a $u = m\pi$, m étant un nombre entier différent de zéro. Les valeurs nulles de la fonction S correspondent à des minima : pour trouver les valeurs de u qui rendent S maximum, il faut égaler à zéro la dérivée de cette fonction, ce qui donne

$$\frac{\sin u}{u} \cdot \frac{u \cos u - \sin u}{u^2} = 0.$$

L'équation

$$\frac{\sin u}{u} = 0$$

donnant les valeurs qui correspondent aux minima, il reste, pour déterminer celles qui correspondent aux maxima, l'équation

$$u \cos u - \sin u = 0$$

ou

$$(U) \qquad\qquad u = \operatorname{tang} u.$$

Cette équation a une première racine égale à zéro; une seconde, que nous appellerons u_1, comprise entre π et $3\dfrac{\pi}{2}$: une troisième u_2

comprise entre 2π et $5\frac{\pi}{2}$, et ainsi de suite. Généralement, entre $2n\frac{\pi}{2}$ et $(2n+1)\frac{\pi}{2}$, il existe une racine u_n de l'équation (U), et une seule.

Ces racines ont été calculées par Schwerd, qui est arrivé aux valeurs suivantes :

$$\frac{u_1}{\pi} = 1,4303, \qquad \frac{u_5}{\pi} = 5,4818,$$

$$\frac{u_2}{\pi} = 2,4590, \qquad \frac{u_6}{\pi} = 6,4844,$$

$$\frac{u_3}{\pi} = 3,4709, \qquad \frac{u_7}{\pi} = 7,4865,$$

$$\frac{u_4}{\pi} = 4,4774, \qquad \ldots \ldots \ldots$$

On voit que la racine u_n tend vers la valeur $(2n+1)\frac{\pi}{2}$, ce qu'il était facile de prévoir. Quant aux maxima de la fonction S, le premier est égal à l'unité et les autres à

$$\frac{\sin^2 u_1}{u_1^2}, \qquad \frac{\sin^2 u_2}{u_2^2}, \ldots\ldots, \qquad \frac{\sin^2 u_n}{u_n^2}.$$

Ces maxima décroissent très-rapidement, car la quantité u_n^2 croît d'une manière continue et très-vite, tandis que le numérateur $\sin^2 u_n$ reste toujours inférieur à l'unité; le second maximum est déjà beaucoup plus petit que le premier. En résumé, la fonction S, que nous aurons souvent à considérer dans l'étude des phénomènes de diffraction, présente des minima équidistants et tous égaux à zéro, et des maxima dont le premier est égal à l'unité et qui vont en décroissant avec une très-grande rapidité : la marche de cette fonction est représentée par une courbe dans la figure 60.

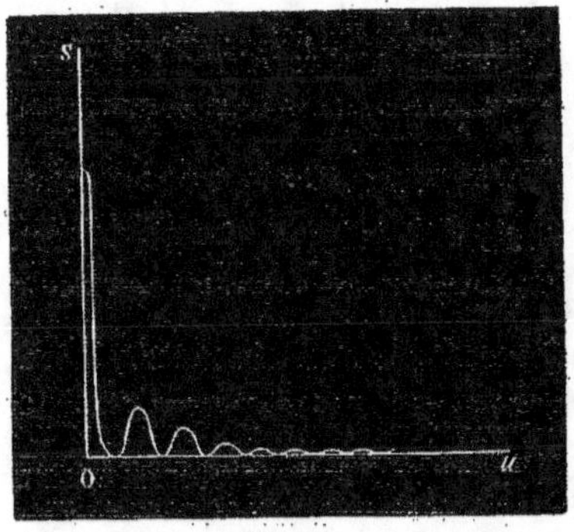

Fig. 60.

Nous pouvons maintenant nous rendre compte de l'aspect que
présentent les phénomènes dans la lumière homogène. L'intensité
lumineuse est nulle en tous les points du plan des xy pour lesquels
un des deux derniers facteurs de la valeur de I^2 devient égal à zéro,
c'est-à-dire en tous les points pour lesquels on a, m étant un nombre
entier différent de zéro,

$$\frac{\pi a \xi}{R\lambda} = m\pi$$

ou

$$\frac{\pi b \eta}{R\lambda} = m\pi.$$

On a donc un système de lignes entièrement obscures dont les équations sont

$$\xi = \frac{mR\lambda}{a}, \qquad \eta = \frac{mR\lambda}{b}.$$

Ces lignes forment deux systèmes de droites équidistantes, parallèles

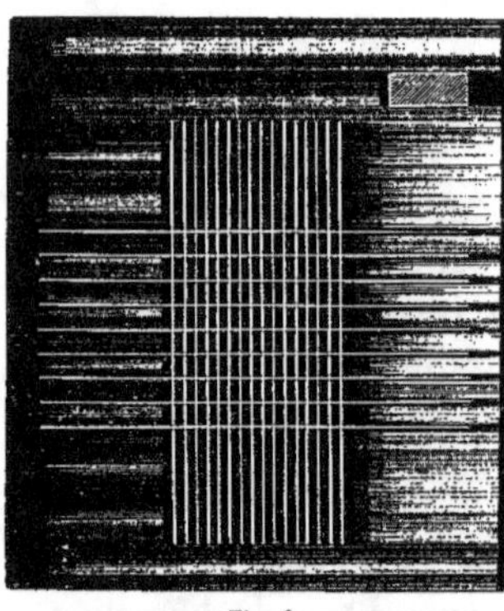

Fig. 61.

les unes à l'axe des x, les autres à
l'axe des y, et constituent un réseau à mailles rectangulaires. Les
mailles de ce réseau sont toutes
égales entre elles et semblables à
l'ouverture ; mais elles ne sont pas
orientées de la même façon que
l'ouverture, car les côtés homologues ont des directions perpendiculaires. Plus sera grande la longueur d'un des côtés de l'ouverture,
plus les lignes noires qui sont perpendiculaires à ce côté seront ser-
rées. La figure 61 représente le réseau de lignes noires dont nous
venons de parler ; l'ouverture rectangulaire est figurée séparément.

Sur chacune des droites Ox et Oy, l'un des deux derniers facteurs
de la valeur de I^2 est constant et égal à l'unité, tandis que l'autre
présente des maxima qui décroissent très-rapidement, et par suite
l'intensité lumineuse présente aussi des maxima qui deviennent de

moins en moins intenses; ces droites ne font pas partie du réseau des lignes obscures, et le point O est le plus éclairé parmi tous ceux du plan. Pour tout point qui n'est pas voisin de l'un des deux axes, les deux derniers facteurs de I^2 ont des valeurs très-petites; par conséquent, les maxima qu'offre l'intensité lumineuse dans l'intérieur des mailles qui ne sont pas très-voisines de l'un des axes sont très-faibles par rapport à ce que sont les maxima sur les axes mêmes. La partie la plus apparente du phénomène est donc une sorte de croix dont les branches sont dirigées suivant Ox et suivant Oy. Lorsque l'ouverture est un peu large, les maxima et les minima sont très-resserrés; l'œil ne peut alors les distinguer, et on croit voir une croix lumineuse dont l'éclat s'affaiblit rapidement sur chaque branche à partir du point où ces branches se croisent. C'est sous cette forme que l'image d'une étoile brillante s'est présentée à W. Herschel, lorsque l'objectif de la lunette était muni d'un diaphragme à ouverture rectangulaire [1]. A mesure que les dimensions du diaphragme deviennent plus petites, la séparation des maxima et des minima s'accuse plus nettement : lorsque l'ouverture est suffisamment rétrécie, on aperçoit au point O une tache lumineuse beaucoup plus brillante que les autres, de forme rectangulaire, et semblable à l'ouverture que l'on aurait fait tourner de 90 degrés; sur chacun des axes se trouvent des taches présentant la même forme, mais dont l'éclat va en s'affaiblissant très-rapidement à partir du point O; dans les angles formés par les axes, on observe des taches lumineuses beaucoup moins brillantes que celles qui sont situées sur les axes et d'une forme plus compliquée.

Dans la lumière blanche ces taches lumineuses se transforment en autant de spectres; les valeurs de ξ et de η qui correspondent soit à un même maximum, soit à un même minimum, croissant avec la longueur d'ondulation, tous ces spectres ont leur extrémité violette tournée du côté du point O, qui est le centre du phénomène.

70. Diffraction par une fente étroite à bords parallèles. —— Si l'une des dimensions de l'ouverture rectangulaire que nous

[1] *Traité de la lumière* par J. Herschel (traduction de Verhulst et Quetelet), t. I, p. 505.

venons de considérer est très-grande par rapport à l'autre: si, en d'autres termes, cette ouverture se réduit à une fente à bords parallèles, étroite et très-allongée, le phénomène prend l'aspect d'une ligne perpendiculaire à la grande dimension de l'ouverture et située dans un plan mené par le point lumineux perpendiculairement aux bords de la fente. Dans ce cas, en effet, l'intensité lumineuse, d'après ce que nous avons vu plus haut, devient insensible dès qu'on s'écarte de cette ligne, sur laquelle on observera d'ailleurs des minima d'intensité qui seront tous nuls et des maxima qui iront en décroissant rapidement à partir du point où la ligne est rencontrée par la perpendiculaire abaissée du point lumineux sur le plan de la fente. Toutes les fois que l'ouverture diffringente est formée par une ou plusieurs fentes à bords parallèles, il suffit donc de chercher les variations de l'intensité lumineuse aux différents points de l'intersection du plan dans lequel les phénomènes sont supposés observés, ou plan du tableau, avec un plan passant par le point lumineux et perpendiculaire aux bords de la fente. Il résulte de là que, si la source lumineuse, au lieu de se réduire à un point, présente la forme d'une droite parallèle à la fente, chaque point de cette source produira les mêmes effets que s'il était seul. Pour trouver l'aspect du phénomène, il faudra donc considérer isolément un point de la source, chercher la distribution des maxima et des minima sur la droite suivant laquelle le plan mené perpendiculairement à la fente par ce point coupe le plan du tableau, et mener par les différents points de cette droite des parallèles à la ligne lumineuse en donnant à ces parallèles des longueurs égales à celle de la ligne lumineuse si les rayons sont reçus directement sur un écran, à celle de son image si on emploie une lentille convergente : sur chacune de ces parallèles l'intensité restera constante, et, si on opère avec la lumière blanche, chacune de ces parallèles présentera la même couleur en tous ses points.

Pour effectuer les calculs d'une façon plus commode, nous supposerons, dans tout ce qui est relatif aux phénomènes produits par une ou plusieurs fentes étroites, que les apparences soient observées sur un écran placé à une distance infiniment grande du corps diffringent et que la source lumineuse soit assez éloignée de l'ouverture pour que les rayons incidents puissent être considérés comme parallèles : les résultats que nous obtiendrons seront applicables au cas où l'on vise l'ouverture avec une lunette astronomique dont l'axe optique peut recevoir différentes directions (68).

Supposons en premier lieu que l'ouverture diffringente soit formée d'une fente unique à bords parallèles, et désignons par a la largeur de cette fente. Il suffira, d'après ce que nous venons de voir, de considérer les phénomènes dans un plan perpendiculaire aux bords de la fente; prenons ce plan pour plan de figure (fig. 62), et soient A et B les points où il rencontre les bords de la fente. Proposons-nous d'évaluer l'intensité lumineuse en un point P, situé dans ce

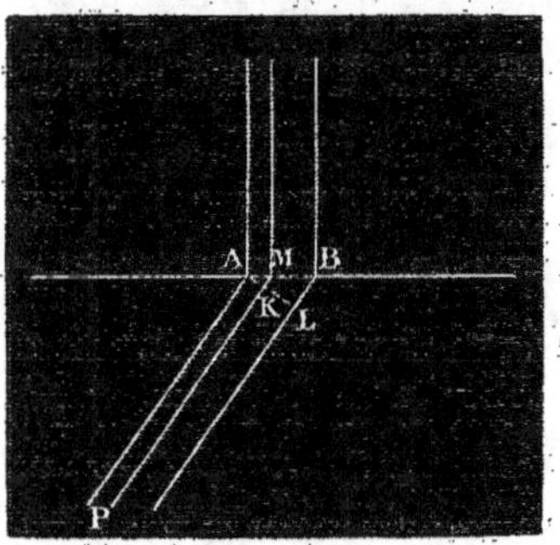

Fig. 62.

plan à une distance très-grande du corps diffringent sur une direction AP faisant avec celle des rayons incidents un angle égal à δ : cet angle δ est ce que nous appellerons la *déviation* des rayons envoyés en P par les différents points de l'ouverture, rayons qui peuvent être regardés comme parallèles. Si nous partageons l'ouverture en bandes infiniment étroites par des droites parallèles à ses bords, nous voyons que, tous les points d'une même bande étant à la même distance du point P, la vitesse envoyée par cette bande en P est proportionnelle à celle qu'envoie l'élément de AB qui sert de base à la bande. On obtiendra donc, à un facteur constant près, l'intensité lumineuse en P, en ne tenant compte que des mouvements provenant des différents points de AB. Soit M un de ces points et posons

$$AM = x;$$

menons par le point A une droite AL perpendiculaire à AP, et abaissons du point M une perpendiculaire MK sur cette droite : nous aurons

$$MK = x \sin \delta;$$

par suite, si nous représentons par $\sin 2\pi \frac{t}{T} dx$ la vitesse envoyée au point P par l'élément de la droite AB correspondant au point A, la vitesse envoyée par l'élément qui a pour milieu le point M sera égale à

$$\sin 2\pi \left(\frac{t}{T} - \frac{x \sin \delta}{\lambda} \right) dx.$$

La vitesse envoyée en P par la droite AB est donc représentée par

$$\int_0^a \sin 2\pi \left(\frac{t}{T} - \frac{x \sin \delta}{\lambda} \right) dx = \sin 2\pi \frac{t}{T} \int_0^a \cos 2\pi \frac{x \sin \delta}{\lambda} dx$$
$$- \cos 2\pi \frac{t}{T} \int_0^a \sin 2\pi \frac{x \sin \delta}{\lambda} dx.$$

Cette vitesse étant proportionnelle à celle qui provient de l'ouverture tout entière, on a pour la valeur de l'intensité lumineuse au point P, en supprimant un facteur constant,

$$I^2 = \left(\int_0^a \cos 2\pi \frac{x \sin \delta}{\lambda} dx \right)^2 + \left(\int_0^a \sin 2\pi \frac{x \sin \delta}{\lambda} dx \right)^2$$
$$= \left(\frac{\lambda}{2\pi \sin \delta} \sin 2\pi \frac{a \sin \delta}{\lambda} \right)^2 + \left[\frac{\lambda}{2\pi \sin \delta} \left(\cos 2\pi \frac{a \sin \delta}{\lambda} - 1 \right) \right]^2$$
$$= \frac{\lambda^2}{4\pi^2 \sin^2 \delta} \left(2 - 2 \cos 2\pi \frac{a \sin \delta}{\lambda} \right) = \frac{\lambda^2}{\pi^2 \sin^2 \delta} \sin^2 \pi \frac{a \sin \delta}{\lambda},$$

et, en multipliant et divisant par a^2,

$$I^2 = a^2 \frac{\sin^2 \pi \dfrac{a \sin \delta}{\lambda}}{\pi^2 \dfrac{a^2 \sin^2 \delta}{\lambda^2}}.$$

L'expression qui représente l'intensité se compose donc de deux facteurs dont l'un est constant et l'autre de la forme $\frac{\sin^2 u}{u^2}$. Nous avons étudié plus haut (69) les variations de cette dernière fonction, et nous avons vu que ses minima sont tous nuls et correspondent aux valeurs de u données par l'équation $u = m\pi$, m étant un nombre entier différent de zéro. L'intensité est donc nulle sur toutes les directions pour lesquelles on a

$$\sin \delta = \frac{m\lambda}{a};$$

si l'angle δ est très-petit, comme cela arrive ordinairement, on aura très-approximativement pour ces directions

$$\delta = \frac{m\lambda}{a}.$$

Les déviations qui correspondent aux minima sont par conséquent proportionnelles à la longueur d'ondulation, en raison inverse de la largeur de la fente, et croissent comme la série des nombres entiers consécutifs.

L'intensité passant par une valeur maximum en même temps que le facteur variable, les déviations qui correspondent aux maxima de lumière sont données par la formule

$$\sin \delta = \frac{u_n \lambda}{\pi a}$$

ou

$$\delta = \frac{u_n \lambda}{\pi a},$$

u_n étant une des racines de l'équation

$$u = \tang u.$$

Si u a une valeur un peu considérable, la racine u_n diffère peu, comme nous l'avons vu, de $\left(2n + 1\right)\frac{\pi}{2}$. Les déviations qui correspondent aux maxima d'un rang élevé sont donc données approximativement par la formule

$$\sin \delta = \frac{(2n + 1)\lambda}{2a}.$$

Les maxima décroissent du reste très-rapidement à partir de la direction normale à la fente; c'est ce que montre l'étude que nous avons faite de la fonction $\frac{\sin^2 u}{u^2}$.

Lorsqu'on opère dans la lumière blanche, on aperçoit au centre du phénomène une bande blanche et brillante qui est située sur la

direction normale à la fente diffringente : de chaque côté de cette
bande se trouve un espace obscur, puis viennent des spectres de
moins en moins brillants et séparés par des bandes noires. La déviation augmentant avec la longueur d'ondulation, tous ces spectres
ont leur extrémité violette tournée du côté de la bande centrale. Les
spectres qui s'observent dans le cas d'une fente unique ont été appelés
par Frauenhofer *spectres de première classe.*

Des considérations tout à fait élémentaires permettent de déterminer, lorsque l'ouverture diffringente est formée d'une fente unique,
les directions sur lesquelles l'intensité lumineuse est nulle. En effet,
pour que l'intensité lumineuse, envoyée par l'ouverture en un point P
situé à une très-grande distance sur une droite faisant avec la normale au plan de cette ouverture un angle δ, soit rigoureusement
nulle, il faut et il suffit que, par rapport au point P, la droite AB
comprenne un nombre pair d'arcs élémentaires, c'est-à-dire qu'en
abaissant du point A une perpendiculaire AL sur la droite BP
(fig. 62) on ait

$$BL = m\lambda,$$

d'où, comme on a

$$BL = a \sin \delta,$$

on déduit

$$\sin \delta = \frac{m\lambda}{a},$$

valeur identique à celle qui a été trouvée plus haut.

Les directions qui correspondent aux maxima ne peuvent être
déterminées aussi simplement; on peut remarquer seulement qu'elles
doivent être voisines de celles pour lesquelles AB peut se décomposer en un nombre impair d'arcs élémentaires, c'est-à-dire des directions qui sont données par la formule

$$\sin \delta = \frac{(2n+1)\lambda}{2a}.$$

Nous avons vu en effet que cette formule, dès que n a une valeur
un peu considérable, indique avec une grande approximation les
directions sur lesquelles l'intensité a une valeur maximum.

Frauenhofer, à qui on doit la découverte des phénomènes que nous venons de décrire, et en général de tous ceux que présentent les ouvertures diffringentes formées de fentes à bords parallèles lorsqu'on les regarde à travers une lunette [1], a reconnu dans ses expériences que les déviations des rayons rouges dans les spectres successifs forment une série dont les termes sont entre eux comme la suite des nombres entiers. Il semble au premier abord que ces résultats soient en contradiction avec la théorie que nous venons d'exposer et d'après laquelle la loi trouvée par Frauenhofer s'applique aux minima d'intensité; mais un examen plus attentif montre que cette contradiction n'est qu'apparente. Les nombres consignés dans le mémoire de Frauenhofer satisfont en effet à la formule

$$\sin \delta = \frac{m\lambda}{a},$$

à condition qu'on donne à λ non pas la valeur qui convient aux rayons rouges, mais celle qui correspond aux rayons les plus intenses parmi tous ceux du spectre, c'est-à-dire aux rayons jaunes; or l'absence de ces rayons jaunes produit sur la rétine l'impression d'un rouge sombre teinté de violet. Les directions sur lesquelles cette dernière nuance présente un maximum d'intensité correspondent donc aux minima de certains rayons simples du spectre, et leurs déviations doivent suivre la loi que la théorie indique pour les minima.

71. Diffraction par deux fentes étroites à bords parallèles, égales et très-rapprochées l'une de l'autre. — Supposons maintenant que l'ouverture diffringente se compose de deux fentes étroites à bords parallèles, ayant chacune une largeur égale à a et séparées par un intervalle opaque dont la largeur, que nous désignerons par b, soit aussi très-petite.

En raisonnant comme dans le cas précédent, on trouvera, pour l'intensité de la lumière en un point P situé à une très-grande dis-

[1] Les travaux de Frauenhofer sur la diffraction se trouvent tous exposés dans le Mémoire intitulé : *Neue Modification des Lichts durch gegenseitige Einwirkung und Beugung der Strahlen, und Gesetze derselben*, publié pour la première fois en 1823 dans le II⁰ volume des *Astronomische Abhandlungen* de Schumacher et reproduit en partie dans les *Annales de Gilbert*, t. LXXIV, p. 337.

tance sur une direction faisant avec la normale au plan des fentes un angle δ,

$$I^2 = \left(\int_0^a \cos 2\pi \frac{x \sin \delta}{\lambda} dx + \int_{a+d}^{2a+d} \cos 2\pi \frac{x \sin \delta}{\lambda} dx \right)^2$$

$$+ \left(\int_0^a \sin 2\pi \frac{x \sin \delta}{\lambda} dx + \int_{a+d}^{2a+d} \sin 2\pi \frac{x \sin \delta}{\lambda} dx \right)^2$$

$$= \frac{\lambda^2}{4\pi^2 \sin^2 \delta} \left[\sin 2\pi \frac{a \sin \delta}{\lambda} + \sin 2\pi \frac{(2a+d) \sin \delta}{\lambda} \right.$$

$$\left. - \sin 2\pi \frac{(a+d) \sin \delta}{\lambda} \right]^2$$

$$+ \frac{\lambda^2}{4\pi^2 \sin^2 \delta} \left[1 - \cos 2\pi \frac{a \sin \delta}{\lambda} + \cos 2\pi \frac{(a+d) \sin \delta}{\lambda} \right.$$

$$\left. - \cos 2\pi \frac{(2a+d) \sin \delta}{\lambda} \right]^2,$$

d'où, en considérant l'arc $2\pi \dfrac{(2a+d) \sin \delta}{\lambda}$ comme étant la somme des

deux arcs $2\pi \dfrac{(a+d) \sin \delta}{\lambda}$ et $2\pi \dfrac{a \sin \delta}{\lambda}$ et en effectuant les réductions,

$$I^2 = \frac{\lambda^2}{4\pi^2 \sin^2 \delta} \left[4 - 4 \cos 2\pi \frac{a \sin \delta}{\lambda} + 4 \cos 2\pi \frac{(a+d) \sin \delta}{\lambda} \right.$$

$$\left. - 2 \cos 2\pi \frac{(2a+d) \sin \delta}{\lambda} - 2 \cos 2\pi \frac{d \sin \delta}{\lambda} \right]$$

$$= \frac{\lambda^2}{\pi^2 \sin^2 \delta} \left[1 - \cos 2\pi \frac{a \sin \delta}{\lambda} + \cos 2\pi \frac{(a+d) \sin \delta}{\lambda} \right.$$

$$\left. - \cos 2\pi \frac{a \sin \delta}{\lambda} \cos 2\pi \frac{(a+d) \sin \delta}{\lambda} \right]$$

$$= \frac{\lambda^2}{\pi^2 \sin^2 \delta} \left(1 - \cos 2\pi \frac{a \sin \delta}{\lambda} \right) \left(1 + \cos 2\pi \frac{(a+d) \sin \delta}{\lambda} \right)$$

$$= \frac{4\lambda^2}{\pi^2 \sin^2 \delta} \sin^2 \pi \frac{a \sin \delta}{\lambda} \cos^2 \pi \frac{(a+d) \sin \delta}{\lambda};$$

d'où enfin, en multipliant et divisant par a^2,

$$I^2 = 4a^2 \frac{\sin^2 \pi \dfrac{a \sin \delta}{\lambda}}{\dfrac{\pi^2 a^2 \sin^2 \delta}{\lambda^2}} \cos^2 \pi \frac{(a+d) \sin \delta}{\lambda}.$$

L'intensité lumineuse est donc exprimée dans le cas actuel par un produit de trois facteurs : le premier de ces facteurs est constant; le second est de la forme $\dfrac{\sin^2 u}{u^2}$; il présente par conséquent des minima qui sont tous nuls, et des maxima qui vont en décroissant très-rapidement et dont le premier est égal à l'unité. Quant au troisième facteur, ses valeurs minima sont toutes nulles et équidistantes, ses valeurs maxima sont aussi équidistantes et toutes égales à l'unité; les déviations qui correspondent aux valeurs minima de ce facteur satisfont à la relation

$$\sin \delta = \frac{(2n+1)\lambda}{2(a+d)},$$

et celles qui correspondent aux valeurs maxima du même facteur sont données par la formule

$$\sin \delta = \frac{n\lambda}{a+d},$$

n étant un nombre entier quelconque.

L'intensité lumineuse s'annule quand l'un des deux derniers facteurs devient égal à zéro; les déviations qui correspondent à une valeur minimum de l'un de ces facteurs sont donc aussi celles pour lesquelles l'intensité a ses valeurs minima, valeurs qui sont toutes nulles.

L'intensité est nulle sur toutes les directions pour lesquelles on a

$$\sin \delta = \frac{m\lambda}{a}$$

ou

$$\sin \delta = \frac{(2n+1)\lambda}{2(a+d)};$$

le phénomène présente par suite deux séries de bandes obscures : celles qui résultent de la variation du troisième facteur sont plus resserrées que celles qui proviennent du second facteur, et la différence qui existe entre l'écartement des bandes de ces deux systèmes est d'autant plus marquée que l'intervalle entre les deux fentes a une largeur plus considérable par rapport à celle des fentes.

Les valeurs maxima de l'intensité ne coïncident rigoureusement ni avec les maxima du second facteur, ni avec les maxima du troi-

sième ; mais comme, en général, pour les valeurs de δ qui rendent
l'un des facteurs maximum, l'autre facteur ne se trouve pas dans le
voisinage d'un minimum, l'intensité présente des valeurs maxima
pour des déviations peu différentes de celles qui rendent maximum
l'un ou l'autre de ces facteurs. Il existe donc deux séries de bandes
brillantes quand on observe le phénomène dans la lumière homogène : les unes ont à peu près les mêmes positions que celles qu'on
obtient avec une fente unique, les autres sont plus resserrées ; toutes
ces bandes diminuent du reste très-rapidement d'éclat à mesure
qu'on s'éloigne de celle qui occupe le centre du phénomène. Dans
la lumière blanche on aperçoit une bande centrale blanche, et de
chaque côté de cette bande deux systèmes de spectres tournant tous
leur extrémité violette vers la bande centrale et s'affaiblissant très-
rapidement. Les spectres qui résultent de la variation du second
facteur offrent à peu près la même disposition que ceux qu'on observe avec une fente unique : ce sont les *spectres de première classe*.
Ceux qui proviennent de la variation du troisième facteur et qu'on
appelle *spectres de deuxième classe* sont plus rapprochés les uns des
autres que les premiers, et, si l'intervalle qui existe entre les fentes
est suffisamment grand par rapport à la largeur des fentes, il peut
arriver, comme l'a remarqué Frauenhofer, que tous les spectres visibles de deuxième classe soient compris entre la bande centrale et
le premier spectre de première classe.

L'existence des minima de deuxième classe peut s'expliquer par
des considérations tout à fait élémentaires; les déviations qui correspondent à ces minima sont données en effet par la relation

$$(a+d)\sin\delta = (2n+1)\frac{\lambda}{2},$$

qui exprime que la différence de marche entre deux rayons provenant de deux points homologues des deux fentes, et aboutissant à un
point situé à une très-grande distance sur la direction considérée,
est égale à un nombre impair de demi-longueurs d'ondulation. Or,
s'il en est ainsi, chaque rayon parti d'un point de l'une des fentes
est détruit par le rayon provenant du point correspondant de l'autre
fente, et, par suite, l'intensité est nulle sur la direction considérée.

72. Diffraction par un grand nombre de fentes étroites, égales, équidistantes et à bords parallèles. — Réseaux. — Un système diffringent composé d'un grand nombre de fentes étroites, à bords rectilignes et parallèles, toutes égales, équidistantes et très-rapprochées les unes des autres, constitue ce qu'on appelle un réseau. Les phénomènes des réseaux ont été découverts par Frauenhofer, qui en a fait connaître les lois expérimentales : ils ont une très-grande importance en ce qu'ils fournissent le procédé le plus exact pour la détermination des longueurs d'ondulation. Leur explication théorique est due principalement à Schwerd [1]; nous allons l'exposer avec quelque détail.

Soit un réseau formé de n fentes étroites ayant chacune une largeur égale à a, et désignons par d la largeur constante de l'intervalle opaque qui existe entre deux de ces fentes : nous aurons, d'après ce qui précède, pour l'intensité de la lumière en un point situé à une très-grande distance sur une droite faisant un angle δ avec la direction normale au réseau, l'expression suivante :

$$
\begin{aligned}
I^2 = \frac{\lambda^2}{4\pi^2 \sin^2\delta} \Bigg\{ &\bigg[\sin 2\pi \frac{a\sin\delta}{\lambda} + \sin 2\pi \frac{(2a+d)\sin\delta}{\lambda} \\
&+ \sin 2\pi \frac{(3a+2d)\sin\delta}{\lambda} + \cdots \\
&+ \sin 2\pi \frac{[na+(n-1)d]\sin\delta}{\lambda} \\
&- \sin 2\pi \frac{(a+d)\sin\delta}{\lambda} - \sin 2\pi \frac{(2a+2d)\sin\delta}{\lambda} \\
&- \sin 2\pi \frac{(3a+3d)\sin\delta}{\lambda} - \cdots \\
&- \sin 2\pi \frac{[(n-1)a+(n-1)d]\sin\delta}{\lambda} \bigg]^2 \\
&+ \bigg[1 + \cos 2\pi \frac{(a+d)\sin\delta}{\lambda} + \cos 2\pi \frac{(2a+2d)\sin\delta}{\lambda} \\
&+ \cos 2\pi \frac{(3a+3d)\sin\delta}{\lambda} + \cdots \\
&+ \cos 2\pi \frac{[(n-1)a+(n-1)d]\sin\delta}{\lambda} - \cos 2\pi \frac{a\sin\delta}{\lambda} \\
&- \cos 2\pi \frac{(2a+d)\sin\delta}{\lambda} - \cos 2\pi \frac{(3a+2d)\sin\delta}{\lambda} - \cdots \\
&\qquad\qquad - \cos 2\pi \frac{[na+(n-1)d]\sin\delta}{\lambda} \bigg]^2 \Bigg\}.
\end{aligned}
$$

[1] *Die Beugungserscheinungen*, Manheim, 1835.

La réduction des termes contenus dans les crochets se fait à l'aide des formules qui donnent la somme d'une série de sinus ou de cosinus dont les arcs sont en progression arithmétique; ces formules sont

$$\sin \alpha + \sin(\alpha+\beta) + \sin(\alpha+2\beta) + \ldots + \sin[\alpha+(n-1)\beta]$$

$$= \frac{\sin\dfrac{n\beta}{2}\sin\left[\alpha+\dfrac{(n-1)}{2}\beta\right]}{\sin\dfrac{\beta}{2}},$$

$$\cos \alpha + \cos(\alpha+\beta) + \cos(\alpha+2\beta) + \ldots + \cos[\alpha+(n-1)\beta]$$

$$= \frac{\sin\dfrac{n\beta}{2}\cos\left[\alpha+\dfrac{(n-1)}{2}\beta\right]}{\sin\dfrac{\beta}{2}}.$$

On y arrive aisément en remplaçant les sinus et les cosinus par des exponentielles imaginaires; on obtient ainsi des progressions géométriques dont on effectue la sommation, puis on revient aux lignes trigonométriques.

En faisant usage de ces formules, il vient

$$I^2 = \frac{\lambda^2}{4\pi^2\sin^2\delta}\frac{\sin^2\pi\dfrac{n(a+d)\sin\delta}{\lambda}}{\sin^2\pi\dfrac{(a+d)\sin\delta}{\lambda}}$$

$$\times\left\{\left[\sin\pi\frac{[2a+(n-1)(a+d)]\sin\delta}{\lambda} - \sin\pi\frac{(n-1)(a+d)\sin\delta}{\lambda}\right]^2\right.$$

$$\left. + \left[\cos\pi\frac{(n-1)(a+d)\sin\delta}{\lambda} - \cos\pi\frac{[2a+(n-1)(a+d)]\sin\delta}{\lambda}\right]^2\right\}$$

$$= \frac{\lambda^2}{4\pi^2\sin^2\delta}\frac{\sin^2 n\pi\dfrac{(a+d)\sin\delta}{\lambda}}{\sin^2\pi\dfrac{(a+d)\sin\delta}{\lambda}}\left(2-2\cos 2\pi\frac{a\sin\delta}{\lambda}\right)$$

$$= \frac{\lambda^2}{\pi^2\sin^2\delta}\frac{\sin^2 n\pi\dfrac{(a+d)\sin\delta}{\lambda}}{\sin^2\pi\dfrac{(a+d)\sin\delta}{\lambda}}\sin^2\pi\frac{a\sin\delta}{\lambda},$$

d'où enfin, en multipliant et divisant par a^2,

$$I^2 = a^2 \frac{\sin^2 \pi \frac{a \sin \delta}{\lambda}}{\frac{\pi^2 a^2 \sin^2 \delta}{\lambda^2}} \cdot \frac{\sin^2 n\pi \frac{(a+d) \sin \delta}{\lambda}}{\sin^2 \pi \frac{(a+d) \sin \delta}{\lambda}}.$$

L'intensité est donc représentée par le produit de trois facteurs dont le premier est constant; le second facteur, que, pour abréger, nous désignerons par P, est de la forme $\frac{\sin^2 u}{u^2}$; nous en avons déjà étudié les variations en traitant du cas d'une fente unique; quant au troisième facteur, il prend, en posant

$$\pi \frac{(a+d) \sin \delta}{\lambda} = z,$$

la forme $\frac{\sin^2 nz}{\sin^2 z}$; nous le désignerons par Q.

Pour trouver les valeurs de z qui rendent Q maximum ou minimum, égalons à zéro la dérivée de Q par rapport à z, ce qui donne

$$\frac{\sin nz \, (n \sin z \cos nz - \cos z \sin nz)}{\sin^3 z} = 0,$$

équation qui se décompose en deux autres,

$$(1) \qquad \frac{\sin nz}{\sin z} = 0,$$

et

$$(2) \qquad \frac{n \sin z \cos nz - \cos z \sin nz}{\sin^2 z} = 0.$$

Les racines de l'équation (1) sont données par la formule

$$nz = k\pi,$$

k étant un nombre entier qui ne soit pas un multiple de n: si en effet k était divisible par n, la quantité $\frac{\sin nz}{\sin z}$ prendrait la forme $\frac{o}{o}$, et, en cherchant les dérivées du numérateur et du dénominateur, on voit facilement que la véritable valeur de cette quantité serait alors égale à n. Les racines de l'équation (1) annulent le facteur Q et donnent par suite à ce facteur des valeurs minima : ces racines correspondent à des déviations représentées par la formule

$$\sin \delta = \frac{k}{n}\,\frac{\lambda}{a+d},$$

où k est un nombre entier non divisible par n : sur toutes les directions dont les déviations satisfont à cette relation, le facteur Q est nul, et par suite il en est de même de l'intensité lumineuse.

Les valeurs maxima du facteur Q correspondent aux racines de l'équation (2), qui, puisque le dénominateur du premier membre ne peut jamais être nul, se réduit à

$$(3) \qquad\qquad \operatorname{tang} nz = n \operatorname{tang} z.$$

Les valeurs de z que détermine cette dernière équation se divisent en deux groupes : les unes, qui sont données par la formule

$$z = m\pi,$$

m étant un nombre entier quelconque, annulent à la fois $\operatorname{tang} nz$ et $\operatorname{tang} z$; les autres n'annulent aucune de ces deux quantités. Les racines du premier groupe correspondent à des déviations représentées par la formule

$$\sin \delta = \frac{m\lambda}{a+d} :$$

elles font prendre au facteur Q la forme $\frac{0}{0}$. Mais, en remarquant que ce facteur est égal à $\left(\frac{\sin nz}{\sin z}\right)^2$, on voit que sa véritable valeur s'obtiendra, toutes les fois que $\sin nz$ et $\sin z$ sont nuls simultanément, en cherchant la valeur de l'expression $\left(\frac{n\cos nz}{\cos z}\right)^2$; donc, lorsque z est égal à $m\pi$, le facteur Q est toujours égal à n^2. Les maxima du facteur Q qui correspondent aux racines du premier groupe sont par suite tous égaux à n^2, et ces maxima sont équidistants : nous les appellerons *maxima principaux*.

Considérons maintenant les racines de l'équation (2) appartenant au second groupe, et cherchons d'abord celles qui sont comprises entre les deux racines zéro et π qui font partie du premier groupe. Quand z croît de zéro à $\frac{\pi}{2n}$, $\operatorname{tang} nz$ croît de zéro à $+\infty$ en conservant toujours une valeur supérieure à celle de $n \tan gz$; il n'y a donc pas de racine dans cet intervalle. Mais, pendant que z varie de $\dfrac{\pi}{2n}$ à $\dfrac{3\pi}{2n}$, $\tan gnz$ croît de $-\infty$ à $+\infty$ et $n \tan gz$ croît aussi d'une manière continue : il y a donc une racine dans cet intervalle, et, en traçant les courbes qui représentent la marche des fonctions

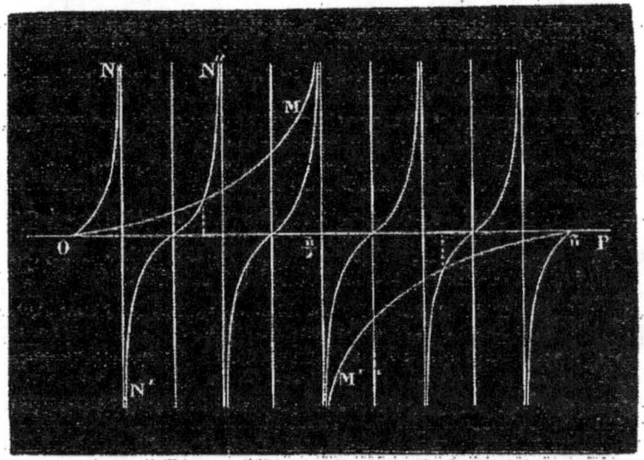

Fig. 63.

$n \tan gz$ et $\tan gnz$, il est facile de s'assurer qu'il ne peut y en avoir qu'une seule. La figure 63 a été construite en supposant n égal à 5,

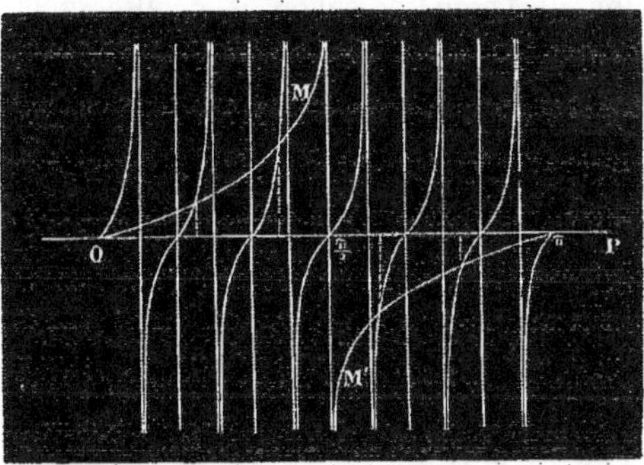

Fig. 64.

et la figure 64 en supposant n égal à 6; les abscisses représentent les valeurs de z, les coordonnées les valeurs correspondantes des deux fonctions $n\tan g\,z$ et $\tan g\,nz$. En se bornant à faire varier z de zéro à π, on obtient deux courbes : la première, formée de deux branches infinies OM et M'P, indique la marche de la fonction $n\tan g\,z$; la seconde, formée d'une série de branches ON, N'N'',... au nombre de $n+1$, correspond à la fonction $\tan g\,nz$. Les points d'intersection de ces deux courbes ont des abscisses égales aux racines de l'équation (2). On voit ainsi qu'il y a une racine, et une seule, dans l'intervalle compris entre $\dfrac{\pi}{2n}$ et $\dfrac{3\pi}{2n}$, et généralement dans l'intervalle compris entre $(2p-1)\dfrac{\pi}{2n}$ et $(2p+1)\dfrac{\pi}{2n}$, p étant un nombre entier tel que $2p+1$ soit plus petit que n. On serait porté à croire d'après cela qu'il y a $n-1$ racines du second groupe entre zéro et π; mais l'inspection des figures 63 et 64 montre qu'il n'y en a que $n-2$: cela tient à ce que, si n est pair, il n'y a pas de racine comprise entre $\dfrac{\pi}{2}-\dfrac{\pi}{2n}$ et $\dfrac{\pi}{2}+\dfrac{\pi}{2n}$, tandis que, si n est impair, les deux racines comprises entre $\dfrac{\pi}{2}-\dfrac{\pi}{2n}$ et $\dfrac{\pi}{2}+\dfrac{\pi}{2n}$ se confondent et sont toutes deux égales à $\dfrac{\pi}{2}$.

L'équation (2) a donc $n-2$ racines entre zéro et π : nous représenterons ces racines par z_1, z_2, z_3,..., z_{n-2}. En augmentant l'une d'entre elles de $q\pi$, q étant un nombre entier quelconque, on aura encore une racine de l'équation, d'où il résulte qu'entre $q\pi$ et $(q+1)\pi$ il existe encore $n-2$ racines égales respectivement à $z_1+q\pi$, $z_2+q\pi$, $z_3+q\pi$,..., $z_{n-2}+q\pi$. Nous appellerons *maxima secondaires* les valeurs du facteur Q qui correspondent aux racines de l'équation (2) appartenant au second groupe; il est facile de voir que ces maxima secondaires sont tous beaucoup plus petits que les maxima principaux. Pour le démontrer, mettons l'équation (2) sous la forme

$$\frac{n^2\sin^2 z}{1-\sin^2 z}=\frac{\sin^2 nz}{1-\sin^2 nz};$$

on en tirera

$$\frac{\sin^2 nz}{\sin^2 z}=\frac{n^2}{1+(n^2-1)\sin^2 z};$$

donc, pour toutes les valeurs de z qui vérifient l'équation (2), on a

$$Q=\frac{n^2}{1+(n^2-1)\sin^2 z}.$$

Il résulte de là que les valeurs de Q qui correspondent aux racines de l'équation (2) pour lesquelles $\sin^2 z$ ne s'annule pas, c'est-à-dire aux racines du second groupe, sont toutes beaucoup plus petites que n^2 si n a une valeur un peu considérable. On voit encore que les maxima secondaires du facteur Q compris entre deux maxima principaux vont en décroissant d'autant plus rapidement que n est plus grand, depuis le premier maximum principal jusqu'au milieu de l'intervalle qui sépare les deux maxima principaux, puis en croissant depuis ce milieu jusqu'au second maximum principal; ces maxima secondaires ne sont pas équidistants, mais ils sont disposés symétriquement par rapport au milieu de l'intervalle entre les deux maxima principaux, et ceux qui sont également éloignés de ce milieu ont des valeurs égales. On

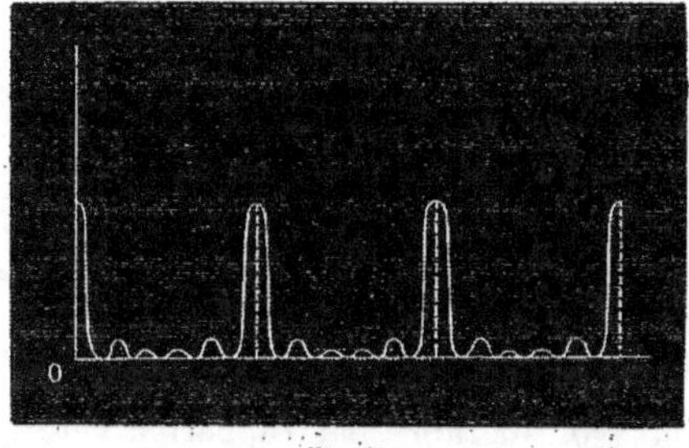
Fig. 65.

comprendra du reste facilement la marche de la fonction Q à l'aide de la figure 65; la courbe tracée sur cette figure représente les variations de Q quand z croît de zéro à 3π, n étant supposé égal à 6.

En résumé, le facteur Q présente :

1° Des minima tous nuls et équidistants correspondant aux déviations représentées par la formule

$$\sin \delta = \frac{k\lambda}{n(a+d)},$$

où k est un nombre entier non divisible par n;

2° Des maxima principaux, tous équidistants et égaux à n^2, correspondant aux déviations représentées par la formule

$$\sin \delta = \frac{m\lambda}{a+d},$$

où m est un nombre entier quelconque;

3° Des maxima secondaires au nombre de $n-2$ entre deux maxima principaux consécutifs, inégaux, non équidistants et tous beaucoup plus petits que les maxima principaux dès que le nombre des ouvertures est tant soit peu considérable.

On peut conclure de ce qui précède que, si l'intensité ne dépendait que du facteur Q, on verrait une série de bandes brillantes correspondant aux maxima principaux ; ces bandes auraient toutes le même éclat, et leurs déviations seraient entre elles comme la suite des nombres entiers : ces déviations étant indépendantes de n, les positions occupées par les bandes brillantes ne changeraient pas avec le nombre des ouvertures. Les espaces compris entre ces bandes brillantes seraient sillonnés de raies beaucoup moins brillantes que les bandes et correspondant aux maxima secondaires; ces raies seraient très-resserrées lorsque le nombre des ouvertures serait considérable, et par suite les espaces intermédiaires entre les bandes brillantes présenteraient alors à l'œil une teinte foncée uniforme.

En réalité, les variations de l'intensité lumineuse dépendent non-seulement du facteur Q, mais encore du facteur P. Lorsque l'intervalle opaque d a une largeur considérable par rapport à celle de l'intervalle transparent a, comme cela a lieu dans les conditions ordinaires de l'expérience, P varie beaucoup plus lentement que Q. Les déviations pour lesquelles P a une valeur minimum sont en effet données par la formule

$$\sin \delta = \frac{m\lambda}{a},$$

tandis que les maxima principaux de Q correspondent à des déviations représentées par la formule

$$\sin \delta = \frac{m\lambda}{a+d}.$$

Si a est petit par rapport à d, le facteur Q passera donc par un grand nombre de maxima principaux avant que le facteur P ne passe par son premier minimum, et les maxima les plus apparents de l'intensité lumineuse se manifesteront sur les directions qui correspondent aux maxima principaux du facteur Q.

Cependant l'influence du facteur P se fait sentir par deux espèces d'effets :

1° Ce facteur décroissant très-rapidement, les maxima de l'intensité lumineuse, bien que coïncidant avec les maxima principaux du facteur Q, s'affaiblissent de plus en plus à mesure qu'on s'éloigne de la bande centrale.

2° Les minima du facteur P étant nuls, toutes les fois qu'un maximum principal de Q coïncide avec un minimum de P, l'intensité est nulle au lieu de passer par un maximum. Pour qu'il en soit ainsi, il faut que l'on ait

$$\frac{m\lambda}{a} = \frac{m'\lambda}{a+d},$$

d'où

$$\frac{a}{a+d} = \frac{m}{m'}$$

et

$$\frac{a}{d} = \frac{m}{m'-m};$$

par conséquent, si le rapport $\frac{a}{d}$ qui existe entre la largeur d'un intervalle transparent et celle d'un intervalle opaque peut s'exprimer par une fraction dont les deux termes soient des nombres entiers, la bande brillante dont le rang serait égal à la somme des deux termes de cette fraction fera défaut.

Il est facile maintenant de se rendre compte de l'aspect que présentent les phénomènes dans la lumière blanche; il existe alors trois ordres de spectres : les spectres de première classe, qui proviennent de la variation du facteur P; les spectres de seconde classe, qui correspondent aux maxima principaux du facteur Q, et les spectres de troisième classe, qui correspondent aux maxima secondaires de ce même facteur et qui sont compris entre les spectres de seconde classe. Mais, lorsque le nombre des ouvertures est considérable, les spectres de troisième classe sont tellement resserrés qu'il est impossible de les distinguer, et les spectres de première classe ne manifestent leur existence que par l'affaiblissement graduel des spectres de seconde classe, et, lorsque le rapport $\frac{a}{d}$ de la largeur de l'intervalle transparent à celle de l'intervalle opaque est égal à $\frac{h}{k}$, h et k étant des nombres entiers, par la disparition complète du spectre de seconde classe de rang $h+k$. Lorsque le nombre des ouvertures augmente, les spectres de seconde classe tendent donc à prédominer entièrement et à devenir seuls visibles; en même temps, ces spectres s'épurent de plus en plus, et on finit par y distinguer les raies de Frauenhofer. Le phénomène présente alors l'aspect suivant : au centre, une bande blanche brillante; de chaque côté de cette bande, un espace obscur assez large, puis une série de spectres tournant leur extrémité violette vers la bande centrale et s'affaiblissant rapidement; ces spectres sont de plus en plus étalés à mesure qu'on s'éloigne de la bande centrale, et en même temps les espaces obscurs qui séparent deux spectres consécutifs se resserrent de plus en plus.

Supposons le nombre des ouvertures assez grand pour que les spectres de seconde classe soient seuls visibles : les déviations d'une même couleur ou d'une même raie dans les différents spectres seront alors données par la relation

$$\sin \delta = \frac{m\lambda}{a+d},$$

ou, si l'angle δ est très-petit,

$$\delta = \frac{m\lambda}{a+d},$$

λ étant la longueur d'ondulation de cette couleur ou de cette raie, et m le rang du spectre. On peut tirer de cette formule les conséquences suivantes :

1° Les déviations d'une même couleur dans les différents spectres sont entre elles comme la suite des nombres entiers.

2° Ces déviations ne dépendent pas du nombre des ouvertures qui constituent le réseau.

3° Les longueurs des spectres successifs ou les distances entre deux de leurs raies de même nom sont entre elles comme la suite des nombres entiers.

4° Les positions des spectres ne dépendent que de la somme $a+d$ des largeurs de l'intervalle opaque et de l'intervalle transparent, somme qui constitue ce qu'on appelle un *élément* du réseau; si le rapport $\frac{a}{d}$ vient à changer, la somme $a+d$ restant constante, les spectres conservent leurs positions. mais leur éclat augmente à mesure que a devient plus grand par rapport à d.

Ces lois sont précisément celles que Frauenhofer a établies par de nombreuses expériences.

Il résulte encore de ce qui précède que, lorsque le nombre des fentes égales et équidistantes qui forment l'ouverture diffringente est supérieur à deux, il existe toujours trois ordres de spectres et jamais davantage. Lorsque le nombre des fentes est peu considérable, on peut, en opérant avec une lumière intense, distinguer les spectres de troisième classe compris entre ceux de seconde classe, surtout dans le voisinage de la bande centrale : ces spectres, qui avaient échappé à Frauenhofer à cause de leur peu d'éclat, ont été aperçus pour la première fois par Schwerd, et c'est même cette observation qui a été le point de départ des travaux de ce dernier physicien sur la diffraction. A mesure que le nombre des fentes augmente, les spectres de troisième classe se resserrent de plus en plus et deviennent de plus en plus difficiles à distinguer, tandis que les spectres de seconde classe, tout en s'épurant, conservent les mêmes positions.

Nous terminerons l'étude théorique des réseaux en disant quelques mots des modifications que subissent les phénomènes lorsque les rayons incidents, au lieu de tomber normalement sur le réseau, comme nous l'avons supposé jusqu'ici, rencontrent le réseau sous une incidence oblique.

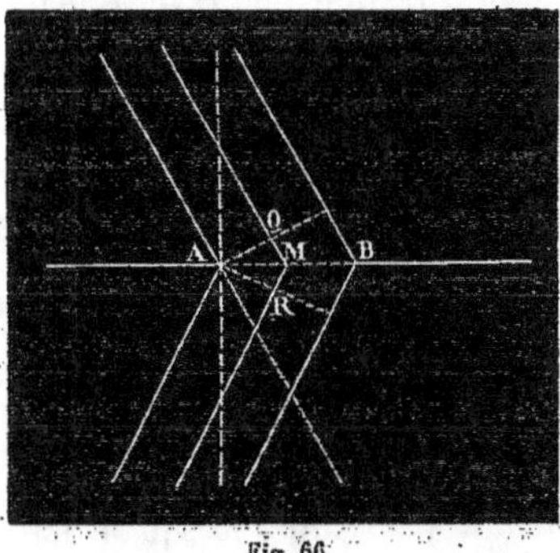

Fig. 66.

Soit AB (fig. 66) la section du réseau par un plan perpendiculaire à ce réseau et passant par la direction des rayons incidents; désignons par i l'angle d'incidence et par δ l'angle que fait avec la direction des rayons incidents celle suivant laquelle on veut estimer l'intensité lumineuse. Prenons un point M sur l'une des ouvertures du réseau et représentons par x la distance AM; soit P un point situé à une très-grande distance sur la direction considérée; abaissons du point A deux perpendiculaires AQ et AR sur les parallèles menées par le point M à la direction des rayons incidents et à la direction AP. Si la vitesse envoyée en P par l'élément correspondant au point A est représentée par

$$\sin 2\pi \frac{t}{T}\, dx,$$

celle qu'envoie en P l'élément correspondant au point M sera

$$\sin 2\pi \left(\frac{t}{T} - \frac{MQ + MR}{\lambda} \right) dx$$

ou

$$\sin 2\pi \left[\frac{t}{T} - \frac{x \sin i + x \sin (\delta - i)}{\lambda} \right] dx.$$

Les calculs qu'il faudra effectuer pour déterminer la valeur de l'intensité lumineuse en P seront identiques à ceux que nous avons développés pour le cas de l'incidence normale, mais $\sin \delta$ sera remplacé par $\sin i + \sin (\delta - i)$. Lorsque les angles i et δ sont petits, cette dernière expression se réduit sensiblement à $i + \delta - i$, c'est-à-dire à δ. Les lois du phénomène, lorsque l'angle d'incidence est petit, sont donc les mêmes que dans le cas de l'incidence normale, pourvu qu'on convienne de compter la déviation non pas à partir de la normale au réseau, mais à partir de la direction des rayons incidents. Il n'est pas nécessaire que la déviation soit très-petite, car, tant que l'angle d'incidence a une valeur peu considérable, on a sensiblement, quel que soit δ,

$$\sin i + \sin (\delta - i) = \sin \delta.$$

Les déviations, d'après le procédé qu'on emploie pour les mesurer, sont toujours rapportées à la direction des rayons incidents : on peut donc conclure de ce qui précède que ces déviations, toutes les fois que l'angle d'incidence est petit, sont soumises aux mêmes lois que dans le cas de l'incidence normale; par suite, lorsqu'on fait servir les réseaux à la détermination des longueurs d'ondulation, il n'est pas indispensable que les rayons incidents soient rigoureusement normaux au plan du réseau.

73. Détermination des longueurs d'ondulation au moyen des réseaux. — La formule

$$\sin \delta = \frac{m\lambda}{a + d},$$

qui représente les déviations d'une même couleur ou d'une même raie dans les spectres successifs, permet de déterminer la longueur d'ondulation λ lorsqu'on connaît la déviation δ et la quantité $a + d$ qui est la somme des largeurs d'un intervalle opaque et d'un intervalle transparent. La mesure des longueurs d'ondulation se fait avec beaucoup plus de précision au moyen des réseaux qu'à l'aide des phénomènes d'interférence ; car, lorsque le réseau est formé d'ouvertures suffisamment nombreuses et suffisamment rapprochées, les spectres deviennent assez purs pour laisser distinguer les raies, et les mesures peuvent être rapportées à ces raies, ce qui est impossible quand on se sert des franges d'interférence ; dans ce dernier cas, la lumière qu'on emploie n'est jamais complétement homogène, et les résultats obtenus correspondent à des régions du spectre qu'il est impossible de définir exactement.

Frauenhofer, après avoir reconnu les lois des phénomènes des réseaux, les a appliquées à la détermination des longueurs d'ondulation. Les réseaux qu'il employait dans ses premières expériences avaient été construits en enroulant un grand nombre de fois un fil métallique très-fin sur deux vis de même pas disposées parallèlement ; il obtint ensuite des réseaux plus parfaits, soit en collant sur une plaque de verre une feuille d'or et en enlevant le métal sur des lignes parallèles et équidistantes, soit en traçant sur une lame de verre, au moyen d'une pointe de diamant mise en mouvement par une machine à diviser, des traits sensiblement opaques, égaux et équidistants : ce dernier procédé est le plus usité aujourd'hui, et d'habiles constructeurs, parmi lesquels il faut citer M. Nobert de Barth, réussissent à tracer plus de mille divisions dans un millimètre.

La largeur d'un élément du réseau, c'est-à-dire la quantité $a + d$, est égale, lorsque le réseau est formé d'un fil tendu entre deux vis, au pas de ces vis ; quand le réseau se compose de traits opaques tracés sur une lame de verre, il faut, pour obtenir la largeur d'un élément, mesurer la distance des deux traits extrêmes et compter le nombre des traits.

La méthode employée par Frauenhofer pour mesurer les déviations consistait à fixer le réseau au centre d'un cercle gradué, sur la circonférence duquel pouvait se mouvoir une lunette; il visait avec cette lunette la même raie dans deux spectres de même rang placés à droite et à gauche de la bande centrale, et l'angle des deux positions de la lunette lui donnait alors le double de la déviation de cette raie.

Deux séries d'expériences ont été exécutées par Frauenhofer pour mesurer les longueurs d'ondulation des principales raies du spectre solaire. Les nombres obtenus dans la première de ces séries sont consignés dans le mémoire publié en 1823 dans les *Astronomische Abhandlungen* de Schumacher, et où Frauenhofer s'est surtout attaché à déterminer les lois expérimentales des phénomènes des réseaux: ce sont ces nombres qu'on cite ordinairement en France et même en Allemagne dans les traités de physique. Quelques années après la publication de son premier mémoire, Frauenhofer présenta à l'Académie de Munich [1] un travail spécialement entrepris dans le but de déterminer les longueurs d'ondulation et dont les résultats méritent par conséquent plus de confiance que ceux de ses premières expériences. Les nombres trouvés par Frauenhofer dans ces deux séries d'expériences sont reproduits dans le tableau suivant.

DÉTERMINATION DES LONGUEURS D'ONDULATION PAR FRAUENHOFER.

RAIES.	LONGUEURS D'ONDULATION EN DIX-MILLIONIÈMES DE MILLIMÈTRE.	
	1re série.	2e série.
B.	6878	"
C.	6556	6564
D.	5886	5888
E.	5265	5260
F.	4856	4843
G.	4296	4291
H.	3963	3928

[1] *Denkschriften der Münchner Akademie*, t. VIII. — *Gilbert's Annalen*, LXXIV, 337.

Frauenhofer n'a jamais pu distinguer la raie A dans les spectres des réseaux; dans la seconde série, la longueur d'ondulation de la raie B n'a pas été mesurée.

M. Mascart a entrepris récemment des recherches destinées à contrôler et à compléter les résultats obtenus par Frauenhofer [1]. Il s'est servi d'un goniomètre de Babinet construit par M. Brunner et avec lequel les angles pouvaient être évalués à 5 secondes près. Le réseau était fixé sur la plate-forme centrale du goniomètre; la circonférence du cercle gradué portait un collimateur destiné à rendre parallèles les rayons incidents et une lunette servant à mesurer les déviations. M. Mascart a remarqué que les spectres fournis par les réseaux présentent un minimum de déviation comme les spectres prismatiques, et a utilisé cette propriété pour la mesure des longueurs d'ondulation. Voici comment on peut rendre compte de l'existence de ce minimum de déviation : la déviation qui correspond au $m^{ième}$ spectre est donnée, d'après ce que nous avons vu, par la formule

$$\sin i + \sin (\delta - i) = \frac{m\lambda}{a+d},$$

i désignant l'angle d'incidence; on tire de là

$$\lambda = \frac{2(a+d)}{m} \sin \frac{\delta}{2} \cos \left(i - \frac{\delta}{2} \right);$$

la déviation sera donc minimum lorsqu'on aura

$$i = \frac{\delta}{2},$$

c'est-à-dire lorsque le plan du réseau sera bissecteur de l'angle que forme le rayon incident avec le rayon diffracté. Si l'on place le réseau dans la direction qui correspond au minimum de déviation, la longueur d'ondulation sera donnée par la formule

$$\lambda = \frac{2(a+d)}{m} \sin \frac{\delta}{2}.$$

Il y a tout avantage à observer dans la position du minimum de déviation : la netteté des raies se trouve alors considérablement aug-

<hr>

[1] *Ann. de l'École norm.*, t. I et IV. — *C. R.*, LVI, 138; LVIII, 1111.

mentée, et l'on n'est pas astreint à placer le réseau normalement aux rayons incidents.

Les résultats auxquels M. Mascart est parvenu en employant plusieurs réseaux différents sont réunis dans le tableau suivant, où les longueurs d'ondulation sont exprimées en cent-millionièmes de millimètre.

DÉTERMINATION DES LONGUEURS D'ONDULATION PAR M. MASCART.

RAIES.	RÉSEAU N° 1.	RÉSEAU N° 2.	RÉSEAU N° 3.	RÉSEAU N° 4.	MOYENNES GÉNÉRALES des expériences.
B.............	68667	68655	68661	68670	68666
C.............	65607	65605	65609	65611	65607
D.............	58943	58941	58942	58938	58943
E.............	52678	52680	52680	52675	52679
F.............	48596	48597	48604	48602	48598
G.............	43075	43064	43073	43093	43076
H.............	39672	"	"	"	39672

Les nombres contenus dans la dernière colonne de ce tableau sont ceux qui, en tenant compte des circonstances plus ou moins avantageuses des diverses expériences, ont paru les résumer avec le plus de probabilité.

M. Mascart a fait aussi de nombreuses expériences pour mesurer les longueurs d'ondulation des raies du spectre ultra-violet et des raies caractéristiques des spectres produits par les vapeurs métalliques incandescentes.

74. Réseaux par réflexion. — Lorsqu'une surface réfléchissante présente des stries parallèles très-fines et très-serrées et qu'il existe une différence notable de poli entre ces stries et le reste de la surface, les rayons émanés d'une fente lumineuse et réfléchis par cette surface peuvent donner naissance à des phénomènes tout à fait semblables à ceux qui sont produits par les réseaux ordinaires. Il est évident, en effet, que tout se passe dans ce cas comme si, la lumière provenant d'une ligne symétrique de la fente lumineuse par rapport à la surface réfléchissante, les parties polies de cette surface étaient transparentes et les parties dépolies opaques.

Les couleurs des surfaces rayées ont été mentionnées par Young, qui en a donné une explication sommaire fondée sur le principe des interférences [1], et qui a rangé dans cette classe de phénomènes les irisations superficielles des métaux à demi polis et de certains minéraux, ainsi que les reflets chatoyants des plumes des oiseaux. Fresnel s'est occupé également de ces couleurs et en a rendu compte à peu près de la même manière que Young, sans connaître les travaux de ce dernier [2].

Frauenhofer, en se servant d'un réseau formé d'une feuille d'or collée sur une plaque de verre et finement striée, a constaté que les spectres produits par les rayons réfléchis et ceux qui sont formés par les rayons transmis suivent les mêmes lois et ne diffèrent que par l'intensité.

La propriété que possèdent les surfaces rayées de colorer la lumière en la réfléchissant a fourni à Brewster l'explication des irisations chatoyantes de la nacre de perle; pour prouver que ces irisations sont dues à des stries très-fines provenant de la structure feuilletée de cette matière, il a pris l'empreinte de la surface d'un morceau de nacre avec de la cire ou de l'alliage fusible : les substances ainsi moulées offraient des colorations analogues à celles de la nacre, mais beaucoup moins intenses [3].

On a cherché, en Angleterre, à utiliser les couleurs des surfaces rayées en couvrant de stries fines et régulièrement espacées la surface de boutons en métal poli; les boutons ainsi fabriqués, et qu'on désigne sous le nom de *boutons Barthon*, jettent des feux colorés très-vifs lorsqu'ils sont exposés à la lumière du soleil ou à celle d'une bougie [4].

[1] An Account of some Cases of the Production of Colours not hitherto described. (*Phil. Tr.*, 1802, p. 387. — *Miscell. Works*, t. I, p. 270.)

[2] Complément au premier Mémoire sur la diffraction. (*OEuvres complètes*, t. I, p. 45.)

[3] *Phil. Tr.*, 1814, p. 597; 1829, p. 301.

[4] Barthon, Sur les nouvelles parures métalliques. (*Ann. de chim. et de phys.*, (2), XXIII, 110.)

75. Diffraction par un grand nombre de fentes étroites, à bords parallèles, égales, mais non équidistantes. — Parmi les phénomènes de diffraction qui se rattachent aux précédents, il en est un certain nombre qui sont remarquables en ce que, se produisant dans des conditions en apparence très-complexes, ils sont cependant soumis à des lois très-simples, par suite de la compensation qui s'établit entre les divers phénomènes élémentaires dont on peut imaginer qu'ils soient la résultante.

Supposons en premier lieu que l'ouverture diffringente soit formée d'un grand nombre de fentes étroites à bords rectilignes et parallèles, toutes de même largeur, mais séparées par des intervalles opaques dont la largeur soit variable et entièrement soumise au hasard, dans le sens que le calcul des probabilités attache à ce mot.

On réalise ces conditions en traçant avec le tracelet de la machine à diviser, sur une plaque de verre recouverte d'une feuille d'or, des traits de même largeur irrégulièrement espacés : pour être sûr que les distances qui existent entre ces traits sont entièrement arbitraires et ne varient suivant aucune loi régulière, on peut tirer au sort les nombres de divisions dont on fait tourner la tête de la vis pour passer d'un trait au suivant. Soient a la largeur constante des intervalles transparents d'un pareil réseau irrégulier; $d, d', d'',\dots$ les largeurs des intervalles opaques, et supposons les rayons incidents perpendiculaires au réseau; il suffira, d'après ce que nous avons vu, de considérer les phénomènes dans un plan perpendiculaire aux traits du réseau. Proposons-nous d'évaluer l'intensité lumineuse en un point P, situé à une très-grande distance sur une direction faisant avec la normale au réseau un angle égal à δ. La vitesse envoyée en ce point par la première fente est représentée, comme dans le cas d'une fente unique (70), par

$$\sin 2\pi \frac{t}{T} \int_0^a \cos 2\pi \frac{x \sin \delta}{\lambda}\, dx - \cos 2\pi \frac{t}{T} \int_0^a \sin 2\pi \frac{x \sin \delta}{\lambda}\, dx.$$

Cette vitesse, d'après les formules que nous avons établies en traitant de la composition des mouvements vibratoires (47), peut être mise sous la forme

$$\psi(\delta) \sin 2\pi \left(\frac{t}{T} - \frac{\varphi}{\lambda} \right).$$

en posant

$$\tan 2\pi\,\frac{\varphi}{\lambda} = \frac{\displaystyle\int_0^a \sin 2\pi\,\frac{x\sin\delta}{\lambda}\,dx}{\displaystyle\int_0^a \cos 2\pi\,\frac{x\sin\delta}{\lambda}\,dx}$$

et

$$\psi(\delta) = \sqrt{\left(\int_0^a \cos 2\pi\,\frac{x\sin\delta}{\lambda}\right)^2 + \left(\int_0^a \sin 2\pi\,\frac{x\sin\delta}{\lambda}\right)^2},$$

d'où, en tenant compte des résultats du calcul effectué dans le cas d'une fente unique,

$$\psi(\delta) = \frac{a\sin\pi\,\dfrac{a\sin\delta}{\lambda}}{\dfrac{\pi a\sin\delta}{\lambda}}\,.$$

La vitesse envoyée au point P par la seconde fente ne peut différer de celle qu'envoie la première que par la phase, puisque ces ouvertures ont même largeur; la différence de marche de deux rayons partis de deux points homologues des deux fentes étant égale à $(a+d)\sin\delta$, l'expression de la vitesse envoyée par la seconde fente est

$$\psi(\delta)\sin 2\pi\left(\frac{t}{\mathrm{T}} - \frac{\varphi}{\lambda} - \frac{(a+d)\sin\delta}{\lambda}\right);$$

on a de même, pour la vitesse envoyée par la troisième fente,

$$\psi(\delta)\sin 2\pi\left(\frac{t}{\mathrm{T}} - \frac{\varphi}{\lambda} - \frac{(2a+d+d')\sin\delta}{\lambda}\right),$$

et ainsi de suite.

Soit n le nombre des fentes, et posons pour abréger

$$(a+d)\sin\delta = \varepsilon_1,$$
$$(2a+d+d')\sin\delta = \varepsilon_2,$$
$$(3a+d+d'+d'')\sin\delta = \varepsilon_3,$$
$$\cdots\cdots\cdots\cdots\cdots\cdots\cdots$$
$$\left[(n-1)a+d+d'+d''+\cdots+d^{(n-2)}\right]\sin\delta = \varepsilon_{n-1};$$

nous aurons pour la vitesse totale envoyée en P

$$\psi(\delta)\left[\sin 2\pi\left(\frac{t}{T}-\frac{\varphi}{\lambda}\right)+\sin 2\pi\left(\frac{t}{T}-\frac{\varphi+\varepsilon_1}{\lambda}\right)+\cdots\right.$$
$$\left.+\sin 2\pi\left(\frac{t}{T}-\frac{\varphi+\varepsilon_{n-1}}{\lambda}\right)\right]$$
$$=\psi(\delta)\left\{\sin 2\pi\left(\frac{t}{T}-\frac{\varphi}{\lambda}\right)\left[1+\cos 2\pi\frac{\varepsilon_1}{\lambda}+\cos 2\pi\frac{\varepsilon_2}{\lambda}+\cdots\right.\right.$$
$$\left.+\cos 2\pi\frac{\varepsilon_{n-1}}{\lambda}\right]$$
$$-\cos 2\pi\left(\frac{t}{T}-\frac{\varphi}{\lambda}\right)\left[\sin 2\pi\frac{\varepsilon_1}{\lambda}+\sin 2\pi\frac{\varepsilon_2}{\lambda}+\cdots\right.$$
$$\left.\left.+\sin 2\pi\frac{\varepsilon_{n-1}}{\lambda}\right]\right\}.$$

L'intensité lumineuse au point P s'obtiendra en faisant la somme des carrés des coefficients de $\sin 2\pi\left(\frac{t}{T}-\frac{\varphi}{\lambda}\right)$ et de $\cos 2\pi\left(\frac{t}{T}-\frac{\varphi}{\lambda}\right)$, ce qui donne

$$I^2=[\psi(\delta)]^2\left[n+\cos 2\pi\frac{\varepsilon_1-\varepsilon_2}{\lambda}+\cos 2\pi\frac{\varepsilon_1-\varepsilon_3}{\lambda}+\cdots\right.$$
$$+\cos 2\pi\frac{\varepsilon_1-\varepsilon_{n-1}}{\lambda}$$
$$+\cos 2\pi\frac{\varepsilon_2-\varepsilon_3}{\lambda}+\cos 2\pi\frac{\varepsilon_2-\varepsilon_4}{\lambda}+\cdots+\cos 2\pi\frac{\varepsilon_2-\varepsilon_{n-1}}{\lambda}$$
$$+\cdots\cdots\cdots\cdots\cdots\cdots\cdots\cdots$$
$$\left.+\cos 2\pi\frac{\varepsilon_{n-2}-\varepsilon_{n-1}}{\lambda}\right].$$

La première partie de la parenthèse contient $n-2$ cosinus, la seconde $n-3,\ldots$; la dernière, qui est la $(n-2)^{i\grave{e}me}$, en contient un seul; on a donc en tout $\frac{(n-1)(n-2)}{2}$ cosinus dont les arcs ont des valeurs variant d'une façon tout à fait irrégulière. Ces cosinus étant en très-grand nombre et leurs valeurs étant réparties entre $+1$ et -1 sans suivre aucune loi régulière, on peut admettre que leur somme est sensiblement nulle, et que, par suite, l'expression de l'intensité lumineuse se réduit à

$$I^2=n\,[\psi(\delta)]^2$$

ou à

$$\mathrm{I}^2 = n a^2 \, \frac{\sin^2 \pi \dfrac{a \sin \delta}{\lambda}}{\dfrac{\pi^2 a^2 \sin^2 \delta}{\lambda^2}} \, .$$

Cette expression ne diffère de celle qu'on trouve dans le cas d'une fente unique que par le facteur constant n; les phénomènes suivent donc dans le cas actuel les mêmes lois que s'ils étaient produits par une fente unique, et l'intensité est en chaque point proportionnelle au nombre des ouvertures.

76. Diffraction par un grand nombre de fils égaux, parallèles et non équidistants. — Supposons que le système diffringent soit formé d'un grand nombre d'intervalles opaques de même largeur, séparés par des intervalles transparents dont les largeurs soient variables et entièrement soumises au hasard, ce qu'on réalisera en tendant un grand nombre de fils de même diamètre parallèlement les uns aux autres et à des distances inégales ne suivant aucune loi régulière.

Ce cas, en apparence complétement différent du précédent, conduit cependant à des résultats identiques.

Si, en effet, on désigne par d la largeur constante de l'intervalle opaque, par a, a', a'',...., $a^{(n)}$ les largeurs des intervalles transparents, l'expression de l'intensité sur la direction qui fait un angle δ avec la normale au réseau sera

$$\left(\int \cos 2\pi \frac{x \sin \delta}{\lambda} \, dx \right)^2 + \left(\int \sin 2\pi \frac{x \sin \delta}{\lambda} \, dx \right)^2,$$

chacune des intégrales étant prise successivement entre les limites suivantes :

$$o \quad \text{et} \quad a,$$
$$a+d \quad \text{et} \quad a+a'+d,$$
$$\cdots\cdots\cdots\cdots\cdots\cdots$$
$$a+a'+a''+\cdots+a^{(n-2)}+(n-1)d \quad \text{et} \quad a+a'+a''+\cdots+a^{(n-1)}+(n-1)d;$$

on aura donc

$$I^2 = \frac{\lambda^2}{4\pi^2\sin^2\delta}\left\{\left[\sin 2\pi\frac{a\sin\delta}{\lambda} + \sin 2\pi\frac{(a+a'+d)\sin\delta}{\lambda}\right.\right.$$
$$+ \sin 2\pi\frac{(a+a'+a''+2d)\sin\delta}{\lambda} + \cdots$$
$$+ \sin 2\pi\frac{[a+a'+a''+\cdots+a^{(n-1)}+(n-1)d]\sin\delta}{\lambda}$$
$$- \sin 2\pi\frac{(a+d)\sin\delta}{\lambda} - \sin 2\pi\frac{(a+a'+2d)\sin\delta}{\lambda} - \cdots$$
$$\left.- \sin 2\pi\frac{[a+a'+a''+\cdots+a^{(n-2)}+(n-1)d]\sin\delta}{\lambda}\right]^2$$
$$+ \left[1 + \cos 2\pi\frac{(a+d)\sin\delta}{\lambda} + \cos 2\pi\frac{(a+a'+2d)\sin\delta}{\lambda} + \cdots\right.$$
$$+ \cos 2\pi\frac{[a+a'+a''+\cdots+a^{(n-2)}+(n-1)d]\sin\delta}{\lambda}$$
$$- \cos 2\pi\frac{a\sin\delta}{\lambda} - \cos 2\pi\frac{(a+a'+d)\sin\delta}{\lambda}$$
$$- \cos 2\pi\frac{(a+a'+a''+2d)\sin\delta}{\lambda} - \cdots$$
$$\left.\left.- \cos 2\pi\frac{[a+a'+a''+\cdots+a^{(n-1)}+(n-1)d]\sin\delta}{\lambda}\right]^2\right\},$$

d'où

$$I^2 = \frac{\lambda^2}{4\pi^2\sin^2\delta}\left[2n - 2(n-1)\cos 2\pi\frac{d\sin\delta}{\lambda} + S\right].$$

Le terme S se compose d'une somme de cosinus qui sont en très-grand nombre et dont les arcs ont des valeurs entièrement soumises au hasard; cette somme peut donc être considérée comme nulle, et il vient

$$I^2 = \frac{\lambda^2}{4\pi^2\sin^2\delta}\left[2n - 2(n-1)\cos 2\pi\frac{d\sin\delta}{\lambda}\right]$$
$$= \frac{\lambda^2}{4\pi^2\sin^2\delta}\left[2 + 2(n-1)\left(1 - \cos 2\pi\frac{d\sin\delta}{\lambda}\right)\right]$$
$$= \frac{2\lambda^2}{4\pi^2\sin^2\delta} + (n-1)d^2\frac{\sin^2\pi\frac{d\sin\delta}{\lambda}}{\frac{\pi^2d^2\sin^2\delta}{\lambda^2}}.$$

Cette dernière expression se compose de deux termes, dont l'un est en raison inverse de $\sin^2 \delta$ tandis que l'autre est égal à $(n - 1)$ fois l'intensité que produirait une fente unique de largeur d.

Le premier terme étant négligeable vis-à-vis du second, les phénomènes suivront dans le cas actuel les mêmes lois que si le système diffringent était formé d'une fente unique ayant une largeur égale à la largeur constante d des intervalles opaques; l'intensité sera seulement multipliée en chaque point par le nombre de ces intervalles. Ainsi un système diffringent, composé de n intervalles transparents de même largeur séparés par des intervalles opaques de largeur variable, donne lieu identiquement aux mêmes effets qu'un système formé de n intervalles transparents de largeur variable, séparés par des intervalles opaques ayant tous la même largeur que les intervalles transparents du premier système.

Ce résultat pouvait être prévu à l'aide d'un raisonnement très-simple et qui est susceptible de généralisation. Considérons une ouverture d'assez grande dimension pratiquée dans un écran opaque, et supposons qu'on fasse tomber normalement sur cette ouverture des rayons parallèles entre eux : l'intensité lumineuse sera nulle sur toute direction faisant un angle sensible avec la normale au plan de l'ouverture. Imaginons maintenant que l'on intercepte certaines portions de l'ouverture par des corps opaques en grand nombre et disposés d'une façon quelconque, et qu'alors l'intensité cesse d'être négligeable sur certaines directions obliques par rapport à l'ouverture. Il est évident que la vitesse envoyée suivant une de ces directions par les parties de l'ouverture qui ne sont pas recouvertes est égale et de signe contraire à celle qu'envoyaient suivant la même direction, lorsque l'ouverture était entièrement libre, les parties actuellement recouvertes, car la somme de ces deux vitesses est sensiblement nulle, et la première, d'après l'hypothèse que nous avons faite, a une valeur appréciable.

On peut conclure de là que, si des rayons parallèles tombent normalement sur un système diffringent formé d'un grand nombre d'ouvertures disposées d'une façon quelconque, et si, de plus, l'intensité a une valeur sensible sur certaines directions obliques par rapport aux ouvertures, ce qui n'est possible qu'autant que ces ouvertures sont très-petites, les phénomènes de diffraction resteront identiquement les mêmes, en supposant que les parties transparentes du système deviennent opaques, et réciproquement; d'où il suit que les deux problèmes précédents sont au fond identiques. Le principe fécond dont nous venons de donner la démonstration est dû à M. Babinet [1].

Les phénomènes produits par un grand nombre de fils parallèles de même diamètre et non équidistants peuvent servir à déterminer le diamètre de ces fils. Si en effet on désigne par d ce diamètre et par δ_n la déviation du $n^{ième}$ minimum dans une lumière homogène dont la longueur d'ondulation est λ, on aura

$$\sin \delta_n = \frac{n\lambda}{d},$$

d'où

$$d = \frac{n\lambda}{\sin \delta_n};$$

tel est le principe d'un instrument construit par Young pour comparer les grosseurs de filaments et de fils de différente nature, et qui a reçu le nom d'*ériomètre* [2].

77. Diffraction par une ouverture circulaire. — Le cas où l'ouverture diffringente est de forme circulaire offre un intérêt particulier : dans presque tous les instruments d'optique, le faisceau incident est en effet limité par un diaphragme dont l'ouverture est circulaire, et il est impossible de donner une théorie tant soit peu complète de ces instruments sans tenir compte des phénomènes de diffraction.

Supposons les rayons incidents parallèles entre eux et perpendiculaires au plan de l'ouverture circulaire, et désignons par R le rayon de cette ouverture. Les phénomènes étant évidemment les mêmes dans tous les plans normaux à l'ouverture qu'on peut mener par les différents diamètres de cette ouverture, il suffira de chercher les lois de la distribution de la lumière dans un de ces plans. Nous allons donc nous proposer de calculer la valeur de l'intensité lumineuse en un point M, situé à une très-grande distance sur une

____

[1] *C. R.*, IV, 638.
[2] *Lectures on Natural Philosophy*, p. 365. — *Phil. Mag.*, (3), I, 112.

direction faisant avec la normale à l'ouverture un angle θ, et dans un plan normal à cette ouverture passant par le diamètre AB (fig. 67). Nous suivrons la marche assez simple indiquée par M. Knochenhauer[1].

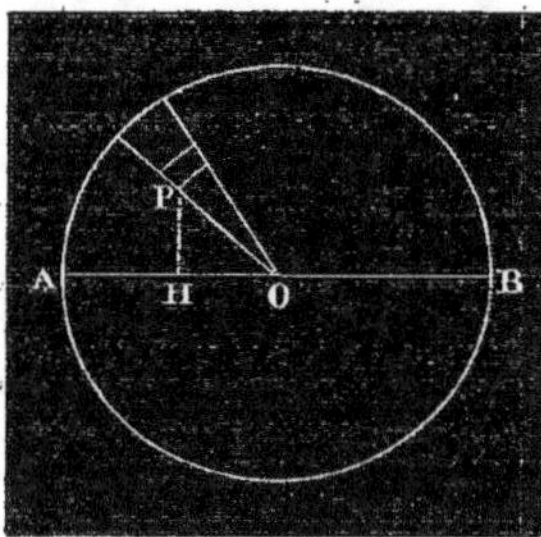
Fig 67.

Représentons par

$$\sin 2\pi \frac{t}{T}\, d^2\sigma$$

la vitesse envoyée au point considéré par l'élément qui correspond à l'extrémité A du diamètre AB, et déterminons la position de chaque point P de l'ouverture par sa distance ρ au centre O et par l'angle φ que fait la droite OP avec OA. L'élément superficiel correspondant au point P aura pour expression $\rho\, d\varphi\, d\rho$, et la vitesse envoyée en M par cet élément sera représentée par

$$\rho \sin 2\pi \left(\frac{t}{T} - \frac{AH\sin\theta}{\lambda} \right) d\varphi\, d\rho,$$

H étant le pied de la perpendiculaire abaissée du point P sur le rayon OA. En remarquant que l'on a

$$AH = R - \rho\cos\varphi.$$

l'expression de cette vitesse devient

$$\rho \sin 2\pi \left(\frac{t}{T} - \frac{R\sin\theta}{\lambda} + \frac{\rho\cos\varphi\sin\theta}{\lambda} \right) d\varphi\, d\rho.$$

On a donc pour l'intensité lumineuse au point M

$$I^2 = \left(\int_0^{2\pi} \int_0^R \rho\cos 2\pi \frac{\rho\cos\varphi\sin\theta}{\lambda}\, d\varphi\, d\rho \right)^2$$

$$+ \left(\int_0^{2\pi} \int_0^R \rho\sin 2\pi \frac{\rho\cos\varphi\sin\theta}{\lambda}\, d\varphi\, d\rho \right)^2;$$

la seconde intégrale est nulle, car les éléments de cette intégrale qui correspondent à deux points de l'ouverture symétriquement

[1] *Die Undulationstheorie des Lichtes*, Berlin, 1839, p. 22.

placés par rapport au centre ont des valeurs égales et de signes contraires. L'expression de l'intensité se réduit par conséquent à

$$I^2 = \left(\int_0^{2\pi} \int_0^R \rho \cos 2\pi\, \frac{\rho \cos \varphi \sin \theta}{\lambda}\, d\varphi\, d\rho \right)^2.$$

L'intégration par rapport à ρ peut s'effectuer complétement: en intégrant par parties, il vient en effet

$$\int_0^R \rho \cos 2\pi\, \frac{\rho \cos \varphi \sin \theta}{\lambda}\, d\rho$$

$$= \left(\frac{\lambda \rho}{2\pi \cos \varphi \sin \theta} \sin 2\pi\, \frac{\rho \cos \varphi \sin \theta}{\lambda} \right)_0^R$$

$$\qquad - \int_0^R \frac{\lambda}{2\pi \cos \varphi \sin \theta} \sin 2\pi\, \frac{\rho \cos \varphi \sin \theta}{\lambda}\, d\rho$$

$$= \frac{\lambda R}{2\pi \cos \varphi \sin \theta} \sin 2\pi\, \frac{R \cos \varphi \sin \theta}{\lambda}$$

$$\qquad + \frac{\lambda^2}{4\pi^2 \cos^2 \varphi \sin^2 \theta} \left(\cos 2\pi\, \frac{R \cos \varphi \sin \theta}{\lambda} - 1 \right)$$

$$= \frac{\lambda R}{2\pi \cos \varphi \sin \theta} \sin 2\pi\, \frac{R \cos \varphi \sin \theta}{\lambda}$$

$$\qquad - \frac{\lambda^2}{2\pi^2 \cos^2 \varphi \sin^2 \theta} \sin^2 \pi\, \frac{R \cos \varphi \sin \theta}{\lambda}.$$

L'expression de l'intensité prend par suite la forme

$$I^2 = \left(\frac{\lambda R}{2\pi \sin \theta} \int_0^{2\pi} \sin 2\pi\, \frac{R \cos \varphi \sin \theta}{\lambda}\, \frac{d\varphi}{\cos \varphi} \right.$$

$$\qquad \left. - \frac{\lambda^2}{2\pi^2 \sin^2 \theta} \int_0^{2\pi} \sin^2 \pi\, \frac{R \cos \varphi \sin \theta}{\lambda}\, \frac{d\varphi}{\cos^2 \varphi} \right)^2$$

$$= \left(\int_0^{2\pi} R^2\, \frac{\sin 2\pi\, \dfrac{R \cos \varphi \sin \theta}{\lambda}}{\dfrac{2\pi R \cos \varphi \sin \theta}{\lambda}}\, d\varphi \right.$$

$$\qquad \left. \frac{1}{2} \int_0^{2\pi} R^2\, \frac{\sin^2 \pi\, \dfrac{R \cos \varphi \sin \theta}{\lambda}}{\dfrac{\pi^2 R^2 \cos^2 \varphi \sin^2 \theta}{\lambda^2}}\, d\varphi \right)^2.$$

En posant

$$\frac{\pi \mathrm{R}\sin\theta}{\lambda} = m,$$

il vient définitivement

$$\mathrm{I}^2 = \left[\int_0^{2\pi} \mathrm{R}^2 \frac{\sin(2m\cos\varphi)}{2m\cos\varphi}\, d\varphi - \frac{1}{2}\int_0^{2\pi} \mathrm{R}^2 \frac{\sin^2(m\cos\varphi)}{m^2\cos^2\varphi}\, d\varphi \right]^2.$$

Aucune des deux intégrales qui figurent dans le second membre de cette dernière équation ne peut être évaluée en termes finis; mais l'intégration peut s'effectuer au moyen du développement en séries. On a en effet

$$\frac{\sin x}{x} = 1 - \frac{x^2}{1.2.3} + \frac{x^4}{1.2.3.4.5} - \frac{x^6}{1.2.3.4.5.6.7} + \cdots,$$

$$\frac{\sin^2 x}{x^2} = \frac{2}{1.2} - \frac{2^3 x^2}{1.2.3.4} + \frac{2^5 x^4}{1.2.3.4.5.6} - \frac{2^7 x^6}{1.2.3.4.5.6.7.8} + \cdots,$$

et ces séries sont convergentes pour toutes les valeurs de x inférieures à l'unité.

En développant les quantités $\dfrac{\sin(2m\cos\varphi)}{2m\cos\varphi}$ et $\dfrac{\sin^2(m\cos\varphi)}{m^2\cos^2\varphi}$ en séries d'après ces formules, il vient

$$\mathrm{I}^2 = \left\{ \int_0^{2\pi} \mathrm{R}^2 \left[1 - \frac{(2m\cos\varphi)^2}{1.2.3} + \frac{(2m\cos\varphi)^4}{1.2.3.4.5} - \frac{(2m\cos\varphi)^6}{1.2.3.4.5.6.7} + \cdots \right] d\varphi \right.$$

$$- \int_0^{2\pi} \frac{\mathrm{R}^2}{2}\left[\frac{2}{1.2} - \frac{2^3(m\cos\varphi)^2}{1.2.3.4} + \frac{2^5(m\cos\varphi)^4}{1.2.3.4.5.6} \right.$$

$$\left. \left. - \frac{2^7(m\cos\varphi)^6}{1.2.3.4.5.6.7.8} + \cdots \right] d\varphi \right\}^2,$$

d'où, en remarquant que l'on a $\displaystyle\int_0^{2\pi} \cos^{2n}\varphi\, d\varphi = \frac{1.3.5\ldots(2n-1)}{2.4.6\ldots 2n}\, 2\pi$,

$$\mathrm{I}^2 = \pi^2 \mathrm{R}^4 \left[2 - \frac{2^3 m^2}{1.2.3}\cdot\frac{1}{2} + \frac{2^5 m^4}{1.2.3.4.5}\cdot\frac{1.3}{2.4} - \frac{2^7 m^6}{1.2.3.4.5.6.7}\cdot\frac{1.3.5}{2.4.6} + \cdots \right.$$

$$- \left(\frac{2}{1.2} - \frac{2^3 m^2}{1.2.3.4}\cdot\frac{1}{2} + \frac{2^5 m^4}{1.2.3.4.5.6}\cdot\frac{1.3}{2.4} \right.$$

$$\left. \left. - \frac{2^7 m^6}{1.2.3.4.5.6.7.8}\cdot\frac{1.3.5}{2.4.6} + \cdots \right) \right]^2,$$

et enfin

$$I^2 = \pi^2 R^4 \left[1 - \frac{m^2}{2} + \frac{m^4}{(1.2)^2 3} - \frac{m^6}{(1.2.3)^2 4} + \frac{m^8}{(1.2.3.4)^2 5} - \cdots \right]^2.$$

La série contenue entre crochets étant formée de termes alternativement positifs et négatifs, pour démontrer qu'elle devient convergente à partir d'un certain terme, il suffit de faire voir que les termes suivants vont en décroissant d'une manière continue. Or les termes de rangs n et $n+1$ ont respectivement pour expression

$$\frac{m^{2(n-1)}}{[1.2.3\ldots(n-1)]^2 n} \quad \text{et} \quad \frac{m^{2n}}{(1.2.3\ldots n)^2 (n+1)};$$

leur rapport est donc égal à $\dfrac{m^2}{n(n+1)}$, quantité qui devient inférieure à l'unité dès qu'on a $n^2 + n > m^2$; d'où l'on peut conclure que la série, quelle que soit la valeur de m, devient convergente à partir d'un certain terme dont on peut calculer le rang à l'aide de la condition que nous venons de trouver.

En calculant la valeur de la série pour des valeurs croissantes de m, on trouve qu'elle change plusieurs fois de signe, d'où il résulte que l'intensité lumineuse présente des maxima et des minima alternatifs, et que ces derniers sont nuls. Les formules ordinaires d'interpolation permettent de déterminer exactement les valeurs de m qui donnent les maxima et les minima d'intensité; les déviations correspondantes s'obtiennent à l'aide de la relation

$$m = \frac{\pi R \sin\theta}{\lambda},$$

d'où l'on tire

$$\sin\theta = \frac{m\lambda}{\pi R}.$$

On peut remarquer que le sinus de la déviation pour laquelle on observe un maximum ou un minimum d'un ordre déterminé, et par suite la déviation elle-même si elle est petite, est en raison inverse du rayon de l'ouverture.

Le tableau suivant contient les valeurs de $\dfrac{m}{\pi}$ qui correspondent aux premiers maxima et aux premiers minima, ainsi que les valeurs maxima de l'intensité; ces dernières ont été calculées en prenant pour unité la valeur de l'intensité sur la direction normale à l'ouverture.

	$\dfrac{m}{\pi}$	INTENSITÉ.
Premier maximum	0	1
Premier minimum	0,610	//
Deuxième maximum	0,819	0,01745
Deuxième minimum	1,116	//
Troisième maximum	1,333	0,00415
Troisième minimum	1,619	//
Quatrième maximum	1,847	0,00165
Quatrième minimum	2,120	//
Cinquième maximum	2,361	0,00078
Cinquième minimum	2,621	//

On voit par l'inspection des nombres contenus dans ce tableau que la différence entre les valeurs de m qui correspondent à deux minima consécutifs tend à devenir constante et égale à $\dfrac{\pi}{2}$, et que les maxima de l'intensité décroissent très-rapidement.

Antérieurement aux travaux de M. Knochenhauer, Schwerd avait déjà obtenu les résultats numériques que nous venons de faire connaître[1], mais la méthode de calcul qu'il employait était très-pénible. Il remplaçait le cercle par un polygone régulier de 360 côtés et, en abaissant des sommets des perpendiculaires sur un diamètre passant par deux sommets opposés, il divisait ce polygone en trapèzes; il cherchait ensuite la vitesse envoyée par chacun de ces trapèzes et arrivait, en combinant ces vitesses suivant les règles ordinaires, à déterminer l'effet total produit par l'ouverture.

L'aspect que présentent les phénomènes sur un écran très-éloigné de l'ouverture circulaire ou au foyer d'une lunette peut être prévu d'après la théorie précédente. Dans la lumière homogène on observera au centre du phénomène une tache circulaire brillante

[1] *Die Beugungserscheinungen*. p. 67.

entourée d'un anneau obscur. puis une série d'anneaux circulaires alternativement brillants et obscurs; l'éclat de ces anneaux s'affaiblira très-rapidement à partir du centre, et, si la source lumineuse est peu intense, il pourra arriver que la tache centrale soit seule visible : le diamètre de cette tache centrale sera d'ailleurs, suivant une remarque que nous avons faite plus haut, en raison inverse du diamètre de l'ouverture. Dans la lumière blanche on aura encore une tache centrale blanche et brillante, entourée d'un anneau noir, mais les anneaux suivants seront colorés : l'éclat de ces anneaux décroîtra très-rapidement, et on ne pourra en distinguer un certain nombre que si la source lumineuse a une intensité considérable.

Frauenhofer et Schwerd ont observé les phénomènes de diffraction produits par une ouverture circulaire : ils ont mesuré les déviations des anneaux, et les résultats qu'ils ont obtenus, le premier en opérant avec la lumière blanche, le second en se servant d'une lumière rouge sensiblement homogène, viennent confirmer la théorie de la manière la plus éclatante.

78. Application de la théorie des phénomènes produits par une ouverture circulaire à la formation des images dans les instruments d'optique. — Le travail des miroirs employés dans les télescopes est aujourd'hui si parfait, les verres des lunettes et des microscopes sont si heureusement combinés, que les aberrations qui résultent des lois de l'optique géométrique peuvent être presque entièrement évitées. Il semble donc que les rayons partis d'un point lumineux doivent, dans ces instruments, converger rigoureusement en un même point; cependant il n'en est rien, car dans les meilleurs télescopes l'image d'une étoile conserve un diamètre apparent sensible. La théorie que nous venons d'exposer fournit l'explication de cette anomalie apparente : le faisceau incident étant limité par un diaphragme dont l'ouverture a une forme circulaire, l'image d'un point lumineux devra toujours se composer, même en supposant que les lentilles ou les miroirs de l'instrument forment un système rigoureusement aplanétique, d'une tache circulaire brillante entourée d'une série d'anneaux. Le nombre des anneaux visibles dépend de l'éclat du point lumineux; mais le diamètre de la tache centrale est toujours en raison inverse de celui de l'ouverture[1]. On comprend d'après cela pourquoi l'image d'une étoile vue dans une lunette ou dans un télescope se dilate à mesure qu'on rétrécit l'ouverture du diaphragme. On ne peut donc pas espérer de perfectionner indéfiniment les instruments d'optique en faisant disparaître les aberrations géométriques par l'emploi de diaphragmes à ouverture de plus en plus petite; car on se trouve bientôt arrêté par l'apparition d'une nouvelle aberration qui devient de plus en plus sensible et qu'il est impossible d'éliminer.

L'image d'un point lumineux étant toujours une tache de grandeur finie, il faut, pour que deux points puissent être distingués l'un de l'autre à l'aide d'un instrument, que les images de ces points n'empiètent pas l'une sur l'autre, et pour cela il est nécessaire que le diamètre apparent de la droite qui joint les deux points lumineux soit supérieur à une certaine limite; l'inverse de cette limite est ce que M. Foucault a appelé *pouvoir optique* de l'instrument[2]. L'étendue de la partie visible de l'image d'un point lumineux dépend de l'éclat de ce point, de l'acuité de la vision de l'observateur et de beaucoup d'autres circonstances : le pouvoir optique d'un instrument n'est donc pas une quantité constante; mais, toutes choses égales d'ailleurs, ce pouvoir optique est proportionnel au diamètre de l'ouverture par laquelle les rayons incidents pénètrent dans l'instrument.

La théorie précédente permet de déterminer une limite inférieure du pouvoir optique. Soient en effet deux points lumineux dont les images ont leurs centres aux points A et A'; supposons qu'il n'y ait pas de lumière sensible dans chacune de ces images au delà du premier anneau brillant : il faudra alors, pour que les deux images n'empiètent pas l'une sur l'autre, que la distance AA' soit au moins égale au double du rayon du premier anneau brillant, et, par suite, que le diamètre apparent de la droite qui joint les deux points lumineux soit au moins égal au double de la déviation du premier

---

[1] Ces phénomènes ont été observés pour la première fois par W. Herschel (*Traité de la Lumière* de J. Herschel, traduction de Verhulst et Quetelet, t. I, p. 501). Ils ont été étudiés par Arago, qui les décrit dans sa Notice sur la scintillation.

[2] Mémoires sur la construction des télescopes (*Annales de l'Observatoire*, t. V).

anneau brillant. En désignant cette déviation par ω, $\dfrac{1}{2\omega}$ sera une limite inférieure du pouvoir optique.

La déviation ω correspondant au deuxième maximum, on aura, d'après la valeur trouvée plus haut,

$$\frac{\pi R \sin \omega}{\lambda} = 0,819 \pi,$$

d'où

$$\sin \omega = 0,819 \frac{\lambda}{R}.$$

Prenons pour λ la valeur moyenne $0^{mm},0005$ et supposons que l'ouverture du diaphragme ait un diamètre de 10 centimètres; nous aurons

$$\sin \omega = 0,819 \frac{0,0005}{50},$$

d'où nous conclurons que l'angle 2ω est égal à 3 secondes environ.

M. Foucault, en se plaçant dans les conditions que nous avons supposées remplies, c'est-à-dire en se servant d'une lunette dont l'objectif était muni d'un diaphragme présentant une ouverture de 10 centimètres de diamètre, a trouvé le pouvoir optique de l'instrument bien supérieur à la limite que nous venons de déterminer; car, en regardant avec cette lunette une mire placée à une distance connue et qui était divisée en demi-millimètres par des traits noirs, il a pu distinguer des traits dont la distance était vue sous un angle d'environ $\frac{4}{3}$ de seconde.

De la valeur obtenue expérimentalement par M. Foucault pour le pouvoir optique de l'instrument qu'il employait, on peut déduire l'étendue qu'avait dans cet instrument la partie visible de l'image d'un point lumineux. Il suffit pour cela de remplacer, dans l'équation

$$\frac{\pi R \sin \theta}{\lambda} = m,$$

$\sin \theta$ par $\sin \frac{2''}{3}$: on trouve ainsi

$$m = 0,333 \pi;$$

d'où il résulte que, dans les expériences de M. Foucault, le rayon de la partie visible de l'image d'un point lumineux était égal à peu près à la moitié du rayon du premier anneau obscur.

Les considérations que nous venons de développer peuvent être étendues à l'œil; mais l'état de l'organe joue un rôle tellement important dans la formation des images sur la rétine, que le pouvoir optique de l'œil varie considérablement d'un individu à l'autre, et chez le même individu, suivant les circonstances dans lesquelles s'opère la vision.

L'image d'un point lumineux ayant toujours une étendue sensible, il est facile de voir que l'image d'un objet dont le diamètre apparent est appréciable ne doit présenter un éclairement constant qu'à partir d'une certaine distance de ses bords; par suite de la superposition des petites taches circulaires qui correspondent aux différents points de l'objet lumineux, l'image géométrique sera bordée d'une bande dont la largeur sera égale au rayon de ces taches et par suite variera en raison inverse du diamètre de l'ouverture, et dont l'intensité ira en décroissant graduellement, comme cela a lieu sur chaque tache à partir du centre. Cependant l'observation montre que, tandis que l'image d'une étoile vue dans une lunette ou dans un télescope se dilate à mesure que l'ouverture du diaphragme se rétrécit, les images du soleil et de la lune diminuent simplement d'éclat dans ces circonstances sans que leur grandeur apparente varie. Ce résultat, qui semble contraire à la théorie, s'explique par la faible intensité de la lumière incidente; la dilatation de l'image d'un objet n'est possible en effet qu'autant que la partie visible de l'image de chaque point de cet objet a une étendue assez sensible, ce qui exige une lumière très-intense; or la lumière de la lune n'offre pas un très-grand éclat, et celle du soleil est affaiblie au moyen de verres colorés lorsqu'on observe cet astre à l'aide d'un instrument d'optique. De plus, l'image solaire ou lunaire présente toujours des bords parfaitement tranchés, au lieu d'être, comme le veut la théorie, entourée d'une bande lumineuse d'intensité graduellement décroissante; ceci tient à ce que l'œil est incapable de percevoir aucune impression lorsque l'intensité lumineuse devient inférieure à une certaine limite, d'où résulte dans la sensation visuelle une discontinuité qui n'existe pas dans la réalité : c'est ainsi que des objets

d'abord complétement invisibles deviennent subitement visibles par
un très-léger accroissement survenu dans leur éclat.

**79. Diffraction par un grand nombre d'ouvertures
circulaires ou de disques circulaires de même rayon et
irrégulièrement espacés. — Explication des couronnes. —**
A la théorie des effets produits par les ouvertures diffringentes de
forme circulaire se rattache l'explication d'un phénomène naturel
qu'on désigne sous le nom de *couronnes* et qu'on a assez fréquemment occasion d'observer. Les couronnes sont des cercles colorés qui
se montrent autour du soleil et de la lune lorsque des nuages très-
légers passent devant ces astres et les voilent d'une sorte de gaze ;
ces cercles sont immédiatement en contact avec le disque du soleil
ou de la lune, ce qui les distingue des halos, et leurs couleurs sont
disposées dans l'ordre caractéristique des phénomènes de diffraction, c'est-à-dire le violet en dedans et le rouge en dehors. Pour
apercevoir les couronnes autour du soleil, il faut regarder cet astre
à travers un verre noir, afin d'atténuer le trop grand éclat de sa
lumière. ou encore, comme le faisait Newton, examiner son image
vue par réflexion dans l'eau.

M. Delezenne a indiqué un procédé très-simple pour mesurer les
diamètres apparents des anneaux colorés qui constituent les couronnes [1]. Un long tube de carton, ouvert à l'une de ses extrémités,
est fermé à l'autre par une plaque percée d'un très-petit trou contre
lequel on applique l'œil ; dans ce tube peut se mouvoir un disque
opaque placé perpendiculairement à l'axe du tube. En éloignant
graduellement ce disque de l'œil, on peut cacher successivement le
soleil et les anneaux colorés qui l'entourent : lorsqu'un de ces
anneaux paraît coïncider avec le bord du disque, son diamètre apparent est égal à l'angle sous lequel on voit le diamètre du disque,.
angle facile à calculer puisqu'on connaît le diamètre du disque et sa
distance à l'œil. Par ce procédé, M. Delezenne a constaté que les
diamètres des anneaux d'une même couleur varient à peu près
comme la suite des nombres entiers, loi qui n'est qu'approchée, ainsi
que nous le verrons plus loin.

[1] *Mémoires de la Société des sciences de Lille*, année 1838.

Newton a le premier attribué l'apparition des couronnes aux vésicules d'eau qui flottent dans l'atmosphère [1]. Frauenhofer a confirmé la justesse des vues de Newton en montrant qu'on peut reproduire artificiellement le phénomène des couronnes : il suffit pour cela de regarder un objet lumineux à travers une plaque de verre recouverte, soit de globules provenant de la condensation de la vapeur d'eau, soit d'une poussière à grains fins et sensiblement égaux, de poudre de lycopode, par exemple [2]. Il est indispensable, pour le succès de l'expérience, que les corpuscules déposés sur la plaque soient sensiblement égaux ; avec une poussière formée de grains irréguliers, comme la craie pulvérisée, les couronnes ne se montrent pas ; mais, comme l'a remarqué Frauenhofer, il n'est nullement nécessaire que ces corpuscules soient disposés avec régularité. Cet habile observateur a vu en effet se produire des couronnes lorsqu'il regardait un objet lumineux à travers deux plaques de verre entre lesquelles il avait introduit un grand nombre de petits disques métalliques qui avaient tous le même diamètre et qui, sous l'influence de la pesanteur, se plaçaient d'une manière tout à fait quelconque. Il mesura dans ces conditions les diamètres des anneaux brillants et reconnut que ces diamètres étaient proportionnels à la longueur d'ondulation et en raison inverse du diamètre des disques ; ce dernier résultat en particulier est contraire à tout rapprochement entre les phénomènes des couronnes et ceux des réseaux, qui dépendent de la grandeur de la somme d'un intervalle transparent et d'un intervalle opaque. Les lois trouvées par Frauenhofer ont été confirmées depuis par les expériences de M. Babinet [3].

La cause du phénomène étant mise hors de doute, il s'agissait d'expliquer comment des disques ou des corpuscules circulaires égaux entre eux, mais distribués sans aucun ordre, peuvent donner naissance à des anneaux colorés parfaitement réguliers et soumis à des lois simples. Frauenhofer admit que chaque corpuscule produit individuellement un système d'anneaux et que le phénomène observé résulte de la superposition de tous ces systèmes identiques ; mais

<hr>

[1] *Optique*, liv. II, part. IV.
[2] *Schumacher's Astronomische Abhandlungen*, III.
[3] *C. R.*, IV, 758.

cette explication est évidemment insuffisante, car elle suppose
qu'autour de chaque corpuscule opaque la lumière est diffractée
comme si ce corpuscule était seul, et elle ne tient aucun compte
des interférences des rayons diffractés par les corpuscules voisins.

Le principe posé par M. Babinet et dont nous avons indiqué plus
haut la démonstration (76) a permis à M. Verdet de donner une
explication complète du phénomène des couronnes [1]. Il résulte en
effet de ce principe que les apparences auxquelles donne naissance
un système de disques opaques, circulaires et égaux, disposés sans
aucun ordre, sont identiquement les mêmes que celles qui seraient
produites par un grand nombre d'ouvertures circulaires, égales et
irrégulièrement espacées; or, en raisonnant comme nous l'avons
fait pour le cas d'un grand nombre de fentes égales mais non équidistantes, il est facile de voir que ces derniers phénomènes ne diffèrent de ceux qu'on obtient avec une seule ouverture circulaire
qu'en ce que l'intensité est multipliée par un facteur constant égal
au nombre des ouvertures.

Si cette théorie est vraie, le phénomène des couronnes doit être
soumis aux mêmes lois que celui des anneaux colorés engendrés par
une ouverture diffringente de forme circulaire, et par suite, d'après
ce que nous avons vu, les déviations des maxima de lumière
doivent être proportionnelles aux nombres 819, 1333, 1847,
2361,.... et les déviations des minima aux nombres 610, 1116,
1619, 2120, 2621,....

Les mesures de Frauenhofer semblent, au premier abord, ne
pas confirmer les résultats de la théorie : cet observateur a trouvé
en effet, pour les déviations des trois premiers anneaux rouges
produits par un système de disques métalliques, des angles égaux
à 3′15″, 5′58″ et 8′41″; ces angles suivent une loi tout à fait différente de celle qui vient d'être indiquée comme s'appliquant aux
déviations des maxima de lumière. Mais il faut remarquer que
Frauenhofer n'a pas mesuré les diamètres des anneaux dans la lumière rouge homogène; il a simplement déterminé la position des
anneaux rouges dans le système d'anneaux colorés auquel donne
naissance la lumière blanche : or ces anneaux, comme nous avons

[1] *Ann. de chim. et de phys.*, (3), XXXIV, 129.

déjà eu occasion de le dire (70), correspondent aux minima des rayons les plus intenses du spectre. Leurs déviations doivent donc suivre la loi qui s'applique aux minima; c'est ce qui a lieu effectivement pour les nombres déterminés par Frauenhofer : les déviations des trois premiers anneaux rouges sont proportionnelles aux nombres 610, 1118 et 1629, qui s'écartent très-peu des nombres 610, 1116 et 1619, auxquels, d'après la théorie, doivent être proportionnelles les déviations des trois premiers minima.

Bien que les observations de Frauenhofer, loin de contredire la théorie, la confirment complétement lorsqu'elles sont convenablement interprétées, M. Verdet a cru utile de prendre quelques mesures dans la lumière rouge homogène. Au centre d'un théodolite qui permettait d'évaluer les angles à 15 secondes près, il fixait une plaque de verre recouverte de poudre de lycopode sur laquelle il faisait tomber des rayons provenant d'une lampe électrique placée à 8 mètres de distance, et disposait devant l'objectif de la lunette un verre rouge d'une teinte bien homogène. Il a trouvé ainsi pour la déviation du premier anneau obscur 1°29′45″, et pour celle du second anneau obscur 2°42′; en admettant que la première déviation soit exactement mesurée, la théorie donne 2°44′ pour la seconde. Il a déterminé également les déviations des deux premiers minima dans la lumière blanche; ces déviations ont été trouvées égales à 1°15′45″ et à 2°21′; en considérant encore la première déviation comme exactement mesurée, la seconde devrait être, d'après la théorie, 2°19′.

Enfin M. Verdet a eu recours à un autre genre de vérification en observant les phénomènes de diffraction dus à un système d'ouvertures circulaires égales et distribuées sans aucun ordre. Il plaçait à cet effet devant l'objectif d'une lunette une plaque de cuivre percée d'un grand nombre de trous circulaires tous égaux entre eux et disposés d'une manière irrégulière : en faisant tomber sur cette plaque des rayons provenant d'un point situé à une grande distance, il voyait apparaître au foyer de la lunette un système d'anneaux colorés tout à fait semblables aux couronnes. Ces anneaux n'étaient réguliers qu'autant que le diamètre des trous surpassait un quart de millimètre; ils étaient beaucoup plus petits que ceux qu'on obtient avec la poudre de lycopode, et leurs diamètres ne pouvaient être mesurés avec exactitude.

Il résulte de ce que nous venons de dire que les diamètres apparents des anneaux colorés produits par un grand nombre de corpuscules égaux et de forme sphérique sont en raison inverse du diamètre de ces corpuscules; on peut donc déduire la grosseur des gouttelettes d'eau qui engendrent les couronnes qu'on voit autour du soleil et de la lune du rapport qui existe entre les diamètres apparents des anneaux colorés qui constituent ces couronnes et ceux des anneaux produits par des corpuscules d'une grosseur connue.

Les cercles irisés, qu'à la suite de certaines inflammations de la conjonctive on aperçoit autour des corps lumineux, se rattachent à la même cause que les couronnes; ces apparences sont dues à l'existence de granulations très-petites et sensiblement égales dans la portion de la conjonctive qui se trouve en avant de la cornée transparente.

Il n'est du reste pas nécessaire, pour que les couronnes se montrent, que tous les corpuscules interposés entre l'œil et le corps lumineux soient de même dimension; il suffit que ceux d'une certaine dimension soient beaucoup plus nombreux que les autres.

80. **Théorèmes généraux de Bridge.** — Un astronome anglais, J. Bridge, a établi plusieurs théorèmes généraux relatifs aux phénomènes de diffraction, à l'aide d'une méthode très-simple que nous allons faire connaître et qu'on peut appeler méthode de transformation des figures.

Soit une ouverture de forme quelconque : traçons dans le plan de cette ouverture deux axes rectangulaires Ox et Oy, et proposons-nous d'évaluer l'intensité lumineuse en un point P situé à une distance très-grande sur une direction comprise dans le plan des zx et faisant avec l'axe des z, c'est-à-dire avec la normale à l'ouverture, un angle égal à θ. A cet effet, divisons l'ouverture en bandes infiniment étroites par des droites parallèles à l'axe des y, et représentons par $\sin 2\pi \frac{t}{T} d^2\sigma$ la vitesse envoyée au point considéré par l'élément qui correspond à l'origine. La vitesse envoyée par la bande dont l'aire est égale à $y\,dx$ sera représentée par

$$y \sin 2\pi \left(\frac{t}{T} - \frac{x \sin\theta}{\lambda} \right) dx,$$

car les différents points de cette bande sont tous à une distance égale à $x \sin\theta$ du plan mené par l'origine perpendiculairement à la direction sur laquelle se trouve le point P. La vitesse totale envoyée en ce point par l'ouverture a donc pour expression

$$\int y \sin 2\pi \left(\frac{t}{T} - \frac{x \sin\theta}{\lambda} \right) dx,$$

et l'intensité est égale en P à

$$\left(\int y \sin 2\pi \frac{x \sin\theta}{\lambda}\,dx \right)^2 + \left(\int y \cos 2\pi \frac{x \sin\theta}{\lambda}\,dx \right)^2;$$

La direction de l'axe des x dans le plan de l'ouverture étant complétement arbitraire, on peut par cette méthode évaluer l'intensité lumineuse sur une direction quelconque.

L'expression que nous venons de trouver pour l'intensité va nous permettre de démontrer très-facilement plusieurs principes importants.

1° Les sinus des déviations qui correspondent à un maximum ou à un minimum d'un ordre déterminé sont proportionnels à la longueur d'ondulation; si, en effet, dans l'expression de l'intensité, on remplace λ par λ', pour que la valeur de cette intensité demeure la même, il faut substituer à l'angle θ un angle θ' tel que l'on ait $\frac{\sin\theta'}{\sin\theta} = \frac{\lambda'}{\lambda}$. Les figures de diffraction que l'on obtient avec des lumières homogènes de différentes couleurs sont donc semblables, et leurs dimensions homologues sont proportionnelles à la longueur d'ondulation de la lumière employée.

2° Si l'on produit les phénomènes de diffraction avec deux ouvertures semblables, mais de dimensions différentes, les sinus des déviations qui correspondent à un maximum ou à un minimum d'un ordre déterminé sont en raison inverse des dimensions homologues des deux ouvertures. Soit en effet m le rapport des dimensions de la seconde ouverture aux dimensions homologues de la première;

l'intensité envoyée par la seconde ouverture suivant une direction
située dans le plan des zx et faisant un angle θ avec l'axe des z
aura pour expression

$$\left(\int my \sin 2\pi\, \frac{mx\sin\theta}{\lambda}\, dx \right)^2 + \left(\int my \cos 2\pi\, \frac{mx\sin\theta}{\lambda}\, dx \right)^2 ;$$

si, pour une certaine valeur de θ que nous représenterons par ω,
l'intensité provenant de la première ouverture passe par un maximum
ou par un minimum, l'intensité provenant de la seconde ouverture
passera par un maximum ou par un minimum pour une valeur ω'
de θ telle, que l'on ait $\sin\omega = m\sin\omega'$, d'où

$$\frac{\sin\omega'}{\sin\omega} = \frac{1}{m} \cdot$$

Les figures de diffraction auxquelles donnent naissance deux ouvertures semblables sont donc semblables, et leur rapport de similitude est égal à l'inverse de celui des deux ouvertures.

3° Les intensités envoyées dans une même direction, située dans
le plan des zx, par deux ouvertures telles que les ordonnées correspondant à une même abscisse soient dans un rapport constant, ne
diffèrent l'une de l'autre que par un facteur constant, et, par suite,
les figures de diffraction produites dans le plan des zx par ces deux
ouvertures sont les mêmes. Si en effet on remplace une ouverture
par une autre dont les ordonnées soient égales à celles de la première multipliées par une quantité constante m, chacun des éléments des deux intégrales qui entrent dans l'expression de l'intensité envoyée suivant une direction située dans le plan des zx sera
multipliée par m, et par conséquent l'intensité sera multipliée par m^2.

4° Les intensités envoyées dans une même direction, située dans
le plan des zx, par deux ouvertures qui ne diffèrent l'une de l'autre
qu'en ce que la seconde a été obtenue en déplaçant parallèlement à
elles-mêmes les ordonnées de la première sans changer leur longueur, sont les mêmes, et par suite les figures de diffraction produites dans le plan des zx par ces deux ouvertures sont identiques.
On voit en effet que, pour les deux ouvertures, les éléments des
deux intégrales sont les mêmes.

On doit encore à M. Bridge le théorème suivant, qui simplifie considérablement l'étude d'un grand nombre de cas de diffraction :

L'intensité de la lumière envoyée en un point situé à une très-grande distance sur une direction quelconque, par une série d'ouvertures égales et semblablement placées, est égale au produit de l'intensité qu'envoie en ce point une seule de ces ouvertures par l'intensité qu'y enverrait un système de points lumineux disposés comme les points homologues de toutes les ouvertures.

Pour démontrer cette proposition, prenons sur l'une des ouvertures un élément $d^2\sigma$ et sur toutes les autres des éléments égaux au premier et occupant des positions homologues. La vitesse envoyée par ces éléments dans une certaine direction est évidemment proportionnelle à celle qu'enverrait dans la même direction un système de points lumineux disposés comme les points homologues des ouvertures. En désignant cette dernière vitesse par M et en choisissant convenablement l'origine à partir de laquelle on compte le temps, la vitesse envoyée par l'ensemble des éléments considérés peut être représentée par

$$ \mathrm{M} \sin 2\pi \frac{t}{\mathrm{T}} d^2\sigma; $$

la quantité M est évidemment constante, quelle que soit la position des éléments homologues sur les ouvertures. Prenons maintenant un second système d'éléments homologues tels que la différence des distances d'un élément de ce système et de l'élément du premier système situé sur la même ouverture à un point très-éloigné sur la direction considérée soit égale à δ; la vitesse envoyée par ce second système aura pour expression

$$ \mathrm{M} \sin 2\pi \left(\frac{t}{\mathrm{T}} - \frac{\delta}{\lambda} \right) d^2\sigma. $$

La vitesse totale envoyée par toutes les ouvertures sera donc égale à

$$ \mathrm{M} \int \sin 2\pi \left(\frac{t}{\mathrm{T}} - \frac{\delta}{\lambda} \right) d^2\sigma; $$

cette vitesse est le produit de deux facteurs dont le premier représente la vitesse envoyée par une série de points lumineux disposés

comme les points homologues des ouvertures, et le second la vitesse
envoyée par une ouverture unique. Le théorème, étant ainsi démontré
pour la vitesse, s'étend facilement à l'intensité.

Une conséquence importante de ce théorème, c'est que, si le système diffringent est formé d'une série d'ouvertures égales et semblablement placées, toutes les fois que l'intensité envoyée dans une
direction, soit par une ouverture unique, soit par un système de
points disposés comme les points homologues des ouvertures, sera
nulle, il en sera de même de l'intensité envoyée par le système des
ouvertures: il y aura donc en général dans ce cas deux séries de
minima de lumière.

81. Diffraction par une ouverture elliptique. — Les
principes généraux que nous venons d'établir vont nous permettre
de déduire les phénomènes auxquels donne naissance une ouverture
elliptique de ceux qui sont produits par une ouverture circulaire.

Soit en effet un point P situé à une très-grande distance sur une
droite passant par le centre de l'ellipse; menons par cette droite un
plan perpendiculaire à celui de l'ouverture, et prenons pour axe des x
l'intersection de ce plan avec celui de l'ouverture, pour axe des y
une droite perpendiculaire à cette intersection (fig. 68). Les phénomènes de diffraction sur la direction considérée ne seront pas
changés si on déplace parallèlement à elles-mêmes les cordes de
l'ellipse parallèles à l'axe des y, de façon à amener leurs milieux sur

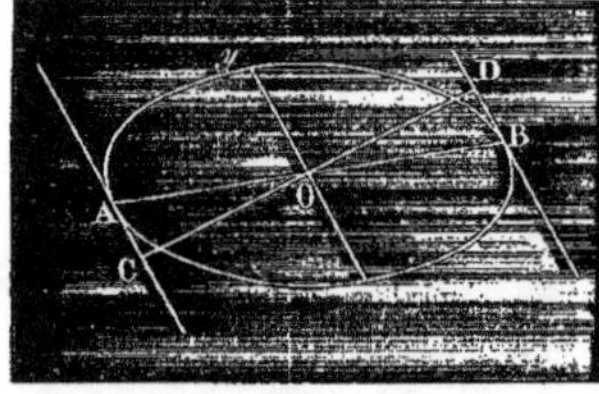

Fig. 68.

l'axe des x. Après ce déplacement,
les longueurs des ordonnées seront
les mêmes que dans un système de
coordonnées obliques où l'on prendrait pour axe des y le diamètre
parallèle aux cordes et pour axe
des x le diamètre conjugué; donc,
en multipliant toutes ces ordonnées
par un nombre constant, on aura celles d'un cercle ayant même
centre que l'ellipse et ayant pour rayon la distance du centre à
une tangente menée à l'ellipse parallèlement à l'axe des y, c'est-à-
dire perpendiculairement à la projection de la direction considérée

sur le plan de l'ellipse : cette distance est représentée par OC sur la figure.

D'après ce que nous avons vu plus haut, les déviations des maxima et des minima dans le plan des zx seront les mêmes que si l'ouverture était un cercle ayant pour rayon OC; de plus, nous savons que, si l'ouverture diffringente est circulaire, les sinus des déviations correspondant à un maximum ou à un minimum d'un ordre déterminé sont en raison inverse du rayon de l'ouverture. Il résulte de là que, l'ouverture étant elliptique, si nous considérons différents plans normaux à l'ouverture et passant par le centre, le sinus de la déviation qui correspond dans l'un de ces plans à un maximum ou à un minimum d'un ordre déterminé est en raison inverse de la distance du centre à une tangente menée à l'ellipse perpendiculairement à l'intersection de ce plan avec celui de l'ellipse.

Soit

$$\frac{x^2}{a^2} + \frac{y^2}{b^2} = 1$$

l'équation de l'ellipse rapportée à ses axes; considérons un plan perpendiculaire à celui de l'ouverture et faisant un angle α avec celui des zx; la tangente menée à l'ellipse perpendiculairement à l'intersection de ce plan avec celui de l'ellipse a pour équation

$$y = -\frac{x}{\tang \alpha} + \sqrt{\frac{a^2}{\tang^2 \alpha} + b^2},$$

et la distance du centre à cette tangente est

$$\frac{\sqrt{\dfrac{a^2}{\tang^2 \alpha} + b^2}}{\sqrt{1 + \dfrac{1}{\tang^2 \alpha}}} = \frac{\sqrt{a^2 + b^2 \tang^2 \alpha}}{\sqrt{1 + \tang^2 \alpha}}.$$

C'est à cette dernière quantité que sont inversement proportionnels les sinus des déviations correspondant à un maximum ou à un minimum d'un ordre donné dans un plan passant par l'axe des z et faisant avec le plan des zx un angle égal à α. Il est facile de déduire de là la forme qu'affecteront les courbes déterminées par les maxima et les minima sur un écran parallèle à l'ouverture et placé à une très-grande distance. Prenons en effet pour origine le point O', où le plan de cet écran est rencontré par l'axe des z, c'est-à-dire par une droite perpendiculaire au plan de l'ouverture et passant par son centre, et traçons dans le plan de l'écran deux axes $O'x'$ et $O'y'$ parallèles respectivement au grand axe et au petit axe de l'ouverture. Considérons une courbe correspondant sur l'écran à un maximum ou à un minimum d'un ordre donné : celui des rayons vecteurs de cette courbe qui fait avec l'axe $O'x'$ un angle égal à α sera, d'après ce que nous venons de voir, inversement proportionnel à

$$\frac{\sqrt{a^2 + b^2 \, \text{tang}^2 \alpha}}{\sqrt{1 + \text{tang}^2 \alpha}},$$

et par suite directement proportionnel à

$$\frac{1}{\cos \alpha \sqrt{a^2 + b^2 \, \text{tang}^2 \alpha}}.$$

En désignant par x' et y' les coordonnées du point où la courbe est rencontrée par ce rayon vecteur, et par k une quantité constante, on aura

$$x'^2 = \frac{k^2}{a^2 + b^2 \, \text{tang}^2 \alpha}, \qquad y'^2 = \frac{k^2 \, \text{tang}^2 \alpha}{a^2 + b^2 \, \text{tang}^2 \alpha},$$

d'où, en éliminant $\text{tang}^2 \alpha$ entre ces deux équations,

$$\frac{x'^2}{b^2} + \frac{y'^2}{a^2} = \frac{k^2}{a^2 b^2}.$$

Les courbes déterminées par les maxima et par les minima sont donc des ellipses semblables à celle qui limite l'ouverture, mais inversement placées, c'est-à-dire que leur grand axe est parallèle au petit axe de l'ouverture, et réciproquement.

VIII.

DIFFRACTION.

EFFETS D'UNE ONDE SPHÉRIQUE, AYANT POUR CENTRE LE POINT LUMINEUX, SUR DES POINTS SITUÉS À UNE DISTANCE FINIE.

82. Intégrales de Fresnel. — Nous nous occuperons, dans cette seconde partie, des phénomènes de diffraction qui ont été particulièrement étudiés par Fresnel : ces phénomènes sont ceux qui se produisent lorsqu'une onde sphérique émanée directement du point lumineux rencontre un corps opaque qui la limite, et que les apparences dues à la diffraction sont observées, soit par projection sur un écran placé à une distance finie du corps diffringent, soit, ce qui revient exactement au même, à l'aide d'une loupe.

Nous traiterons d'abord le cas où l'écran opaque qui limite l'onde est terminé par des bords rectilignes, parallèles et indéfinis. Soit alors une onde ayant pour centre le point lumineux O (fig. 69), et proposons-nous de trouver l'action de cette onde sur un point P situé à une distance finie de l'écran opaque. A cet effet, menons par le point lumineux et par le point P un plan perpendiculaire aux bords de l'écran : ce plan coupe l'onde suivant un grand cercle AX. Divisons ce grand cercle en arcs élémentaires, et par les points de division faisons passer des grands cercles perpendiculaires au plan du grand cercle AX; l'onde se trouvera ainsi divisée en fuseaux très-étroits ayant pour arête commune le diamètre de la sphère qui est perpendiculaire à ce plan. L'action de chacun de ces fuseaux sur

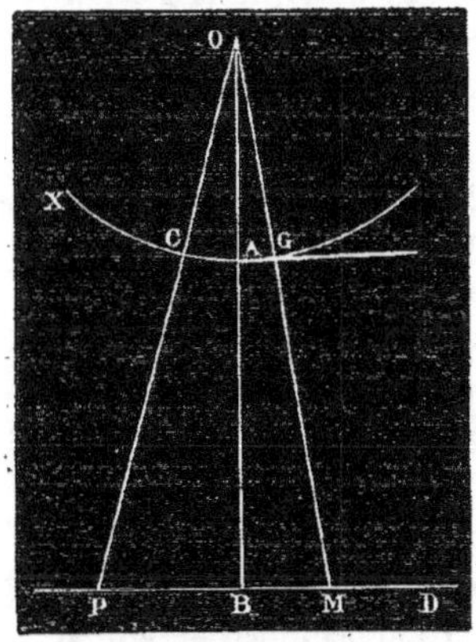

Fig. 69.

le point P se réduit, comme nous l'avons vu (53), à celle d'une
zone très-petite s'étendant à égale distance de part et d'autre du
grand cercle AX. Si, de plus, la portion efficace de l'onde n'a
qu'une petite étendue, comme cela a lieu dans tous les cas que
nous aurons à considérer, la largeur des zones efficaces qui correspondent aux fuseaux peut être regardée comme constante, et, par
suite, lorsqu'il s'agira d'évaluer les intensités relatives de la lumière
aux différents points d'une droite BD perpendiculaire à OA et située
dans le plan du grand cercle AX, l'onde circulaire AX pourra être
substituée à l'onde sphérique.

La droite BD peut être regardée comme l'intersection du plan
du grand cercle AX et d'un écran disposé perpendiculairement à OA.
Considérons sur cet écran une droite B′D′ parallèle à BD et située
à une petite distance de BD; par cette droite et par le point lumineux O menons un plan que nous prendrons pour nouveau plan

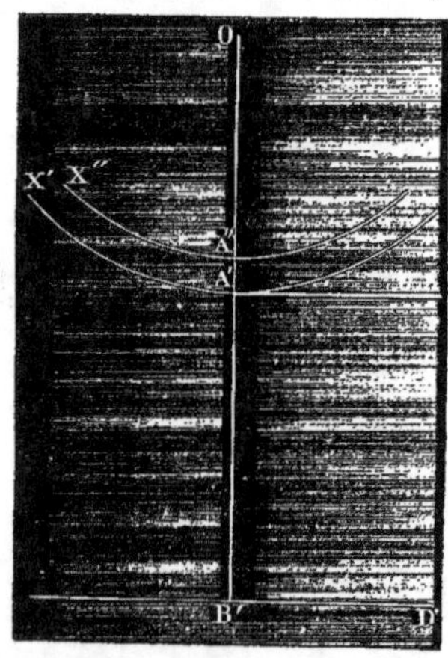

Fig. 70.

de figure (fig. 70). Ce plan coupe
l'onde sphérique suivant un grand
cercle A″X″ ayant un rayon OA″ égal
à OA, et, pour déterminer l'éclairement relatif des différents points de
la droite B′D′, on pourra substituer à
l'action de l'onde sphérique celle de
l'onde circulaire A″X″, ou, ce qui revient au même, celle de l'onde circulaire A′X′ tangente au bord de l'écran.
Les droites BD et B′D′ étant peu éloignées l'une de l'autre, OA′ diffère
peu de OA, et les positions des
maxima et des minima qui existent
sur la droite B′D′ par rapport au
point B′ sont sensiblement les mêmes que les positions des maxima
et des minima qui existent sur la droite BD par rapport au point B.
Les maxima et les minima donnent donc lieu sur l'écran à des
franges qui, tant qu'on ne s'écarte pas beaucoup du plan mené par
le point lumineux perpendiculairement au bord de l'écran, sont
sensiblement rectilignes et parallèles à ce bord. Il résulte de là

qu'il suffit de considérer l'action de l'onde circulaire AX sur les différents points de BD; on voit également qu'en substituant au point lumineux une fente lumineuse parallèle aux bords de l'écran diffringent on ne fait qu'augmenter l'éclat du phénomène sans altérer d'une manière sensible la position des maxima et des minima.

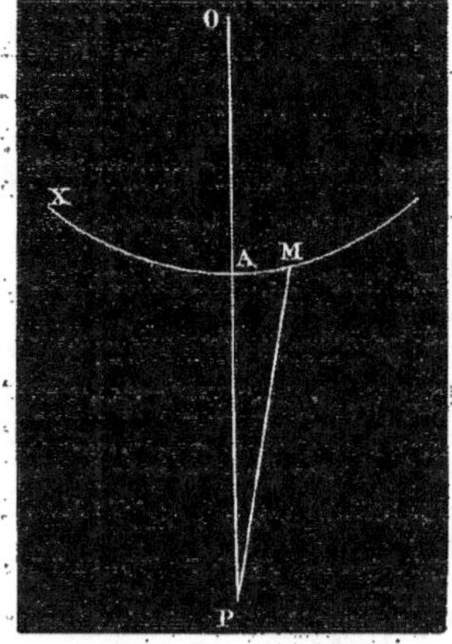
Fig. 71.

Nous sommes ainsi conduits à calculer l'intensité de la lumière envoyée par une onde circulaire limitée d'une façon quelconque en un point situé dans son plan. Soit AX (fig. 71) une onde circulaire ayant pour centre le point lumineux O. Appelons P le point éclairé, A le pôle de l'onde par rapport à ce point; représentons par a le rayon OA de l'onde circulaire, par b la distance AP; supposons enfin que sur l'onde circulaire la composante de la vitesse parallèle à une certaine direction soit exprimée par $\sin 2\pi\frac{t}{T}$. La composante parallèle à la même direction de la vitesse envoyée en P par l'élément ds de l'onde qui a son milieu en A sera

$$\sin 2\pi\left(\frac{t}{T} - \frac{b}{\lambda}\right)ds,$$

et celle de la vitesse envoyée au même point P par un élément de l'onde ayant son milieu en un point M, dont la distance au point P est égale à $b + \delta$, aura pour expression

$$\sin 2\pi\left(\frac{t}{T} - \frac{b+\delta}{\lambda}\right)ds,$$

en négligeant l'influence de l'obliquité par rapport à l'onde de la direction suivant laquelle le mouvement se propage, et en admettant aussi que les différences très-petites qui existent entre les distances des différents points de l'onde au point éclairé n'entraînent aucune variation appréciable dans la grandeur des vitesses envoyées par ces points.

La vitesse au point P, estimée parallèlement à la direction considérée, est donc représentée par

$$\int \sin 2\pi\left(\frac{t}{T} - \frac{b+\delta}{\lambda}\right) ds,$$

l'intégration s'étendant à toute la portion de l'onde circulaire qui n'est pas interceptée par l'écran diffringent ; l'intensité de la composante du mouvement vibratoire suivant cette direction sera par conséquent

$$I^2 = \left(\int \cos 2\pi \frac{\delta}{\lambda} ds\right)^2 + \left(\int \sin 2\pi \frac{\delta}{\lambda} ds\right)^2.$$

Si l'on estime la vitesse suivant une autre direction, on trouvera pour l'intensité une valeur égale à la précédente, multipliée par un facteur qui reste constant quel que soit le point éclairé ; l'expression que nous venons de trouver peut donc servir de mesure à l'intensité totale du mouvement vibratoire.

Comme nous n'aurons jamais à considérer que l'action de portions de l'onde s'écartant peu du pôle, nous pouvons remplacer δ par la valeur que nous avons trouvée précédemment (52) pour cette quantité lorsqu'il s'agit de points voisins du pôle, valeur qui est

$$\delta = \frac{s^2(a+b)}{2ab};$$

l'expression de l'intensité devient alors

$$I^2 = \left[\int \cos \pi \frac{(a+b)s^2}{ab\lambda} ds\right]^2 + \left[\int \sin \pi \frac{(a+b)s^2}{ab\lambda} ds\right]^2.$$

Les intégrales qui figurent dans le second membre ne sont pas exprimables en termes finis : il convient donc de faire précéder la discussion des principaux cas de diffraction d'une étude spéciale de ces fonctions.

Nous commencerons par établir une propriété importante de ces intégrales : cette propriété consiste en ce que leurs valeurs, prises depuis zéro jusqu'à une certaine valeur de s, deviennent constantes dès que cette valeur de s est un peu considérable, et que, par conséquent, on obtient sensiblement le même résultat en prenant pour limite supérieure de l'intégration une valeur un peu grande de s ou une valeur infinie de cette variable. Pour démontrer qu'il en est ainsi, considérons, par exemple, la première intégrale : elle représente l'aire comprise entre l'axe des x et une courbe dont l'équation est

$$y = \cos \pi \frac{(a+b)\,x^2}{ab\,\lambda}.$$

Les ordonnées de cette courbe reprennent périodiquement les mêmes valeurs; mais la distance entre deux points consécutifs d'intersection de la courbe avec l'axe des x devient de plus en plus petite à mesure que x augmente. Si, en effet, on représente les abscisses de ces deux points par x et $x+h$, on aura

$$\frac{\pi\,(a+b)\,x^2}{ab\,\lambda} = \left(2n+1\right)\frac{\pi}{2}, \qquad \frac{\pi\,(a+b)\,(x+h)^2}{ab\,\lambda} = \left(2n+3\right)\frac{\pi}{2},$$

d'où

$$\frac{(a+b)\,(2hx+h^2)}{ab\,\lambda} = 1;$$

h décroît donc indéfiniment quand x augmente.

L'aire totale de la courbe, aire qui représente l'intégrale prise depuis zéro jusqu'à une valeur infinie de s, se compose, d'après ce que nous venons de voir, d'une série d'aires alternativement positives et négatives et dont la grandeur absolue va en décroissant indéfiniment. Si donc on prend l'intégrale depuis zéro jusqu'à une valeur de s pour laquelle $\cos \pi \dfrac{(a+b)\,s^2}{ab\,\lambda}$ s'annule, la différence entre cette intégrale et l'intégrale prise depuis zéro jusqu'à l'infini est moindre que la dernière aire conservée, et peut, par conséquent, être rendue moindre que toute quantité donnée en assignant à la limite supérieure de l'intégrale une valeur suffisamment grande. Il en est de même, à plus forte raison, si la limite supérieure de l'intégrale est une valeur de s pour laquelle $\cos \pi \dfrac{(a+b)\,s^2}{ab\,\lambda}$ ne s'annule pas; car alors la différence entre cette intégrale et l'intégrale prise depuis zéro jusqu'à l'infini est moindre que si la limite supérieure de l'intégrale était la valeur de s qui, parmi celles qui annulent la quantité $\cos \pi \dfrac{(a+b)\,s^2}{ab\,\lambda}$, est immédiatement supérieure à la limite réelle.

Revenons maintenant aux intégrales elles-mêmes ; posons

$$\frac{\pi\,(a+b)\,s^2}{ab\,\lambda} = \frac{\pi}{2}\,v^2,$$

d'où

$$s = v\sqrt{\frac{ab\lambda}{2\,(a+b)}},$$

et

$$ds = \sqrt{\frac{ab\,\lambda}{2\,(a+b)}}\,dv;$$

l'expression de l'intensité prend alors la forme

$$I^2 = \frac{ab\,\lambda}{2\,(a+b)}\left[\left(\int \cos\frac{\pi}{2}\,v^2 dv\right)^2 + \left(\int \sin\frac{\pi}{2}\,v^2 dv\right)^2\right].$$

Les deux intégrales à l'étude desquelles se trouve ainsi ramenée la discussion des problèmes de diffraction se nomment *intégrales de Fresnel;* elles ne contiennent d'une façon explicite aucune des quantités a, b, λ, c'est-à-dire aucune des données particulières de la question : il suffira donc de calculer une fois pour toutes les valeurs de ces intégrales prises depuis zéro jusqu'à des valeurs déterminées de v. Remarquons d'abord que, d'après ce que nous venons de voir, on obtient sensiblement la même valeur pour chacune de ces intégrales en prenant pour limite supérieure de l'intégration une valeur de v un peu considérable ou une valeur infinie de cette variable; or une formule connue donne

$$\int_0^\infty \sin mx^2 dx = \int_0^\infty \cos mx^2 dx = \sqrt{\frac{\pi}{8m}},$$

d'où

$$\int_0^\infty \cos\frac{\pi}{2}\,v^2 dv = \int_0^\infty \sin\frac{\pi}{2}\,v^2 dv = \frac{1}{2};$$

donc, pour toute valeur un peu considérable de v, chacune des intégrales de Fresnel est sensiblement égale à $\frac{1}{2}$. Lorsque au contraire la valeur de v est petite, les intégrales ne sont pas exprimables en termes finis, et il faut avoir recours à des méthodes particulières pour les calculer.

La marche suivie par Fresnel consiste à décomposer chacune des intégrales en une somme d'expressions directement calculables et à ajouter les résultats; il a pu dresser ainsi des tables donnant les valeurs des intégrales pour des valeurs croissantes et très-rapprochées de la limite supérieure de l'intégration, la limite inférieure étant toujours zéro. Depuis Fresnel, plusieurs géomètres ont essayé de substituer aux intégrales des séries se prêtant à une discussion directe. Nous allons faire connaître successivement ces différentes méthodes de calcul.

83. Calcul des intégrales. — Méthode de Fresnel. — La valeur absolue de chacune des intégrales de Fresnel reste la même lorsque, la limite inférieure étant zéro, la limite supérieure change de signe en conservant la même valeur absolue; il suffit donc de calculer les valeurs des intégrales prises depuis zéro jusqu'à des valeurs positives de v. Supposons que l'une des intégrales ait été calculée entre les limites zéro et i, et proposons-nous de trouver sa valeur entre deux limites très-rapprochées i et $i+t$, t étant une fraction beaucoup plus petite que l'unité, égale par exemple à $0,1$. Posons à cet effet

$$v = i + \frac{t}{2} + u;$$

il viendra

$$\int_{i}^{i+t} \cos\frac{\pi}{2} v^2 dv = \int_{-\frac{t}{2}}^{+\frac{t}{2}} \cos\frac{\pi}{2}\left(i + \frac{t}{2} + u\right)^2 du.$$

La variable u reste toujours moindre que $\frac{t}{2}$; son carré est donc toujours moindre que $\frac{t^2}{4}$, et par suite très-petit. Si nous négligeons ce carré, l'intégrale devient

$$\int_{-\frac{t}{2}}^{+\frac{t}{2}} \cos\frac{\pi}{2}\left[i^2 + it + \frac{t^2}{4} + 2\left(i+\frac{t}{2}\right)u\right]du$$

$$= \frac{1}{\pi\left(i+\frac{t}{2}\right)}\left\{\sin\frac{\pi}{2}\left[i^2 + it + \frac{t^2}{4} + 2\left(i+\frac{t}{2}\right)u\right]\right\}_{-\frac{t}{2}}^{+\frac{t}{2}}$$

$$= \frac{1}{\pi\left(i+\frac{t}{2}\right)}\left[\sin\frac{\pi}{2}\left(i^2 + 2it + \frac{3t^2}{4}\right) - \sin\frac{\pi}{2}\left(i^2 - \frac{t^2}{4}\right)\right]$$

$$= \frac{1}{\pi\left(i+\frac{t}{2}\right)}\left[\sin\frac{\pi}{2}\left(i+\frac{t}{2}\right)\left(i+\frac{3t}{2}\right) - \sin\frac{\pi}{2}\left(i+\frac{t}{2}\right)\left(i-\frac{t}{2}\right)\right].$$

Un calcul tout à fait analogue donne

$$\int_i^{i+t} \sin\frac{\pi}{2}v^2\,dv$$

$$= \frac{1}{\pi\left(i+\frac{t}{2}\right)}\left[-\cos\frac{\pi}{2}\left(i+\frac{t}{2}\right)\left(i+\frac{3t}{2}\right) + \cos\frac{\pi}{2}\left(i+\frac{t}{2}\right)\left(i-\frac{t}{2}\right)\right].$$

Ces formules ont été employées par Fresnel pour calculer les valeurs
des intégrales depuis zéro jusqu'à des valeurs de v croissant par
dixièmes : il suffit pour cela de laisser à t la valeur constante 0,1 et
de donner successivement à i les valeurs 0, 0,1, 0,2, 0,3,... : on a
de cette façon les valeurs des intégrales entre les limites 0 et 0,1,
0,1 et 0,2, 0,2 et 0,3,..., et, en ajoutant les résultats ainsi obtenus,
on trouve les valeurs de ces mêmes intégrales entre les limites 0
et 0,1, 0 et 0,2, 0 et 0,3,... Les tables ainsi construites montrent
que chacune des intégrales tend rapidement, lorsque la limite supérieure augmente, vers la quantité $\frac{1}{2}$ en oscillant de part et d'autre de
cette valeur entre des limites de plus en plus resserrées [1].

<hr>

[1] *OEuvres complètes de Fresnel*, t. I, p. 319.

On doit à M. Abria [1] des tables plus étendues que celles de Fresnel; ces tables donnent les valeurs des intégrales pour des valeurs de la limite supérieure croissant par centièmes. Lorsque t est ainsi très-petit, les formules se simplifient et le calcul devient plus rapide, parce qu'on peut négliger non-seulement les quantités plus petites que $\dfrac{t^2}{4}$, mais encore celles qui sont inférieures à t^2. En posant alors

$$v = i + u,$$

il vient

$$\int_i^{i+t} \cos\frac{\pi}{2}\, v^2\, dv = \int_0^t \cos\frac{\pi}{2}\, (i+u)^2\, du = \int_0^t \cos\frac{\pi}{2}\, (i^2 + 2iu)\, du,$$

d'où

$$\int_i^{i+t} \cos\frac{\pi}{2}\, v^2\, dv = \frac{1}{\pi i}\left[\sin\frac{\pi}{2}\, i\,(i+2t) - \sin\frac{\pi}{2}\, i^2\right];$$

on trouve de même

$$\int_i^{i+t} \sin\frac{\pi}{2}\, v^2\, dv = \frac{1}{\pi i}\left[-\cos\frac{\pi}{2}\, i\,(i+2t) + \cos\frac{\pi}{2}\, i^2\right].$$

La méthode de calcul que nous venons d'exposer présente un double inconvénient : en premier lieu, les erreurs commises dans chacun des calculs partiels s'ajoutent et finissent par rendre les résultats inexacts; de plus, il est difficile de déduire des valeurs des intégrales contenues dans les tables des lois simples susceptibles d'une vérification expérimentale.

84. Méthode de M. Knochenhauer. — La première tentative faite en vue de substituer aux intégrales de Fresnel des séries au moyen desquelles on puisse rendre manifestes certaines propriétés de ces intégrales qui n'apparaissent pas à l'inspection des tables est due à un physicien allemand, M. Knochenhauer [2]. Les séries de M. Knochenhauer ont le défaut d'être peu convergentes et ne peu-

[1] *Journ. de Liouville*, IV, 248.
[2] *Die Undulationstheorie des Lichtes*, Berlin, 1839, p. 36.

vent convenir au calcul des intégrales que pour des valeurs peu considérables de la limite supérieure. Ces séries s'obtiennent au moyen d'une intégration par parties. Considérons en effet la première intégrale $\int_0^v \cos\frac{\pi}{2} v^2\, dv$: en intégrant par parties, il vient

$$\int_0^v \cos\frac{\pi}{2}\, v^2\, dv = v\cos\frac{\pi}{2}\, v^2 + \pi \int_0^v v^2 \sin\frac{\pi}{2}\, v^2\, dv,$$

$$\int_0^v v^2 \sin\frac{\pi}{2}\, v^2\, dv = \frac{v^3}{3}\sin\frac{\pi}{2}\, v^2 - \frac{\pi}{3}\int_0^v v^4 \cos\frac{\pi}{2}\, v^2\, dv,$$

$$\int_0^v v^4 \cos\frac{\pi}{2}\, v^2\, dv = \frac{v^5}{5}\cos\frac{\pi}{2}\, v^2 + \frac{\pi}{5}\int_0^v v^6 \sin\frac{\pi}{2}\, v^2\, dv,$$

$$\int_0^v v^6 \sin\frac{\pi}{2}\, v^2\, dv = \frac{v^7}{7}\sin\frac{\pi}{2}\, v^2 - \frac{\pi}{7}\int_0^v v^8 \cos\frac{\pi}{2}\, v^2\, dv,$$

$$\cdot\ \cdot$$

d'où, par des substitutions successives,

$$\int_0^v \cos\frac{\pi}{2}\, v^2\, dv = \cos\frac{\pi}{2}\, v^2 \left(\frac{v}{1} - \frac{\pi^2 v^5}{1.3.5} + \frac{\pi^4 v^9}{1.3.5.7.9} - \cdots \right)$$
$$+ \sin\frac{\pi}{2}\, v^2 \left(\frac{\pi v^3}{1.3} - \frac{\pi^3 v^7}{1.3.5.7} + \frac{\pi^5 v^{11}}{1.3.5.7.9.11} - \cdots \right) + \mathrm{R}.$$

Le reste R est égal à

$$\frac{\pi^n}{1.3.5\ldots(2n-1)}\int_0^v v^{2n}\cos\frac{\pi}{2}\, v^2\, dv$$

ou à

$$\frac{\pi^n}{1.3.5\ldots(2n-1)}\int_0^v v^{2n}\sin\frac{\pi}{2}\, v^2\, dv,$$

suivant que le rang n du terme après lequel on s'arrête est pair ou impair. Il est facile de voir que le reste finit toujours par tendre vers zéro ; si, en effet, on remplace chacun des éléments de l'intégrale $\int_0^v v^{2n}\sin\frac{\pi}{2}\, v^2\, dv$ ou de l'intégrale $\int_0^v v^{2n}\cos\frac{\pi}{2}\, v^2\, dv$ par l'unité, on augmente la valeur de ces intégrales : on a donc constamment

$$\mathrm{R} < \frac{\pi^n}{1.3.5\ldots(2n-1)}\frac{v^{2n+1}}{2n+1}.$$

Cette dernière expression, lorsqu'on passe du terme de rang n au terme de rang $n+1$, se trouve multipliée par $\dfrac{\pi v^2}{2n+3}$, quantité qui, quelque grand que soit v, devient toujours plus petite que l'unité lorsqu'on donne à n une valeur suffisamment grande; le second membre de l'inégalité tend donc vers zéro, et à plus forte raison le reste R.

L'intégrale $\displaystyle\int_0^v \cos\frac{\pi}{2}v^2\,dv$ peut d'après cela être regardée comme la somme de deux séries convergentes : en représentant ces deux séries par M et N, c'est-à-dire en posant

$$M = \frac{v}{1} - \frac{\pi^2 v^5}{1.3.5} + \frac{\pi^4 v^9}{1.3.5.7.9} - \cdots,$$

$$N = \frac{\pi v^3}{1.3} - \frac{\pi^3 v^7}{1.3.5.7} + \frac{\pi^5 v^{11}}{1.3.5.7.9.11} - \cdots,$$

et en désignant, pour abréger, l'intégrale $\displaystyle\int_0^v \cos\frac{\pi}{2}v^2\,dv$ par C et l'intégrale $\displaystyle\int_0^v \sin\frac{\pi}{2}v^2\,dv$ par S, il vient définitivement

$$\int_0^v \cos\frac{\pi}{2}v^2\,dv = C = M\cos\frac{\pi}{2}v^2 + N\sin\frac{\pi}{2}v^2,$$

$$\int_0^v \sin\frac{\pi}{2}v^2\,dv = S = M\sin\frac{\pi}{2}v^2 - N\cos\frac{\pi}{2}v^2.$$

Les séries M et N sont convergentes quel que soit v; mais elles ne convergent rapidement que lorsque v a des valeurs peu considérables, et c'est dans ce cas seulement qu'elles peuvent être utilisées pour le calcul des intégrales.

Les deux relations

$$\frac{dM}{dv} = 1 - \pi v N$$

et

$$\frac{dN}{dv} = \pi v M,$$

qu'on peut vérifier facilement en remplaçant M et N par leurs valeurs, sont souvent employées dans la discussion des problèmes de diffraction.

85. Méthode de Cauchy. — Cauchy a indiqué, pour le développement en séries des intégrales de Fresnel, une méthode qui conduit à ce résultat singulier que les séries, divergentes pour toute valeur de la variable v, convergent cependant rapidement lorsqu'on se borne à considérer leurs premiers termes dans le cas où v a une valeur supérieure à l'unité et un peu grande [1]. On arrive aux séries de Cauchy en intégrant par parties de la manière suivante :

$$\int_v^\infty \cos\frac{\pi}{2}v^2\,dv = \int_v^\infty \pi v\cos\frac{\pi}{2}v^2\,\frac{dv}{\pi v} = \left(\frac{1}{\pi v}\sin\frac{\pi}{2}v^2\right)_v^\infty + \int_v^\infty \sin\frac{\pi}{2}v^2\,\frac{dv}{\pi v^2},$$

$$\int_v^\infty \sin\frac{\pi}{2}v^2\,\frac{dv}{\pi v^2} = -\left(\frac{1}{\pi^2 v^3}\cos\frac{\pi}{2}v^2\right)_v^\infty - 3\int_v^\infty \cos\frac{\pi}{2}v^2\,\frac{dv}{\pi^2 v^4},$$

$$\int_v^\infty \cos\frac{\pi}{2}\frac{dv}{\pi^2 v^4} = \left(\frac{1}{\pi^3 v^5}\sin\frac{\pi}{2}v^2\right)_v^\infty + 5\int_v^\infty \sin\frac{\pi}{2}v^2\,\frac{dv}{\pi^3 v^6},$$

$$\dotfill,$$

d'où, par des substitutions successives,

$$\int_v^\infty \cos\frac{\pi}{2}v^2\,dv = \cos\frac{\pi}{2}v^2\left(\frac{1}{\pi^2 v^3} - \frac{1.3.5}{\pi^4 v^7} + \frac{1.3.5.7.9}{\pi^6 v^{11}} - \cdots\right)$$
$$+ \sin\frac{\pi}{2}v^2\left(-\frac{1}{\pi v} + \frac{1.3}{\pi^3 v^5} - \frac{1.3.5.7}{\pi^5 v^9} + \cdots\right) + R.$$

Le reste R est égal à

$$+ 1.3.5\ \ldots (2n-1)\int_v^\infty \sin\frac{\pi}{2}v^2\,\frac{dv}{\pi^n v^{2n}}$$

ou à

$$- 1.3.5\ldots (2n-1)\int_v^\infty \cos\frac{\pi}{2}v^2\,\frac{dv}{\pi^n v^{2n}},$$

suivant que le rang n du terme auquel on s'arrête est pair ou impair. En remplaçant chacun des éléments des intégrales qui figurent dans

[1] *C. R.*, XV, 534, 573.

l'expression du reste par l'unité, on augmente la valeur de ces intégrales : la valeur absolue du reste est donc toujours moindre que la quantité

$$\frac{1.3.5\ldots(2n-3)}{\pi^n v^{2n-1}}.$$

Cette quantité, lorsque v a une valeur notablement supérieure à l'unité, peut devenir très-petite pour des valeurs de n peu considérables; mais elle ne tend jamais vers zéro, car, quelque grand que soit v, le facteur $\frac{2n-1}{\pi v^2}$, par lequel elle se trouve multipliée lorsqu'on passe du terme de rang n au terme de rang $n+1$, finit toujours, pour des valeurs suffisamment grandes de n, par devenir supérieur à l'unité. Les séries qui entrent dans l'expression des intégrales sont donc divergentes pour toutes les valeurs de v; mais, lorsqu'on donne à v des valeurs supérieures à l'unité et un peu considérables, les restes de ces séries peuvent devenir négligeables. Ainsi les séries de Cauchy ne peuvent servir au calcul des intégrales que pour des valeurs assez grandes de v, tandis que les séries de Knochenhauer ne convergent rapidement qu'autant que v est petit.

En posant

$$P = \frac{1}{\pi v} - \frac{1.3}{\pi^3 v^5} + \frac{1.3.5.7}{\pi^5 v^9} - \ldots,$$

$$Q = \frac{1}{\pi^2 v^3} - \frac{1.3.5}{\pi^4 v^7} + \frac{1.3.5.7.9}{\pi^6 v^{11}} - \ldots,$$

il vient

$$\int_v^\infty \cos\frac{\pi}{2}v^2\,dv = -P\sin\frac{\pi}{2}v^2 + Q\cos\frac{\pi}{2}v^2 + R,$$

et de même

$$\int_v^\infty \sin\frac{\pi}{2}v^2\,dv = P\cos\frac{\pi}{2}v^2 + Q\sin\frac{\pi}{2}v^2 + R'.$$

En remarquant que l'on a

$$\int_v^\infty \cos\frac{\pi}{2}v^2\,dv = \int_0^\infty \cos\frac{\pi}{2}v^2\,dv - \int_0^v \cos\frac{\pi}{2}v^2\,dv = \frac{1}{2} - C,$$

$$\int_v^\infty \sin\frac{\pi}{2}v^2\,dv = \int_0^\infty \sin\frac{\pi}{2}v^2\,dv - \int_0^v \sin\frac{\pi}{2}v^2\,dv = \frac{1}{2} - S.$$

on obtient définitivement les expressions suivantes :

$$C = \int_0^v \cos \frac{\pi}{2} v^2 \, dv = \frac{1}{2} + P \sin \frac{\pi}{2} v^2 - Q \cos \frac{\pi}{2} v^2 - R.$$

$$S = \int_0^v \sin \frac{\pi}{2} v^2 \, dv = \frac{1}{2} - P \cos \frac{\pi}{2} v^2 - Q \sin \frac{\pi}{2} v^2 - R'.$$

On trouve d'ailleurs facilement les deux relations

$$\frac{dP}{dv} = -\pi v Q$$

et

$$\frac{dQ}{dv} = \pi v P - 1.$$

86. Méthode de M. Gilbert. — Nous exposerons enfin une troisième méthode de calcul due à M. Gilbert [1]; cette méthode, supérieure aux deux précédentes, présente avec elles des rapports que son auteur n'a pas aperçus; elle ramène le calcul des intégrales de Fresnel à celui des intégrales eulériennes qu'on désigne par la notation Γ.

Considérons d'abord l'intégrale C ou $\int_0^v \cos \frac{\pi}{2} v^2 \, dv$, et posons

$$\frac{\pi}{2} v^2 = u,$$

d'où

$$v = \sqrt{\frac{2u}{\pi}}$$

et

$$dv = \frac{du}{\sqrt{2\pi u}}.$$

En substituant ces valeurs il vient

$$C = \frac{1}{\sqrt{2\pi}} \int_0^u \frac{\cos u}{\sqrt{u}} du.$$

[1] *Mém. couronnés de l'Acad. de Bruxelles*, XXXI, 1.

On sait d'ailleurs que l'on a

$$\int_0^\infty e^{-z^2}\,dz = \tfrac{1}{2}\sqrt{\pi},$$

d'où l'on déduit facilement, en posant

$$z^2 = ux$$

et en regardant u comme une constante,

$$\int_0^\infty \frac{e^{-ux}\,dx}{\sqrt{x}} = \frac{\sqrt{\pi}}{\sqrt{u}}$$

et

$$\frac{1}{\sqrt{u}} = \frac{1}{\sqrt{\pi}}\int_0^\infty \frac{e^{-ux}\,dx}{\sqrt{x}}.$$

L'expression de C devient donc

$$C = \frac{1}{\sqrt{2\pi}}\int_0^u \frac{\cos u}{\sqrt{\pi}}\,du \int_0^\infty \frac{e^{-ux}\,dx}{\sqrt{x}},$$

d'où, en intervertissant l'ordre des intégrations,

$$C = \frac{1}{\pi\sqrt{2}}\int_0^\infty \frac{dx}{\sqrt{x}}\int_0^u e^{-ux}\cos u\,du.$$

L'intégration par rapport à u s'effectue facilement, car, en intégrant par parties, il vient

$$\int_0^u e^{-ux}\cos u\,du = e\quad \sin u + x\int_0^u e^{-ux}\sin u\,du,$$

$$\int_0^u e^{-ux}\sin u\,du = 1 - e^{-ux}\cos u - x\int_0^u e^{-ux}\cos u\,du,$$

d'où

$$\int_0^u e^{-ux}\cos u\,du = \frac{x}{1+x^2} - \frac{e^{-ux}(x\cos u - \sin u)}{1+x^2}.$$

L'intégrale C prend par suite la forme

$$C = \frac{1}{\pi\sqrt{2}}\left[\int_0^\infty \frac{\sqrt{x}\,dx}{1+x^2} - \cos u\int_0^\infty \frac{e^{-ux}\sqrt{x}\,dx}{1+x^2} + \sin u\int_0^\infty \frac{e^{-ux}\,dx}{\sqrt{x}(1+x^2)}\right].$$

La première des intégrales contenues dans la parenthèse s'évalue
facilement en posant

$$x = z^2;$$

il vient alors

$$\int_0^\infty \frac{\sqrt{x}\,dx}{1+x^2}$$

$$= \int_0^\infty \frac{2z^2\,dz}{1+z^4}$$

$$= \frac{1}{\sqrt{2}} \int_0^\infty \left(\frac{z}{z^2 - \sqrt{2}\,z + 1} - \frac{z}{z^2 + \sqrt{2}\,z + 1} \right) dz$$

$$= \frac{1}{\sqrt{2}} \left\{ \frac{1}{2} \left(L \frac{z^2 - \sqrt{2}\,z + 1}{z^2 + \sqrt{2}\,z + 1} \right)_0^\infty \right.$$

$$\left. + \left[\operatorname{arc\,tang} \left(\sqrt{2}\,z - 1 \right) + \operatorname{arc\,tang} \left(\sqrt{2}\,z + 1 \right) \right]_0^\infty \right\}$$

$$= \frac{\pi}{\sqrt{2}} .$$

En posant

$$G = \frac{1}{\pi\sqrt{2}} \int_0^\infty \frac{e^{-ux}\sqrt{x}\,dx}{1+x^2},$$

$$H = \frac{1}{\pi\sqrt{2}} \int_0^\infty \frac{e^{-ux}\,dx}{\sqrt{x}\,(1+x^2)},$$

nons aurons définitivement

$$C = \int_0^v \cos\frac{\pi}{2} v^2\,dv = \frac{1}{2} - G\cos u + H\sin u,$$

et, par un calcul tout à fait analogue.

$$S = \int_0^v \sin\frac{\pi}{2} v^2\,dv = \frac{1}{2} - G\sin u - H\cos u.$$

En comparant ces formules avec celles de Cauchy, on voit que,
lorsque les restes R et R′ des séries de Cauchy sont négligeables,
on a

$$P = H. \qquad Q = G.$$

Les séries de Cauchy peuvent donc servir à calculer les intégrales G et H de M. Gilbert toutes les fois que u a une valeur un peu considérable.

Lorsque la valeur de u est petite, les séries de Knochenhauer peuvent être employées pour le calcul des intégrales G et H. Les formules de M. Gilbert donnent en effet

$$G = \frac{1}{2}(\cos u + \sin u) - C \cos u - S \sin u,$$

$$H = \frac{1}{2}(\cos u - \sin u) + C \sin u - S \cos u,$$

et celles de Knochenhauer

$$C = M \cos u + N \sin u,$$
$$S = -N \cos u + M \sin u;$$

il vient par conséquent

$$G = \frac{1}{2}(\cos u + \sin u) - M,$$

$$H = \frac{1}{2}(\cos u - \sin u) + N.$$

Les intégrales G et H peuvent donc être calculées à l'aide des séries M et N lorsque ces dernières sont suffisamment convergentes, c'est-à-dire pour de petites valeurs de la variable u.

Les intégrales G et H, qui peuvent être regardées comme des fonctions de u, possèdent une propriété très-importante et qu'il est facile de mettre en évidence. Lorsque u est égal à zéro, on a

$$G = \frac{1}{\pi\sqrt{2}} \int_0^\infty \frac{\sqrt{x}\,dx}{1+x^2}, \qquad H = \frac{1}{\pi\sqrt{2}} \int_0^\infty \frac{dx}{\sqrt{x}\,(1+x^2)};$$

or, d'après des formules connues,

$$\int_0^\infty \frac{\sqrt{x}\,dx}{1+x^2} = \frac{\pi}{\sqrt{2}}, \qquad \int_0^\infty \frac{dx}{\sqrt{x}\,(1+x^2)} = \frac{\pi}{\sqrt{2}};$$

donc, pour une valeur nulle de u, on a

$$G = H = \frac{1}{2}.$$

La quantité u est toujours positive; si on lui donne des valeurs croissantes à partir de zéro, la quantité e^{-ux} décroît rapidement, et par suite il en est de même de chacun des éléments des intégrales G et H. Il résulte de là que ces intégrales *décroissent rapidement et d'une manière continue* lorsqu'on donne à u des valeurs positives croissantes, et qu'elles tendent vers zéro lorsque u augmente indéfiniment. Cette propriété des intégrales G et H nous sera du plus grand secours dans la discussion des problèmes de diffraction et constitue la supériorité de la méthode de M. Gilbert sur celles de Knochenhauer et de Cauchy.

A. — Phénomènes produits par un écran opaque indéfini d'un côté et terminé de l'autre par un bord rectiligne également indéfini.

87. Description des phénomènes et théorie élémentaire. — Nous allons appliquer successivement les méthodes de calcul que nous venons de faire connaître à la discussion des principaux cas de diffraction. Supposons d'abord que l'écran diffringent soit indéfini d'un côté et terminé de l'autre par un bord rectiligne également indéfini. Soit O le point lumineux (fig. 69), et considérons une onde tangente au bord de l'écran; par le point O menons un plan perpendiculaire à ce bord : ce plan passera par le point de contact A et coupera l'onde suivant un grand cercle AX. D'après ce que nous avons vu plus haut (82), il suffit de chercher la distribution de la lumière sur une droite BD, menée dans ce plan perpendiculairement au rayon OA qui passe par le point de contact, et, de plus, les apparences ne sont pas sensiblement changées lorsqu'on substitue au point lumineux une fente lumineuse parallèle au bord de l'écran.

En observant, dans les conditions que nous venons d'indiquer, le phénomène projeté sur un écran à une distance peu considérable du corps diffringent, ou en le regardant directement à l'aide d'une loupe, on constate les apparences suivantes :

1° L'ombre ne commence pas sur la droite BD au point B, comme le veut la théorie géométrique : dans l'intérieur de l'ombre géométrique et jusqu'à une distance sensible du point B il y a de la lumière : cette lumière s'affaiblit rapidement et d'une manière continue à mesure qu'on s'éloigne du point B, sans présenter de maxima ni de minima.

2° A l'extérieur de l'ombre géométrique, la lumière présente une série de maxima et de minima donnant lieu à des franges alternativement brillantes et obscures dans la lumière homogène, colorées dans la lumière blanche; les minima ne sont pas nuls et la différence entre un maximum et un minimum consécutifs décroît rapidement à mesure qu'on s'éloigne de la limite de l'ombre géométrique, de sorte qu'à une petite distance du point B l'éclairement devient sensiblement uniforme.

Nous allons en premier lieu faire connaître la théorie élémentaire à l'aide de laquelle Fresnel a pu rendre compte, sans aucune espèce de calcul, de l'ensemble des phénomènes. Il suffit, comme nous l'avons expliqué (82), de considérer l'action de l'onde circulaire AX sur les différents points de BD. Le point B reçoit l'action de la demi-onde AX; la vitesse de vibration en ce point est donc la moitié de celle qu'y enverrait l'onde circulaire tout entière, et, par suite, l'intensité lumineuse en B est le quart de ce qu'elle serait si l'écran n'existait pas.

Prenons un point M sur la droite BD, dans l'intérieur de l'ombre géométrique; la portion AX de l'onde circulaire qui peut agir sur ce point commence au point A, qui est d'autant plus éloigné du pôle du point M que ce point M est lui-même à une plus grande distance de B, c'est-à-dire situé plus avant dans l'ombre géométrique. Si nous divisons la portion efficace AX de l'onde en arcs élémentaires à partir du point A, la vitesse envoyée en M par cette portion de l'onde sera une fraction de la vitesse envoyée par le premier arc élémentaire qui commence au point A (52). Or, à mesure que le point M s'éloigne du point B, ce premier arc élémentaire est situé à une distance de plus en plus grande du pôle du point M, et par suite sa longueur décroît rapidement (52); de plus, la fraction par laquelle il faut multiplier la vitesse envoyée par ce premier arc élémentaire en M pour avoir la vitesse envoyée par la portion efficace de l'onde devient aussi de plus en plus petite, car le décroissement des arcs élémentaires s'opère de moins en moins rapidement à mesure qu'on s'éloigne du pôle, d'où il résulte que la fraction dont nous venons de parler décroît en tendant vers une limite égale à $\frac{1}{2}$. Pour ces deux raisons, l'intensité lumineuse au point M décroît rapidement et d'une manière continue lorsque ce point s'éloigne de la limite de l'ombre géométrique, et, à une petite distance de cette limite dans l'intérieur de l'ombre géométrique, l'intensité devient inappréciable.

Soit maintenant un point P situé sur la droite BD, à l'extérieur de l'ombre géométrique, et ayant pour pôle le point C; ce point P reçoit l'action de la demi-onde circulaire CX, plus celle de l'arc AC. La vitesse envoyée en P par la demi-onde CX peut être regardée comme constante quelle que soit la position du point P, en négligeant la variation qu'éprouve la distance CP du point P à son pôle lorsque ce point se déplace sur la droite BD; quant à la vitesse envoyée en P par l'arc CA, elle est variable et dépend du nombre d'arcs élémentaires contenus dans l'arc CA. Désignons par $\alpha, \alpha', \alpha'',\ldots$ les vitesses envoyées en P par les arcs élémentaires qui se succèdent à partir du pôle, et prenons pour unité la vitesse envoyée au même point par la demi-onde CX : nous aurons

$$\alpha - \alpha' + \alpha'' - \alpha''' + \ldots = 1 \, ;$$

et, comme les quantités $\alpha, \alpha', \alpha''\ldots$ vont en décroissant,

$$\alpha > 1, \quad \alpha - \alpha' < 1,$$
$$\alpha - \alpha' + \alpha'' > 1, \quad \alpha - \alpha' + \alpha'' - \alpha''' < 1,$$
$$\ldots\ldots\ldots\ldots\ldots\ldots\ldots\ldots\ldots,$$

c'est-à-dire que la somme des termes de la série est supérieure ou inférieure à l'unité suivant qu'on conserve un nombre impair ou un nombre pair de termes. Ceci posé, prenons sur la droite BD, en dehors de l'ombre géométrique, une suite de points P, P'. P''.... tels que l'on ait

$$PA - PC = \frac{\lambda}{2},$$
$$P'A - P'C = \frac{2\lambda}{2},$$
$$P''A - P''C = \frac{3\lambda}{2},$$
$$\ldots\ldots\ldots\ldots :$$

les vitesses v, v', v'',... envoyées en ces points seront

$$v = 1 + \alpha,$$
$$v' = 1 + \alpha - \alpha',$$
$$v'' = 1 + \alpha - \alpha' + \alpha'',$$
$$\dots\dots\dots\dots\dots$$

Ces vitesses sont donc alternativement supérieures et inférieures à celle qui serait envoyée en P par l'onde tout entière si l'écran n'existait pas, vitesse qui est égale à 2. Il existe par conséquent, sur la droite BD, en dehors de l'ombre géométrique, une suite de points tels que l'intensité en ces points est alternativement supérieure et inférieure à ce qu'elle serait si l'écran n'existait pas, d'où il résulte que l'intensité, lorsqu'on s'éloigne du point B sur la droite DB en dehors de l'ombre géométrique, passe par une série de maxima et de minima. On voit de plus que la différence entre les vitesses envoyées en deux points consécutifs faisant partie de la suite dont nous venons de parler diminue rapidement, et que, par conséquent, la différence entre un maximum et un minimum consécutifs doit aussi décroître rapidement lorsqu'on s'éloigne de la limite de l'ombre géométrique. On a donc en dehors de cette ombre des franges alternativement brillantes et obscures, dont la différence d'éclat s'atténue indéfiniment, de sorte qu'elles font place, près de la limite de l'ombre, à un éclairement sensiblement uniforme.

La théorie élémentaire que nous venons d'exposer ne fait pas connaître la position exacte des maxima et des minima : elle montre seulement que les maxima se trouvent dans le voisinage des points tels que la différence de leurs distances au pôle et au bord de l'écran est égale à un nombre impair de demi-longueurs d'ondulation, et les minima dans le voisinage des points pour lesquels cette différence est égale à un nombre pair de demi-longueurs d'ondulation. Les maxima et les minima réels ne coïncident pas avec les points que nous venons de définir; il est facile de voir, par exemple, que le premier maximum est plus rapproché de la limite de l'ombre géométrique que le point P pour lequel on a

$$PA - PC = \frac{\lambda}{2}.$$

La vitesse envoyée en P est égale en effet à celle qui provient de la demi-onde circulaire, plus celle qu'envoie le premier arc élémentaire ; si l'on considère un point un peu plus rapproché de la limite de l'ombre que le point P, une partie du premier arc élémentaire se trouvera supprimée dans la portion efficace de l'onde, et, comme les vitesses envoyées en un même point par les deux extrémités d'un même arc élémentaire sont sensiblement égales et de signes contraires, il en résultera une augmentation dans la vitesse totale envoyée au point considéré.

88. Calcul de l'intensité par la méthode de Fresnel. — Désignons par a le rayon OA de l'onde, par b la distance AB de l'écran sur lequel on suppose le phénomène projeté à l'écran diffringent (fig. 69). Prenons dans l'intérieur de l'ombre géométrique un point M : le pôle de ce point se trouve en G, et la distance MG varie avec la position du point M ; mais, si l'on n'observe les phénomènes que dans le voisinage de la limite de l'ombre, seule région où l'intensité varie d'une manière sensible, on peut admettre que la distance MG est égale à AB, c'est-à-dire à b. L'intensité lumineuse au point M, d'après les formules établies précédemment (82), a donc pour expression

$$I^2 = \left[\int_S^\infty \cos \frac{\pi (a+b) s^2}{ab\lambda} \, ds \right]^2 + \left[\int_S^\infty \sin \frac{\pi (a+b) s^2}{ab\lambda} \, ds \right]^2,$$

en appelant S l'arc AG qui sépare le pôle du point M du bord de l'écran. Si nous posons

$$\frac{\pi}{2} v^2 = \frac{\pi (a+b) s^2}{ab\lambda},$$

cette expression devient

$$I^2 = \frac{ab\lambda}{2(a+b)} \left[\left(\int_V^\infty \cos \frac{\pi}{2} v^2 \, dv \right)^2 + \left(\int_V^\infty \sin \frac{\pi}{2} v^2 \, dv \right)^2 \right].$$

La limite inférieure V des intégrales est liée à l'arc S par la relation

$$V = \sqrt{\frac{2(a+b)}{ab\lambda}} \, S.$$

Avant d'entrer dans la discussion des valeurs que prennent les intégrales lorsqu'on fait varier V, il est utile d'exprimer en fonction de V la distance BM du point M à la limite de l'ombre géométrique, distance que nous représenterons par x. L'arc AG étant assez petit pour pouvoir être confondu avec sa tangente, on a

$$\frac{x}{S} = \frac{a+b}{a},$$

d'où

$$x = \frac{a+b}{a} S = \sqrt{\frac{(a+b)\,b\lambda}{2a}}\; V.$$

La valeur ainsi trouvée pour x va nous conduire à une conséquence générale fort importante. Si l'on considère le phénomène à des distances différentes du corps diffringent, c'est-à-dire si l'on donne à b différentes valeurs, les valeurs de x qui correspondent à un même maximum ou à un même minimum sont données évidemment par la même valeur de V, car le facteur $\dfrac{ab\lambda}{2(a+b)}$, qui entre dans l'expression de l'intensité, n'influe pas sur les positions qu'occupent les maxima et les minima pour une valeur déterminée de b. Les positions occupées par un même maximum ou par un même minimum à des distances variables du corps diffringent sont donc telles que l'on ait toujours

$$x = \sqrt{\frac{(a+b)\,b\lambda}{2a}}\; V,$$

V conservant une valeur constante. Il résulte de là que ces positions forment une courbe dont l'équation est, en prenant pour axe des y la droite AB et pour axe des x la perpendiculaire à cette droite menée par le point A,

$$x = \sqrt{\frac{(a+y)\,y\lambda}{2a}}\; V$$

ou

$$2ax^2 - V^2\lambda y^2 - aV^2\lambda y = 0.$$

Cette équation représente une hyperbole ayant pour sommets les points O et A. Donc, lorsqu'on s'éloigne de l'écran diffringent, les franges se déplacent suivant des branches d'hyperbole ayant pour sommets le point lumineux et le point où le plan mené par le point lumineux perpendiculairement au bord de l'écran rencontre ce bord.

La valeur obtenue pour x montre de plus que les franges vont en s'élargissant à mesure qu'on les observe à une distance plus grande de l'écran diffringent, et aussi à mesure qu'on rapproche la source lumineuse de cet écran.

Supposons actuellement que b conserve une valeur constante : l'intensité lumineuse au point M situé dans l'ombre géométrique est alors représentée par

$$I^2 = \frac{ab\lambda}{2(a+b)} \left[\left(\int_V^{\infty} \cos\frac{\pi}{2} v^2 \, dv \right)^2 + \left(\int_V^{\infty} \sin\frac{\pi}{2} v^2 \, dv \right)^2 \right].$$

En posant

$$\int_0^V \cos\frac{\pi}{2} v^2 dv = C_V,$$

$$\int_0^V \sin\frac{\pi}{2} v^2 dv = S_V,$$

et en remarquant que l'on a

$$\int_0^{\infty} \cos\frac{\pi}{2} v^2 dv = \int_0^{\infty} \sin\frac{\pi}{2} v^2 dv = \frac{1}{2},$$

cette expression devient

$$I^2 = \frac{ab\lambda}{2(a+b)} \left[\left(\frac{1}{2} - C_V \right)^2 + \left(\frac{1}{2} - S_V \right)^2 \right].$$

On est ainsi conduit à discuter l'expression

$$\left(\frac{1}{2} - C_V \right)^2 + \left(\frac{1}{2} - S_V \right)^2,$$

qui est une fonction de V. Si l'on cherche, comme l'a fait Fresnel, les valeurs de cette fonction pour des valeurs de la variable V croissant par dixièmes, en employant pour le calcul des intégrales C_V et S_V la méthode que nous avons indiquée précédemment (83), on trouve que ces valeurs vont en décroissant d'une manière rapide et deviennent sensiblement nulles dès qu'on donne à V une valeur un peu grande. Mais il n'est pas démontré par là d'une manière rigoureuse qu'il n'y ait à l'intérieur de l'ombre géométrique ni maximum ni minimum, et, à ce point de vue, la théorie élémentaire est plus complète que la théorie mathématique telle que l'a donnée Fresnel.

Pour un point situé en dehors de l'ombre géométrique, l'intensité est représentée par

$$I^2 = \frac{ab\lambda}{2(a+b)}\left[\left(\int_{-\infty}^{V}\cos\frac{\pi}{2}v^2 dv\right)^2 + \left(\int_{-\infty}^{V}\sin\frac{\pi}{2}v^2 dv\right)^2\right]$$

$$= \frac{ab\lambda}{2(a+b)}\left[\left(\frac{1}{2}+C_V\right)^2 + \left(\frac{1}{2}+S_V\right)^2\right].$$

L'expression que l'on a à discuter est donc dans ce cas

$$\left(\frac{1}{2}+C_V\right)^2 + \left(\frac{1}{2}+S_V\right)^2.$$

Les calculs effectués par Fresnel montrent que cette expression, lorsque V croît d'une manière continue, passe par une suite de valeurs alternativement croissantes et décroissantes, et présente par conséquent une série de maxima et de minima. Les tables dressées par Fresnel donnent les valeurs de cette expression pour des valeurs de V croissant par dixièmes; il est donc toujours possible de trouver deux nombres différant d'un dixième et entre lesquels est comprise la valeur de V qui correspond à un maximum ou à un minimum d'un rang déterminé. Soient i et $i+0,1$ ces deux nombres, et représentons par $i+t$ la valeur de V qui correspond au maximum ou au minimum; pour déterminer cette valeur de V, il suffira de chercher la valeur de t qui rend maximum ou minimum l'expression

$$\left(\frac{1}{2}+C_i+\int_{i}^{i+t}\cos\frac{\pi}{2}v^2 dv\right)^2 + \left(\frac{1}{2}+S_i+\int_{i}^{i+t}\sin\frac{\pi}{2}v^2 dv\right)^2.$$

Les valeurs des intégrales C_i et S_i se trouvent dans les tables; en intégrant de i à $i+t$ par la méthode d'approximation la plus simple, méthode que nous avons indiquée en parlant de la construction des tables et qui n'est applicable que pour de petites valeurs de t, l'expression précédente devient

$$\left\{\frac{1}{2}+C_i+\frac{1}{\pi i}\left[\sin\frac{\pi}{2}(i^2+2it)-\sin\frac{\pi}{2}i^2\right]\right\}^2$$

$$+\left\{\frac{1}{2}+S_i+\frac{1}{\pi i}\left[-\cos\frac{\pi}{2}(i^2+2it)+\cos\frac{\pi}{2}i^2\right]\right\}^2.$$

En égalant à zéro la dérivée de cette expression par rapport à t, on
a une équation qui détermine la valeur cherchée de t; cette équation est

$$\left\{\frac{1}{2}+C_i+\frac{1}{\pi i}\left[\sin\frac{\pi}{2}(i^2+2it)-\sin\frac{\pi}{2}i^2\right]\right\}\cos\frac{\pi}{2}(i^2+2it)$$

$$+\left\{\frac{1}{2}+S_i+\frac{1}{\pi i}\left[-\cos\frac{\pi}{2}(i^2+2it)+\cos\frac{\pi}{2}i^2\right]\right\}\sin\frac{\pi}{2}(i^2+2it)=0,$$

d'où

$$\left(\frac{1}{2}+C_i-\frac{1}{\pi i}\sin\frac{\pi}{2}i^2\right)\cos\frac{\pi}{2}(i^2+2it)$$

$$+\left(\frac{1}{2}+S_i+\frac{1}{\pi i}\cos\frac{\pi}{2}i^2\right)\sin\frac{\pi}{2}(i^2+2it)=0,$$

et enfin

$$\operatorname{tang}\frac{\pi}{2}(i^2+2it)=-\frac{\frac{1}{2}+C_i-\frac{1}{\pi i}\sin\frac{\pi}{2}i^2}{\frac{1}{2}+S_i+\frac{1}{\pi i}\cos\frac{\pi}{2}i^2}\cdot$$

On peut donc calculer les valeurs de V qui donnent les maxima
et les minima et en déduire dans chaque cas particulier, c'est-à-
dire lorsque les quantités a, b et λ sont données, les valeurs correspondantes de x. On a ainsi les éléments d'une comparaison entre
la théorie et l'expérience; mais ici se présente une difficulté : pour
effectuer cette comparaison, il faut mesurer les distances des franges
à la limite de l'ombre géométrique ; or, cette limite n'est pas une
ligne physiquement déterminée. Fresnel a réussi à tourner cette
difficulté : il employait deux écrans à bords rectilignes et parallèles,
assez éloignés l'un de l'autre pour que les systèmes de franges produits par ces deux écrans ne pussent pas s'influencer réciproquement. Pour s'assurer que cette dernière condition était remplie, il

se servait d'abord d'un seul écran et faisait coïncider le trait du micromètre avec le milieu d'une frange; il constatait ensuite qu'en ajoutant le second écran cette coïncidence n'était pas détruite. Les deux écrans, se trouvant à la même distance de la source lumineuse, donnaient naissance à deux systèmes de franges dans lesquels les maxima et les minima de même rang étaient à la même distance de la limite de l'ombre géométrique de chaque écran. Donc, en mesurant la distance de deux franges occupant le même rang dans les deux systèmes et en retranchant cette distance de celle des limites des ombres des deux écrans, on avait le double de la distance d'une de ces franges à la limite correspondante; la distance entre les limites des deux ombres se déduisait facilement de la distance entre les bords des deux écrans, longueur qu'on mesurait avec beaucoup de soin au commencement de l'expérience.

Les formules que nous avons établies plus haut permettent d'ailleurs de calculer non-seulement les valeurs de V ou de x qui correspondent aux maxima et aux minima de l'intensité, mais encore les valeurs de ces maxima et de ces minima eux-mêmes; on trouve ainsi que la différence entre un maximum et un minimum consécutifs décroît très-rapidement lorsqu'on s'éloigne de l'ombre géométrique, ce qui explique pourquoi les franges ne s'observent que dans une région peu étendue.

Une remarque assez simple, qui a échappé à Fresnel, permet de trouver la loi qui règle la position des franges d'un rang un peu élevé à l'extérieur de l'ombre géométrique. Les valeurs de V qui rendent l'intensité maximum ou minimum doivent annuler la dérivée par rapport à V de l'expression

$$\left(\tfrac{1}{2}+C_V\right)^2+\left(\tfrac{1}{2}+S_V\right)^2;$$

ces valeurs vérifient donc l'équation

$$\left(\tfrac{1}{2}+C_V\right)\frac{dC}{dV}+\left(\tfrac{1}{2}+S_V\right)\frac{dS}{dV}=0,$$

d'où

$$\left(\tfrac{1}{2}+C_V\right)\cos\frac{\pi}{2}V^2+\left(\tfrac{1}{2}+S_V\right)\sin\frac{\pi}{2}V^2=0,$$

et enfin

$$\operatorname{tang} \frac{\pi}{2} V^2 = -\frac{\frac{1}{2} + C_V}{\frac{1}{2} + S_V}.$$

Lorsque V a une valeur un peu considérable, les intégrales C_V et S_V se rapprochent beaucoup de leur limite commune, qui est égale à $\frac{1}{2}$; l'examen des tables montre en particulier que ces intégrales se confondent sensiblement avec leur limite dès que la valeur de V est supérieure à 6. Dans ce cas, l'équation précédente se réduit à

$$\operatorname{tang} \frac{\pi}{2} V^2 = -1$$

et donne pour V deux séries de valeurs déterminées par les relations

$$\frac{\pi}{2} V^2 = 2n\pi + \frac{3\pi}{4}$$

et

$$\frac{\pi}{2} V^2 = 2n\pi + \frac{7\pi}{4};$$

il est facile de s'assurer que la première série correspond aux maxima et la seconde aux minima. On a d'ailleurs

$$\frac{\pi}{2} V^2 = \frac{\pi (a + b) S^2}{ab\lambda},$$

d'où

$$\frac{V^2 \lambda}{2} = \frac{(a + b) S^2}{ab};$$

comme la différence δ des distances du point éclairé au pôle et au bord de l'écran est représentée par $\frac{(a + b) S^2}{2ab}$, il vient

$$\delta = \frac{V^2 \lambda}{4}, \qquad \text{d'où} \qquad V^2 = \frac{4\delta}{\lambda}.$$

En substituant cette valeur dans les relations qui déterminent les valeurs de V correspondant aux maxima et aux minima, on voit que, pour les points où l'intensité est maximum, on a

$$\delta = 2n\,\frac{\lambda}{2} + \frac{3}{8}\lambda = \left(2n+1\right)\frac{\lambda}{2} - \frac{\lambda}{8},$$

et, pour les points où l'intensité est minimum,

$$\delta = 2n\,\frac{\lambda}{2} + \frac{7}{8}\lambda = \left(2n+2\right)\frac{\lambda}{2} - \frac{\lambda}{8}.$$

Ainsi, il y a maximum lorsque la différence des distances du point éclairé au pôle et au bord de l'écran est égale à un nombre impair de demi-longueurs d'ondulation moins un huitième de la longueur d'ondulation, minimum lorsque cette différence est égale à un nombre pair de demi-longueurs d'ondulation moins la même fraction de la longueur d'ondulation.

Cette loi, d'après laquelle les maxima et les minima réels sont un peu plus rapprochés de la limite de l'ombre géométrique que ceux qu'indique la théorie élémentaire, n'est vraie que pour les franges d'un rang élevé. Pour qu'elle soit applicable, il faut en effet que l'on ait

$$V > 6.$$

d'où

$$\delta > \frac{18\lambda}{2}.$$

Ce n'est donc qu'après la neuvième frange brillante que la loi pourra se vérifier, en supposant que des franges d'un rang aussi élevé soient encore visibles.

89. **Calcul de l'intensité par la méthode de Cauchy.** — La méthode de calcul de Cauchy, appliquée au cas dont nous nous occupons, va nous conduire à des résultats plus précis que celle de Fresnel.

Pour un point situé dans l'intérieur de l'ombre géométrique, l'intensité est représentée, comme nous l'avons vu, par

$$I^2 = \frac{ab\lambda}{2(a+b)}\left[\left(\tfrac{1}{2} - C_V\right)^2 + \left(\tfrac{1}{2} - S_V\right)^2\right]^2;$$

les valeurs de V qui correspondent aux maxima et aux minima doivent par conséquent vérifier l'équation

$$\tan \frac{\pi}{2} V^2 = \frac{C_V - \frac{1}{2}}{\frac{1}{2} - S_V}.$$

Si V est un peu grand, si, par exemple, la valeur de cette variable est supérieure à 3, les restes des séries de Cauchy sont négligeables, et l'on a

$$C_V = \frac{1}{2} + P \sin \frac{\pi}{2} V^2 - Q \cos \frac{\pi}{2} V^2,$$

$$S_V = \frac{1}{2} - P \cos \frac{\pi}{2} V^2 - Q \sin \frac{\pi}{2} V^2.$$

Dans cette hypothèse, l'équation précédente devient

$$\tan \frac{\pi}{2} V^2 = \frac{P \sin \frac{\pi}{2} V^2 - Q \cos \frac{\pi}{2} V^2}{P \cos \frac{\pi}{2} V^2 + Q \sin \frac{\pi}{2} V^2},$$

d'où

$$Q = 0.$$

Or

$$Q = \frac{1}{\pi^2 V^3} - \frac{1.3.5}{\pi^4 V^7} + \frac{1.3.5.7.9}{\pi^6 V^{11}} - \ldots;$$

les termes de cette série vont en décroissant lorsque V est supérieur à 3 : la valeur de Q est donc dans ce cas comprise entre $\frac{1}{\pi^2 V^3}$ et $\frac{1}{\pi^2 V^3} - \frac{1.3.5}{\pi^4 V^7}$, quantités qui sont toutes deux positives, et l'équation

$$Q = 0$$

n'a pas de solution.

Il est démontré par là qu'il n'y a ni maximum ni minimum dans l'intérieur de l'ombre géométrique, dès qu'on s'écarte assez de la limite de cette ombre pour que V devienne plus grand que 3 ; mais pour faire voir que le décroissement de l'intensité s'opère également d'une manière continue pour les points qui correspondent à des valeurs de V inférieures à 3, une discussion numérique est nécessaire, de sorte qu'on retombe en partie dans l'imperfection déjà signalée de la théorie de Fresnel.

Pour les points situés à l'intérieur de l'ombre géométrique, l'expression de l'intensité devient très-simple lorsque V a une valeur un peu considérable. On a en effet dans ce cas

$$I^2 = \frac{ab\lambda}{2(a+b)}\left[\left(P\sin\frac{\pi}{2}V^2 - Q\cos\frac{\pi}{2}V^2\right)^2 + \left(P\cos\frac{\pi}{2}V^2 + Q\sin\frac{\pi}{2}V^2\right)^2\right],$$

d'où

$$I^2 = \frac{ab\lambda}{2(a+b)}(P^2 + Q^2).$$

Si l'on néglige tous les termes dans lesquels V entre au dénominateur à une puissance supérieure à la seconde, cette dernière expression se réduit à

$$I^2 = \frac{ab\lambda}{2(a+b)}\frac{1}{\pi^2 V^2};$$

V étant proportionnel à la distance du point éclairé à la limite de l'ombre géométrique (88), on voit que, pour les points situés à l'intérieur de cette ombre et suffisamment éloignés de sa limite, l'intensité varie sensiblement en raison inverse du carré de la distance du point éclairé à la limite de l'ombre.

Pour les points situés en dehors de l'ombre géométrique, les valeurs de V qui correspondent aux maxima et aux minima sont données par l'équation

$$\tan\frac{\pi}{2}V^2 = -\frac{\frac{1}{2}+C_V}{\frac{1}{2}+S_V} = \frac{1+P\sin\frac{\pi}{2}V^2 - Q\cos\frac{\pi}{2}V^2}{P\cos\frac{\pi}{2}V^2 + Q\sin\frac{\pi}{2}V^2 - 1},$$

d'où

$$\sin\frac{\pi}{2}V^2 + \cos\frac{\pi}{2}V^2 = Q.$$

Lorsque V a une valeur un peu considérable, Q est très-petit, car on a toujours

$$Q < \frac{1}{\pi^2 V^3};$$

l'équation précédente devient donc, en négligeant les quantités de l'ordre de $\frac{1}{\pi^2 V^3}$,

$$\sin\frac{\pi}{2}V^2 + \cos\frac{\pi}{2}V^2 = o, \quad \text{d'où} \quad \tang\frac{\pi}{2}V^2 = -1.$$

Cette dernière équation est précisément celle à laquelle nous sommes parvenus dans la théorie de Fresnel en cherchant la loi qui règle la position des franges extérieures à l'ombre et d'un rang élevé.

L'expression de l'intensité pour les points extérieurs à l'ombre et correspondant à des valeurs un peu considérables de V est

$$\begin{aligned}
I^2 &= \frac{ab\lambda}{2(a+b)}\left[\left(1+P\sin\frac{\pi}{2}V^2 - Q\cos\frac{\pi}{2}V^2\right)^2\right.\\
&\qquad\left. + \left(1 - P\cos\frac{\pi}{2}V^2 - Q\sin\frac{\pi}{2}V^2\right)^2\right]\\
&= \frac{ab\lambda}{2(a+b)}\left[2 + P^2 + Q^2 + 2P\left(\sin\frac{\pi}{2}V^2 - \cos\frac{\pi}{2}V^2\right)\right.\\
&\qquad\left. - 2Q\left(\sin\frac{\pi}{2}V^2 + \cos\frac{\pi}{2}V^2\right)\right].
\end{aligned}$$

Lorsque V est un peu grand, Q est très-petit vis-à-vis de P, et la série P peut elle-même être réduite à son premier terme ; en négligeant les quantités de l'ordre de $\frac{1}{\pi^2 V^3}$, on a donc dans ce cas

$$I^2 = \frac{ab\lambda}{2(a+b)}\left[2 + \frac{1}{\pi^2 V^2} + \frac{2}{\pi V}\left(\sin\frac{\pi}{2}V^2 - \cos\frac{\pi}{2}V^2\right)\right].$$

Nous avons vu plus haut que les valeurs de V qui correspondent aux maxima sont données, quand V est un peu grand, par l'équation

$$\frac{\pi}{2}V^2 = 2n\pi + \frac{3\pi}{4}$$

et celles qui correspondent aux minima par l'équation

$$\frac{\pi}{2}V^2 = 2n\pi + \frac{7\pi}{4};$$

de la première équation on déduit

$$\sin\frac{\pi}{2}V^2 = \frac{1}{\sqrt{2}}, \qquad \cos\frac{\pi}{2}V^2 = -\frac{1}{\sqrt{2}},$$

et de la seconde

$$\sin \frac{\pi}{2} V^2 = - \frac{1}{\sqrt{2}}, \qquad \cos \frac{\pi}{2} V^2 = \frac{1}{\sqrt{2}}.$$

L'expression de l'intensité en un point où cette intensité est maximum est donc, en désignant par V_1 la valeur de V en ce point,

$$I^2 = \frac{ab\lambda}{2(a+b)} \left(2 + \frac{1}{\pi^2 V_1^2} + \frac{4}{\pi V_1 \sqrt{2}} \right);$$

de même, en appelant V_2 la valeur de V en un point où l'intensité est minimum, l'intensité en ce point a pour expression

$$I^2 = \frac{ab\lambda}{2(a+b)} \left(2 + \frac{1}{\pi^2 V_2^2} - \frac{4}{\pi V_2 \sqrt{2}} \right).$$

Si l'on néglige les termes où V entre au dénominateur à la seconde puissance, on voit que la différence d'intensité entre une frange brillante et la frange obscure suivante est représentée approximativement par

$$\frac{ab\lambda}{2(a+b)} \left(\frac{4}{\pi V_1 \sqrt{2}} + \frac{4}{\pi V_2 \sqrt{2}} \right);$$

les quantités V_1 et V_2 ayant des valeurs très-voisines l'une de l'autre, cette différence d'intensité varie sensiblement en raison inverse de la distance des franges à la limite de l'ombre géométrique.

90. Calcul de l'intensité par la méthode de M. Gilbert. — Les séries de Cauchy n'étant applicables au calcul de l'intensité lumineuse qu'autant que la valeur de V est notablement supérieure à l'unité, leur emploi ne présente qu'un avantage assez restreint. La méthode de M. Gilbert va nous conduire d'une manière beaucoup plus simple et plus rigoureuse aux lois que nous avons obtenues par approximation, et nous montrer que l'approximation est déjà très-grande à une très-petite distance de la limite de l'ombre géométrique.

Les intégrales G et H de M. Gilbert sont liées rigoureusement et pour toutes les valeurs de V aux intégrales de Fresnel par les relations qui existent d'une manière approchée entre ces dernières intégrales et les séries P et Q de Cauchy. Les équations auxquelles nous sommes arrivés en suivant la méthode de Cauchy sont donc rigoureusement vérifiées pour toutes les valeurs de V lorsqu'on y remplace P par H et Q par G.

Il résulte de là qu'à l'intérieur de l'ombre géométrique les valeurs de V qui correspondent aux maxima et aux minima doivent vérifier l'équation

$$G = 0.$$

et que l'intensité est représentée pour *tous* les points situés à l'intérieur de l'ombre par

$$I^2 = \frac{ab\lambda}{2\,(a+b)}\,(G^2+H^2).$$

L'équation

$$G = 0$$

n'a pas de solution, puisque tous les éléments de l'intégrale G sont positifs: les intégrales G et H décroissent d'ailleurs rapidement et d'une manière continue lorsqu'on fait croître V, et par suite la variable u dont dépendent ces intégrales, et il en est de même de l'expression G^2+H^2 à laquelle l'intensité est proportionnelle. Ainsi se trouve rigoureusement démontrés le décroissement continu de la lumière et l'absence de franges à l'intérieur de l'ombre géométrique.

A l'extérieur de l'ombre géométrique les positions des maxima et des minima sont données rigoureusement par l'équation

$$(1) \qquad \sin\frac{\pi}{2}V^2 + \cos\frac{\pi}{2}V^2 = G,$$

quelle que soit la valeur de V.

L'intégrale G décroît très-rapidement quand V croît à partir de zéro: donc, pour les valeurs de V qui ne sont pas très-petites, l'équation (1) peut s'écrire approximativement

$$(2) \qquad \sin\frac{\pi}{2}V^2 + \cos\frac{\pi}{2}V^2 = 0.$$

En substituant dans le second membre de l'équation (1) les valeurs approchées de V obtenues à l'aide de l'équation (2), on aura

des valeurs plus exactes; mais les valeurs tirées de l'équation (2)
sont déjà beaucoup plus approchées qu'on ne serait porté à le croire.
Si, par exemple, nous considérons le premier maximum, nous
aurons, d'après l'équation (2), pour la différence δ des distances
du point éclairé au pôle et au bord de l'écran,

$$\delta = \frac{3}{8}\lambda;$$

en substituant cette valeur dans l'équation (1) on en déduira la valeur plus approchée

$$\delta = \frac{3}{8}\lambda - 0,0046\,\lambda.$$

L'erreur commise en adoptant la première valeur de δ est donc
trop petite pour pouvoir être reconnue même par les procédés de
mesure les plus délicats.

Pour le premier minimum, la valeur de δ tirée de l'équation (2)
est

$$\delta = \frac{7}{8}\lambda,$$

et celle qu'on obtient au moyen de l'équation (1)

$$\delta = \frac{7}{8}\lambda + 0,0016\,\lambda.$$

On peut remarquer que la valeur donnée par l'équation (2) et
correspondant au maximum est approchée par excès, tandis que
celle qui correspond au minimum est approchée par défaut. Il est
facile de voir que cette remarque s'applique aux maxima et aux minima d'un ordre quelconque. Il suffit pour cela de se rappeler que
l'intégrale G, qui est égale à $\frac{1}{2}$ lorsque V est nul, décroît d'une
manière continue en restant positive quand on fait croître V à partir
de zéro, tandis que la quantité $\sin \frac{\pi}{2} V^2 + \cos \frac{\pi}{2} V^2$ prend alors des
valeurs alternativement positives et négatives, d'où il résulte que
cette dernière quantité devient égale à G avant de s'annuler et
après s'être annulée et que, par suite, les racines de l'équation (1)
sont alternativement plus grandes et plus petites que celles de l'é-

quation (2). Donc, si la valeur de V donnée par l'équation (2) et qui correspond au premier maximum est approchée par excès, il en est de même de toutes les valeurs tirées de cette équation et correspondant aux autres maxima; par la même raison, toutes les valeurs données par l'équation (2) et correspondant aux minima sont approchées par défaut.

En remplaçant P par H et Q par G dans la valeur que nous avons obtenue en suivant la méthode de Cauchy pour l'intensité lumineuse en dehors de l'ombre géométrique, nous aurons une expression qui convient à tous les points situés en dehors de cette ombre, quelle que soit leur distance à la limite de l'ombre. Cette expression est

$$I^2 = \frac{ab\lambda}{2(a+b)} \left[2 + G^2 + H^2 + 2H \left(\sin\frac{\pi}{2}V^2 - \cos\frac{\pi}{2}V^2 \right) \right. $$
$$\left. - 2G \left(\sin\frac{\pi}{2}V^2 + \cos\frac{\pi}{2}V^2 \right) \right],$$

d'où, en remarquant que l'on a

$$\sin\frac{\pi}{2}V^2 + \cos\frac{\pi}{2}V^2 = \sqrt{2}\,\sin\frac{\pi}{2}\left(V^2 + \frac{1}{2}\right),$$

et

$$\sin\frac{\pi}{2}V^2 - \cos\frac{\pi}{2}V^2 = -\sqrt{2}\,\cos\frac{\pi}{2}\left(V^2 + \frac{1}{2}\right),$$

$$I^2 = \frac{ab\lambda}{2(a+b)} \left[2 + G^2 + H^2 - 2\sqrt{2}\,H\cos\frac{\pi}{2}\left(V^2 + \frac{1}{2}\right) \right. $$
$$\left. - 2\sqrt{2}\,G\sin\frac{\pi}{2}\left(V^2 + \frac{1}{2}\right) \right].$$

En remplaçant 2 par $2\left[\sin^2\frac{\pi}{2}\left(V^2 + \frac{1}{2}\right) + \cos^2\frac{\pi}{2}\left(V^2 + \frac{1}{2}\right) \right]$, il vient

$$I^2 = \frac{ab\lambda}{2(a+b)} \left\{ \left[G - \sqrt{2}\,\sin\frac{\pi}{2}\left(V^2 + \frac{1}{2}\right) \right]^2 \right. $$
$$\left. + \left[H - \sqrt{2}\,\cos\frac{\pi}{2}\left(V^2 + \frac{1}{2}\right) \right]^2 \right\}.$$

Cette dernière expression fait connaître la valeur de l'intensité pour un point quelconque situé en dehors de l'ombre géométrique; elle se simplifie notablement pour les points où l'intensité est maximum ou minimum : dans ce cas en effet on a très-approximativement

$$\sin \frac{\pi}{2} V^2 + \cos \frac{\pi}{2} V^2 = 0,$$

d'où

$$\sin \frac{\pi}{2} \left(V^2 + \frac{1}{2} \right) = 0$$

et l'expression de l'intensité devient

$$I^2 = \frac{ab\lambda}{2(a+b)} \left\{ G^2 + \left[H - \sqrt{2} \cos \frac{\pi}{2} \left(V^2 + \frac{1}{2} \right) \right]^2 \right\},$$

Cette valeur de l'intensité peut se simplifier encore ; car, d'une part, les tables dressées par M. Gilbert montrent que l'intégrale G est toujours beaucoup plus petite que l'intégrale H, et, de l'autre, pour les points où l'intensité est maximum ou minimum, $\cos \frac{\pi}{2} \left(V^2 + \frac{1}{2} \right)$ diffère très-peu de — 1 ou de + 1 ; l'intensité en ces points est donc sensiblement représentée par

$$I^2 = \frac{ab\lambda}{2(a+b)} \left(H \pm \sqrt{2} \right)^2,$$

le signe + s'appliquant aux maxima et le signe — aux minima.

La différence d'intensité entre un maximum et un minimum consécutifs est d'après cela $\frac{ab\lambda}{2(a+b)} 2\sqrt{2} \left(H_1 + H_2 \right)$, H_1 étant la valeur de H qui correspond au maximum, H_2 celle qui correspond au minimum. Les quantités H_1 et H_2 décroissant rapidement à mesure qu'on s'éloigne de la limite de l'ombre géométrique, il en est de même de la différence d'éclat entre une frange brillante et la frange obscure suivante.

Quant à la loi du décroissement de l'intensité à l'intérieur de l'ombre géométrique, elle est beaucoup plus difficile à mettre en évidence au moyen de la méthode de M. Gilbert que par celle de Cauchy.

91. Influence du diamètre apparent de la source. — Nous avons vu que la source lumineuse peut, sans que les phénomènes de diffraction soient troublés, être allongée parallèlement au bord de l'écran diffringent; mais, si la source présente des dimensions angulaires sensibles dans le sens perpendiculaire au bord de l'écran, ses différents points donnent naissance à des systèmes distincts de franges qui, en se superposant, produisent un éclairement uniforme, dès que leurs positions sont notablement différentes.

Il est évident que tout phénomène de diffraction doit disparaître lorsque la première frange brillante du système produit par l'un des bords de la source se confond avec la limite de l'ombre géométrique qui correspond à l'autre bord de cette source. Cette remarque permet de déterminer une limite supérieure du diamètre apparent que peut avoir la source dans un plan perpendiculaire au bord de l'écran sans que les franges cessent d'être visibles; mais, déjà bien avant que le diamètre apparent de la source n'ait atteint cette limite, les phénomènes commenceront à se troubler. Prenons pour plan de figure un plan perpendiculaire au bord de l'écran (fig. 72); soient SS′ la section

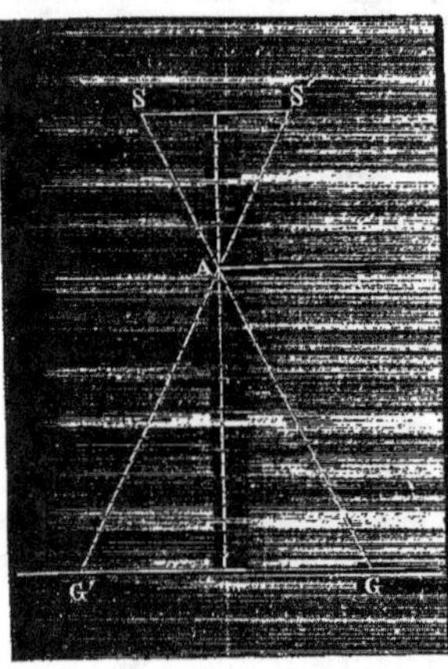

Fig. 72.

de la source par ce plan, G et G′ les limites de l'ombre géométrique qui correspondent aux points S et S′, A le bord de l'écran. et désignons par l la distance SS′. Les franges disparaîtront complétement si le point G coïncide avec le premier maximum du système de franges produit par le point S′, c'est-à-dire si l'on a

$$GG' = V_1 \sqrt{\frac{b(a+b)\lambda}{2a}},$$

V_1 étant la valeur de V qui donne le premier maximum de lumière. Les triangles semblables SAS′ et GAG′ fournissent d'ailleurs la relation

$$GG' = \frac{bl}{a};$$

en égalant les deux valeurs de GG' il vient

$$\frac{l}{a} = V_1 \sqrt{\frac{(a+b)\lambda}{2ab}}.$$

Or $\frac{l}{a}$ est précisément le diamètre apparent de la source vue du point A; la limite supérieure de ce diamètre apparent est donc égale au produit de V_1 par une quantité qui est de l'ordre de $\sqrt{\lambda}$, à moins que b ne soit très-petit. En effectuant le calcul, on trouve que, si b n'est pas très-petit, cette limite a une valeur bien inférieure au diamètre apparent du soleil. Lorsque la source lumineuse est le soleil, il faudrait donc, pour apercevoir des franges, se placer très-près de l'écran diffringent; mais, dans ces conditions, les franges, étant très-étroites, échappent à nos moyens d'observation. Des sources d'un diamètre apparent plus petit que celui du soleil, Jupiter, par exemple, peuvent au contraire donner naissance à des franges qui sont encore observables à une assez grande distance de l'écran diffringent.

B. — PHÉNOMÈNES PRODUITS PAR UN ÉCRAN OPAQUE ÉTROIT, TERMINÉ PAR DEUX BORDS RECTILIGNES ET PARALLÈLES.

92. Description des phénomènes et théorie élémentaire. — Après avoir étudié les phénomènes produits par un écran opaque indéfini d'un côté et terminé de l'autre par un bord rectiligne, nous allons aborder la théorie des phénomènes qui résultent de l'interposition sur le trajet de la lumière d'un écran opaque très-étroit, terminé par deux bords rectilignes et parallèles. Nous supposerons que la direction moyenne des rayons qui tombent sur l'écran diffringent soit perpendiculaire au plan de cet écran, c'est-à-dire que le pied de la perpendiculaire abaissée du point lumineux sur l'écran soit à égale distance des deux bords; l'écran étant très-étroit, sa surface se confondra alors sensiblement avec celle de l'onde qui lui est tangente.

Dans ces conditions, on observe sur un écran placé à une distance peu considérable du corps diffringent trois systèmes de franges dont l'un est situé dans l'intérieur de l'ombre géométrique du corps

opaque et les deux autres de part et d'autre de cette ombre. Les
franges intérieures à l'ombre présentent tous les caractères des
franges d'interférence; la frange centrale, celle qui occupe le milieu
de l'ombre, est toujours brillante et blanche; les autres sont alternativement brillantes et obscures dans la lumière homogène, et colorées dans la lumière blanche; les franges obscures voisines du
milieu de l'ombre sont complétement noires. Les franges extérieures
à l'ombre ressemblent au contraire à celles qu'on obtient avec un
écran indéfini d'un côté et terminé de l'autre par un bord rectiligne;
elles présentent encore des maxima et des minima d'intensité, mais
la différence entre un maximum et un minimum consécutifs décroît
rapidement à mesure qu'on s'éloigne de la limite de l'ombre géométrique, de sorte qu'à une petite distance de cette limite l'éclairement
devient sensiblement uniforme. L'expérience montre d'ailleurs que
les franges sont d'autant plus larges que le corps opaque est plus
étroit et qu'on les observe à une plus grande distance de ce corps.

Fig. 73.

A une grande distance du corps diffringent, les franges changent
d'aspect et les trois systèmes finissent par se confondre en un seul.

La théorie élémentaire de ces phénomènes est fort simple. Il suffit,
d'après ce que nous avons vu précédemment, de chercher ce qui se
passe dans un plan mené par le point lumineux S (fig. 73) perpen-

diculairement aux bords de l'écran. Soit AB la section de l'écran par ce plan ; abaissons du point S une perpendiculaire SC sur AB, et posons

$$AC = l,$$

d'où

$$AB = 2l.$$

Pour trouver l'éclairement des points situés sur une droite GK parallèle à AB, nous pourrons, comme nous l'avons démontré d'une façon générale (82), substituer à l'onde sphérique tangente à l'écran l'onde circulaire XCY.

Considérons en premier lieu sur la droite GK un point M situé à l'intérieur de l'ombre géométrique ; sur ce point agissent deux portions AX et BY de l'onde circulaire, commençant l'une au point A et l'autre au point B, et toutes deux indéfinies. L'action de chacune de ces portions d'onde se réduit à celle d'une fraction de son premier arc élémentaire compté à partir du point A sur AX, à partir du point B sur BY : le point M sera donc voisin d'un maximum ou d'un minimum d'intensité suivant que la différence des longueurs AM et BM sera égale à un nombre pair ou à un nombre impair de demi-longueurs d'ondulation. Lorsque le point M est situé dans le voisinage du milieu de l'ombre, c'est-à-dire près du point G, les portions efficaces des premiers arcs élémentaires de AX et de BY sont très-près d'avoir même longueur ; donc si, dans ce cas, la différence des longueurs AM et BM est égale à un nombre impair de demi-longueurs d'ondulation, les vitesses de signes contraires envoyées en M par AX et par BY diffèrent très-peu en valeur absolue ; ainsi se trouve expliqué ce fait que les franges obscures voisines du milieu de l'ombre sont presque complétement noires. Au milieu de l'ombre, c'est-à-dire au point G, les vitesses envoyées par AX et par BY sont toujours concordantes, et, par suite, le milieu de l'ombre est toujours occupé par une frange brillante ; l'éclat de la frange centrale est d'ailleurs d'autant plus considérable que les points A et B sont séparés du point C par un plus petit nombre d'arcs élémentaires, d'où il résulte que cette frange est d'autant plus brillante que le corps opaque est plus étroit.

La position approximative des maxima et des minima à l'intérieur de l'ombre se détermine facilement dans la théorie élémentaire. Posons en effet, comme précédemment.

$$SA = a, \quad CG = b, \quad GM = x;$$

nous aurons

$$AM = \sqrt{b^2 + (l+x)^2}, \quad BM = \sqrt{b^2 + (l-x)^2},$$

d'où, en extrayant les racines carrées par approximation.

$$AM = b + \frac{(l+x)^2}{2b}, \quad BM = b + \frac{(l-x)^2}{2b}$$

et

$$AM - BM = \frac{2lx}{b} \cdot$$

Les points où l'intensité est voisine d'un maximum sont donc définis par la condition

$$x = \frac{b}{2l} \, 2n\frac{\lambda}{2},$$

et ceux où l'intensité est voisine d'un minimum, par la condition

$$x = \frac{b}{2l}\left(2n+1\right)\frac{\lambda}{2} \cdot$$

Ces formules montrent que les franges sont d'autant plus larges que b est plus grand et l plus petit, c'est-à-dire que les franges s'élargissent à mesure qu'on les observe à une plus grande distance du corps opaque et à mesure que ce corps opaque devient plus étroit.

La théorie élémentaire ne permet pas de déterminer la position des franges extérieures; elle montre seulement que, si l'on prend sur la droite GK un point P éloigné de la limite de l'ombre, l'action qu'exerce sur ce point la portion d'onde AX située de l'autre côté du corps opaque est négligeable vis-à-vis de l'action exercée par BY, et que, par conséquent, tout se passe en P comme si l'écran opaque était indéfiniment prolongé du côté du point A. Mais ce raisonnement n'est pas applicable aux points situés près de la limite de l'ombre géométrique : pour évaluer l'éclairement de ces points, il faut tenir compte à la fois de l'action des deux portions d'onde AX et BY, et les phénomènes produits par la portion d'onde située du même côté du corps opaque que les points considérés sont d'autant plus modifiés par l'action de la portion d'onde située du côté opposé que le corps opaque est plus étroit.

93. Calcul de l'intensité par la méthode de Fresnel. — La théorie de Fresnel appliquée au cas qui nous occupe actuellement ne conduit à aucune loi générale; elle peut servir uniquement à calculer l'intensité en un point donné pour des valeurs également données des quantités a, b et λ.

Supposons d'abord que le point M soit situé dans l'ombre géométrique; désignons par h l'arc compris entre le pôle H de ce point M et le milieu C du corps opaque; prenons le pôle H pour origine des arcs et convenons de compter négativement les arcs situés du même côté du point H que celui des bords de l'écran opaque qui en est le plus éloigné : l'intensité au point M a alors pour expression

$$I^2 = \left[\int_{-\infty}^{-(l+h)} \cos \pi \frac{(a+b)s^2}{ab\lambda}\,ds + \int_{l-h}^{\infty} \cos \pi \frac{(a+b)s^2}{ab\lambda}\,ds \right]^2$$
$$+ \left[\int_{-\infty}^{-(l+h)} \sin \pi \frac{(a+b)s^2}{ab\lambda}\,ds + \int_{l-h}^{\infty} \sin \pi \frac{(a+b)s^2}{ab\lambda}\,ds \right]^2.$$

En remplaçant les intégrales en s par celles en v et en posant

$$V_1 = (l+h)\sqrt{\frac{2(a+b)}{ab\lambda}}, \qquad V_2 = (l-h)\sqrt{\frac{2(a+b)}{ab\lambda}},$$

cette expression devient

$$I^2 = \frac{ab\lambda}{2(a+b)} \left[\left(\int_{-\infty}^{-V_1} \cos \frac{\pi}{2} v^2\,dv + \int_{V_2}^{\infty} \cos \frac{\pi}{2} v^2\,dv \right)^2 \right.$$
$$\left. + \left(\int_{-\infty}^{-V_1} \sin \frac{\pi}{2} v^2\,dv + \int_{V_2}^{\infty} \sin \frac{\pi}{2} v^2\,dv \right)^2 \right].$$

Dans le cas où le point éclairé est situé en dehors de l'ombre géométrique, en comptant positivement les arcs situés du même côté du pôle que le corps opaque, les limites des deux intégrales en s seront respectivement $-\infty$ et $h-l$, $h+l$ et $+\infty$; on aura donc alors

$$\mathrm{I}^2 = \frac{ab\lambda}{2(a+b)} \left[\left(\int_{-\infty}^{-\mathrm{V}_2} \cos\frac{\pi}{2}v^2\,dv + \int_{\mathrm{V}_1}^{\infty} \cos\frac{\pi}{2}v^2\,dv \right)^2 \right.$$
$$\left. + \left(\int_{-\infty}^{-\mathrm{V}_2} \sin\frac{\pi}{2}v^2\,dv + \int_{\mathrm{V}_1}^{\infty} \sin\frac{\pi}{2}v^2\,dv \right)^2 \right].$$

Pour déterminer dans l'un ou l'autre cas les valeurs de h qui rendent l'intensité maximum ou minimum, on laissera de côté le facteur constant $\dfrac{ab\lambda}{2(a+b)}$ et on calculera à l'aide des tables dressées par Fresnel les valeurs de la parenthèse qui suit ce facteur pour des valeurs équidistantes de h. On obtiendra ainsi deux valeurs de h entre lesquelles sera comprise celle qui correspond à un maximum ou à un minimum d'un rang déterminé; on calculera ensuite plus exactement cette dernière valeur de h à l'aide de la méthode d'interpolation que nous avons fait connaître plus haut (88).

94. Calcul de l'intensité par la méthode de M. Gilbert. — Nous allons appliquer maintenant aux phénomènes produits par un écran opaque étroit, à bords rectilignes et parallèles, la méthode de M. Gilbert. Nous poserons pour abréger

$$\frac{ab\lambda}{2(a+b)} = \mathrm{K},$$
$$l\sqrt{\frac{2(a+b)}{ab\lambda}} = \varepsilon, \qquad h\sqrt{\frac{2(a+b)}{ab\lambda}} = \mu.$$

Nous nous occuperons en premier lieu du cas où le point éclairé est situé dans l'ombre géométrique; on a alors, d'après les notations que nous venons d'indiquer,

$$\mathrm{V}_1 = \varepsilon + \mu, \qquad \mathrm{V}_2 = \varepsilon - \mu,$$

et par suite

$$\mathrm{I}^2 = \mathrm{K}\left\{ \left[\int_{-\infty}^{-(\varepsilon+\mu)} \cos\frac{\pi}{2}v^2\,dv + \int_{\varepsilon-\mu}^{\infty} \cos\frac{\pi}{2}v^2\,dv \right]^2 \right.$$
$$\left. + \left[\int_{-\infty}^{-(\varepsilon+\mu)} \sin\frac{\pi}{2}v^2\,dv + \int_{\varepsilon-\mu}^{\infty} \sin\frac{\pi}{2}v^2\,dv \right]^2 \right\}.$$

En remarquant que l'on a

$$\int_{-\infty}^{-(\varepsilon+\mu)} \cos\frac{\pi}{2}v^2\,dv = \int_{+\infty}^{\varepsilon+\mu} \cos\frac{\pi}{2}v^2\,dv = \int_{\varepsilon+\mu}^{+\infty} \cos\frac{\pi}{2}v^2\,dv$$

$$= \int_0^\infty \cos\frac{\pi}{2}v^2\,dv - \int_0^{\varepsilon+\mu} \cos\frac{\pi}{2}v^2\,dv$$

et en posant

$$\int_0^{\varepsilon+\mu} \cos\frac{\pi}{2}v^2\,dv = C_{\varepsilon+\mu},$$

il vient

$$\int_{-\infty}^{-(\varepsilon+\mu)} \cos\frac{\pi}{2}v^2\,dv = \frac{1}{2} - C_{\varepsilon+\mu}.$$

Par des transformations analogues et en posant

$$\int_0^{\varepsilon-\mu} \cos\frac{\pi}{2}v^2\,dv = C_{\varepsilon-\mu},$$

$$\int_0^{\varepsilon+\mu} \sin\frac{\pi}{2}v^2\,dv = S_{\varepsilon+\mu}, \qquad \int_0^{\varepsilon-\mu} \sin\frac{\pi}{2}v^2\,dv = S_{\varepsilon-\mu},$$

on obtient l'expression

$$I^2 = K\left[(1 - C_{\varepsilon+\mu} - C_{\varepsilon-\mu})^2 + (1 - S_{\varepsilon+\mu} - S_{\varepsilon-\mu})^2\right].$$

Pour trouver les valeurs de la variable μ qui rendent l'intensité maximum ou minimum, il faut égaler à zéro la dérivée de cette expression prise par rapport à μ, ce qui donne

$$\left(1 - C_{\varepsilon+\mu} - C_{\varepsilon-\mu}\right)\left[\cos\frac{\pi}{2}(\varepsilon-\mu)^2 - \cos\frac{\pi}{2}(\varepsilon+\mu)^2\right]$$

$$+ \left(1 - S_{\varepsilon+\mu} - S_{\varepsilon-\mu}\right)\left[\sin\frac{\pi}{2}(\varepsilon-\mu)^2 - \sin\frac{\pi}{2}(\varepsilon+\mu)^2\right] = 0.$$

En posant

$$\frac{\pi}{2}(\varepsilon-\mu)^2 = \alpha,$$

$$\frac{\pi}{2}(\varepsilon+\mu)^2 = \beta,$$

cette équation devient

$$(1) \qquad (1 - C_{\varepsilon+\mu} - C_{\varepsilon-\mu})(\cos\alpha - \cos\beta)$$
$$+ (1 - S_{\varepsilon+\mu} - S_{\varepsilon-\mu})(\sin\alpha - \sin\beta) = 0.$$

Les intégrales de Fresnel sont liées à celles de M. Gilbert par les relations

$$G = \frac{1}{2} - G\cos u + H\sin u.$$

$$S = \frac{1}{2} - G\sin u - H\cos u,$$

où u représente la quantité $\frac{\pi}{2} V_2$. Si donc on désigne par G_α, G_β, H_α, H_β les valeurs que prennent les intégrales G et H quand on y remplace la variable u par α et par β, la formule qui donne l'intensité à l'intérieur de l'ombre géométrique prend la forme

$$I^2 = K\left[(G_\alpha\cos\alpha - H_\alpha\sin\alpha + G_\beta\cos\beta - H_\beta\sin\beta)^2\right.$$
$$\left. + (G_\alpha\sin\alpha + H_\alpha\cos\alpha + G_\beta\sin\beta + H_\beta\cos\beta)^2\right],$$

d'où, en effectuant les calculs,

$$I^2 = k\left[(G_\alpha^2 + G_\beta^2 + H_\alpha^2 + H_\beta^2 + 2G_\alpha G_\beta\cos(\beta - \alpha) + 2H_\alpha H_\beta\cos(\beta-\alpha)\right.$$
$$\left. - 2G_\alpha H_\beta\sin(\beta - \alpha) + 2G_\beta H_\alpha\sin(\beta - \alpha)\right].$$

Il est avantageux de mettre cette expression de l'intensité sous une forme plus compliquée en apparence, mais en réalité plus commode pour la discussion. Remplaçons à cet effet $\beta - \alpha$ par $2\pi\varepsilon\mu$, et remarquons que l'on a

$$G_\alpha^2 + G_\beta^2 + 2G_\alpha G_\beta\cos 2\pi\varepsilon\mu = (G_\alpha + G_\beta)^2\cos^2\pi\varepsilon\mu + (G_\alpha - G_\beta)^2\sin^2\pi\varepsilon\mu.$$

$$H_\alpha^2 + H_\beta^2 + 2H_\alpha H_\beta\cos 2\pi\varepsilon\mu = (H_\alpha + H_\beta)^2\cos^2\pi\varepsilon\mu + (H_\alpha - H_\beta)^2\sin^2\pi\varepsilon\mu.$$

$$2(G_\beta H_\alpha - G_\alpha H_\beta)\sin 2\pi\varepsilon\mu = 4(G_\beta H_\alpha - G_\alpha H_\beta)\sin\pi\varepsilon\mu\cos\pi\varepsilon\mu$$
$$= 2\left[(G_\alpha + G_\beta)(H_\alpha - H_\beta) - (G_\alpha - G_\beta)(H_\alpha + H_\beta)\right]\sin\pi\varepsilon\mu\cos\pi\varepsilon\mu.$$

En substituant ces valeurs dans l'expression de l'intensité, il vient

$$(2) \quad I^2 = K \left\{ \left[(G_\alpha + G_\beta) \cos \pi \varepsilon \mu + (H_\alpha - H_\beta) \sin \pi \varepsilon \mu \right]^2 \right.$$
$$\left. + \left[(G_\alpha - G_\beta) \sin \pi \varepsilon \mu - (H_\alpha + H_\beta) \cos \pi \varepsilon \mu \right]^2 \right\}.$$

En remplaçant dans l'équation (1), qui détermine les maxima et les minima, les intégrales C et S par leurs valeurs en fonction des intégrales G et H, on a

$$(G_\alpha \cos \alpha - H_\alpha \sin \alpha + G_\beta \cos \beta - H_\beta \sin \beta)(\cos \alpha - \cos \beta)$$
$$+ (G_\alpha \sin \alpha + H_\alpha \cos \alpha + G_\beta \sin \beta + H_\beta \cos \beta)(\sin \alpha - \sin \beta) = 0 ;$$

cette équation se simplifie singulièrement si l'on remarque que l'on a

$$(G_\alpha \cos \alpha + G_\beta \cos \beta)(\cos \alpha - \cos \beta) + (G_\alpha \sin \alpha + G_\beta \sin \beta)(\sin \alpha - \sin \beta)$$
$$= G_\alpha - G_\beta - G_\alpha \cos(\beta - \alpha) + G_\beta \cos(\beta - \alpha)$$
$$= (G_\alpha - G_\beta)\left[1 - \cos(\beta - \alpha) \right]$$
$$= 2(G_\alpha - G_\beta) \sin^2 \pi \varepsilon \mu,$$

et

$$-(H_\alpha \sin \alpha + H_\beta \sin \beta)(\cos \alpha - \cos \beta) + (H_\alpha \cos \alpha + H_\beta \cos \beta)(\sin \alpha - \sin \beta)$$
$$= -H_\alpha \sin(\beta - \alpha) - H_\beta \sin(\beta - \alpha) = -2(H_\alpha + H_\beta) \sin \pi \varepsilon \mu \cos \pi \varepsilon \mu.$$

L'équation qui donne les valeurs de μ correspondant aux maxima et aux minima prend ainsi la forme

$$(3) \quad (G_\alpha - G_\beta) \sin^2 \pi \varepsilon \mu - (H_\alpha + H_\beta) \sin \pi \varepsilon \mu \cos \pi \varepsilon \mu = 0$$

et se divise en deux autres qui sont

$$(4) \quad \sin \pi \varepsilon \mu = 0$$

et

$$(5) \quad (G_\alpha - G_\beta) \sin \pi \varepsilon \mu - (H_\alpha + H_\beta) \cos \pi \varepsilon \mu = 0.$$

Il est facile de s'assurer que les racines de l'équation (4) correspondent toutes à des maxima. Soit en effet μ_1 une des racines : le premier membre de l'équation (3) étant toujours de même signe que la dérivée de l'intensité par rapport à μ, la racine μ_1 correspondra à un maximum si ce premier membre est positif pour une valeur de μ un peu inférieure à μ_1, et négatif pour une valeur de μ un peu supérieure à μ_1. C'est ce qui arrive en réalité, car les racines de l'équation (4) doivent vérifier la relation

$$\varepsilon\mu_1 = n,$$

n étant un nombre entier, et, par suite, pour une valeur de μ voisine d'une de ces racines, le signe du premier membre de l'équation (3) est celui de son second terme, qui, puisque la quantité $H_\alpha + H_\beta$ est essentiellement positive, est lui-même positif ou négatif suivant que la valeur de μ est inférieure ou supérieure à celle de la racine.

Si l'on se reporte à la définition des quantités ε et μ, on voit que les positions des maxima de lumière situés à l'intérieur de l'ombre géométrique et déterminés par l'équation (4) sont données par l'équation

$$lh\,\frac{2(a+b)}{ab\lambda} = n,$$

qui, en désignant par x la distance du point éclairé au milieu de l'ombre géométrique et en remarquant que l'on a

$$\frac{h}{x} = \frac{a}{a+b},$$

devient

$$x = \frac{b}{2l}\,2n\,\frac{\lambda}{2}.$$

Ainsi la théorie exacte assigne aux maxima situés à l'intérieur de l'ombre géométrique les mêmes positions que la théorie élémentaire.

Nous avons maintenant à chercher les racines de l'équation (5), qui peut être mise sous la forme

$$\tang \pi\varepsilon\mu = \frac{H_\alpha + H_\beta}{G_\alpha - G_\beta}.$$

Cette équation ne se prête pas à une discussion aussi générale que
l'équation (4); car, dans son second membre, entrent d'une manière
assez compliquée les quantités ε et μ qui dépendent des données
particulières de la question.

Il est cependant possible d'acquérir des notions sur la position
des racines de cette équation, en s'aidant de quelques considérations
géométriques. Construisons à cet effet les deux courbes représentées
par les équations

$$y = \tang \pi \varepsilon \mu,$$

$$y = \frac{H_\alpha + H_\beta}{G_\alpha - G_\beta},$$

en prenant pour abscisses les valeurs de μ; les racines cherchées seront égales aux abscisses des points d'intersection de ces deux courbes.
La première courbe se compose (fig. 74) d'une infinité de branches
asymptotes à une série de droites parallèles à l'axe des y et équi-

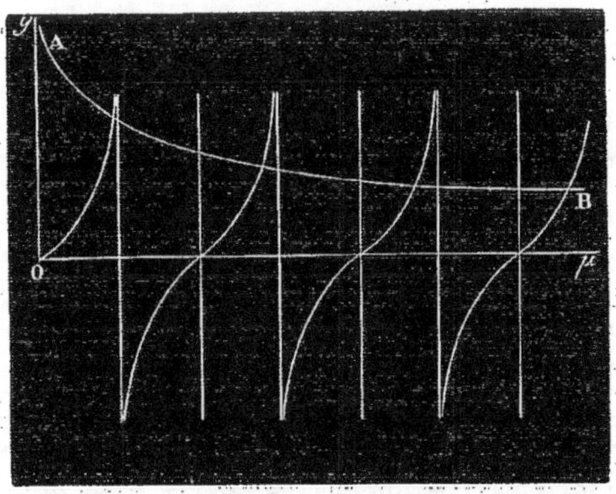

Fig. 74.

distantes; les abscisses de ces asymptotes sont respectivement
$\frac{1}{2\varepsilon}, \frac{3}{2\varepsilon}, \frac{5}{2\varepsilon}, \ldots$ Quant à la seconde courbe, elle est asymptote à
l'axe des y, car, pour $\mu = 0$, on a $\alpha = \beta$ et $y = \infty$; son ordonnée
est toujours positive, car, α étant constamment plus petit que β,
G_α est plus grand que G_β. Lorsque la variable μ croissant à partir

de zéro finit par atteindre la valeur qui convient à un point situé à la limite de l'ombre géométrique, μ devient égal à ε, et l'on a

$$\alpha = 0, \qquad \beta = 2\pi\varepsilon^2,$$

d'où

$$H_\alpha = G_\alpha = \frac{1}{2};$$

les quantités G_β et H_β sont alors négligeables vis-à-vis de G_α et de H_α, et, par suite, l'ordonnée de la seconde courbe est sensiblement égale à l'unité. Cette ordonnée décroît donc depuis une valeur infinie jusqu'à l'unité. Il résulte de là que la seconde courbe coupe chacune des branches positives de la première en un seul point. Il y a par conséquent toujours une racine, et une seule, de l'équation (5), comprise entre $\frac{2n}{2}\frac{1}{\varepsilon}$ et $\frac{2n+1}{2}\frac{1}{\varepsilon}$, n étant un nombre entier quelconque. Les racines de l'équation (4) étant données par la formule

$$\mu = n\frac{1}{\varepsilon},$$

on voit qu'entre deux racines de l'équation (4) il y a toujours une racine de l'équation (5), et une seule, d'où il suit que, les racines de l'équation (4) correspondant exclusivement aux maxima, celles de l'équation (5) correspondent exclusivement aux minima.

Les positions des minima à l'intérieur de l'ombre géométrique ne sont pas, d'après ce que nous venons de voir, soumises à des lois simples. On peut remarquer seulement que, pour les premiers minima, les points d'intersection des deux courbes diffèrent peu des points d'intersection de la seconde courbe avec les asymptotes de la première, et que, par conséquent, les valeurs de μ qui correspondent à ces minima vérifient approximativement la relation

$$\mu = (2n + 1)\frac{1}{\varepsilon},$$

d'où l'on tire

$$x = \frac{b}{2l}(2n + 1)\frac{\lambda}{2};$$

c'est donc seulement dans le voisinage du milieu de l'ombre que les positions assignées aux minima de lumière par la théorie exacte coïncident sensiblement avec celles qu'on déduit de la théorie élémentaire.

L'évaluation des intensités que présentent les maxima et les minima à l'intérieur de l'ombre n'offre aucune difficulté. L'équation (2), dont le second membre représente d'une manière générale l'intensité à l'intérieur de l'ombre, devient, pour les points où l'intensité passe par un maximum,

$$I^2 = K\,[(G_\alpha + G_\beta)^2 + (H_\alpha + H_\beta)^2\,],$$

puisqu'en ces points on a

$$\sin \pi \varepsilon \mu = 0, \qquad \cos \pi \varepsilon \mu = \pm\,1.$$

Au milieu de l'ombre on a

$$\mu = 0, \qquad \alpha = \beta = \frac{\pi}{2}\,\varepsilon^2,$$

et par suite

$$I^2 = 4K\,(G_\alpha + H_\alpha)^2 :$$

si l'écran opaque était indéfiniment étendu d'un côté, l'expression de l'intensité à l'intérieur de l'ombre serait, comme nous l'avons vu (90),

$$I^2 = K\,(G_\alpha + H_\alpha)^2 ;$$

d'où l'on peut conclure que l'intensité de la lumière au milieu de l'ombre d'un écran étroit est le quadruple de ce qu'elle serait si l'écran était indéfiniment prolongé d'un côté.

A mesure que μ augmente, c'est-à-dire lorsque, partant du milieu de l'ombre, on s'approche de sa limite, α décroît de $\frac{\pi}{2}\varepsilon^2$ à zéro tandis que β croît de $\frac{\pi}{2}\varepsilon^2$ à $4\frac{\pi}{2}\varepsilon^2$: G_α augmente donc dans ces conditions ainsi que H_α, tandis que G_β et H_β diminuent; mais, comme G_α et H_α sont toujours respectivement plus grands que G_β et H_β, et que les différences qui existent entre G_α et G_β d'une part, entre H_α et H_β de l'autre, croissent rapidement avec μ, l'expression qui représente l'intensité des maxima de lumière augmente aussi avec μ; ces maxima vont donc en augmentant d'éclat depuis le milieu de l'ombre géométrique jusqu'à sa limite. L'éclat du maximum qui occupe le milieu de l'ombre étant représenté par $4K\,(G_\alpha + H_\alpha)^2$, et le facteur K étant indépendant de la largeur du corps opaque, cet éclat, en supposant les distances a et b constantes, sera d'autant plus grand que α sera plus petit, c'est-à-dire que le corps opaque sera plus étroit, résultat entièrement conforme à l'expérience.

Pour les intensités des minima de lumière à l'intérieur de l'ombre on a, en tenant compte de l'équation (5) qui détermine les positions de ces minima,

$$I^2 = K\left[\left(G_\alpha + G_\beta\right)\cos\pi\varepsilon\mu + \left(H_\alpha - H_\beta\right)\sin\pi\varepsilon\mu\right]^2;$$

l'équation (5) donne d'ailleurs

$$\sin\pi\varepsilon\mu = -\frac{H_\alpha + H_\beta}{\sqrt{\left(H_\alpha + H_\beta\right)^2 + \left(G_\alpha - G_\beta\right)^2}},$$

$$\cos\pi\varepsilon\mu = -\frac{G_\alpha - G_\beta}{\sqrt{\left(H_\alpha + H_\beta\right)^2 + \left(G_\alpha - G_\beta\right)^2}};$$

l'expression de l'intensité devient donc pour les minima de lumière

$$I^2 = K\,\frac{\left(G_\alpha^2 - G_\beta^2 + H_\alpha^2 - H_\beta^2\right)^2}{\left(G_\alpha - G_\beta\right)^2 + \left(H_\alpha + H_\beta\right)^2}\,.$$

Pour les minima voisins du milieu de l'ombre, α et β sont très-près d'être égaux; par suite, le numérateur de la fraction qui figure dans l'expression de l'intensité est très-petit, tandis que le dénominateur se réduit sensiblement à $4H_\alpha^2$, quantité peu différente de l'unité. Les minima situés près du milieu de l'ombre géométrique doivent donc être presque nuls : ainsi se trouve expliqué ce fait que, dans l'ombre d'un corps opaque étroit, les franges obscures situées de part et d'autre de la frange centrale brillante sont presque entièrement noires.

La distribution de la lumière à l'extérieur de l'ombre géométrique est soumise à des lois beaucoup plus compliquées qu'à l'intérieur; nous allons cependant faire connaître ce qu'indique la théorie sur cette distribution. Pour un point situé en dehors de l'ombre géométrique, les limites des intégrales C et S sont, en convenant de compter positivement les arcs situés du même côté du pôle que le corps opaque, $-\infty$ et $h-l$, $h+l$ et $+\infty$, ou, en conservant aux lettres μ et ε leur signification, $-\infty$ et $\mu-\varepsilon$, $\mu+\varepsilon$ et $+\infty$: l'expression qui représente l'intensité est donc dans ce cas

$$I^2 = K\left[\left(1 + C_{\mu-\varepsilon} - C_{\mu+\varepsilon}\right)^2 + \left(1 + S_{\mu-\varepsilon} - S_{\mu+\varepsilon}\right)^2\right],$$

et l'équation qui détermine les positions des maxima et des minima devient

$$\left(1 + C_{\mu-\varepsilon} - C_{\mu+\varepsilon}\right)\left[\cos\frac{\pi}{2}(\mu-\varepsilon)^2 - \cos\frac{\pi}{2}(\mu+\varepsilon)^2\right]$$
$$+ \left(1 + S_{\mu-\varepsilon} - S_{\mu+\varepsilon}\right)\left[\sin\frac{\pi}{2}(\mu-\varepsilon)^2 - \sin\frac{\pi}{2}(\mu+\varepsilon)^2\right] = 0.$$

En remplaçant les intégrales C et S par leurs valeurs en fonction des intégrales G et H et en posant, comme précédemment,

$$\frac{\pi}{2}(\mu-\varepsilon)^2 = \alpha,$$
$$\frac{\pi}{2}(\mu+\varepsilon)^2 = \beta,$$

l'expression de l'intensité prend la forme

$$I^2 = K\left[\left(1 - G_\alpha\cos\alpha + H_\alpha\sin\alpha + G_\beta\cos\beta - H_\beta\sin\beta\right)^2\right.$$
$$\left. + \left(1 - G_\alpha\sin\alpha - H_\alpha\cos\alpha + G_\beta\sin\beta + H_\beta\cos\beta\right)^2\right],$$

et l'équation qui détermine les positions des maxima et des minima devient

$$\left(1 + G_\beta\cos\beta - H_\beta\sin\beta - G_\alpha\cos\alpha + H_\alpha\sin\alpha\right)(\cos\alpha - \cos\beta)$$
$$+ \left(1 + G_\beta\sin\beta + H_\beta\cos\beta - G_\alpha\sin\alpha - H_\alpha\cos\alpha\right)(\sin\alpha - \sin\beta) = 0,$$

d'où

$$-\left(G_\alpha + G_\beta\right)\left[1 - \cos(\beta-\alpha)\right] + \left(H_\alpha - H_\beta\right)\sin(\beta-\alpha)$$
$$+ \cos\alpha - \cos\beta + \sin\alpha - \sin\beta = 0.$$

En remarquant que l'on a

$$\frac{\beta - \alpha}{2} = \pi \varepsilon \mu,$$

$$\frac{\beta + \alpha}{2} = \frac{\pi}{2}\left(\varepsilon^2 + \mu^2\right),$$

cette dernière équation peut s'écrire

$$-\left(G_\alpha + G_\beta\right)\sin^2 \pi\varepsilon\mu + \left(H_\alpha - H_\beta\right)\sin \pi\varepsilon\mu \cos \pi\varepsilon\mu$$

$$+\sin \pi\varepsilon\mu \left[\sin\frac{\pi}{2}\left(\varepsilon^2 + \mu^2\right) - \cos\frac{\pi}{2}\left(\varepsilon^2 + \mu^2\right)\right] = 0$$

et se décompose en deux autres qui sont

$$(6) \qquad\qquad \sin \pi\varepsilon\mu = 0$$

et

$$(7) \quad -\left(G_\alpha + G_\beta\right)\sin \pi\varepsilon\mu + \left(H_\alpha - H_\beta\right)\cos \pi\varepsilon\mu + \sin\frac{\pi}{2}\left(\varepsilon^2 + \mu^2\right)$$

$$- \cos\frac{\pi}{2}\left(\varepsilon^2 + \mu^2\right) = 0.$$

Les racines de l'équation (6) vérifient, comme nous l'avons déjà dit, la relation

$$\varepsilon\mu = n,$$

n étant un nombre entier, et sont équidistantes ; mais, à l'extérieur de l'ombre, elles peuvent correspondre soit à des maxima, soit à des minima.

Quant aux racines de l'équation (7), on peut se faire une idée approximative de la manière dont elles sont distribuées, à l'aide de considérations géométriques analogues à celles que nous avons déjà plusieurs fois employées. L'équation (7), en tenant compte de la formule

$$\cos x - \sin x = \sqrt{2} \, \cos\left(x + \frac{\pi}{4}\right),$$

prend la forme

$$\left(H_\alpha - H_\beta\right)\cos \pi\varepsilon\mu - \left(G_\alpha + G_\beta\right)\sin \pi\varepsilon\mu = \sqrt{2} \, \cos\frac{\pi}{2}\left(\varepsilon^2 + \mu^2 + \frac{1}{2}\right);$$

si nous construisons les deux courbes représentées par les équations

$$y = \left(H_\alpha - H_\beta\right)\cos \pi\varepsilon\mu - \left(G_\alpha + G_\beta\right)\sin \pi\varepsilon\mu$$

et

$$y = \sqrt{2}\,\cos\frac{\pi}{2}\left(\varepsilon^2 + \mu^2 + \frac{1}{2}\right),$$

en prenant pour abscisses les valeurs de μ, les racines cherchées seront égales aux abscisses des points d'intersection des deux courbes. Comme il ne s'agit ici que des points extérieurs à l'ombre, il suffit de considérer les valeurs de μ supérieures à ε. La première courbe a une forme très-compliquée : tout ce qu'on peut en dire, c'est qu'elle est sinueuse, qu'elle coupe l'axe des x en des points donnés par l'équation

$$\tang \pi\varepsilon\mu = \frac{H_\alpha - H_\beta}{G_\alpha + G_\beta},$$

et que l'ordonnée de cette courbe est très-petite pour les valeurs de μ supérieures à ε, de sorte que les points d'intersection des deux courbes se confondent sensiblement avec les points où la seconde courbe rencontre l'axe des x. Or il est facile de voir que ces derniers points se resserrent de plus en plus à mesure que μ augmente : soient en effet μ et $\mu + \Delta\mu$ les abscisses de deux points de rencontre consécutifs de la seconde courbe avec l'axe des x; on aura

$$\frac{\pi}{2}\left(\varepsilon^2 + \mu^2 + \frac{1}{2}\right) = (2n+1)\frac{\pi}{2}$$

et

$$\frac{\pi}{2}\left[\varepsilon^2 + (\mu + \Delta\mu)^2 + \frac{1}{2}\right] = (2n+3)\frac{\pi}{2},$$

d'où

$$2\mu\Delta\mu + \Delta\mu^2 = 2,$$

et, en supposant que μ soit grand par rapport à $\Delta\mu$,

$$\Delta\mu = \frac{1}{\mu}.$$

L'équation (7) fait donc connaître, en dehors de l'ombre géométrique, une série de franges brillantes ou obscures, qui se resserrent de plus en plus à mesure qu'on s'éloigne de la limite de cette ombre.

Pour savoir quelles sont, parmi les valeurs de μ données par les équations (6) et (7), celles qui correspondent à des maxima et celles qui correspondent à des minima, il suffit de les ranger par ordre de grandeur et de voir si la dernière valeur de μ qui, à l'intérieur de l'ombre géométrique, annule la dérivée de l'intensité, rend cette intensité maximum ou minimum; si, par exemple, la dernière frange intérieure est brillante, la première frange extérieure sera obscure, la seconde brillante, et ainsi de suite.

En se reportant à l'expression de l'intensité, on voit que, dès que μ acquiert une valeur un peu considérable et que, par conséquent, les intégrales G_α, G_β, H_α, H_β deviennent très-petites, cette expression diffère très-peu de $2K$; il résulte de là que la différence entre un maximum et un minimum consécutifs doit devenir de plus en plus petite à mesure qu'on s'éloigne de la limite de l'ombre, et qu'à une petite distance de cette limite l'éclairement doit être sensiblement uniforme.

Lorsque le corps opaque est très-étroit et qu'on observe les franges à une grande distance de ce corps, leur aspect se simplifie beaucoup : la première frange obscure peut en effet, dans ce cas, se trouver déjà en dehors des limites de l'ombre géométrique; on n'aura alors qu'un seul système de franges et, à l'intérieur de l'ombre, l'intensité lumineuse décroîtra d'une façon continue à partir du milieu.

Nous avons vu que la largeur des franges à l'intérieur de l'ombre géométrique d'un corps opaque est en raison inverse de la largeur de ce corps. Cette conséquence de la théorie peut être vérifiée facilement à l'aide d'une expérience qui consiste à observer les franges qui prennent naissance dans l'ombre d'une aiguille; ces franges, d'après la loi que nous venons de rappeler, doivent affecter la forme d'hyperboles ayant pour asymptotes la frange centrale et une perpendiculaire à cette frange menée par le point où se projette la pointe de l'aiguille. Prenons en effet la frange centrale pour axe des x et la perpendiculaire dont nous venons de parler pour axe des y : la distance de la première frange brillante à la frange centrale étant donnée par la relation

$$x = \frac{b\lambda}{2l},$$

et la largeur $2l$ du corps opaque étant proportionnelle à la distance qui sépare le point où l'on considère cette largeur de la pointe de l'aiguille, la courbe formée par la première frange brillante est représentée par l'équation

$$xy = \frac{b\lambda}{K},$$

qui est celle d'une hyperbole ayant pour asymptotes les axes des coordonnées.

95. Influence du diamètre apparent de la source et de l'inclinaison du corps opaque. — En raisonnant comme dans le cas d'un écran à un seul bord (91), on trouve que les phénomènes de diffraction produits par un corps opaque très-étroit cessent complétement d'être visibles lorsque le diamètre apparent de la source lumineuse dans un plan perpendiculaire aux bords du corps diffringent devient égal à $\frac{\lambda}{4l}$, car alors le milieu de l'ombre géométrique relative à l'une des extrémités de la source se confond avec le premier minimum relatif à l'autre extrémité. Il résulte de là qu'on obtient des franges visibles même avec des sources lumineuses d'un assez grand diamètre apparent, pourvu que le corps opaque soit suffisamment étroit : c'est ainsi qu'il est possible d'observer des franges très-distinctes dans l'ombre d'un cheveu éclairé directement par le soleil.

Si le corps opaque, que nous supposons toujours de forme rectangulaire, au lieu d'être perpendiculaire à la direction moyenne des rayons incidents, comme nous l'avons admis jusqu'ici, est incliné sur cette direction (fig. 75), l'aspect des phénomènes se trouve modifié, surtout si on les observe à une distance peu considérable du corps diffringent. Dans ce cas, les franges intérieures ne sont plus symétriques de part et d'autre de la bissectrice de l'angle ASB, et les franges extérieures n'ont plus même largeur des deux côtés de l'ombre géométrique. Il est facile de se rendre compte de ces particularités en remarquant que l'onde B'X' peut être remplacée par l'onde BX. La frange centrale doit en effet se trouver à égale distance des deux bords du corps opaque; elle est donc rejetée du côté où le corps opaque se rapproche de la source lumineuse. Quant aux franges extérieures, elles diffèrent peu, dès qu'on s'éloigne sensiblement de la limite de l'ombre géométrique, de celles que donnerait un écran limité par un seul bord; elles sont donc d'autant plus larges que le bord qui leur donne naissance est plus rapproché du point lumineux, et, dans le cas actuel, les franges situées du côté du bord A doivent être plus larges que celles qui sont situées du côté du bord B.

Fig. 75.

C. — Phénomènes produits par une fente étroite limitée par deux bords rectilignes et parallèles.

96. Description des phénomènes et théorie élémentaire. — Supposons que, sur une fente étroite limitée par deux bords rectilignes et parallèles, tombe un faisceau de rayons émanés d'un point lumineux ou d'une ligne lumineuse parallèle à la fente diffringente, rayons dont la direction moyenne est perpendiculaire au plan de cette fente. Si on observe les phénomènes de diffraction sur un écran qui n'est pas très-éloigné de la fente diffringente, on aperçoit trois systèmes de franges, dont deux sont extérieurs à l'image lumineuse que donnerait la fente sur l'écran d'après la théorie géométrique des ombres, et le troisième intérieur à cette image. Les franges extérieures offrent des maxima et des minima dont les différences d'éclat s'affaiblissent rapidement en même temps que les maxima deviennent de moins en moins brillants, de sorte qu'à une

petite distance de la limite de l'ombre géométrique l'éclairement
devient insensible. Les franges intérieures sont remarquables par
cette particularité que la frange centrale, dans la lumière homogène,
lorsqu'on fait varier la distance de l'écran sur lequel on observe
les phénomènes au corps diffringent, correspond tantôt à un maximum de lumière, tantôt à un minimum, d'où il suit que, dans la
lumière blanche, cette frange centrale est colorée et que sa couleur
dépend de la distance de l'écran au corps diffringent.

Lorsqu'on observe les phénomènes à une très-grande distance du
corps diffringent, ils se simplifient beaucoup : les trois systèmes de
franges se fondent en un seul, et la frange centrale, ainsi que nous
l'avons vu précédemment, est
toujours brillante (70).

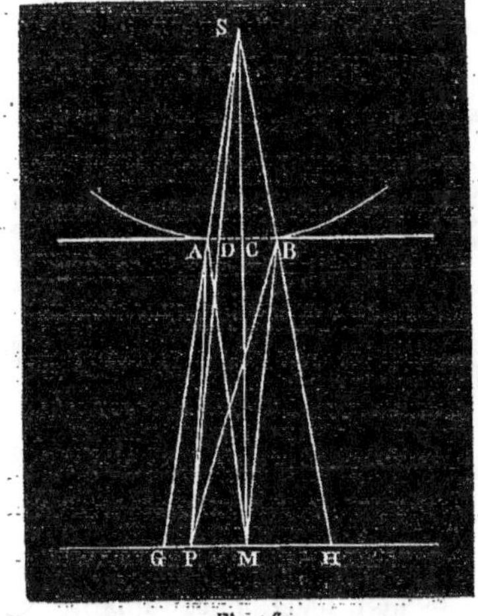

Fig. 76.

Les phénomènes de diffraction
produits par une fente étroite
présentent, avec ceux qui résultent de l'interposition d'un corps
opaque étroit sur le trajet de la
lumière, des analogies remarquables que la théorie élémentaire ne met nullement en évidence; nous commencerons néanmoins par exposer cette théorie
et par en tirer tout ce qu'elle peut
donner. Nous considérerons les
phénomènes dans un plan mené
par le point lumineux perpendiculairement aux bords de la fente
(fig. 76) : ce plan coupe l'onde sphérique tangente aux bords de
la fente suivant le grand cercle ACB, et il suffit de chercher l'action de la portion efficace AB de cette onde circulaire sur les différents points d'une droite GH perpendiculaire à SC. Posons à cet
effet

$$SC = a, \quad CM = b, \quad AC = CB = l,$$

et proposons-nous, en premier lieu, de déterminer l'éclairement

du point M, qui occupe le milieu de la projection conique de
la fente lumineuse. Tout étant symétrique de part et d'autre du
point M, l'intensité en ce point doit toujours avoir une valeur
maximum ou minimum; d'autre part, les vitesses envoyées en M
par chacun des arcs AC et CB, vitesses qui sont toujours concordantes, sont beaucoup plus petites lorsque ces arcs comprennent un
nombre pair d'arcs élémentaires que lorsqu'ils en comprennent un
nombre impair; l'intensité est donc nécessairement maximum en M
lorsque la différence des chemins AM et CM est égale à un nombre
impair de demi-longueurs d'ondulation, minimum lorsque cette
différence est égale à un nombre pair de demi-longueurs d'ondulation. D'après les formules qui donnent les longueurs des arcs
élémentaires voisins du pôle d'une onde circulaire, on a

$$AM - CM = l^2 \frac{(a+b)}{2ab} = l^2 \left(\frac{1}{2a} + \frac{1}{2b} \right) :$$

il y aura donc en M un maximum si l'on a

$$l^2 \left(\frac{1}{2a} + \frac{1}{2b} \right) = (2n+1) \frac{\lambda}{2},$$

un minimum si l'on a

$$l^2 \left(\frac{1}{2a} + \frac{1}{2b} \right) = 2n \frac{\lambda}{2}.$$

Supposons, pour fixer les idées, que cette dernière relation soit satisfaite, et qu'il y ait par conséquent en M un minimum d'intensité :
proposons-nous, dans cette hypothèse, de déterminer l'éclairement
d'un point P situé dans l'intérieur de la projection conique de la
fente diffringente, à une petite distance du point M, et tel que l'on
ait, en désignant par D le pôle de ce point P,

$$BP - DP = (2n+1) \frac{\lambda}{2}.$$

Nous aurons une idée suffisante de l'éclairement du point P si
nous parvenons à calculer la différence des chemins AP et DP. A
cet effet, remarquons que la somme des distances d'un point de la
droite GH aux deux points A et B, étant minimum en M, varie très-

lentement dans le voisinage de ce point, de sorte que, si le point P
est voisin du point M, on a sensiblement

$$AM + BM = AP + BP;$$

par la même raison, CM étant la distance minimum de l'onde circulaire AB à la droite GH, on peut admettre que les distances CM et
DP sont égales. On a donc

$$\left(2n+1\right)\frac{\lambda}{2}+(AP - DP) = BP - DP +(AP - DP)$$
$$= 2BM - 2CM = 4n\frac{\lambda}{2},$$

d'où

$$AP - DP = 4n\frac{\lambda}{2} - \left(2n+1\right)\frac{\lambda}{2} = \left(2n-1\right)\frac{\lambda}{2};$$

les deux arcs AD et DB comprenant un nombre impair d'arcs élé-
mentaires, l'éclairement en P est beaucoup plus considérable qu'en M.
En continuant le même raisonnement on ferait voir qu'en un point
P′, tel que l'on ait

$$BP' - D'P' = \left(2n+2\right)\frac{\lambda}{2},$$

l'intensité lumineuse est beaucoup plus petite qu'en P, et ainsi de
suite. La théorie élémentaire indique donc l'existence de maxima et
de minima de lumière à l'intérieur de la projection conique de
l'ouverture, et montre que les maxima doivent être voisins des
points pour lesquels la différence des distances au pôle et à l'un des·
bords de l'écran est égale à un nombre impair de demi-longueurs
d'ondulation, et les minima des points pour lesquels cette différence est égale à un nombre pair de demi-longueurs d'ondulation.

Quant à la région située en dehors de la projection conique de
la fente diffringente, c'est-à-dire dans l'ombre géométrique, la
théorie élémentaire prouve seulement que, dans la partie de cette
région qui est voisine de la limite de l'ombre, tout se passe à peu
près comme si la portion de l'écran située de l'autre côté de la
fente n'existait pas, et que, pour des points un peu éloignés de cette
limite, l'éclairement est insensible.

97. Calcul de l'intensité par la méthode de M. Gilbert.
— La méthode de Fresnel appliquée au cas actuel ne conduit à
aucun résultat général; nous ferons donc immédiatement usage de
la méthode de M. Gilbert, dont l'application au cas d'une fente étroite
ne souffre aucune difficulté après les développements dans lesquels
nous sommes entrés en traitant le cas d'un corps opaque étroit.

Considérons d'abord le point P, situé dans la projection conique
de la fente diffringente et ayant pour pôle le point D : en désignant
par h l'arc CD et en comptant positivement les arcs situés du même
côté du pôle D que le point C, les limites des intégrales de Fresnel
en s sont $-(l-h)$ et $+(l+h)$, et celles des intégrales en v sont
$-(\varepsilon-\mu)$ et $+(\varepsilon+\mu)$ si l'on pose

$$\varepsilon = l\sqrt{\frac{2(a+b)}{ab\,\lambda}}, \qquad \mu = h\sqrt{\frac{2(a+b)}{ab\,\lambda}};$$

l'expression de l'intensité en P est donc

$$I^2 = K\left[\left(C_{\varepsilon-\mu}+C_{\varepsilon+\mu}\right)^2+\left(S_{\varepsilon-\mu}+S_{\varepsilon+\mu}\right)^2\right].$$

En posant, comme dans le cas précédent,

$$\frac{\pi}{2}(\mu-\varepsilon)^2 = \alpha, \qquad \frac{\pi}{2}(\mu+\varepsilon)^2 = \beta,$$

et, en suivant exactement la même marche, il vient

$$I^2 = K\left[\left(1 - G_\alpha\cos\alpha+H_\alpha\sin\alpha - G_\beta\cos\beta+H_\beta\sin\beta\right)^2\right.$$
$$\left. + \left(1 - G_\alpha\sin\alpha - H_\alpha\cos\alpha - G_\beta\sin\beta - H_\beta\cos\beta\right)^2\right].$$

L'équation qui détermine les maxima et les minima s'obtient en égalant à zéro la dérivée de l'intensité par rapport à μ, ce qui donne

$$\left(1 - G_\alpha\cos\alpha+H_\alpha\sin\alpha - G_\beta\cos\beta+H_\beta\sin\beta\right)\left(\cos\beta-\cos\alpha\right)$$
$$+ \left(1 - G_\alpha\sin\alpha - H_\alpha\cos\alpha - G_\beta\sin\beta - H_\beta\cos\beta\right)\left(\sin\beta-\sin\alpha\right) = 0,$$

d'où l'on tire, en effectuant toutes les simplifications,

$$\sin\pi\varepsilon\mu\left[\sqrt{2}\cos\frac{\pi}{2}\left(\varepsilon^2+\mu^2+\frac{1}{2}\right)+\left(G_\alpha-G_\beta\right)\sin\pi\varepsilon\mu\right.$$
$$\left. -\left(H_\alpha+H_\beta\right)\cos\pi\varepsilon\mu\right] = 0.$$

équation qui se décompose en deux autres qui sont

$$(1) \qquad \sin \pi \varepsilon \mu = 0$$

et

$$(2) \quad \left(H_\alpha + H_\beta\right)\cos\pi\varepsilon\mu - \left(G_\alpha - G_\beta\right)\sin\pi\varepsilon\mu = \sqrt{2}\cos\frac{\pi}{2}\left(\varepsilon^2 + \mu^2 + \frac{1}{2}\right).$$

Or, à l'extérieur de l'ombre géométrique d'un corps opaque étroit, les positions des maxima et des minima de lumière sont déterminées, comme nous l'avons vu, par les équations

$$\sin \pi \varepsilon \mu = 0$$

et

$$\left(H_\alpha - H_\beta\right)\cos\pi\varepsilon\mu - \left(G_\alpha + G_\beta\right)\sin\pi\varepsilon\mu = \sqrt{2}\cos\frac{\pi}{2}\left(\varepsilon^2 + \mu^2 + \frac{1}{2}\right).$$

La première de ces équations est identique à l'équation (1); la seconde diffère très-peu de l'équation (2), car les seconds membres sont identiques et les premiers membres sont toujours très-petits de part et d'autre. Nous arrivons ainsi à cette proposition remarquable, que les franges intérieures à l'image géométrique d'une fente étroite sont distribuées très-approximativement suivant les mêmes lois que les franges extérieures à l'ombre géométrique d'un corps opaque de même largeur que la fente : les positions des premières s'obtiennent en faisant varier μ de zéro à ε, et celles des dernières en faisant varier μ de ε à $+\infty$. Aucune des équations (1) et (2) n'a du reste le privilége de déterminer exclusivement soit des maxima, soit des minima.

Il est particulièrement intéressant de chercher ce qui a lieu au point M, qui occupe le milieu de l'image de la fente diffringente, lorsqu'on observe les phénomènes à différentes distances de cette fente. Au point M on a toujours

$$\mu = 0;$$

la dérivée de l'intensité par rapport à μ s'annule donc constamment en ce point, et, par suite, l'intensité y présente toujours un maximum ou un minimum. Il y a maximum ou minimum en M suivant que, quand μ passe du négatif au positif, la dérivée de l'intensité par rapport à μ passe du positif au négatif ou du négatif au positif. Or cette dérivée est un produit de deux facteurs dont le premier, qui est $\sin \pi \varepsilon \mu$, a toujours le même signe que μ, et dont le second se réduit au point M à

$$\sqrt{2} \cos \frac{\pi}{2}\left(\varepsilon^2 + \frac{1}{2}\right) - 2H \frac{\pi}{2} \varepsilon^2;$$

si la valeur que prend ce second facteur au point M n'est pas nulle, il y aura donc maximum ou minimum en M suivant qu'elle sera négative ou positive. Toutes les fois que la fente diffringente n'est pas excessivement étroite, et qu'on n'observe pas les phénomènes à une très-grande distance du corps diffringent, la quantité $\frac{\pi}{2} \varepsilon^2$ n'est pas extrêmement petite et la quantité $H \frac{\pi}{2} \varepsilon^2$ est négligeable. La condition qui doit être remplie pour que l'intensité présente un minimum en M se réduit alors à

$$\cos \frac{\pi}{2}\left(\varepsilon^2 + \frac{1}{2}\right) > 0,$$

ce qui signifie que l'arc $\frac{\pi}{2}\left(\varepsilon^2 + \frac{1}{2}\right)$ doit être compris entre $2n\pi - \frac{\pi}{2}$ et $2n\pi + \frac{\pi}{2}$ et que l'on doit avoir par conséquent

$$2n + \frac{1}{2} > \frac{\varepsilon^2}{2} + \frac{1}{4} > 2n - \frac{1}{2}.$$

Si l'on représente par δ la différence des chemins BM et CM, on a

$$\delta = \frac{1}{2} \frac{l^2 (a + b)}{ab};$$

comme d'ailleurs

$$\varepsilon^2 = \frac{2 l^2 (a + b)}{ab\lambda},$$

il vient

$$\varepsilon^2 = \frac{4\delta}{\lambda},$$

et la condition précédente peut être mise sous la forme

$$2n \frac{\lambda}{2} + \frac{1}{8}\lambda > \delta > (2n - 1)\frac{\lambda}{2} + \frac{1}{8}\lambda.$$

L'intensité est donc minimum au point M lorsque la différence des chemins BM et CM est comprise entre deux limites dont la moyenne est égale à un nombre pair de demi-longueurs d'ondulation diminué d'un huitième de longueur d'ondulation, et qui diffèrent chacune de cette moyenne d'un quart de longueur d'ondulation.

On voit de même que l'intensité est maximum au point M lorsqu'on a

$$\left(2n+1\right)\frac{\lambda}{2}+\frac{1}{8}\lambda > \delta > 2n\frac{\lambda}{2}+\frac{1}{8}\lambda,$$

c'est-à-dire lorsque la différence des chemins BM et CM est comprise entre deux limites dont la moyenne est égale à un nombre impair de demi-longueurs d'ondulation diminué d'un huitième de longueur d'ondulation, et qui diffèrent chacune de cette moyenne d'un quart de longueur d'ondulation.

Lorsque l'on a

$$\cos\frac{\pi}{2}\left(\varepsilon^2+\frac{1}{2}\right) = 0$$

et par conséquent

$$\delta = 2n\frac{\lambda}{2}+\frac{1}{8}\lambda,$$

ou

$$\delta = \left(2n+1\right)\frac{\lambda}{2}+\frac{1}{8}\lambda,$$

la dérivée seconde de l'intensité par rapport à μ est nulle au point M, car, la dérivée première pouvant être mise sous la forme

$$\mathrm{F}\sin\pi\varepsilon\mu,$$

la dérivée seconde est égale à

$$\sin\pi\varepsilon\mu\,\frac{d\mathrm{F}}{d\mu}+\mathrm{F}\pi\varepsilon\cos\pi\varepsilon\mu$$

et se réduit par conséquent à zéro au point M, où $\sin\pi\varepsilon\mu$ est nul ainsi que le facteur F, que nous avons supposé pouvoir être confondu avec $\cos\frac{\pi}{2}\left(\varepsilon^2+\frac{1}{2}\right)$. Il faut alors avoir recours à la dérivée troisième pour reconnaître si l'intensité présente en M un maximum ou un minimum ; mais, dans tous les cas, on voit que, lorsque δ a une des

valeurs pour lesquelles s'effectue le passage du maximum au minimum ou réciproquement, l'intensité varie dans le voisinage du
point M beaucoup plus lentement que lorsqu'il y a en M un maximum ou un minimum ordinaire.

Si la distance à laquelle on observe les phénomènes est très-
grande, la frange qui occupe le milieu de l'image de l'ouverture doit
évidemment toujours être brillante; lorsque cette distance a atteint
une certaine valeur, l'intensité que présente la lumière au milieu de
l'image de la fente cesse donc d'être alternativement un maximum
ou un minimum et reste constamment un maximum.

Considérons maintenant les points situés en dehors de l'image
géométrique de la fente diffringente, c'est-à-dire dans l'intérieur de
l'ombre géométrique. En suivant la même marche que précédemment
nous trouverons qu'en ces points l'intensité a pour expression

$$I^2 = K\left[(G_\alpha \cos\alpha - H_\alpha \sin\alpha - G_\beta \cos\beta + H_\beta \sin\beta)^2\right.$$
$$\left. + (G_\alpha \sin\alpha + H_\alpha \cos\alpha - G_\beta \sin\beta - H_\beta \cos\beta)^2\right],$$

et nous obtiendrons, pour déterminer les maxima et les minima,
l'équation

$$(3) \qquad -(G_\alpha + G_\beta)\sin^2 \pi\varepsilon\mu + (H_\alpha - H_\beta)\sin \pi\varepsilon\mu \cos \pi\varepsilon\mu = 0\,,$$

qui se décompose en deux autres,

$$(4) \qquad\qquad \sin \pi\varepsilon\mu = 0$$

et

$$(5) \qquad\qquad \tan \pi\varepsilon\mu = \frac{H_\alpha - H_\beta}{G_\alpha + G_\beta}\,.$$

Il est facile de s'assurer, à l'aide du raisonnement que nous avons
employé lorsque nous nous sommes occupés de la distribution de la
lumière à l'intérieur de l'ombre géométrique d'un corps opaque
étroit, qu'ici les racines de l'équation (4) correspondent à des minima et celles de l'équation (5) à des maxima.

A l'intérieur de l'ombre géométrique d'un corps opaque étroit les
positions des maxima sont déterminées par l'équation

$$\sin \pi\varepsilon\mu = 0\,.$$

et celles des minima par l'équation

$$\tan g\, \pi\varepsilon\mu = \frac{H_\alpha + H_\beta}{G_\alpha - G_\beta}.$$

La première de ces équations est identique à l'équation (4), la seconde diffère très-peu de l'équation (5); on voit donc que les franges extérieures à l'image géométrique d'une fente étroite sont distribuées très-approximativement suivant les mêmes lois que les franges intérieures à l'ombre géométrique d'un corps opaque de même largeur que la fente; pour obtenir les positions des premières, il faut faire varier μ de ε à $+\infty$; pour avoir celles des dernières, il faut faire varier μ de zéro à ε.

Les franges produites par une ouverture triangulaire allongée sont tout à fait assimilables à celles qu'on observe dans l'ombre d'une aiguille, et présentent comme ces dernières une forme hyperbolique; les asymptotes de ces hyperboles sont la hauteur du triangle qui forme l'image géométrique de l'ouverture diffringente, et une perpendiculaire à cette hauteur menée par le sommet. Il faut remarquer seulement que, dans le cas actuel, la frange centrale est dans sa longueur alternativement brillante et obscure si l'on emploie la lumière homogène, et teinte de différentes couleurs si l'on opère avec la lumière blanche; cela tient à ce que, à une distance constante du corps diffringent, l'intensité de la frange centrale dans la lumière homogène, et par suite sa couleur dans la lumière blanche, dépendent de la largeur du corps diffringent.

98. Influence du diamètre apparent de la source et de l'inclinaison de la fente. — L'influence du diamètre apparent de la source, dans le cas d'une fente étroite à bords rectilignes et parallèles, se fait sentir absolument de la même manière que lorsqu'il s'agit d'un corps opaque de même largeur que la fente; il est donc possible de distinguer les franges que donne une fente éclairée directement par le soleil, pourvu que cette fente soit suffisamment étroite.

Nous avons enfin à indiquer les modifications que subit l'aspect des phénomènes lorsque la fente est inclinée par rapport à la direc-

tion moyenne des rayons, comme cela a lieu, par exemple, lorsque
l'ouverture diffringente est formée par deux écrans A et B (fig. 77)
inégalement éloignés de la source lumineuse. Les phénomènes ces-

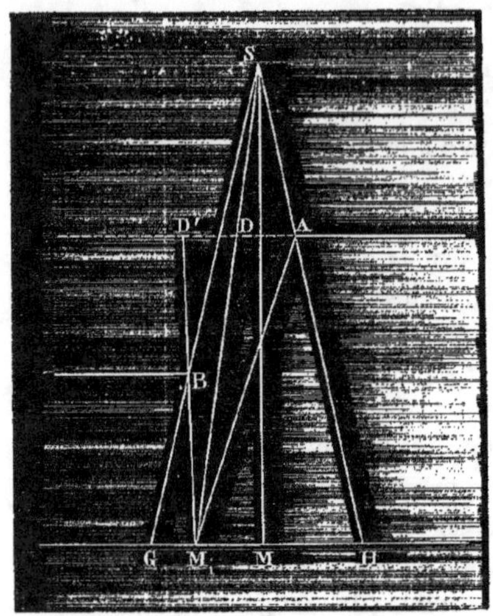

sent alors d'être symétriques par rapport à la bissectrice SM de l'angle ASB :
la frange centrale doit en
effet, d'après la théorie élémentaire, passer par un
point M_1 de la droite GH
tel, que les arcs efficaces
situés de part et d'autre du
pôle du point M_1 sur l'onde
tangente à l'écran A aient
même longueur; d'où il
suit que le pôle D du point
M_1 doit se trouver à égale
distance du point A et du
point D′ où la droite M_1B
prolongée rencontre l'onde
tangente en A au premier

Fig. 77.

écran; ce point M_1 se trouve donc du même côté du point M que
l'écran B le plus éloigné de la source lumineuse, et la distance
entre les points M et M_1 augmente à mesure qu'on éloigne l'écran B
de la source lumineuse. Les phénomènes produits par une fente
inclinée permettent d'expliquer certaines apparences observées par
lord Brougham [1] et qui lui avaient paru en contradiction avec la
théorie de Fresnel. Les expériences faites par lord Brougham con-
sistent essentiellement à observer d'abord les franges produites par
un premier écran et à constater ensuite les modifications qui surviennent dans l'aspect de ces franges lorsqu'on ajoute un second
écran B; d'après ce que nous venons de dire, quand les deux écrans
sont placés de part et d'autre de la droite SM et constituent par
conséquent une fente diffringente, les phénomènes sont symétriques

[1] *C. R.*, XXX, 43, 67; XXXIV, 127; XXXVI, 891. — *Phil. Trans.*, 1850, p. 235;
Proceed. of. R. S., VI, 172, 312.

par rapport à une frange centrale qui se déplace du côté de l'écran B à mesure qu'on éloigne celui-ci de la source; lorsqu'au contraire les deux écrans sont placés du même côté de SM, les apparences sont les mêmes qu'avec un seul écran, car dans ce cas celui des deux écrans qui est en retrait sur l'autre n'a aucune influence sur le phénomène.

99. Phénomènes produits par deux fentes étroites, égales, à bords rectilignes et parallèles, séparées par un intervalle opaque. — Fresnel, dans son grand travail sur la diffraction, a examiné un certain nombre de cas plus complexes que ceux dont nous avons parlé jusqu'à présent, et en particulier celui où l'ouverture diffringente est formée de deux fentes étroites et séparées par un intervalle opaque, ces deux fentes ayant même largeur et étant limitées par des bords rectilignes et parallèles. Lorsqu'on observe dans ce cas les phénomènes à une distance des fentes qui n'est pas trop considérable, on aperçoit dans l'image de chacune des fentes un système de franges tout à fait semblable à celui qui est produit par une fente unique, c'est-à-dire un système dont la frange centrale change de couleur dans la lumière blanche lorsqu'on fait varier sa distance au corps diffringent. Dans l'ombre de l'intervalle opaque qui sépare les deux fentes se trouve un système de franges qui ressemblent aux franges d'interférence; la frange centrale de ce système est toujours brillante, et les franges obscures sont presque complétement noires. La production de ce dernier système de franges est facile à expliquer : si en effet les fentes sont suffisamment étroites et si l'on observe les phénomènes à une distance assez grande du corps diffringent, la vitesse envoyée par chacune des fentes en un point situé dans l'ombre de l'intervalle opaque est sensiblement constante dans toute l'étendue de cette ombre, car les franges produites par une ouverture unique sont, comme nous l'avons vu, d'autant plus larges que la fente est plus étroite et que les franges sont observées à une plus grande distance du corps diffringent. Dans ces conditions, il y aura donc maximum ou minimum de lumière en un point situé dans l'ombre de l'intervalle opaque, suivant qu'en menant par ce point un plan perpendiculaire aux bords des

fentes diffringentes les distances du point considéré à deux points
compris dans ce plan et occupant sur les deux fentes des positions
homologues diffèrent d'un nombre pair ou impair de demi-longueurs
d'ondulation : il résulte de là qu'il doit toujours y avoir un maximum
au milieu de l'ombre de l'intervalle opaque, et que les vitesses envoyées par les deux fentes aux points qui correspondent aux minima
sont sensiblement égales et de signes contraires, ce qui montre que
les minima doivent être presque entièrement noirs.

En réalité, les franges d'interférence qui se produisent dans
l'ombre de l'intervalle opaque ne sont jamais complétement pures,
car les rayons qui, en se rencontrant, donnent naissance à ces franges
ont déjà été modifiés par la diffraction ; dans la lumière homogène,
la frange centrale, tout en restant toujours brillante, présente un
éclat plus ou moins considérable suivant que, pour un point de cette
frange, chacune des fentes comprend un nombre impair ou un
nombre pair d'arcs élémentaires, et, par conséquent, dans la lumière blanche, cette frange centrale est toujours légèrement colorée.

Les franges qui apparaissent lorsqu'on fait tomber la lumière sur
deux fentes étroites et rapprochées, si elles ne sont pas très-pures,
ont du moins l'avantage de pouvoir être produites avec une grande
facilité : c'est à l'aide de ces franges que Young est parvenu à démontrer pour la première fois par l'expérience le principe des interférences ; c'est aussi sur ces franges qu'on observe le plus aisément
le déplacement dû à l'interposition
d'une lame mince sur le trajet d'un
des faisceaux interférents (24).

Nous citerons encore une expérience remarquable de Fresnel, qui
se rattache au cas de diffraction dont
nous venons de parler et qu'il a présentée comme un argument contre la
théorie qui attribue les phénomènes
de diffraction à la déviation des rayons
par les bords des corps opaques. Il
découpa une feuille de cuivre de façon

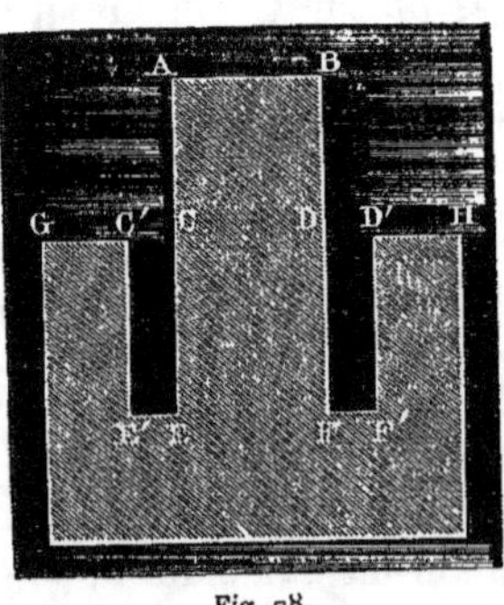
Fig. 78.

à lui donner la forme représentée dans la figure 78, et observa les

franges produites par ce système diffringent formé à la partie inférieure de deux fentes très-étroites que sépare un intervalle opaque
relativement beaucoup plus large, et à la partie supérieure d'un corps
opaque d'une largeur peu considérable [1]. En éloignant du corps diffringent la loupe avec laquelle il regardait les franges, il vit bientôt les
franges produites par les fentes étroites CE et DF sortir de l'ombre
géométrique de CDEF, qui ne recevait plus alors que de la lumière
sensiblement blanche de chacune de ces fentes : à ce moment les
franges étaient très-brillantes et présentaient des couleurs très-vives
dans l'ombre de CDEF, tandis que dans l'ombre de ABCD les franges
étaient beaucoup moins brillantes et offraient des couleurs grisâtres.
A mesure qu'on observait le phénomène à une plus grande distance
du corps diffringent, l'éclairement diminuait dans toute l'étendue de
l'ombre de ABEF, mais moins rapidement dans la partie supérieure
que dans la partie inférieure, de sorte que les franges inférieures,
d'abord beaucoup plus brillantes que les franges supérieures, leur
devenaient à un certain moment égales en intensité, puis finissaient
par devenir plus obscures, quoique leurs couleurs fussent toujours
plus pures. Ces apparences peuvent s'expliquer d'une manière très-
simple : considérons un point P situé au milieu de l'ombre de ABCD ;
à mesure qu'on s'éloigne du corps diffringent, la portion de l'onde
interceptée par le corps opaque ABCD comprend relativement au
point P un nombre de plus en plus petit d'arcs élémentaires, et par
conséquent l'éclairement du point P irait en augmentant si les vitesses envoyées par chaque arc élémentaire en P ne variaient pas en
raison inverse de la distance de cet arc au point P ; le décroissement
d'intensité résultant de l'augmentation de la distance du point P au
corps diffringent se trouve ainsi ralenti. Soit au contraire un point Q
situé au milieu de l'ombre de CDEF : lorsque la distance du point Q
au corps diffringent augmente, les fentes CE et DF comprennent, relativement au point Q, tantôt un nombre pair, tantôt un nombre
impair d'arcs élémentaires, d'où résulte dans le premier cas une
augmentation et dans le second une diminution de la rapidité avec
laquelle l'intensité décroît en ce point ; mais il arrive toujours un

[1] Supplément au deuxième Mémoire sur la diffraction (*OEuvres complètes*, t. I, p. 165).
— Mémoire couronné sur la diffraction (*OEuvres complètes*, t. I, p. 276, 356).

instant où chacune des fentes ne comprend plus qu'une petite fraction du premier arc élémentaire, et alors les vitesses qu'elles envoient en Q sont plus petites que celles qu'envoient en P les portions efficaces de l'onde situées de part et d'autre de ABCD, puisque ces dernières tendent à devenir égales aux vitesses qui seraient envoyées en P si l'écran opaque ABCD n'existait pas.

Si la diffraction était due à une déviation des rayons par les bords des écrans opaques, les franges inférieures résulteraient de la superposition de plusieurs systèmes de franges et devraient, contrairement à ce qui a lieu, être moins nettes que les franges supérieures : de plus, les franges inférieures proviendraient dans cette hypothèse des rayons déviés par les quatre bords CE, DF, C'E', D'F'; elles devraient donc être toujours plus brillantes que les franges supérieures qui proviendraient du concours des rayons infléchis par les deux bords AC et BD.

100. Phénomènes produits par une petite ouverture circulaire. — Fresnel, dans son grand mémoire sur la diffraction, ne s'était occcupé que des phénomènes produits par les écrans rectilignes à bords indéfinis; Poisson, qui faisait partie de la commission chargée de juger ce mémoire, remarqua que les intégrales dont l'auteur faisait dépendre le calcul des intensités de la lumière diffractée pouvaient s'évaluer exactement pour le centre de l'ombre d'un petit écran circulaire opaque et pour le centre de la projection conique d'une petite ouverture circulaire. Dans le premier cas, elles donnaient la même intensité que si l'écran circulaire n'existait pas; dans le second, elles donnaient une intensité variable avec la distance et sensiblement nulle pour un certain nombre de distances déterminées par une loi très-simple. Fresnel fut invité à soumettre à l'épreuve de l'expérience ces conséquences imprévues et paradoxales de sa théorie, et l'expérience les confirma entièrement [1].

Considérons d'abord le cas d'une petite ouverture circulaire, et supposons que le rayon qui passe par le centre de l'ouverture soit perpendiculaire au plan de cette ouverture. La distribution de la

[1] Calcul de l'intensité de la lumière au centre de l'ombre d'un écran et d'une ouverture circulaires éclairés par un point radieux (*OEuvres complètes de Fresnel,* t. I, p. 365).

lumière s'opère évidemment suivant des lignes circulaires; mais, sans entrer dans le calcul complet de tous les éléments du phéno-

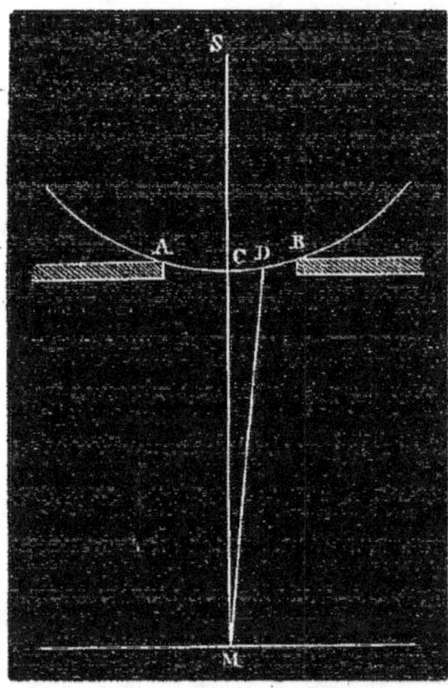

Fig. 79.

mène, nous nous bornerons à chercher l'éclairement du centre de la projection conique de l'ouverture. Prenons pour plan de figure un plan mené par le point lumineux perpendiculairement à celui de l'ouverture circulaire (fig. 79); soient S le point lumineux, M le centre de l'image de l'ouverture, AB l'onde qui passe par le bord de l'ouverture, onde dont la surface se confond sensiblement avec le plan de cette ouverture, D un point quelconque de la portion efficace de cette onde. Posons

$$SC = a, \quad CM = b, \quad AC = r,$$

et désignons par ρ la distance variable DC. L'élément de l'onde circulaire qui a pour milieu le point D est égal à $d\rho$, et, lorsque la figure tourne autour de la droite SC, cet élément engendre une zone dont la surface est égale à $2\pi\rho d\rho$. La vitesse de vibration que cette zone envoie en M peut être représentée par

$$2\pi\rho d\rho \sin 2\pi \left(\frac{t}{T} - \frac{\delta}{\lambda}\right),$$

en désignant par δ la différence des chemins DM et CM, et en admettant que la vitesse envoyée par l'élément de l'onde qui correspond au pôle C ait pour expression

$$d^2\sigma \sin 2\pi \frac{t}{T}.$$

D'après la formule qui donne les longueurs des premiers arcs élémentaires d'une onde circulaire (52), on a

$$\delta = \rho^2 \left(\frac{1}{2a} + \frac{1}{2b}\right);$$

la vitesse totale envoyée en M est donc égale à

$$\int_0^r 2\pi\rho \sin 2\pi \left(\frac{t}{T} - \rho^2 \frac{a+b}{2ab\lambda}\right) d\rho.$$

et par suite on a, pour l'intensité au point M,

$$I^2 = \left[\int_0^r 2\pi\rho \cos \pi \frac{(a+b)\rho^2}{ab\lambda} d\rho\right]^2 + \left[\int_0^r 2\pi\rho \sin \pi \frac{(a+b)\rho^2}{ab\lambda} d\rho\right]^2$$

$$= \frac{a^2 b^2 \lambda^2}{(a+b)^2}\left[\sin^2 \pi \frac{(a+b)r^2}{ab\lambda} + \left(1 - \cos \pi \frac{(a+b)r^2}{ab\lambda}\right)^2\right],$$

d'où enfin

$$I^2 = 4 \frac{a^2 b^2 \lambda^2}{(a+b)^2} \sin^2 \pi \frac{(a+b)r^2}{2ab\lambda};$$

l'intensité au point M est donc variable avec la distance de ce point à l'ouverture diffringente. Les valeurs minima de l'intensité en M sont toutes nulles, et ces minima se produisent lorsqu'on a

$$\frac{(a+b)r^2}{2ab\lambda} = n$$

ou

$$MA - MC = 2n\frac{\lambda}{2},$$

c'est-à-dire lorsque la différence de marche entre le rayon central MC et le rayon marginal MA est égale à un nombre pair de demi-longueurs d'ondulation.

Les valeurs maxima de l'intensité sont toutes égales à $4\frac{a^2 b^2 \lambda^2}{(a+b)^2}$; cette valeur est celle de l'intensité envoyée en M par la zone élémentaire la plus voisine du pôle, c'est-à-dire par une calotte sphérique ayant pour pôle le point C et limitée par une circonférence telle, que la différence des distances du point M au point C et à un point de cette circonférence soit égale à une demi-longueur d'ondulation; la vitesse envoyée par cette première zone élémentaire en M étant double de celle qu'enverrait en M l'onde sphérique tout entière, il en résulte que les valeurs maxima de l'intensité en M sont égales au quadruple de l'intensité que produirait en ce point l'onde sphérique tout entière.

L'intensité est maximum en M lorsqu'on a

$$\frac{(a+b)\,r^2}{2ab\,\lambda} = \frac{2n+1}{2}$$

ou

$$MA - MC = (2n+1)\frac{\lambda}{2},$$

c'est-à-dire lorsque la différence de marche du rayon central et du rayon marginal est égale à un nombre impair de demi-longueurs d'ondulation.

Les résultats que nous venons d'obtenir par le calcul peuvent se déduire facilement de la théorie élémentaire de la diffraction. Supposons en effet que la calotte efficace de l'onde sphérique soit décomposée en zones élémentaires, ainsi que nous l'avons expliqué précédemment (53) : les surfaces de ces zones, qui sont toutes voisines du pôle, sont sensiblement égales. Si la calotte efficace contient un nombre pair de zones élémentaires, c'est-à-dire si la différence de marche du rayon central et du rayon marginal est égale à un nombre pair de demi-longueurs d'ondulation, les vitesses envoyées au point M par les différentes zones élémentaires se détruisent donc presque complétement, et l'intensité en M est voisine de zéro ; si au contraire la calotte efficace contient un nombre impair de zones élémentaires, son effet se réduit sensiblement à celui qu'exerce la première zone élémentaire, et, par conséquent, l'intensité en M est égale au quadruple de celle que produirait l'onde sphérique tout entière.

Les expériences au moyen desquelles Fresnel a vérifié les conséquences de la théorie relatives à l'éclairement du centre de la projection conique d'une ouverture circulaire ont été exécutées, les unes avec la lumière rouge homogène, les autres avec la lumière blanche. Lorsqu'on opère avec la lumière homogène, il est difficile de déterminer avec précision les distances pour lesquelles l'intensité présente un maximum ou un minimun, et la comparaison des résultats de l'observation avec ceux du calcul n'offre dans ce cas aucune espèce de rigueur. Lorsqu'on emploie la lumière blanche, on peut au contraire, pour une distance déterminée du plan dans lequel on observe les phénomènes à l'ouverture diffringente, calculer les intensités des sept espèces principales de rayons au centre de l'image de l'ouverture, en déduire, en se servant de la formule empirique donnée par Newton pour les mélanges de rayons colorés, la teinte que doit présenter ce point, et comparer cette teinte à celle que donne l'expérience. Cette comparaison, faite d'abord par Fresnel, et plus tard par M. Abria, a toujours confirmé les résultats de la théorie.

Lorsqu'on observe les phénomènes à une distance de plus en plus grande de l'ouverture diffringente, l'éclairement du centre de la projection conique de l'ouverture tend vers une certaine limite : la différence de marche du rayon marginal et du rayon central est en effet représentée par

$$r^2 \left(\frac{1}{2a} + \frac{1}{2b} \right);$$

lorsque b augmente indéfiniment, cette différence tend donc vers une valeur limite égale à $\frac{r^2}{2a}$, et par suite l'éclairement variable du point considéré tend vers un état fixe qui est déterminé par la valeur de la quantité $\frac{r^2}{2a}$. Lorsque la distance b devient supérieure à $\frac{r^2}{\lambda}$, la partie variable $\frac{r^2}{2b}$ de la différence de marche devient inférieure à $\frac{\lambda}{2}$ et ne peut plus par conséquent diminuer de $\frac{\lambda}{2}$; donc, lorsque la distance b croît à partir de la valeur $\frac{r^2}{\lambda}$, il ne peut plus se produire au centre de l'image de l'ouverture diffringente qu'un seul maximum ou un seul minimum; à partir de la distance qui correspond à ce maximum ou à ce minimum, l'intensité ira constamment en décroissant ou constamment en croissant, et tendra vers la limite que nous venons d'indiquer.

101. Phénomènes produits par un petit écran circulaire. — Supposons que la lumière émanée d'un point lumineux tombe sur un écran de forme circulaire et de petit diamètre, et que le rayon qui passe par le centre de cet écran soit perpendiculaire au plan de l'écran. En répétant les raisonnements qui nous ont servi à déterminer l'action d'une onde sphérique sur un point extérieur (53), on voit immédiatement que la vitesse envoyée au centre de l'ombre géométrique de l'écran est égale à la moitié de celle qu'en-

verrait en ce point la première zone élémentaire de la région efficace
de l'onde sphérique qui passe par le bord circulaire de l'écran.
Comme l'écran est de petite dimension, et que sur une onde sphérique les zones élémentaires, jusqu'à une petite distance du pôle,
ont des surfaces sensiblement égales, la vitesse envoyée au centre de
l'ombre géométrique diffère très-peu de la moitié de celle qu'enverrait en ce point la zone élémentaire la plus voisine du pôle; la vitesse envoyée par une onde sphérique en un point extérieur étant
égale à la moitié de celle qu'envoie la zone élémentaire la plus
voisine du pôle, l'éclairement au centre de l'ombre géométrique de
l'écran circulaire sera sensiblement le même que si l'écran n'existait
pas. Cette conséquence singulière, déduite par Poisson de la théorie
de Fresnel, fut immédiatement vérifiée par Arago au moyen d'un
écran circulaire de 2 millimètres de diamètre.

**102. Phénomènes de diffraction observés dans une lu-
nette lorsque l'oculaire n'est pas au point.** — Nous avons
vu (78) que l'image d'une étoile dans une lunette douée d'un fort
grossissement se compose, lorsque l'oculaire est mis exactement au
point, d'une tache brillante entourée d'anneaux alternativement
obscurs et brillants. Arago a remarqué que, si l'on enfonce graduellement l'oculaire, le disque brillant qui occupe le centre de l'image
de l'étoile se dilate et présente bientôt en son milieu un point noir
qui se dilate à son tour de façon à former une tache obscure; en
enfonçant davantage l'oculaire, on voit un disque brillant succéder
au disque obscur, et ainsi de suite [1]. L'explication de ces apparences se rattache facilement à la théorie des phénomènes produits
par une ouverture circulaire. La lunette est en effet toujours munie
d'un diaphragme de forme circulaire, et l'onde sphérique concave
ayant pour centre le foyer principal F (fig. 80), qui se forme après
que la lumière a traversé l'objectif, peut toujours être considérée
dans la position ACB où elle passe par le bord du diaphragme,
position qui est réelle ou virtuelle suivant que le diaphragme se
trouve placé après ou avant l'objectif. Lorsque l'oculaire est au point,

[1] Notice sur la scintillation. (*OEuvres complètes*, t. VII, p. 1. — *Annuaire du bureau
des longitudes pour 1852*, p. 363.)

il se forme sur la rétine une image nette des points situés dans le plan mené par le foyer principal F perpendiculairement à l'axe prin-

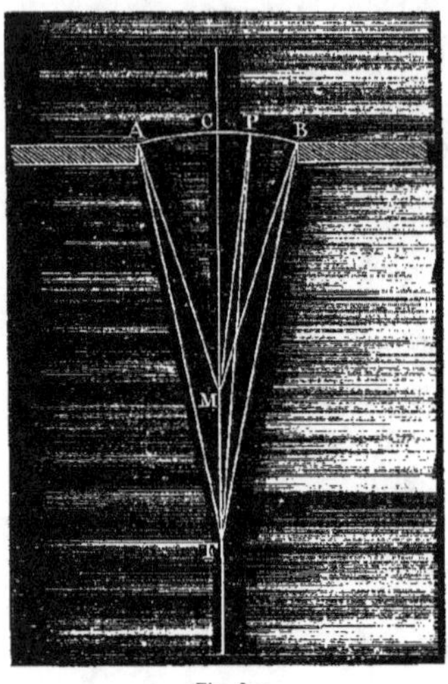

Fig. 80.

cipal ; mais, lorsqu'on enfonce l'oculaire, le plan dont l'image se dessine sur la rétine est le plan mené perpendiculairement à l'axe principal par un point M situé entre le foyer principal et l'objectif. Les éclairements des différents points de l'image rétinienne sont alors proportionnels aux éclairements des points correspondants du plan passant par le point M ; pour connaître l'éclairement du centre de l'image, il suffit donc de calculer l'intensité envoyée en M par l'onde ACB limitée par le diaphragme circulaire. Posons à cet effet

$$CF = a, \quad CM = b, \quad CA = r;$$

prenons sur l'onde ACB, que nous supposerons pouvoir être confondue avec le plan de l'ouverture circulaire, un point quelconque P et représentons par ρ la distance CP, par δ la différence des chemins MP et MC, par $d^2\sigma \sin 2\pi \frac{t}{T}$ la vitesse envoyée en M par l'élément correspondant au point C. La vitesse envoyée en M par la zone qu'engendre, lorsque la figure tourne autour de la droite CF, l'élément de l'onde circulaire ACB qui correspond au point P, sera représentée par

$$2\pi\rho\, d\rho \sin 2\pi \left(\frac{t}{T} - \frac{\delta}{\lambda} \right).$$

Or, le triangle MPF donne

$$(b + \delta)^2 = (a - b)^2 + a^2 - 2a\,(a - b) \cos \frac{\rho}{a}.$$

d'où l'on tire, en remplaçant $\cos \dfrac{\rho}{a}$ par $1 - \dfrac{\rho^2}{2a^2}$,

$$\delta = \frac{\rho^2 (a - b)}{2ab}.$$

La vitesse totale envoyée au point M est donc égale à

$$\int_0^r 2\pi\rho \sin 2\pi \left(\frac{t}{T} - \frac{\rho^2 (a - b)}{2ab\lambda} \right) d\rho.$$

Cette expression ne diffère de celle que nous avons trouvée dans le cas d'une ouverture circulaire que par la substitution de $a - b$ à $a + b$; on en déduit, en suivant la même marche que plus haut, pour l'intensité de la lumière au point M, l'expression

$$I^2 = 4 \frac{a^2 b^2 \lambda^2}{(a - b)^2} \sin^2 \pi \frac{(a - b) r^2}{2ab\lambda};$$

on voit par là que l'intensité au point M est maximum ou minimum suivant que la différence de marche entre le rayon marginal MA et le rayon central MC est égale à un nombre impair ou à un nombre pair de demi-longueurs d'ondulation, et que les valeurs minima de l'intensité sont toutes nulles.

103. Phénomènes de diffraction antérieurs à l'écran. — Plusieurs physiciens allemands, et en particulier Knochenhauer[1], ont décrit des phénomènes de diffraction qui peuvent être considérés comme se produisant en avant du corps diffringent. Voici dans quelles conditions ces phénomènes peuvent être observés : supposons que le corps diffringent soit un écran opaque terminé par un bord rectiligne et indéfini, et qu'on regarde les franges avec une loupe qu'on puisse à volonté éloigner ou rapprocher du corps diffringent; à mesure qu'on rapprochera la loupe de l'écran opaque, les franges de diffraction deviendront de plus en plus étroites, et elles disparaîtront au moment où la loupe donnera une image nette du bord de l'écran; si l'on continue à rapprocher la loupe de l'écran, on apercevra de nouvelles franges qui iront en s'élargissant et qui

[1] *Die Undulationstheorie des Lichtes,* p. 48.

présenteront le même aspect que les premières. C'est l'existence de ces dernières franges qu'il s'agit d'expliquer : remarquons que, lorsque la loupe a dépassé la position où elle fait voir nettement le bord de l'écran, les points dont elle donne une image nette sont situés dans un plan antérieur à l'écran, et, comme le passage de la lumière à travers la loupe et les milieux réfringents de l'œil n'introduit aucune différence de marche entre les rayons, l'éclairement des différents points de ce plan est proportionnel à l'éclairement des points correspondants de l'image rétinienne. C'est donc en définitive la distribution de la lumière dans un plan antérieur à l'écran qu'on observe dans les conditions que nous venons de définir : cette distribution est tout à fait analogue à ce qu'elle est dans un plan postérieur à l'écran, ce qui s'explique en remarquant que, lorsqu'une onde est limitée, les ondes élémentaires émanées des différents points de la portion efficace de cette onde primitive ne se détruisent plus dans tous les cas à l'intérieur de l'onde primitive, comme cela a lieu lorsque l'onde n'est arrêtée par aucun obstacle dans sa propagation. Les phénomènes de diffraction antérieurs à l'écran sont donc dus à des ondes rétrogrades émanées des différents points de l'onde primitive et se propageant à l'intérieur de cette onde; les effets de ces ondes rétrogrades peuvent d'ailleurs se calculer par les mêmes méthodes que ceux des ondes qui se propagent au delà de l'écran, et les résultats sont complétement analogues dans les deux cas.

IX.

DIFFRACTION.

TROISIÈME PARTIE

EFFETS PRODUITS PAR LES ONDES DE FORME QUELCONQUE. — THÉORIE COMPLÈTE
DE L'ARC-EN-CIEL.

L'étude des phénomènes de diffraction produits par les ondes non
sphériques est encore très-peu avancée; un seul cas a été traité par
le calcul : c'est celui de l'arc-en-ciel. Aussi ce chapitre sera-t-il con-
sacré entièrement à la théorie complète de ce phénomène météorologique et des apparences qui s'y rattachent.

104. Ancienne théorie de l'arc-en-ciel. — L'arc-en-ciel
est, comme on sait, un phénomène qui consiste en bandes colorées
de forme circulaire qu'on aperçoit en tournant le dos au soleil lorsqu'il tombe de la pluie. Dans la plupart des cas on voit deux arcs,
et dans chacun de ces arcs les couleurs se succèdent dans le même
ordre que dans le spectre solaire; l'arc le plus brillant est l'arc intérieur ou premier arc-en-ciel, qui présente le rouge en dehors et le
violet en dedans; l'arc extérieur ou second arc-en-ciel est beaucoup
plus pâle que le premier, et les couleurs y sont disposées dans
l'ordre inverse, c'est-à-dire que le violet se trouve en dehors et le
rouge en dedans. Le centre commun de ces arcs est toujours sur la
droite qui passe par le centre du soleil et par l'œil de l'observateur,
de sorte que les points culminants des deux arcs-en-ciel sont d'autant plus relevés que le soleil est plus voisin de l'horizon. Leurs
diamètres apparents sont constants; dans le premier arc-en-ciel le
demi-diamètre apparent est de 40 degrés pour le violet et de 42 degrés pour le rouge; dans le second, le demi-diamètre apparent est
de 51 degrés pour le rouge et de 54 degrés pour le violet. L'espace
compris entre les deux arcs-en-ciel est toujours notablement plus
obscur que le reste du ciel.

La production de l'arc-en-ciel a été de tout temps attribuée à la réflexion des rayons solaires dans les gouttes de pluie. La théorie de ce phénomène, ébauchée par Antoine de Dominis, évêque de Spalatro, fut développée par Descartes et complétée ensuite par Newton en ce qui touche l'ordre des couleurs. La théorie de Descartes est insuffisante en ce qu'elle ne tient compte que de la condensation plus ou moins grande des rayons suivant les différentes directions et non de leur différence de marche; aussi, comme nous le verrons plus loin, ne peut-elle expliquer toutes les particularités du phénomène. Néanmoins, avant de faire connaître la théorie complète due à M. Airy, il est utile de rappeler les points essentiels de la théorie cartésienne.

Supposons que sur une goutte d'eau de forme sphérique tombe un faisceau de rayons solaires parallèles entre eux : certains de ces rayons seront diffusés à la surface extérieure de la goutte et feront voir les nuages et la chute de la pluie; d'autres ne reviendront à l'œil de l'observateur qu'après s'être réfléchis une ou plusieurs fois dans l'intérieur de la goutte. Parmi ces derniers rayons considérons en particulier ceux qui émergent de la goutte après s'être réfléchis une seule fois dans son intérieur; les rayons émergents qui correspondent à des rayons incidents infiniment voisins divergent en faisant entre eux un angle qui en général est un infiniment petit du premier ordre; mais il existe toujours une incidence telle, que deux rayons infiniment voisins, entrant dans la goutte sous cette incidence, en sortent en faisant entre eux un angle infiniment petit du second ordre; en d'autres termes, à un faisceau incident infiniment étroit, pénétrant dans la goutte sous cette incidence, correspond un faisceau émergent composé de rayons parallèles et conservant par suite son intensité jusqu'à une grande distance. Les rayons qui émergent parallèlement sont dits *rayons efficaces*, et si l'on admet, comme le faisait Descartes, que les intensités des rayons qui arrivent à l'œil s'ajoutent toujours arithmétiquement, il est évident que la goutte paraîtra beaucoup plus fortement éclairée lorsque l'œil sera placé sur la direction des rayons efficaces que lorsqu'il occupera toute autre position. Cette considération des rayons efficaces, qui forme la base de la théorie de Descartes, s'applique également aux rayons qui subissent plusieurs réflexions à l'intérieur de la goutte d'eau.

Pour déterminer la direction des rayons efficaces, il est nécessaire de suivre la marche des rayons lumineux dans une goutte de pluie. Tout est symétrique autour du rayon qui, tombant normalement sur la surface de la goutte, va passer par le centre : il suffit donc de voir ce qui se passe dans un plan quelconque mené par ce rayon. Soit SI (fig. 81) un rayon incident quelconque : ce rayon se réfracte

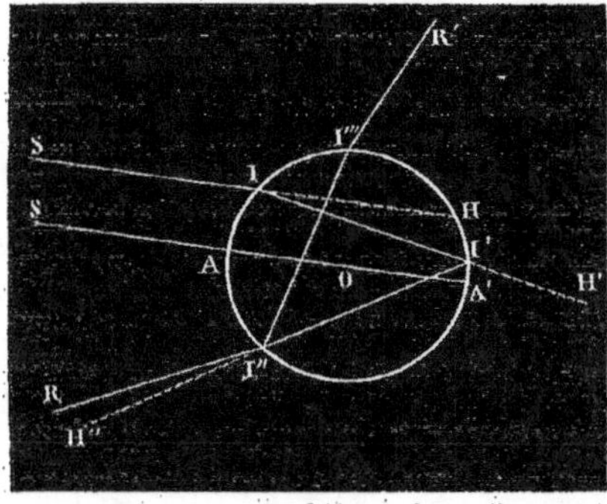

suivant II', se réfléchit une première fois suivant I'I" et émerge en partie suivant I"R ; une autre partie du rayon se réfléchit suivant I"I''' et émerge suivant I'''R', et ainsi de suite. Nous appellerons en général *rotation* d'un rayon, lorsque ce rayon change de direction, l'angle de la nouvelle direction avec le prolongement

Fig 81.

de l'ancienne ; lorsqu'un rayon change plusieurs fois de direction, nous nommerons rotation totale la somme des rotations partielles qui correspondent à chacun de ces changements de direction ; nous désignerons au contraire sous le nom de *déviation* l'angle formé par la direction définitive du rayon estimée dans le sens de la propagation avec sa direction primitive estimée en sens contraire de la propagation : ainsi la rotation du rayon émergent I"R est égale à la somme des angles HII', H'I'I", H"I"R, et sa déviation à l'angle de la direction I"R avec la direction IS. Ceci posé, désignons par i l'angle d'incidence du rayon SI, par r l'angle de réfraction correspondant : la rotation produite par la réfraction en I est égale à $i - r$; celle qui résulte de la réflexion qui s'opère en I', et en général de toute réflexion à l'intérieur de la goutte d'eau, est représentée par $\pi - 2r$; enfin, quand le rayon émerge, l'angle d'incidence à l'intérieur de la goutte est égal à r, et par suite l'angle d'émergence à i; la rotation qui a lieu à l'émergence a donc encore pour valeur $i - r$. On voit par là qu'en désignant par ρ la rotation totale d'un rayon qui subit k réflexions à l'intérieur de la goutte, on a

$$\rho = 2\,(i - r) + k\,(\pi - 2r).$$

Les rayons efficaces sont évidemment ceux dont la rotation est maximum ou minimum; il faut donc, pour déterminer la valeur de l'angle d'incidence qui correspond aux rayons efficaces, annuler la dérivée de ρ par rapport à i, ce qui donne

$$1 - (k + 1)\frac{dr}{di} = 0.$$

De la relation

$$\frac{\sin i}{\sin r} = n$$

on tire

$$\frac{dr}{di} = \frac{\cos i}{n\cos r}.$$

L'équation précédente devient donc

$$1 - (k + 1)\frac{\cos i}{n\cos r} = 0,$$

d'où

$$n^2 \cos^2 r = (k + 1)^2 \cos^2 i;$$

on a d'ailleurs

$$n^2 \sin^2 r = \sin^2 i;$$

en ajoutant membre à membre, il vient

$$n^2 = 1 + (k^2 + 2k) \cos^2 i,$$

d'où

$$\cos i = \sqrt{\frac{n^2 - 1}{k^2 + 2k}}.$$

Pour l'eau, l'indice de réfraction n est égal à $\frac{4}{3}$ environ, et par suite $n^2 - 1$ à $\frac{7}{9}$; le dénominateur $k^2 + 2k$ est au moins égal à 3 : la valeur trouvée pour $\cos i$ est donc toujours admissible, et, quel que soit le nombre des réflexions intérieures, il existe toujours pour une couleur déterminée une valeur, et une seule, de l'angle d'incidence, pour laquelle les rayons émergents sont efficaces.

Nous avons maintenant à chercher si la rotation des rayons efficaces est un maximum ou un minimum. Pour décider cette question
il faut connaître le signe de $\dfrac{d^2\rho}{di^2}$; or on a

$$\frac{d\rho}{di} = 2 - 2\left(k+1\right)\frac{dr}{di};$$

$$\frac{d^2\rho}{di^2} = -2\left(k+1\right)\frac{d^2r}{di^2};$$

le signe de $\dfrac{d^2\rho}{di^2}$ est donc toujours contraire à celui de $\dfrac{d^2r}{di^2}$.

De la relation

$$\frac{dr}{di} = \frac{\cos i}{n\cos r}$$

on tire d'ailleurs

$$\frac{d^2r}{di^2} = \frac{-n^2\cos^2 r \sin i + n \sin r \cos^2 i}{n^3 \cos^3 r},$$

et, en remarquant que l'on a

$$n\sin r = \sin i, \qquad n^2\cos^2 r = n^2 - \sin^2 i,$$

il vient

$$\frac{d^2r}{di^2} = \frac{(1-n^2)\sin i}{n^3 \cos^3 r}.$$

On voit que $\dfrac{d^2r}{di^2}$ est toujours négatif et que, par suite, $\dfrac{d^2\rho}{di^2}$ est toujours positif. La rotation des rayons efficaces est donc un mini-
mum, quel que soit le nombre des réflexions.

On peut encore se proposer de déterminer la position du point
d'émergence d'un rayon quelconque SI par rapport au point d'émergence du rayon normal SA. Ce dernier point d'émergence est le
point A ou le point A′, suivant que le nombre des réflexions est
impair ou pair; après k réflexions, l'arc compris entre ce point
d'émergence et le point A est donc représenté, en prenant le rayon
de la goutte pour unité, par $(k+1)\pi$. On voit facilement que,
pour le rayon SI, l'arc compris entre le point d'incidence et le point
d'émergence est égal, après k réflexions, à $(k+1)(\pi - 2r)$; il en

résulte que, pour l'arc compris entre le point d'émergence du rayon SI et celui du rayon normal SA, arc que nous désignerons par δ, on aura

$$\delta = 2(k+1)\,r - i.$$

Pour savoir si la distance angulaire δ de ces deux points d'émergence est susceptible d'un maximum ou d'un minimum, il faut égaler à zéro la dérivée de δ par rapport à i, ce qui donne

$$2(k+1)\frac{dr}{di} - 1 = 0,$$

d'où

$$4(k+1)^2 \cos^2 i = n^2 - 1 + \cos^2 i,$$

et enfin

$$\cos^2 i = \frac{n^2 - 1}{4(k+1)^2 - 1}.$$

La valeur ainsi trouvée pour $\cos i$ est toujours très-petite, car dans le cas d'une seule réflexion elle est égale à $\sqrt{\frac{7}{135}}$, et elle diminue à mesure que k augmente ; de plus, comme on a

$$\frac{d^2\delta}{di^2} = (2k+1)\frac{d^2r}{di^2},$$

et que $\frac{d^2r}{di^2}$ est toujours négatif, la valeur obtenue pour l'angle d'incidence correspond toujours à un maximum de δ.

La distance angulaire δ du point d'émergence du rayon SI au point d'émergence du rayon normal, nulle quand le point d'incidence du rayon SI se confond avec le point A, va donc d'abord en augmentant avec l'angle d'incidence et atteint un certain maximum qui a lieu lorsque l'angle d'incidence est voisin de 90 degrés, c'est-à-dire quand le rayon SI est voisin du rayon tangent à la goutte d'eau.

Nous avons maintenant à montrer comment l'existence des rayons efficaces peut servir à expliquer la production de l'arc-en-ciel. Occupons-nous d'abord des rayons qui ne se réfléchissent qu'une seule fois à l'intérieur des gouttes d'eau : ce sont ces rayons qui donnent naissance au premier arc-en-ciel ou arc intérieur. En faisant dans les formules précédentes $k = 1$ et en adoptant pour l'indice de réfraction la valeur approchée $\frac{4}{3}$, on trouve pour les angles d'incidence et de réfraction qui correspondent aux rayons efficaces et pour la rotation totale de ces rayons les valeurs suivantes :

$$i = 59°23', \quad r = 40°12', \quad \rho = \pi + 2i - 4r = 137°58'.$$

La déviation des rayons efficaces est dans ce cas, comme le montre la figure 82, égale au supplément de la rotation, c'est-à-dire à environ 43 degrés. Si donc on conçoit un cône ayant pour sommet l'œil de l'observateur, pour axe la droite qui joint cet œil au centre du soleil et pour ouverture angulaire 43 degrés, chacune des génératrices de ce cône qui rencontre une goutte d'eau peut être regardée comme l'axe d'un faisceau de rayons efficaces, et par suite ce cône coupe les nuages suivant un arc lumineux qui est le premier arc-en-ciel.

La rotation des rayons efficaces n'a pas la même valeur pour les différentes couleurs : d'après la valeur trouvée plus haut pour $\cos i$, l'angle d'incidence des rayons efficaces est d'autant plus petit que l'indice de réfraction est plus grand, d'où il résulte qu'à mesure que

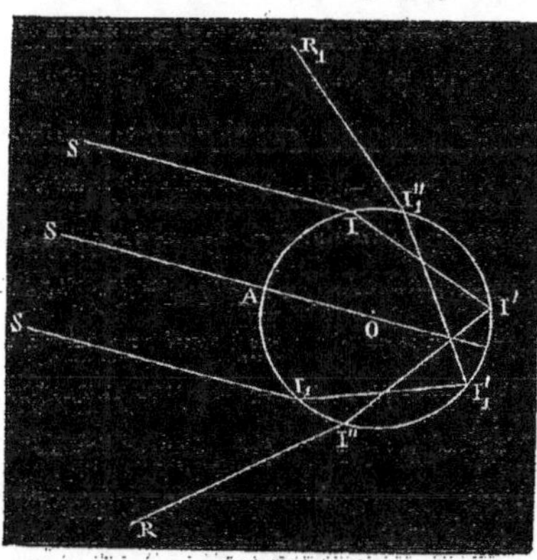

Fig. 82.

la réfrangibilité des rayons augmente la rotation devient plus grande, et par conséquent la déviation plus petite ; dans le premier arc-en-ciel, le violet doit donc se trouver en dedans et le rouge en dehors. Les valeurs exactes des déviations, calculées d'après les formules précédentes, sont $40°17'$ pour les rayons rouges, $42°1'40''$ pour les rayons violets.

La rotation des rayons efficaces étant toujours un minimum, leur déviation dans le premier arc-en-ciel est un maximum, d'où il faut conclure que les gouttes

d'eau placées au-dessus du premier arc-en-ciel ne peuvent envoyer
à l'œil aucun rayon ayant subi une réflexion unique à l'intérieur de
ces gouttes.

Il est évident d'ailleurs que la partie visible du premier arc-en-
ciel provient de rayons qui ont pénétré dans la goutte d'eau au-
dessus du rayon incident normal, car les rayons tels que SI_1 (fig. 82),
qui pénètrent dans la goutte par la partie inférieure sous l'incidence
qui convient aux rayons efficaces, se relèvent à l'émersion et sont
alors dirigés vers le haut. La portion d'arc formée par ces derniers
rayons peut être observée, soit lorsqu'on se trouve sur une haute
montagne au-dessus des nuages, soit dans les ascensions aérosta-
tiques.

Les rayons qui subissent deux réflexions à l'intérieur des gouttes
d'eau donnent naissance au second arc ou arc intérieur qui, par
suite de l'affaiblissement qu'éprouve la lumière à chaque réflexion,
doit être plus pâle que le premier. On obtient dans ce cas, en faisant $k = 2$, $n = \frac{4}{3}$, pour l'angle d'incidence des rayons efficaces et
pour leur rotation totale, les valeurs suivantes :

$$i = 72^{\circ}, \quad r = 45^{\circ}15', \quad \rho = 2\pi + 2i - 6r = 232^{\circ}30'.$$

La déviation des rayons efficaces est alors égale à $\rho - \pi$, c'est-à-
dire à $52^{\circ}30'$. Cette déviation augmente en même temps que la
rotation avec la réfrangibilité ; dans le second arc-en-ciel, le violet

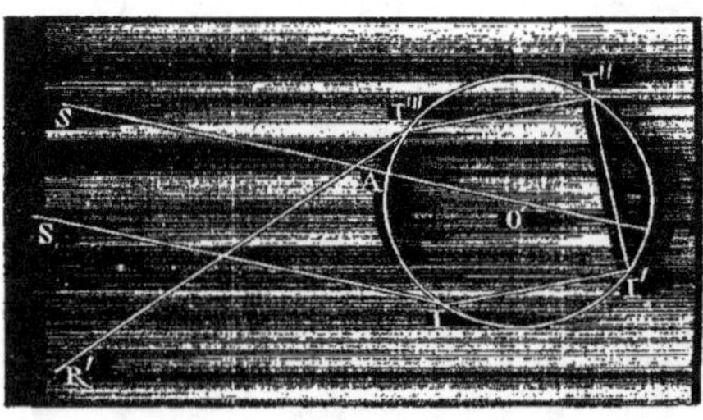

Fig. 83.

doit donc être en dehors
et le rouge en dedans. Les
valeurs exactes des déviations sont ici $50^{\circ}58'50''$
pour les rayons rouges,
$54^{\circ}9'20''$ pour les rayons
violets. La partie visible
du second arc-en-ciel provient d'ailleurs de rayons
qui ont pénétré dans la
goutte par la partie inférieure et qui, après avoir subi une rotation de
$232^{\circ}30'$, sortent du côté de la goutte par lequel entrent les rayons

incidents et sont dirigés vers la terre, ainsi que le montre la figure 83.

Dans le second arc-en-ciel, la déviation des rayons efficaces est un minimum comme leur rotation ; les gouttes d'eau situées au-dessous de cet arc ne peuvent donc envoyer à l'œil aucun rayon ayant subi deux réflexions intérieures. En comparant cette remarque à celle que nous avons faite plus haut au sujet des gouttes placées au-dessus du premier arc-en-ciel, on voit que les gouttes qui se trouvent dans la région comprise entre les deux arcs doivent paraître très-peu éclairées, car aucun des rayons qui ont subi à l'intérieur de ces gouttes soit une réflexion unique, soit deux réflexions, ne peut arriver jusqu'à l'œil.

On doit se demander pourquoi, dans les conditions ordinaires, on n'aperçoit pas plus de deux arcs-en-ciel, bien que la théorie en indique une infinité. On conçoit bien que, par suite des réflexions successives, la lumière s'affaiblisse de telle sorte que les arcs d'un ordre élevé ne puissent être distingués ; mais la différence d'éclat entre le premier et le second arc n'est pas assez considérable pour qu'on puisse attribuer l'absence du troisième à son peu d'intensité. La véritable raison qui empêche de voir le troisième et le quatrième arc-en-ciel, c'est que ces arcs ne se projettent pas sur la partie du ciel qu'embrasse le regard d'un observateur tournant le dos au soleil ; le premier arc visible pour cet observateur après le second est le cinquième, qui est déjà trop faible pour pouvoir être reconnu.

On trouve en effet, pour la rotation des rayons efficaces, 318 degrés dans le cas de trois réflexions, et 404 degrés dans le cas de quatre réflexions ; d'où il résulte que les rayons qui se sont réfléchis trois ou quatre fois dans l'intérieur des gouttes d'eau, qu'ils aient pénétré dans les gouttes par la partie supérieure ou par la partie inférieure, en sortent toujours par le côté opposé au soleil. Pour voir le troisième et le quatrième arc-en-ciel, il faudrait donc que l'observateur fût tourné vers le soleil et qu'il tombât de la pluie entre lui et cet astre ; mais dans ces conditions les arcs sont noyés dans la lumière solaire et restent invisibles.

Pour le cinquième arc-en-ciel la rotation des rayons efficaces est de 486 degrés, c'est-à-dire d'une circonférence entière plus 126 degrés; la portion de cet arc due aux rayons qui pénètrent dans les gouttes par la partie inférieure serait donc visible pour un observateur tournant le dos au soleil, si la lumière n'était pas trop affaiblie par les réflexions successives.

Les couleurs des différents arcs-en-ciel ne sont pures que sur les bords; car, le soleil ayant un diamètre apparent d'environ 3o minutes, la bande qui, dans chaque arc-en-ciel, correspond à une couleur simple a une largeur égale à ce diamètre apparent; il y a donc superposition partielle des bandes de différentes couleurs, sauf vers les bords de l'arc.

Enfin on peut remarquer que les dimensions transversales des faisceaux efficaces sont d'autant plus considérables que le diamètre des gouttes de pluie est plus grand; l'arc-en-ciel doit donc être d'autant plus brillant que ces gouttes sont plus grosses, ce qui explique pourquoi des gouttelettes très-fines ne peuvent jamais produire d'arc-en-ciel.

On peut obtenir des arcs-en-ciel artificiels en éclairant un jet d'eau cylindrique, soit au moyen des rayons solaires pénétrant dans la chambre obscure par une petite ouverture, soit par une lumière artificielle de petite dimension; il devient alors possible de distinguer les arcs formés par les rayons qui émergent du côté opposé à celui par où pénètrent les rayons incidents. M. Babinet a observé les arcs formés par un jet d'eau jusqu'au quatorzième et mesuré leurs dimensions angulaires, qui se sont trouvées peu différentes de celles qu'indique la théorie [1].

105. Arcs surnuméraires. — Théorie d'Young. — La théorie que nous venons d'exposer est, comme nous l'avons dit, incomplète en ce qu'elle suppose que les intensités des rayons s'ajoutent toujours arithmétiquement; aussi ne peut-elle expliquer la présence des bandes colorées qu'on désigne sous le nom d'*arcs surnuméraires* ou *supplémentaires*. Ces bandes se montrent le plus souvent à l'intérieur du premier arc-en-ciel, plus rarement à l'extérieur du second; immédiatement en contact avec le violet de l'arc principal, on voit du rouge, puis du vert et du violet; ces alternatives de cou-

[1] *C. R.*, IV, 645.

leur peuvent se reproduire plusieurs fois au-dessous du premier arc-en-ciel ou au-dessus du second. Il est à remarquer que les arcs surnuméraires ne sont visibles en général que dans leurs parties culminantes.

Young a essayé le premier de rendre compte de la production de ces arcs surnuméraires [1]; il a remarqué que, la rotation des rayons efficaces étant toujours un minimum, il doit exister des rayons qui, pénétrant dans la goutte de part et d'autre des rayons efficaces, éprouvent des rotations égales et émergent par conséquent parallèlement. Ces rayons, ayant parcouru dans la goutte d'eau des chemins différents, sont susceptibles d'interférer, pourvu que leur différence de marche ne soit pas trop grande, c'est-à-dire pourvu qu'ils ne soient pas trop éloignés des rayons efficaces. Supposons, pour fixer les idées, qu'il s'agisse des rayons qui se réfléchissent une seule fois

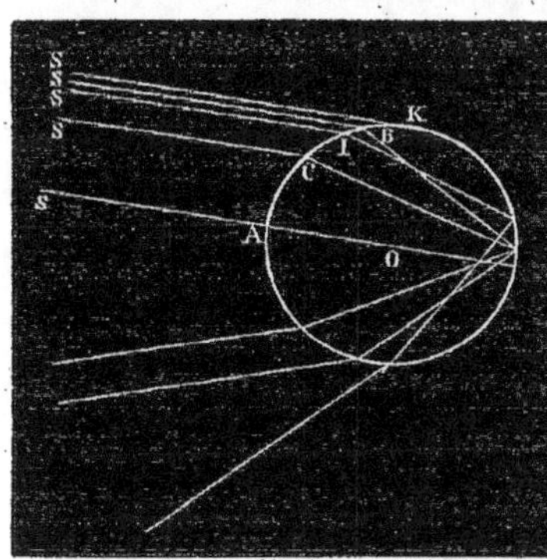
Fig. 84.

à l'intérieur de la goutte, et soit SI (fig. 84) le rayon efficace, pour lequel la rotation est d'environ 138 degrés. Pour les rayons incidents compris entre le rayon efficace SI et le rayon normal SA, la rotation croît de 138 à 180 degrés. Pour les rayons incidents compris entre le rayon efficace SI et le rayon tangent SK, la rotation va également en croissant à mesure qu'on se rapproche du rayon SK; pour le rayon SK, la rotation est égale à $2\pi - 4r$, r étant l'angle de réfraction qui correspond à un angle d'incidence de 90 degrés; pour l'eau, cet angle de réfraction est 48°35′, ce qui donne pour la rotation du rayon SK 165°40′. Il résulte de là qu'à chaque rayon, tel que SB, qui rencontre la goutte d'eau entre le point I et le point K, correspond un rayon incident SC qui éprouve la même rotation et qui est compris entre SI et SA; il est facile de voir que ces rayons SB

<hr>

[1] Experiments and Calculations relative to Physical Optics (*Phil. Trans.*, 1804, p. 8).

et SC, qui émergent parallèlement, doivent se réfléchir dans l'intérieur de la goutte au même point. La déviation des rayons efficaces
étant un maximum dans le cas d'une seule réflexion, celle des rayons
qui émergent parallèlement doit être inférieure à la déviation des
rayons efficaces, et, comme ces rayons parallèles donnent lieu à un
maximum ou à un minimum de lumière suivant que leur différence
de marche est égale à un nombre pair ou impair de demi-longueurs
d'ondulation, il doit se produire à l'intérieur du premier arc-en-
ciel une série de maxima et de minima alternatifs pour chaque
couleur simple, et par conséquent une succession de bandes colorées. Les rayons parallèles dont la déviation diffère peu de celle
des rayons efficaces présentent seuls une différence de marche assez
petite pour que les couleurs dues aux interférences de ces rayons
soient distinctes; aussi les arcs surnuméraires ne sont-ils visibles que
dans le voisinage immédiat de l'arc principal. Une bande d'un ordre
déterminé correspond toujours à la même différence de marche des
rayons qui émergent parallèlement, et cette différence de marche
pour une même déviation est d'autant plus grande que le diamètre
de la goutte est plus considérable; à une même déviation correspond donc une bande d'un ordre d'autant plus élevé que la goutte
est plus grosse, et, comme les gouttes augmentent de volume en
tombant, les bandes vont en s'écartant dans les arcs surnuméraires
à mesure qu'on se rapproche de la partie culminante de ces arcs,
ce qui explique pourquoi elles ne sont visibles que dans leur partie
supérieure.

Les arcs surnuméraires qu'on aperçoit quelquefois à l'extérieur
du second arc-en-ciel s'expliquent d'une manière analogue par les
interférences des rayons qui émergent parallèlement après avoir
subi deux réflexions; ces arcs sont très-pâles et restent souvent invisibles. Les arcs surnuméraires s'observent en grand nombre lorsqu'on produit des arcs-en-ciel artificiels. M. Babinet a vu jusqu'à
seize franges colorées à l'intérieur du premier arc-en-ciel formé par
un jet d'eau, et a pu distinguer huit franges à l'extérieur du second
arc principal [1].

[1] *C. R.*, IV, 638.

106. Théorie d'Airy. — Explication complète de l'arc-en-ciel. — L'explication donnée par Young n'est en réalité qu'un simple aperçu, et son principal mérite est d'avoir montré ce qu'il y a d'inexact dans les anciennes théories. M. Airy est le premier qui ait donné une théorie complète de toutes les particularités que présente le phénomène de l'arc-en-ciel [1]. Cette théorie est fondée sur la considération de l'onde qui correspond aux rayons émergents. L'onde émergente, dans une quelconque de ses positions réelles ou virtuelles, est évidemment une surface de révolution ayant pour axe le rayon incident normal, et toute section méridienne de cette onde est une développante de la caustique formée par les rayons émergents compris dans le plan de la section. Il suffit d'après cela de voir ce qui se passe dans un plan mené par le rayon normal SA (fig. 85). Supposons qu'il s'agisse des rayons qui ont subi une réflexion unique à l'intérieur de la goutte d'eau, et occupons-nous seulement des

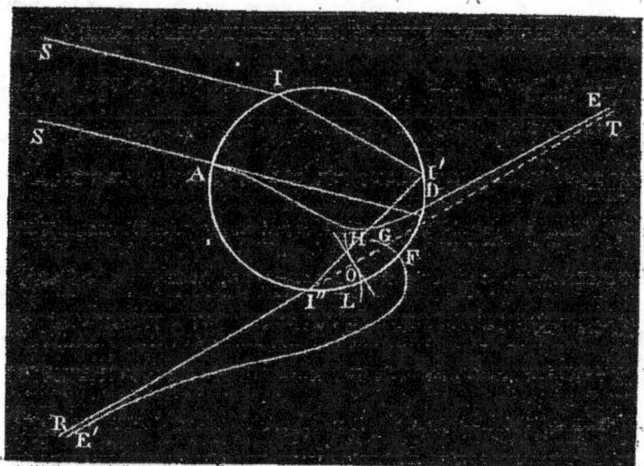

Fig. 85.

rayons qui pénètrent dans la goutte au-dessus du rayon incident normal SA. Les rayons émergents qui proviennent des rayons incidents compris entre le rayon normal SA et le rayon efficace SI forment une branche ADE de la courbe caustique, branche qui est asymptote au prolongement I″T du rayon émergent efficace I″R, puisque le rayon émergent tend à devenir parallèle à I″R à mesure

<hr>

[1] Intensity of Light in the Neighbourhood of a Caustic (*Trans. of the Soc. of Cambr.*, VI, 379).

que le point d'incidence se rapproche du point I; de plus cette
branche .est tangente en A au rayon normal SA. Une seconde
branche de la caustique est engendrée par les rayons émergents qui
proviennent des rayons incidents compris entre SI et le rayon tangent: cette seconde branche E'FG est asymptote au rayon émergent efficace I"R et tangente en F au rayon émergent dont le point
d'émergence est sur la circonférence à une distance du point A aussi
grande que possible, rayon qui, comme nous l'avons vu (105), correspond à un rayon incident voisin du rayon tangent.

La section de l'onde émergente par le plan de la figure est une
développante de la caustique dont nous venons d'indiquer la forme
générale; de plus, en vertu du théorème de Gergonne (3), elle coupe
orthogonalement les rayons émergents compris dans ce plan. Cette
courbe, au point O où elle rencontre le rayon émergent efficace I"R
ou son prolongement, est donc normale à la direction de ce rayon;
son rayon de courbure devient in-
fini en ce point, d'où il résulte
qu'elle présente un point d'inflexion
en O et qu'elle affecte dans le voisinage du point O la forme figurée en HOL. Prenons pour origine ce point O (fig. 86), pour
axe des y le rayon émergent efficace
et pour axe des x une perpendiculaire à ce rayon, les x étant
comptés positivement du côté d'où
viennent les rayons incidents et
les y du côté vers lequel se dirigent

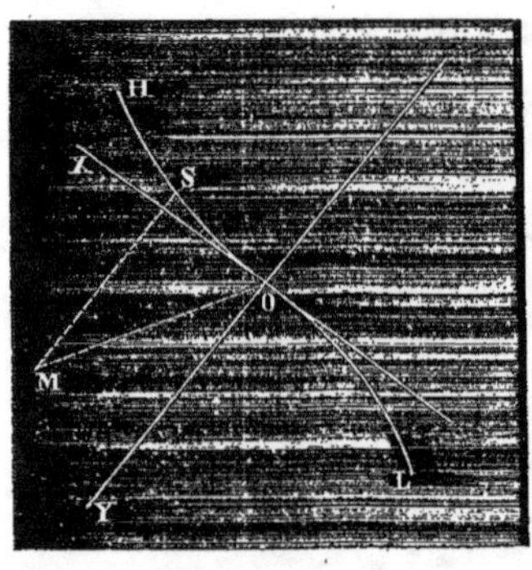

Fig 86

les rayons émergents, c'est-à-dire au-dessous du point O. La
courbe HOL, qui est la section de l'onde émergente par le plan de
la figure, passe par l'origine et est normale en ce point à l'axe des
y; de plus elle présente à l'origine un point d'inflexion : on doit
donc avoir au point O sur cette courbe

$$y = 0, \qquad \frac{dy}{dx} = 0, \qquad \frac{d^2y}{dx^2} = 0;$$

d'où il suit que, si l'on ne considère la courbe que dans le voisinage du point O, ce qui est suffisant pour le but que nous nous proposons, son équation peut être mise sous la forme

$$y = \mathrm{D}x^3$$

ou

$$y = -\frac{x^3}{3a^2},$$

en posant

$$\mathrm{D} = -\frac{1}{3a^2}.$$

Nous allons chercher maintenant à déterminer l'intensité de la lumière en un point M situé dans le plan de la figure, et dans une position telle que la droite qui joint ce point à l'origine fasse un angle très-petit avec l'axe des y, c'est-à-dire avec la direction du rayon émergent efficace. Désignons l'abscisse de ce point par p et son ordonnée par q; le rapport $\frac{p}{q}$ sera une quantité très-petite. Un raisonnement tout à fait analogue à celui que nous avons fait pour substituer une onde circulaire à une onde sphérique prouve que l'intensité envoyée par l'onde émergente en M est proportionnelle à celle qu'envoie en ce même point l'onde linéaire HOL; il suffit donc de calculer cette dernière intensité.

Prenons à cet effet sur la courbe HOL un point S dans le voisinage du point O; désignons par s l'arc OS, par δ la distance SM, et représentons par $\sin 2\pi\,\dfrac{t}{\mathrm{T}}\,ds$ la vitesse envoyée en M par l'élément de l'onde linéaire qui a pour milieu le point O.

En remarquant que l'on peut négliger les vitesses envoyées en M par les éléments de l'onde linéaire qui sont éloignés du pôle et que ce pôle est toujours voisin du point O, l'on voit que l'intégrale qui représente la vitesse totale envoyée en M par l'onde linéaire peut, sans qu'il en résulte d'erreur sensible, être prise de $-\infty$ à $+\infty$; de plus, comme les seuls éléments qui influent sur la valeur de cette intégrale correspondent à de petites valeurs de s, et que, dans le voisinage du point O, la courbe s'écarte très-peu de l'axe des x, il est permis de remplacer dans cette intégrale ds par dx. La vitesse envoyée au point M par l'onde linéaire a donc pour expression

$$\int_{-\infty}^{+\infty} \sin 2\pi \left(\frac{t}{T} - \frac{\delta}{\lambda} \right) dx.$$

On a d'ailleurs, en désignant par x et y les coordonnées du point S et en remplaçant y par sa valeur tirée de l'équation de la courbe.

$$\delta = \sqrt{(x - p)^2 + (y - q)^2} = \sqrt{x^2 - 2px + p^2 + q^2 + \frac{2qx^3}{3a^2} + \frac{x^6}{9a^3}};$$

x étant toujours petit, le terme en x^6 peut être négligé, et, en posant

$$p^2 + q^2 = c^2.$$

il vient

$$\delta = c \left(1 - \frac{2px}{c^2} + \frac{x^2}{c^2} + \frac{2qx^3}{3a^2c^2} \right)^{\frac{1}{2}}.$$

En développant par la formule du binôme et en négligeant les termes qui contiennent x à une puissance supérieure à la troisième, on a

$$\delta = c \left(1 - \frac{px}{c^2} + \frac{x^2}{2c^2} + \frac{qx^3}{3a^2c^2} - \frac{p^2x^2}{2c^4} + \frac{px^3}{2c^4} - \frac{p^3x^3}{2c^6} \right)$$

$$= c - \frac{px}{c} + \frac{c^2 - p^2}{2c^3} x^2 + \left[\frac{p(c^2 - p^2)}{2c^5} + \frac{q}{3a^2c} \right] x^3.$$

Comme p est très-petit par rapport à q, on peut remplacer c ou $\sqrt{p^2 + q^2}$ par $q + \frac{p^2}{2q}$, et même plus simplement par q, dans les dénominateurs des termes de l'expression précédente, ce qui donne, en négligeant p devant q et devant c,

$$\delta = q + \frac{p^2}{2q} - \frac{px}{q} + \frac{x^2}{2q} + \left(\frac{p}{2q^3} + \frac{1}{3a^2} \right) x^3;$$

le facteur $\frac{p}{2q^3}$ peut être supprimé comme étant très-petit vis-à-vis de $\frac{1}{3a^2}$, et il vient

$$\delta = q + \frac{p^2}{2q} - \frac{px}{q} + \frac{x^2}{2q} + \frac{x^3}{3a^2}$$

Pour faire disparaître le terme en x^2, il suffit de choisir une nouvelle variable x' de telle façon que l'on ait

$$x = x' - \frac{a^2}{2q};$$

l'expression de δ deviendra alors, en désignant par f l'ensemble des termes indépendants de x',

$$\delta = f - \frac{(4pq + a^2)}{4q^2} x' + \frac{x'^3}{3a^2}.$$

Cette expression peut encore se simplifier, car a^2 étant de l'ordre de grandeur de $\dfrac{x^3}{y}$ est négligeable vis-à-vis de $4pq$; il vient ainsi

$$\delta = f - \frac{p}{q} x' + \frac{x'^3}{3a^2}.$$

L'expression de la vitesse envoyée au point M par l'onde linéaire, lorsqu'on y remplace δ par cette dernière valeur, prend la forme

$$\int_{-\infty}^{+\infty} \sin 2\pi \left[\frac{t}{T} - \frac{f}{\lambda} - \frac{1}{3a^2\lambda} \left(x'^3 - \frac{3a^2 p}{q} x' \right) \right] dx';$$

d'où il résulte que l'intensité de la lumière au point M a pour mesure

$$\left[\int_{-\infty}^{+\infty} \cos \frac{2\pi}{3a^2\lambda} \left(x'^3 - \frac{3a^2 p}{q} x' \right) dx' \right]^2$$
$$+ \left[\int_{-\infty}^{+\infty} \sin \frac{2\pi}{3a^2\lambda} \left(x'^3 - \frac{3a^2 p}{q} x' \right) dx' \right]^2.$$

En remarquant que la première de ces intégrales a une valeur deux fois plus grande que si elle était prise de zéro à $+\infty$ et que la seconde est nulle, on voit que l'intensité au point M peut être représentée par

$$4 \left[\int_{0}^{\infty} \cos \frac{2\pi}{3a^2\lambda} \left(x'^3 - \frac{3a^2 p}{q} x' \right) dx' \right]^2.$$

Si l'on pose

$$\frac{2\pi}{3a^2\lambda} x'^3 = \frac{\pi}{2} w^3,$$

d'où

$$w = \sqrt[3]{\frac{4}{3a^2\lambda}}\, x',$$

et si l'on pose encore

$$m = \frac{4}{\lambda}\frac{p}{q}\sqrt[3]{\frac{3a^2\lambda}{4}},$$

l'intégrale dont dépendent les variations de l'intensité prend la forme

$$\int_0^\infty \cos\frac{\pi}{2}\left(w^3 - mw\right) dw.$$

En définitive, l'intensité au point M est donc proportionnelle au carré de cette dernière intégrale, qui peut être regardée comme une fonction du paramètre m; ce paramètre est lui-même proportionnel à $\frac{p}{q}$, c'est-à-dire à la tangente de l'angle formé par la droite OM avec la direction du rayon émergent efficace, lequel angle est égal à la différence des déviations du rayon que reçoit l'œil placé en M et du rayon efficace.

M. Airy a calculé les valeurs que prend l'intégrale ·

$$\int_0^\infty \cos\frac{\pi}{2}\left(w^3 - mw\right) dw$$

lorsqu'on donne au paramètre m des valeurs positives ou négatives variant par dixièmes à partir de zéro; il s'est fondé sur cette remarque que la valeur de l'intégrale reste sensiblement la même lorsque la limite supérieure varie depuis une valeur un peu grande jusqu'à l'infini, remarque tout à fait analogue à celle que nous avons faite sur les intégrales de Fresnel. La méthode de calcul employée par M. Airy est une méthode d'approximation différant peu de celle dont s'est servi Fresnel pour évaluer ses intégrales, et consiste à diviser l'intervalle compris entre les limites extrêmes de l'intégrale en un grand nombre d'intervalles très-petits. Il a trouvé ainsi que, si l'on donne à m des valeurs négatives, l'intégrale décroît à mesure que la valeur absolue de m augmente et tend rapidement vers zéro; si, au contraire, on attribue à m des valeurs positives croissantes, l'intégrale commence par croître, atteint bientôt un premier maximum, puis passe par une série de minima et de maxima, le premier maximum ayant une valeur beaucoup plus grande que tous les autres. De là résultent plusieurs conséquences importantes relativement à la distribution de la lumière. On voit en premier lieu qu'à une valeur nulle de m et par conséquent de $\frac{p}{q}$ ne correspond pas un maximum d'intensité, et que le premier maximum, qui est de beaucoup le plus intense, a lieu lorsque $\frac{p}{q}$ a une valeur positive peu différente de zéro; il faut en conclure que la déviation du premier arc-en-ciel n'est pas exactement égale à celle des rayons efficaces, mais un peu plus petite. Lorsque $\frac{p}{q}$ est négatif, c'est-à-dire lorsque la déviation est plus grande que celle des rayons efficaces, l'intensité décroît très-rapidement : l'éclairement de la région située au-dessus du premier arc-en-ciel devient donc insensible à une petite distance de cet arc, du moins si l'on ne tient compte que des rayons qui ont subi une réflexion unique à l'intérieur des gouttes d'eau. Lorsque $\frac{p}{q}$ est positif et croît à partir de zéro, c'est-à-dire lorsque la déviation est inférieure à celle des rayons efficaces, l'intensité passe par une série de maxima et de minima; le premier maximum produit l'arc principal; les autres, qui correspondent à des déviations de plus en plus petites, les arcs surnuméraires qu'on observe à l'intérieur de cet arc principal.

Le calcul donne les valeurs de m pour lesquelles l'intensité est maximum : ces valeurs sont proportionnelles aux valeurs correspondantes de $\frac{p}{q}$, c'est-à-dire aux distances angulaires des différents arcs surnuméraires à l'arc dont la déviation est égale à celle des rayons efficaces; la constante par laquelle il faut multiplier $\frac{p}{q}$ pour avoir le paramètre m ne pouvant être évaluée exactement, on ne pourra déterminer que les rapports entre ces distances angulaires, rapports qui sont indépendants des dimensions des gouttes d'eau.

Les valeurs absolues des distances angulaires des arcs surnuméraires à l'arc efficace varient au contraire avec le diamètre des gouttes d'eau. En effet, un même maximum correspondant toujours à une même valeur de m, la valeur de $\frac{p}{q}$ pour un arc surnuméraire d'un ordre déterminé est d'autant plus petite que a est plus grand. Or il est facile de voir que le paramètre a est proportionnel au rayon de la goutte d'eau : il suffit pour cela de remarquer que, pour deux gouttes d'eau de rayons différents, les sections méridiennes de l'onde émergente doivent être semblables et avoir pour rapport de similitude le rapport des rayons, d'où il résulte qu'en prenant pour origine les points où les deux courbes rencontrent le rayon efficace et en désignant par r et r' les rayons des deux gouttes d'eau, par a et a' les valeurs du paramètre pour les deux courbes, par x, y et x', y' les coordonnées de deux points homologues de ces deux courbes, on aura

$$\frac{x}{x'} = \frac{y}{y'} = \frac{r}{r'},$$

$$y = -\frac{x^3}{3\,a^2}, \qquad y' = -\frac{x'^3}{3\,a'^2},$$

et par conséquent

$$\frac{a}{a'} = \frac{r}{r'}.$$

Pour un même maximum, la valeur de $\frac{p}{q}$ est donc d'autant plus petite que le diamètre des gouttes d'eau est plus considérable, et les arcs surnuméraires sont d'autant plus écartés les uns des autres que les gouttes sont plus fines, ce qui explique pourquoi ces arcs ne sont visibles que dans leur partie culminante. On voit de plus que l'écart entre la déviation du premier arc-en-ciel et celle des rayons efficaces augmente à mesure que les gouttes deviennent plus fines.

Nous ne nous sommes occupés dans ce qui précède que des effets produits par les rayons qui se sont réfléchis une seule fois à l'intérieur des gouttes d'eau : le cas où les rayons subissent plusieurs réflexions se traitera d'une façon complétement analogue. On trouvera ainsi que la déviation du second arc-en-ciel est toujours un peu plus grande que ne l'indique la théorie de Descartes, et que l'écart est d'autant plus considérable que les gouttes d'eau sont plus fines ; au-dessous de ce second arc-en-ciel l'intensité décroît très-rapidement, au-dessus elle passe par une série de maxima et de minima donnant lieu à des arcs surnuméraires.

La théorie de M. Airy a été confirmée par les recherches expérimentales de M. Miller, qui a mesuré avec un théodolite les dimensions angulaires des arcs principaux et des arcs surnuméraires que produit un filet d'eau cylindrique éclairé par une source artificielle d'un très-petit diamètre apparent [1].

107. Arc-en-ciel blanc. — On donne le nom d'*arc-en-ciel blanc* à un phénomène qui s'observe principalement au moment où un brouillard épais se résout en pluie très-fine, et qui consiste en un arc d'apparence blanchâtre, à peine teinté de rouge sur son bord extérieur, dont le demi-diamètre apparent est variable et en général notablement plus petit que celui du premier arc-en-ciel. Ce demi-diamètre apparent est le plus souvent compris entre 37 et 42 degrés; à cette dernière limite l'arc-en-ciel blanc se confond avec l'arc-en-ciel ordinaire. Bouguer a vu dans les Cordillères un arc-en-ciel dont le demi-diamètre était de 33°5'; mais aucune observation postérieure n'a donné un angle aussi faible.

L'explication la plus plausible de l'arc-en-ciel blanc consiste à le regarder comme produit par des gouttes d'eau extrêmement fines. La théorie de M. Airy montre en effet que l'écart entre la position réelle du premier arc-en-ciel et celle que lui assigne la théorie de Descartes augmente à mesure que le diamètre des gouttes diminue. Quant à l'absence de coloration, elle tient en partie au peu d'intensité de la lumière que réfléchissent des gouttes très-petites, mais elle s'explique surtout par l'existence de gouttes de diamètres différents donnant lieu à des arcs dont les dimensions angulaires ne sont pas les mêmes: ces arcs en se superposant doivent en effet produire une bande sensiblement blanche, sauf sur les bords.

M. Bravais a essayé d'expliquer l'arc-en-ciel blanc en admettant la présence dans l'atmosphère de gouttes d'eau creuses, dont l'enveloppe aurait une épaisseur comparable au rayon de la cavité intérieure [2]. Les rayons qui émergeraient d'une pareille goutte après

[1] *Trans. of the Soc. of Cambr.*, VII, 277.
[2] *C. R.*, XXI, 756. — *Journ. de l'Éc. Pol.*, XVIII, 97.

une seule réflexion seraient en effet compris entre deux surfaces coniques formées, l'une par les rayons émergents qui proviendraient des rayons incidents tangents à la surface extérieure de la goutte, l'autre par les rayons émergents correspondant aux rayons incidents qui, après réfraction, deviendraient tangents à la surface intérieure de la goutte. Mais l'existence de gouttes d'eau suspendues dans l'atmosphère et présentant la constitution que leur suppose M. Bravais est fort peu probable.

BIBLIOGRAPHIE.

DIFFRACTION EN GÉNÉRAL.

1665.   GRIMALDI, *Physico-Mathesis de lumine, coloribus et iride*, Bononiæ.

1675.   HOOKE, *Posthumous Works*, London, 1705, p. 190.

1704.   NEWTON, *Optics*, livre III.

1715.   DELISLE, Observations sur l'existence d'un anneau lumineux semblable à celui qu'on aperçoit autour de la lune dans les éclipses totales de soleil, *Mém. de l'anc. Acad. des sc.*, 1715, p. 166.

1723.   MARALDI, Diverses expériences d'optique, *Mém. de l'anc. Acad. des sc.*, 1723, p. 111.

1738.   MAIRAN, De la diffraction, *Mém. de l'anc. Acad. des sc.*, 1738, p. 53.

1740.   LE CAT, *Traité des sens*, Rouen, p. 299.

1768-84. DUTOUR, De la diffraction de la lumière, *Mém. des sav. étrang.*, V, 365; VI, 19, 36. — *Journal de physique de Rozier*, V, 120, 130; VI, 135, 412.

1775.   DU SÉJOUR, Nouvelles méthodes analytiques pour calculer les éclipses de soleil, *Mém. de l'anc. Acad. des sc.*, 1775, p. 265.

1780.   MARAT, *Découvertes sur la lumière*, Londres.

1786.   HOPKINSON et RITTENHOUSE, On Inflection through Clothes. *Trans. of the Americ. Soc.*, II, 201.

1789.   STRATICO, Memoria intorno ad un fenomeno della diffrazione della luce, *Saggi di Padova*, II, 185.

1796-97. LORD BROUGHAM, Experiments and Observations on the Inflection, Reflection and Colours of Light, *Phil. Trans.*, 1796, p. 217; 1797, p. 352.

1797.   COMPARETTI, *Observationes opticæ de luce inflexa et coloribus*, Patav.

1799.   JORDAN, *The Observations of Newton Concerning the Inflections of Light*, London.

1802.   Young, On the Theory of Light and Colours, *Phil. Trans.*, 1802, p. 12. — *Miscell. Works*, t. I, p. 140.

1802.   Young, An Account of some Cases of the Production of Colours not hitherto described, *Phil. Trans.*, 1802, p. 387. — *Miscell. Works*, t. I, p. 170.

1804.   Young, Experiments and Calculations Relative to Physical Optics, *Phil. Tr.*, 1804, p. 1. — *Miscell. Works*, t. I, p. 179.

1807.   Young, *Lectures on Natural Philosophy*, London, p. 342.

1814.   Brewster, On New Properties of Light exhibited in the Optical Phænomena of Mother of Pearl and other Bodies to which the Superficial Structure of that Substance can be communicated, *Phil. Trans.*, 1814, p. 397.

1815.   Parrot. Ueber die Beugung des Lichtes, *Gilbert's Ann.*, LI, 247.

1815.   Fresnel, Lettre à Arago, *OEuvres complètes*, t. I, p. 5.

1815.   Fresnel, Premier Mémoire sur la diffraction de la lumière, *OEuvres complètes*, t. I, p. 9.

1815.   Fresnel, Complément au Mémoire sur la diffraction, *OEuvres complètes*, t. I, p. 41.

1815.   Fresnel, Lettres à Arago, *OEuvres complètes*, t. I, p. 64, 70.

1816.   Arago, Note sur un phénomène remarquable qui s'observe dans la diffraction de la lumière, *Ann. de chim. et de phys.*, (2), I, 199.

1816.   Arago, Rapport sur un Mémoire relatif aux phénomènes de la diffraction de la lumière par M. Fresnel, *OEuvres complètes de Fresnel*, t. I, p. 79.

1816.   Fresnel, Deuxième Mémoire sur la diffraction de la lumière, *Ann. de chim. et de phys.*, (2), I, 239. — *OEuvres complètes*, t. I, p. 89.

1816.   Fresnel, Supplément au deuxième Mémoire sur la diffraction de la lumière, *OEuvres complètes*, t. I, p. 129.

1818.   Fresnel, Note sur la théorie de la diffraction, *OEuvres complètes*, t. I, p. 171.

1818.   Fresnel, Note sur les franges extérieures des ombres des corps très-étroits, *OEuvres complètes*, t. I, p. 188.

1818.   Fresnel, Note sur l'hypothèse des petites atmosphères à la surface des corps, *OEuvres complètes*, t. I, p. 190.

1818.   Fresnel, Note sur les phénomènes de la diffraction dans la lumière blanche, *OEuvres complètes*, t. I, p. 192.

1818.   Fresnel, Note sur le principe de Huyghens, *OEuvres complètes*, t. I, p. 196.

1818.   Fresnel, Note sur l'application du principe de Huyghens et de la théorie des interférences aux phénomènes de la réflexion et de la diffraction, *OEuvres complètes*, t. I, p. 201.

1818.   Fresnel, Mémoire sur la diffraction de la lumière (couronné par l'Académie des sciences), *Mém. de l'Acad. des sc.*, V. 339. — *Ann. de chim. et de phys.*, (2). XI, 246, 337. — *OEuvres complètes*, t. I, p. 247.

1819.   ARAGO, Rapport sur le concours relatif à la diffraction, *Ann. de chim. et de phys.*, XI, 5. — *OEuvres complètes d'Arago*, t. X, p. 375. — *OEuvres complètes de Fresnel*, t. I, p. 229.

1819.   FRESNEL, Calcul de l'intensité de la lumière au centre de l'ombre d'un écran et d'une ouverture circulaire éclairés par un point radieux. *OEuvres complètes*, t. I, p. 365.

1819.   MAYER, Ueber die von der Inflexion und Deflexion des Lichtes abhängenden Erscheinungen, *Schweigger's Journ.*, XXV, 331.

1820.   TOBIE MEYER, Phænomenorum ab inflexione luminis pendentium ex propriis observationibus et experimentis recensio et comparatio, *Comment. Soc. Götting.*, IV, 49.

1823.   POISSON, Lettre à Fresnel sur la théorie de la diffraction, *Ann. de chim. et de phys.*, (2), XXII, 270.

1823.   FRESNEL, Réponse à la lettre de Poisson, *Ann. de chim. et de phys.*, (2), XXIII, 32, 113.

1823.   FRAUENHOFER, Neue Modification des Lichts durch gegenseitige Einwirkung und Beugung der Strahlen und Gesetze derselben, *Schumacher's astronomische Abhandlungen*, t. II. — *Gilbert's Ann.*, LXXIV, 337. — *Denkschrifte der Münchner Akademie*, t. VIII.

1824.   BARTON, Sur les nouvelles parures métalliques, *Ann. de chim. et de phys.*, (2), XXIII, 110.

1827.   YOUNG, Theory of the Colours Observed in the Experiments of Frauenhofer, *Phil. Mag.*, (2), I. 112. — *Ann. de chim. et de phys.*, (2), XL, 178.

1828.   W. HERSCHEL, Phænomena produced by Apertures in Various Figures, *Theory of Light by J. Herschel*, § 766.

1829.   BABINET, Sur les couleurs des réseaux, *Ann. de chim. et de phys.*, (2), XL, 166.

1829.   DE HALDAT, Extrait d'un Mémoire sur la diffraction, *Ann. de chim. et de phys.*, (2), XLI, 424.

1829.   BREWSTER. On a New Series of Periodical Colours produced by the Groved Surfaces of Metallic and Transparent Bodies, *Phil. Trans.*, 1829, p. 301.

1831.   AIRY, *Mathematical Tracts*, Cambridge, propos. 20 et suiv. (Phénomènes de diffraction dans la lumière convergente).

1833.   AIRY, On the Calculation of Newton's Experiments on Diffraction, *Trans. of the Soc. of Cambr.*, V, part. II.

1833.   BARTON, On the Inflexion of Light, *Phil. Mag.*, (3), II, 263.

1833.   POWELL, Remarks on Barton's Paper, *Phil. Mag.*, (3), II, 424.

1833.   BARTON, Reply to Powell, *Phil. Mag.*, III, 172.

1833. PowELL, Remarks on Barton's Reply, *Phil. Mag.*, III, 412.

1834. AIRY, On the Diffraction of an Object-Glass with Circular Aperture, *Trans. of the Soc. of Cambr.*, V, 283.

1834. AIRY, Intensity of Light in the Neighbourhood of a Caustic, *Trans. of the Soc. of Cambr.*, VI, 379.

1835. SCHWERD, *Die Beugungserscheinungen*, Manheim.

1835. DELEZENNE, Sur les réseaux, *Mém. de la Soc. des sc. de Lille pour 1835.*

1836. CAUCHY, Note sur la lumière, *C. R.*, II, 455.

1837. BREWSTER, On a New Property of the Light, 7ᵗʰ *Rep. of Brit. Assoc.*, 12.

1837. KNOCHENHAUER, Ueber die Örter der Maxima und Minima des gebeugten Lichts nach den Fresnel'schen Beobachtungen, *Pogg. Ann.*, XLI, 103.

1837. TALBOT, An Experiment on the Interference of Light, *Phil. Mag.*, (3), X, 364. (Bandes dites de Talbot. — Apparition de raies dans le spectre lorsqu'on couvre une partie de la pupille avec une lame de mica.)

1837. BABINET, Mémoire sur les propriétés optiques des minéraux, *C. R.*, IV, 758. (Chatoiement de la nacre, du labrador, etc.)

1838. ABRIA, Sur la diffraction de la lumière, *Journal de mathématiques de Liouville*, IV, 248.

1838. BREWSTER, On Certain Phænomena of Diffraction, 8ᵗʰ *Rep. of Brit. Assoc.* — *Inst.*, VII, 310.

1838. BREWSTER, On a New Case of Polarity of Light, 8ᵗʰ *Rep. of Brit. Assoc.*, 13. — *Inst.*, VI, 211, 310. (Bandes de Talbot).

1838. KNOCHENHAUER, Ueber eine besondere Klasse von Beugungserscheinungen, *Pogg. Ann.*, XLIII, 286. (Phénomènes observés dans la lumière convergente.)

1839. KNOCHENHAUER, *Die Undulationstheorie des Lichtes*, Berlin.

1839. PowELL, On the Phænomena observed by Brewster, 9ᵗʰ *Rep. of Brit. Assoc.* — *Inst.*, VIII, 54, 243. (Bandes de Talbot.)

1839. DE HALDAT, Sur certains phénomènes de diffraction, *Mém. de la Soc. des sc. de Nancy pour 1839*, p. 77. — *Inst.*, IX, 219,

1840. AIRY, On the Theorical Explanation of an Apparent New Polarity in Light, *Phil. Tr.*, 1840, p. 225; 1841, p. 1. — *Inst.*, IX, 156. (Bandes de Talbot.)

1842. CAUCHY, Note sur la diffraction de la lumière, *C. R.*, XV, 534, 573.

1842. CAUCHY, Sur les rayons diffractés qui peuvent être transmis ou réfléchis par la surface de séparation de deux milieux isophanes, *C. R.*, XV, 712.

1842. BREWSTER, On a New Polarity of Light, 12ᵗʰ *Rep. of Brit. Assoc.* — *Inst.*, X, 378; XIII, 406.

1845.   Mossotti, *Sulle proprietà degli spettri di Frauenhofer formati dai reti-coli ed analisi della luce che somministrano*, Pisa.

1845.   Moon, On Fresnel's Theory of Diffraction, *Phil. Mag.*, (3), XXVI, 89; XXVII, 46.

1846.   Airy, On the Bands formed by Partial Interception of the Prismatic Spectrum, *Phil. Mag.*, XXIX, 337. — *Inst.*, XV, 15.

1847.   Magnus, Ueber Diffraction des Lichts im leeren Raume, *Pogg. Ann.*, LXXI, 408. — *Berl. Monatsber.*, 1847, p. 79.

1850.   Lord Brougham, Recherches analytiques et expérimentales sur la lumière, *C. R.*, XXX, 43, 67. — *Phil. Trans.*, 1850, p. 235. — *Proc. of R. S.*, V, 900. — *Phil. Mag.*, (3), XXXVI, 466.

1850.   Wilde, Zur Theorie der Beugungserscheinungen, *Pogg. Ann.*, LXXIX, 75, 202.

1850.   Powell, Remarks on Lord Brougham's Experiments and Observations on the Properties of Light, *Phil. Mag.*, (4), I, 1. — 20th *Rep. of the Brit. Assoc.*, 11. — *Inst.*, XIX, 263; XXI, 52.

1851.   Verdet, Sur l'intensité des images formées au foyer des lentilles et des miroirs, *C. R.*, XXXII, 241. — *Ann. de chim. et de phys.*, (3), XXXI, 489.

1851.   Stokes, On the Dynamical Theory of Diffraction. *Trans. of the Soc. of Cambr.*, IX, 1.

1851.   Brewster, On Certain Phænomena of Diffraction, 21th *Rep. of Brit. Assoc.*, 24. — *Inst.*, XX, 381. — *Cosmos*, I, 542.

1852.   Lord Brougham, Sur divers phénomènes de diffraction ou d'inflexion, *C. R.*, XXXIV, 127. — *Phil. Mag.*, (4), 230. — *Proc. of R. S.*, VI, 172. — *Inst.*, XX, 75.

1852.   Stokes, On the Total Intensity of Interfering Light, *Trans. of the Soc. of Edinb.*, XX, 317.

1852.   Geibel, Ein Beitrag zur Beugung und Interferenz des Lichtes, *Arch. der Pharm.*, (2), LXXI, 113.

1852.   Powell, Remarks on Certain Points in Experiments on the Diffraction of Light, *Proc. of R. S.*, VI, 160.

1852.   Nobert, Ein Okularmikrometer mit leuchtenden farbigen Linien im dunkeln Gesichtsfelde, *Pogg. Ann.*, LXXXV, 93. — *Cosmos*, III, 27. (Application des réseaux.)

1853.   Rood, On a Method of exhibiting the Phænomena of Diffraction with the Compound Microscop, *Sillim. Journ.*, (2), XV, 327.

1853.   Lord Brougham, Recherches expérimentales et analytiques sur la lumière, *Mém. de l'Acad. des sc.*, XXVII, part. II, p. 123.

1855.   Quet, Note sur la diffraction de la lumière, *C. R.*, XLI, 330. — *Inst.*, XXIII, 296.

1855.   Bridge, On the Application of Photography to Experiments on Diffraction, *Phil. Mag.*, (4), X, 251.

1856.   QUET, Mémoire sur la diffraction de la lumière dans le cas d'une fente très-étroite et dans le cas d'un fil opaque, *C. R.*, XLIII, 288. — *Ann. de chim. et de phys.*, (3), XLIX, 385, 417.

1856.   QUET, Sur un phénomène nouveau de diffraction et sur quelques lois de la diffraction ordinaire, *Ann. de chim. et de phys.*, (3), XLVI, 385. (Écrans empiétant les uns sur les autres.)

1856.   MEYER, Ueber einige Beugungserscheinungen, *Pogg. Ann.*, XCVIII, 133.

1856.   MEYER, Ueber die Strahlen die ein leuchtender Punkt im Auge erzeugt, *Pogg. Ann.*, XCVII, 233.

1856.   MEYER, Ueber Beugungserscheinungen im Auge, *Pogg. Ann.*, XCVIII, 214.

1858.   BRIDGE, On the Diffraction of Light, *Phil. Mag.*, (4), XVI, 321. — *Ann. de chim. et de phys.*, (3), LVIII, 112.

1858.   EISENLOHR, Ableitung der Formeln für die Intensität des an der Oberfläche zweier isotropen Mittel gespiegelten, gebrochenen und gebeugten Lichts, *Pogg. Ann.*, CIV, 346.

1858.   FOUCAULT, Mémoire sur la construction des télescopes en verre argenté, *Ann. de l'Observ. de Paris*, t. V.

1859.   GROVE, On the Reflexion and Inflexion of Light by Incandescent Surfaces, *Phil. Mag.*, (4), XVII, 177.

1860.   WÜLLNER, Eine einfache Bestimmung der Frauenhofer'schen Beugungserscheinungen, *Pogg. Ann.*, CIX, 616.

1860.   BACALOGLO, Ueber die Maxima des gebeugten Lichts und Funktionen der Form $\frac{\sin x}{x}$, *Pogg. Ann.*, CX, 477.

1860.   DAHL, Zur Theorie der Beugungserscheinungen, *Pogg. Ann.*, CX, 647.

1860.   DOVE, Optische Notizen. — Ein Gitterversuch, *Pogg. Ann.*, CX, 290.

1861.   LOMMEL, Beiträge zur Theorie der Beugung des Lichts, *Grünert's Archiv.*, XXXVI, 385.

1862.   GILBERT, Recherches analytiques sur la diffraction de la lumière, *Mém. couron. de l'Acad. de Brux.*, XXXI, 1.

1862.   WHITE, Influence of Diffraction upon Microscopic Vision, *Sillim. Journ.*, (2), XXXIII, 377.

1863.   BABINET, Sur un nouveau mode de propagation de la lumière, *C. R.*, LVI, 411. — *Cosmos*, XXII, 312, 343.

1864.   BABINET, Sur la paragénie ou propagation latérale de la lumière et sur la déviation que les rayons paragéniques éprouvent sous l'influence du mouvement de la terre, *Cosmos*, XXV, 393, 421.

1864.   F. BERNARD, Théorie des bandes d'interférence produites dans le spectre par l'interposition partielle d'une plaque mince transparente sur le trajet d'un faisceau lumineux dans le cas des ondes planes, *Mondes*, V, 181. (Bandes de Talbot.)

1864. Bacaloglo, Neue Bestimmungen des durch kleine Öffnungen gebeugten Lichts, *Grünert's Archiv.*, LX, 426.

1864. Stephan, Ueber eine Erscheinung am Newton'schen Farbenglase, *Pogg. Ann.*, CXXIII, 650. — *Wien. Ber.*, L, 135.

1864. Stephan, Ueber Nebenringe am Newton'schen Farbenglase. *Pogg. Ann.*, CXXV, 160. — *Wien. Ber.*, L, 394. — *Inst.*, XXXIII. 71. — *Mondes*, VIII, 180. (Modification des anneaux colorés par l'interposition d'une lame mince cachant une partie de la pupille.)

1864. Stephan, Ueber die Interferenzerscheinungen im prismatischen- und im Beugung-Spectrum, *Pogg. Ann.*. CXXIII. 509. — *Wien. Ber.*, L, 138. — *Inst.*, XXXIII, 6.

1864. Brewster, On the Diffraction Bands produced by Double Striated Surfaces, *Proc. of the Soc. of Edinb.*, V, 184.

1864. Ditscheiner, Ueber ein optischen Versuch, *Pogg. Ann.*, CXXIX. 340. (Spectre de diffraction regardé à travers un prisme.)

1866. Brewster. On the Bands formed by the Superposition of Paragenic Spectra produced by Grooved Surfaces of Glass and Stal, *Trans. of the Soc. of Edinb.*, XXIV, part. I. — *Phil. Mag.*, (4), XXXI. 22, 98.

DÉTERMINATION DES LONGUEURS D'ONDULATION AU MOYEN DES RÉSEAUX OU D'AUTRES PHÉNOMÈNES DE DIFFRACTION.

1823. Frauenhofer, Neue Modification des Lichtes durch gegenseitige Einwirkung und Beugung der Strahlen und Gesetze derselben, *Schumacher's astronomische Abhandlungen*, t. II. — *Gilbert's Ann.*, LXXIV, 337. — *Denkschrifte der Münchner Akademie*, t. VIII.

1835. Schwerd, *Die Beugungserscheinungen*, Manheim.

1849. Stokes, On the Determination of the Wave Length corresponding with any Point of the Spectrum, *Athenæum*, n° 1143. — *Inst.*, XVII, 368.

1851. Nobert, Description and Purpose of the Glass Plate which bears the Inscription : Interferenz-Spectrum. — Longitudo et celeritas undularum lucis cum in aere tum in vitro, *Proc. of R. S.*, VI. 43. — *Phil. Mag.*, (4), I, 570. — *Inst.*, XX, 7.

1851. Nobert, Ueber eine Glassplatte mit Theilungen zur Bestimmung der Wellenlänge und relativen Geschwindigkeit des Lichts in der Luft und im Glase, *Pogg. Ann.*, LXXXV, 83. — *Cosmos*, III, 22.

1852. Drobisch, Ueber die Wellenlänge und Oscillationszahlen der farbigen

Strahlen im Spectrum, *Pogg. Ann.*, LXXXVIII, 519. (Comparaison des nombres donnés par Fresnel et par Frauenhofer.)

1855.   Esselbach, Ueber die Messung der Wellenlängen des ultravioletten Lichts, *Berl. Monatsber.*, 1853, p. 757. — *Pogg. Ann.*, XCVIII, 513. — *Ann. de chim. et de phys.*, (3), L, 121. — *Inst.*, XXIV, 221. (Mesure des longueurs d'onde au moyen des bandes de Talbot).

1855.   Helmholtz, Ueber die physiologisch-optischen Resultate der Untersuchung des Hrn. Esselbach, *Berl. Monatsber.*, 1855, p. 760. — *Inst.*, XXIV, 222. (Comparaison avec les intervalles musicaux).

1856.   Eisenlohr, Die brechbarsten oder unsichtbaren Lichtstrahlen im Beugungspectrum und ihre Wellenlänge, *Pogg. Ann.*, XCVIII, 353; XCIX, 159. — *Ann. de chim. et de phys.*, (3), XLIX, 504. — *Inst.*, XXV, 6. (Détermination des longueurs d'onde à l'aide de la fluorescence.)

1863.   Müller, Bestimmung der Wellenlänge einiger heller Spectrallinien, *Pogg. Ann.*, CXVIII, 641.

1863.   Mascart, Détermination de la longueur d'onde de la raie A, *C. R.*, LVI, 138. — *Inst.*, XXXI, 18.

1864.   Mascart, Détermination des longueurs d'onde des rayons lumineux et des rayons ultra-violets, *C. R.*, LVIII, 1111. — *Inst.*, XXXII, 186.

1864.   Mascart, Recherches sur la détermination des longueurs d'onde, *Ann. de l'Écol. Norm.*, I.

1864.   F. Bernard, Théorie des bandes d'interférence produites dans le spectre par l'interposition partielle d'une plaque mince transparente sur le trajet d'un faisceau lumineux dans le cas des ondes planes. — Application de ce phénomène à la détermination des longueurs d'onde des rayons du spectre. — Longueurs d'onde de la raie A et de la raie du thallium, *Mondes*, V, 181.

1864.   Ditscheiner, Bestimmung der Wellenlängen der Frauenhofer'schen Linien des Sonnenspectrums, *Wien. Ber.*, L, (2), 296.

1864.   F. Bernard, Mémoire sur la détermination des longueurs d'onde des raies du spectre solaire au moyen des bandes d'interférence, *C. R.*, LVIII, 1153; LIX, 352. — *Inst.*, XXXII, 206. — *Cosmos*, XXV, 8.

1864.   Angstrom, Neue Bestimmung der Länge der Lichtwellen nebst einer Methode auf optischen Wege die fortschreitende Bewegung des Sonnensystems zu bestimmen, *Pogg. Ann.*, CXXIII, 489. — *Ofvers. af Förhandl.*, 1863, p. 41.

1866.   Mascart, Recherches sur la détermination des longueurs d'onde, *Ann. de l'Écol. Norm.*, IV. 7.

COURONNES.

1686. Mariotte, Traité de la lumière et des couleurs, *OEuvres complètes,* La Haye, 1740, t. I, p. 272.

1704. Newton, *Optics,* livre II, part. IV.

1728. Huyghens, De coronis et parheliis, in *Opusculis posthumis,* Amstel., t. II.

1799. Jordan, *An Account of the Irides and Coronæ which appear arround and contiguous to the Bodies of the Sun, Moon and other Luminous Objects,* London.

1824. Frauenhofer, Ueber die Höfe, Nebensonnen und verwandte Phænomene, *Schumacher's astronomische Abhandlungen,* t. III, p. 33.

1829. Moser, Ueber einige optische Phænomene und Erklärung der Höfe und Ringe um leuchtende Körper, *Pogg. Ann.,* XVI, 67.

1832. Dove, Versuche über Gitterfarben in Beziehung auf kleinere Höfe, *Pogg. Ann.,* XXVI, 311.

1835. Delezenne, Sur les couronnes, *Mém. de la Soc. des sc. de Lille,* 1835.

1837. Babinet, Sur le phénomène des couronnes solaires et lunaires, *C. R.,* IV, 758. — *Inst.,* V, 142.

1837. Babinet, Mémoires d'optique météorologique, *C. R.,* IV, 638.

1837. Kaemtz, Sur les couronnes, *Traité de Météorologie,* t. III.

1838. Delezenne, Sur les couronnes, *Mém. de la Soc. des sc. de Lille,* 1838.

1840. Galle, Ueber Höfe und Nebensonnen, *Pogg. Ann.,* XLIX, 1, 241, 632.

1847. Dove, Beschreibung eines Stephanoskop, *Pogg. Ann.,* LXXI, 115.

1850. Wallmark, Ueber die Ursache der farbigen Lichtringe die man bei gewissen Krankheiten des Auges um die Flammen erblickt, *Pogg. Ann.,* LXXXII, 139. — *Ofvers. of Förhandl.,* 1846, p. 41.

1851-53. Beer, Ueber den Hof um Kerzenflammen, *Pogg. Ann.,* LXXXIV, 518; LXXXVIII, 595.

1852. Verdet, Sur l'explication du phénomène des couronnes, *Ann. de chim. et de phys.,* (3), XXXIV, 129.

1855. Meyer, Ueber den die Flamme eines Lichts umgebenden Hof, *Pogg. Ann.,* XCVI, 235.

1859. Osann, Ueber die farbige Ringe welche entstehen wenn eine mit Lykopodium bestreute Glastafel gegen eine Lichtflamme gehalten wird, *Verhandl. der Würzb. Gesellsch.,* IX, 161.

ARCS-EN-CIEL SURNUMÉRAIRES. — THÉORIE COMPLÈTE DE L'ARC-EN-CIEL. — ARC-EN-CIEL BLANC.

1722. Langwith, Concerning the Appareances of several Arches of Colours Contiguous to the Inner Edge of the Common Rainbow. *Phil.*

Trans. abr., VI, 623. (Premières observations des arcs surnuméraires.)

1722.   PEMBERTON, On the Above Appearance in the Rainbow, *Phil. Tr. abr.*, VI, 624. (Essai d'explication au moyen des accès.)

1804.   YOUNG, Experiments and Calculations Relative to Physical Optics. — Application to the Supernumerary Rainbows, *Phil. Tr.*, 1804. p. 8.

1836.   POTTER, Mathematical Considerations on the Problem of the Rainbow, *Trans. of the Soc. of Cambr.*, VI, 141.

1836.   AIRY, Intensity of Light in the Neighbourhood of a Caustic, *Trans. of the Soc. of Cambr.*, VI, 379.

1837.   BABINET, Mémoires d'optique météorologique, *C. R.*, IV, 638.

1840.   QUET, Sur les arcs-en-ciel supplémentaires, *C. R.*, XI, 245.

1842.   MILLER, On Spurious Rainbows, *Trans. of the Soc. of Cambr.*, VII, 277. — *Inst.*, IX, 388.

1844.   GALLE, Messungen des Regenbogens, *Pogg. Ann.*, LXIII, 342.

1845.   BRAVAIS, Sur l'arc-en-ciel blanc, *C. R.*, XXI, 756. — *Journ. de l'Éc. Pol.*, XVIII, 97. — *Ann. de chim. et de phys.*, (3), XXI, 348.

1848.   BRAVAIS, Notice sur l'arc-en-ciel, *Annuaire météorologique pour 1848*.

1848.   BROCKLING, On Supernumerary Rainbows, *Sillim. Journ.*, (2), IV, 429.

1849.   GRÜNERT, Theorie des Regenbogens, *Beiträge zur meteorologischen Optik*, I, 1.

1854.   POTTER, On the Interference of Light near a Caustic and the Phæno-mena of the Rainbow, *Phil. Mag.*, (4), IX, 321.

1857.   RAILLARD, Explication nouvelle et complète de l'arc-en-ciel, *C. R.*, XLIV, 1142. — *Cosmos*, X, 605.

1864.   BILLET, Études expérimentales sur les arcs surnuméraires des onze premiers arcs-en-ciel de l'eau, *C. R.*, LVI, 999; LVIII, 1046. — *Inst.*, XXXI, 180.

1865.   RAILLARD, Sur la théorie de l'arc-en-ciel, *C. R.*, LX, 1287.

DEUXIÈME PARTIE.

LEÇONS

SUR LA CONSTITUTION DES VIBRATIONS LUMINEUSES [1].

INTERFÉRENCES DES RAYONS POLARISÉS. — PRINCIPE DES VIBRATIONS TRANSVERSALES.

I.

INTERFÉRENCES DES RAYONS POLARISÉS.

108. Historique. — C'est aux tentatives faites en vue d'expliquer dans la théorie des ondulations les phénomènes de la polarisation chromatique observés pour la première fois par Arago en 1811 qu'est due la découverte des modifications que la polarisation de la lumière introduit dans les lois ordinaires de l'interférence, découverte capitale en ce qu'elle a conduit Fresnel au principe des vibrations transversales et a fait disparaître ainsi l'impossibilité où se trouvaient les partisans de la doctrine des ondes de rendre compte des propriétés de la lumière polarisée tant qu'ils concevaient les vibrations comme parallèles à la direction des rayons lumineux.

Young essaya le premier de rattacher au principe général des interférences le phénomène fondamental de la polarisation chromatique, c'est-à-dire la faculté que possède la lumière polarisée de se

[1] Ces leçons ont été professées dans le cours de troisième année, à l'École Normale, en 1857.

diviser en deux rayons teints de couleurs complémentaires lorsque, après l'avoir transmise par une lame mince douée de la double réfraction, on la reçoit sur un analyseur biréfringent. Dans un article publié en avril 1814 dans la *Quarterly Review* [1], il réduisit à leur juste valeur les hypothèses pénibles et compliquées au moyen desquelles Biot avait cru expliquer ces couleurs, et les assimila aux couleurs des plaques mixtes : c'était, suivant lui, dans les interférences des rayons ordinaires et extraordinaires transmis par la lame cristallisée qu'il fallait chercher la cause véritable des phénomènes observés par Arago, et, à l'appui de cette manière de voir, il invoquait ce fait capital : que l'épaisseur d'une lame de quartz et l'épaisseur d'une lame d'air qui transmettent la même couleur dans l'expérience d'Arago et dans l'expérience des anneaux de Newton sont précisément telles, que la différence des durées de propagation du rayon ordinaire et du rayon extraordinaire dans la lame cristallisée soit égale à la différence des durées de propagation du rayon transmis directement par la lame d'air et du rayon transmis après deux réflexions intérieures.

Il manquait à cette généralisation, pour devenir une théorie, d'expliquer pourquoi il est nécessaire au développement des couleurs, dans ce mode particulier d'interférence, que les deux rayons soient issus d'un rayon déjà polarisé et non d'un rayon naturel, et pourquoi ces couleurs n'apparaissent qu'à la condition d'une seconde action polarisante consécutive au passage de la lumière dans la lame.

Comme Young, Fresnel reconnut à la fois qu'une analogie remarquable existait entre les lois des couleurs produites par l'interférence et les lois de la coloration des lames cristallisées dans la lumière polarisée, et que cette analogie n'était pas une explication suffisante du second de ces phénomènes. C'est en cherchant la raison de cette insuffisance qu'il se trouva conduit à examiner si la polarisation de la lumière n'influait pas sur les conditions d'interférence des rayons lumineux [2].

[1] *OEuvres complètes d'Young*, édition de Peacocke, t. I, p. 269.

[2] Les expériences de Fresnel et d'Arago sur les interférences des rayons polarisés datent de l'été de 1816. Fresnel en communiqua les résultats à l'Académie le 7 octobre 1816 dans son Mémoire sur l'influence de la polarisation dans l'action que les rayons lumineux exercent les uns sur les autres (*OEuvres complètes de Fresnel*, t. I, p. 385). Le mémoire

109. Premières expériences de Fresnel. — Expérience des rhomboèdres croisés. — Pendant les essais tentés en commun par Fresnel et par Arago pour appliquer à la détermination des indices de réfraction la méthode du déplacement des franges d'interférence, Arago eut l'idée de rechercher si les actions exercées par les rayons lumineux les uns sur les autres ne seraient pas modifiées par le fait de la polarisation. Les deux physiciens constatèrent que les franges intérieures à l'ombre d'un corps opaque très-étroit conservent exactement le même aspect, que la lumière incidente soit naturelle ou polarisée dans un plan quelconque. On pouvait conclure de là que deux rayons polarisés dans le même plan interfèrent suivant les mêmes lois que deux rayons de lumière naturelle; il restait à chercher, lorsque Fresnel reprit la question, s'il en est encore de même lorsque les rayons interférents sont polarisés dans des plans différents.

Fresnel, dans une première expérience, fit tomber les rayons émanés d'un point lumineux sur un rhomboèdre de spath calcaire d'une faible épaisseur : il se proposait de rechercher si les deux images du point lumineux ainsi obtenues produiraient le même effet que celles qui sont réfléchies par deux miroirs, et avait soin de ne donner au rhomboèdre qu'une petite épaisseur, afin que les deux images du point lumineux fussent assez rapprochées et que les franges, si les deux faisceaux réfractés étaient susceptibles d'interférer, eussent une largeur suffisante pour pouvoir être observées. De plus, comme il pensait que les rayons lumineux ne pouvaient interférer qu'à la condition de présenter une différence de marche égale à un très-petit nombre de longueurs d'ondulation, et que, dans le carbonate de chaux, les rayons extraordinaires se meuvent plus vite que les rayons ordinaires, il faisait traverser au faisceau extraordinaire une lame de verre dont l'épaisseur avait été calculée de façon à faire perdre à ce faisceau, sous l'incidence perpendiculaire, toute l'avance qu'il avait acquise dans le cristal sur le faisceau ordinaire. En inclinant légèrement cette lame, il pouvait achever

<hr>

plus étendu intitulé : Mémoire sur l'action que les rayons de lumière polarisée exercent les uns sur les autres, et dû à la collaboration de Fresnel et d'Arago, ne parut qu'en 1819 [*Ann. de chim. et de phys.*, (2), X, 288].

28.

d'établir une compensation exacte. Malgré ces précautions, il lui fut impossible d'apercevoir des franges dans la partie commune aux deux faisceaux réfractés, faisceaux qui sont, comme on sait, polarisés à angle droit.

Dans cette manière d'opérer, la région où l'on cherchait les franges était envahie par des bandes de diffraction provenant du bord de la lame de verre. Pour éviter cet inconvénient, Fresnel remplaça la lame de verre par une petite glace non étamée dont l'épaisseur avait été calculée de façon que, sous l'incidence normale, la différence de marche entre les rayons réfléchis à la première et à la seconde surface fût un peu plus grande que celle qui existait entre les faisceaux ordinaire et extraordinaire par suite de leur passage à travers le cristal; une légère inclinaison de la glace devait suffire pour rendre ces différences de marche égales et pour permettre par conséquent aux rayons ordinaires réfléchis à la première surface d'interférer avec les rayons extraordinaires réfléchis à la seconde. Cependant Fresnel ne découvrit aucune trace de franges, si lentement qu'il fît varier l'inclinaison de la glace.

Enfin Fresnel imagina un troisième procédé pour démontrer que les deux faisceaux polarisés à angle droit auxquels donne naissance la double réfraction ne sont pas susceptibles d'interférer. Ce procédé a sur les précédents l'avantage de ne pas affaiblir la lumière incidente, de n'exiger aucun tâtonnement et de ne reposer sur aucune considération théorique. Il consiste à scier en deux un rhomboèdre de spath calcaire, de façon à obtenir deux rhomboèdres d'épaisseur égale, et à placer ces deux rhomboèdres l'un devant l'autre en les croisant de façon que leurs sections principales soient perpendiculaires. Si l'on regarde un point lumineux à travers ces rhomboèdres croisés, on n'aperçoit que deux images, car le faisceau ordinaire du premier devient tout entier extraordinaire dans le second, et réciproquement. Il n'y a donc que deux faisceaux réfractés, et ces faisceaux, après avoir traversé les deux rhomboèdres, ne peuvent présenter aucune différence de marche, puisque ces deux rhomboèdres ont même épaisseur et que chacun des faisceaux se propage dans l'un des rhomboèdres avec la vitesse des rayons ordinaires, et dans l'autre avec celle des rayons extraordinaires. Fresnel ayant constaté l'absence des franges dans la région où les deux faisceaux empiètent l'un sur l'autre, et n'ayant pu les faire apparaître en inclinant très-lentement le second rhomboèdre sur la direction des rayons incidents pour compenser par là la différence d'épaisseur des deux rhomboèdres s'il en existait une, se crut autorisé à conclure de cette expérience que les faisceaux polarisés à angle droit dans lesquels se divise la lumière en traversant un corps biréfringent n'ont pas d'action l'un sur l'autre.

110. Expériences de Fresnel et d'Arago. — Non-interférence des rayons polarisés à angle droit. — Fresnel ayant communiqué à Arago les conclusions auxquelles l'avaient amené les expériences que nous venons de décrire, celui-ci jugea qu'il était nécessaire d'en donner une démonstration tout à fait directe en cherchant si, dans les circonstances où se forment ordinairement les franges d'interférence, on peut les faire disparaître en polarisant les faisceaux interférents dans des plans rectangulaires.

La méthode imaginée à cet effet par Arago a l'avantage de ne pas faire intervenir la double réfraction et de montrer par conséquent toute la généralité du phénomène; elle consiste à faire tomber les rayons émanés d'un point lumineux sur deux fentes très-étroites et peu distantes l'une de l'autre, pratiquées dans une feuille de métal, et à polariser les faisceaux provenant de ces deux fentes, soit dans le même plan, soit dans des plans rectangulaires. Pour polariser ces deux faisceaux sans changer leur direction et sans leur faire acquérir une différence de marche, Arago superposait un certain nombre de lames de mica et coupait par le milieu la pile ainsi formée; il obtenait de cette façon deux piles qui avaient sensiblement la même épaisseur, du moins dans les parties qui étaient d'abord contiguës. Il plaçait ensuite chacune de ces piles devant l'une des fentes de la feuille de métal, en lui donnant l'inclinaison nécessaire pour polariser complétement la lumière qui la traversait. Quand les deux piles étaient inclinées dans le même sens de façon que les deux plans d'incidence fussent parallèles, les franges se montraient dans la partie commune aux deux faisceaux avec le même aspect que si la lumière n'avait pas été polarisée. Lorsqu'au contraire on faisait tourner l'une des piles, sans changer son inclinaison par rapport au rayon incident, de façon à rendre rectangulaires les deux plans d'incidence, et par suite aussi les plans de polarisation des deux faisceaux, les franges disparaissaient complétement. L'absence des franges ne pouvait être attribuée à la différence d'épaisseur des piles, car on avait soin de faire passer la lumière dans les parties des deux piles qui étaient contiguës avant la section, et d'ailleurs les franges ne se montraient pas lorsqu'on faisait varier lentement et graduellement l'inclinaison de l'une des piles, afin de compenser cette différence d'épaisseur si elle existait.

L'expérience d'Arago peut être reproduite d'une façon commode en plaçant devant les deux fentes les deux moitiés d'une lame de tourmaline taillée parallèlement à l'axe. Ces lames polarisent la lumière dans un plan perpendiculaire à leur axe, et, par conséquent, suivant que les axes des deux lames sont parallèles ou perpendiculaires, les deux faisceaux sont polarisés dans le même plan ou dans des plans rectangulaires.

Fresnel, qui s'était associé à Arago pour ces recherches destinées à vérifier les résultats auxquels il était parvenu dans ses premiers essais, eut de son côté l'idée d'une expérience moins directe que celle d'Arago, mais d'une exécution plus facile, et qui démontre également ment l'impossibilité de faire interférer des rayons polarisés à angle droit. Il plaça devant la feuille de métal munie de ses deux fentes une lame mince de sulfate de chaux, et dans ces conditions il n'aperçut qu'un seul système de franges situé au milieu de l'ombre de l'intervalle opaque qui sépare les deux fentes. La position de ces franges indique qu'elles sont dues à des rayons qui n'ont contracté aucune différence de marche par leur passage à travers la lame cristallisée; elles doivent donc être attribuées à la superposition de deux systèmes de franges produits l'un par l'interférence des rayons ordinaires provenant des deux fentes, l'autre par l'interférence des rayons extraordinaires provenant également de ces deux fentes : les franges de ces deux systèmes, occupant sensiblement les mêmes positions, se renforcent et ne peuvent être distinguées les unes des autres. On voit qu'ici les rayons qui interfèrent sont polarisés dans le même plan : si les rayons polarisés à angle droit pouvaient agir l'un sur l'autre, on devrait apercevoir deux autres systèmes de franges provenant chacun de l'action des rayons ordinaires de l'une des fentes sur les rayons extraordinaires de l'autre; ces deux systèmes, par suite de la différence de vitesse des rayons ordinaires et extraordinaires dans la lame cristallisée, devraient se former latéralement à droite et à gauche des franges centrales. Puisque les franges du milieu sont seules visibles, même lorsque la lame est assez mince pour que les deux systèmes latéraux en dussent être peu éloignés, il faut en conclure que les rayons polarisés à angle droit ne peuvent interférer.

Fresnel, pour rendre l'expérience plus décisive encore, coupa en deux la lame de sulfate de chaux et plaça chacune des moitiés devant l'une des fentes de la feuille de métal, de façon que les axes des deux lames fussent perpendiculaires. Les rayons de même espèce provenant des deux fentes étaient alors polarisés à angle droit, tandis que les rayons ordinaires de l'une des fentes étaient polarisés dans le même plan que les rayons extraordinaires de l'autre; aussi les franges centrales, qui auraient été formées par l'interférence des rayons de même espèce, disparaissaient-elles complétement et étaient-elles remplacées par deux systèmes de franges occupant des positions latérales et séparés par un intervalle blanc assez considérable. La position de ces deux systèmes indiquait qu'ils étaient dus à l'interférence des rayons ordinaires de l'une des fentes avec les rayons extraordinaires de l'autre.

L'écartement des deux systèmes de franges dans cette dernière expérience dépend évidemment de la différence qui existe entre les vitesses des rayons ordinaires et extraordinaires dans la lame cristallisée. En mesurant au micromètre la distance entre les franges centrales de ces deux systèmes et en prenant la moitié de cette distance, on aura l'intervalle qui sépare l'une de ces franges du milieu de l'ombre de l'intervalle opaque, et on en déduira facilement la différence de marche que les deux rayons qui concourent à former cette frange et qui sont d'espèces différentes ont acquise pendant leur trajet dans la lame. Si l'on connaît de plus l'épaisseur de la lame et son indice ordinaire, on aura toutes les données nécessaires pour calculer le rapport des deux vitesses. En taillant des lames dans un

cristal suivant différentes directions, on pourra par ce procédé vérifier les lois de la double réfraction, même pour des substances qui
sont très-faiblement biréfringentes ou qui ne peuvent être taillées
en prismes.

**111. Interférences des rayons polarisés à angle droit
et ramenés ensuite au même plan de polarisation.** —
Fresnel et Arago démontrèrent encore que, si deux rayons ont été
polarisés à angle droit, il ne suffit pas, pour leur faire acquérir la
propriété d'interférer, de les ramener à un même plan de polarisation, et qu'il est nécessaire, pour que ces rayons puissent interférer,
qu'ils aient été primitivement polarisés dans le même plan.

Pour faire voir que deux rayons polarisés à angle droit provenant
d'un rayon de lumière naturelle ne sont pas susceptibles d'agir l'un
sur l'autre lorsqu'ils sont ramenés au même plan de polarisation,
Arago modifia de la manière suivante l'expérience des piles de mica.
Il plaça les deux piles devant les fentes de façon que les plans d'incidence fussent perpendiculaires et par suite les deux faisceaux polarisés à angle droit, et interposa entre ces piles et l'œil, sur le trajet des
faisceaux polarisés, un cristal biréfringent dont la section principale
faisait un angle de 45 degrés avec chacun des plans d'incidence.
D'après les lois de la double réfraction, chacun des faisceaux transmis
par les piles se partageait en traversant ce cristal en deux faisceaux
d'égale intensité, polarisés l'un dans la section principale, l'autre
dans un plan perpendiculaire. On n'aperçoit dans ces circonstances
aucune trace de franges, ce qui prouve que les rayons provenant
des deux fentes, qui, en sortant des deux piles, sont de même espèce
et par conséquent polarisés à angle droit, et qui sont ensuite ramenés par le cristal au même plan de polarisation, rayons qui n'ont
contracté aucune différence de marche, ne peuvent cependant agir
les uns sur les autres.

Mais, si les rayons, avant d'être polarisés à angle droit, étaient
polarisés dans le même plan, et s'ils sont ensuite ramenés au même
plan de polarisation, ils donnent lieu à des franges d'interférence :
c'est ce qui résulte de l'expérience que nous allons décrire et qui est
due à Fresnel.

On fait tomber sur les deux fentes de la feuille métallique un faisceau de lumière polarisée, émané d'un point lumineux; derrière ces fentes on place une lame de sulfate de chaux taillée parallèlement à l'axe, de façon que l'axe de cette lame fasse un angle de 45 degrés avec le plan primitif de polarisation; enfin, en avant du foyer de la loupe qui sert à observer l'ombre de la feuille, on dispose un rhomboèdre assez épais de spath calcaire dont la section principale soit parallèle au plan primitif de polarisation.

On observe alors dans chacune des images données par ce rhomboèdre trois systèmes de franges, l'un situé au milieu de l'ombre de l'intervalle opaque qui sépare les deux fentes, et les deux autres de chaque côté du premier; le rhomboèdre ne laisse voir d'ailleurs que deux images, parce que, la lame de sulfate de chaux étant trop mince pour produire une double réfraction sensible, les rayons ordinaïres et les rayons extraordinaires suivent la même route au sortir de cette lame.

Cherchons comment se forment les trois systèmes de franges dans l'une de ces images, dans l'image ordinaire par exemple. Cette image résulte du concours de quatre espèces de rayons, savoir : ceux qui sont restés ordinaires dans la lame de sulfate de chaux et dans le rhomboèdre, rayons que nous désignerons par A_{oo} et par B_{oo} suivant qu'ils proviennent de la fente de droite ou de la fente de gauche, et ceux qui, extraordinaires dans la lame de sulfate de chaux, sont devenus ordinaires dans le rhomboèdre, rayons que nous représenterons de même par A_{eo} et par B_{eo}. Ces quatre faisceaux ont d'ailleurs, comme il est facile de le voir, même intensité. Le système central de franges résulte de la superposition de deux systèmes : l'un provient de l'interférence des rayons A_{oo} et des rayons B_{oo}, car ces deux groupes de rayons ont parcouru les mêmes chemins avec les mêmes vitesses et sont restés toujours polarisés dans le même plan; l'autre est dû à l'interférence des rayons A_{eo} et B_{eo} qui remplissent les mêmes conditions. Quant aux systèmes latéraux, il faut nécessairement les attribuer l'un à l'interférence des rayons A_{oo} et B_{eo}, l'autre à l'interférence des rayons A_{eo} et B_{oo} : les franges de ces deux systèmes résultent donc de l'interférence de rayons d'abord polarisés à angle droit par la lame de sulfate de chaux, et ramenés ensuite par le rhomboèdre au même plan de polarisation; ces rayons sont ici susceptibles d'interférer, parce qu'ils étaient primitivement polarisés dans le même plan.

Dans l'image extraordinaire on observe trois systèmes de franges tout à fait semblables à ceux qui apparaissent dans l'image ordinaire : le système central provient dans ce cas de l'interférence des rayons A_{ee} avec les rayons B_{ee} et des rayons A_{oo} avec les rayons B_{oo}; les systèmes latéraux résultent, l'un de l'interférence des rayons A_{oo} et B_{oe}, l'autre de l'interférence des rayons A_{oe} et B_{ee}.

Si, sans rien changer aux autres parties de l'appareil, on remplace le rhomboèdre de spath par une lame de sulfate de chaux assez mince pour ne pas donner deux images distinctes et dont la section principale soit parallèle au plan primitif de polarisation, les six systèmes de franges, au lieu d'en donner trois par leur superposition, se réduisent à un système unique, celui des franges centrales. Il faut conclure de là que, dans les deux images formées par le rhomboèdre, les franges des systèmes latéraux sont complémentaires les unes des autres, c'est-à-dire qu'à une frange brillante de l'une des images correspond dans l'autre image une frange obscure, et réciproquement, de sorte que la superposition de ces deux images fait disparaître les systèmes latéraux. On voit par là que, lorsque deux rayons polarisés à angle droit sont ramenés au même plan de polarisation, les conditions d'interférence ne dépendent pas toujours uniquement de la différence des chemins parcourus : suivant que le nouveau plan de polarisation est parallèle ou perpendiculaire à celui dans lequel étaient primitivement polarisés les deux rayons, la différence de marche des deux rayons est égale à la différence réelle des chemins parcourus ou à cette différence augmentée d'une demi-longueur d'ondulation.

112. Lois des interférences des rayons polarisés. — Les résultats des expériences de Fresnel et d'Arago conduisent en définitive aux lois suivantes :

1° Deux rayons polarisés dans le même plan interfèrent de la même manière que deux rayons de lumière naturelle.

2° Deux rayons polarisés à angle droit ne peuvent jamais interférer,

3° Deux rayons polarisés à angle droit et provenant d'un rayon de lumière naturelle peuvent être ramenés au même plan de polarisation sans acquérir la propriété d'interférer.

4° Deux rayons polarisés à angle droit et ramenés ensuite au même plan de polarisation interfèrent comme des rayons de lumière naturelle, s'ils étaient primitivement polarisés dans le même plan.

5° Lorsque deux rayons primitivement polarisés dans le même plan, puis à angle droit, sont ensuite ramenés au même plan de polarisation, il faut, pour établir les conditions d'interférence, ajouter dans certains cas une demi-longueur d'ondulation à la différence réelle des chemins parcourus.

II.

PRINCIPE DES VIBRATIONS TRANSVERSALES.

113. Historique. — La découverte du principe des vibrations transversales a été quelquefois attribuée à Hooke : ce physicien, il est vrai, considère les vibrations lumineuses comme perpendiculaires à la direction des rayons [1], mais il énonce cette hypothèse sans l'appuyer d'aucun fait, et il ne pouvait en être autrement, puisque, à l'époque où il écrivait (1672), les phénomènes de la polarisation n'étaient pas encore connus. Aussi les idées de Hooke sur la direction des vibrations lumineuses tombèrent-elles complétement dans l'oubli, et, jusqu'à Fresnel, les partisans de la théorie des ondulations ne songèrent-ils jamais à mettre en doute que ces vibrations ne fussent, comme celles du son, parallèles à la direction des rayons. Fresnel adopta lui-même, du moins implicitement, cette hypothèse dans ses premiers travaux sur la diffraction. Mais, après ses expériences sur les interférences des rayons polarisés, il comprit que, tant qu'on n'abandonnerait pas la notion des vibrations purement longitudinales, il serait impossible d'expliquer comment la destruction réciproque de deux rayons lumineux pouvait exiger d'autres conditions qu'une valeur particulière de la différence de marche; les propriétés de la lumière polarisée, ainsi que Newton l'avait déjà remarqué, restaient également incompréhensibles, car des vibrations parallèles au rayon doivent se comporter d'une manière identique dans tous les plans menés par ce rayon.

Partant du fait de la non-interférence des rayons polarisés à angle droit, Fresnel remarqua que deux mouvements perpendiculaires au rayon et s'effectuant suivant des directions rectangulaires sont incapables d'interférer, et que tout autre genre de mouvement doit toujours donner lieu à des interférences. Il fut conduit ainsi à regarder les vibrations lumineuses comme transversales, c'est-à-dire perpendiculaires au rayon [2]. Il supposa d'abord que la lumière po-

[1] *Histoire de la Société royale de Londres*, par Birch, t. III, p. 12.

[2] Cette hypothèse se trouve déjà mentionnée dans le premier Mémoire de Fresnel sur les interférences des rayons polarisés (*OEuvres complètes*, t. I, p. 394.)

larisée pouvait consister dans des vibrations transversales présentant
à la fois des nœuds condensés et dilatés sur une même surface sphérique, de sorte que, dans certains cas d'interférence, les points
d'accord et de discordance fussent assez rapprochés les uns des
autres pour donner à l'œil la sensation d'une lumière continue.
Ampère lui suggéra que deux systèmes d'ondulation, où le mouvement progressif des molécules du fluide serait modifié par un mouvement transversal de va-et-vient perpendiculaire au premier et de
même intensité, pourraient n'exercer aucune action l'un sur l'autre
lorsqu'à l'accord des mouvements progressifs répondrait la discordance des mouvements transversaux, ou réciproquement. Mais l'idée
d'un système d'ondes qui propageraient des vibrations transversales
parut une absurdité mécanique à tous les savants contemporains,
surtout à Laplace et à Arago, qui ne put, à aucun moment de sa vie,
se décider à l'admettre, et Fresnel abandonna pour un temps toute
explication fondée sur cette hypothèse.

Des idées semblables se présentèrent à l'esprit d'Young aussitôt
qu'il eut connaissance des expériences de Fresnel et d'Arago sur les
interférences des rayons polarisés; mais, pas plus que Fresnel, il
n'osa adopter franchement la conception des vibrations transversales.
Suivant lui, il ne pouvait exister dans la lumière polarisée qu'un
très-faible mouvement transversal, le mouvement principal étant
toujours dirigé dans le sens de la propagation, et, l'extrême faiblesse de ce mouvement transversal s'opposant à ce qu'on en fît le
principe d'une véritable théorie physique, on devait se borner à considérer les modifications du mouvement transversal et les propriétés
de la lumière polarisée comme deux séries parallèles de termes cor-
rélatifs, la première servant plutôt de symbole que d'explication à
la seconde [1].

Ce ne fut qu'en 1821 que Fresnel, après avoir reconnu la fécondité de l'hypothèse des vibrations transversales dans l'explication
des phénomènes de la polarisation chromatique et de la double réfraction, formula nettement cette conception dans ses *Considérations*

[1] Voyez l'article *Chromatics* du supplément à l'Encyclopédie britannique (*Miscell.
Works*, t. I, p. 333) et la lettre à Arago du 12 janvier 1817 (*Miscell. Works*, t. I,
p. 380).

mécaniques *sur la polarisation de la lumière* [1]; il donna peu de temps après, dans son *Mémoire sur la double réfraction*, une démonstration analytique de la transversalité des vibrations, démonstration que nous allons reproduire avec les compléments qu'y a ajoutés M. Verdet [2].

114. Démonstration analytique de la transversalité des vibrations dans la lumière polarisée. — Considérons le mouvement d'une molécule d'éther sur un rayon polarisé, et prenons ce rayon pour axe des x, le plan de polarisation pour plan des xy : les composantes parallèles aux axes de la vitesse du mouvement vibratoire pourront être représentées, quelle que soit la nature de ce mouvement, par les formules

$$u = a \sin 2\pi\left(\frac{t}{T} - \frac{\varphi}{\lambda}\right),$$

$$v = b \sin 2\pi\left(\frac{t}{T} - \frac{\psi}{\lambda}\right),$$

$$w = c \sin 2\pi\left(\frac{t}{T} - \frac{\chi}{\lambda}\right),$$

que nous avons établies précédemment (45).

Soit maintenant un autre rayon polarisé dans le même plan que le premier, mais d'une intensité différente : si les deux rayons ne présentent aucune différence de phase, les vitesses du mouvement vibratoire sur ces deux rayons doivent toujours être parallèles au même instant, et par conséquent les composantes de ces vitesses ne peuvent différer que par un facteur constant; on aura donc pour les composantes de la vitesse sur le second rayon

$$u_1 = ma \sin 2\pi\left(\frac{t}{T} - \frac{\varphi}{\lambda}\right),$$

$$v_1 = mb \sin 2\pi\left(\frac{t}{T} - \frac{\psi}{\lambda}\right),$$

$$w_1 = mc \sin 2\pi\left(\frac{t}{T} - \frac{\chi}{\lambda}\right).$$

Si les deux rayons ont une différence de phase égale à δ, les

<hr>

[1] *Ann. de chim. et de phys.*, (2), XVII, 179. — *Œuvres complètes*, t. I, p. 629.
[2] *Ann. de chim. et de phys.*, (3), XXXI, 377.

composantes de la vitesse sur le second rayon deviendront

$$u_2 = ma \sin 2\pi\left(\frac{t}{\mathrm{T}} - \frac{\varphi + \delta}{\lambda}\right),$$

$$v_2 = mb \sin 2\pi\left(\frac{t}{\mathrm{T}} - \frac{\psi + \delta}{\lambda}\right),$$

$$w_2 = mc \sin 2\pi\left(\frac{t}{\mathrm{T}} - \frac{\chi + \delta}{\lambda}\right).$$

Supposons que le plan de polarisation du second rayon tourne de façon à devenir perpendiculaire au plan de polarisation du premier, c'est-à-dire devienne parallèle au plan des zx; dans ce mouvement, si l'on considère les droites OY et OZ comme liées au second rayon, OY viendra prendre la place occupée primitivement par OZ, et OZ la place occupée primitivement par le prolongement de OY. La composante parallèle à l'axe des z de la vitesse sur le second rayon sera donc maintenant égale à ce qu'était primitivement la composante parallèle à l'axe des y, et la composante parallèle à l'axe des y sera égale et de signe contraire à ce qu'était primitivement la composante parallèle à l'axe des z. La composante parallèle à l'axe des x n'ayant pas varié, on aura actuellement pour les trois composantes de la vitesse sur le second rayon

$$u' = ma \sin 2\pi\left(\frac{t}{\mathrm{T}} - \frac{\varphi + \delta}{\lambda}\right),$$

$$v' = -mc \sin 2\pi\left(\frac{t}{\mathrm{T}} - \frac{\chi + \delta}{\lambda}\right),$$

$$w' = mb \sin 2\pi\left(\frac{t}{\mathrm{T}} - \frac{\psi + \delta}{\lambda}\right).$$

Les composantes de la vitesse du mouvement vibratoire résultant de la combinaison des deux rayons polarisés à angle droit sont

$$\mathrm{U} = u + u',$$
$$\mathrm{V} = v + v',$$
$$\mathrm{W} = w + w':$$

d'après les formules qui ont été établies pour la composition des mouvements vibratoires (47), l'intensité de ce mouvement a donc pour expression

$$I^2 = a^2 + m^2 a^2 + 2ma^2 \cos 2\pi \frac{\delta}{\lambda} + c^2 + m^2 c^2 - 2mbc \cos 2\pi \frac{\chi - \psi + \delta}{\lambda}$$
$$+ b^2 + m^2 b^2 + 2mbc \cos 2\pi \frac{\psi - \chi + \delta}{\lambda},$$

d'où

$$I^2 = (a^2 + b^2 + c^2)(1 + m^2) + 2ma^2 \cos 2\pi \frac{\delta}{\lambda}$$
$$+ 4mbc \sin 2\pi \frac{\delta}{\lambda} \sin 2\pi \frac{\chi - \psi}{\lambda}.$$

Les deux rayons polarisés à angle droit ne pouvant jamais interférer, cette intensité doit être constante quelle que soit la valeur de
la différence de phase δ, ce qui exige que l'on ait simultanément

$$a = 0$$

et

$$bc \sin 2\pi \frac{\chi - \psi}{\lambda} = 0.$$

La première de ces équations montre que la composante parallèle
au rayon est nulle, et que par conséquent les vibrations s'effectuent
dans un plan perpendiculaire au rayon. La seconde équation peut
être satisfaite de trois façons différentes, car elle exprime que l'une
des trois quantités b, c, $\sin 2\pi \frac{\chi - \psi}{\lambda}$ doit être nulle. Si l'on suppose l'une des quantités b ou c égale à zéro, il en résulte que les
vibrations sont rectilignes et parallèles ou perpendiculaires au plan
de polarisation. Il est facile de voir que la troisième solution donnée
par la relation

$$\sin 2\pi \frac{\chi - \psi}{\lambda} = 0$$

est inadmissible. On tire en effet de cette relation

$$- \psi = n \frac{\lambda}{2},$$

n étant un nombre entier quelconque, et l'on a, par suite, pour les
composantes parallèles aux axes des y et des z de la vitesse sur le

premier rayon,

$$v = b \sin 2\pi \left(\frac{t}{T} - \frac{\psi}{\lambda} \right),$$

$$w = \pm c \sin 2\pi \left(\frac{t}{T} - \frac{\psi}{\lambda} \right).$$

Il résulterait de là que les vibrations seraient rectilignes et s'effectueraient parallèlement à une droite située dans le plan des yz et faisant avec l'axe des y un angle dont la tangente serait égale à $\pm \frac{c}{b}$, ce qui est impossible à cause de la symétrie parfaite par rapport au plan de polarisation de tous les phénomènes que présente un rayon de lumière polarisée.

Cette troisième solution devant être écartée, nous arrivons en définitive à la conclusion suivante :

Sur un rayon de lumière polarisée les vibrations sont rectilignes, perpendiculaires au rayon et parallèles ou perpendiculaires au plan de polarisation.

Quant à l'importante question qui consiste à savoir si les vibrations sont parallèles ou perpendiculaires au plan de polarisation, elle ne peut être résolue à l'aide de la seule connaissance des lois expérimentales de la polarisation, car les propriétés des rayons polarisés sont symétriques tout aussi bien par rapport à un plan mené par le rayon perpendiculairement au plan de polarisation que par rapport à ce plan lui-même : aussi aurons-nous occasion d'y revenir à plusieurs reprises.

L'existence des vibrations transversales est, à vrai dire, un fait d'expérience qu'on ne peut nier sans nier en même temps que la lumière consiste dans un mouvement ondulatoire. D'ailleurs la naissance et la propagation de ces vibrations ne sont pas plus difficiles à concevoir que celles des vibrations longitudinales : de même que toute variation locale de densité d'un milieu élastique fait naître des forces qui tendent à rétablir la densité primitive, de même tout glissement d'une couche de molécules relativement aux couches voisines doit faire naître des forces qui tendent à la ramener dans sa première position, et le jeu de ces forces, si le glissement initial n'ex-

cède pas une certaine limite, doit donner lieu à des vibrations
-s'effectuant dans le plan de la couche ainsi dérangée de sa position
d'équilibre.

De plus, il est évident qu'une couche de molécules ne peut se
déplacer sans mettre en mouvement les couches voisines, et qu'ainsi
les vibrations transversales doivent se propager dans le milieu élastique tout aussi bien que celles qui résultent des variations de densité. L'existence des vibrations transversales se propageant sans
qu'il y ait ni condensation ni dilatation dans le milieu a du reste été
confirmée par l'analyse. Poisson a démontré en effet que, dans un
milieu non cristallisé, tout ébranlement communiqué à un groupe
de molécules donne lieu à deux systèmes de vibrations, les unes
longitudinales, c'est-à-dire parallèles à la direction suivant laquelle
elles se propagent, les autres transversales, c'est-à-dire perpendiculaires à cette direction, et que ces deux espèces de vibrations se
propagent avec des vitesses différentes [1].

La difficulté n'est donc pas de concevoir comment les vibrations
transversales prennent naissance et se propagent dans l'éther, mais
bien d'expliquer pourquoi les vibrations longitudinales sont insensibles dans ce milieu. Fresnel, pour rendre compte de l'absence des
vibrations longitudinales, supposait l'éther incompressible ou admettait du moins que la force qui s'oppose au rapprochement de deux
tranches du fluide éthéré est beaucoup plus grande que celle qui
s'oppose au glissement de l'une d'elles par rapport à l'autre; plus
tard, d'autres physiciens, frappés de la difficulté de concilier l'incompressibilité de l'éther avec sa fluidité et son élasticité, ont été
conduits à penser que les vibrations longitudinales existent mais ne
produisent aucun effet sur la rétine.

Enfin, les travaux de Cauchy sur la polarisation elliptique produite par la réflexion à la surface des métaux ou de certains corps
transparents, et les recherches de Holtzmann et d'Eisenlohr sur la
polarisation par diffraction, ont montré que, selon toute probabilité,
l'éther est capable de transmettre les vibrations longitudinales,
mais que l'amplitude de ces vibrations décroît beaucoup plus rapi-

---

[1] Mémoire sur la propagation du mouvement dans les fluides élastiques. [*Ann. de chim.
et de phys.*, (2), XXII, 250; XLIV, 423.]

dement que celle des vibrations transversales, de sorte qu'elles de-
meurent insensibles à une petite distance du centre d'ébranlement.

**115. Généralisation du principe des vibrations trans-
versales.** — Nous n'avons parlé jusqu'à présent que des rayons
polarisés rectilignement; mais, ainsi que nous le verrons dans la
théorie de la polarisation chromatique, tout rayon polarisé circu-
lairement ou elliptiquement peut être regardé comme résultant de
la combinaison de deux rayons polarisés rectilignement à angle
droit; le principe des vibrations transversales est donc applicable à
toute espèce de lumière polarisée, c'est-à-dire que, quelle que soit
la forme de la trajectoire de la molécule vibrante, cette trajectoire
est contenue dans un plan perpendiculaire à la direction du rayon.

Quant à la lumière naturelle et à la lumière partiellement polarisée, pour se rendre compte de leurs propriétés, il suffit d'y voir
de la lumière polarisée elliptiquement dont les vibrations subissent
dans la forme et dans l'orientation de leurs trajectoires, ainsi que
dans leurs phases, des variations rapides et irrégulières. Les vibrations
de ces deux espèces de lumière sont donc transversales comme celles
de la lumière polarisée, et le phénomène de la polarisation consiste,
non pas à créer, mais à séparer des mouvements transversaux de
direction déterminée.

Enfin Fresnel, dans sa théorie de la double réfraction, a étendu
le principe des vibrations transversales aux milieux biréfringents;
ces milieux étant en général faiblement biréfringents, il est naturel
de penser que les propriétés de l'éther y diffèrent peu de ce qu'elles
sont dans les milieux isotropes et d'admettre que les vibrations s'y
effectuent, comme dans ces derniers milieux, suivant des directions
contenues dans le plan tangent à l'onde. Mais il est à remarquer
que ce plan tangent, dans les milieux biréfringents, n'est plus en
général rigoureusement perpendiculaire à la direction du rayon,
comme cela a toujours lieu dans les milieux isotropes. Quand on
parle de la transversalité des vibrations dans les milieux biréfringents, on entend par là que les vibrations ont lieu dans le plan
tangent à l'onde. et non qu'elles sont perpendiculaires au rayon.

BIBLIOGRAPHIE.

INTERFÉRENCES DE LA LUMIÈRE POLARISÉE. — PRINCIPE DES VIBRATIONS
TRANSVERSALES.

1672.   HOOKE, *Histoire de la Société royale de Londres par Birch*, t. III,
        p. 12.

1816.   FRESNEL, Mémoire sur l'influence de la polarisation dans l'action que
        les rayons lumineux exercent les uns sur les autres, *OEuvres com-
        plètes*, t. I, p. 385, 410.

1817.   YOUNG, Article *Chromatics* du Supplément à l'Encyclopédie britan-
        nique, *Miscell. Works*, t. I, p. 332.

1817.   YOUNG, Lettre à Arago, *Miscell. Works*, t. I, p. 380.

1818.   YOUNG, Note annexée au Mémoire de Brewster intitulé : « On the Laws
        of Polarisation and Double Refraction in regularly crystallized
        Bodies, » *Phil. Tr.*, 1818, p. 272.

1819.   ARAGO et FRESNEL, Mémoire sur l'action que les rayons de lumière
        polarisée exercent les uns sur les autres, *Ann. de chim. et de phys.*,
        (2), X, 288. — *OEuvres complètes de Fresnel*, t. I, p. 507. —
        OEuvres complètes d'Arago, t. X, p. 132.

1821.   FRESNEL, Considérations mécaniques sur la polarisation de la lumière,
        Ann. de chim. et de phys., (2), XVII, 179.

1821.   FRESNEL, Mémoire sur la double réfraction, *Mém. de l'Acad. des sc.*,
        VII. 45.

1823.   POISSON, Extrait d'un Mémoire sur la propagation du mouvement
        dans les fluides élastiques, *Ann. de chim. et de phys.*, (2), XXII,
        250.

1823.   FRESNEL, Réponse à Poisson, *Ann. de chim. et de phys.* (2), XXIII,
        119.

1840.   CAUCHY, Mémoire sur les deux espèces d'ondes planes qui peuvent
        se propager dans un système isotrope de points matériels, *C. R.*,
        X, 905. — *Exercices d'Analyse et de Physique mathématique*, I,
        288.

1842.   CAUCHY, Note sur les principales différences qui existent entre les
        ondes sonores et les ondes lumineuses, *C. R.*, XV, 813.

1842.   SCHMID, Versuch einer inductorischen Entwickelung der Undulations-
        theorie, *Pogg. Ann.*, LVI, 400.

1851.   VERDET, Note sur les interférences de la lumière polarisée, *C. R.*,
        XXXII, 46. — *Ann. de chim. et de phys.*, (3), XXXI, 377.

1853.   SCHMID, Ueber die Interferenz polarisirten Lichts, *Pogg. Ann.*,
        LXXXIX, 351.

TROISIÈME PARTIE.

LEÇONS

SUR LA THÉORIE DE LA DOUBLE RÉFRACTION [1].

116. Historique de la double réfraction. — Erasme Bartholin reconnut en 1670 que les cristaux de spath d'Islande possèdent la propriété de diviser la lumière en deux rayons, dont un seul suit les lois ordinaires de la réfraction [2]. Huyghens détermina avec le plus grand soin les lois expérimentales de la double réfraction du spath [3]; mais il ne donna qu'une théorie fort incomplète des phénomènes que présente ce cristal. Il admit l'existence, dans le spath d'Islande, de deux systèmes d'ondes : des ondes sphériques, transmises par l'éther contenu dans le cristal, et des ondes ellipsoïdales, transmises à la fois par l'éther et par la matière pondérable; il put ainsi, en s'appuyant sur le principe des ondes enveloppes, arriver à une construction simple permettant de trouver dans tous les cas les directions des deux rayons réfractés, et vérifia par un grand nombre d'expériences l'exactitude de cette construction: mais il n'essaya même pas d'expliquer comment les deux systèmes d'ondes prennent naissance et se propagent dans le spath. Huyghens découvrit aussi la double réfraction dans le quartz : cette

---

[1] Ces leçons ont été professées à l'École Normale en 1857, dans le cours de troisième année.

[2] *Experimenta cristalli Islandici disdiaclastici*, Amstelodami, 1670.

[3] *Traité de la lumière*, Leyde, 1690, chap. V.

substance et le spath d'Islande sont restés les seuls corps biréfringents connus jusqu'au commencement de ce siècle.

Newton, dans le chapitre de son *Optique* où il traite de la double réfraction [1], ajouta peu aux faits observés par Huyghens; mais, frappé de l'impossibilité d'expliquer dans le système des ondes les phénomènes de polarisation découverts par Huyghens, il attribua ces phénomènes, ainsi que ceux de la double réfraction, à l'existence, dans les molécules lumineuses, de côtés différents jouissant de propriétés distinctes.

Après Newton, l'étude de la double réfraction fut presque complétement abandonnée par les physiciens jusqu'aux premières années de ce siècle, époque où Wollaston [2], et après lui Malus [3], soumirent la construction de Huyghens à de nombreuses vérifications expérimentales. Dans ses recherches, Malus eut occasion de reconnaître et de mesurer la double réfraction dans un certain nombre de minéraux autres que le spath d'Islande et le quartz, en particulier dans l'aragonite et le sulfate de baryte.

Lorsqu'en 1811 la découverte de la polarisation chromatique vint donner une méthode incomparablement plus propre que l'observation directe à manifester la plus faible double réfraction dans les cristaux les plus petits, les observations de Biot [4], de M. Brewster [5] et des minéralogistes rendirent bientôt la liste des substances biréfringentes pour le moins aussi nombreuse que celle des cristaux à réfraction simple.

Dans ses expériences sur la polarisation chromatique, Biot fut conduit à distinguer deux espèces diverses de double réfraction, suivant que les phénomènes étaient symétriques tout autour d'un axe qui n'avait pas lui-même la faculté biréfringente, ou qu'ils semblaient se coordonner par rapport à deux axes de ce genre, inclinés l'un sur l'autre d'un angle variable : il distingua encore chacune de ces deux espèces de double réfraction en deux variétés,

[1] *Optics*, liv. III, quest. 25 et 26.
[2] *Phil. Trans.*, 1802, p. 38:.
[3] *Théorie de la double réfraction*, Paris, 1810.
[4] *Mém. de la prem. classe de l'Inst.*, t. XIII et t. XIV. — *Mém. de l'Acad. des sc.*, t. III, p. 177.
[5] *Phil. Trans.*, 1818, p. 199.

selon le signe de l'action attractive ou répulsive que l'axe unique et les deux axes semblaient exercer sur le rayon qui obéissait à la loi de Descartes, ou qui du moins paraissait s'en rapprocher le plus.

A mesure que la liste des corps biréfringents allait en s'étendant, d'importantes relations furent établies entre la forme cristalline et les propriétés biréfringentes. Dufay avait déjà constaté que la double réfraction n'existe jamais dans les substances non cristallisées ni dans les cristaux du système cubique [1] : cette remarque fut confirmée par Haüy, qui montra que tous les corps cristallisés dans un système autre que le système cubique, et par conséquent non symétriques tout autour d'un point, sont doués de la propriété biréfringente [2]. Enfin, en 1818, M. Brewster, à la suite d'une étude de plus de cent cinquante substances cristallisées, reconnut que l'existence d'un seul axe optique caractérise les cristaux du système hexagonal et du système du prisme droit à base carrée, qu'on peut regarder comme symétriques autour d'un axe principal, tandis que dans les cristaux des autres systèmes, où aucun axe ne jouit de cette propriété, il existe toujours deux axes optiques.

Mais les phénomènes de la double réfraction, en se généralisant ainsi, ne parurent pas devenir plus faciles à comprendre. Dans le système de l'émission, Laplace [3] se borna à déduire des lois de Huyghens que l'action du milieu biréfringent sur les molécules du rayon ordinaire est constante, et que son action sur les molécules du rayon extraordinaire en diffère par un terme proportionnel au carré du cosinus de l'angle que le rayon fait avec l'axe, sans donner d'ailleurs aucune raison de cette inégalité. Dans le système des ondes, Young [4] indiqua l'inégalité d'élasticité des milieux dans les différentes directions comme pouvant donner naissance à des ondes ellipsoïdales, mais il n'essaya pas d'expliquer comment de cette inégalité d'élasticité pouvait résulter la formation de deux rayons doués de propriétés distinctes, qu'ils transportent partout avec eux : cette ex-

---

[1] *Mém. de l'anc. Acad. des sc.*, 1739, p. 81.
[2] *Traité de minéralogie*, t. I, p. 159. — *Mém. de l'anc. Acad. des sc.*, 1788, p. 34.
[3] *Mém. d'Arcueil*, t. II, p. 3. — *Mém. de la prem. classe de l'Inst.*, t. X, p. 300.
[4] *Quarterly Review*, novembre 1809. — *Miscell. Works*, t. I, p. 228. — Article *Chromatics* du Supplément à l'Encyclopédie britannique.

plication ne pouvait du reste être donnée, tant que les vibrations étaient regardées comme longitudinales.

Fresnel débuta dans l'étude de la double réfraction par une découverte de la plus haute importance : il reconnut que, dans les cristaux à deux axes, aucun des deux rayons réfractés n'est soumis à la loi de Descartes et ne mérite, à proprement parler, la qualification de rayon ordinaire [1]. Ce résultat mettait à néant la généralisation hypothétique de la construction de Huyghens, par laquelle Young avait tenté de représenter la loi de la double réfraction des cristaux à deux axes, en joignant à l'onde sphérique des rayons ordinaires une onde extraordinaire en forme d'ellipsoïde à trois axes inégaux. Il s'agissait donc de trouver une surface de l'onde formée de deux nappes, symétrique par rapport à trois axes rectangulaires, et qui, dans l'hypothèse où deux de ces axes devenaient égaux, se réduisît au système formé par la sphère et l'ellipsoïde de révolution de Huyghens. C'est ce difficile problème que Fresnel a résolu dans son admirable théorie de la double réfraction [2]. L'examen des écrits de Fresnel antérieurs à son Mémoire sur la double réfraction publié dans le tome VII des *Mémoires de l'Académie des sciences*, écrits restés inédits jusqu'à la publication de ses œuvres complètes, montre que la marche suivie par lui dans la détermination de la surface de l'onde fut d'abord tout inductive : ce ne fut qu'après avoir soumis au contrôle de l'expérience les résultats auxquels il était ainsi parvenu, qu'il songea à en chercher l'explication mécanique.

La partie mécanique de la théorie de Fresnel s'appuie, il faut bien le dire, sur des hypothèses qui sont, les unes plausibles, mais non évidentes, les autres erronées; mais, si ses recherches sur la constitution des milieux élastiques n'ont pas été poussées assez loin pour le conduire au but qu'il avait en vue, la démonstration *a priori* des lois de la double réfraction, il faut reconnaître que ces lois, telles qu'elles ont été établies par Fresnel, se sont non-seulement toujours trouvées d'accord avec l'observation, mais encore ont

---

[1] Les expériences par lesquelles Fresnel a montré qu'aucun des rayons n'est ordinaire dans les cristaux à deux axes ont été publiées pour la première fois dans le rapport d'Arago sur le Mémoire de Fresnel relatif à la double réfraction, *Ann. de chim. et de phys.*, (2), XX, 337.

[2] *Mém. de l'Acad. des sc.*, VII, 45.

permis de prévoir des phénomènes entièrement nouveaux et qui auraient sans aucun doute échappé aux expérimentateurs, s'ils n'avaient été indiqués par la théorie. La plus éclatante confirmation de ce genre est celle qui a été donnée par les phénomènes de la réfraction conique, déduits par Hamilton [1] de la théorie de Fresnel et observés par Lloyd [2].

Fresnel, arrêté par quelques difficultés de calcul, n'avait pu obtenir l'équation de la surface de l'onde qu'en la supposant *a priori* du quatrième degré, et en calculant la valeur de ses coefficients de manière qu'ils satisfissent à certaines conditions faciles à déduire de la considération des ondes planes normales aux trois axes de symétrie du milieu. Ampère est le premier qui ait effectué le calcul d'une manière rigoureuse [3]; plus tard, de Senarmont a fait connaître une méthode de calcul plus simple et plus rapide que celle d'Ampère [4].

De nombreux physiciens et mathématiciens, parmi lesquels Cauchy se place au premier rang, se sont efforcés de faire disparaître les difficultés qui subsistent dans la théorie de Fresnel. Cauchy publia en 1829 une théorie de la double réfraction indépendante de toute hypothèse [5] : il démontra que, si l'on considère l'éther comme formé de molécules séparées par des intervalles assez grands pour que ces molécules puissent être assimilées, dans leurs réactions mutuelles, à des points mathématiques, il n'est possible, avec un milieu ainsi constitué, de satisfaire aux lois de Fresnel que d'une manière approchée, et seulement dans l'hypothèse d'une double réfraction peu énergique. De plus, pour retrouver les lois de Fresnel à l'aide de la théorie de Cauchy, il faut admettre entre les coefficients d'où dépendent les grandeurs et les directions des forces élastiques mises en jeu dans les vibrations de l'éther des relations dont cette théorie ne montre ni la nécessité ni la signification physique.

Depuis les travaux de Cauchy, la théorie de la double réfraction,

<hr>

[1] *Trans. of Ir. Acad.*, XV, 69; XVI, 1, 94.

[2] *Trans. of Ir. Acad.*, XVII, 3.

[3] *Ann. de chim. et de phys.*, (2), XXXIX, 113.

[4] *Journ. de l'Éc. Polytechn.*, XXVe cahier, p. 1.

[5] *Exerc. de Mathémat.*, t. V, p. 19. — *Mém. de l'Acad. des sc.*, IX, 114; X, 293; XVIII, 153. — *Exerc. d'analyse et de phys. mathémat.*, t. I, p. 288.

[1] *Trans. of Ir. Acad.*, XV, 69; XVI, 1, 94.
[2] *Trans. of Ir. Acad.*, XVII, 3.
[3] *Ann. de chim. et de phys.*, (2), XXXIX, 113.
[4] *Journ. de l'Éc. Polytechn.*, XXV⁰ cahier, p. 1.
[5] *Exerc. de Mathémat.*, t. V, p. 19. — *Mém. de l'Acad. des sc.*, IX, 114; X, 293; XVIII, 153. — *Exerc. d'analyse et de phys. mathémat.*, t. I, p. 288.

devenue l'une des branches de la théorie générale de l'élasticité, a été l'objet de nombreuses et importantes recherches, parmi lesquelles il faut citer surtout celles de Green [1], de M. Lamé [2], de Plücker [3] et de Beer [4].

[1] *Cambr. Trans.*, VII, 120.

[2] *Ann. de phys. et de chim.*, (2), LV, 322; LVII, 211. — *Leçons sur la théorie mathématique de l'élasticité des corps solides*, Paris, 1852, leçons XVII-XXIV.

[3] *Journ. de Crelle*, XIX, 1, 91.

[4] *Phil. Mag.*, (4), II, 297. — *Grünert's Archiv.*, XVI, 223.

I.

THÉORIE DE FRESNEL.

117. Principes de la théorie de Fresnel. — Dans les milieux isotropes, c'est-à-dire dans les corps non cristallisés et dans les cristaux du système cubique, toutes les directions sont identiques ; donc, si dans l'un de ces milieux l'éther se trouve ébranlé, la vitesse de propagation de l'ébranlement est indépendante de la direction suivant laquelle il se propage et aussi de la direction dans laquelle les molécules ont été déplacées ; de plus, la force élastique développée par le déplacement d'une molécule est toujours parallèle à ce déplacement.

Dans les milieux cristallisés qui n'appartiennent pas au système cubique, c'est-à-dire dans les milieux biréfringents, les différentes directions ne doivent pas être regardées comme identiques : c'est ce que prouvent non-seulement les formes cristallographiques, mais encore les variations que subissent, suivant la direction dans laquelle on les considère, les principales propriétés physiques de ces cristaux, telles que la dureté, l'élasticité, la dilatabilité, la conductibilité pour la chaleur et l'électricité, etc. Dans les milieux non isotropes, les molécules d'éther ne doivent donc pas être distribuées de la même façon sur les différentes directions ; la vitesse de propagation d'un ébranlement excité dans l'éther de ces milieux variera par conséquent avec la direction suivant laquelle a lieu la propagation et aussi avec la direction dans laquelle les molécules auront été primitivement déplacées, et en outre la force élastique développée par le déplacement d'une molécule ne sera pas en général parallèle à ce déplacement.

Si, dans un milieu homogène quelconque, on suppose qu'un point pris pour centre d'ébranlement soit déplacé dans toutes les directions possibles, le lieu des points atteints par tous ces ébranlements au bout d'un même temps constitue ce qu'on appelle la *surface de l'onde*. Cette surface est évidemment sphérique dans les milieux isotropes ou uniréfringents, mais présente une forme différente de

la forme sphérique dans les milieux non isotropes ou biréfringents.
Il est clair d'ailleurs que les surfaces de l'onde qui correspondent à
des temps différents sont semblables et semblablement placées par
rapport au point lumineux : aussi, quand nous parlerons de la surface de l'onde, sera-t-il toujours sous-entendu que cette surface se
rapporte à l'unité de temps.

Les propriétés optiques d'un milieu sont, comme il est aisé de le
comprendre, liées de la manière la plus intime à la forme qu'affecte
dans ce milieu la surface de l'onde, et la détermination de cette surface constitue, à proprement parler, l'objet essentiel de la théorie de
la double réfraction.

Une heureuse conception de Fresnel a notablement simplifié la
recherche de la surface de l'onde : cette conception consiste à substituer à la considération de cette surface celle de ses plans tangents,
ou, en d'autres termes, à étudier, au lieu de la propagation des
rayons divergents à partir d'un centre, celle des ondes planes passant par ce centre et ayant toutes les directions possibles.

Il est facile d'établir la liaison qui existe entre les positions occupées par ces ondes planes au bout d'un même temps et la surface de
l'onde. Considérons à cet effet, dans un milieu indéfini, une onde
plane, c'est-à-dire supposons que toutes les molécules d'un plan
soient animées simultanément de mouvements vibratoires identiques,
de façon que la vitesse et la direction du déplacement soient les
mêmes au même instant pour toutes ces molécules : il est évident
que, *pour que l'onde plane se propage dans le milieu sans altération, c'est-
à-dire en conservant sa direction et sa polarisation, il faut que les forces
élastiques mises en jeu par les déplacements des molécules de cette onde
soient parallèles aux déplacements.*

Cette remarque, qui est de la plus haute importance et qui constitue une des bases fondamentales de la théorie de Fresnel, une fois
faite, imaginons dans un milieu homogène quelconque une onde
plane P (fig. 87) se propageant sans altération, et soit P' la position de cette onde au bout de l'unité de temps. Si nous prenons sur
l'onde P' un point quelconque A', un raisonnement tout à fait analogue à celui dont nous avons fait usage pour établir la propagation
des ondes planes dans les milieux isotropes (51) montrera que le

mouvement du point A′ provient uniquement de l'action d'une très-petite partie de l'onde plane P, et qu'au point A, centre de cette région efficace, l'onde plane P est tangente à une surface de l'onde ayant pour centre le point A′ : le mouvement vibratoire employant un temps égal à l'unité pour se propager du point A au point A′,

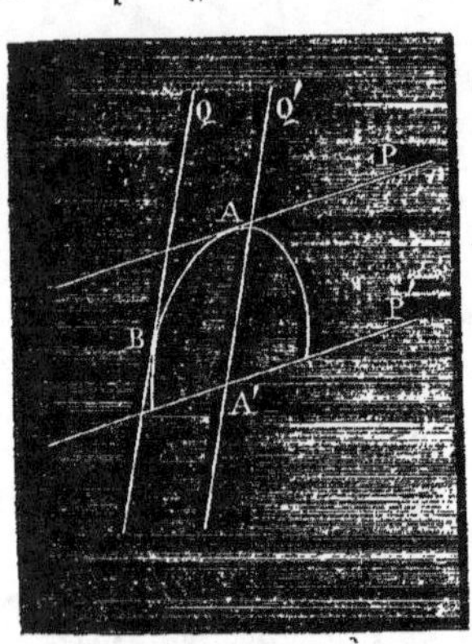

Fig. 87.

cette surface de l'onde doit correspondre à l'unité de temps. Soit maintenant une autre onde plane Q tangente en B à cette surface de l'onde et se propageant aussi sans altération dans le milieu; il est clair, d'après ce que nous venons de dire, qu'au bout d'un temps égal à l'unité cette onde passera par le point A′ et occupera la position Q′, et qu'il en sera de même de toute onde plane tangente à la surface de l'onde et se propageant sans altération. D'ailleurs, si on imagine que les ondes planes se propagent en sens inverse et qu'à l'origine du temps elles occupent les positions P′, Q′,..., elles prendront évidemment, au bout de l'unité de temps, les positions P, Q,.... Donc *la surface de l'onde est l'enveloppe de toutes les ondes planes de directions diverses qu'on peut concevoir comme ayant passé à un instant donné par un même point et s'étant ensuite propagées avec leurs vitesses et leurs polarisations respectives pendant l'unité de temps.*

La détermination de la surface de l'onde se trouve ainsi ramenée à la recherche des vitesses de propagation des ondes planes. On peut remarquer en outre que, le mouvement vibratoire du point A résultant toujours de celui du point A′, qu'on regarde ce point A comme faisant partie d'une onde émanée du centre d'ébranlement A′ ou bien comme appartenant à l'onde plane P, le mouvement vibratoire doit être le même en un point de la surface de l'onde et sur l'onde plane qui lui est tangente en ce point.

118. Hypothèses admises par Fresnel. — La théorie de Fresnel s'appuie sur un certain nombre d'hypothèses que nous allons maintenant faire connaître en indiquant par quelle suite d'idées il a été amené à les admettre.

Dans les cristaux à un axe, il est évident, par raison de symétrie, que tout déplacement perpendiculaire à l'axe *d'une seule molécule* doit donner naissance à une force élastique dirigée en sens contraire du déplacement, et indépendante de la direction particulière du déplacement dans un plan perpendiculaire à l'axe. Un déplacement parallèle à l'axe doit aussi donner naissance à une force élastique dirigée en sens contraire du déplacement, mais d'une intensité différente de la précédente. D'autre part, les lois expérimentales de la double réfraction nous apprennent que toutes les ondes planes polarisées dans la section principale se propagent dans le cristal avec une vitesse constante qui est celle des rayons ordinaires, et que toutes les ondes planes dont le plan contient l'axe et qui sont polarisées perpendiculairement à la section principale se propagent avec une autre vitesse constante qui est celle des rayons extraordinaires perpendiculaires à l'axe. Ces propriétés remarquables deviennent des conséquences d'un même principe si l'on admet :

1° *Que les vibrations de la lumière polarisée sont perpendiculaires au plan de polarisation*, d'où il résulte que sur les ondes planes polarisées dans la section principale les vibrations sont perpendiculaires à l'axe, et que, sur les ondes planes dont le plan contient l'axe et qui sont polarisées perpendiculairement à la section principale, les vibrations sont parallèles à l'axe;

2° Que, si dans le plan d'une onde plane les vibrations ont lieu parallèlement ou perpendiculairement à l'axe optique, les forces élastiques qu'elles développent ne diffèrent des forces élastiques développées par le déplacement parallèle d'une seule molécule, les autres restant en repos, que par un facteur constant indépendant de la direction particulière du plan de l'onde.

La première supposition est d'autant plus plausible qu'elle conduit à regarder les vibrations des rayons ordinaires, qui sont toujours polarisés dans le plan de la section principale, comme s'effectuant perpendiculairement à l'axe optique, et que la simplicité de ce caractère commun paraît l'explication de l'identité de leurs propriétés; si, au contraire, sur les rayons ordinaires les vibrations s'effectuaient dans le plan de polarisation, ces vibrations feraient avec l'axe un angle variable suivant l'inclinaison du rayon par rapport à l'axe.

Si l'on remarque que, dans un cristal à un axe, toute droite perpendiculaire à l'axe est l'intersection de deux plans par rapport auxquels le cristal est symétrique, on est porté à admettre que, dans les cristaux à deux axes, lorsque les vibrations d'une onde plane sont parallèles à l'une des trois intersections des trois plans rectangulaires de symétrie, elles développent aussi des forces élastiques proportionnelles à celles qui résulteraient du déplacement d'une molécule unique, quelle que soit la direction particulière du plan de l'onde, et cette hypothèse explique l'existence des trois groupes de rayons qui, dans chacun des trois plans de symétrie, se réfractent conformément à la loi de Descartes, mais avec des indices différents.

Il est naturel d'étendre à tous les cas une hypothèse qui rend compte de tant de particularités des phénomènes, et c'est ainsi que Fresnel a été conduit à admettre comme un principe de sa théorie, que, *dans tous les cas, les forces élastiques mises en jeu par la propagation d'un système d'ondes planes, à vibrations rectilignes et transversales, ne dépendent que de la direction des vibrations et sont dans un rapport constant avec les forces élastiques développées par le déplacement parallèle d'une molécule unique, les autres restant en repos.*

Pour rendre compte des phénomènes au moyen de cette hypothèse, il est nécessaire d'y ajouter une troisième hypothèse qui a paru à Fresnel n'être que l'expression pure et simple de la transversalité des vibrations. Si les vibrations sont perpendiculaires au plan de polarisation, comme, dans les cristaux à un axe, les ondes planes extraordinaires sont toujours polarisées perpendiculairement à la section principale, les vibrations de ces ondes doivent être parallèles à la section principale, c'est-à-dire contenues dans le plan qui passe par l'axe et par la normale à l'onde; s'il est en outre nécessaire qu'elles soient absolument transversales, elles doivent être dirigées précisément suivant l'intersection du plan de l'onde et de la section principale. Mais la force élastique développée par un déplacement parallèle à cette direction n'est pas en général dirigée en sens inverse du déplacement, car cette propriété n'appartient qu'aux forces élastiques développées par des déplacements parallèles ou perpendicu-

laires à l'axe; il semble donc, d'après ce que nous avons vu précédemment, que les ondes planes extraordinaires ne puissent en
général se propager sans altération dans les cristaux à un axe. Seulement la force élastique dont il s'agit est, par raison de symétrie,
contenue dans le plan de la section principale comme le déplacement dont elle résulte, et par conséquent sa composante parallèle
au plan de l'onde est parallèle au déplacement. Si l'on considère
cette composante comme seule efficace, la propagation des ondes
extraordinaires se trouve expliquée.

C'est ainsi que Fresnel a été conduit à regarder la composante
perpendiculaire au plan de l'onde de la force élastique comme
n'ayant aucune action sur les phénomènes lumineux, ce qu'il attribuait à l'incompressibilité absolue de l'éther, et à admettre par suite
que, pour qu'une onde plane se propage sans altération, il suffit
que la composante parallèle au plan de cette onde de la force élastique développée par ses vibrations soit aussi parallèle à la direction
du déplacement.

La quatrième et dernière hypothèse de Fresnel est relative à la
vitesse de propagation des ondes planes : il suppose que, lorsqu'une
onde plane se propage sans altération dans un milieu homogène
quelconque, sa vitesse de propagation est proportionnelle à la racine carrée de la composante efficace de la force élastique mise en
jeu par ses vibrations.

Fresnel justifie cette hypothèse par l'analogie qui existe entre les
vibrations lumineuses de l'éther et les vibrations transversales d'une
corde tendue. On sait en effet que la durée d'une oscillation pour
une corde vibrant transversalement est proportionnelle à la longueur
de la corde et en raison inverse de la racine carrée de la tension,
d'où il suit que le quotient de la longueur de la corde par la durée
d'une oscillation est proportionnel à la racine carrée de la tension :
de là Fresnel conclut par analogie que, lorsque l'éther vibre transversalement, le quotient de la longueur d'ondulation par la durée
d'une oscillation (c'est-à-dire la vitesse de propagation) est proportionnel à la racine carrée de la force élastique, qui joue dans ce cas
le même rôle que la tension de la corde.

En résumé les hypothèses admises par Fresnel sont les suivantes :

1° *Les vibrations de la lumière polarisée sont perpendiculaires au plan de polarisation.*

2° *Les forces élastiques mises en jeu par la propagation d'un système d'ondes planes, à vibrations rectilignes et transversales, ne diffèrent des forces élastiques développées par le déplacement parallèle d'une seule molécule que par un facteur constant indépendant de la direction particulière du plan de l'onde et ne dépendant par conséquent que de la direction des vibrations.*

3° *Lorsqu'une onde plane se propage dans un milieu homogène quelconque, les composantes parallèles au plan de l'onde des forces élastiques mises en jeu par les vibrations de cette onde sont seules efficaces.*

4° *La vitesse de propagation d'une onde plane qui se propage sans altération dans un milieu homogène quelconque est proportionnelle à la racine carrée de la composante efficace de la force élastique développée par les vibrations de cette onde.*

119. Expression analytique de la force élastique développée par le déplacement d'une molécule unique. — La seconde des hypothèses que nous venons d'énoncer conduit naturellement à chercher l'expression de la force élastique développée par le déplacement d'une molécule unique; les résultats auxquels Fresnel est parvenu dans cette partie de ses recherches sont indépendants de toute hypothèse sur la constitution du milieu élastique et ont, même en dehors de l'optique, une importance considérable. car ils forment encore aujourd'hui la base de la théorie générale de l'élasticité.

Soit un milieu homogène quelconque. et prenons dans ce milieu trois droites rectangulaires quelconques pour axes des coordonnées. L'action exercée sur une molécule M de ce milieu, qui a pour coordonnées (x, y, z), par une autre molécule M' dont les coordonnées sont (x', y', z'), a pour expression

$$\mu^2 f(r).$$

μ désignant les masses de chacune des molécules, masses qui sont égales puisque le milieu est homogène. et r la distance des molécules réagissantes. Pour que la molécule M soit en équilibre, il faut et il suffit que la résultante des actions exercées sur cette molécule par toutes les autres molécules du milieu soit nulle, et par conséquent que l'on ait, en représentant par le symbole Σ une somme de termes analogues,

$$(1) \quad \begin{cases} \Sigma f(r)\,\dfrac{x-x'}{r} = 0, \\[2mm] \Sigma f(r)\,\dfrac{y-y'}{r} = 0, \\[2mm] \Sigma f(r)\,\dfrac{z-z'}{r} = 0. \end{cases}$$

Supposons maintenant que la molécule M soit écartée de sa position d'équilibre, mais d'une quantité très-petite, et que les projections du déplacement sur les trois axes soient δx, δy, δz. La distance de la molécule M à la molécule M$'$ devient alors $r + \delta r$, et, si l'on représente par δs la grandeur du déplacement, par $X\delta s$, $Y\delta s$, $Z\delta s$ les composantes parallèles aux axes de la force élastique mise en jeu par ce déplacement, de façon que X, Y, Z soient les composantes de la force élastique rapportée à l'unité de déplacement, on aura, en supposant le facteur constant μ^2 égal à l'unité,

$$X\delta s = \Sigma f(r+\delta r)\,\frac{x+\delta x-x'}{r+\delta r},$$

$$Y\delta s = \Sigma f(r+\delta r)\,\frac{y+\delta y-y'}{r+\delta r},$$

$$Z\delta s = \Sigma f(r+\delta r)\,\frac{z+\delta z-z'}{r+\delta r}.$$

Ces expressions peuvent se simplifier en développant $f(r+\delta r)$ et en négligeant les termes qui contiennent δr à une puissance supérieure à la première ou les produits de δr par l'une des quantités δx, δy, δz, ce qui est permis, vu la petitesse du déplacement; on obtient ainsi

$$X\delta s = \Sigma\left[f(r)+\delta r f'(r)\right]\left[\frac{x+\delta x-x'}{r\left(1+\dfrac{\delta r}{r}\right)}\right]$$

$$= \Sigma\left[f(r)+\delta r f'(r)\right]\left(\frac{x+\delta x-x'}{r}\right)\left(1-\frac{\delta r}{r}\right),$$

d'où, en tenant compte de la première des équations (1),

$$X\delta s = \Sigma \left\{ f(r) \left[\frac{\delta x}{r} - \frac{(x-x')\,\delta r}{r^2} \right] + f'(r) \frac{x-x'}{r}\, \delta r \right\}.$$

On a d'ailleurs

$$r^2 = (x - x')^2 + (y - y')^2 + (z - z')^2,$$

d'où

$$\delta r = \frac{(x-x')\,\delta x + (y-y')\,\delta y + (z-z')\,\delta z}{r}.$$

En portant cette valeur dans l'expression de $X\delta s$, il vient

$$X\delta s = \Sigma \left\{ f(r) \left[\frac{\delta x}{r} - \frac{(x-x')^2\,\delta x + (x-x')(y-y')\,\delta y + (x-x')(z-z')\,\delta z}{r^3} \right] \right.$$
$$\left. + f'(r) \frac{(x-x')^2\,\delta x + (x-x')(y-y')\,\delta y + (x-x')(z-z')\,\delta z}{r^2} \right\}.$$

d'où

$$X\delta s = \delta x \Sigma \left\{ \frac{f(r)}{r} \left[1 - \frac{(x-x')^2}{r^2} \right] + f'(r) \frac{(x-x')^2}{r^2} \right\}$$
$$+ \delta y \Sigma \left[f'(r) \frac{(x-x')(y-y')}{r^2} - f(r) \frac{(x-x')(y-y')}{r^3} \right]$$
$$+ \delta z \Sigma \left[f'(r) \frac{(x-x')(z-z')}{r^2} - f(r) \frac{(x-x')(z-z')}{r^3} \right].$$

On arrive ainsi aux expressions suivantes pour les composantes parallèles aux axes de la force élastique :

$$X\delta s = \delta x \Sigma \left\{ \frac{f(r)}{r} + \left[f'(r) - \frac{f(r)}{r} \right] \frac{(x-x')^2}{r^2} \right\}$$
$$+ \delta y \Sigma \left[f'(r) - \frac{f(r)}{r} \right] \frac{(x-x')(y-y')}{r^2}$$
$$+ \delta z \Sigma \left[f'(r) - \frac{f(r)}{r} \right] \frac{(x-x')(z-z')}{r^2},$$
$$Y\delta s = \delta x \Sigma \left[f'(r) - \frac{f(r)}{r} \right] \frac{(x-x')(y-y')}{r^2}$$
$$+ \delta y \Sigma \left\{ \frac{f(r)}{r} + \left[f'(r) - \frac{f(r)}{r} \right] \frac{(y-y')^2}{r^2} \right\}$$
$$+ \delta z \Sigma \left[f'(r) - \frac{f(r)}{r} \right] \frac{(y-y')(z-z')}{r^2},$$
$$Z\delta s = \delta x \Sigma \left[f'(r) - \frac{f(r)}{r} \right] \frac{(x-x')(z-z')}{r^2}$$
$$+ \delta y \Sigma \left[f'(r) - \frac{f(r)}{r} \right] \frac{(y-y')(z-z')}{r^2}$$
$$+ \delta z \Sigma \left\{ \frac{f(r)}{r} + \left[f'(r) - \frac{f(r)}{r} \right] \frac{(z-z')^2}{r^2} \right\}.$$

Les coefficients de δx, δy, δz dans ces équations sont au nombre de neuf; mais six d'entre eux seulement ont des valeurs différentes, et, si l'on pose

$$A = \Sigma \left\{ \frac{f(r)}{r} + \left[f'(r) - \frac{f(r)}{r} \right] \frac{(x-x')^2}{r^2} \right\},$$

$$B = \Sigma \left\{ \frac{f(r)}{r} + \left[f'(r) - \frac{f(r)}{r} \right] \frac{(y-y')^2}{r^2} \right\},$$

$$C = \Sigma \left\{ \frac{f(r)}{r} + \left[f'(r) - \frac{f(r)}{r} \right] \frac{(z-z')^2}{r^2} \right\},$$

$$D = \Sigma \left[f'(r) - \frac{f(r)}{r} \right] \frac{(y-y')(z-z')}{r^2},$$

$$E = \Sigma \left[f'(r) - \frac{f(r)}{r} \right] \frac{(x-x')(z-z')}{r^2},$$

$$F = \Sigma \left[f'(r) - \frac{f(r)}{r} \right] \frac{(x-x')(y-y')}{r^2},$$

il vient

$$X\,\delta s = A\,\delta x + F\,\delta y + E\,\delta z,$$
$$Y\,\delta s = F\,\delta x + B\,\delta y + D\,\delta z,$$
$$Z\,\delta s = E\,\delta x + D\,\delta y + C\,\delta z.$$

En désignant par α, β, γ les angles que fait la direction du déplacement avec les axes des coordonnées, on a

$$\cos \alpha = \frac{\delta x}{\delta s}, \qquad \cos \beta = \frac{\delta y}{\delta s}, \qquad \cos \gamma = \frac{\delta z}{\delta s},$$

et les équations précédentes prennent la forme

$$(2) \quad \begin{cases} X = A \cos \alpha + F \cos \beta + E \cos \gamma, \\ Y = F \cos \alpha + B \cos \beta + D \cos \gamma, \\ Z = E \cos \alpha + D \cos \beta + C \cos \gamma. \end{cases}$$

X, Y, Z sont les composantes parallèles aux axes de la force élastique rapportée à l'unité de déplacement.

120. Principe de la superposition des élasticités. — Les composantes parallèles aux axes de la force élastique développée par un déplacement égal à ε et faisant avec les axes des angles égaux à α, β, γ ont pour expression

$$X\varepsilon = A\varepsilon \cos\alpha + F\varepsilon \cos\beta + E\varepsilon \cos\gamma,$$
$$Y\varepsilon = F\varepsilon \cos\alpha + B\varepsilon \cos\beta + D\varepsilon \cos\gamma,$$
$$Z\varepsilon = E\varepsilon \cos\alpha + D\varepsilon \cos\beta + C\varepsilon \cos\gamma.$$

Pour un déplacement parallèle à l'axe des x et égal à la projection sur cet axe du déplacement ε, les composantes de la force élastique sont, en posant $\varepsilon \cos\alpha = \varepsilon_1$,

$$X_1\varepsilon_1 = A\varepsilon \cos\alpha, \quad Y_1\varepsilon_1 = F\varepsilon \cos\alpha, \quad Z_1\varepsilon_1 = E\varepsilon \cos\alpha:$$

de même, pour des déplacements parallèles à l'axe des y et à l'axe des z et égaux respectivement aux projections du déplacement ε sur ces axes, les composantes de la force élastique sont, en posant $\varepsilon \cos\beta = \varepsilon_2$, $\varepsilon \cos\gamma = \varepsilon_3$.

$$X_2\varepsilon_2 = F\varepsilon \cos\beta, \quad Y_2\varepsilon_2 = B\varepsilon \cos\beta, \quad Z_2\varepsilon_2 = D\varepsilon \cos\beta.$$

et

$$X_3\varepsilon_3 = E\varepsilon \cos\gamma, \quad Y_3\varepsilon_3 = D\varepsilon \cos\gamma, \quad Z_3\varepsilon_3 = C\varepsilon \cos\gamma.$$

On a par conséquent

$$X\varepsilon = X_1\varepsilon_1 + X_2\varepsilon_2 + X_3\varepsilon_3,$$
$$Y\varepsilon = Y_1\varepsilon_1 + Y_2\varepsilon_2 + Y_3\varepsilon_3.$$
$$Z\varepsilon = Z_1\varepsilon_1 + Z_2\varepsilon_2 + Z_3\varepsilon_3.$$

De ces dernières équations on déduit le principe suivant, connu sous le nom de *principe de la superposition des élasticités*, et qui joue un rôle important dans la théorie générale de l'élasticité :

La force élastique développée par un déplacement très-petit d'une molécule peut être regardée comme la résultante des forces élastiques qui seraient mises en jeu, si la molécule recevait successivement trois déplacements parallèles à trois axes rectangulaires et égaux respectivement aux projections du déplacement réel sur ces axes.

Ce principe n'est vrai qu'autant que le déplacement est très-petit, car, dans le calcul qui nous a conduit aux équations (2), nous n'avons tenu compte que des termes qui sont de l'ordre de la première puissance du déplacement.

121. Ellipsoïde inverse des élasticités. — Si l'on projette la force élastique produite par un déplacement très-petit, égal à l'unité et faisant avec les axes des angles α, β, γ, sur la direction même du déplacement, cette projection P a pour valeur

$$P = A \cos^2 \alpha + B \cos^2 \beta + C \cos^2 \gamma + 2D \cos \beta \cos \gamma + 2E \cos \gamma \cos \alpha + 2F \cos \alpha \cos \beta.$$

Supposons qu'on construise une surface dont le rayon vecteur, faisant avec les axes les angles α, β, γ, soit en raison inverse de $\sqrt{P}$, c'est-à-dire une surface telle, que les rayons vecteurs soient en raison inverse des racines carrées des projections sur ces rayons des forces élastiques développées par des déplacements très-petits, égaux à l'unité et respectivement parallèles aux rayons vecteurs.

L'équation de cette surface est, en désignant par u le rayon vecteur et en supposant le coefficient de proportionnalité égal à l'unité,

$$\frac{1}{u^2} = A \cos^2 \alpha + B \cos^2 \beta + C \cos^2 \gamma + 2D \cos \beta \cos \gamma + 2E \cos \gamma \cos \alpha + 2F \cos \alpha \cos \beta,$$

d'où, en remarquant que l'on a

$$\cos \alpha = \frac{x}{u}, \qquad \cos \beta = \frac{y}{u}, \qquad \cos \gamma = \frac{z}{u},$$

$$A x^2 + B y^2 + C z^2 + 2D yz + 2E zx + 2F xy = 1.$$

La surface est donc du second degré, et, comme elle est nécessairement fermée, ce ne peut être qu'un ellipsoïde : elle porte le nom d'*ellipsoïde inverse des élasticités* ou *premier ellipsoïde* : nous l'appellerons, pour abréger, l'ellipsoïde (E).

122. Axes d'élasticité. — L'ellipsoïde inverse des élasticités peut être rapporté à ses trois axes de symétrie; son équation prend alors la forme

$$L x^2 + M y^2 + N z^2 = 1.$$

Si l'on choisit ces trois axes pour axes des coordonnées, les coefficients des termes qui, dans l'expression de P, contiennent les produits $\cos\beta\cos\gamma$, $\cos\gamma\cos\alpha$, $\cos\alpha\cos\beta$, doivent devenir identiquement nuls, sans quoi l'équation de l'ellipsoïde renfermerait des termes où figureraient les rectangles des coordonnées. Donc, en prenant pour axes des coordonnées les trois axes de symétrie de l'ellipsoïde (E), les composantes parallèles aux axes de la force élastique développée par un déplacement très-petit, égal à l'unité et faisant avec les axes des angles α, β, γ, sont représentées par

$$X = L\cos\alpha, \quad Y = M\cos\beta, \quad Z = N\cos\gamma.$$

Cherchons maintenant quelles sont les directions telles, qu'un déplacement parallèle à l'une de ces directions produise une force élastique parallèle au déplacement. Pour qu'il en soit ainsi, il faut et il suffit que les angles α, β, γ, formés avec les axes par la direction cherchée, satisfassent aux relations

$$\frac{X}{\cos\alpha} = \frac{Y}{\cos\beta} = \frac{Z}{\cos\gamma},$$

qui peuvent être mises sous la forme

$$L\cos\alpha\cos\beta = M\cos\alpha\cos\beta,$$
$$M\cos\beta\cos\gamma = N\cos\beta\cos\gamma,$$
$$N\cos\gamma\cos\alpha = L\cos\gamma\cos\alpha.$$

Lorsque les trois coefficients L, M, N ont des valeurs différentes, c'est-à-dire lorsque le milieu est inégalement élastique suivant trois directions rectangulaires, ce qui est le cas général, ces trois équations ne peuvent être satisfaites que si, l'un des trois angles α, β, γ étant nul, les deux autres sont égaux à 90 degrés, ou, en d'autres termes, si le déplacement est parallèle à l'un des trois axes des coordonnées. Nous arrivons ainsi à cette importante proposition :

Dans un milieu homogène, il existe toujours trois directions rectangulaires telles, qu'un déplacement très-petit d'une molécule parallèlement à l'une de ces trois directions produit une force élastique parallèle au déplacement, et en général aucune autre direction ne jouit de cette propriété.

Nous appellerons *axe d'élasticité* toute direction telle, qu'un déplacement très-petit s'effectuant parallèlement à cette direction donne naissance à une force élastique parallèle au déplacement. Il y a donc en général dans un milieu homogène trois axes d'élasticité; ces trois axes sont rectangulaires entre eux et parallèles aux axes de symétrie de l'ellipsoïde (E).

Si le déplacement a lieu parallèlement à l'axe des x, on a

$$X = L, \qquad Y = o. \qquad Z = o;$$

s'il a lieu parallèlement à l'axe des y,

$$X = o, \qquad Y = M, \qquad Z = o:$$

s'il a lieu parallèlement à l'axe des z.

$$X = o, \qquad Y = o, \qquad Z = N.$$

On voit donc que les forces élastiques développées par des déplacements égaux s'effectuant parallèlement aux trois axes d'élasticité, forces qui sont elles-mêmes parallèles à ces axes, sont inversement proportionnelles aux carrés des longueurs des trois axes de l'ellipsoïde (E).

Si deux des quantités L, M, N sont égales, l'ellipsoïde E a deux axes égaux; dans ce cas cet ellipsoïde est de révolution, et toute droite située dans le plan des axes égaux est un axe d'élasticité. Donc, si dans un milieu homogène des déplacements égaux s'effectuant suivant deux droites rectangulaires donnent lieu à des forces élastiques parallèles aux déplacements et égales entre elles, tous les déplacements s'effectuant suivant une direction comprise dans le plan de ces deux droites produisent des forces élastiques parallèles aux déplacements et égales entre elles si les déplacements sont égaux: c'est ce qui a lieu dans les milieux cristallisés à un axe.

Si les trois quantités L, M, N sont égales entre elles, l'ellipsoïde (E) devient une sphère, et toute droite est un axe d'élasticité. Donc, si dans un milieu homogène des déplacements égaux s'effectuant suivant trois droites rectangulaires donnent lieu à des forces élastiques parallèles aux déplacements et égales entre elles, tout déplacement, quelle que soit sa direction, produit une force élastique qui lui est parallèle, et la grandeur de cette force élastique est indépendante de la direction du déplacement.

Revenons maintenant au cas général : si nous représentons par a, b, c les vitesses de propagation des déplacements parallèles aux axes, ces vitesses, étant proportionnelles à la racine carrée de la force élastique, seront inversement proportionnelles aux racines carrées des quantités L, M, N : l'équation de l'ellipsoïde (E) peut donc être mise sous la forme

$$(E) \qquad a^2x^2 + b^2y^2 + c^2z^2 = 1,$$

et les composantes parallèles aux axes de la force élastique produite par un déplacement très-petit, égal à l'unité et faisant avec les axes des angles α. β, γ, ont pour expression définitive

$$X = a^2 \cos \alpha. \quad Y = b^2 \cos \beta. \quad Z = c^2 \cos \gamma.$$

123. Directions singulières. — Nous allons actuellement chercher quels sont, parmi les déplacements moléculaires très-petits qui peuvent s'effectuer dans un même plan, ceux pour lesquels la projection de la force élastique sur ce plan est parallèle au déplacement.

Si l'on coupe l'ellipsoïde (E) par un plan quelconque passant par son centre et qu'on choisisse pour axes des x et des y les axes de la section elliptique ainsi déterminée, l'équation de l'ellipsoïde prend la forme

$$Ax^2 + By^2 + Cz^2 + 2Dyz + 2Exz = 1,$$

le coefficient F du terme en xy devenant nul. Les trois composantes de la force élastique sont alors représentées par

$$X = A \cos \alpha + E \cos \gamma,$$
$$Y = B \cos \beta + D \cos \gamma,$$
$$Z = E \cos \alpha + D \cos \beta + C \cos \gamma.$$

Si le déplacement a lieu parallèlement au plan des xy, on a

$$\gamma = 90°, \quad \cos \beta = \sin \alpha.$$

et par suite

$$X = A \cos \alpha,$$
$$Y = B \sin \alpha,$$
$$Z = E \cos \alpha + D \sin \alpha.$$

Pour que la projection de la force élastique sur le plan des xy soit parallèle à la direction du déplacement, il faut et il suffit que l'on ait

$$\frac{X}{\cos \alpha} = \frac{Y}{\sin \alpha}$$

ou

$$A \cos \alpha \sin \alpha = B \sin \alpha \cos \alpha;$$

lorsque A et B ont des valeurs différentes, cette équation ne peut être satisfaite que si α est nul ou égal à 90 degrés, c'est-à-dire si le déplacement est parallèle à l'un des axes de la section elliptique.

Nous sommes conduits ainsi à la proposition suivante :

Parmi tous les déplacements moléculaires qui peuvent s'exécuter dans un même plan, il n'y en a en général que deux qui donnent naissance à une force élastique dont la projection sur ce plan soit parallèle au déplacement; les directions de ces deux déplacements sont rectangulaires et parallèles aux axes de la section elliptique qu'on détermine en menant par le centre de l'ellipsoïde (E) un plan parallèle à celui dans lequel ont lieu les déplacements.

Ces deux directions sont ce qu'on appelle les *directions singulières* du plan considéré.

Si le plan dans lequel s'effectuent les déplacements est parallèle aux sections circulaires de l'ellipsoïde, toute droite située dans ce plan est une direction singulière, et, par suite, tout déplacement s'opérant dans ce plan donne lieu, quelle que soit sa direction, à une force élastique dont la projection sur le plan est parallèle au déplacement.

124. Vitesse de propagation des ondes planes. — Les hypothèses admises par Fresnel permettent d'appliquer à la propagation des ondes planes les résultats que nous venons d'obtenir. En effet, comme les forces élastiques mises en jeu dans la propagation d'une onde plane ne diffèrent de la force élastique développée par le déplacement d'une seule molécule que par un facteur constant, et que d'ailleurs la composante parallèle au plan de l'onde est seule efficace, pour qu'une onde plane puisse se propager sans altération, c'est-à-dire en conservant sa direction et sa polarisation, il faut et il suffit que les déplacements des molécules sur cette onde soient parallèles à l'une des directions singulières du plan de l'onde. Si, sur l'onde plane, le déplacement a une direction quelconque, on peut toujours, en vertu du principe de la superposition des élasticités, supposer ce déplacement décomposé en deux autres s'effectuant parallèlement aux directions singulières. Une onde plane donne donc en général naissance à deux systèmes d'ondes sur lesquelles les vibrations sont parallèles aux directions singulières du plan de l'onde et perpendiculaires entre elles. Les vitesses de propagation de ces deux systèmes d'ondes, *estimées normalement au plan de l'onde*, sont différentes. Ces vitesses, d'après la quatrième hypothèse, sont proportionnelles à la racine carrée de la composante efficace de la force élastique, et par suite, d'après la construction de l'ellipsoïde (E), elles sont en raison inverse des longueurs des axes de la section elliptique déterminée dans cet ellipsoïde.

Nous pouvons donc énoncer le théorème suivant :

A une même direction de propagation normale correspondent deux systèmes d'ondes planes sur lesquelles les vibrations s'effectuent parallèlement aux axes de la section elliptique déterminée dans l'ellipsoïde (E) par un plan passant par son centre et perpendiculaire à cette direction, et dont les vitesses de propagation normale sont inversement proportionnelles aux longueurs de ces axes.

Cette proposition constitue à proprement parler la loi fondamentale de la double réfraction et s'est toujours trouvée d'accord avec l'expérience. Fresnel y était arrivé par voie de généralisation avant d'avoir tenté de la justifier par la théorie mécanique que nous venons d'exposer.

Il est facile maintenant de trouver l'expression de la vitesse de propagation d'une onde plane. Soient en effet α, β, γ les angles que forme avec les axes des coordonnées l'un des axes de la section elliptique faite parallèlement au plan de cette onde dans l'ellipsoïde (E): les composantes de la force élastique développée par un déplacement parallèle à cet axe seront

$$X = a^2 \cos \alpha, \quad Y = b^2 \cos \beta, \quad Z = c^2 \cos \gamma.$$

La projection de la force élastique sur la direction du déplacement, c'est-à-dire la composante efficace de cette force élastique, aura donc pour expression

$$a^2 \cos^2 \alpha + b^2 \cos^2 \beta + c^2 \cos^2 \gamma,$$

et la vitesse de propagation de l'onde plane sera représentée par

$$\sqrt{a^2 \cos^2 \alpha + b^2 \cos^2 \beta + c^2 \cos^2 \gamma}.$$

En donnant aux angles α, β, γ les valeurs qui conviennent aux deux axes de la section elliptique, on aura les vitesses de propagation des deux systèmes d'ondes qui peuvent cheminer dans le milieu parallèlement à un plan donné.

Si le plan de l'onde est parallèle à l'un des axes d'élasticité du milieu, l'une des directions singulières de ce plan coïncidera avec cet axe, et par suite l'une des vitesses de propagation de l'onde plane sera égale à a, à b ou à c suivant que l'onde est parallèle à l'axe des x, à celui des y ou à celui des z.

Si le plan de l'onde est parallèle aux sections circulaires de l'ellipsoïde (E), l'onde pourra se propager sans altération, quelle que soit la direction des déplacements moléculaires, et sa vitesse de propagation sera indépendante de la direction de ces déplacements.

125. Détermination de la surface d'élasticité. — Nous suivrons dans la détermination de la surface de l'onde la méthode indiquée par de Senarmont, et nous chercherons d'abord l'équation d'une surface auxiliaire dite *surface d'élasticité* ou *surface des vitesses normales*. Pour obtenir cette surface il faut, par un point pris pour centre, mener un plan quelconque et, sur la normale à ce plan, prendre des longueurs inversement proportionnelles aux axes de la

section elliptique faite dans l'ellipsoïde (E) parallèlement à ce plan,
ou directement proportionnelles aux deux vitesses de propagation
des ondes planes parallèles à ce plan qui peuvent cheminer dans le
milieu : le lieu des points ainsi déterminés est la surface d'élasticité.
Les plans perpendiculaires aux extrémités des rayons vecteurs de
cette surface sont les positions occupées au bout d'un même temps
par toutes les ondes planes qui passent simultanément par le centre,
et, par conséquent, la surface de l'onde n'est autre chose que l'enveloppe de ces plans.

La surface de l'onde se déduisant de la surface d'élasticité. proposons-nous en premier lieu de trouver l'équation de cette dernière
surface. Prenons à cet effet pour axes des coordonnées les trois axes
d'élasticité du milieu; soient l, m, n les angles que fait avec ces axes
la normale à une onde plane, α, β, γ ceux que forme avec les mêmes
axes un des axes de la section elliptique faite dans l'ellipsoïde (E)
parallèlement à cette onde; nous aurons

$$(1) \qquad \cos\alpha \cos l + \cos\beta \cos m + \cos\gamma \cos n = 0.$$

La force élastique développée par un déplacement parallèle à la
droite qui fait avec les axes les angles α, β, γ se projette sur le plan
de l'onde parallèlement à ce déplacement, et les cosinus des angles
que la direction de cette force fait avec les axes sont proportionnels
aux quantités $a^2 \cos\alpha$, $b^2 \cos\beta$, $c^2 \cos\gamma$ (124). Si donc on considère
une droite auxiliaire perpendiculaire à la fois au déplacement et à
la force élastique, cette droite sera située dans le plan de l'onde.
et, en désignant par u, v, w les angles qu'elle fait avec les axes, on
aura

$$(2) \qquad a^2 \cos\alpha \cos u + b^2 \cos\beta \cos v + c^2 \cos\gamma \cos w = 0 ,$$

$$(3) \qquad \cos\alpha \cos u + \cos\beta \cos v + \cos\gamma \cos w = 0 ,$$

$$(4) \qquad \cos l \cos u + \cos m \cos v + \cos n \cos w = 0.$$

Enfin, en représentant par r la vitesse de propagation de l'onde
plane, on a

$$(5) \qquad r^2 = a^2 \cos^2\alpha + b^2 \cos^2\beta + c^2 \cos^2\gamma.$$

Si. entre ces équations. on élimine les quantités α, β, γ, u, v, w, il restera une relation entre r, l, m, n qui sera l'équation polaire de la surface d'élasticité.

Pour effectuer l'élimination des angles u, v, w, nous emploierons la méthode des coefficients indéterminés ; nous ajouterons les équations (2), (3), (4) après les avoir multipliées respectivement, la première par B, la seconde par A, la troisième par 1, et nous déterminerons A et B de façon que les coefficients de $\cos v$ et de $\cos w$ soient nuls. Nous obtiendrons ainsi les trois équations

$$(6) \quad \begin{cases} (A + Ba^2)\cos\alpha + \cos l = 0. \\ (A + Bb^2)\cos\beta + \cos m = 0. \\ (A + Bc^2)\cos\gamma + \cos n = 0. \end{cases}$$

Si l'on ajoute ces trois équations après les avoir multipliées respectivement par $\cos\alpha$, $\cos\beta$, $\cos\gamma$, il vient, en tenant compte des équations (1) et (5),

$$A + Br^2 = 0,$$

d'où

$$A = -Br^2.$$

En portant cette valeur de A dans les équations (6), ces équations prennent la forme

$$\cos l = B(r^2 - a^2)\cos\alpha.$$
$$\cos m = B(r^2 - b^2)\cos\beta.$$
$$\cos n = B(r^2 - c^2)\cos\gamma.$$

d'où l'on tire

$$(7) \quad \frac{\dfrac{\cos l}{r^2 - a^2}}{\cos\alpha} = \frac{\dfrac{\cos m}{r^2 - b^2}}{\cos\beta} = \frac{\dfrac{\cos n}{r^2 - c^2}}{\cos\gamma} = \sqrt{\frac{\cos^2 l}{(r^2 - a^2)^2} + \frac{\cos^2 m}{(r^2 - b^2)^2} + \frac{\cos^2 n}{(r^2 - c^2)^2}}.$$

Si dans l'équation (1) on remplace $\cos\alpha$, $\cos\beta$, $\cos\gamma$ par les quantités proportionnelles

$$\frac{\cos l}{r^2 - a^2}, \quad \frac{\cos m}{r^2 - b^2}, \quad \frac{\cos n}{r^2 - c^2},$$

il vient

$$(8) \quad \frac{\cos^2 l}{r^2 - a^2} + \frac{\cos^2 m}{r^2 - b^2} + \frac{\cos^2 n}{r^2 - c^2} = 0,$$

équation polaire de la surface d'élasticité.

126. Détermination de la surface de l'onde. — Soient r, l, m, n les coordonnées polaires d'un point de la surface d'élasticité; menons par ce point un plan perpendiculaire au rayon vecteur de cette surface, et désignons par ρ, λ, μ, ν les coordonnées polaires d'un point quelconque de ce plan.

L'équation du plan ainsi déterminé sera

$$(9) \qquad \cos l \cos \lambda + \cos m \cos \mu + \cos n \cos \nu = \frac{r}{\rho},$$

et l'on aura entre les paramètres de ce plan les deux équations de condition

$$(10) \qquad \begin{cases} \cos^2 l + \cos^2 m + \cos^2 n = 1, \\ \dfrac{\cos^2 l}{r^2 - a^2} + \dfrac{\cos^2 m}{r^2 - b^2} + \dfrac{\cos^2 n}{r^2 - c^2} = 0. \end{cases}$$

La surface de l'onde est l'enveloppe des plans définis par l'équation (9); pour obtenir l'équation de cette surface, il faut donc, entre les trois équations (9) et (10) et les six équations obtenues en les différentiant par rapport aux paramètres indépendants, que nous supposerons être $\cos l$ et $\cos m$, éliminer les huit quantités

$$r, \quad \cos l, \quad \cos m, \quad \cos n, \quad \frac{d \cos n}{d \cos l}, \quad \frac{d \cos n}{d \cos m}, \quad \frac{dr}{d \cos l}, \quad \frac{dr}{d \cos m},$$

de façon à obtenir une relation qui ne contienne que ρ, λ, μ, ν.

Les six équations obtenues en différentiant (9) et (10) par rapport à $\cos l$ et à $\cos m$ sont

$$(11) \begin{cases} \cos \lambda + \cos \nu \dfrac{d \cos n}{d \cos l} = \dfrac{1}{\rho} \dfrac{dr}{d \cos l}, \\[2mm] \cos l + \cos n \dfrac{d \cos n}{d \cos l} = 0, \\[2mm] \dfrac{\cos l}{r^2 - a^2} + \dfrac{\cos n}{r^2 - c^2} \dfrac{d \cos n}{d \cos l} = \dfrac{dr}{d \cos l} r \left[\dfrac{\cos^2 l}{(r^2 - a^2)^2} + \dfrac{\cos^2 m}{(r^2 - b^2)^2} + \dfrac{\cos^2 n}{(r^2 - c^2)^2} \right], \end{cases}$$

$$(12) \begin{cases} \cos \mu + \cos \nu \dfrac{d \cos n}{d \cos m} = \dfrac{1}{\rho} \dfrac{dr}{d \cos m}, \\[2mm] \cos m + \cos n \dfrac{d \cos n}{d \cos m} = 0, \\[2mm] \dfrac{\cos m}{r^2 - b^2} + \dfrac{\cos n}{r^2 - c^2} \dfrac{d \cos n}{d \cos m} = \dfrac{dr}{d \cos m} r \left[\dfrac{\cos^2 l}{(r^2 - a^2)^2} + \dfrac{\cos^2 m}{(r^2 - b^2)^2} + \dfrac{\cos^2 n}{(r^2 - c^2)^2} \right]. \end{cases}$$

Pour effectuer l'élimination des quantités $\dfrac{d\cos n}{d\cos l}$, $\dfrac{d\cos n}{d\cos m}$, $\dfrac{dr}{d\cos l}$, $\dfrac{dr}{d\cos m}$, nous aurons encore recours à la méthode des coefficients indéterminés; nous ajouterons les équations des deux systèmes (11) et (12), après les avoir multipliées respectivement, la première par 1, la seconde par A, la troisième par $-B$. Il est facile de voir que les valeurs de A et de B qui annulent les coefficients de $\dfrac{d\cos n}{d\cos l}$ et de $\dfrac{dr}{d\cos l}$ dans l'équation provenant du système (11) annulent aussi les coefficients de $\dfrac{d\cos n}{d\cos m}$ et de $\dfrac{dr}{d\cos m}$ dans l'équation provenant du système (12); nous aurons donc deux équations pour déterminer A et B. Si à ces deux équations nous joignons les équations auxquelles se réduisent celles qui proviennent de l'addition des systèmes (11) et (12) lorsque A et B sont ainsi déterminés, nous obtiendrons le système

$$(13) \quad \left\{ \begin{aligned} &\cos\lambda + A\cos l = B\,\frac{\cos l}{r^2-a^2}, \\[4pt] &\cos\mu + A\cos m = B\,\frac{\cos m}{r^2-b^2}, \\[4pt] &\cos\nu + A\cos n = B\,\frac{\cos n}{r^2-c^2}, \\[4pt] &\frac{1}{\rho} = Br\left[\frac{\cos^2 l}{(r^2-a^2)^2} + \frac{\cos^2 m}{(r^2-b^2)^2} + \frac{\cos^2 n}{(r^2-c^2)^2}\right]. \end{aligned} \right.$$

Si l'on ajoute les trois premières de ces équations (13) après les avoir multipliées respectivement par $\cos l$, $\cos m$, $\cos n$, il vient, en tenant compte des équations (9) et (10),

$$A + \frac{r}{\rho} = 0.$$

Si l'on ajoute les mêmes équations après les avoir élevées au carré, il vient

$$1 + A^2 + 2A\,\frac{r}{\rho} = \frac{B}{r\rho}.$$

On tire de là pour A et B les valeurs suivantes :

$$A = -\frac{r}{\rho}, \qquad B = \frac{r}{\rho}\left(\rho^2 - r^2\right).$$

En portant ces valeurs dans les équations (13), elles deviennent

$$(14) \begin{cases} \dfrac{\rho \cos \lambda}{\rho^2 - a^2} = \dfrac{r \cos l}{r^2 - a^2}, \\[2mm] \dfrac{\rho \cos \mu}{\rho^2 - b^2} = \dfrac{r \cos m}{r^2 - b^2}, \\[2mm] \dfrac{\rho \cos \nu}{\rho^2 - c^2} = \dfrac{r \cos n}{r^2 - c^2}, \\[2mm] \dfrac{1}{\rho^2 - r^2} = r^2 \left[\dfrac{\cos^2 l}{(r^2 - a^2)^2} + \dfrac{\cos^2 m}{(r^2 - b^2)^2} + \dfrac{\cos^2 n}{(r^2 - c^2)^2} \right] \\[2mm] \qquad = \rho^2 \left[\dfrac{\cos^2 \lambda}{(\rho^2 - a^2)^2} + \dfrac{\cos^2 \mu}{(\rho^2 - b^2)^2} + \dfrac{\cos^2 \nu}{(\rho^2 - c^2)^2} \right]. \end{cases}$$

Les trois premières de ces équations (14) peuvent être mises sous la forme

$$\cos \lambda - \frac{r}{\rho} \cos l = \left(\rho^2 - r^2 \right) \frac{\cos \lambda}{\rho^2 - a^2},$$

$$\cos \mu - \frac{r}{\rho} \cos m = \left(\rho^2 - r^2 \right) \frac{\cos \mu}{\rho^2 - b^2},$$

$$\cos \nu - \frac{r}{\rho} \cos n = \left(\rho^2 - r^2 \right) \frac{\cos \nu}{\rho^2 - c^2}.$$

Si l'on ajoute ces dernières équations, après les avoir multipliées respectivement par $\cos \lambda$, $\cos \mu$, $\cos \nu$, on a, en tenant compte de l'équation (9),

$$1 - \frac{r^2}{\rho^2} = \left(\rho^2 - r^2 \right) \left(\frac{\cos^2 \lambda}{\rho^2 - a^2} + \frac{\cos^2 \mu}{\rho^2 - b^2} + \frac{\cos^2 \nu}{\rho^2 - c^2} \right),$$

d'où enfin

$$(15) \qquad \frac{\cos^2 \lambda}{\rho^2 - a^2} + \frac{\cos^2 \mu}{\rho^2 - b^2} + \frac{\cos^2 \nu}{\rho^2 - c^2} = \frac{1}{\rho^2},$$

équation polaire de la surface de l'onde.

Cette équation peut être mise sous une forme plus commode pour la discussion. Si en effet on retranche l'équation (15) de l'identité

$$\frac{1}{\rho^2} = \frac{\cos^2 \lambda}{\rho^2} + \frac{\cos^2 \mu}{\rho^2} + \frac{\cos^2 \nu}{\rho^2},$$

il vient

$$(16) \qquad \frac{a^2 \cos^2 \lambda}{\rho^2 - a^2} + \frac{b^2 \cos^2 \mu}{\rho^2 - b^2} + \frac{c^2 \cos^2 \nu}{\rho^2 - c^2} = 0,$$

forme sous laquelle l'équation de la surface de l'onde est fréquemment employée.

Pour obtenir l'équation de la surface de l'onde en coordonnées rectangulaires, il suffit de remplacer dans l'équation (16) $\cos \lambda$ par $\frac{x}{\rho}$, $\cos \mu$ par $\frac{y}{\rho}$, $\cos \nu$ par $\frac{z}{\rho}$, ρ par $\sqrt{x^2 + y^2 + z^2}$, ce qui donne

$$(17) \quad (x^2 + y^2 + z^2)(a^2 x^2 + b^2 y^2 + c^2 z^2) - a^2(b^2 + c^2) x^2$$
$$- b^2(c^2 + a^2) y^2 - c^2(a^2 + b^2) z^2 + a^2 b^2 c^2 = 0.$$

Lorsque les quantités a, b, c, c'est-à-dire les vitesses de propagation des ébranlements parallèles aux trois axes d'élasticité, ont des valeurs différentes, l'équation (17) représente une surface du quatrième degré à deux nappes distinctes.

Si deux de ces vitesses deviennent égales, comme cela a lieu dans les milieux cristallisés à un axe, si l'on a par exemple $b = c$, l'équation (17) se décompose en deux autres

$$x^2 + y^2 + z^2 = b^2,$$
$$a^2 x^2 + b^2(y^2 + z^2) = a^2 b^2 :$$

la surface de l'onde se compose donc dans ce cas d'une sphère et d'un ellipsoïde de révolution tangent à la sphère aux deux extrémités de son axe polaire.

Enfin, si les trois vitesses de propagation des ébranlements parallèles aux axes d'élasticité sont égales entre elles, c'est-à-dire si l'on a $a = b = c$, comme cela arrive dans les milieux isotropes, l'équation (17) se réduit à

$$x^2 + y^2 + z^2 = a^2,$$

et la surface de l'onde devient sphérique.

127. Construction de la surface de l'onde au moyen de l'ellipsoïde $\frac{x^2}{a^2} + \frac{y^2}{b^2} + \frac{z^2}{c^2} = 1$. — Considérons un ellipsoïde dont les demi-axes soient respectivement égaux aux vitesses de propagation des ébranlements parallèles aux trois axes d'élasticité; l'équation de cet ellipsoïde est

$$\frac{x^2}{a^2} + \frac{y^2}{b^2} + \frac{z^2}{c^2} = 1 \; ;$$

nous l'appellerons le second ellipsoïde. Supposons qu'on coupe cet ellipsoïde par un plan quelconque passant par son centre, et qu'on porte sur la normale à ce plan des longueurs directement proportionnelles aux axes de la section elliptique ainsi déterminée. Si l'on se reporte à la construction de la surface d'élasticité au moyen de l'ellipsoïde (E), dont l'équation est

$$a^2 x^2 + b^2 y^2 + c^2 z^2 = 1,$$

on voit immédiatement qu'en désignant par ρ, λ, μ, ν les coordonnées polaires des points construits, comme nous venons de le dire, à l'aide du second ellipsoïde, l'équation du lieu de ces points s'obtiendra en remplaçant respectivement dans l'équation de la surface d'élasticité r^2, a^2, b^2, c^2, l, m, n par $\frac{1}{\rho^2}$, $\frac{1}{a^2}$, $\frac{1}{b^2}$, $\frac{1}{c^2}$, λ, μ, ν. On arrive ainsi à l'équation

$$\frac{\cos^2 \lambda}{\frac{1}{\rho^2} - \frac{1}{a^2}} + \frac{\cos^2 \mu}{\frac{1}{\rho^2} - \frac{1}{b^2}} + \frac{\cos^2 \nu}{\frac{1}{\rho^2} - \frac{1}{c^2}} = 0,$$

ou

$$\frac{a^2 \cos^2 \lambda}{\rho^2 - a^2} + \frac{b^2 \cos^2 \mu}{\rho^2 - b^2} + \frac{c^2 \cos^2 \nu}{\rho^2 - c^2} = 0.$$

qui n'est autre que l'équation de la surface de l'onde.

Nous sommes ainsi conduits à la construction suivante pour la surface de l'onde :

Par le centre de l'ellipsoïde $\frac{x^2}{a^2} + \frac{y^2}{b^2} + \frac{z^2}{c^2} = 1$ *on mène un plan quelconque, et sur la normale à ce plan on porte deux longueurs proportionnelles aux axes de la section elliptique déterminée par le plan : le lieu des points ainsi obtenus est la surface de l'onde.*

128. Direction des vibrations en un point de la surface de l'onde. — Nous allons nous proposer maintenant de déterminer la direction du mouvement vibratoire en un point quelconque de la surface de l'onde, c'est-à-dire chercher la relation qui existe entre les angles α, β, γ, que fait avec les axes la direction du déplacement, et les angles λ, μ, ν, que fait avec les mêmes axes la direction du rayon vecteur de la surface de l'onde qui correspond à ce déplacement, c'est-à-dire du rayon vecteur passant par le point où l'onde plane qui propage ce déplacement est tangent à la surface de l'onde.

Si, entre les équations (7) et les trois premières des équations (14), on élimine $\cos l$, $\cos m$, $\cos n$, il vient, en tenant compte de la dernière des équations (13) et de la valeur trouvée pour B,

$$\frac{\dfrac{\cos\lambda}{\rho^2-a^2}}{\cos\alpha} = \frac{\dfrac{\cos\mu}{\rho^2-b^2}}{\cos\beta} = \frac{\dfrac{\cos\nu}{\rho^2-c^2}}{\cos\gamma} = \sqrt{\frac{\cos^2\lambda}{(\rho^2-a^2)^2} + \frac{\cos^2\mu}{(\rho^2-b^2)^2} + \frac{\cos^2\nu}{(\rho^2-c^2)^2}}$$

$$= \frac{r}{\rho}\sqrt{\frac{\cos^2 l}{(r^2-a^2)^2} + \frac{\cos^2 m}{(r^2-b^2)^2} + \frac{\cos^2 n}{(r^2-c^2)^2}} = \frac{r}{\rho}\sqrt{\frac{1}{\mathrm{B}r\rho}} = \frac{1}{\rho\sqrt{\rho^2-r^2}},$$

d'où

$$\frac{\cos\lambda}{\rho^2-a^2} = \frac{\cos\alpha}{\rho\sqrt{\rho^2-r^2}}, \quad \frac{\cos\mu}{\rho^2-b^2} = \frac{\cos\beta}{\rho\sqrt{\rho^2-r^2}}, \quad \frac{\cos\nu}{\rho^2-c^2} = \frac{\cos\gamma}{\rho\sqrt{\rho^2-r^2}}.$$

En portant ces valeurs dans l'équation (15) de la surface de l'onde, on a

$$\cos\alpha\cos\lambda + \cos\beta\cos\mu + \cos\gamma\cos\nu = \sqrt{1 - \frac{r^2}{\rho^2}}.$$

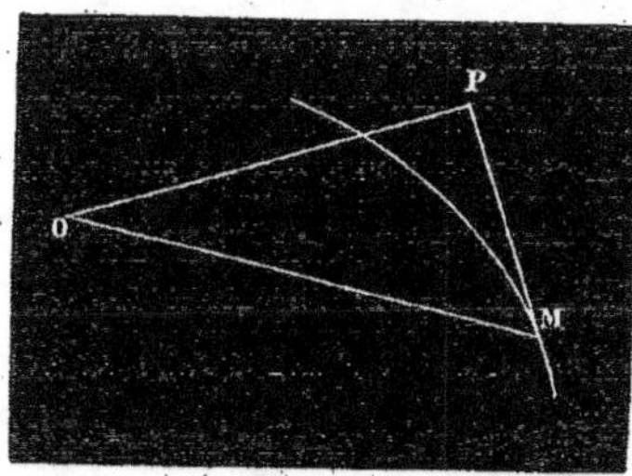

Le cosinus de l'angle que fait la direction des vibrations en un point M de la surface de l'onde (fig. 88) avec le rayon vecteur OM qui passe par ce point est donc égal à $\sqrt{1 - \dfrac{r^2}{\rho^2}}$; comme d'ailleurs $\dfrac{r}{\rho}$ est le cosinus de l'angle que fait ce rayon vecteur avec la perpendiculaire OP abaissée du centre sur le plan tangent en M à la surface de l'onde, on voit que ces deux angles sont complé-

Fig. 88.

mentaires l'un de l'autre, et que, par suite, au point M les vibrations sont dirigées suivant MP.

Nous sommes ainsi conduits à cet important théorème :

La direction des vibrations en un point quelconque de la surface de l'onde s'obtient en projetant le rayon vecteur qui passe par ce point sur le plan tangent au même point à la surface de l'onde.

La construction qui donne la direction des vibrations devient inapplicable lorsque le rayon vecteur est normal à la surface de l'onde, mais dans ce cas il est toujours facile de déterminer la direction des vibrations.

Le plan OMP, qui contient le rayon vecteur de la surface de l'onde et la vibration correspondante, est ce qu'on appelle le *plan de vibration*. Quant au plan de polarisation du rayon OM, d'après l'hypothèse admise par Fresnel, ce plan doit être perpendiculaire à la vibration, et comme, en général, le rayon est oblique à la vibration, ce plan ne peut à la fois passer par le rayon et être perpendiculaire à la vibration. Fresnel prenait pour plan de polarisation du rayon OM le plan mené par le point M perpendiculairement à MP ; si l'on veut faire passer le plan de polarisation par le rayon, il faudra choisir pour plan de polarisation le plan mené par le rayon perpendiculairement au plan de vibration. Comme les milieux biréfringents connus ne sont doués que d'une double réfraction très-faible, la différence entre les positions du plan de polarisation, suivant qu'on le définit de l'une ou de l'autre manière, est tout à fait négligeable.

129. Relations entre les directions de propagation normale des ondes planes, les directions des rayons vecteurs de la surface de l'onde et les directions des vibrations. — D'après le théorème précédent, si l'on considère une onde plane quelconque, la normale à cette onde plane, la direction des vibrations sur cette onde et le rayon vecteur de la surface de l'onde qui passe par le point où l'onde plane est tangente à cette surface sont contenus dans un même plan ; de plus, ainsi que nous l'avons vu (124), à chaque direction normale de propagation d'une onde

plane correspondent pour les vibrations deux directions parallèles
aux axes de la section faite parallèlement à cette onde plane dans
l'ellipsoïde (E), directions qui sont perpendiculaires entre elles.
Donc :

*Les plans qui contiennent à la fois une même direction de propagation
normale, les deux vibrations et les deux rayons vecteurs correspondants
de la surface de l'onde, sont rectangulaires.*

À chaque rayon vecteur de la surface de l'onde correspondent,
puisque cette surface est à deux nappes, deux directions pour les
vibrations. Nous allons démontrer que les plans qui passent par un
rayon vecteur de la surface de l'onde et par les deux vibrations correspondantes sont rectangulaires, et à cet effet nous allons faire
voir que :

*Les deux vibrations qui correspondent à un même rayon vecteur de la
surface de l'onde sont comprises dans deux plans passant par ce rayon
vecteur et par les axes de la section elliptique qu'un plan perpendiculaire
au rayon vecteur détermine dans l'ellipsoïde* $\frac{x^2}{a^2}+\frac{y^2}{b^2}+\frac{z^2}{c^2}=1$.

Représentons par φ, ψ, χ les angles que fait avec les trois axes
de coordonnées l'un des axes de cette section elliptique; il s'agit de
démontrer que les trois droites (α, β, γ); (λ, μ, ν), (φ, ψ, χ) sont
contenues dans un même plan.

Remarquons d'abord qu'entre les angles α, β, γ, que fait avec les
axes des coordonnées l'un des axes de la section elliptique déterminée dans l'ellipsoïde $a^2x^2 + b^2y^2 + c^2z^2 = 1$ par un plan perpendiculaire à la droite (l, m, n), on a les relations

$$(7)\quad \frac{\dfrac{\cos l}{r^2-a^2}}{\cos\alpha} = \frac{\dfrac{\cos m}{r^2-b^2}}{\cos\beta} = \frac{\dfrac{\cos n}{r^2-c^2}}{\cos\gamma} = \sqrt{\frac{\cos^2 l}{(r^2-a^2)^2}+\frac{\cos^2 m}{(r^2-b^2)^2}+\frac{\cos^2 n}{(r^2-c^2)^2}},$$

et que par suite les angles φ, ψ, χ, que fait avec les axes des coordonnées l'un des axes de la section elliptique déterminée dans l'el-
lipsoïde $\frac{x^2}{a^2}+\frac{y^2}{b^2}+\frac{z^2}{c^2}=1$ par un plan perpendiculaire à la droite
(λ, μ, ν), sont liés par des relations qui s'obtiendront en remplaçant

dans les précédentes r^2, α, β. γ, l, m, n, a^2, b^2, c^2 respectivement par $\frac{1}{\rho^2}$, φ, ψ, χ. λ, μ, ν. $\frac{1}{a^2}$, $\frac{1}{b^2}$, $\frac{1}{c^2}$, ce qui donne

$$(18) \qquad \frac{\dfrac{a^2\cos\lambda}{\rho^2-a^2}}{\cos\varphi} = \frac{\dfrac{b^2\cos\mu}{\rho^2-b^2}}{\cos\psi} = \frac{\dfrac{c^2\cos\nu}{\rho^2-c^2}}{\cos\chi}$$
$$= \sqrt{\frac{a^4\cos^2\lambda}{(\rho^2-a^2)^2}+\frac{b^4\cos^2\mu}{(\rho^2-b^2)^2}+\frac{c^4\cos^2\nu}{(\rho^2-c^2)^2}}.$$

Ceci posé, considérons une droite auxiliaire perpendiculaire à la fois aux deux droites (λ, μ, ν) et (φ, ψ, χ), et faisant avec les axes des angles A, B, C; nous aurons

$$(19) \qquad \cos A \cos\lambda + \cos B \cos\mu + \cos C \cos\nu = 0,$$
$$(20) \qquad \cos A \cos\varphi + \cos B \cos\psi + \cos C \cos\chi = 0.$$

L'équation (20), en y remplaçant $\cos\varphi$, $\cos\psi$, $\cos\chi$ par les quantités qui leur sont proportionnelles d'après (18), devient

$$\frac{a^2\cos\lambda}{\rho^2-a^2}\cos A + \frac{b^2\cos\mu}{\rho^2-b^2}\cos B + \frac{c^2\cos\nu}{\rho^2-c^2}\cos C = 0.$$

En ajoutant cette dernière équation et l'équation (19), il vient

$$\frac{\cos\lambda}{\rho^2-a^2}\cos A + \frac{\cos\mu}{\rho^2-b^2}\cos B + \frac{\cos\nu}{\rho^2-c^2}\cos C = 0,$$

et en remarquant que, d'après les équations (7) et (14),

$$\frac{\dfrac{\cos\lambda}{\rho^2-a^2}}{\cos\alpha} = \frac{\dfrac{\cos\mu}{\rho^2-b^2}}{\cos\beta} = \frac{\dfrac{\cos\nu}{\rho^2-c^2}}{\cos\gamma},$$

on a définitivement

$$\cos\alpha \cos A + \cos\beta \cos B + \cos\gamma \cos C = 0.$$

Donc les droites (α, β, γ), (λ, μ, ν). (φ, ψ, χ), étant toutes trois perpendiculaires à la droite (A, B, C), sont contenues dans un même plan. ce qui démontre le théorème suivant :

*Les plans qui contiennent à la fois un même rayon vecteur de la sur-
face de l'onde, les deux vibrations et les deux directions de propagation
normale correspondantes, sont rectangulaires.*

130. Critique de la théorie de Fresnel. — Les hypothèses
dont Fresnel avait fait les principes de sa théorie de la double réfraction ne résistent pas à un examen approfondi. Sans rechercher
s'il est vrai que l'absence des vibrations longitudinales prouve l'incompressibilité de l'éther, l'hypothèse qui consiste à regarder comme
seule efficace la composante parallèle au plan de l'onde de la force
élastique doit être rejetée comme incompatible avec le point de vue
où Fresnel s'était placé. Lorsqu'on se propose d'expliquer les phénomènes lumineux par la considération d'un éther formé de molécules séparées par des intervalles assez grands pour que ces molécules
puissent être assimilées dans leurs réactions mutuelles à des points
mathématiques, on ne doit avoir recours à aucune hypothèse accessoire. Les actions réciproques des molécules doivent rendre compte
de tout, de l'incompressibilité de l'éther, si elle est réelle, comme
des lois de la propagation des ondes. Les seules ondes dont on
puisse admettre qu'elles se propagent sans altération sont celles qui
développent des forces élastiques parallèles aux vibrations, et le
problème est de trouver l'arrangement moléculaire et la loi d'action
réciproque qui conduisent à déterminer la vitesse et la polarisation
de ces ondes en conformité des lois de Fresnel. Cauchy a démontré
que ce problème ne comporte pas de solution rigoureuse. Il n'est
possible, avec un milieu ainsi constitué, de satisfaire aux lois de
Fresnel que d'une manière approchée et seulement dans l'hypothèse
d'une double réfraction peu énergique.

Quant à l'hypothèse qui consiste à admettre que l'élasticité mise
en jeu par la propagation d'un système d'ondes planes à vibrations
rectilignes soit dans un rapport constant avec l'élasticité développée
par le déplacement parallèle d'une seule molécule, quelle que soit
la direction du plan de l'onde, elle est, comme l'a fait voir Cauchy,
erronée de tout point. Il n'est donc pas évident que dans les cristaux
à un axe les vibrations ordinaires soient perpendiculaires à l'axe, et
les phénomènes de la double réfraction ne peuvent servir à décider

si dans la lumière polarisée les vibrations sont perpendiculaires ou parallèles au plan de polarisation. L'une et l'autre hypothèse sont également légitimes; seulement elles exigent que, pour la représentation approximative des lois de Fresnel, on admette des relations différentes entre les coefficients d'où dépendent les grandeurs et les directions des forces élastiques mises en jeu dans les vibrations de l'éther.

II.

THÉORIE DE CAUCHY[1].

Cauchy, dans sa théorie de la double réfraction, n'a recours à aucune hypothèse; il s'appuie uniquement sur ce principe évident, que les seules ondes planes qui puissent se propager sans altération dans un milieu élastique sont celles dont les vibrations produisent des forces élastiques parallèles aux déplacements moléculaires. Nous allons exposer la théorie de Cauchy avec les simplifications qui y ont été introduites par Beer, et montrer comment les résultats de cette théorie peuvent s'accorder d'une manière approximative avec ceux qu'a obtenus Fresnel.

131. Expression analytique des forces élastiques développées dans le mouvement d'un système de molécules sollicitées par des forces d'attraction ou de répulsion mutuelle et très-peu écartées de leur position d'équilibre. — Comme, dans la théorie de Cauchy, on n'admet aucune relation nécessaire entre les forces élastiques mises en jeu par la propagation d'un système d'ondes planes et la force élastique développée par le déplacement d'une molécule unique s'opérant parallèlement aux vibrations de ces ondes, il est indispensable de considérer le cas général où toutes les molécules d'un système reçoivent simultanément des déplacements très-petits, et de déterminer les forces élastiques qui résultent, dans ces conditions, des actions attractives ou répulsives que les molécules exercent les unes sur les autres.

Soient x, y, z les coordonnées, par rapport à trois axes rectangulaires quelconques, d'une des molécules du système, et m la masse de cette molécule; représentons par $x + \Delta x$, $y + \Delta y$, $z + \Delta z$ les coordonnées d'une autre molécule de masse μ, et par r la distance des

[1] Cauchy, *Exerc. de Mathémat.*, t. III, p. 188; t. IV, p. 129; t. V, p. 19. — *Nouv. Exerc. de Mathémat.*, p. 1. — *Exerc. d'Anal. et de Phys. mathémat.*, t. I, p. 288. — *Mém. de l'Acad. des sc.*, IX, 114; X, 293; XVIII, 153.
Beer, *Phil. Mag.*, (4), II, 297. — *Grünert's Archiv.*, XVI, 223.

deux molécules. L'action réciproque de ces deux molécules est dirigée suivant la droite qui les joint et a pour expression

$$m\mu f(r),$$

f étant une fonction indéterminée de la distance. Si le système est en équilibre. on a les trois relations

$$(1) \qquad \Sigma \mu f(r) \frac{\Delta x}{r} = 0, \qquad \Sigma \mu f(r) \frac{\Delta y}{r} = 0, \qquad \Sigma \mu f(r) \frac{\Delta z}{r} = 0.$$

Supposons maintenant qu'à un certain moment les molécules du système soient écartées de leur position d'équilibre d'une quantité très-petite, et soient ξ, η, ζ les projections sur les axes du déplacement de la molécule m, déplacement que nous désignerons par ε; soient au même instant $\xi + \Delta\xi$, $\eta + \Delta\eta$, $\zeta + \Delta\zeta$ les projections sur les axes du déplacement de la molécule μ, et $r + \rho$ la valeur que prend la distance des deux molécules. En représentant les composantes parallèles aux axes de la force élastique qui s'exerce sur la molécule m par $X\varepsilon$, $Y\varepsilon$, $Z\varepsilon$, de sorte que X, Y, Z soient les composantes de la force élastique rapportée à l'unité de déplacement. on aura

$$X\varepsilon = m\Sigma\mu f(r+\rho)\frac{\Delta x + \Delta\xi}{r+\rho},$$

$$Y\varepsilon = m\Sigma\mu f(r+\rho)\frac{\Delta y + \Delta\eta}{r+\rho},$$

$$Z\varepsilon = m\Sigma\mu f(r+\rho)\frac{\Delta z + \Delta\zeta}{r+\rho}.$$

Si l'on développe $f(r+\rho)$ et si l'on néglige les termes dont l'ordre de grandeur est inférieur à celui de ρ^2, ce qui est permis puisque les déplacements sont toujours très-petits, il vient, en remarquant que $\Delta\xi$, $\Delta\eta$, $\Delta\zeta$ sont du même ordre de grandeur que ρ, tandis que Δx, Δy, Δz peuvent être d'un ordre de grandeur quelconque.

$$X\varepsilon = m\Sigma\mu \left[f(r) + \rho f'(r)\right] \left(\frac{\Delta x + \Delta\xi}{r}\right)\left(1 - \frac{\rho}{r}\right)$$

$$= m\Sigma\mu \left[f(r)\frac{\Delta\xi}{r} + \rho f'(r)\frac{\Delta x}{r} - \rho f(r)\frac{\Delta x}{r^2}\right]$$

$$= m\Sigma\mu \left\{f(r)\frac{\Delta\xi}{r} + \left[f'(r) - \frac{f(r)}{r}\right]\rho\frac{\Delta x}{r}\right\}.$$

On a d'ailleurs

$$r^2 = \Delta x^2 + \Delta y^2 + \Delta z^2,$$

$$(r + \rho)^2 = (\Delta x + \Delta \xi)^2 + (\Delta y + \Delta \eta)^2 + (\Delta z + \Delta \zeta)^2,$$

d'où, en se bornant au même degré d'approximation que plus haut,

$$\rho = \frac{\Delta x\,\Delta \xi + \Delta y\,\Delta \eta + \Delta z\,\Delta \zeta}{r}.$$

En portant cette valeur de ρ dans les expressions qui représentent les composantes de la force élastique, il vient définitivement

$$(2) \begin{cases} X\varepsilon = m\,\Sigma\mu\left\{\left[\frac{f(r)}{r} + \left[f'(r) - \frac{f(r)}{r}\right]\frac{\Delta x^2}{r^2}\right]\Delta \xi + \left[f'(r) - \frac{f(r)}{r}\right]\frac{\Delta x\,\Delta y}{r^2}\Delta \eta \right. \\ \qquad\qquad\qquad\qquad \left. + \left[f'(r) - \frac{f(r)}{r}\right]\frac{\Delta x\,\Delta z}{r^2}\Delta \zeta\right\}, \\[1em] Y\varepsilon = m\,\Sigma\mu\left\{\left[f'(r) - \frac{f(r)}{r}\right]\frac{\Delta x\,\Delta y}{r^2}\Delta \xi + \left[\frac{f(r)}{r} + \left[f'(r) - \frac{f(r)}{r}\right]\frac{\Delta y^2}{r^2}\right]\Delta \eta \right. \\ \qquad\qquad\qquad\qquad \left. + \left[f'(r) - \frac{f(r)}{r}\right]\frac{\Delta y\,\Delta z}{r^2}\Delta \zeta\right\}, \\[1em] Z\varepsilon = m\,\Sigma\mu\left\{\left[f'(r) - \frac{f(r)}{r}\right]\frac{\Delta x\,\Delta z}{r^2}\Delta \xi + \left[f'(r) - \frac{f(r)}{r}\right]\frac{\Delta y\,\Delta z}{r^2}\Delta \eta \right. \\ \qquad\qquad\qquad\qquad \left. + \left[\frac{f(r)}{r} + \left[f'(r) - \frac{f(r)}{r}\right]\frac{\Delta z^2}{r^2}\right]\Delta \zeta\right\}. \end{cases}$$

132. Relation entre la vitesse de propagation d'une onde plane et la force élastique. — Considérons dans un milieu homogène une onde plane, c'est-à-dire un plan dont tous les points sont animés de mouvements identiques, et soit R la distance de cette onde plane à l'origine des coordonnées. Soient, au temps t, ε le déplacement d'une des molécules de l'onde, ξ, η, ζ les projections de ce déplacement sur trois axes rectangulaires quelconques. En supposant le mouvement vibratoire rectiligne et en désignant par α, β, γ les angles que fait avec les trois axes la trajectoire rectiligne de chaque molécule de l'onde plane, on a

$$\varepsilon = \varphi(R, t),$$

$$\xi = \varphi(R, t)\cos\alpha, \qquad \eta = \varphi(R, t)\cos\beta, \qquad \zeta = \varphi(R, t)\cos\gamma.$$

Pour que l'onde se propage sans altération dans le milieu, il faut :

1° Que les angles α, β, γ restent constants;

2° Que l'on ait, en appelant V la vitesse de propagation de l'onde plane,

$$\varphi(R + a, t) = \varphi\left(R, t - \frac{a}{V}\right),$$

condition qui ne peut être remplie que si la fonction φ est de la forme $\varphi(R - Vt)$.

Nous avons vu d'ailleurs que les phénomènes de diffraction s'expliquent jusque dans leurs moindres détails en admettant que les mouvements vibratoires des molécules de l'éther suivent les mêmes lois que les oscillations infiniment petites d'un pendule. On peut donc poser, en représentant par λ la longueur d'ondulation et par δ une constante.

$$\varepsilon = \delta \sin \frac{2\pi}{\lambda}(R - Vt).$$

d'où

$$\frac{d^2\varepsilon}{dt^2} = - \frac{4\pi^2 V^2}{\lambda^2}\varepsilon.$$

Soit $U\varepsilon$ la force élastique développée par le déplacement ε; lorsque l'onde plane se propage sans altération, cette force est parallèle au déplacement et l'on a

$$U\varepsilon = m \frac{d^2\varepsilon}{dt^2},$$

d'où

$$U = - \frac{4\pi^2 m}{\lambda^2} V^2.$$

Donc, *lorsqu'une onde plane se propage sans altération dans un milieu homogène, sa vitesse de propagation est proportionnelle à la racine carrée de la force élastique développée par le mouvement d'une de ses molécules.*

On retrouve ainsi sans faire aucune hypothèse l'un des principes admis sans démonstration par Fresnel.

133. Expression analytique des forces élastiques développées dans la propagation d'une onde plane. — Nous allons maintenant appliquer à la propagation d'une onde plane dans un milieu homogène les formules établies plus haut pour un système quelconque de molécules en mouvement, et chercher quelle doit être la direction du déplacement pour que l'onde plane se propage sans altération.

Soient l, m, n les angles formés avec les axes, que nous supposons toujours choisis arbitrairement, par la normale à une onde plane, et R la distance de cette onde à l'origine; les coordonnées x, y, z d'un point de l'onde plane satisferont à l'équation

$$(3) \qquad x \cos l + y \cos m + z \cos n = \mathrm{R}.$$

De même, si $x + \Delta x$, $y + \Delta y$, $z + \Delta z$ désignent les coordonnées d'un point d'une deuxième onde plane parallèle à la première, et $\mathrm{R} + \Delta \mathrm{R}$ la distance de cette deuxième onde à l'origine, on aura, en tenant compte de l'équation (3),

$$(4) \qquad \Delta x \cos l + \Delta y \cos m + \Delta z \cos n = \Delta \mathrm{R}.$$

Soient maintenant ξ, η, ζ les projections sur les axes du déplacement ε que reçoit à un certain moment la molécule dont les coordonnées sont x, y, z, et α, β, γ les angles que fait ce déplacement avec les axes. D'après ce que nous avons vu plus haut (132), on aura

$$(5) \quad \xi = \varphi(\mathrm{R} - \mathrm{V}t) \cos \alpha, \quad \eta = \varphi(\mathrm{R} - \mathrm{V}t) \cos \beta, \quad \zeta = \varphi(\mathrm{R} - \mathrm{V}t) \cos \gamma.$$

Si l'on représente par $\xi + \Delta \xi$, $\eta + \Delta \eta$, $\zeta + \Delta \zeta$ les projections sur les axes du déplacement que subit au même moment la molécule dont les coordonnées sont $x + \Delta x$, $y + \Delta y$, $z + \Delta z$, et si l'on suppose que l'onde plane se propage sans altération et que par conséquent les angles α, β, γ soient constants, on déduira des équations (5) les valeurs suivantes pour $\Delta \xi$, $\Delta \eta$, $\Delta \zeta$:

$$(6) \quad \begin{cases} \Delta \xi = \cos \alpha \left[\dfrac{d\varphi}{d\mathrm{R}} \Delta \mathrm{R} + \dfrac{d^2\varphi}{d\mathrm{R}^2} \dfrac{\Delta \mathrm{R}^2}{1.2} + \cdots \right], \\[2ex] \Delta \eta = \cos \beta \left[\dfrac{d\varphi}{d\mathrm{R}} \Delta \mathrm{R} + \dfrac{d^2\varphi}{d\mathrm{R}^2} \dfrac{\Delta \mathrm{R}^2}{1.2} + \cdots \right], \\[2ex] \Delta \zeta = \cos \gamma \left[\dfrac{d\varphi}{d\mathrm{R}} \Delta \mathrm{R} + \dfrac{d^2\varphi}{d\mathrm{R}^2} \dfrac{\Delta \mathrm{R}^2}{1.2} + \cdots \right]. \end{cases}$$

Pour avoir les expressions des composantes parallèles aux axes de la force élastique qui s'exerce dans la propagation de l'onde plane sur la molécule (x, y, z), il faut dans les formules (2) remplacer $\Delta\xi$, $\Delta\eta$, $\Delta\zeta$ par les valeurs que nous venons de trouver. Les forces moléculaires n'étant sensibles qu'à de très-petites distances, on peut, du moins si l'on se contente d'une première approximation, négliger les termes qui contiennent ΔR à une puissance supérieure à la seconde[1]; de plus, si le milieu n'est pas hémiédrique, tout est semblable de part et d'autre de l'onde, et les termes qui contiennent ΔR à une puissance impaire s'évanouissent comme étant la somme de quantités qui sont deux à deux égales et de signes contraires. Il vient donc, en faisant la substitution,

$$
(7)\quad
\begin{cases}
-\dfrac{\lambda^2}{2\pi^2}\dfrac{X}{m} = \Delta R^2 \Big\{ \cos\alpha\,\Sigma\mu\left[\dfrac{f(r)}{r}+\left[f'(r)-\dfrac{f(r)}{r}\right]\dfrac{\Delta x^2}{r^2}\right] \\
\qquad\qquad + \cos\beta\,\Sigma\mu\left[f'(r)-\dfrac{f(r)}{r}\right]\dfrac{\Delta x\,\Delta y}{r^2} \\
\qquad\qquad + \cos\gamma\,\Sigma\mu\left[f'(r)-\dfrac{f(r)}{r}\right]\dfrac{\Delta x\,\Delta z}{r^2}\Big\}, \\[2ex]
-\dfrac{\lambda^2}{2\pi^2}\dfrac{Y}{m} = \Delta R^2 \Big\{ \cos\alpha\,\Sigma\mu\left[f'(r)-\dfrac{f(r)}{r}\right]\dfrac{\Delta x\,\Delta y}{r^2} \\
\qquad\qquad + \cos\beta\,\Sigma\mu\left[\dfrac{f(r)}{r}+\left[f'(r)-\dfrac{f(r)}{r}\right]\dfrac{\Delta y^2}{r^2}\right] \\
\qquad\qquad + \cos\gamma\,\Sigma\mu\left[f'(r)-\dfrac{f(r)}{r}\right]\dfrac{\Delta y\,\Delta z}{r^2}\Big\}, \\[2ex]
-\dfrac{\lambda^2}{2\pi^2}\dfrac{Z}{m} = \Delta R^2 \Big\{ \cos\alpha\,\Sigma\mu\left[f'(r)-\dfrac{f(r)}{r}\right]\dfrac{\Delta x\,\Delta z}{r^2} \\
\qquad\qquad + \cos\beta\,\Sigma\mu\left[f'(r)-\dfrac{f(r)}{r}\right]\dfrac{\Delta y\,\Delta z}{r^2} \\
\qquad\qquad + \cos\gamma\,\Sigma\mu\left[\dfrac{f(r)}{r}+\left[f'(r)-\dfrac{f(r)}{r}\right]\dfrac{\Delta z^2}{r^2}\right]\Big\}.
\end{cases}
$$

Si l'on porte dans ces équations (7) la valeur de ΔR tirée de (4), les composantes de la force élastique seront exprimées en fonction des angles l, m, n et α, β, γ. La grandeur et la direction de la force élastique rapportée à un déplacement égal à l'unité dépendent donc non-seulement de la direction du déplacement, mais encore de celle du plan de l'onde, contrairement à la seconde hypothèse admise par Fresnel.

[1] On verra plus loin que les termes que nous regardons ici comme négligeables doivent être pris en considération dans la théorie de la dispersion.

Pour simplifier les résultats obtenus en substituant la valeur de ΔR dans les équations (7), il suffit de choisir pour axes des coordonnées les trois axes d'élasticité du milieu (122). Les trois plans menés par la molécule (x, y, z) parallèlement aux plans coordonnés sont alors des plans de symétrie, c'est-à-dire qu'à chaque molécule située d'un côté d'un de ces plans correspond une molécule de même masse située de l'autre côté du plan et à la même distance de ce plan que la première, d'où il résulte que tous les termes contenant l'une des quantités Δx, Δy, Δz à une puissance impaire s'évanouissent. Donc, en prenant pour axes des coordonnées les axes d'élasticité du milieu, on a

$$
\begin{aligned}
-\frac{\lambda^2}{2\pi^2}\frac{X}{m} = \cos\alpha & \left\{
\begin{aligned}
& \cos^2 l\left[\Sigma\mu\frac{f(r)}{r}\Delta x^2 + \Sigma\mu\left[f'(r)-\frac{f(r)}{r}\right]\frac{\Delta x^4}{r^2}\right]\\
& + \cos^2 m\left[\Sigma\mu\frac{f(r)}{r}\Delta y^2 + \Sigma\mu\left[f'(r)-\frac{f(r)}{r}\right]\frac{\Delta x^2\Delta y^2}{r^2}\right]\\
& + \cos^2 n\left[\Sigma\mu\frac{f(r)}{r}\Delta z^2 + \Sigma\mu\left[f'(r)-\frac{f(r)}{r}\right]\frac{\Delta x^2\Delta z^2}{r^2}\right]
\end{aligned}
\right\}\\
& + 2\cos\beta\cos l\cos m\,\Sigma\mu\left[f'(r)-\frac{f(r)}{r}\right]\frac{\Delta x^2\Delta y^2}{r^2}\\
& + 2\cos\gamma\cos l\cos n\,\Sigma\mu\left[f'(r)-\frac{f(r)}{r}\right]\frac{\Delta x^2\Delta z^2}{r^2},
\end{aligned}
$$

$$
\begin{aligned}
-\frac{\lambda^2}{2\pi^2}\frac{Y}{m} = {}& 2\cos\alpha\cos l\cos m\,\Sigma\mu\left[f'(r)-\frac{f(r)}{r}\right]\frac{\Delta x^2\Delta y^2}{r^2}\\
& + \cos\beta\left\{
\begin{aligned}
& \cos^2 l\left[\Sigma\mu\frac{f(r)}{r}\Delta x^2 + \Sigma\mu\left[f'(r)-\frac{f(r)}{r}\right]\frac{\Delta x^2\Delta y^2}{r^2}\right]\\
& + \cos^2 m\left[\Sigma\mu\frac{f(r)}{r}\Delta y^2 + \Sigma\mu\left[f'(r)-\frac{f(r)}{r}\right]\frac{\Delta y^4}{r^2}\right]\\
& + \cos^2 n\left[\Sigma\mu\frac{f(r)}{r}\Delta z^2 + \Sigma\mu\left[f'(r)-\frac{f(r)}{r}\right]\frac{\Delta y^2\Delta z^2}{r^2}\right]
\end{aligned}
\right\}\\
& + 2\cos\gamma\cos m\cos n\,\Sigma\mu\left[f'(r)-\frac{f(r)}{r}\right]\frac{\Delta y^2\Delta z^2}{r^2},
\end{aligned}
$$

$$
\begin{aligned}
-\frac{\lambda^2}{2\pi^2}\frac{Z}{m} = {}& 2\cos\alpha\cos l\cos n\,\Sigma\mu\left[f'(r)-\frac{f(r)}{r}\right]\frac{\Delta x^2\Delta z^2}{r^2}\\
& + 2\cos\beta\cos m\cos n\,\Sigma\mu\left[f'(r)-\frac{f(r)}{r}\right]\frac{\Delta y^2\Delta z^2}{r^2}\\
& + \cos\gamma\left\{
\begin{aligned}
& \cos^2 l\left[\Sigma\mu\frac{f(r)}{r}\Delta x^2 + \Sigma\mu\left[f'(r)-\frac{f(r)}{r}\right]\frac{\Delta x^2\Delta z^2}{r^2}\right]\\
& + \cos^2 m\left[\Sigma\mu\frac{f(r)}{r}\Delta y^2 + \Sigma\mu\left[f'(r)-\frac{f(r)}{r}\right]\frac{\Delta y^2\Delta z^2}{r^2}\right]\\
& + \cos^2 n\left[\Sigma\mu\frac{f(r)}{r}\Delta z^2 + \Sigma\mu\left[f'(r)-\frac{f(r)}{r}\right]\frac{\Delta z^4}{r^2}\right]
\end{aligned}
\right\}.
\end{aligned}
$$

$$(8)$$

Posons pour abréger

$$\mathcal{A} = \Sigma\mu \frac{f'(r)}{r}\,\Delta x^2,$$

$$\mathcal{B} = \Sigma\mu \frac{f'(r)}{r}\,\Delta y^2,$$

$$\mathcal{C} = \Sigma\mu \frac{f'(r)}{r}\,\Delta z^2,$$

$$A = \Sigma\mu \left[f'(r) - \frac{f(r)}{r}\right]\frac{\Delta x^4}{r^2}, \qquad D = \Sigma\mu \left[f'(r) - \frac{f(r)}{r}\right]\frac{\Delta y^2\,\Delta z^2}{r^2},$$

$$B = \Sigma\mu \left[f'(r) - \frac{f(r)}{r}\right]\frac{\Delta y^4}{r^2}, \qquad E = \Sigma\mu \left[f'(r) - \frac{f(r)}{r}\right]\frac{\Delta x^2\,\Delta z^2}{r^2},$$

$$C = \Sigma\mu \left[f'(r) - \frac{f(r)}{r}\right]\frac{\Delta z^4}{r^2}, \qquad F = \Sigma\mu \left[f'(r) - \frac{f(r)}{r}\right]\frac{\Delta x^2\,\Delta y^2}{r^2};$$

les formules (8) deviendront définitivement

$$(9)\quad\begin{cases} -\dfrac{\lambda^2}{2\pi^2}\dfrac{X}{m} = \left[(\mathcal{A}+A)\cos^2 l + (\mathcal{B}+F)\cos^2 m + (\mathcal{C}+E)\cos^2 n\right]\cos\alpha \\ \qquad\qquad + 2F\cos l\cos m\cos\beta + 2E\cos l\cos n\cos\gamma, \\[1em] -\dfrac{\lambda^2}{2\pi^2}\dfrac{Y}{m} = 2F\cos l\cos m\cos\alpha \\ \qquad\qquad + \left[(\mathcal{A}+F)\cos^2 l + (\mathcal{B}+B)\cos^2 m + (\mathcal{C}+D)\cos^2 n\right]\cos\beta \\ \qquad\qquad + 2D\cos m\cos n\cos\gamma, \\[1em] -\dfrac{\lambda^2}{2\pi^2}\dfrac{Z}{m} = 2E\cos l\cos n\cos\alpha + 2D\cos m\cos n\cos\beta \\ \qquad\qquad + \left[(\mathcal{A}+E)\cos^2 l + (\mathcal{B}+D)\cos^2 m + (\mathcal{C}+C)\cos^2 n\right]\cos\gamma. \end{cases}$$

134. Ellipsoïde de polarisation. — Pour que l'onde plane se propage sans altération, il faut et il suffit que la force élastique soit parallèle au déplacement, c'est-à-dire que l'on ait, en désignant par U la grandeur de la force élastique rapportée à un déplacement égal à l'unité,

$$(10)\qquad \frac{X}{\cos\alpha} = \frac{Y}{\cos\beta} = \frac{Z}{\cos\gamma} = U;$$

de plus, si ces relations sont satisfaites, la vitesse de propagation de l'onde plane est, comme nous l'avons vu (132), proportionnelle à la racine carrée de U.

En remplaçant dans les équations (10) X, Y, Z par leurs valeurs tirées de (9), et en désignant par G, H, K les seconds membres des trois équations (9), il vient

$$(11) \qquad -\frac{\lambda^2}{2\pi^2}\frac{U}{m} = \frac{G}{\cos\alpha} = \frac{H}{\cos\beta} = \frac{K}{\cos\gamma}.$$

On a ainsi entre les angles α, β, γ deux relations qui, jointes à l'équation

$$\cos^2\alpha + \cos^2\beta + \cos^2\gamma = 1,$$

déterminent les directions des déplacements pour lesquels l'onde plane normale à la droite qui fait avec les axes les angles l, m, n se propage sans altération.

Ces directions peuvent s'obtenir d'une manière très-simple par la considération d'une surface du second degré. Soit en effet

$$Lx^2 + My^2 + Nz^2 + 2Pyz + 2Qxz + 2Rxy = 1$$

l'équation d'une surface du second degré ayant pour centre l'origine. En désignant par α, β, γ les angles que fait avec les axes des coordonnées l'un des axes de symétrie de cette surface, on a, comme on sait,

$$(12) \qquad \left\{ \begin{aligned} \frac{L\cos\alpha + R\cos\beta + Q\cos\gamma}{\cos\alpha} &= \frac{R\cos\alpha + M\cos\beta + P\cos\gamma}{\cos\beta} \\ &= \frac{Q\cos\alpha + P\cos\beta + N\cos\gamma}{\cos\gamma} = S, \end{aligned} \right.$$

S étant l'inverse du carré du demi-axe parallèle à la direction (α, β, γ).

Les relations (12) deviennent identiques aux relations (11) si l'on pose

$$(13) \qquad \left\{ \begin{aligned} L &= (\mathcal{A} + A)\cos^2 l + (\mathcal{B} + F)\cos^2 m + (\mathcal{C} + E)\cos^2 n, \\ M &= (\mathcal{A} + F)\cos^2 l + (\mathcal{B} + B)\cos^2 m + (\mathcal{C} + D)\cos^2 n, \\ N &= (\mathcal{A} + E)\cos^2 l + (\mathcal{B} + D)\cos^2 m + (\mathcal{C} + C)\cos^2 n, \\ P &= 2D\cos m \cos n, \\ Q &= 2E\cos l \cos n, \\ R &= 2F\cos l \cos m, \end{aligned} \right.$$

et l'on a alors

$$(14) \qquad S = - \frac{\lambda^2}{2\pi^2} \frac{U}{m}.$$

Les directions définies par les équations (11) sont donc parallèles aux trois axes d'une surface du second degré dont l'équation est

$$(15) \quad \left\{ \begin{aligned} & \left[(\mathcal{A} + A) \cos^2 l + (\mathcal{B} + F) \cos^2 m + (\mathcal{C} + E) \cos^2 n\right] x^2 \\ & + \left[(\mathcal{A} + F) \cos^2 l + (\mathcal{B} + B) \cos^2 m + (\mathcal{C} + D) \cos^2 n\right] y^2 \\ & + \left[(\mathcal{A} + E) \cos^2 l + (\mathcal{B} + D) \cos^2 m + (\mathcal{C} + C) \cos^2 n\right] z^2 \\ & + 4D \cos m \cos n \, yz + 4E \cos l \cos n \, xz + 4F \cos l \cos m \, xy = 1. \end{aligned} \right.$$

La force élastique U tendant toujours à ramener la molécule m vers sa position d'équilibre, U est constamment négatif, et par suite les valeurs de S qui correspondent aux trois groupes de valeurs déterminées pour les angles α, β, γ par les équations (12) sont toutes trois positives. La surface représentée par l'équation (15) a donc ses trois axes réels et ne peut être qu'un ellipsoïde. Cauchy a donné à cette surface le nom d'*ellipsoïde de polarisation*.

Donc, *étant donnée une onde plane, définie par les angles l, m, n que la normale à cette onde fait avec les trois axes d'élasticité du milieu, il existe toujours pour les déplacements moléculaires trois directions rectangulaires telles, que l'onde puisse se propager sans altération, et ces trois directions sont parallèles aux axes de l'ellipsoïde de polarisation.*

Si la direction du déplacement sur l'onde plane est quelconque, on peut décomposer ce déplacement parallèlement aux trois axes de l'ellipsoïde de polarisation ; d'où il suit qu'en général une onde plane donne naissance à trois systèmes d'ondes planes se propageant avec des vitesses différentes.

Les vitesses de propagation des ondes planes sont, comme nous l'avons démontré (132), proportionnelles à la racine carrée de U, et par conséquent, d'après l'équation (14), à la racine carrée de S ; d'où l'on peut conclure que *les vitesses de propagation sont en raison inverse de la longueur de l'axe de l'ellipsoïde de polarisation auquel est parallèle le déplacement.*

Comme à chaque direction de propagation normale correspondent trois systèmes d'ondes planes se propageant avec des vitesses différentes, il semble que la surface de l'onde doive être à trois nappes et que, dans le cas général, chaque rayon incident doive donner naissance à trois rayons réfractés et non pas à deux seulement, comme le montre l'expérience. Il s'agit donc maintenant de voir s'il est possible d'établir entre les coefficients A, B, C, $\mathcal{A}$, $\mathcal{B}$, $\mathcal{C}$, D, E, F, dont dépend la constitution du milieu, des relations telles, que l'accord entre la théorie et l'expérience se trouve rétabli.

135. Impossibilité des vibrations rigoureusement transversales dans les milieux non isotropes. — La difficulté que nous venons de signaler, et qui résulte de ce que la surface de l'onde est à trois nappes dans le cas le plus général, disparaît si le milieu est constitué de telle façon que deux des directions que peuvent avoir les vibrations d'une onde plane soient toujours parallèles au plan de l'onde, quelle que soit la direction de ce plan; car on peut supposer alors que les vibrations parallèles à la troisième direction, c'est-à-dire perpendiculaires au plan de l'onde, ne sont pas susceptibles d'impressionner la rétine. Cherchons donc quelles sont les relations qui doivent exister entre les coefficients qui caractérisent un milieu pour que, dans ce milieu, des trois directions auxquelles peuvent être parallèles les vibrations d'une onde plane, deux soient rigoureusement transversales et la troisième longitudinale, quelle que soit la direction du plan de l'onde, ou, en d'autres termes, pour que les équations (11) soient satisfaites, quels que soient les angles l, m, n, en y faisant

$$\alpha = l, \qquad \beta = m, \qquad \gamma = n.$$

En remplaçant respectivement dans les équations (11) α, β, γ par l, m, n, ces équations deviennent

$$\text{A}\cos^2 l + 3\text{F}\cos^2 m + 3\text{E}\cos^2 n = 3\text{F}\cos^2 l + \text{B}\cos^2 m + 3\text{D}\cos^2 n$$
$$= 3\text{E}\cos^2 l + 3\text{D}\cos^2 m + \text{C}\cos^2 n.$$

En éliminant $\cos l$ entre ces dernières relations et l'équation

$$\cos^2 l + \cos^2 m + \cos^2 n = 1,$$

il vient

$$A + (3F - A)\cos^2 m + (3E - A)\cos^2 n$$
$$= 3F + (B - 3F)\cos^2 m + 3(D - F)\cos^2 n$$
$$= 3E + 3(D - E)\cos^2 m + (C - 3E)\cos^2 n.$$

Pour que ces relations soient vérifiées quels que soient les angles m et n, il faut que l'on ait

$$A = 3F = 3E, \quad 3F - A = B - 3F = 3(D - E),$$
$$3E - A = 3(D - F) = C - 3E,$$

d'où l'on tire facilement

$$(16) \qquad A = B = C = 3D, \quad D = E = F.$$

Les conditions ainsi obtenues expriment évidemment que le milieu est isotrope; donc, dans les milieux non isotropes, il est impossible que les vibrations soient rigoureusement transversales pour toute direction du plan de l'onde. Toutes les fois qu'il s'agit d'un milieu non isotrope, on ne peut, par aucune hypothèse sur les relations entre les coefficients, échapper à la difficulté que nous avons indiquée et faire rentrer rigoureusement la théorie de Fresnel dans celle de Cauchy.

136. Vibrations quasi-transversales. — Tous les milieux biréfringents connus sont doués d'une double réfraction très-faible et diffèrent peu, par conséquent, des milieux isotropes. Les conditions (16), qui sont satisfaites rigoureusement dans les milieux isotropes, le sont donc d'une manière approchée dans les milieux biréfringents; d'où il résulte que, dans ces derniers milieux, des trois directions que peuvent avoir les vibrations d'une onde plane, deux sont toujours *à peu près* parallèles au plan de cette onde et la troisième *à peu près* perpendiculaire à ce plan. Les deux premières directions sont dites *quasi-transversales* et la troisième *quasi-longitudinale*. Des trois systèmes d'ondes planes qui correspondent à une même direction de propagation normale, deux sont donc à vibrations quasi-transversales et le troisième à vibrations quasi-longitudinales; si l'on admet que ce dernier système d'ondes ne produit pas d'effet sensible sur l'œil, la limitation à deux du nombre des rayons réfractés, dans les milieux non isotropes, se trouve expliquée.

Le plan des deux vibrations quasi-transversales différant peu du plan de l'onde, les sections faites par ces deux plans dans l'ellipsoïde de polarisation sont à peu près identiques; les vitesses de propagation des deux systèmes d'ondes qui correspondent aux vibrations quasi-transversales sont donc approximativement en raison inverse des longueurs des axes de la section elliptique faite dans l'ellipsoïde de polarisation par le plan de l'onde. Il résulte de là que, si la section faite dans l'ellipsoïde de polarisation par le plan de l'onde coïncide avec la section faite par le même plan dans l'ellipsoïde (E) de Fresnel, dont l'équation est

$$a^2 x^2 + b^2 y^2 + c^2 z^2 = 1,$$

les résultats de la théorie de Cauchy concorderont d'une manière approchée avec ceux de la théorie de Fresnel. Il nous reste à voir quelles sont les relations qui doivent exister entre les coefficients qui entrent dans l'équation de l'ellipsoïde de polarisation pour qu'il puisse en être ainsi quelle que soit la direction de l'onde plane.

137. Concordance approximative entre la théorie de Fresnel et celle de Cauchy. — Nous déduirons un premier groupe de relations, entre les coefficients qui figurent dans l'équation de l'ellipsoïde de polarisation, de cette loi expérimentale que, quand un rayon passe d'un milieu isotrope dans un milieu cristallisé à deux axes, toutes les fois que le plan d'incidence coïncide avec l'un des plans de symétrie du second milieu, l'un des rayons réfractés est polarisé dans ce plan et suit la loi de Descartes. Il résulte de cette loi que, si la normale à une onde plane est comprise dans l'un des plans de symétrie du milieu et si l'onde est polarisée dans ce plan, la vitesse de propagation de cette onde est indépendante de la direction de la normale. Ainsi la vitesse de propagation sera la même pour une onde plane polarisée dans le plan des xy, que cette onde soit normale à l'axe des x ou à l'axe des y, les trois axes des coordonnées étant les axes d'élasticité du milieu.

Si l'on suppose, comme l'a d'abord fait Cauchy, que dans la lumière polarisée les vibrations s'effectuent parallèlement au plan de polarisation, les vibrations de deux ondes, toutes deux polarisées dans le plan des xy et normales l'une à l'axe des x, l'autre à l'axe des y, sont parallèles pour la première onde à l'axe des y, pour la seconde à l'axe des x, et la considération de l'ellipsoïde de polarisation montre que les vitesses de propagation de ces deux ondes sont proportionnelles respectivement à $\sqrt{\mathcal{A}+\mathrm{F}}$ et à $\sqrt{\mathcal{B}+\mathrm{F}}$; on doit donc avoir dans cette hypothèse

$$\sqrt{\mathcal{A}+\mathrm{F}}=\sqrt{\mathcal{B}+\mathrm{F}}.$$

En considérant deux ondes polarisées dans le plan des yz et normales l'une à l'axe des y, l'autre à l'axe des z, on ferait voir de même qu'on doit avoir

$$\sqrt{\mathcal{B}+\mathrm{D}}=\sqrt{\mathcal{C}+\mathrm{D}}.$$

On tire de ces deux relations

$$\mathcal{A}=\mathcal{B}=\mathcal{C},$$

condition qui ne peut être satisfaite dans un milieu non isotrope qu'autant que les trois coefficients $\mathcal{A}$, $\mathcal{B}$, $\mathcal{C}$ sont nuls. Or Cauchy a démontré[1] que, si ces coefficients sont nuls, il en est de même, lorsque le milieu est en équilibre, de la pression supportée par tout élément plan qu'on peut considérer dans l'intérieur de ce milieu. Bien que l'existence d'un milieu où, dans l'état d'équilibre, la pression serait nulle n'ait rien d'absurde ni de contradictoire, il est cependant plus naturel, et plus conforme à ce que nous observons dans les milieux où nous pouvons mesurer la pression, de supposer que l'équilibre résulte de deux pressions égales et de sens contraire se détruisant mutuellement.

Nous sommes ainsi conduits à rejeter l'hypothèse qui nous a servi de point de départ, c'est-à-dire celle des vibrations parallèles au plan de polarisation, sans qu'on puisse dire pour cela que les phé-

[1] *Exerc. de Mathémat.*, t. III, p. 213.

nomènes de la double réfraction permettent de décider d'une façon
absolue entre les deux hypothèses qu'on peut faire sur la direction
des vibrations dans la lumière polarisée.

Revenons donc à l'hypothèse adoptée par Fresnel, c'est-à-dire
supposons les vibrations perpendiculaires au plan de polarisation.
Dans cette hypothèse les vibrations de deux ondes polarisées dans
le plan des xy et normales l'une à l'axe des x, l'autre à l'axe des y,
sont, pour les deux ondes, parallèles à l'axe des z; d'où il résulte,
d'après l'équation de l'ellipsoïde de polarisation, que les vitesses de
propagation de ces deux ondes planes sont respectivement proportionnelles à $\sqrt{A+E}$ et à $\sqrt{B+D}$. Ces deux vitesses devant être
égales, on a

$$A + E = B + D.$$

De même, les vibrations de deux ondes polarisées dans le plan
des xz et normales l'une à l'axe des x, l'autre à l'axe des z, sont,
pour les deux ondes, parallèles à l'axe des y; les vitesses de propagation de ces deux ondes sont par conséquent proportionnelles à
$\sqrt{A+F}$ et à $\sqrt{C+D}$. Ces deux vitesses devant encore être égales,
on a

$$A + F = C + D.$$

Enfin, les vibrations de deux ondes polarisées dans le plan des yz
et normales l'une à l'axe des y, l'autre à l'axe des z, sont, pour les
deux ondes, parallèles à l'axe des x, et, en égalant les vitesses de
propagation de ces deux ondes, on a

$$B + F = C + E.$$

Nous obtenons ainsi entre les coefficients de l'ellipsoïde de polarisation trois relations

$$(17) \qquad \left\{ \begin{aligned} B + F &= C + E, \\ C + D &= A + F, \\ A + E &= B + D; \end{aligned} \right.$$

mais en réalité ces trois relations se réduisent à deux, car, en portant dans la seconde la valeur de $\mathcal{C}$ tirée de la première, on retrouve la troisième.

Si les équations (17) sont satisfaites, les vibrations parallèles à l'un quelconque des trois axes d'élasticité du milieu se propageront avec la même vitesse, que la normale à l'onde plane soit parallèle à l'un ou à l'autre des deux autres axes; la théorie de Cauchy concordera donc alors avec celle de Fresnel, pour le cas où l'onde plane est normale à l'un des axes d'élasticité. En désignant, comme dans la théorie de Fresnel, par a, b, c les vitesses de propagation des vibrations parallèles respectivement aux axes des x, des y et des z, et en prenant pour mesure des vitesses de propagation les inverses des axes de l'ellipsoïde de polarisation, les équations (17) donnent

$$(18) \quad \left\{ \begin{aligned} a^2 &= \mathcal{B} + F = \mathcal{C} + E, \\ b^2 &= \mathcal{C} + D = \mathcal{A} + F, \\ c^2 &= \mathcal{A} + E = \mathcal{B} + D. \end{aligned} \right.$$

Nous allons chercher maintenant quelles sont les conditions qui doivent être ajoutées aux relations (17) pour que, dans tous les cas, les sections faites par l'onde plane dans l'ellipsoïde de polarisation et dans l'ellipsoïde (E) de Fresnel coïncident, c'est-à-dire pour que les deux théories de Fresnel et de Cauchy donnent des résultats sensiblement concordants, quelle que soit la direction de l'onde plane.

L'équation de l'ellipsoïde de polarisation, en tenant compte des équations (17) et de la relation

$$\cos^2 l + \cos^2 m + \cos^2 n = 1,$$

devient

$$[(\mathcal{A} + A - \mathcal{B} - F)\cos^2 l + \mathcal{B} - F]\, x^2$$
$$+ [(\mathcal{B} + B - \mathcal{A} - F)\cos^2 m + \mathcal{A} - F]\, y^2$$
$$+ [(\mathcal{C} + C - \mathcal{A} - E)\cos^2 n + \mathcal{A} - E]\, z^2$$
$$+ 4D \cos m \cos n\, yz + 4E \cos l \cos n\, xz + 4F \cos l \cos m\, xy = 1,$$

ou

$$[(\mathcal{A} + A - \mathcal{B} - F)\cos^2 l + a^2]\,x^2 + [(\mathcal{B} + B - \mathcal{A} - F)\cos^2 m + b^2]\,y^2$$
$$+ [(\mathcal{C} + C - \mathcal{A} - E)\cos^2 n + c^2]\,z^2$$
$$+ 4D\cos m\cos n\,yz + 4E\cos l\cos n\,xz + 4F\cos l\cos m\,xy = 1.$$

L'équation de l'onde plane est

$$x\cos l + y\cos m + z\cos n = 0.$$

En éliminant x entre cette équation et celle de l'ellipsoïde de polarisation, on obtient l'équation suivante, qui représente la projection sur le plan des yz de la section faite dans l'ellipsoïde de polarisation par le plan de l'onde,

$$[a^2\cos^2 m + b^2\cos^2 l + (A + B - 6F)\cos^2 l\cos^2 m]\,y^2$$
$$+ [a^2\cos^2 n + c^2\cos^2 l + (A + C - 6E)\cos^2 l\cos^2 n]\,z^2$$
$$+ 2[(\mathcal{A} + A - \mathcal{B} + 2D - 2E - 3F)\cos^2 l + a^2]\cos m\cos n\,yz$$
$$= \cos^2 l.$$

On trouve de même, pour l'équation de la projection sur le plan des yz de la section faite par le plan de l'onde dans l'ellipsoïde (E),

$$(a^2\cos^2 m + b^2\cos^2 l)\,y^2 + (a^2\cos^2 n + c^2\cos^2 l)\,z^2$$
$$+ 2a^2\cos m\cos n\,yz = \cos^2 l.$$

Pour que les deux sections soient identiques, quelle que soit la direction de l'onde plane, il faut et il suffit que l'on ait

$$(19) \qquad A + B - 6F = 0,$$
$$(20) \qquad A + C - 6E = 0,$$
$$(21) \qquad \mathcal{A} + A - \mathcal{B} + 2D - 2E - 3F = 0.$$

Cette dernière relation peut prendre une forme plus simple. En effet, en retranchant la première des relations (17) de la seconde.

il vient

$$\mathcal{A} - \mathcal{B} = D - E,$$

et, en portant cette valeur dans la relation (21), on a

$$(22) \qquad A + 3D - 3E - 3F = 0;$$

en ajoutant les équations (19) et (20) on a d'ailleurs

$$A = - \frac{B+C}{2} + 3\,(E + F),$$

et, si l'on substitue cette valeur de A dans l'équation (22), il vient définitivement

$$B + C - 6D = 0.$$

En résumé, pour qu'il y ait concordance approximative entre la théorie de Cauchy et celle de Fresnel, il faut et il suffit que les cinq conditions suivantes soient satisfaites :

$$(23) \qquad \left\{ \begin{array}{l} \mathcal{B} + F = \mathcal{C} + E, \\ \mathcal{C} + D = \mathcal{A} + F, \\ A + B - 6F = 0. \\ B + C - 6D = 0, \\ C + A - 6E = 0; \end{array} \right.$$

mais rien n'indique la signification physique de ces conditions.

III.

RELATIONS ENTRE LA SURFACE DE L'ONDE
ET LES DIRECTIONS DES RAYONS RÉFRACTÉS OU RÉFLÉCHIS.
— CONSTRUCTION DE HUYGHENS.

138. Détermination de la direction des rayons réfractés ou réfléchis. — Après avoir trouvé l'équation de la surface de l'onde dans le cas le plus général, nous allons nous proposer de montrer comment les lois de la réflexion et de la réfraction dans un milieu homogène quelconque peuvent se déduire de la connaissance de la surface de l'onde relative à ce milieu.

Occupons-nous d'abord de la réfraction, et supposons que la lumière passe d'un milieu homogène quelconque, uniréfringent ou biréfringent, dans un autre milieu homogène également quel-

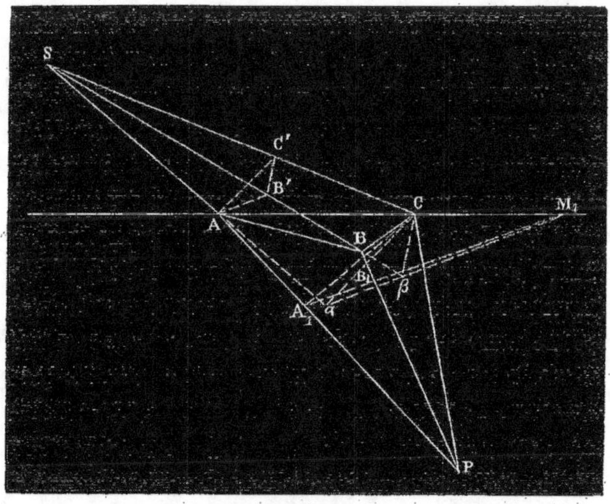

Fig. 89.

conque ; pour plus de simplicité, admettons que la surface de séparation soit plane. Désignons par S (fig. 89) le point lumineux situé dans le premier milieu, par P le point éclairé situé dans le second milieu : en raisonnant comme dans le cas des milieux isotropes (57 et 60), il est facile de démontrer que l'éclairement du point P provient d'une très-petite région de la surface réfringente comprenant un point A tel, que la somme des temps employés par la lumière pour se propager du point S au point A dans le premier milieu, et du point A au point P dans le second milieu, soit un minimum. Donc, si SA est un rayon incident, pour que AP soit le rayon réfracté correspondant, il faut et il suffit qu'en prenant sur la surface réfringente un point quelconque B, infiniment voisin du point A, le temps employé par la lumière pour parcourir le chemin SBP ne diffère de celui qu'elle met à parcourir le chemin SAP que d'un infiniment petit d'un ordre supérieur au premier. Cette condition permet de déterminer la direction du rayon réfracté, étant donnée celle du rayon incident.

Prenons en effet sur la surface réfringente deux points B et C infiniment voisins du point A, et décrivons du point S comme centre la surface de l'onde relative au premier milieu qui passe en A : cette surface rencontre les droites SB et SC en B' et en C', et, en négligeant les infiniment petits d'un ordre supérieur au premier, on peut confondre le plan AB'C' avec le plan tangent à la surface de l'onde au point A. Décrivons de même la surface de l'onde relative au second milieu ayant pour centre le point P et passant en C: cette surface coupe les droites PB et PA aux points B_1 et A_1, et le plan CA_1B_1 peut être regardé, soit comme étant tangent à cette surface au point C, soit comme étant tangent en A_1 à la surface de l'onde relative au second milieu décrite du point A comme centre et passant en A_1.

La lumière emploie des temps égaux pour se propager du point S aux points A, B', C', et aussi pour se propager du point P aux points A_1, B_1, C : donc, pour que AP soit le rayon réfracté correspondant au rayon incident SA, il faut et il suffit que les temps employés par la lumière pour parcourir les chemins AA_1, $B'BB_1$, CC' soient égaux en négligeant les infiniment petits d'un ordre supérieur au premier, c'est-à-dire que l'on ait, en désignant par v la vitesse de la lumière dans le premier milieu suivant la direction SA, et par u sa vitesse dans le second milieu suivant la direction AP,

$$(1) \qquad \frac{AA_1}{u} = \frac{B'B}{v} + \frac{BB_1}{u} = \frac{CC'}{v};$$

car les longueurs B′B, BB_1, CC′ étant des infiniment petits du premier ordre, les erreurs que l'on commet dans l'évaluation des temps employés à parcourir ces longueurs, en admettant que la vitesse de la lumière soit égale à v dans le premier milieu suivant les directions SB et SC, et à u dans le second milieu suivant la direction BP, sont des infiniment petits du second ordre et peuvent par conséquent être négligées.

Ceci posé, prolongeons le rayon incident SA jusqu'en un point α tel, que l'on ait

$$(2) \qquad \frac{A\alpha}{v} = \frac{AA_1}{u},$$

et du point A comme centre décrivons la surface de l'onde relative au premier milieu qui passe par le point α, surface qui coupera en β et en γ les prolongements des rayons SB et SC. Le plan $\alpha\beta\gamma$ peut être considéré comme étant tangent à cette surface au point α, ou comme étant tangent au même point à la surface de l'onde relative au premier milieu décrite du point S comme centre et passant en α, et l'on a par conséquent

$$(3) \qquad A\alpha = B'\beta = C'\gamma.$$

En remplaçant dans l'expression (2) $A\alpha$ par $C'\gamma$, il vient

$$\frac{C'\gamma}{v} = \frac{AA_1}{u},$$

et par suite, d'après l'équation (1), si AP est le rayon réfracté correspondant à SA, on a

$$CC' = C'\gamma.$$

Le point γ se confond donc alors avec le point C; si, par conséquent, nous démontrons que les intersections des deux plans $C\alpha\beta$ et CA_1B_1 avec le plan réfringent ont dans ce cas, outre le point C, un autre point commun, il en résultera que ces deux plans coupent le plan réfringent suivant la même droite. Pour faire voir qu'il en est ainsi, désignons par μ et M_1 les points où les droites $\alpha\beta$ et A_1B_1 rencontrent la droite AC; les triangles $\mu A\alpha$ et $\mu B\beta$ pouvant être regardés comme semblables, si l'on néglige les infiniment petits d'un ordre supérieur au premier, nous aurons

$$\frac{\mu A}{\mu B} = \frac{A\alpha}{B\beta},$$

d'où

$$\frac{\mu A}{AB} = \frac{A\alpha}{A\alpha - B\beta}$$

et

$$\mu A = AB \frac{A\alpha}{A\alpha - B\beta}.$$

De même la similitude des triangles M_1AA_1 et M_1BB_1 donne

$$\frac{M_1A}{M_1B} = \frac{AA_1}{BB_1},$$

d'où

$$\frac{M_1A}{AB} = \frac{AA_1}{AA_1 - BB_1}$$

et

$$M_1A = AB \frac{AA_1}{AA_1 - BB_1}.$$

Or on déduit facilement des équations (1), (2) et (3)

$$\frac{BB_1}{u} = \frac{AA_1}{u} - \frac{BB'}{v} = \frac{A\alpha - BB'}{v} = \frac{B\beta - BB'}{v} = \frac{B\beta}{v},$$

d'où

$$\frac{BB_1}{B\beta} = \frac{u}{v} = \frac{AA_1}{A\alpha}$$

et

$$\frac{AA_1}{AA_1 - BB_1} = \frac{A\alpha}{A\alpha - B\beta},$$

ce qui montre que

$$\mu A = M_1A.$$

Les deux points μ et M_1 n'en forment donc qu'un seul, et par conséquent les deux plans $C\alpha\beta$ et CA_1B_1 coupent le plan réfringent sui-

vant la même droite lorsque AP est le rayon réfracté correspondant
au rayon incident SA.

Un raisonnement tout à fait analogue s'applique à la réflexion;
mais dans ce cas la surface de l'onde décrite du point A comme centre
et tangente au plan CA_1B_1 est relative au premier milieu, de même
que celle qui est tangente au plan $Ca\beta$.

139. Construction de Huyghens. — Nous venons de voir
que, si du point d'incidence comme centre on décrit deux surfaces
de l'onde relatives, l'une au premier, l'autre au second milieu, et
correspondant au même temps, les plans tangents menés à ces surfaces aux points où elles sont rencontrées, la première par le prolongement du rayon incident, la seconde par le rayon réfracté,
coupent le plan réfringent suivant la même droite : de là se déduit
immédiatement, pour déterminer la direction des rayons réfractés,
la construction suivante, qui n'est que la généralisation de celle
qui a été indiquée par Huyghens [1] pour le cas particulier des cristaux à un axe.

Du point d'incidence comme centre, on décrit deux surfaces de
l'onde relatives au premier et au second milieu et correspondant à
un même temps; on prolonge le rayon incident jusqu'au point où
il rencontre la surface de l'onde relative au premier milieu, et par
ce point on mène à cette surface un plan tangent; par la droite
d'intersection de ce plan tangent avec la surface plane qui sépare
les deux milieux, on mène autant de plans tangents que cela est
possible à la portion de la surface de l'onde relative au second milieu qui est comprise dans ce second milieu : les droites qui joignent
les points de contact de ces plans tangents au point d'incidence sont
les rayons réfractés.

Quant aux rayons réfléchis, on les obtient en menant par la
même droite d'intersection autant de plans tangents que cela est
possible à la portion de la surface de l'onde relative au premier
milieu qui est comprise dans ce premier milieu, et en joignant les
points de contact au point d'incidence.

Si la surface réfléchissante ou réfringente est courbe, on peut.

[1] *Traité de la lumière*, chap. v.

comme nous l'avons vu dans le cas des milieux isotropes (58), la remplacer par le plan qui lui est tangent au point d'incidence, et la construction précédente subsiste sans aucune modification.

Cette construction montre que, lorsque la lumière passe d'un milieu isotrope dans un milieu biréfringent, il y a en général, par suite de l'existence d'une surface de l'onde à deux nappes dans ce dernier milieu, deux rayons réfractés; mais, dans certains cas, la construction peut devenir impossible, soit pour les deux rayons réfractés, soit pour un de ces rayons seulement, ce qui correspond au phénomène de la réflexion totale qui, dans les milieux biréfringents, peut avoir lieu soit pour les deux rayons réfractés, soit pour un seul de ces rayons.

Si le premier milieu est biréfringent comme le second, la construction donne en général quatre rayons réfractés pour chaque rayon incident; mais ces rayons peuvent manquer soit en totalité, soit en partie, ce dont on est averti par l'impossibilité d'effectuer la construction pour un ou pour plusieurs des rayons réfractés.

On voit enfin que, si la lumière se réfléchit dans un milieu biréfringent, chaque rayon incident donne naissance en général à quatre rayons réfléchis. La construction indiquée plus haut montre que, de ces quatre rayons réfléchis, il y en a deux qui existent toujours : ce sont les rayons réfléchis qui correspondent à la même nappe de la surface de l'onde du milieu que le rayon incident dont ils proviennent, . c'est-à-dire les rayons tels, que les deux plans tangents qui coupent la surface réfléchissante suivant une même droite soient tangents à la même nappe de la surface de l'onde. Les deux autres rayons réfléchis, c'est-à-dire ceux pour lesquels les deux plans tangents touchent des nappes différentes de la surface de l'onde, peuvent manquer, car la construction qui donne ces derniers rayons peut devenir impossible [1].

La construction de l'onde réfléchie ou réfractée, telle que nous

<hr>

[1] Il y a là en réalité deux espèces bien distinctes de réflexions, et, au point de vue de l'optique géométrique, le phénomène qui se produit lorsque les rayons incidents et les rayons réfléchis ne correspondent pas à la même nappe de la surface de l'onde ressemble plus à la réfraction qu'à la réflexion proprement dite. Aussi serait-il utile, pour éviter toute confusion, de donner à chacune de ces deux espèces de réflexions une dénomination particulière, de les appeler, par exemple, *réflexion homologue* et *réflexion antilogue*. (L.)

l'avons fait connaître pour les milieux isotropes (59 et 60), s'étend facilement aux milieux biréfringents, et, au moyen d'un raisonnement tout à fait analogue à celui que nous avons employé précédemment, on voit que, dans un milieu biréfringent, l'onde réfléchie ou réfractée est l'enveloppe des ondes élémentaires émanées des différents points de la surface réfléchissante ou réfringente, considérées dans les positions qu'elles occupent au même instant. Le principe des ondes enveloppes est donc applicable à toute espèce de milieu homogène; mais dans les milieux biréfringents les ondes élémentaires ne sont plus sphériques, et, par conséquent, les rayons réfléchis ou réfractés ne sont plus en général normaux à l'onde [1].

[1] Il existe cependant, dans un milieu homogène quelconque, une relation définie entre la direction d'un rayon et celle du plan tangent à l'onde au point où elle est rencontrée par ce rayon.   (L..)

IV.

DOUBLE RÉFRACTION DANS LES CRISTAUX À UN AXE.

140. Forme de la surface de l'onde dans les cristaux à un axe. — Pour les milieux cristallisés à un axe, l'équation de la surface de l'onde se décompose, comme nous l'avons vu (126), en deux équations qui sont, en supposant l'axe des x parallèle à l'axe du cristal,

$$(1) \qquad x^2 + y^2 + z^2 = b^2.$$

$$(2) \qquad a^2 x^2 + b^2 (y^2 + z^2) = a^2 b^2.$$

La surface de l'onde est donc formée dans ces milieux d'une nappe sphérique dont le rayon est égal à b, et d'une nappe ayant la forme d'un ellipsoïde de révolution tangent à la sphère aux deux extrémités de l'axe de révolution. L'ellipse méridienne de la seconde nappe a pour demi-axe polaire b et pour demi-axe équatorial a.

Si $a < b$, comme cela a lieu pour le quartz, la nappe sphérique est extérieure à la nappe ellipsoïdale, et l'axe de révolution de cette dernière nappe est le grand axe de l'ellipse méridienne. Si au contraire $a > b$, comme cela arrive pour le spath d'Islande, la nappe sphérique est intérieure à la nappe ellipsoïdale, et cette dernière est de révolution autour du petit axe de l'ellipse méridienne.

141. Lois de la double réfraction dans les cristaux à un axe. — En appliquant aux cristaux à un axe la construction de Huyghens, il est facile de retrouver les principales lois que l'expérience a fait connaître pour la double réfraction dans ces milieux. (Nous supposerons, dans ce qui va suivre, que la lumière passe de l'air dans le cristal biréfringent et que la vitesse de la lumière dans l'air est prise pour unité.)

1° L'une des nappes de la surface de l'onde étant sphérique, l'un des rayons réfractés suit toujours la loi de Descartes. Ce rayon se nomme le rayon ordinaire, et son indice de réfraction est ce qu'on appelle l'indice ordinaire du cristal. Nous désignerons cet indice par n_o.

2° Lorsque le plan d'incidence est une *section principale*, c'est-à-dire contient la direction de l'axe du cristal, tout est symétrique par

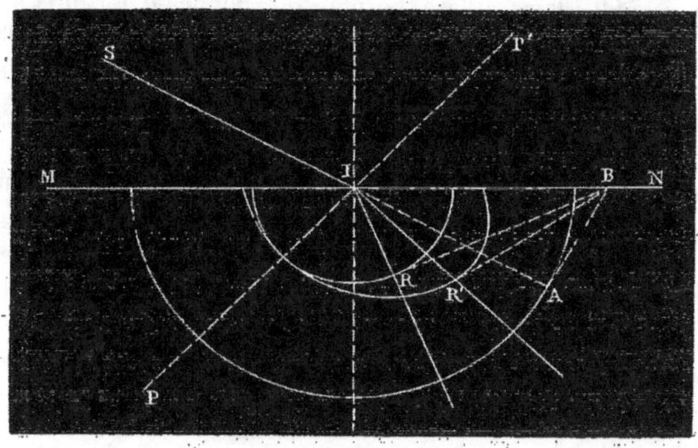

Fig. 90.

rapport à ce plan, et la construction qui sert à trouver la direction des rayons réfractés devient plane, comme le montre la figure 90,

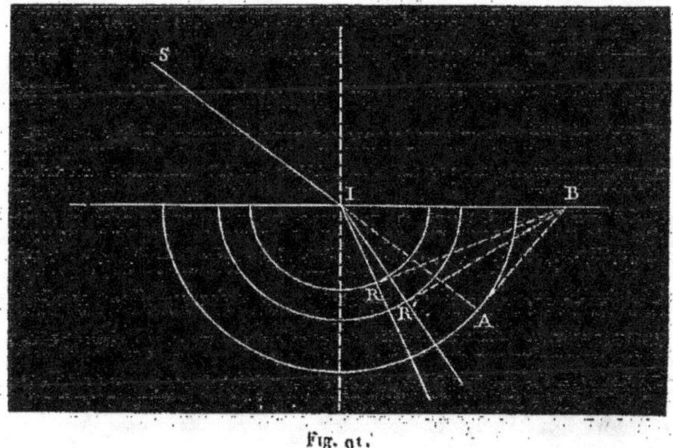

Fig. 91.

où SI représente le rayon incident, IR le rayon réfracté ordinaire, IR' le rayon réfracté extraordinaire et IP la direction de l'axe. Dans

ce cas les deux rayons réfractés restent donc dans le plan d'incidence, mais le rayon extraordinaire ne suit plus en général la loi
des sinus.

3° Supposons la face d'incidence parallèle à l'axe et le plan d'incidence perpendiculaire à l'axe. Le plan d'incidence détermine alors
dans les deux nappes de la surface de l'onde décrite du point d'incidence comme centre deux sections circulaires dont les rayons
sont b pour la nappe sphérique, a pour la nappe ellipsoïdale
(fig. 91). Il en résulte non-seulement que les deux rayons réfractés
restent dans le plan d'incidence, mais encore que le rayon extraordinaire suit dans ce cas la loi des sinus comme le rayon ordinaire.
L'indice avec lequel se réfracte le rayon extraordinaire, lorsque le
plan d'incidence est perpendiculaire à l'axe, se nomme l'indice extraordinaire du cristal; nous le désignerons par n_e.

La vitesse du rayon ordinaire étant toujours égale à b et celle du
rayon extraordinaire étant égale à a lorsque ce rayon est perpendiculaire à l'axe, on a

$$(3) \qquad\qquad n_o = \frac{1}{b}, \qquad n_e = \frac{1}{a}.$$

4° Si la face d'incidence est parallèle à l'axe et que de plus le
plan d'incidence contienne l'axe, la construction est encore plane

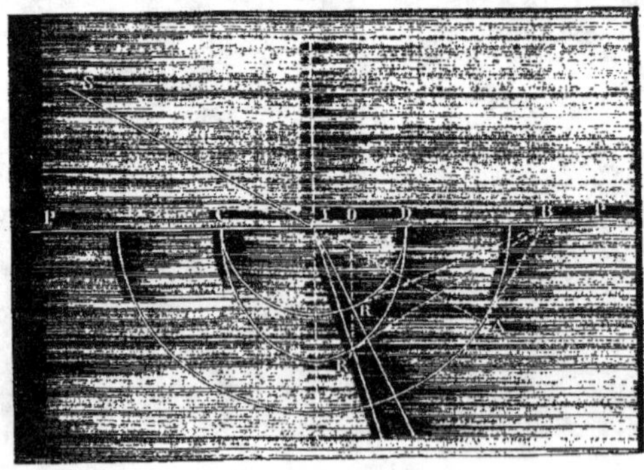

Fig. 92.

(fig. 92), et les deux rayons réfractés restent dans le plan d'incidence.

Il est facile, dans ce cas, de trouver une relation entre les angles
de réfraction du rayon ordinaire et du rayon extraordinaire, angles
que nous désignerons par r et par r'. Supposons en effet qu'il s'a-
gisse d'un cristal où, comme dans le spath d'Islande, on ait $a > b$.
L'intersection PP' de la face d'incidence avec le plan d'incidence,
intersection qui est parallèle à l'axe du milieu, est alors le petit axe
de l'ellipse suivant laquelle le plan d'incidence, pris pour plan de
figure, coupe la nappe ellipsoïdale de la surface de l'onde; le
cercle CRD, suivant lequel le même plan coupe la nappe sphérique,
est décrit sur le petit axe CD de l'ellipse comme diamètre : les deux
points R et R', où les deux tangentes BR et BR' qui déterminent
les directions des deux rayons réfractés touchent le cercle et l'ellipse, se trouvent donc sur une même perpendiculaire à CD, et
l'on a

$$\frac{RQ}{R'Q} = \frac{b}{a}.$$

Comme d'ailleurs

$$\frac{\tan r}{\tan r'} = \frac{R'Q}{RQ},$$

il vient

(4)
$$\frac{\tan r}{\tan r'} = \frac{a}{b} = \frac{n_o}{n_e}.$$

La même relation subsiste dans le cas où l'on a $a < b$, mais CD
est alors le grand axe de l'ellipse.

5° Lorsque la face d'incidence est perpendiculaire à l'axe, tout
plan d'incidence est une section principale, et par conséquent les
deux rayons réfractés restent toujours dans le plan d'incidence.

On peut établir dans ce cas une relation remarquable entre
l'angle d'incidence et l'angle de réfraction du rayon extraordinaire.
Prenons en effet pour plan de figure le plan d'incidence (fig. 93),
et soient SI le rayon incident et IP la direction de l'axe qui est
perpendiculaire à la droite BE suivant laquelle le plan de la figure
coupe la face d'incidence. La section de la nappe ellipsoïdale par le
plan de la figure est alors une ellipse CR'D ayant son grand axe
dirigé suivant BE, et la construction de Huyghens devient plane.
Pour obtenir la direction du rayon réfracté extraordinaire, il suffit de

décrire du point I comme centre un cercle EAF avec un rayon égal
à l'unité, de prolonger le rayon incident SI jusqu'à sa rencontre
en A avec ce cercle, et enfin de mener une tangente BR′ à l'ellipse

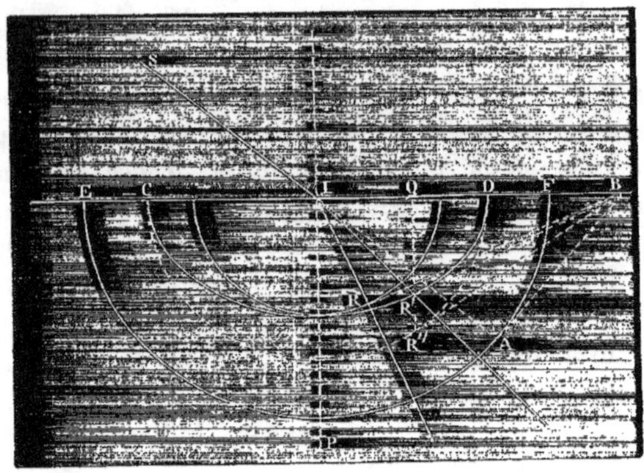

Fig. 93.

par le point B, où la tangente menée au cercle en A rencontre la
droite BE. IR′ est le rayon réfracté extraordinaire et l'angle PIR′
est l'angle de réfraction r'.

Ceci posé, décrivons du point I comme centre, et avec un rayon
égal à a, un cercle CR″D, et menons par le point B une tangente
BR″ à ce cercle : les deux points R′ et R″ se trouveront sur une même
perpendiculaire à BE, et, en désignant le pied de cette perpendiculaire par Q et l'angle R″IP par θ, nous aurons

$$\frac{\tan r'}{\tan \theta} = \frac{R''Q}{R'Q} = \frac{a}{b}.$$

Comme d'ailleurs

$$\sin \theta = a \sin i,$$

i étant l'angle d'incidence, il vient

$$\tan r' = \frac{a \sin \theta}{b \cos \theta} = \frac{a^2 \sin i}{b\sqrt{1 - a^2 \sin^2 i}},$$

et enfin

$$(5) \qquad \tan r' = \frac{n_o \sin i}{n_e \sqrt{n_e^2 - \sin^2 i}}.$$

6° Lorsque la face d'incidence est perpendiculaire à l'axe et que le rayon incident est normal, les deux rayons réfractés se confondent et sont dirigés suivant l'axe, et, dans ce cas, quelle que soit la direction de la face d'émergence, il n'y a jamais qu'un seul rayon émergent.

On voit encore que, quelle que soit la direction de la face d'incidence, toutes les fois que l'un des rayons réfractés est parallèle à l'axe, les deux rayons réfractés se confondent. Dans les cristaux à un axe, l'axe est donc essentiellement caractérisé par cette propriété que, suivant sa direction, il ne peut jamais y avoir double réfraction.

Les lois que nous venons d'énoncer se rapportent à des cas particuliers de la construction de Huyghens et donnent lieu à des vérifications expérimentales. Dans le cas général il est toujours possible, en s'appuyant sur cette construction, de déterminer l'angle de réfraction du rayon extraordinaire et l'angle que fait le plan de réfraction de ce rayon avec la section principale, en fonction de l'angle d'incidence, de l'angle formé par le plan d'incidence avec la section principale, et enfin de l'angle que la face d'incidence fait avec l'axe du cristal. Un calcul assez long est nécessaire pour établir les formules qui définissent la direction du rayon extraordinaire ; nous ne nous y arrêterons pas, car il n'y a là qu'une simple question de géométrie analytique.

142. Distinction des cristaux attractifs et répulsifs.— Relation entre les vitesses du rayon ordinaire et celles du rayon extraordinaire. — Lorsque, dans un cristal à un axe, l'indice extraordinaire est plus grand que l'indice ordinaire, c'est-à-dire lorsque $b > a$, le rayon extraordinaire se rapproche plus de l'axe que le rayon ordinaire et semble par conséquent attiré par l'axe. Lorsqu'au contraire l'indice ordinaire est le plus grand, c'est-à-dire lorsque $a > b$, le rayon extraordinaire est celui qui s'écarte le plus de l'axe et semble être repoussé par cet axe. De là la division que Biot a faite des cristaux à un axe en *cristaux attractifs* et en *cristaux répulsifs*, suivant que l'indice extraordinaire est plus grand ou plus petit que l'indice ordinaire. Fresnel a proposé de remplacer ces dénominations tirées du système de l'émission par celles de *cristaux* *positifs* et de *cristaux négatifs*. Dans les cristaux attractifs, en effet, la différence entre la vitesse du rayon ordinaire et celle du rayon extraordinaire est toujours positive, tandis que dans les cristaux répulsifs cette différence est négative.

Il existe entre les propriétés des cristaux attractifs et celles des cristaux répulsifs plusieurs autres différences, que la construction de Huyghens met facilement en évidence :

1° Dans les cristaux attractifs, l'angle de réflexion totale est toujours plus petit pour le rayon extraordinaire que pour le rayon ordinaire; dans les cristaux répulsifs, c'est l'inverse qui a lieu.

2° Dans les cristaux attractifs, un rayon ordinaire donne toujours naissance à deux rayons réfléchis, tandis que, sous certaines incidences, l'un des deux rayons réfléchis correspondant à un rayon extraordinaire peut manquer; dans les cristaux répulsifs, les choses se passent d'une manière opposée.

LISTE DES PRINCIPAUX CRISTAUX A UN AXE.

CRISTAUX ATTRACTIFS OU POSITIFS.

Apophyllite.	Quartz.
Argent rouge.	Stannite.
Boracite.	Suracétate de cuivre et de chaux.
Dioptase.	Sulfate de potasse et de fer.
Glace.	Tungstate de zinc.
Hyposulfate de chaux.	Zircon.
Magnésie hydratée.	

CRISTAUX RÉPULSIFS OU NÉGATIFS.

Apatite.	Idocrase.
Arséniate de cuivre.	Mellite.
Arséniate de plomb.	Mica.
Arséniate de potasse.	Molybdate de plomb.
Béryl.	Néphéline.
Carbonate de chaux et de magnésie.	Octaédrite.
Carbonate de chaux et de fer.	Phosphate de chaux.
Chlorure de calcium.	Phosphate de plomb.
Chlorure de strontium.	Phosphate de plomb arséniaté.
Cinabre.	Rubellite.
Corindon.	Rubis.
Émeraude.	Saphir.

CRISTAUX RÉPULSIFS OU NÉGATIFS. (SUITE.)

Spath d'Islande.

Sous-phosphate de potasse.

Strontiane hydratée.

Sulfate de nickel et de cuivre.

Tourmaline.

Vernérite.

Il existe dans les cristaux à un axe une relation remarquable entre les vitesses du rayon ordinaire et celles du rayon extraordinaire. Dans ces milieux l'équation de la nappe ellipsoïdale de la surface de l'onde est en effet

$$a^2 x^2 + b^2 (y^2 + z^2) = a^2 b^2 ;$$

en désignant par ρ la longueur du rayon vecteur de cette nappe et par λ, μ, ν les angles que le rayon vecteur fait avec les axes, l'équation précédente devient

$$\frac{1}{\rho^2} = \frac{a^2 \cos^2 \lambda + b^2 (\cos^2 \mu + \cos^2 \nu)}{a^2 b^2},$$

d'où, en remplaçant $\cos^2 \mu + \cos^2 \nu$ par $1 - \cos^2 \lambda$,

$$\frac{1}{\rho^2} = \frac{a^2 \cos^2 \lambda + b^2 \sin^2 \lambda}{a^2 b^2} = \frac{1}{b^2} - \frac{a^2 - b^2}{a^2 b^2} \sin^2 \lambda,$$

et enfin

$$(6) \qquad \frac{1}{b^2} - \frac{1}{\rho^2} = \frac{a^2 - b^2}{a^2 b^2} \sin^2 \lambda.$$

L'équation (6) traduite en langage ordinaire conduit à cette loi :

Dans les milieux cristallisés à un axe, la différence des carrés des inverses des vitesses de propagation du rayon ordinaire et du rayon extraordinaire est proportionnelle au carré du sinus de l'angle que fait le rayon extraordinaire avec l'axe du cristal.

Cette proposition est due à Biot, qui en a donné un énoncé un peu différent de celui qui précède, car, dans la théorie de l'émission, la vitesse du rayon ordinaire est représentée par $\frac{1}{b}$ et celle du rayon extraordinaire par $\frac{1}{\rho}$.

La relation que nous venons d'établir entre les vitesses des deux rayons réfractés a été vérifiée par Biot dans ses recherches sur la polarisation chromatique, et plus tard par Fresnel au moyen d'un procédé fondé sur les interférences des rayons polarisés et que nous avons fait connaître plus haut (110).

143. Direction des vibrations sur le rayon ordinaire. — La direction des vibrations sur un rayon qui se propage dans un milieu biréfringent s'obtient, comme nous l'avons vu (128), en projetant le rayon sur le plan tangent à la surface de l'onde au point où elle est rencontrée par ce rayon; mais cette règle ne suffit pas pour déterminer la direction des vibrations sur le rayon ordinaire, qui, dans les milieux cristallisés à un axe, est toujours normal à la nappe sphérique de la surface de l'onde, nappe à laquelle ce rayon correspond. Il faut alors avoir recours à la considération directe de l'ellipsoïde (E) de Fresnel, dont l'équation. dans le cas des cristaux à un axe, devient

$$a^2 x^2 + b^2 (y^2 + z^2) = 1.$$

Coupons cet ellipsoïde par un plan passant par son centre et perpendiculaire à la direction du rayon ordinaire sur lequel il s'agit de trouver la direction des vibrations. Ce plan étant parallèle à l'onde plane qui correspond à ce rayon ordinaire, les vibrations seront parallèles à l'un des axes de la section elliptique ainsi déterminée. Or, comme parmi les rayons vecteurs de l'ellipsoïde (E) le rayon équatorial a toujours une longueur maximum ou minimum, l'un des axes de cette section se trouve toujours contenu dans le plan des yz et a pour longueur $\frac{1}{b}$, et, puisque toutes les ondes planes ordinaires se propagent avec une vitesse constante et égale à b, c'est à celui des axes de la section elliptique qui est situé dans le plan des yz que sont parallèles les vibrations sur le rayon ordinaire. Ces vibrations sont donc perpendiculaires à la fois au rayon et à l'axe des x, c'est-à-dire à l'axe du milieu, d'où il résulte que *sur le rayon ordinaire les vibrations sont perpendiculaires au plan mené par ce rayon et par l'axe*, et que, par conséquent, si l'on admet avec Fresnel que les vibrations s'effectuent perpendiculairement au plan de polarisation, *le plan de polarisation du rayon ordinaire est celui qui passe par ce rayon et par l'axe.*

144. Relation entre les plans de polarisation des deux rayons réfractés dans les cristaux à un axe. — Nous allons nous occuper maintenant de chercher la relation qui existe, dans les milieux cristallisés à un axe, entre les positions des plans de polarisation des deux rayons réfractés provenant d'un même rayon incident.

Supposons en premier lieu que le plan d'incidence soit une section principale. Le rayon ordinaire est alors, d'après ce que nous venons de voir, polarisé dans le plan de la section principale; le rayon extraordinaire est aussi contenu dans ce plan, ainsi que sa projection sur le plan tangent à la nappe ellipsoïdale de la surface de l'onde. Les vibrations sur le rayon extraordinaire s'effectuent donc parallèlement au plan de la section principale, et par suite ce rayon est polarisé dans un plan perpendiculaire à celui de la section principale. Donc, *lorsque le plan d'incidence est une section principale, les deux rayons réfractés sont polarisés à angle droit.*

Il est facile de s'assurer qu'il en est de même toutes les fois que le rayon incident est normal à la face d'incidence; car, dans ce cas, les deux rayons réfractés sont compris dans un plan passant par le rayon incident et par l'axe, et l'on se trouve par suite ramené au cas précédent.

Mais dans le cas général, c'est-à-dire lorsque le plan d'incidence n'est pas une section principale, il n'existe aucune relation nécessaire entre les plans de polarisation des deux rayons réfractés. Seulement, comme, dans tous les milieux biréfringents connus, les deux rayons réfractés sont peu écartés l'un de l'autre, et que les plans qui passent par un rayon vecteur de la surface de l'onde et par les deux directions des vibrations qui peuvent se propager suivant ce rayon vecteur sont toujours rectangulaires (129), les plans de polarisation des deux rayons réfractés sont, dans tous les cas, *à peu près* perpendiculaires l'un à l'autre.

Il est à remarquer que le plan de polarisation du rayon extraordinaire ne passe pas en général par ce rayon, du moins quand on prend pour plan de polarisation, comme le faisait Fresnel, le plan mené perpendiculairement à la direction de la vibration.

Il est un seul cas où la direction des vibrations et par suite celle du plan de polarisation restent indéterminées dans les cristaux à un axe, c'est le cas où le rayon est parallèle à l'axe du cristal.

145. Loi de Malus ou du carré du cosinus. — Lorsque le plan d'incidence est une section principale, les vibrations du rayon ordinaire s'effectuent perpendiculairement à ce plan, tandis que celles du rayon extraordinaire lui sont parallèles. Si donc on désigne par α l'angle du plan de polarisation du rayon incident avec la section principale, les vibrations du rayon incident feront avec celles du rayon réfracté ordinaire un angle égal à α, et avec celles du rayon extraordinaire un angle égal à $90°-\alpha$. Par conséquent, en prenant pour unité l'amplitude des vibrations sur le rayon incident, l'amplitude des vibrations du rayon réfracté ordinaire sera représentée par $\cos\alpha$, et celle des vibrations du rayon extraordinaire par $\sin\alpha$; l'intensité lumineuse étant proportionnelle au carré de l'amplitude, on aura, en désignant respectivement par I, O, E les intensités du rayon incident et des rayons réfractés ordinaire et extraordinaire.

$$O = I\cos^2\alpha,$$
$$E = I\sin^2\alpha.$$

On retrouve ainsi la loi dite de Malus ou du *carré du cosinus* [1]. loi qu'Arago a soumise à de nombreuses vérifications expérimentales à l'aide d'un procédé photométrique dont nous aurons occasion de parler ultérieurement [2].

La loi du carré du cosinus, rigoureusement vraie lorsque le plan d'incidence est une section principale, doit dans tous les cas donner avec une assez grande approximation les intensités des deux rayons réfractés, puisque les plans de polarisation de ces rayons sont toujours à peu près rectangulaires.

146. Vérifications expérimentales des lois de la double réfraction dans les cristaux à un axe. — Huyghens se contenta de vérifier l'exactitude de sa construction dans un certain

[1] MALUS, *Théorie de la double réfraction*, p. 205.
[2] *OEuvres complètes d'Arago*, t. X, p. 168.

526 DOUBLE RÉFRACTION.

nombre de cas simples et ne prit presque pas de mesures numériques [1].

Les idées de Huyghens étaient presque tombées dans l'oubli lorsque Wollaston entreprit, en 1802 [2], une série de recherches destinées à établir expérimentalement les lois de la double réfraction. Le procédé employé par Wollaston consistait à mesurer les angles sous lesquels se produisait la réflexion totale du rayon ordinaire ou du rayon extraordinaire. En mettant successivement le cristal biréfringent en contact avec différents liquides, il obtint ainsi un grand nombre de résultats numériques qui présentèrent un accord satisfaisant avec ceux qui se déduisent par le calcul de la construction de Huyghens.

Quelques années après, en 1808, l'Académie des sciences de Paris proposa comme sujet de concours la théorie de la double réfraction, et ce fut le mémoire de Malus qui remporta le prix [3]. Dans ce travail Malus fait connaître deux procédés qui lui ont servi à vérifier les lois de la double réfraction. Le premier de ces procédés consiste à tailler dans le corps biréfringent un prisme dont les arêtes soient parallèles à l'axe, et à mesurer par la méthode du minimum de déviation les indices ordinaire et extraordinaire du cristal en faisant tomber un rayon lumineux sur l'une des faces latérales du prisme, de façon que le plan d'incidence soit perpendiculaire à l'axe.

Le second procédé de Malus est beaucoup plus général : il est fondé sur l'emploi de cristaux à faces parallèles. Sur une règle en cuivre blanchie on trace un triangle rectangle ABC (fig. 94) très-allongé, dont l'hypoténuse AC et le grand côté AB sont divisés en millimètres. Cette règle est placée sur une table horizontale, et sur la règle on pose un cristal épais de spath à faces parallèles. En visant avec la lunette d'un théodolite un point G de la surface supérieure du cristal, on aperçoit deux images abc et $a'b'c'$ du triangle. L'hypoténuse $a'c'$ de l'une de ces images coupe le côté ab de l'autre image en un point g. Les divisions tracées sur les côtés du triangle font connaître immédiatement les longueurs ag et $a'g$. Si l'on porte sur

[1] *Traité de la Lumière*, chap. v.
[2] *Phil. Trans.*, 1802, p. 381.
[3] *Théorie de la double réfraction*, Paris, 1810.

le côté AB du triangle réel une longueur AE égale à *ag*, et sur l'hy-

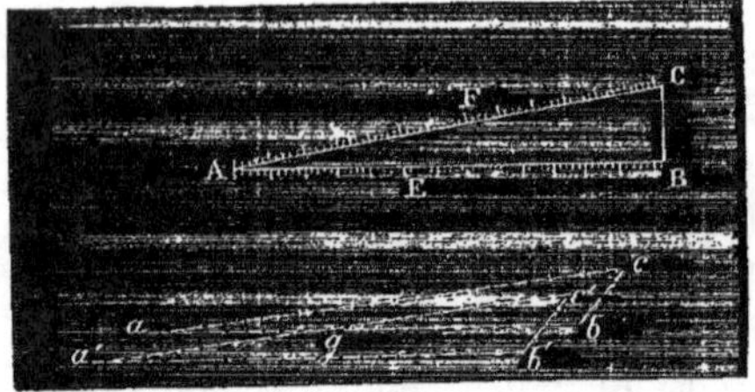

Fig. 94.

poténuse AC une lon-
gueur AF égale à *a'g*,
on aura deux points E
et F tels que deux rayons,
l'un ordinaire et l'autre
extraordinaire, partant de
ces deux points et about-
issant tous deux au point
G (fig. 95), donnent nais-
sance à un seul rayon émergent GH, dont la direction est celle de
la lunette. Réciproquement, si un rayon incident était dirigé suivant HG. ce rayon, en pénétrant dans le cristal, se réfracterait sui-

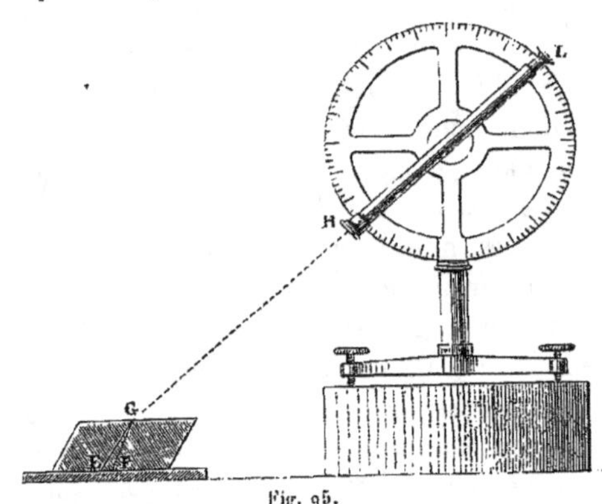

Fig. 95.

vant les deux droites GE et GF. La position du point G à la surface supérieure du cristal étant déterminée et l'épaisseur du cristal
étant connue, on déduit facilement des positions occupées par les
points E et F les angles de réfraction des deux rayons, ainsi que
l'angle que forme le plan de réfraction du rayon extraordinaire avec
la section principale. L'angle d'incidence est d'ailleurs égal à l'angle
formé avec la verticale par l'axe de la lunette. et le plan d'incidence est celui dans lequel se meut cet axe. On a donc tous les éléments nécessaires pour comparer les résultats donnés par l'expé-

rience avec ceux qu'on déduit, par le calcul, de la construction de Huyghens.

Le point G est ordinairement le point de croisement de deux fils tendus sur la surface supérieure du cristal. Pour pouvoir prendre plusieurs mesures sans déranger le théodolite, on place la règle de cuivre et le cristal sur une petite plate-forme horizontale pouvant tourner autour d'un axe vertical, et on s'arrange de façon que le point G, auquel on vise toujours avec la lunette, se trouve sur l'axe de rotation, condition facile à réaliser en déplaçant les fils à la surface du cristal jusqu'à ce que leur point de croisement occupe dans le champ de la lunette une position constante pendant le mouvement de rotation.

Les observations de Malus ont porté surtout sur le spath. En calculant d'après plusieurs séries d'expériences les valeurs de a et de b pour ce cristal, il est arrivé aux nombres suivants.

NATURE DES OBSERVATIONS.	a	b
1° Prismes taillés parallèlement à l'axe..............	0,67334	0,60374
2° Face d'incidence inclinée sur l'axe; plan d'incidence parallèle à la section principale...............	0,67349	0,60387
3° Face d'incidence inclinée sur l'axe; plan d'incidence perpendiculaire à la section principale............	0,67558	0,60575
4° Face d'incidence perpendiculaire à l'axe............	0,67427	0,60457

L'accord entre les valeurs trouvées pour a et b au moyen d'expériences exécutées dans des conditions différentes est évidemment une confirmation de la théorie. Dans les nombres donnés par Malus cet accord ne se maintient que jusqu'à la seconde décimale, mais il ne faut pas oublier qu'il opérait avec la lumière blanche.

Pour les cristaux autres que le spath, Malus s'est contenté de déterminer les deux indices à l'aide de prismes taillés parallèlement à l'axe; aussi la distinction des cristaux attractifs et répulsifs lui a-t-elle complétement échappé.

Biot, après avoir démontré au moyen des phénomènes de la polarisation chromatique l'existence des cristaux à deux axes, entreprit aussi de vérifier directement les lois de la double réfraction dans un grand nombre de cristaux. La méthode qu'il suivit est analogue à celle de Malus. Le cristal taillé en prisme était placé sur un support horizontal H (fig. 96), de façon que sa face inférieure dépassât

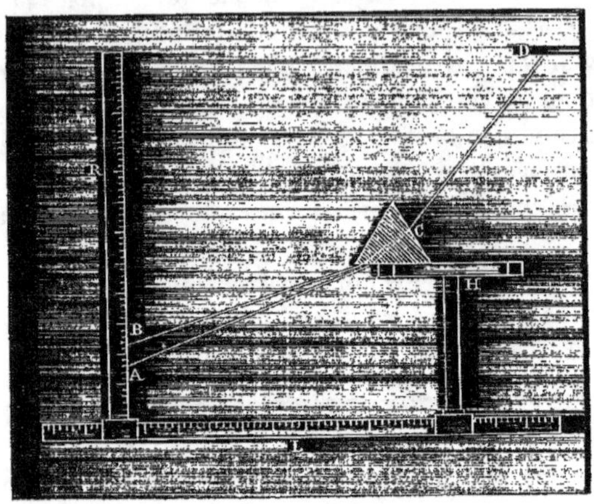

Fig. 96.

un peu le bord du support. Ce support était mobile le long d'une règle horizontale graduée L, sur laquelle était fixée une autre règle R verticale et divisée en millimètres. Lorsque le plan d'incidence était une section principale, les deux images de la règle R se trouvaient sur le prolongement l'une de l'autre, et par conséquent on pouvait donner au support une position telle, qu'une division de l'image ordinaire fût exactement en coïncidence avec une autre division de l'image extraordinaire. On avait ainsi les positions de deux points A et B tels, que deux rayons, l'un ordinaire et l'autre extraordinaire, partant de ces deux points, donnent, après avoir traversé le prisme, un seul rayon émergent CD, ou, ce qui revient au même, les positions des points où vont aboutir sur la règle R les deux rayons réfractés provenant du rayon incident CD. La direction du rayon CD était déterminée à l'aide d'une lunette avec laquelle on visait un point C de la face d'incidence.

Lorsque le plan d'incidence n'était pas une section principale,

Biot se servait d'une seconde règle divisée R', fixée en un point de
la règle R et pouvant faire avec celle-ci un angle variable; il s'ar-
rangeait alors de façon à faire coïncider l'image ordinaire d'une
division de la règle R avec l'image extraordinaire d'une division de
la règle R'.

**147. Expériences relatives à la vitesse du rayon ordi-
naire.** — La théorie de Fresnel montre que la vitesse du rayon
ordinaire dans un cristal à un axe doit être indépendante de sa direction. Cette loi fondamentale a été soumise par plusieurs physiciens au contrôle de l'expérience.

Brewster[1] accola l'un à l'autre par la base deux prismes de
spath, d'angles réfringents exactement égaux, mais dont le premier
avait ses arêtes parallèles à l'axe tandis que les arêtes du second
étaient perpendiculaires à l'axe. En regardant à travers ce prisme
composé une mire parallèle à l'arête réfringente, il constata que les
deux parties de l'image ordinaire de cette mire se trouvaient exactement dans le prolongement l'une de l'autre, ce qui prouvait que
dans les deux prismes le rayon ordinaire, bien que suivant des directions diversement inclinées par rapport à l'axe, avait éprouvé
des réfractions égales. Ce procédé n'est autre que celui dont s'est
servi Fresnel pour faire voir que dans les cristaux à deux axes il
n'existe pas de rayon ordinaire.

Quelques années après les expériences de Brewster, M. Swan[2]
mesura directement l'indice ordinaire du spath au moyen de prismes
taillés dans différentes directions. Il employait la méthode du minimum de déviation et opérait avec la lumière monochromatique de
l'alcool salé. Il obtint ainsi les résultats suivants :

	INDICE ORDINAIRE DU SPATH.
Rayon réfracté parallèle à l'axe................	1,658367
—————————— perpendiculaire à l'axe..........	1,658366
————————————————————............	1,658361
————————————————————............	1,658384
———————————— incliné de 45 degrés sur l'axe....	1,658385
———————————— incliné de 60 degrés sur l'axe....	1,658389

[1] 13th Rep. of Brit. Assóc., p. 7.
[2] Edinb. Trans., XVI, 375.

Les différences que l'on constate entre les indices ainsi déterminés sont assez faibles pour pouvoir être attribuées aux erreurs
d'observation; elles ne portent, en effet, que sur la cinquième décimale, et il faut tenir compte de ce que la lumière employée n'est
pas rigoureusement monochromatique.

V.

DOUBLE RÉFRACTION DANS LES CRISTAUX À DEUX AXES.

148. Forme de la surface de l'onde dans les cristaux à deux axes. — Les cristaux à deux axes sont ceux qui n'appartiennent ni au système cubique ni au système rhomboédrique. Dans ces cristaux les vitesses de propagation des ébranlements parallèles aux trois axes d'élasticité, vitesses que nous avons représentées par a, b, c, sont inégales, et la surface de l'onde a pour équation

$$\left(x^2+y^2+z^2\right)\left(a^2 x^2+b^2 y^2+c^2 z^2\right) - a^2\left(b^2+c^2\right) x^2$$
$$- b^2\left(c^2+a^2\right) y^2 - c^2\left(a^2+b^2\right) z^2 + a^2 b^2 c^2 = 0.$$

Lorsque a, b, c ont des valeurs différentes, comme cela arrive pour les cristaux à deux axes, la surface de l'onde est une surface du quatrième degré à deux nappes, indécomposable en surfaces du second degré. Pour nous faire une idée de la forme de cette surface, nous allons considérer ses sections par les trois plans des coordonnées. Nous supposerons que l'on ait

$$a > b > c;$$

l'axe des x est alors ce qu'on appelle l'axe *de plus grande élasticité*; l'axe des z est l'axe *de plus petite élasticité* et l'axe des y est l'axe *de moyenne élasticité*.

En faisant successivement, dans l'équation de la surface de l'onde,

$$x = 0, \quad y = 0, \quad z = 0,$$

on voit que la section de la surface par le plan des yz se compose d'un cercle

$$y^2+z^2 = a^2,$$

et d'une ellipse

$$b^2 y^2 + c^2 z^2 = b^2 c^2;$$

la section par le plan des xz se compose d'un cercle

$$x^2 + z^2 = b^2,$$

et d'une ellipse

$$c^2 z^2 + a^2 x^2 = a^2 c^2\,;$$

enfin la section par le plan des xy se compose d'un cercle

$$x^2 + y^2 = c^2,$$

et d'une ellipse

$$a^2 x^2 + b^2 y^2 = a^2 b^2.$$

Il résulte de là que dans le plan des yz le cercle est extérieur à l'ellipse, tandis qu'au contraire dans le plan des xy l'ellipse est extérieure au cercle. Dans le plan des xz, c'est-à-dire dans le plan perpendiculaire à l'axe de moyenne élasticité, le cercle et l'ellipse se coupent en quatre points qui sont deux à deux diamétralement opposés; ces quatre points d'intersection sont, comme nous le verrons, des points singuliers de la surface de l'onde.

La figure 97, où l'on a pris

$$OA = OA' = a, \quad OB = OB' = b, \quad OC = OC' = c,$$

montre la forme que présentent les sections faites dans la surface de l'onde par les trois plans des coordonnées. Ces trois sections se nomment les *sections principales* de la surface de l'onde, et cette surface est symétrique par rapport au plan de chacune des trois sections principales.

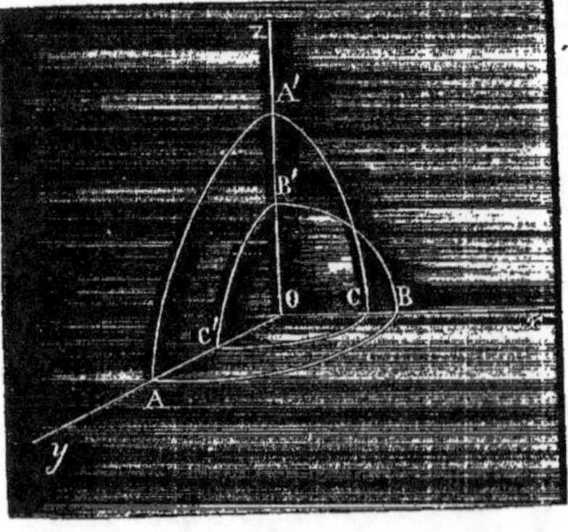

Fig. 97.

La bissectrice de l'angle aigu des rayons vecteurs qui passent par les points singuliers de la surface de l'onde s'appelle la *ligne moyenne*. Cette ligne moyenne peut se confondre soit avec l'axe de plus grande élasticité, soit, au contraire, avec l'axe de plus petite élasticité.

149. Lois de la double réfraction dans les cristaux à deux axes. — Lorsque le plan d'incidence est perpendiculaire à l'un des trois axes d'élasticité, c'est-à-dire se confond avec une section principale, la construction de Huyghens devient plane, et par suite les deux rayons réfractés restent dans le plan d'incidence. De plus, dans ce cas, l'une des courbes suivant lesquelles la surface de l'onde est coupée par le plan d'incidence se trouve toujours être un cercle, d'où il résulte que l'un des deux rayons réfractés suit la loi des sinus ; ce rayon prend le nom de *rayon ordinaire*. L'indice de réfraction du rayon ordinaire est égal à $\frac{1}{a}$ dans le plan des yz, à $\frac{1}{b}$ dans le plan des xz, à $\frac{1}{c}$ dans le plan des xy. Les trois quantités $\frac{1}{a}, \frac{1}{b}, \frac{1}{c}$ sont ce qu'on appelle les trois *indices principaux* du cristal. Ces trois indices peuvent être déterminés par la méthode du minimum de déviation, au moyen de trois prismes taillés parallèlement aux trois axes d'élasticité du cristal, et la connaissance de ces indices suffit pour définir le cristal au point de vue optique.

Lorsque, dans un cristal à deux axes, la face d'incidence est perpendiculaire à l'un des axes d'élasticité et que le rayon incident est normal, les deux rayons réfractés suivent la même direction, mais ces rayons se propagent dans le cristal avec des vitesses différentes; d'où il suit que, si la face d'émergence n'est pas parallèle à la face d'incidence, les deux rayons émergents ont des directions différentes. Les axes d'élasticité dans les cristaux à deux axes ne jouissent donc pas des mêmes propriétés que l'axe unique dans les cristaux à un axe.

En se reportant à la forme des sections faites dans la surface de l'onde par les trois plans des coordonnées, il est facile de voir que, si le plan d'incidence est perpendiculaire à l'axe de plus grande élasticité, le cristal à deux axes se comporte comme un cristal à un axe attractif; si, au contraire, le plan d'incidence est perpendiculaire à l'axe de plus petite élasticité, le cristal à deux axes présente les propriétés d'un cristal à un axe répulsif; enfin, si le plan d'incidence est perpendiculaire à l'axe de moyenne élasticité, c'est-à-dire coïncide avec le plan des xz, comme dans ce plan le cercle et l'ellipse se coupent, le cristal à deux axes, suivant l'incidence, se montre analogue à un cristal attractif ou à un cristal répulsif.

Pour définir d'une manière absolue le signe d'un cristal à deux axes, c'est-à-dire pour le ranger dans la classe des cristaux attractifs ou dans celle des cristaux répulsifs, on remarque que, si l'angle des deux rayons vecteurs qui passent par les points singuliers de la surface de l'onde tend vers zéro, le cristal à deux axes se rapproche de plus en plus par ses propriétés d'un cristal à un axe, lequel sera répulsif si les deux rayons vecteurs se confondent avec l'axe de plus grande élasticité, c'est-à-dire si b devient égal à c; attractif si ces rayons vecteurs se confondent avec l'axe de plus petite élasticité, c'est-à-dire si b devient égal à a. Il est donc naturel de dire qu'un cristal à deux axes est attractif ou positif lorsque la bissectrice de l'angle aigu des deux rayons vecteurs qui passent par les points singuliers de la surface de l'onde, bissectrice qui porte le nom de ligne moyenne, coïncide avec l'axe de plus petite élasticité, et de considérer le cristal comme répulsif ou négatif lorsque la ligne moyenne tombe sur l'axe de plus grande élasticité. On voit qu'il est un cas où le signe du cristal reste indéterminé : c'est celui où les rayons vecteurs qui passent par les points singuliers de la surface de l'onde sont perpendiculaires l'un à l'autre.

150. Directions des vibrations dans les cristaux à deux axes. — La construction générale qui donne la direction des vibrations sur un rayon vecteur de la surface de l'onde montre que, dans les cristaux à deux axes, les vibrations des deux rayons qui peuvent se propager parallèlement à l'un des axes d'élasticité sont rectangulaires, et que, par suite, ces deux rayons, qui peuvent être considérés comme provenant d'un même rayon incident, sont polarisés à angle droit. Mais, en général, il n'existe dans les cristaux à deux axes aucune relation nécessaire entre les directions des vibrations sur les deux rayons réfractés qui proviennent d'un même rayon incident. Seulement, comme ces deux rayons réfractés forment toujours un très-petit angle et que les plans qui passent par un rayon vecteur de la surface de l'onde et par les deux directions des vibrations qui peuvent se propager suivant ce rayon vecteur sont rectangulaires, les plans de polarisation des deux rayons réfractés sont, dans tous les cas, à peu près perpendiculaires l'un à l'autre.

151. Vérifications expérimentales des lois de la double réfraction dans les cristaux à deux axes. — Fresnel est le premier qui ait démontré que dans les cristaux à deux axes aucun des deux rayons réfractés ne suit en général la loi de Descartes, ou, en d'autres termes, qu'il n'y a pas dans ces cristaux de rayon ordinaire [1]. Le premier procédé dont il s'est servi est fondé sur le déplacement des franges d'interférence par l'interposition d'une lame transparente. Il taillait dans une topaze deux lames suivant des directions différentes et donnait à ces lames la même épaisseur en les travaillant ensemble. Il disposait ensuite chacune de ces lames devant l'une des fentes de l'appareil de Young et constatait presque toujours un déplacement sensible des franges d'interférence, ce qui prouvait qu'aucun des deux rayons réfractés ne traverse les lames cristallines avec une vitesse indépendante de la direction de ces lames par rapport aux axes du cristal.

Fresnel, sur l'invitation d'Arago, employa une méthode plus directe, qui consistait à tailler dans une topaze des lames à faces parallèles suivant des directions différentes, à coller ces lames les unes aux autres et à donner à l'ensemble la forme d'un prisme. En regardant à travers ce prisme une mire éloignée parallèle à l'arête réfringente, il s'assura que dans chacune des deux images de la mire les parties qui correspondaient aux différentes lames ne se trouvaient pas sur le prolongement les unes des autres; si l'un des rayons réfractés suivait la loi de Descartes, l'une des images aurait nécessairement été rectiligne.

Sans parler des phénomènes de la polarisation chromatique, dont l'explication est fondée sur les lois de la double réfraction, il faut citer surtout, parmi les vérifications de ces lois pour les cristaux à deux axes, les expériences demeurées classiques de Rudberg [2]; ce physicien mesura les trois indices principaux de l'aragonite et de la topaze incolore pour les principales raies du spectre et s'assura que, dans ces cristaux, toutes les fois que le plan d'incidence se confond avec une section principale, l'un des rayons réfractés suit

[1] *Ann. de phys. et de chim.*, (2), t. XX, p. 337. — *OEuvres complètes d'Arago*, t. X, p. 446.
[2] *Pogg. Ann.*, XVII, 1.

la loi de Descartes; il employait à cet effet des prismes taillés parallèlement aux trois axes d'élasticité. Plus récemment, M. Heusser[1] a déterminé par le même procédé les constantes optiques d'un certain nombre de cristaux à deux axes.

M. de Senarmont a appliqué à la vérification des lois de la double réfraction une méthode qui est analogue à celle de Wollaston et qui consiste à observer les phénomènes de la réflexion totale sur l'une des faces du cristal, en mettant cette face en contact avec un liquide plus réfringent que le cristal[2]. Il faisait arriver sur la première face du cristal un cône de rayons émanant du foyer d'une lentille; ces rayons venaient rencontrer la seconde face sous des incidences différentes, et certains d'entre eux subissaient la réflexion totale. Comme, dans le cristal, la valeur de l'angle d'incidence à partir duquel il y a réflexion totale dépend de la couleur, la région de la seconde face du cristal sur laquelle s'opérait la réflexion totale était limitée par un iris dont la forme et la position pouvaient être assignées d'avance au moyen de la théorie. M. de Senarmont a fait porter ses expériences aussi bien sur les cristaux à deux axes que sur les cristaux à un axe, et, dans les cas les plus divers, l'accord entre les résultats de ses observations et ceux de la théorie s'est maintenu d'une manière satisfaisante.

Mais c'est dans les phénomènes de la réfraction conique intérieure et extérieure qu'il faut chercher la confirmation la plus éclatante de la théorie de Fresnel. La découverte théorique de ces phénomènes est due à Hamilton[3] et leur constatation expérimentale à Lloyd[4].

152. Propriétés des normales aux sections circulaires du premier ellipsoïde. — Axes optiques ou de réfraction conique intérieure. — Les plans tangents à la surface de l'onde ne touchent en général cette surface qu'en un seul point; mais il existe, comme nous allons le faire voir, quatre plans tangents qui

[1] *Pogg. Ann.*, LXXXVII, 454.
[2] *C. R.*, XLII, 65. — *Journ. de Liouville*, 1856, p. 305
[3] *Trans. of Ir. Acad.*, XV, 69; XVI, 1, 94.
[4] *Trans. of Ir. Acad.*, XVII, 3.

touchent chacun la surface de l'onde en une infinité de points formant une courbe.

Considérons en effet la section de la surface de l'onde par le plan des xz, c'est-à-dire par un plan perpendiculaire à l'axe de moyenne élasticité : cette section se compose d'un cercle

$$x^2 + z^2 = b^2,$$

et d'une ellipse

$$a^2 x^2 + c^2 z^2 = a^2 c^2,$$

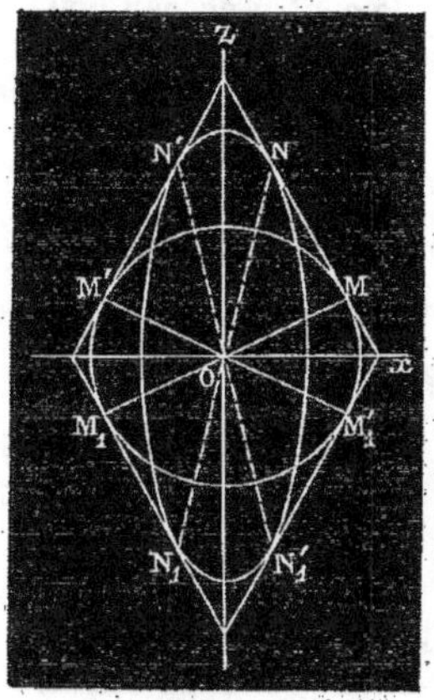

qui se coupent, ainsi que le montre la figure 98, en quatre points. On peut mener à ces deux courbes quatre tangentes communes MN, M'N', $M_1 N_1$, $M'_1 N'_1$, qui sont parallèles deux à deux et symétriquement placées par rapport aux axes Ox et Oz. Les équations de ces tangentes communes sont faciles à obtenir. En effet, si l'on désigne par m le coefficient d'inclinaison d'une droite tangente au cercle, on a pour l'équation de cette tangente

Fig. 98.

$$z = mx \pm b \sqrt{1 + m^2};$$

de même, en représentant par m' le coefficient d'inclinaison d'une droite tangente à l'ellipse, on a pour l'équation de cette tangente

$$z = m'x \pm \sqrt{c^2 m'^2 + a^2}.$$

Pour les tangentes communes m doit être égal à m', et les deux équations précédentes doivent représenter la même droite, ce qui n'est possible qu'autant que ces équations sont identiques et que l'on a

$$b^2 (1 + m^2) = c^2 m^2 + a^2,$$

d'où

$$m = \pm \sqrt{\frac{a^2 - b^2}{b^2 - c^2}}.$$

Les quatre tangentes communes sont donc données par l'équation

$$(1) \qquad z = \pm \sqrt{\frac{a^2 - b^2}{b^2 - c^2}}\, x \pm b \sqrt{\frac{a^2 - c^2}{b^2 - c^2}}.$$

Les deux droites MM_1 et $M'M'_1$, menées par le centre perpendiculairement aux tangentes communes, ont pour équation

$$(2) \qquad z = -\frac{1}{m}\, x = \pm \sqrt{\frac{b^2 - c^2}{a^2 - b^2}}\, x;$$

ces droites sont par conséquent normales aux sections circulaires de l'ellipsoïde (E) ou premier ellipsoïde de Fresnel, dont l'équation est

$$a^2 x^2 + b^2 y^2 + c^2 z^2 = 1.$$

Il résulte de là, d'après les propriétés de cet ellipsoïde, qu'une onde plane perpendiculaire à l'une des droites MM_1, $M'M'_1$, c'est-à-dire parallèle à l'un des plans qu'on peut mener perpendiculairement à celui des xz par les quatre tangentes communes, se propage sans altération quelle que soit la direction du déplacement dans son plan, et que la vitesse de propagation de cette onde est indépendante de la direction du déplacement. Une onde plane normale à l'une des droites MM_1, $M'M'_1$ n'offre donc pas de polarisation déterminée. Nous appellerons ces deux droites les *axes optiques* du cristal, car par cette propriété elles sont analogues à l'axe unique d'un cristal à un axe.

Les plans menés perpendiculairement au plan des xz par les quatre tangentes communes touchent chacun la surface de l'onde en deux points situés dans le plan des xz; mais nous allons démontrer que chacun de ces plans touche en outre la surface en une infinité d'autres points. Cherchons à cet effet quels sont sur la surface de l'onde les points où le plan tangent est perpendiculaire au plan des xz. Si l'on représente par

$$F(x, y, z) = 0$$

l'équation de la surface de l'onde, les coordonnées de ces points doivent vérifier la condition

$$\frac{dF}{dy} = 0$$

ou bien

$$y\left(a^2 x^2 + b^2 y^2 + c^2 z^2\right) + b^2 y\left(x^2 + y^2 + z^2\right) - b^2\left(a^2 + c^2\right) y = 0,$$

équation qui se décompose en deux autres,

$$y = 0$$

et

$$(3) \qquad \left(a^2 + b^2\right) x^2 + 2 b^2 y^2 + \left(c^2 + b^2\right) z^2 - b^2\left(a^2 + c^2\right) = 0.$$

La première de ces équations donne les points de contact situés dans le plan des xz; la seconde représente un ellipsoïde. Si, entre l'équation de cet ellipsoïde et celle de la surface de l'onde, on élimine y^2, on obtient une équation qui n'est autre que celle de la projection sur le plan des xz du lieu cherché. Le premier membre de cette équation se décompose en quatre facteurs, de sorte qu'elle peut être mise sous la forme

$$\left(z + \sqrt{\frac{a^2 - b^2}{b^2 - c^2}}\, x + b\,\sqrt{\frac{a^2 - c^2}{b^2 - c^2}}\right)\left(z - \sqrt{\frac{a^2 - b^2}{b^2 - c^2}}\, x + b\,\sqrt{\frac{a^2 - c^2}{b^2 - c^2}}\right)$$

$$\times \left(z + \sqrt{\frac{a^2 - b^2}{b^2 - c^2}}\, x - b\,\sqrt{\frac{a^2 - c^2}{b^2 - c^2}}\right)\left(z - \sqrt{\frac{a^2 - b^2}{b^2 - c^2}}\, x - b\,\sqrt{\frac{a^2 - c^2}{b^2 - c^2}}\right) = 0.$$

Cette dernière équation représente le système des quatre plans menés par les quatre tangentes communes perpendiculairement au plan des xz; d'où il résulte que chacun de ces quatre plans touche la surface de l'onde en une infinité de points. Les courbes de contact ne sont autres que les courbes suivant lesquelles l'ellipsoïde représenté par l'équation (3) est coupé par ces plans, et il est facile de voir que ces courbes sont les sections circulaires de cet ellipsoïde. Il existe donc quatre plans qui touchent chacun la surface de l'onde suivant un cercle dont le plan est perpendiculaire à l'un des axes optiques. Ces plans sont représentés par l'équation

$$z = \pm\sqrt{\frac{a^2 - b^2}{b^2 - c^2}}\, x \pm b\,\sqrt{\frac{a^2 - c^2}{b^2 - c^2}}.$$

Nous les appellerons les *plans tangents singuliers* de la surface de l'onde.

153. Réfraction conique intérieure et réfraction cylindrique. — Expériences de Lloyd et de Beer. — Supposons que la lumière passe d'un milieu isotrope dans un milieu cristallisé à deux axes, et qu'en appliquant la construction de Huyghens le plan tangent qu'on est conduit à mener à la surface de l'onde, dans ce dernier milieu, pour obtenir la direction des rayons réfractés, se confonde avec l'un des quatre plans tangents singuliers. Il y aura dans ce cas, d'après ce que nous venons de voir, une infinité de rayons réfractés provenant d'un seul rayon incident. Ces rayons formeront un cône creux ayant pour base un cercle, et en général oblique, c'est-à-dire un cône qui dans tous les cas sera du second degré ; l'un de ces rayons sera toujours parallèle à l'un des axes optiques du milieu, et en même temps perpendiculaire à la base du cône. Cette division d'un rayon incident en un faisceau conique de rayons réfractés constitue le phénomène de la *réfraction conique intérieure,* et les deux directions OM, OM′, auxquelles nous avons donné la dénomination d'axes optiques, portent aussi souvent le nom *d'axes de réfraction conique intérieure.*

Si la face d'émergence est parallèle à la face d'incidence, chacun des rayons réfractés redeviendra, en sortant du cristal, parallèle

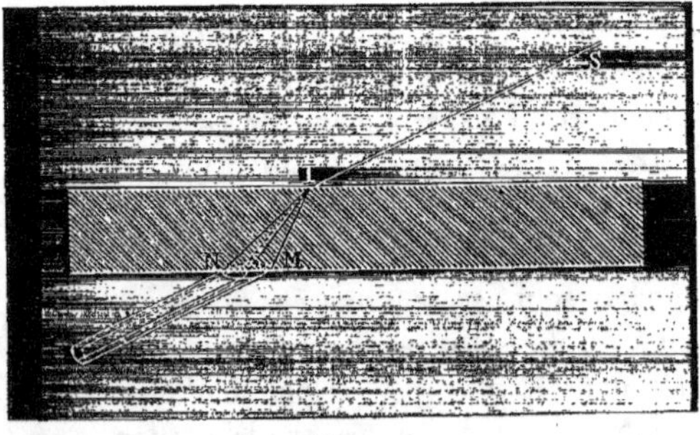

Fig. 99.

au rayon incident, et les rayons émergents formeront un tube cylindrique creux (fig. 99). La surface cylindrique ainsi déterminée aura pour base la section du cône des rayons réfractés par la face d'émergence et sera par conséquent toujours du second degré. Dans

tous les cristaux connus, ce cylindre diffère peu d'un cylindre à base
circulaire.

Il est facile de trouver la direction des vibrations sur chacun des
rayons réfractés qui constituent le cône dont nous venons de parler;
cette direction s'obtiendra en effet en projetant chacune des génératrices de ce cône sur le plan tangent à la surface de l'onde, c'est-
à-dire sur la base du cône. Si donc nous prenons pour plan de figure
le plan du cercle suivant lequel le plan tangent singulier touche la
surface de l'onde (fig. 100), et si le rayon perpendiculaire au plan
de ce cercle rencontre la circonférence en M, la direction des vibrations sur la génératrice du cône qui passe par le point M′ de la cir-

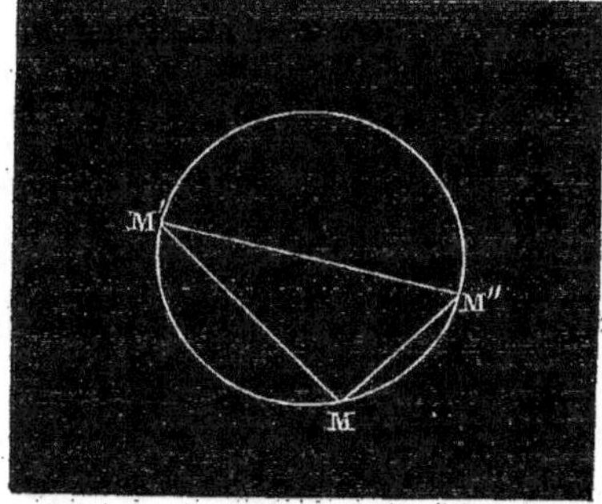

conférence sera la projection
de cette génératrice sur le
plan du cercle et s'obtiendra
par suite en joignant le point
M au point M′. Les directions
des vibrations sur les différentes génératrices du cône
sont donc parallèles aux
cordes qu'on peut mener dans
le cercle par le point M. Il résulte de là que, sur deux
rayons qui rencontrent la

Fig. 100.

circonférence en deux points diamétralement opposés, tels que M′
et M″, les vibrations sont rectangulaires, et que ces rayons sont polarisés à angle droit.

Toutes ces conséquences de la théorie ont été vérifiées expérimentalement par Lloyd sur l'invitation d'Hamilton. Pour constater
le fait de la réfraction conique intérieure, Lloyd fit choix de l'aragonite, tant parce que la théorie indique pour l'ouverture du cône
intérieur dans ce cristal une valeur plus considérable que dans la
plupart des autres substances, que parce que ses trois indices principaux avaient été mesurés avec le plus grand soin par Rudberg.

Il tailla une lame d'aragonite de façon que ses deux faces fussent
perpendiculaires à la direction de la ligne moyenne, direction qui
avait été déterminée préalablement au moyen des phénomènes de

polarisation chromatique, et fit tomber sur l'une des faces de cette lame un faisceau incident très-mince SI (fig. 101), limité par deux écrans dont l'un était placé en CD à une certaine distance du cristal,

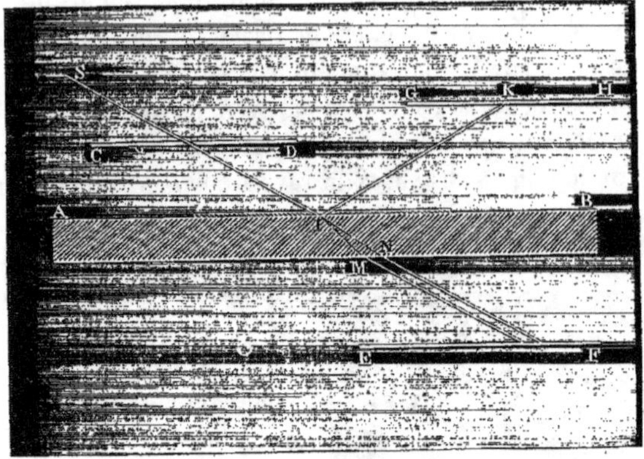

Fig. 101.

tandis que l'autre était formé d'une mince feuille de métal appliquée sur la face AB du cristal et percée en I d'une très-petite ouverture. En faisant glisser la lame cristalline parallèlement à elle-même, il pouvait changer l'angle d'incidence; les rayons émergents étaient reçus sur un petit écran en papier argenté placé en EF et dessinaient en général sur cet écran deux points lumineux; mais, en faisant varier graduellement l'angle d'incidence, on voyait à un certain moment ces deux traces s'élargir et se rejoindre en formant un anneau brillant continu. Cet anneau, conformément à la théorie, conservait la même grandeur quelle que fût la distance de l'écran EF à la lame cristalline; mais ses dimensions étaient d'autant plus considérables que la lame était plus épaisse.

Pour mesurer l'angle d'incidence, Lloyd recevait sur un écran placé en GH le faisceau qui se réfléchissait en I à la première face de la lame, et marquait sur cet écran le point K où venait aboutir le faisceau réfléchi; il enlevait ensuite le cristal et disposait un théodolite de façon que son axe de rotation passât par le point I; il pouvait ainsi mesurer l'angle SIK égal au double de l'angle d'incidence. Lloyd trouva par ce procédé, pour l'angle d'incidence correspondant à la réfraction conique intérieure, 15°40', valeur peu différente de celle qu'indique la théorie, et qui est égale à 15°19'. Il mesura également l'ouverture du cône MIN formé par les rayons réfractés à l'intérieur du cristal; l'observation lui donna 1°50' pour cette ouverture, dont la valeur théorique est 1°55'.

Pour vérifier la loi relative à la direction des vibrations sur les rayons réfractés dans la réfraction conique intérieure, il suffit de recevoir le faisceau cylindrique émergent sur un prisme de Nicol ou sur une tourmaline; on voit alors que, des deux extrémités d'un même diamètre de l'anneau, l'une est complétement obscure, tandis que l'autre présente un maximum d'éclat, et qu'à partir de ce dernier point l'intensité de la lumière diminue graduellement des deux côtés jusqu'au point diamétralement opposé. Ces apparences sont faciles à expliquer : considérons en effet (fig. 102) une section droite du cylindre émergent, et soit M le point où le contour de cette section est rencontré par celle des génératrices du cylindre qui dans l'intérieur du cristal est parallèle à l'axe optique. Si CD est la

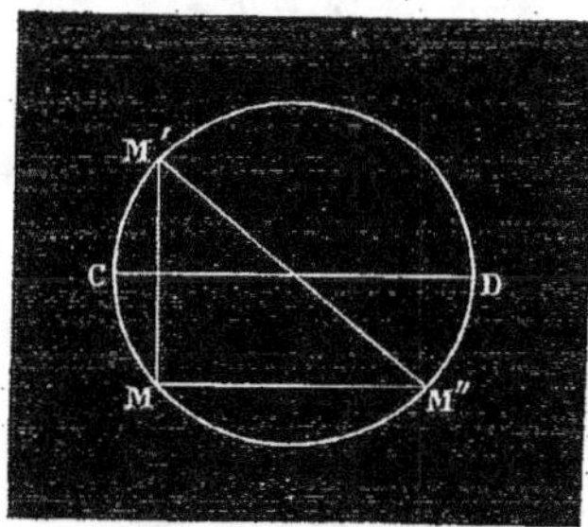

Fig. 102.

direction de la section principale de l'analyseur, et si l'on mène par le point M une perpendiculaire MM' à CD et une parallèle MM" à cette même droite, on voit que le rayon qui passe en M' a ses vibrations dirigées suivant MM' perpendiculairement à la section principale de l'analyseur, et qu'il doit par conséquent être complétement éteint, tandis que le rayon qui passe en M", ayant ses vibrations parallèles à cette section principale, doit présenter un maximum d'éclat.

L'anneau lumineux offre exactement le même aspect si, au lieu de recevoir la lumière émergente sur un analyseur dont la section principale est parallèle à CD, on polarise la lumière avant son entrée dans le cristal perpendiculairement à CD; car alors, sur le rayon qui passe en M', les vibrations sont perpendiculaires à celles du rayon incident, et ce rayon doit avoir une intensité nulle, tandis que le rayon qui passe en M″, et sur lequel les vibrations sont parallèles à celles du rayon incident, doit avoir une intensité maximum.

Ces vérifications expérimentales de la loi qui règle la polarisation dans la réfraction conique intérieure sont dues principalement à M. Beer [1].

154. **Propriétés des normales aux sections circulaires du second ellipsoïde. — Axes de réfraction conique extérieure.** — Nous avons vu que la surface de l'onde présente quatre points singuliers situés dans le plan perpendiculaire à l'axe de

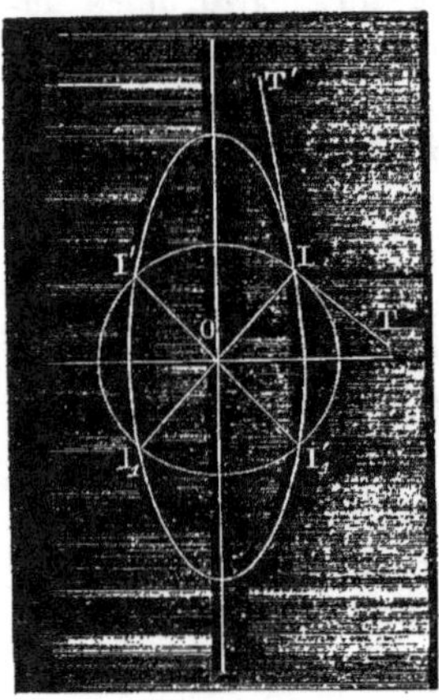

Fig. 103.

moyenne élasticité et qui sont les points d'intersection du cercle et de l'ellipse suivant lesquels la surface de l'onde est coupée par ce plan. En joignant le centre à ces quatre points singuliers, on obtient deux droites II_1 et $I'I'_1$ (fig. 103), qu'on considère souvent à tort comme étant les axes optiques du cristal et qui, par les raisons que nous allons développer, doivent porter le nom d'*axes de réfraction conique extérieure*.

Les coordonnées des points singuliers de la surface de l'onde sont faciles à obtenir en remarquant que ces points appartiennent à la fois au cercle

$$x^2 + z^2 = b^2$$

et à l'ellipse

$$a^2 x^2 + c^2 z^2 = a^2 c^2.$$

On trouve ainsi, en désignant les coordonnées des points singuliers par ξ, η, ζ,

$$\xi = \pm c \sqrt{\frac{a^2 - b^2}{a^2 - c^2}}, \qquad \eta = 0, \qquad \zeta = \pm a \sqrt{\frac{b^2 - c^2}{a^2 - c^2}}.$$

<hr>

[1] *Pogg. Ann.*, LXXXV, 67.

Les droites qui joignent le centre à ces points singuliers ont par suite pour équation

$$(1) \qquad z = \pm \frac{a}{c} \sqrt{\frac{b^2 - c^2}{a^2 - b^2}} \, x.$$

Le rapport $\frac{a}{c}$ étant toujours voisin de l'unité, les directions de ces droites, qui sont les axes de réfraction conique extérieure, diffèrent peu de celles des véritables axes optiques ou axes de réfraction conique intérieure.

L'équation (1) montre de plus que les axes de réfraction conique extérieure sont normaux aux sections circulaires du second ellipsoïde, dont l'équation est

$$\frac{x^2}{a^2} + \frac{y^2}{b^2} + \frac{z^2}{c^2} = 1,$$

de même que les axes de réfraction conique intérieure sont normaux aux sections circulaires de l'ellipsoïde (E).

En chaque point singulier on peut mener deux tangentes, l'une au cercle, l'autre à l'ellipse, et les deux plans perpendiculaires au plan des xz qui passent par ces deux tangentes IT et IT′ sont tangents à la surface de l'onde. Nous allons démontrer maintenant qu'outre ces deux plans il en existe une infinité d'autres qui sont tangents à la surface de l'onde au point singulier, c'est-à-dire qu'en chacun de ces points la surface de l'onde, au lieu d'être tangente à un plan unique, est tangente à un cône.

Soient en effet

$$F(x, y, z) = 0$$

l'équation de la surface de l'onde, et

$$(2) \qquad A(x - \xi) + B(y - \eta) + C(z - \zeta) = 0$$

l'équation d'un plan quelconque passant par le point singulier I, dont les coordonnées sont ξ, η, ζ : l'intersection de ce plan avec la surface de l'onde se projette sur le plan des xz suivant une courbe qui a pour équation

$$F\left(x, \, -\frac{Ax + Cz - A\xi - B\eta - C\zeta}{B}, \, z\right) = 0.$$

ou, en désignant par u le premier membre de cette équation,

$$(3) \qquad u = 0.$$

La tangente menée à cette courbe en un point dont les coordonnées sont x, z est représentée par l'équation

$$(4) \qquad \frac{du}{dx}(x' - x) + \frac{du}{dz}(z' - z) = 0 \, ;$$

d'ailleurs on a

$$(5) \qquad \begin{cases} \dfrac{du}{dx} = \dfrac{dF}{dx} - \dfrac{A}{B}\dfrac{dF}{dy}, \\[2ex] \dfrac{du}{dz} = \dfrac{dF}{dz} - \dfrac{C}{B}\dfrac{dF}{dy}. \end{cases}$$

Si l'on donne dans $\frac{dF}{dx}, \frac{dF}{dy}, \frac{dF}{dz}$ aux coordonnées x, y, z les valeurs ξ, η, ζ qui conviennent au point singulier, il vient

$$\frac{dF}{dx} = 0, \qquad \frac{dF}{dy} = 0, \qquad \frac{dF}{dz} = 0,$$

et par suite

$$\frac{du}{dx} = 0, \qquad \frac{du}{dz} = 0.$$

L'équation (4) prend donc, lorsque le point de contact de la tangente se confond avec le point singulier, la forme $0 = 0$, ce qui prouve que, si on coupe la surface de l'onde par un plan passant par un de ses points singuliers, la courbe d'intersection présente en général en ce point singulier un point double, c'est-à-dire un point par lequel on peut lui mener deux tangentes distinctes. Il résulte de là que les tangentes aux courbes qu'on peut tracer sur la surface de l'onde par le point singulier ne sont pas contenues dans le même plan et forment une surface conique; tous les plans tangents à cette surface conique, que nous appellerons le cône de contact, peuvent être considérés comme tangents à la surface de l'onde au point singulier. Les perpendiculaires abaissées du centre sur ces plans tangents forment un second cône que nous allons démontrer être du second degré.

Remarquons à cet effet que le coefficient d'inclinaison $\frac{dz}{dx}$ de la tangente à la courbe représentée par l'équation (3) est donné en général par la relation

$$\frac{dz}{dx} = -\frac{\dfrac{du}{dx}}{\dfrac{du}{dz}};$$

au point singulier, le second membre de cette équation prend la forme $\frac{o}{o}$, et la véritable valeur de $\frac{dz}{dx}$ est

$$\frac{dz}{dx} = -\frac{\dfrac{d^2u}{dx^2} + \dfrac{d^2u}{dx\,dz}\dfrac{dz}{dx}}{\dfrac{d^2u}{dz^2}\dfrac{dz}{dx} + \dfrac{d^2u}{dx\,dz}},$$

d'où

$$(6) \qquad \frac{d^2u}{dz^2}\left(\frac{dz}{dx}\right)^2 + 2\,\frac{d^2u}{dx\,dz}\frac{dz}{dx} + \frac{d^2u}{dx^2} = 0.$$

Lorsque les deux racines de cette équation sont réelles et ont des valeurs différentes, le plan représenté par l'équation (2) coupe la surface de l'onde, et la courbe d'intersection a, au point singulier, deux tangentes qui sont les droites suivant lesquelles ce plan coupe le cône de contact. Si les deux racines de l'équation (6) sont égales entre elles, c'est-à-dire si l'on a

$$(7) \qquad \left(\frac{d^2u}{dx\,dz}\right)^2 - \frac{d^2u}{dx^2}\frac{d^2u}{dz^2} = 0,$$

le point singulier est un point de rebroussement pour la projection de la courbe d'intersection, et par suite pour cette courbe elle-même; il n'y a donc dans ce cas qu'une seule tangente à la courbe d'intersection au point singulier, et le plan qui en coupant la surface de l'onde détermine cette courbe est tangent au cône de contact. Il résulte de là que, si dans l'équation (7) on donne aux coordonnées x, y, z les valeurs qui conviennent au point singulier, on obtiendra entre les paramètres A, B, C qui entrent dans l'équation du plan sécant une équation de condition exprimant que ce plan est tangent au cône de contact.

Pour effectuer ce calcul, différentions les équations (5); nous aurons ainsi

$$\frac{d^2u}{dx^2} = \frac{d^2F}{dx^2} - 2\frac{A}{B}\frac{d^2F}{dx\,dy} + \frac{A^2}{B^2}\frac{d^2F}{dy^2},$$

$$\frac{d^2u}{dz^2} = \frac{d^2F}{dz^2} - 2\frac{C}{B}\frac{d^2F}{dy\,dz} + \frac{C^2}{B^2}\frac{d^2F}{dy^2},$$

$$\frac{d^2u}{dx\,dz} = \frac{d^2F}{dx\,dz} - \frac{C}{B}\frac{d^2F}{dx\,dy} - \frac{A}{B}\frac{d^2F}{dy\,dz} + \frac{AC}{B^2}\frac{d^2F}{dy^2}.$$

Cherchons ensuite les valeurs que prennent les dérivées secondes de la fonction F lorsqu'on y remplace x, y, z par ξ, η, ζ. Nous trouverons pour ces valeurs

$$\frac{d^2F}{dx^2} = 8a^2c^2\frac{a^2-b^2}{a^2-c^2}, \qquad \frac{d^2F}{dy^2} = -(a^2-b^2)(b^2-c^2), \qquad \frac{d^2F}{dz^2} = 8a^2c^2\frac{b^2-c^2}{a^2-c^2},$$

$$\frac{d^2F}{dy\,dz} = 0, \qquad \frac{d^2F}{dx\,dz} = 4ac\frac{a^2+c^2}{a^2-c^2}\sqrt{(a^2-b^2)(b^2-c^2)}, \qquad \frac{d^2F}{dx\,dy} = 0,$$

d'où l'on tire

$$\frac{d^2u}{dx^2} = 8a^2c^2\frac{a^2-b^2}{a^2-c^2} - \frac{A^2}{B^2}(a^2-b^2)(b^2-c^2),$$

$$\frac{d^2u}{dz^2} = 8a^2c^2\frac{b^2-c^2}{a^2-c^2} - \frac{C^2}{B^2}(a^2-b^2)(b^2-c^2),$$

$$\frac{d^2u}{dx\,dz} = 4ac\frac{a^2+c^2}{a^2-c^2}\sqrt{(a^2-b^2)(b^2-c^2)} - \frac{AC}{B^2}(a^2-b^2)(b^2-c^2).$$

Si l'on porte ces dernières valeurs dans l'équation (7), elle devient

$$(8)\quad a^2-c^2+(b^2-c^2)\frac{A^2}{B^2}+(a^2-b^2)\frac{C^2}{B^2}-\frac{a^2+c^2}{ac}\sqrt{(a^2-b^2)(b^2-c^2)}\frac{AC}{B^2}=0.$$

On a d'ailleurs, d'après les formules qui donnent ξ et ζ,

$$a^2-b^2 = \frac{(a^2-c^2)\xi^2}{c^2}, \qquad b^2-c^2 = \frac{(a^2-c^2)\zeta^2}{a^2},$$

et par suite l'équation (8) peut être mise sous la forme

$$a^2-c^2+\frac{(a^2-c^2)A^2\zeta^2}{a^2B^2}+\frac{(a^2-c^2)C^2\xi^2}{c^2B^2}-\frac{(a^2-c^2)(a^2+c^2)\xi\zeta AC}{a^2c^2B^2}=0,$$

ou

$$(9)\qquad a^2c^2B^2+c^2A^2\zeta^2+a^2C^2\xi^2-(a^2+c^2)\xi\zeta AC=0.$$

Cette dernière équation exprime que le plan dont les paramètres sont A, B, C est tangent au cône de contact.

Soient maintenant x', y', z' les coordonnées du pied d'une perpendiculaire abaissée du centre sur l'un des plans tangents au cône de contact : nous aurons

$$A = \frac{Cx'}{z'}, \qquad B = \frac{Cy'}{z'}.$$

En portant ces valeurs de A et de B dans l'équation (9), elle devient

$$(10) \qquad a^2c^2y'^2 + c^2\zeta^2x'^2 + a^2\xi^2z'^2 - (a^2+c^2)\xi\zeta\, x'z' = 0.$$

Le point I, dont les coordonnées sont ξ, η, ζ, se trouvant sur l'ellipse qui fait partie de la section de la surface de l'onde par le plan des xz, on a

$$a^2\xi^2 + c^2\zeta^2 = a^2c^2,$$

et l'équation (10) peut être mise sous la forme

$$a^2c^2\left(x'^2 + y'^2 + z'^2\right) = (a^2+c^2)\,\xi\zeta\, x'z' + a^2\xi^2x'^2 + c^2\zeta^2z'^2$$

ou

$$(11) \qquad a^2c^2\left(x'^2 + y'^2 + z'^2\right) = \left(\xi x' + \zeta z'\right)\left(a^2\xi x' + c^2\zeta z'\right).$$

Les pieds des perpendiculaires abaissées du centre sur les plans tangents au cône de contact se trouvent en outre sur la sphère décrite sur OI comme diamètre, sphère dont l'équation est

$$\left(x' - \frac{\xi}{2}\right)^2 + y'^2 + \left(z' - \frac{\zeta}{2}\right)^2 = \frac{b^2}{4},$$

et se réduit, parce que l'on a

$$\xi^2 + \zeta^2 = b^2,$$

à

$$(12) \qquad x'^2 + y'^2 + z'^2 = \xi x' + \zeta z'.$$

En divisant membre à membre les équations (11) et (12), il vient enfin

$$a^2\xi x' + c^2\zeta z' = a^2c^2,$$

équation d'un plan perpendiculaire à celui des xz.

Les pieds des perpendiculaires abaissées du centre sur les plans tangents au cône de contact, devant se trouver à la fois sur une sphère et sur un plan, sont situés sur une circonférence. Cette circonférence passe évidemment par le point singulier I et aussi par le point P pied de la perpendiculaire abaissée du centre sur la tangente IT′ menée à l'ellipse par le point I. Nous voyons en définitive que les perpendiculaires abaissées du centre sur les plans tangents au cône de contact forment un cône du second degré ayant pour base un cercle dont le plan coupe le plan des xz suivant la tangente menée à l'ellipse par le point singulier et qui a pour diamètre la portion IP de cette tangente. Le cône de contact est par suite lui-même du second degré.

Il résulte immédiatement de ce qui précède que, suivant chacun des rayons vecteurs de la surface de l'onde qui aboutissent à un point singulier, peuvent se propager avec la même vitesse une infinité de rayons auxquels correspondent une infinité d'ondes planes qui se propagent avec des vitesses différentes et qui sont normales aux génératrices d'un cône du second degré.

Pour avoir la direction des vibrations sur l'un des rayons qui se propagent suivant OI, il faut projeter ce rayon sur l'onde plane correspondante, c'est-à-dire joindre le point I au pied de la perpendiculaire abaissée du centre sur cette onde plane. Si donc, dans le cercle qui a pour diamètre IP et dont le plan est perpendiculaire à celui des xz, on mène les cordes qui passent par le point I, on aura les directions des vibrations sur les différents rayons qui se propagent suivant OI.

155. Réfraction conique extérieure. — Expériences de Lloyd. — Supposons que dans un cristal à deux axes se meuve un rayon OI (fig. 104) parallèle à l'un des rayons vecteurs de la surface de l'onde qui aboutissent à un point singulier, c'est-à-dire parallèle à l'un des axes de réfraction conique extérieure. La construction de Huyghens appliquée à ce cas donnera, puisqu'on peut mener une infinité de plans tangents à la surface de l'onde dans le cristal au point où elle est rencontrée par le rayon OI prolongé, une infinité de rayons émergents formant un cône creux MIN. Si

les différentes ondes planes qui dans le cristal correspondent au
rayon OI se propageaient avec la même vitesse, les rayons émergents qui sont normaux aux ondes réfractées formeraient un cône

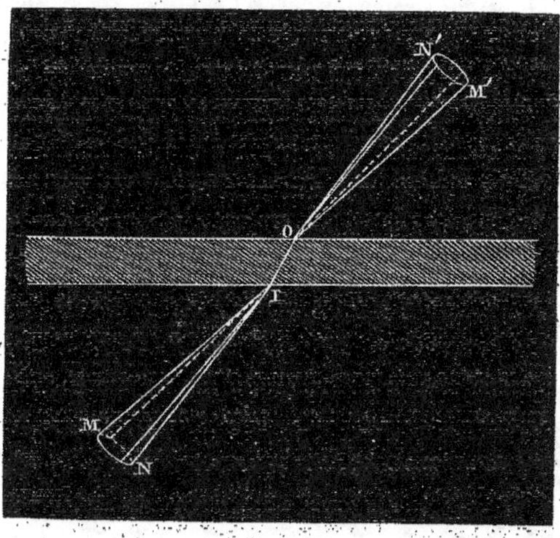

Fig. 104.

du second degré, comme les normales aux ondes incidentes dans le
cristal; mais, à cause de la différence qui existe entre les vitesses de
propagation des ondes planes correspondant au rayon OI, les rayons
émergents forment un cône que le calcul montre être du quatrième
degré, et qui diffère peu d'un cône du second degré lorsque le
cristal est faiblement biréfringent.

Si le cristal est terminé par deux faces parallèles, le rayon OI peut
être considéré comme provenant d'une infinité de rayons incidents
formant un cône creux M'ON' dont les génératrices sont respectivement parallèles à celles du cône émergent MIN; mais il faut remarquer que chacun des rayons qui composent le cône M'ON' donne
en pénétrant dans le cristal deux rayons réfractés dont l'un suit
toujours la direction OI, tandis que l'autre peut avoir une direction
quelconque. Au cône incident M'ON' correspondent donc dans le
cristal un cône de rayons réfractés et un rayon réfracté unique OI
résultant de la superposition d'une infinité de rayons.

Lloyd a démontré expérimentalement le fait de la réfraction conique extérieure en se servant du même cristal d'aragonite que
pour la réfraction conique intérieure. Au moyen d'une lentille L
(fig. 105), il faisait converger les rayons solaires en un point A de
la première face du cristal. La seconde face était recouverte d'une

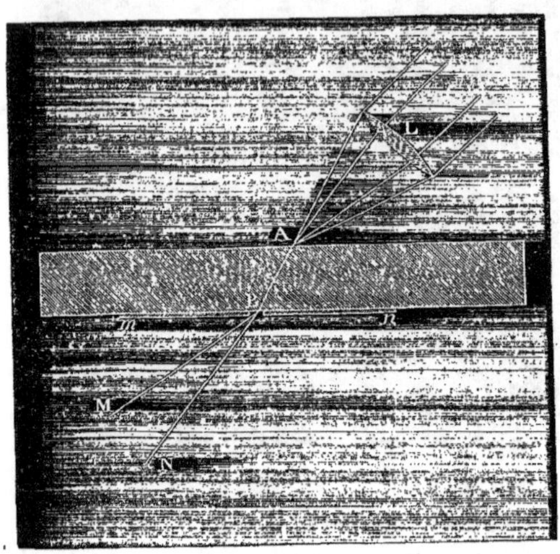

Fig. 105.

feuille métallique percée d'une très-petite ouverture en B. Pour une
certaine position de l'ouverture B le faisceau émergent s'épanouissait
en formant un cône creux qui, reçu sur un écran, y dessinait un anneau lumineux. Les dimensions de cet anneau allaient en augmentant à mesure qu'on éloignait l'écran du cristal. Dans l'expérience de
Lloyd, le cône formé par les rayons émergents différait peu d'un cône
de révolution. L'observation donna pour l'ouverture angulaire de ce
cône $2°59'$, valeur très-peu différente de celle que lui assigne la
théorie et qui est égale à $3°0'58''$. Lloyd s'assura en outre que, au
moment où se produit la réfraction conique extérieure, le rayon AB
est bien parallèle à l'un des axes de réfraction conique du cristal.
Il calcula à cet effet l'incidence sous laquelle l'axe du faisceau fourni
par la lentille doit rencontrer la première face pour que AB soit

parallèle à l'un des axes de réfraction conique; le calcul lui donna pour cet angle d'incidence $15°25'8''$, et l'observation directe montra que la réfraction conique extérieure se produisait sous une incidence de $15°58'$.

Il est évident que les expériences par lesquelles on démontre le fait de la réfraction conique extérieure n'ont de valeur que si l'ouverture B, qui limite le faisceau émergent à son origine, est très-petite.

Les rayons qui dans la réfraction conique extérieure composent le cône émergent sont polarisés dans des plans différents. D'après ce que nous avons dit plus haut, si IM (fig. 104) est celui des rayons émergents qu'on obtient en menant à la surface de l'onde un plan tangent perpendiculaire à OI, et si IN est un rayon émergent quelconque, la direction des vibrations sur le rayon IN sera comprise dans le plan passant par ce rayon et par le rayon IM. Le plan de polarisation du rayon IN sera donc perpendiculaire au plan MIN. Cette loi peut se vérifier en observant l'aspect que prend l'anneau lumineux lorsqu'on fait passer le faisceau émergent à travers un analyseur, absolument comme dans le cas de la réfraction conique intérieure.

156. Comparaison des différents systèmes d'axes. — Nous avons appris à connaître dans les cristaux à deux axes trois systèmes différents d'axes : les trois axes d'élasticité, les deux axes de réfraction conique intérieure et les deux axes de réfraction conique extérieure. Il s'agit maintenant de savoir quels sont parmi ces axes ceux qui méritent, à proprement parler, la dénomination d'*axes optiques*.

Remarquons d'abord que dans les cristaux à un axe l'axe unique jouit de trois propriétés essentielles :

1° Tout plan mené par l'axe est un plan de symétrie pour le cristal.

2° Suivant la direction de l'axe peuvent se propager deux rayons provenant d'un même rayon incident et animés de la même vitesse; ces deux rayons ne se séparent pas à l'émergence, quelle que soit l'inclinaison de la face de sortie, et ne présentent aucune différence de marche.

3° Toute onde plane perpendiculaire à l'axe se propage avec une vitesse constante, quelle que soit sa polarisation.

Dans les cristaux à deux axes, aucune direction ne possède à la fois les trois propriétés que nous venons d'énumérer. Les axes d'élasticité et les axes de réfraction conique extérieure ne sont caractérisés par aucune de ces propriétés. Car, si parallèlement à chacun des axes d'élasticité peuvent se propager deux rayons provenant d'un même rayon incident, ces rayons n'ont pas même vitesse et se séparent par conséquent à l'émergence toutes les fois que la face de sortie n'est pas parallèle à la face d'entrée. Quant aux axes de réfraction conique extérieure, il est vrai que suivant chacun de ces axes peuvent cheminer dans le cristal une infinité de rayons se propageant avec la même vitesse, mais ces rayons proviennent de rayons incidents différents et présentent à l'émergence une différence de marche.

Les axes de réfraction conique intérieure ont ce caractère commun avec l'axe unique des cristaux à un axe, que toute onde plane perpendiculaire à l'un de ces axes se propage avec une vitesse constante qnelle que soit sa polarisation. De plus, lorsqu'il y a réfraction co-

Fig. 106.

nique intérieure, les rayons qui forment le faisceau cylindrique émergent ne présentent aucune différence de marche. Soient en effet (fig. 106) SI le rayon incident, RIT le faisceau conique formé

par les rayons réfractés, IR le rayon parallèle à l'un des axes de
réfraction conique intérieure; décrivons du point I comme centre
la surface de l'onde passant par le point R, et menons à cette surface un plan tangent en R : le point H, où ce plan rencontre le
rayon IT, fait partie de la surface de l'onde, et par suite les deux
rayons SIR, SIH emploient des temps égaux pour aller du point S
aux points R et H. Ceci posé, menons par le point T un plan perpendiculaire à la direction des rayons émergents. A partir de ce
plan TK, les rayons émergents ne peuvent plus acquérir aucune
différence de marche; il suffira donc de faire voir que la lumière
emploie des temps égaux pour parcourir la longueur RK dans l'air
et la longueur HT dans le cristal. Or, si par le point T on mène une
parallèle TM à IR, parallèle qui rencontre en M le plan tangent RH,
cette droite sera perpendiculaire au plan RH de même que IR, et,
comme tout rayon qui dans l'intérieur du cristal est parallèle à l'un
des axes de réfraction conique intérieure, et par suite normal à la
surface de l'onde, se réfracte en suivant la loi de Descartes, c'est-à-
dire de façon que les sinus des angles d'incidence et de réfraction
soient proportionnels aux vitesses de la lumière dans le cristal et
dans le milieu extérieur, les longueurs MT et RK sont telles, que la
lumière emploie des temps égaux à les parcourir. D'ailleurs le
plan RH est tangent à la surface de l'onde décrite du point T
comme centre et passant par le point M; les points M et H se
trouvent donc sur une même surface de l'onde ayant pour centre le
point T, d'où il résulte que la lumière parcourt dans le même temps
les longueurs MT et HT, et par suite qu'elle emploie aussi des temps
égaux pour parcourir les longueurs HT et RK.

La réfraction conique intérieure donne donc naissance à un faisceau émergent de rayons parallèles qui ne présentent aucune différence de marche et qui ne peuvent produire aucun phénomène de
coloration dans les expériences de polarisation chromatique. Telle
est la principale raison qui doit faire attribuer la dénomination d'*axes
optiques* aux *axes de réfraction conique intérieure*.

157. Relations entre les vitesses de propagation d'une onde plane et la position de cette onde par rapport aux axes optiques. — A chaque direction de propagation normale correspondent deux systèmes d'ondes planes cheminant avec des vitesses différentes; les vitesses de ces deux systèmes d'ondes sont données par l'équation

$$\frac{\cos^2 l}{r^2 - a^2} + \frac{\cos^2 m}{r^2 - b^2} + \frac{\cos^2 n}{r^2 - c^2} = 0,$$

qui n'est autre que celle de la surface d'élasticité, et où l, m, n désignent les angles que fait avec les axes d'élasticité la direction de propagation normale, r la vitesse des ondes planes. Cette équation peut être mise sous la forme

$$r^4 - \left[(b^2 + c^2) \cos^2 l + (a^2 + c^2) \cos^2 m + (a^2 + b^2) \cos^2 n \right] r^2$$
$$+ b^2 c^2 \cos^2 l + a^2 c^2 \cos^2 m + a^2 b^2 \cos^2 n = 0,$$

et, en désignant les deux racines par r'^2 et r''^2, on a

$$(1) \quad r'^2 + r''^2 = (b^2 + c^2) \cos^2 l + (a^2 + c^2) \cos^2 m + (a^2 + b^2) \cos^2 n,$$

$$(2) \quad r'^2 r''^2 = b^2 c^2 \cos^2 l + a^2 c^2 \cos^2 m + a^2 b^2 \cos^2 n.$$

D'ailleurs, si θ' et θ'' sont les angles que fait avec les axes optiques la direction de propagation normale, D et $180° - D$ les angles que font les axes optiques avec l'axe des x, c'est-à-dire avec l'axe de plus grande élasticité, on a

$$\cos D = \sqrt{\frac{a^2 - b^2}{a^2 - c^2}}, \qquad \sin D = \sqrt{\frac{b^2 - c^2}{a^2 - c^2}},$$

$$\cos \theta' = \cos D \cos l + \sin D \cos n,$$

$$\cos \theta'' = -\cos D \cos l + \sin D \cos n,$$

d'où l'on tire

$$\cos l = \frac{\cos \theta' - \cos \theta''}{2 \cos D} = \frac{\cos \theta' - \cos \theta''}{2} \sqrt{\frac{a^2 - c^2}{a^2 - b^2}},$$

$$\cos n = \frac{\cos \theta' + \cos \theta''}{2 \sin D} = \frac{\cos \theta' + \cos \theta''}{2} \sqrt{\frac{a^2 - c^2}{b^2 - c^2}}.$$

En portant ces valeurs de $\cos l$ et de $\cos n$ dans les équations (1) et (2) et en remplaçant $\cos^2 m$ par $1 - \cos^2 l - \cos^2 n$, il vient

$$r'^2 + r''^2 = a^2 + c^2 - \frac{(\cos\theta' - \cos\theta'')^2}{4}(a^2 - c^2) + \frac{(\cos\theta' + \cos\theta'')^2}{4}(a^2 - c^2)$$

$$= a^2 + c^2 + (a^2 - c^2)\cos\theta'\cos\theta'',$$

$$r'^2 r''^2 = a^2 c^2 - \frac{(a^2 - c^2)\,c^2}{4}(\cos\theta' - \cos\theta'')^2 + \frac{(a^2 - c^2)\,a^2}{4}(\cos\theta' + \cos\theta'')^2$$

$$= a^2 c^2 + \frac{(a^2 - c^2)^2}{4}(\cos^2\theta' + \cos^2\theta'') + \frac{(a^2 - c^2)(a^2 + c^2)}{2}\cos\theta'\cos\theta'',$$

d'où

$$\left(r'^2 - r''^2\right)^2 = \left(r'^2 + r''^2\right)^2 - 4r'^2 r''^2$$

$$= \left(a^2 + c^2\right)^2 + \left(a^2 - c^2\right)^2 \cos^2\theta' \cos^2\theta'' - 4a^2 c^2$$

$$- \left(a^2 - c^2\right)^2 \left(\cos^2\theta' + \cos^2\theta''\right)$$

$$= \left(a^2 - c^2\right)^2 \left(1 - \cos^2\theta'\right)\left(1 - \cos^2\theta''\right)$$

$$= \left(a^2 - c^2\right)^2 \sin^2\theta' \sin^2\theta'',$$

et enfin

$$(3) \qquad\qquad r'^2 - r''^2 = \left(a^2 - c^2\right)\sin\theta'\sin\theta''.$$

Cette dernière équation établit une relation entre les vitesses des deux systèmes d'ondes planes qui correspondent à une même direction de propagation normale et les angles que cette direction fait avec les axes optiques.

On peut aussi, au moyen des axes optiques, trouver la direction des deux mouvements vibratoires qui correspondent à une même direction de propagation normale. Ces directions sont, en effet, parallèles aux axes de la section faite dans le premier ellipsoïde par un plan perpendiculaire à la direction de propagation normale; mais le plan de cette section elliptique est coupé par ceux des deux sections circulaires suivant deux diamètres de l'ellipse égaux entre eux, puisqu'ils sont égaux à ceux des cercles, et par conséquent également inclinés sur les axes de l'ellipse. Les axes optiques qui sont normaux aux sections circulaires se projettent sur le plan de la section elliptique, suivant des diamètres qui sont perpendiculaires à ceux dont nous venons de parler, et par suite, comme ceux-ci, également inclinés sur les axes de l'ellipse. Or ces projections sont les traces des plans qui passent par la direction de propagation normale et par chaque axe optique; nous pouvons donc énoncer le théorème suivant :

Les plans qui contiennent à la fois une direction de propagation normale quelconque et les directions des deux vibrations correspondantes bissectent les angles dièdres formés par les plans qui passent par la même direction de propagation normale et par les axes optiques.

158. Relations entre les vitesses des deux rayons qui se meuvent suivant une même direction et les angles que fait cette direction avec les axes de réfraction conique extérieure. — L'équation de la surface de l'onde peut se déduire, comme nous l'avons vu, de celle de la surface d'élasticité, en remplaçant dans cette dernière r^2, l, m, n, a^2, b^2, c^2 respectivement par $\frac{1}{\rho^2}$, λ, μ, ν, $\frac{1}{a^2}$, $\frac{1}{b^2}$, $\frac{1}{c^2}$.

De même, si dans les expressions

$$\sqrt{\frac{a^2-b^2}{a^2-c^2}} \quad \text{et} \quad \sqrt{\frac{b^2-c^2}{a^2-c^2}},$$

qui représentent les cosinus des angles que font les axes optiques avec l'axe des x, on remplace a^2, b^2, c^2 par $\frac{1}{a^2}$, $\frac{1}{b^2}$, $\frac{1}{c^2}$, on obtient

$$\frac{c}{b}\sqrt{\frac{a^2-b^2}{a^2-c^2}} \quad \text{et} \quad \frac{a}{b}\sqrt{\frac{b^2-c^2}{a^2-c^2}},$$

c'est-à-dire les valeurs des cosinus des angles que font avec l'axe des x les deux axes de réfraction conique extérieure.

Si donc ρ' et ρ'' désignent les vitesses des rayons qui se propagent suivant une même direction, u' et u'' les angles que forme cette direction avec les deux axes de réfraction conique extérieure, un calcul tout à fait analogue au précédent conduira à une relation qu'on peut trouver immédiatement en remplaçant dans l'équation (3) r', r'', θ', θ'' respectivement par $\frac{1}{\rho'}$, $\frac{1}{\rho''}$, u', u'', ce qui donne

$$\frac{1}{\rho'^2} - \frac{1}{\rho''^2} = \left(\frac{1}{a^2} - \frac{1}{c^2}\right)\sin u' \sin u''.$$

Les axes de réfraction conique extérieure étant normaux aux sections circulaires du second ellipsoïde, on arrive, en raisonnant comme plus haut, au théorème suivant :

Les plans qui contiennent à la fois un rayon vecteur de la surface de l'onde et les deux vibrations correspondantes bissectent les angles dièdres formés par les plans qui passent par ce rayon vecteur et par les deux axes de réfraction conique extérieure.

VI.

DISPERSION DANS LES MILIEUX BIRÉFRINGENTS.

159. Dispersion dans les cristaux à un axe. — Les données expérimentales que nous possédons sur la dispersion dans les cristaux à un axe sont dues principalement à Rudberg. Ce physicien a mesuré, au moyen de prismes taillés parallèlement à l'axe, les indices ordinaires et extraordinaires du spath d'Islande et du quartz, pour les principales raies du spectre solaire [1]. Les résultats que Rudberg a obtenus avec ces cristaux sont consignés dans le tableau suivant.

INDICES ORDINAIRES ET EXTRAORDINAIRES DU SPATH ET DU QUARTZ
D'APRÈS RUDBERG.

RAIES.	SPATH		QUARTZ	
	ORDINAIRE.	EXTRAORDINAIRE.	ORDINAIRE.	EXTRAORDINAIRE.
B..........	1,65308	1,48391	1,54090	1,54990
C..........	1,65452	1,48455	1,54181	1,55085
D..........	1,65850	1,48635	1,54418	1,55328
E..........	1,66360	1,48868	1,54711	1,55631
F..........	1,66802	1,49075	1,54965	1,55894
G..........	1,67617	1,49453	1,55425	1,56365
H..........	1,68330	1,49780	1,55817	1,56772

Ces déterminations ont été reprises par M. Mascart, qui les a étendues aux raies du spectre ultra-violet; le tableau suivant contient les principaux résultats de ce travail.

[1] *Pogg. Ann.*, XIV, 45.

INDICES ORDINAIRES ET EXTRAORDINAIRES DU SPATH ET DU QUARTZ
D'APRÈS M. MASCART.

RAIES.	SPATH		QUARTZ	
	ORDINAIRE.	EXTRAORDINAIRE.	ORDINAIRE.	EXTRAORDINAIRE.
A..........	1,65012	1,48285	1,53902	1,54812
B..........	1,65296	1,48409	1,54099	1,55002
C..........	1,65446	1,48474	1,54188	1,55095
D..........	1,65846	1,48654	1,54423	1,55338
E..........	1,66354	1,48885	1,54718	1,55636
F..........	1,66793	1,49084	1,54966	1,55897
G..........	1,67620	1,49470	1,55429	1,56372
H..........	1,68330	1,49777	1,55816	1,56770
L..........	1,68706	1,49941	1,56019	1,56974
M..........	1,68966	1,50054	1,56150	1,57121
N..........	1,69441	1,50256	1,56400	1,57381
O..........	1,69955	1,50486	1,56668	1,57659
P..........	1,70276	1,50628	1,56842	1,57822
Q..........	1,70613	1,50780	"	1,57998
R..........	1,71155	1,51028	"	1,58273
S..........	1,71580	"	"	"
T..........	1,71939	"	"	"

Il résulte de ces tableaux que dans le spath et dans le quartz le rapport $\frac{b}{a}$ est d'autant plus différent de l'unité que le rayon considéré est plus réfrangible. On peut, à l'aide de cette remarque, se rendre compte des phénomènes suivants, observés par Malus dans ses recherches sur la double réfraction [1].

1° Si un rayon tombe normalement sur la face naturelle d'un rhomboèdre de spath, le rayon réfracté ordinaire n'est ni dévié ni dispersé; le rayon extraordinaire, au contraire, est dévié et dispersé de façon que le rayon violet soit plus écarté de la normale que le rayon rouge.

2° Lorsque l'angle d'incidence est petit, le rayon ordinaire et le

[1] *Théorie de la double réfraction,* p. 201.

rayon extraordinaire sont l'un et l'autre déviés et dispersés; mais dans le rayon ordinaire, c'est le rouge qui est le plus écarté de la normale, tandis que dans le rayon extraordinaire c'est le violet.

3° Sous une incidence d'environ 40 degrés, le rayon ordinaire et le rayon extraordinaire sont tous deux déviés; mais le rayon extraordinaire n'est pas sensiblement dispersé.

4° A partir de cette incidence, c'est le rouge qui est le plus écarté de la normale, dans le rayon extraordinaire comme dans le rayon ordinaire.

On retrouve facilement tous ces résultats à l'aide de la construction de Huyghens, en remarquant que l'excentricité de la nappe ellipsoïdale de la surface de l'onde va en décroissant du violet au rouge.

160. Dispersion dans les cristaux à deux axes. — C'est encore à Rudberg qu'on doit deux séries complètes d'expériences sur la dispersion dans les cristaux à deux axes : ses recherches ont porté sur l'aragonite, qui est négative, et sur la topaze incolore, qui est positive [1]. Il a déterminé les trois indices principaux de ces deux cristaux, pour les principales raies du spectre, au moyen de prismes taillés parallèlement aux trois axes d'élasticité. Le tableau suivant indique les valeurs obtenues par Rudberg en opérant sur l'aragonite et sur la topaze pour les indices principaux, qui sont égaux à $\frac{1}{a}, \frac{1}{b}, \frac{1}{c}$.

RAIES.	ARAGONITE.			TOPAZE.		
	$\frac{1}{a}$	$\frac{1}{b}$	$\frac{1}{c}$	$\frac{1}{a}$	$\frac{1}{b}$	$\frac{1}{c}$
B........	1,52749	1,67631	1,68061	1,60840	1,61049	1,61791
C........	1,52820	1,67779	1,68203	1,60935	1,61144	1,61880
D........	1,53013	1,68157	1,68589	1,61161	1,61375	1,62109
E........	1,53264	1,68634	1,69084	1,61452	1,61668	1,62408
F........	1,53479	1,69053	1,69515	1,61701	1,61914	1,62652
G........	1,53882	1,69836	1,70318	1,62154	1,62365	1,63123
H........	1,54226	1,70509	1,71011	1,62539	1,62745	1,63506

[1] *Pogg. Ann.*, XVII, 1.

36.

Si, à l'aide des valeurs contenues dans ce tableau, on calcule les angles que forment les axes optiques avec les axes d'élasticité, on reconnaît que les axes optiques occupent des positions différentes pour les différentes couleurs : c'est ce qu'on peut démontrer expérimentalement au moyen des phénomènes de la polarisation chromatique, ainsi que nous le verrons plus loin. Dans l'aragonite, l'angle aigu des deux axes optiques va en augmentant du rouge au violet; dans la topaze c'est l'inverse. Dans ces deux cristaux les axes optiques qui correspondent aux différentes couleurs sont contenus dans un même plan; mais il en est d'autres, comme le borax, par exemple, où le plan des axes optiques change d'orientation avec la couleur; nous étudierons ces phénomènes en parlant de la polarisation chromatique.

Ainsi, tandis que dans les cristaux à un axe l'axe unique est, relativement au milieu cristallin, un axe de symétrie et occupe, en conséquence, la même position pour toutes les couleurs, les axes optiques des cristaux à deux axes sont simplement des directions suivant lesquelles il y a compensation entre les causes tendant à produire la double réfraction, et, toutes les fois que la dispersion est sensible, leurs situations sont très-différentes pour les diverses couleurs.

BIBLIOGRAPHIE.

DOUBLE RÉFRACTION. — LOIS EXPÉRIMENTALES ET THÉORIE.

1670. Erasme Bartholin, *Experimenta crystalli Islandici disdiaclastici*, Amstelodami.

1690. Huyghens, *Traité de la Lumière*, Leyde.

1704. Newton, *Optics*, livre III, quest. XXXV.

1710. Lahire, Observations sur une espèce de talc, *Mém. de l'anc. Acad. des sc.*, 1710, p. 341,

1739. Dufay, Observations sur la double réfraction du spath d'Islande, *Mém. de l'anc. Acad. des sc.*, 1739, p. 81.

1762. Beccaria, Account of the Double Refraction in Crystals, *Phil. Tr.*, 1762, p. 486.

1772. Beccaria, Observations sur la double réfraction du cristal de roche, *Journ. de phys. de Rozier*, II, 504.

1788. Haüy, Sur la double réfraction du spath d'Islande, *Mém. de l'anc. Acad. des sc.*, 1788, p. 34. — *Ann. de chim.*, (1), XVII, 140.

1797. Link, Ueber die Verdoppelung der Bilder in durchsichtigen Steinen, *Crell's chemisches Journal*, 1797. — *Ann. de chim.*, (1), XXVIII, 84.

1801. Haüy, *Traité de Minéralogie*, t. I, p. 271.

1802. Wollaston, On the Oblique Refraction of Iceland Crystal, *Phil. Trans.*, 1802, p. 381.

1804. Haüy, *Traité de Physique*, t. II, p. 347.

1809. Laplace, Sur le mouvement de la lumière dans les corps diaphanes, *Mém. d'Arcueil*, II, 311. — *Mém. de la prem. classe de l'Inst.*, X, 306.

1809. Young, Review of Laplace's Mémoire sur les lois de la réfraction extraordinaire dans les milieux diaphanes, *Quarterly Review*, november 1809. — *Miscell. Works*, t. I, p. 228.

1810. Malus, *Théorie de la double réfraction*, Paris. — *Mém. des sav. étrang.*, II, 303.

1810. Malus, Mémoire sur l'axe de réfraction des cristaux et des substances organisées, *Mém. de la prem. classe de l'Inst.*, XI.

1812. Biot, Mémoire sur la découverte d'une propriété remarquable dont jouissent les forces polarisantes de certains cristaux, *Mém. de la prem. classe de l'Inst.*, XIII. (Cristaux attractifs et cristaux répulsifs.)

1812. Biot, Sur les deux genres de polarisation exercée par les cristaux doués de la double réfraction, *Mém. de la prem. classe de l'Inst.*, XIII.

1813. Biot, Examen comparé de l'intensité d'action que la force répulsive extraordinaire du spath d'Islande exerce sur les molécules des diverses couleurs, *Mém. d'Arcueil*, III, 371. — *Ann. de chim.*, (1), XCIV, 281.

1813. Brewster, On the Double Refraction of Chromate of Lead, *Phil. Trans.*, 1813, p. 105.

1813. Brewster, On the Existence of Two Dispersive Powers in all Doubly Refracting Crystals, *Phil. Trans.*, 1813, p. 107.

1815. Biot, Observations sur la nature des forces qui produisent la double réfraction, *Mém. de la prem. classe de l'Inst.*, XIV,

1815. Ampère, Démonstration d'un théorème d'où l'on peut déduire toutes les lois de la réfraction ordinaire et extraordinaire, *Mém. de la prem. classe de l'Inst.*, XIV, 235.

1816. Biot, Sur l'utilité des lois de la polarisation de la lumière pour reconnaître l'état de combinaison ou de cristallisation dans un grand nombre de cas où le système cristallin n'est pas immédiatement observable, *Mém. de l'Acad. des sc.*, I. 275.

1817. Young, Theoretical Investigations Intented to Illustrate the Phœnomena of Polarisation, *Supplément à l'Encyclopédie Britannique.*

1817. Young, Article *Chromatics, Supplément à l'Encyclopédie Britannique.*

1817. Brewster, Sur la différence qui existe entre les propriétés optiques de l'aragonite et celles du spath calcaire, *Ann. de chim. et de phys.*, (2), VI, 104.

1818. Bernhardi, Ueber Polarität und doppelte Strahlenbrechung der Krystalle, *Schweigger's Journ.*, XXV, 247.

1818. Brewster, On the Laws of Polarisation and Double Refraction in Crystallized Bodies, *Phil. Tr.*, 1818, p. 199.

1819. Biot, Mémoire sur les lois générales de la double réfraction et de la polarisation dans les corps régulièrement cristallisés, *Mém. de l'Acad. des sc.*, III, 177.

1819. Brewster, On the Action of Crystallized Surfaces on Light, *Phil. Trans.*, 1819, p. 145.

1820. Soret, Observations sur les rapports qui existent entre les axes de double réfraction et la forme des cristaux, *Mém. de la Soc. de phys. de Genève*, t. I.

1820. Soret. Note sur le mica, *Mém. de la Soc. de phys. de Genève*, t. I.

1821. Fresnel, Considérations mécaniques sur la polarisation de la lumière, *Ann. de chim. et de phys.*, (2), XVII, 179, 312. — *OEuvres complètes*, t. I, p. 629.

1821. Navier, Sur les lois de l'équilibre et du mouvement des corps solides élastiques, *Mém. de l'Acad. des sc.*, VII, 375.

1821. Fresnel, Mémoire sur la double réfraction, *Mém. de l'Acad. des sc.*, VII, 45. — *Ann. de chim. et de phys.*, (2), XXVIII, 263.

1821. Brewster, On the Connexion between the Primitive Forms of Crystals and the Number of their Axes of Double Refraction, *Mem. of the Wernerian Soc.*, III, 50, 337.

1821. Brewster, On the Connexion between the Optical Structure and Chimical Composition of Minerals, *Edinb. Phil. Journ.*, V, 1.

1822. Arago, Rapport sur un Mémoire de Fresnel relatif à la double réfraction, *OEuvres complètes*, t. X, p. 445. — *Ann. de chim. et de phys.*, (2), XX, 337.

1822. Brewster, Observations on the Relation between the Optical Structure and the Chimical Composition of the Apophyllit and other Minerals of the Zeolite Family, *Edinb. Phil. Journ.*, VII, 13.

1823. Poisson, Mémoire sur la propagation du mouvement dans les fluides élastiques, *Ann. de chim. et de phys.*, (2), XXII, 250.

1823. Brewster, On the Optical Properties of Sulphate of Carbon, Carbonate of Barytes and Sulphate of Potash with Inferences Respecting the Structure of Doubly Refracting Crystals, *Edinb. Phil. Journ.*, VIII, 133.

1823. Martin, An Essay on the Nature and Wonderfull Properties of Iceland Crystal Respecting its Unusual Refraction of Light, *Edinb. Phil. Journ.*, VIII, 150.

1824. Hamilton, Theory of Systems of Rays, *Ir. Trans.*, XV, 69; XVI, 1, 94.

1825. Mitscherlisch, Ueber die Ausdehnung der krystallischen Körper durch die Wärme, *Abh. der Berlin. Akad.*, 1825, p. 201.

1828. Rudberg, Untersuchungen über die Brechung des farbigen Lichts im Bergkrystall und im Kalkspath, *Pogg. Ann.*, XIV, 45.

1828. Ampère, Mémoire sur la détermination de la surface des ondes lumineuses dans un milieu dont l'élasticité est différente suivant les trois directions principales, *Ann. de chim. et de phys.*, (2), XXXIX, 113.

1828. Cauchy, Sur l'équilibre et le mouvement d'un système de points matériels sollicités par des forces d'attraction ou de répulsion mutuelle, *Exerc. de Math.*, III, 188.

1829. Cauchy, Mémoire sur le mouvement d'un système de molécules qui s'attirent ou se repoussent à de très-petites distances et sur la théorie de la lumière, *Mém. de l'Acad. des sc.*, X, 549.

1829. Cauchy, Sur les équations différentielles d'équilibre ou de mouvement pour un système de points matériels sollicités par des forces d'attraction ou de répulsion mutuelle, *Exerc. de Math.*, IV, 129.

1830. Poisson, Mémoire sur la propagation du mouvement dans les milieux élastiques, *Ann. de chim. et de phys.*, (2), XLIV, 423. — *Mém. de l'Acad. des sc.*, X, 549. — *Journ. de l'Éc. Polytechn.*, XXe cahier, 1.

1830. Cauchy, Mémoire sur la théorie de la lumière, *Mém. de l'Acad. des sc.*, X, 293.

1830. Cauchy, Application des formules qui représentent le mouvement d'un système de molécules sollicitées par des forces d'attraction ou de répulsion mutuelle à la théorie de la lumière, *Exerc. de Math.*, V, 19.

1831. Rudberg, Untersuchungen über die Brechung des farbigen Lichts im Aragonit und im farblosen Topase, *Pogg. Ann.*, XVII, 1. — *Ann. de chim. et de phys.*, (2), XLVIII, 225.

1831. Mac-Cullagh, On the Double Refraction of Light in a Crystallized Medium According to the Principles of Fresnel, *Ir. Trans.*, XVI, 31.

1831. Brewster, Account of Remarkable Peculiarity in the Structure of Glauberit, which has one Axe of Double Refraction for Violet and two for Red Light, *Edinb. Trans.*, XI, 273.

1832. Duhamel, Mémoire sur les vibrations d'un système quelconque de points matériels, *Journ. de l'Éc. Polytechn.*, XXIIIe cahier, 1.

1832.   Neumann, Theorie der doppelten Strahlenbrechung abgeleitet aus den Gleichungen der Mechanik, *Pogg. Ann.*, XXV, 418.

1832.   Rüdberg, Ueber die Veränderung welche die Doppelbrechung in Krystallen durch Temperaturerhöhung erleidet, *Pogg. Ann.*, XXVI, 291.

1833.   Arago, De la loi d'après laquelle un faisceau de lumière polarisée se partage entre l'image ordinaire et l'image extraordinaire quand il traverse un cristal doué de la double réfraction, *OEuvres complètes*, t. X, p. 152.

1833.   Lloyd, On the Phænomena Presented by Light in its Passage along the Axes of Biaxial Crystals, *Ir. Trans.*, XVII, 3.

1834.   Neumann, Ueber die optischen Axen und die Farben zweiaxigen Krystalle im polarisirten Licht, *Pogg. Ann.*, XXXIII, 257.

1834.   Lamé, Mémoire sur les lois de l'équilibre de l'éther dans les corps diaphanes, *Ann. de chim. et de phys.*, (2), LV, 332.

1834.   Lamé, Mémoire sur les vibrations lumineuses des corps diaphanes, *Ann. de chim. et de phys.*, (2), LVII, 211.

1834.   Hamilton, On a General Method in Dynamics by which the Study of the Motions of all Free Systems of Attracting or Repelling Points is Reduced to the Search and Differentiation of a Central Relation or Characteristic Function, *Phil. Trans.*, 1834, p. 247; 1835, p. 95.

1835.   Talbot, On the Nature of Light, *Phil. Mag.*, (3), VII, 113. — *Inst.*, III, 131.

1835.   Cauchy, Mémoire sur la dispersion de la lumière, *Nouv. Exerc. de Math.*, 1.

1836.   Mossotti, Sur les forces qui régissent la constitution intérieure des corps, Turin.

1836.   Cauchy, Notes sur la théorie de la lumière, *C. R.*, II, 182, 207, 341.

1837.   Kelland, On the Laws of Transmission of Light and Heat in Uncrystallized Media, *Phil. Mag.*, (3), X, 336.

1838.   Hamilton, On the Propagation of Light in Crystallized Media, *8th Rep. of Brit. Assoc.* — *Inst.*, VII, 230.

1838.   Cauchy, Mémoire sur la propagation du mouvement par ondes planes dans un système de molécules qui s'attirent ou se repoussent à de très-petites distances, *C. R.*, VI, 865.

1838.   Cauchy, Mémoire sur les vibrations de l'éther dans un milieu ou dans un système de deux milieux, lorsque la propagation de la lumière s'effectue de la même manière en tout sens autour de tout axe parallèle à une droite donnée, *C. R.*, VII, 751.

1838.   Blanchet, Mémoire sur la propagation et la polarisation du mouvement dans un milieu élastique indéfini cristallisé d'une manière quelconque, *C. R.*, VII, 310, 723. — *Journ. de math. de Liouville*, V, 1.

1838. RADICKE, Analyse des travaux de Cauchy, *Répert. de Dove*, III, 142.

1839. PLÜCKER, Discussion de la forme générale des ondes lumineuses, *Journ. de Crelle*, XIX, 1, 91.

1839. POGGENDORFF, Ueber die konische Refraction, *Pogg. Ann.*, XLVIII, 461.

1839. STURM, Rapport sur un Mémoire de M. Blanchet intitulé : Sur la propagation et la polarisation du mouvement dans un milieu élastique indéfini, *Inst.*, VII, 1.

1839. EARNSHAW, On the Nature of the Molecular Forces which Regulate the Constitution of the Luminiferous Ether, *Cambr. Trans.*, VII.

1839. CAUCHY, Mémoire sur la polarisation rectiligne et la double réfraction, *Mém. de l'Acad. des sc.*, XVIII, 153.

1839. CAUCHY, Note sur la nature des ondes lumineuses, *C. R.*, VIII, 582.

1839. CAUCHY, Mémoire où l'on montre comment une seule et même théorie peut fournir les lois de la propagation de la chaleur et de la lumière. *C. R.*, IX, 283.

1839. POISSON, Mémoire sur l'équilibre et le mouvement des corps cristallisés, *Mém. de l'Acad. des sc.*, XVIII, 3.

1840. MOIGNO, Analyse des travaux de Cauchy sur la théorie mathématique de la lumière, *Inst.*, VIII, 12, 19, 31, 39, 59, 75, 95, 127.

1840. CAUCHY, Mémoire sur les deux systèmes d'ondes planes qui peuvent se propager dans un système de points matériels, *C. R.*, X, 905. — *Exerc. d'Anal. et de Phys. mathém.*, I, 288.

1841. CAUCHY, Note sur la surface des ondes lumineuses, *C. R.*, XIII, 184, 319.

1841. BLANCHET, Extrait d'un Mémoire sur la délimitation de l'onde dans la propagation générale des mouvements vibratoires, *C. R.*, XII, 1165.

1841. BLANCHET, Note sur les mouvements très-petits qui subsistent entre les différentes nappes de l'onde dans la propagation d'un mouvement central. *C. R.*, XIII, 958, 1151.

1841. GREEN, On the Propagation of Light in Crystallized Media, *Cambr. Trans.*, VII, part. II, p. 120.

1841. POTTER, On Conical Refraction in Biaxial Crystals, *Phil. Mag.*, (3), XIX.

1842. CAUCHY, Sur les principales différences qui existent entre les ondes sonores et les ondes lumineuses, *C. R.*, XV, 813.

1842. BLANCHET, Mémoire sur la délimitation de l'onde dans la propagation des mouvements vibratoires, *Journ. de Liouville*, VII, 13.

1842. MAC CULLAGH, On the Laws of Double Refraction, *Phil. Mag.*, (3), XXI, 407.

1843. — Brewster, On the Ordinary Refraction in Iceland Crystal, *13th Rep. of Brit. Assoc.*, 7. — *Inst.*, XII, 86.

1843. Nougarède de Fayet, *Des hypothèses sur la lumière et l'éther*, Paris.

1844. Blanchet, Mémoire sur les ondes successives, *Journ. de Liouville*, IX, 73.

1844. Broch, Allgemeine Gesetze der Wellenbewegung, *Répert. de Dove*, V, 88, 152.

1845. Moon, On Fresnel's Theory of Double Refraction, *Phil. Mag.*, (3), XXVII, 553; XXVIII, 134.

1845. Laurent, Sur la théorie mathématique de la lumière, *C. R.*, XX, 360, 1076, 1593, 1597. — *Inst.*, XIII, 143, 192.

1845. Cauchy, Note sur les communications de M. Laurent, *C. R.*, XX, 1180.

1845. Laurent, Note sur les ondes liquides et Remarques sur les assimilations qu'on a faites de ces ondes aux ondulations lumineuses, *C. R.*, XX, 1713. — *Inst.*, XIII, 215.

1845. Laurent, Sur les mouvements atomiques, *C. R.*, XXI, 438. — *Inst.*, XIII, 311.

1845. Laurent, Sur les mouvements vibratoires de l'éther, *C. R.*, XXI, 529. — *Inst.*, XIII, 311.

1845. Laurent, Recherches sur la théorie mathématique des mouvements ondulatoires, *C. R.*, XVI, 1160.

1846. Broch, Besondere Gesetze der Wellenbewegung, *Répert. de Dove*, VII, 1.

1846. Waterson, On the Physics of the Media which are Composed of Elastic Molecules in a State of Motion, *Phil. Mag.*, (3), XXIX, 50.

1846. Smith, On Fresnel's Theory of Double Refraction, *Phil. Mag.*, (3), XXVIII, 48.

1846. Jesuiticus, Remarks on a Paper by M. Moon : On Fresnel's Theory of Double Refraction, *Phil Mag.*, (3), XXVIII, 144.

1846. Moon, Reply to Jesuiticus, *Phil. Mag.*, (3), XXVIII, 215.

1846. Stokes, On a Formula for Determining the Optical Constants of Doubly Refracting Crystals, *Mathem. Journ. of Cambr.*, I.

1846. Faraday, Thoughts on Ray-Vibrations, *Phil. Mag.*, (3), XXVIII, 345. — *Inst.*, XIV, 274.

1846. Airy, Remarks on Dr Faraday's Paper on Ray-Vibrations, *Phil. Mag.*, (3), XXVIII, 532.

1847. Cauchy, Note sur la polarisation chromatique, *C. R.*, XXV, 331.

1847. Ettingshausen, Ueber die Differentialgleichungen der Lichtschwingungen, *Wien. Ber.*, II. 122. — *C. R.*, XXIV, 801. — *Inst.*, XV, 151,

1847. Challis, A Theory of the Polarization of Light on the Hypothesis of

Undulations. *Phil. Mag.*, (3), XXX, 315, 365. — *Inst.*, XVI, 59.

1847. O'Brien, On the Symbolical Equation of Vibratory Motion of an Elastic Medium whether Crystallized or Uncrystallized, *Phil. Mag.*, (3), XXXI, 376.

1847. Swan, Experiments on the Ordinary Refraction of Iceland Spar, *Edinb. Trans.*, XVI, 375.

1848. Cauchy, Sur les trois espèces de rayons lumineux qui correspondent aux mouvements simples du fluide éthéré, *C. R.*, XXVIII, 621.

1848. Mac Cullagh, An Essay towards a Dynamical Theory of Crystalline Reflexion and Refraction, *Ir. Trans.*, XXI, 17.

1849. Challis, A Theory of the Transmission of Light through Transparent Media, *Phil. Mag.*, (3), XXXIV, 225.

1849. Plücker. Ueber die Fessel'sche Wellenmaschine, *Pogg. Ann.*, LXXVIII, 421.

1849. Angstroem, *Mémoire sur la polarisation rectiligne et la double réfraction des cristaux à trois axes obliques*, Upsal.

1849. Marx, Zur Geschichte der Lehre von der doppelten Strahlenbrechung, *Pogg. Ann.*, LXXVIII, 272.

1849. Cauchy, Sur la recherche des intégrales qui représentent les mouvements infiniment petits des corps homogènes, et spécialement les mouvements par ondes planes, *C. R.*, XXIX, 606.

1849. Cauchy, Sur les vibrations infiniment petites des systèmes de points matériels, *C. R.*, XXIX, 643.

1849. Cauchy, Mémoire sur les vibrations d'un double système de molécules et de l'éther contenu dans un corps cristallisé, *C. R.*, XXIX, 728. — *Mém. de l'Acad. des sc.*, XXII, 599.

1849. Cauchy, Sur les systèmes isotropes de points matériels, *C. R.*, XXIX, 761. — *Mém. de l'Acad. des sc.*, XXII, 615.

1850. Cauchy. Mémoire sur les perturbations produites dans les mouvements vibratoires d'un système de molécules par l'influence d'un autre système, *C. R.*, XXX, 17.

1850. Cauchy, Mémoire sur la propagation de la lumière dans les milieux isophanes, *C. R.*, XXX, 33.

1850. Cauchy, Mémoire sur les vibrations de l'éther dans les milieux qui sont isophanes par rapport à une direction donnée, *C. R.*, XXX, 93.

1850. Cauchy, Mémoire sur un système d'atomes isotropes autour d'un axe et sur les deux rayons lumineux que propagent les cristaux à un axe, *C. R.*, XXXI, 111.

1850. Cauchy, Mémoire sur les équations différentielles du mouvement de l'éther dans les cristaux à un et à deux axes optiques. *C. R.*, XXXI, 338.

1851. BEER, On the Deduction of Fresnel's Construction from the Formulæ of Cauchy for the Motion of Light, *Phil. Mag.*, (4), II, 297. — *Ann. de chim. et de phys.*, (3), XXXIV, 347.

1851. BEER, Ueber eine neue Art die Gesetze der Fortpflanzung und Polarisation des Lichtes in zweiaxigen Medien darzustellen, *Grünert's Archiv.*, XVI, 223.

1852. BEER, Note über die innere konische Refraction, *Pogg. Ann.*, LXXXIII, 194. — *Ann. de chim. et de phys.*, (3), XXXIV, 114.

1852. BEER, Ableitung der Intensitäts-und Polarisationsverhältnisse des Lichtes bei der inneren konischen Refraction, *Pogg. Ann.*, LXXXV, 67.

1852. WALTON, On the Family of the Wave-Surface, *Thompson's Mathem. Journ.*, 1852, p. 105.

1852. HEUSSER, Untersuchung über die Brechung des farbigen Lichts in einigen krystallinischen Medien, *Pogg. Ann.*, LXXXVII, 434. — *Ann. de chim. et de phys.*, (3), XXXVII, 251.

1852. CODAZZA, Sulle induzioni molecolari prodotte dalle undulazioni longitudinali dell' etere, *Giornale dell'Istituto Lombardo*, t. IV.

1852. PETZVAL, Ueber ein allgemeines Princip der Undulationslehre. — Gesetz der Erhaltung der Schwingungsdauer, *Wien. Ber.*, VII, 134.

1852. LAMÉ, *Leçons sur la théorie mathématique de l'élasticité des corps solides*, Paris, leçons XVII-XXIV.

1853. RANKINE, A General View of an Oscillatory Theory of Light, *Phil. Mag.*, (4), VI, 413. — 23ᵗʰ *Rep. of Brit. Assoc.*, 9. — *Inst.*, XXII, 24.

1853. POWER, Theory of the Reciprocal Action between the Solar Rays and the Different Media by which they are Reflected, Refracted or Absorbed, *Phil. Trans.*, 1854, p. 11. — *Proceed. of R. S.*, VI, 316. — *Phil. Mag.*, (4), VI, 218. — *Inst.*, XXI, 391.

1853. WALTON, On a Physical Property of the Wave-Surface, *Thompson's Journ. of Mathem.*, 1853, p. 33.

1853. HAUGHTON, Notes on Molecular Mechanics. — Propagation of Plane Waves, *Thompson's Journ. of Mathem.*, 1853, p. 159; 1854, p. 129.

1853. DE SENARMONT, Commentaire au Mémoire de Fresnel sur la double réfraction. *Journ. de l'Éc. Polytechn.*, xxxv° cahier, 1.

1853. BEER, Beiträge zur Dioptrik und Katoptrik kristallinischer Mittel mit einer optischen Axe, *Pogg. Ann.*, LXXXIX, 56.

1853. GRAILICH, Bewegung des Lichtes in optisch einaxigen Zwillingskrystallen, *Wien. Ber.*, XI, 817; XII, 230.

1854. REUSCH, Note über das viergliedrige schwefelsaure Nickeloxydul, *Pogg. Ann.*, XCI, 317. — *Inst.*, XX, 147.

1854.   Haidinger, Annähernde Bestimmung der Brechungsexponenten am Glimmer und Pennin, *Pogg. Ann.*, XCV, 493, 620. — *Wien. Ber.*, XIV, 330. — *Inst.*, XXIII, 48.

1854.   Billet, Sur les trois cas de non-division par double réfraction que peuvent présenter les cristaux uniaxes biréfringents et sur les faces qui peuvent les offrir, *C. R.*, XXXIX, 733. — *Inst.*, XXII, 358.

1854.   Bravais, Recherches sur les cas de non-bifurcation des rayons réfractés dans les cristaux à un axe, *Inst.*, XXII, 413.

1855.   Zech, Die Eigenschaften der Wellenfläche der zweiaxigen Krystalle mittels der höhern Geometrie abgeleitet, *Journ. de Crelle*, LII, 243; LIV, 72; LV, 94.

1855.   Haidinger, Die conische Refraction am Diopsid nebst Bemerkungen über einige Erscheinungen der conischen Refraction am Aragon, *Wien. Ber.*, XVI, 113. — *Pogg. Ann.*, XCVI, 469. — *Inst.*, XXIII, 251.

1855.   Billet, Sur une nouvelle manière d'étudier la marche du rayon extraordinaire dans le spath d'Islande, *C. R.*, XLI, 514. — *Ann. de chim. et de phys.*, (3), LV, 250.

1856.   De Senarmont, Sur la réflexion totale de la lumière extérieurement à la surface des cristaux biréfringents, *Journ. de Liouville*, 1856, p. 305.

1856.   De Senarmont, Recherches sur la double réfraction, *C. R.*, XLII, 65. — *Inst.*, XXIV, 13.

1856.   Gerling, Ueber eine mechanische Vorrichtung zur Darstellung der Wellenbewegung, *Tageblatt der Naturforscher in Wien*, 1856, p. 125. — *Inst.*, XXV, 6.

1856.   Violette, *Études optiques sur le formiate de strontiane*, Lille.

1857.   Stephan, Allgemeine Gleichungen über oscillatorische Bewegungen, *Pogg. Ann.*, CII, 365.

1857.   Prescott, On the Wave-Surface, *Quarterly Journ. of Mathem.*, II, 1.

1858.   Zech, Notiz über die innere conische Refraction, *Pogg. Ann.*, CIV, 188.

1858.   Cayley, On the Wave-Surface, *Quarterly Journ. of Mathem.*, III, 16, 142.

1858.   Galopin, *Thèse sur l'équation de la surface des ondes lumineuses dans les milieux biréfringents*, Genève.

1858.   Wace, On the Coincidence of the two Rays in Doubly Refracting Media, *Quarterly Journ. of Mathem.*, III, 47.

1858.   Von Lang, Ueber die Minimumablenkung der Lichtstrahlen durch doppeltbrechende Prismen, *Wien. Ber.*, XXXIII, 155.

1858.   Babinet, Sur la duplication des images au travers des prismes biréfringents à faces parallèles, *C. R.*, XLVII, 400.

1859. Von Lang, Bestimmung der Hauptbrechungsquotienten von Galmey und unterschwefelsauren Natron, *Wiener Berichte*, XXXVII, 379.

1859. Challis, On the Theory of Elliptically Polarized Light, *Phil. Mag.*, (4), XVII, 285.

1859. Stoney, Note on the Propagation of Waves, 29th *Report of British Assoc.*, 9.

1859. Briot, Théorie mathématique de la lumière. — Propagation de la lumière dans les milieux cristallisés, *C. R.*, XLIX, 888.

1859. Walton, Note on a Geometrical Property of the Wave-Surface, *Quarterly Journ. of Mathem.*, IV, 151.

1859. Bertrand, Sur la surface des ondes, *C. R.*, XLVII, 817.

1860. Eisenlohr, Ueber die Erklärung des Verhaltens des Lichtes in Krystallen, *Pogg. Ann.*, CIX, 215.

1860. Carey Lea, On the Optical Properties of Picrate of Manganese, *Sillim. Journ.*, (2), XXX, 402. — *Phil. Mag.*, (4), XXI, 477.

1860. Walton, On the Obliquity of a Ray in a Biaxial Crystal, *Quarterly Journ. of Mathem.*, IV, 1.

1860. D'Estocquois, Note sur la double réfraction, *C. R.*, L, 992.

1860. Clifton, On the Conical Refraction of a Straight Line, *Quarterly Journ. of Mathem.*, III, 360.

1861. Schrauf, Erklärung des Vorkommens optisch zweiaxigen Substanzen im rhomboedrischen Systeme, *Pogg. Ann.*, CXIV, 221.

1861. De Saint-Venant, Sur le nombre des coefficients inégaux des formules donnant les composantes des pressions dans l'intérieur des corps solides élastiques, *C. R.*, LIII, 1107.

1861. Lang, Ueber die Gesetze der Doppelbrechung, *Wien. Ber.*, XLIII, 627.

1861. Walton, On a Property of Conjugate Planes of Polarisation in a Biaxial Crystal, *Quarterly Journ. of Mathem.*, IV, 243.

1861. D'Estocquois, Sur l'ellipsoïde d'élasticité, *Cosmos*, XIX, 49.

1861. Briot, Note sur la théorie de la lumière, *C. R.*, LII, 393.

1861. Pichot, Note sur la vérification expérimentale des lois de la double réfraction, *C. R.*, LII, 356. — *Inst.*, XXIX, 115.

1862. P. Desains, Description et discussion de quelques expériences de double réfraction. *C. R.*, LIV, 457.

1862. Walton, On certain Analytical Relations between Conjugate Wave-Velocities, Ray-Velocities and Planes of Polarisation, *Quarterly Journ. of Mathem.*, V, 127.

1862. Walton, Note on the Inclination of the Optic Axes to the Ray-Axes of a Biaxial Crystal, *Quarterly Journ. of Mathem.*, V, 317.

1862. Walton, Theorems Concerning Wave-Velocities and Ray-Slownesses in a Biaxial Crystal. *Quarterly Journ. of Mathem.*, V, 360.

1862. STOKES, Note on Internal Radiation. *Proceed. of R. S.*, XI, 537. — *Phil. Mag.*, (4), XXIV, 474.

1862. CHALLIS, Explanation of Phænomena of Light on the Hypothesis of Undulations, *Phil. Mag.*, (4), XXIV, 462.

1862. STEWART, On Internal Radiation in Uniaxial Crystals, *Phil. Mag.*, (4), XVIII, 328.

1862. STOKES, Report on Double Refraction, 22th *Rep. of Brit. Assoc.*, 253.

1862. SCHRAUF, Ueber die Abhängigkeit der Fortpflanzung des Lichtes von der Körperdichte, *Pogg. Ann.*, CXVI, 193.

1863. LORENZ, Ueber die Theorie des Lichts, *Pogg. Ann.*, CXVIII, 101.

1863. CHALLIS, The Theory of Double Refraction on the Undulatory Hypothesis of Light, *Phil. Mag.*, (4), XXVI, 466.

1863. WALTON, On the Equiradial Wave-Cone of the Wave-Surface, *Quarterly Journ. of Mathem.*, VI, 78.

1863. WALTON, On the Equiradial Curve of the Wave-Surface, *Quarterly Journ. of Mathem.*, VI, 144.

1863. WILD, Photometrische Untersuchungen, *Pogg. Ann.*, CXVIII, 139. — *Ann. de chim. et de phys.*, (3), LXIX, 238. (Vérification de la loi de Malus.)

1863. MATHIEU, Mémoire sur la propagation des ondes, *C. R.*, LVI, 255.

1863. GALOPIN, Note sur la théorie de la double réfraction, *Archives de Genève*, (2), XVIII, 131. — *C. R.*, LVII, 291.

1863. DE SAINT-VENANT, Sur la théorie de la double réfraction, *C. R.*, LVII, 387.

1864. MÜTTRICH, Bestimmung des Krystallsystems und der optischen Constanten des weinsteinsauren Kalinatron, *Pogg. Ann.*, CXXXI, 193, 398. — *Ann. de chim. et de phys.*, (4), II, 495.

1864. PFAFF, Ueber den Einflus der Temperatur auf die Doppelbrechung, *Pogg. Ann.*, CXXIII, 179.

1864. FIZEAU, Recherches sur la dilatation et la double réfraction du verre échauffé, *Ann. de chim. et de phys.*, (4), II, 148. — *C. R.*, LVIII, 923.

1864. REUSCH, Die zwei Hauptbrechungscoefficiente des Eises, *Pogg. Ann.*, CXXI, 573. — *Ann. de chim. et de phys.*, (4), II, 500.

1864. POCHHAMMER, Ueber die optischen Axen der allgemeinen Wellenfläche von Cauchy und Neumann, *Pogg. Ann.*, CXXI, 139. — *Ann. de chim. et de phys.*, (4), I, 499.

1864. CAVAN, Ueber das Zusammenfallen des ordentlich gebrochenen und des ausserordentlich gebrochenen Strahles in einaxigen Krystallen der Richtung nach, *Grünert's Archiv.*, XLI, 199.

1864. COTTON, Preliminary Note on the Connection between the Form and Optical Properties of Crystals. 24th *Report of British Assoc.*, 10.

1864. Cristoffel, Ueber die kleinen Schwingungen eines periodisch ein-
gerichteten Systems materieller Punkte, *Journ. de Crelle*, LXIII,
273.

1864. Lorenz, Ueber die Theorie des Lichts, *Pogg. Ann.*, CXXI, 579. —
Mondes, VI, 545.

1864. Briot, *Essai sur la théorie mathématique de la lumière*, Paris.

1865. Boussinesq, Essai sur la théorie de la lumière, *C. R.*, LXI, 19,

FIN DU TOME PREMIER.

TABLE DES MATIÈRES.

INTRODUCTION.

I. RÉSUMÉ DE L'OPTIQUE GÉOMÉTRIQUE.

II. HISTORIQUE DE LA THÉORIE DES ONDULATIONS.

PREMIÈRE PARTIE.

LEÇONS

SUR LA THÉORIE DES PHÉNOMÈNES OPTIQUES CONSIDÉRÉS INDÉPENDAMMENT
DE LA FORME ET DE L'ORIENTATION DES VIBRATIONS LUMINEUSES.

I. INTERFÉRENCES EN GÉNÉRAL.

II. COULEURS DES LAMES MINCES NON CRISTALLISÉES.

Pages.

III. REPRÉSENTATION ANALYTIQUE ET COMBINAISON DES MOUVEMENTS VIBRATOIRES LUMINEUX.

IV. PROPAGATION DE LA LUMIÈRE DANS UN MILIEU HOMOGÈNE.

V. LOIS GÉOMÉTRIQUES DE LA RÉFLEXION ET DE LA RÉFRACTION.

VI. DIFFUSION. — INTERFÉRENCES DES RAYONS DIFFUSÉS. — ANNEAUX COLORÉS DES PLAQUES ÉPAISSES.

37.

IX. DIFFRACTION.

TROISIÈME PARTIE.

Effets produits par les ondes de forme quelconque. — Théorie complète de l'arc-en-ciel.

I. THÉORIE DE FRESNEL.

II. THÉORIE DE CAUCHY.

III. RELATIONS ENTRE LA SURFACE DE L'ONDE
ET LES DIRECTIONS DES RAYONS RÉFRACTÉS OU RÉFLÉCHIS.
— CONSTRUCTION DE HUYGHENS.

IV. DOUBLE RÉFRACTION DANS LES CRISTAUX À UN AXE.

FIN DE LA TABLE DES MATIÈRES.

Traité de chimie générale, analytique, industrielle et agricole, par MM. J. Pelouze, membre de l'Institut, et É. Frémy, membre de l'Institut, professeur de chimie à l'École polytechnique et au Muséum d'histoire naturelle. Troisième édition entièrement refondue. 6 tomes publiés en 7 volumes gr. in-8°, ensemble 4,700 pages, avec de nombreuses figures dans le texte, et accompagnés d'une table alphabétique. . . . . 100 fr.

Traité de la chaleur considérée dans ses applications, par É. Péclet, ancien inspecteur général de l'Université, professeur de physique appliquée aux arts à l'École centrale, etc. Troisième édition, entièrement refondue. 3 vol. gr. in-8° accompagnés de 650 figures dans le texte. . . . . . 42 fr.

Théorie physiologique de la musique fondée sur l'étude des sensations auditives, par le Dr Helmholtz, professeur à l'Université de Heidelberg. Traduit de l'allemand par M. G. Guéroult, ancien élève de l'École polytechnique. 1 vol. gr. in-8° avec figures dans le texte. Prix. . . . . 11 fr.

Mémoire sur la conservation de la force, précédé d'un exposé élémentaire de la transformation des forces naturelles, par M. le docteur Helmholtz, traduit par M. Louis Pérard, professeur à l'Université de Liége. 1 vol. petit in-8°. . . . . 3 fr. 50

Optique physiologique, par M. H. Helmholtz, professeur de physiologie à Heidelberg. Traduite de l'allemand par MM. Émile Javal et N.-Th. Klein. 1 vol. gr. in-8° avec 213 figures dans le texte et un atlas de 11 planches. Prix. 30 fr.

Traité complet de chimie analytique, par Henri Rose, ancien professeur à l'Université de Berlin. Édition française originale. 2 vol. gr. in-8° avec figures dans le texte. . . . . 24 fr.

Recherches géologiques dans les parties de la Savoie, du Piémont et de la Suisse voisines du mont Blanc, par Alph. Favre, professeur à l'Académie de Genève. 3 vol. in-8° avec atlas de 32 planches in-folio, cartonnés. . . . . 60 fr.

Traité de physique élémentaire, par Ch. Drion et É. Fernet. Troisième édition entièrement refondue par É. Fernet, professeur au lycée Saint-Louis, répétiteur à l'École polytechnique. 1 vol. petit in-8° avec 685 figures dans le texte. . . . . 7 fr.

PARIS. — IMP. SIMON RAÇON ET COMP., RUE D'ERFURTH, 1.